中国电子学会电磁兼容分会

Proceedings of the 26th National Electromagnetic Compatibility Conference

第26届
全国电磁兼容会议论文集

石 丹　刘元安　穆冬梅　钱晓佳　编著

北京邮电大学出版社
www.buptpress.com

内容简介

中国电子学会电磁兼容分会举办的第26届全国电磁兼容学术会议于2018年10月13日至10月15日在重庆召开。全国电磁兼容学术会议始创于1991年，每年举办一次，是中国举办最早、影响力最大的电磁兼容交流平台，会议主题涵盖基础理论、技术进展和发明、应用和应用分析、测量与新设备新方法、规范和管理等电磁兼容的全部领域，参加人员有工程师、教授、研究生等各界精英。本届会议论文主要涵盖电磁兼容设计与分析、复杂电磁环境、电磁计算、电磁生物效应、天线、电磁兼容标准、电磁兼容测试、机器学习算法在电磁兼容领域的应用等问题。本书可供电磁兼容技术相关的科技工作者和研究人员参考。

图书在版编目(CIP)数据

第26届全国电磁兼容会议论文集 / 石丹等编著. -- 北京 ：北京邮电大学出版社，2019.5
ISBN 978-7-5635-5709-7

Ⅰ. ①第… Ⅱ. ①石… Ⅲ. ①电磁兼容性—文集 Ⅳ. ①TN03-53

中国版本图书馆CIP数据核字(2019)第067084号

书　　名：第26届全国电磁兼容会议论文集
责任编辑：满志文
出版发行：北京邮电大学出版社
社　　址：北京市海淀区西土城路10号(邮编:100876)
发 行 部：电话：010-62282185　传真：010-62283578
E-mail：publish@bupt.edu.cn
经　　销：各地新华书店
印　　刷：北京九州迅驰传媒文化有限公司
开　　本：889 mm×1 194 mm　1/16
印　　张：20.25
字　　数：609千字
版　　次：2019年5月第1版　2019年5月第1次印刷

ISBN 978-7-5635-5709-7　　定　价：88.00元

·如有印装质量问题，请与北京邮电大学出版社发行部联系·

前　言

随着智能制造和芯片制造技术的迅速发展，电子设备高度集成化，元器件和PCB都趋向于小型化和精密化。但由于物理空间有限，并且集成的模块和系统繁多，其电磁兼容问题成为影响电子设备性能的关键因素。因此对电子设备的电磁兼容性能进行建模、分析、预测、设计和测试至关重要。同时，由于用频设备的大量使用，大量电磁信号在空间、时间和频域上混叠，构成了复杂的电磁环境。不论是在军事领域，还是在民用领域，对复杂电磁环境的预测和分析都是研究的热点问题。近年来，人工智能技术在各个行业的应用推动了各领域的智能化和自动化水平，其在电磁兼容领域的应用也是未来发展的方向。

本书聚焦以上热点问题，主要分为以下几个专题："电磁兼容设计与分析""复杂电磁环境""电磁计算""电磁生物效应""天线""电磁兼容标准""电磁兼容测试""机器学习算法在电磁兼容领域的应用"。本书的受众主要为在电磁兼容领域的科研、工程和技术人员。

本书是论文作者们研究观点和科研成果的汇总，由石丹、刘元安、穆冬梅、钱晓佳编著，研究生薛梦涛、姚成和严梦婷为本书的编辑做了大量工作，在此向他们表示衷心的感谢。

由于电磁兼容的内容涉及面广，相关的理论和技术发展迅速，加上作者水平有限，书中难免存在不妥之处，敬请各位读者和专家批评指正。

编　者

目　录

EMI 电源滤波器防护性能的脉冲电流注入法测试

黄瑞涛　段艳涛[①]　王建宝　陈海林　石立华　王　可

（陆军工程大学电磁环境效应与光电工程国家级重点实验室　南京 210007）

摘　要： 在电源输入端口安装 EMI 电源滤波器可有效抑制经电源线进入敏感设备或系统的电磁干扰和设备或系统自身的传导发射。为了测试 EMI 电源滤波器抑制传导干扰的性能，本文采用 PCI 注入的方法对某型号三相四线滤波器的三个相线进行了脉冲电流注入试验，通过计算电流抑制比，判断该滤波器的传导干扰抑制能力。初步测试结果表明：在注入电流 2.5 kA 的情况下，残余电流均小于 0.3 A，电流抑制比大于 74 dB。

关键词： EMI 电源滤波器，PCI 注入，传导干扰，电流抑制比。

中图分类号： TM89　　　　**文献标识码：** A

Test of Protection Effect for EMI Power Filter by Pulse Current Injection Method

Huang Ruitao　Duan Yantao　Wang Jianbao　Chen Hailin　Shi Lihua　Wang Ke

(National Key Laboratory on Electromagnetic Environmental Effects and Electro-optical Engineering, Army Engineering University of PLA, Nanjing 210007, China)

Abstract: Installing the EMI source filter at the power input port can effectively prevent the electromagnetic interference from entering the sensitive device. Simultaneously, it can suppress the conducted interference from the device or the system itself. In order to test the protection performance of EMI source filter to suppress conducted interference, this paper uses pulse current injection method to a certain type of three-phase four-wire power filter. By calculating the current suppression ratio, the protection effect is judged. The test results show that the residual current is less than 0.3 A and the current suppression ratio is greater than 74 dB when the injection current is 2.5 kA.

Key words: EMI Power Filter, PCI Injection, Conducted Interference, Current Suppression Ratio.

1　引言

随着现代技术的快速发展，电子和电气设备不断增加，也使得电磁环境日益复杂，再加上设备的小型化、集成化、数字化程度不断提高，各种设备能否在这种环境下正常运行成为了目前关注的焦点。电磁干扰能量主要通过辐射性耦合和传导性耦合进行传输，屏蔽、滤波和接地是最常用的电磁兼容控制技术。屏蔽用于切断空间的辐射发射途径，滤波用于切断通过导线的传导发射途径，而接地的好坏则直接影响到设备内部和外部的电磁兼容性。近年来，在电力电子技术大力发展的同时，人们在开关电源的电磁兼容性研究过程中普遍遇到的一个技术难题就是传导干扰问题[1]。传导干扰主要包括设备信号线传导干扰、接地线共

① 基金项目：国家重点研发计划（2017YFF0104300）

* 作者简介：段艳涛（通信作者）（1980 年出生），男，讲师，博士，硕士生导师。主要研究方向：电磁防护与电磁仿真。E-mail：dcmchdyt@126.com。

地阻抗干扰以及电源线传导干扰，其中电源线上的传导干扰危害最大，抑制环节也最为薄弱。因此，一般在电源输入端口都要安装 EMI 电源滤波器[2]，主要有两个目的，一是抑制经电源线进入敏感设备或系统的电磁干扰；二是抑制设备或系统自身的传导发射。

对 EMI 电源滤波器进行脉冲电流注入（PCI）试验是验证其电磁脉冲防护性能的有效方法[3-5]，GJB8848[6] 中提出了地面系统 EMP 效应验证方法，采用线缆 PCI 试验方法可测试 EMI 滤波器对于线缆上传导干扰的抑制能力。国外有文献报道相关试验情况，其按照 MIL-STD-188-125 标准对 HEMP 滤波器进行了 PCI 注入测试[7]。

2 PCI 试验方法

根据测试标准要求[3-5]，对某型号 EMI 电源线滤波器进行脉冲电流注入测试。测试配置如图 1 所示[6]，脉冲电流注入源直接将大电流注入滤波器，经滤波器内部保护器件后的残余电流信号由电流探头进行测量，通过计算电流抑制比（注入电流/残余电流）判断 EMI 滤波器的电磁脉冲防护能力。

脉冲电流注入源的典型校准输出波形，如图 2 所示。波形上升时间小于 20 ns，脉冲半宽度 500～550 ns，满足标准要求[3-5]。

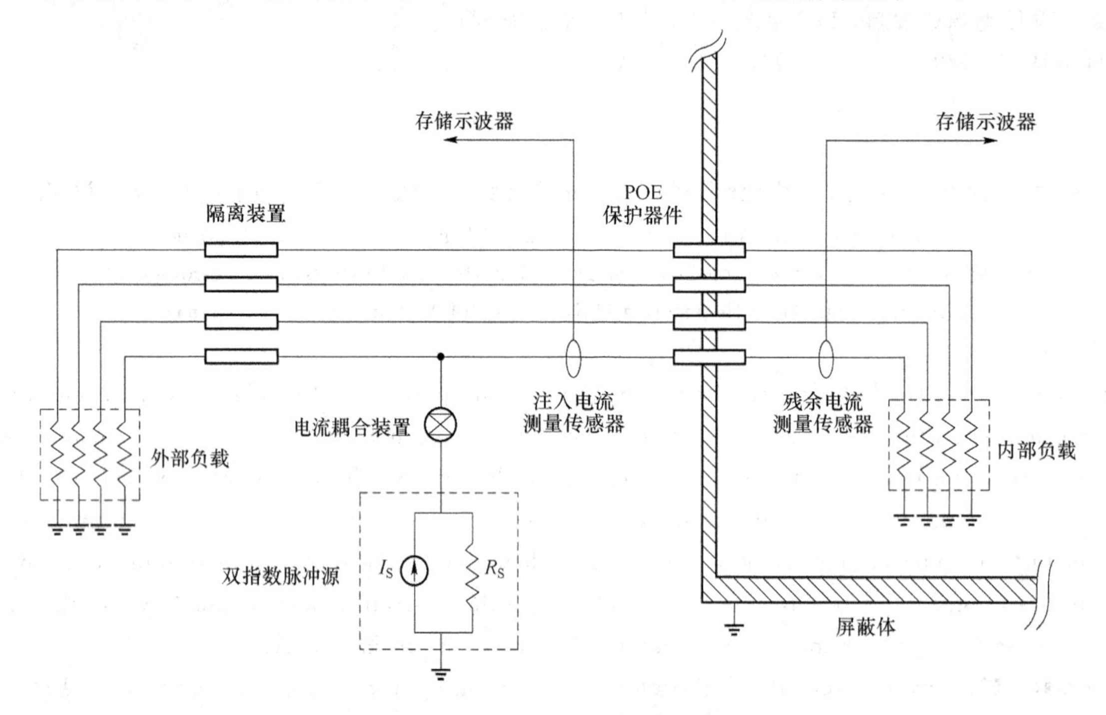

图 1　电源线滤波器电流抑制比测试配置图

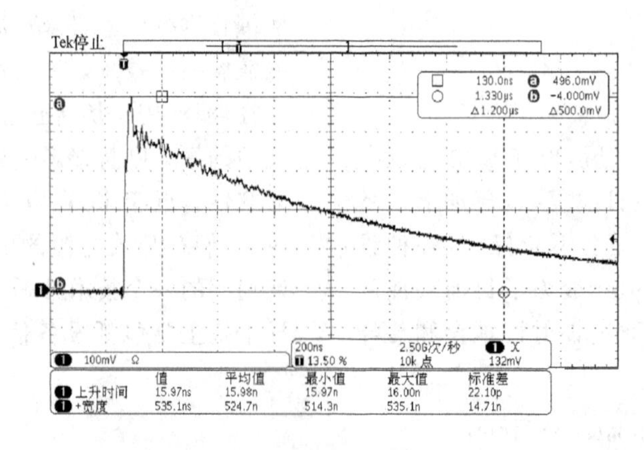

图 2　脉冲电流注入源的典型校准输出波形

3 注入试验

3.1 试验配置

在实际试验中,滤波器的防护性能不仅与其本身防护能力有关,整体试验的连接对测试结果也有影响。本次试验依据标准采用线—地注入的方式测量单根相线的电磁脉冲防护性能。

PCI注入试验连接,如图3所示,被测件为某型号三相四线滤波器,测试三根相线的抑制传导干扰能力。脉冲电流源产生的电流注入滤波器输入端线缆中,经滤波器后,其输出端通过负载接地,根据标准要求,负载为2 Ω。脉冲电流源负极、滤波器壳体与屏蔽柜均接地。接地要接牢固,不良的接地会损坏设备,同时对人身安全会有一定威胁。

电流探头1和电流探头2分别测量注入电流和残余电流,电流探头2放置于屏蔽柜中,防止外界电磁干扰。

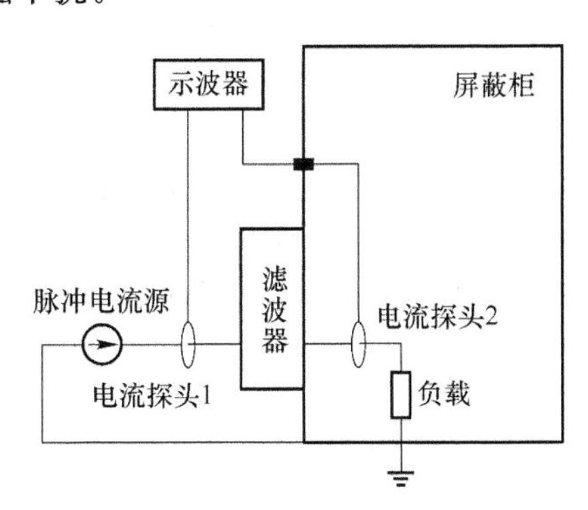

图3 PCI注入试验连接示意图

3.2 试验流程

(1) 校准脉冲电流源波形,注入电流波形应满足标准要求,波形上升时间小于20 ns,脉冲半宽度500～550 ns,校准后波形如图2所示。

(2) 试验连接:脉冲源输出电流直接注入滤波器待测线缆中,注入电流测量探头放置于屏蔽柜外,距离滤波器15 cm,残余电流测量探头放置于屏蔽体内部,距离滤波器15 cm,滤波器壳体与屏蔽柜外壳连接并接地,为保证壳体连接良好,中间垫多层铜网。

(3) 注入试验:注入电流分两个等级,1.2 kA与2.5 kA,注入1.2 kA的电流可预估注入2.5 kA时滤波器的残余电流大小,防止大电流造成损坏。

3.3 试验结果

选取不同电流峰值的脉冲波注入,测量电源线滤波器输入峰值电流、残余峰值电流,由式(1)计算被测件的电流抑制比。被测件的测试数据记录,如表1所示,典型测试波形,如图4所示。

$$SE_V = 20\log_{10}(I_{peak}/I_{residual}) \tag{1}$$

式中,SE_V为电流抑制比,I_{peak}为注入电流峰值,$I_{resdual}$为残余电流峰值。

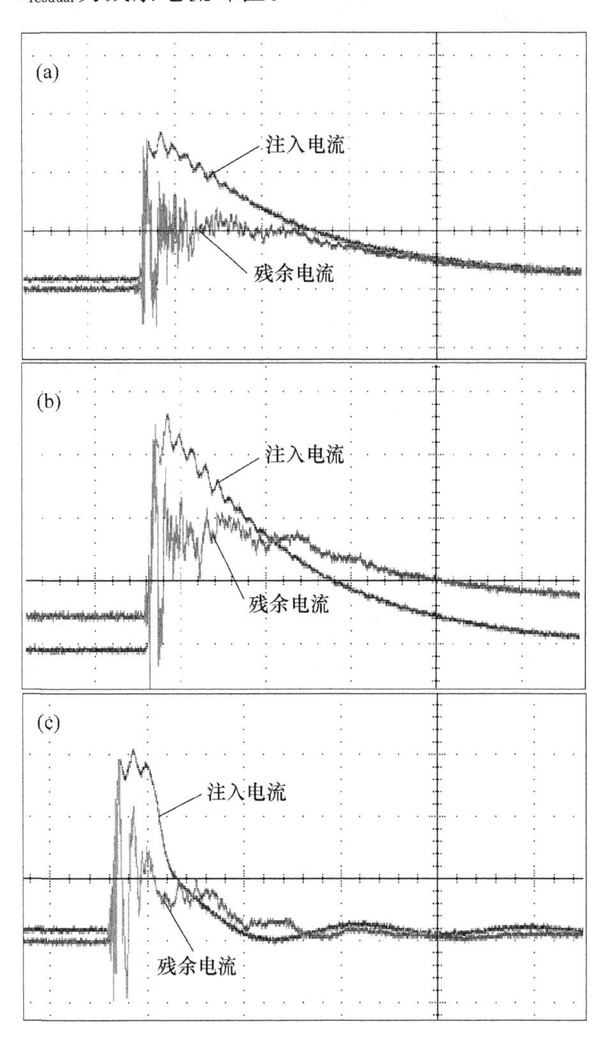

图4 典型测试波形

由图4测试波形可知,在接入滤波器及负载后,因放电回路中电路参数发生变化,注入电流波形发生变化,在波形峰值处有一些震荡,滤波器输出端残余电流很小,因此易受干扰,测量结果叠加了干扰信号,这对准确测量残余电流峰值带来了一些影响。

图4(a)和(b)为正常输出波形,在忽略残余电流波形前端噪声的情况下,可以看出,残余电流的上升时间增大,而半宽度与注入波形相当;图4(c)为试验中异常测量结果,其原因为放电回路中电阻被击穿,因脉冲电流源输出为同轴传输线形式的,这种结构容易导致电阻被击穿,发生对地放电,打火等现象,所以改变其结构或提高其绝缘性可提高其稳定性。

表1 脉冲电流注入抑制比数据记录表(线—地接入)

被测线	注入电流峰值/kA	残余电流峰值/A	电流抑制比/dB
黄线	1.26	0.086	83
	2.50	0.096	88
绿线	1.30	0.240	74
	2.50	0.220	81
红线	2.50	0.284	78

从表1中可以看出,被测三相四线电源滤波器以线—地方式接入时对电磁脉冲电流抑制比大于74 dB。被测滤波器在2.5 kA脉冲电流注入下,残余电流均小于0.3 A。

4 结论

本文介绍了测量EMI电源滤波器传导耦合的试验方法,即脉冲电流注入(PCI)的方法。通过PCI注入的方式得到注入电流与残余电流,计算电流抑制比,以此判断滤波器的电磁脉冲防护能力。对三相四线滤波器的三根相线进行了PCI注入试验,测量注入电流与残余电流,试验结果表明:在注入电流2.5 kA的情况下,残余电流均小于0.3 A,电流抑制比大于74 dB。

参考文献

[1] 郭攀锋,谭国俊,赵艳萍,等. 开关电源传导EMI抑制技术探讨[C]. 全国电磁兼容会议. 2010:73-75.

[2] 周立夫,林明耀. EMI电源滤波器的设计和仿真分析[J]. 上海:电器与能效管理技术,2004(4):7-9.

[3] MIL-STD-188-125-1. High-Altitude Electromagnetic Pulse(HEMP) Protection for Fixed Ground-Based Facilities[S]. Department of Defense Interface Standard,1998.

[4] MIL-STD-188-125-2. High-Altitude Electromagnetic Pulse(HEMP) Protection for Transportable System [S]. Department of Defense Interface Standard,1999.

[5] GJB 3622——1999. 通信和指挥自动化地面设施对高空核电磁脉冲的防护要求[S],1999.

[6] GJB 8848——2016,系统电磁环境效应试验方法[S],2016.

[7] Antoni Jan Nalhorczyk. HEMP Filter Design To Meet MIL-STD-188-125 PCI Test Requirements[J]. 10th Inter-national Conference on Electromagnetic Interference &Compatibility,INCEMIC 2008,2008: 205-209.

Fe_3O_4—C核壳微米颗粒的制备及微波吸收性能研究

张永搏　王　鹏　王　涛

（1. 中国科学院近代物理研究所，兰州 730000；2. 兰州大学 物理科学与技术学院，兰州 730000）

摘　要： 通过厌氧退火的方法合成直径约 400 nm 的磁性 Fe_3O_4—C 微米颗粒，详细对其形状、组成和晶体结构表征，发现颗粒呈不太规则的八面体结构，并且外围包覆了碳层，颗粒整体呈核壳状结构。这种材料的吸波性能结果显示厚度在 1.7～8.0 mm 和频率在 1.5～10 GHz 时可以达到－10 dB 以下的反射损耗，同时在 2.6 GHz 时达到了最大的反射损耗－44 dB。通过对这种材料吸收峰频率和吸波体厚度关系的分析，发现两者之间的关系满足四分之一波长关系。研究结果显示磁性 Fe_3O_4—C 微米颗粒作为轻质量吸波材料在 S-X 波段有较高的应用潜质。

关键词： Fe_3O_4，碳材料，磁性材料，吸波体。

Synthesis and electromagnetic wave absorption properties of Fe_3O_4—C core-shell micron particles via anaerobic annealing

Zhang Yong bo　Wang Peng　Wang Tao

(1. Institute of Modern Physics, Lanzhou 730000, China; 2. School of physical science and technology, Lanzhou University, Lanzhou 730000, China)

Abstract: Magnetic Fe_3O_4-C (Fe_3O_4-carbon) micron particles with an average diameter of approximate 400 nm were synthesized by a simple anaerobic annealing method. Their morphology, composition, and crystal structure have been characterized in detail. It is found that the imperfect octahedral Fe_3O_4 is coated by a layer of carbon, and the particle has a core-shell structure. Electromagnetic wave absorption results show that the material has a reflection loss exceeding －10 dB in 1.5～10.0 GHz for an absorber thickness of 1.7～8.0 mm, accompanying a maximum reflection loss value of －44 dB at 2.6 GHz. The analysis on the relationship between absorption peak frequency and absorber thickness shows that their relationship obeys quarter-wave cancellation condition. The results suggest that the magnetic Fe_3O_4-C micron particles composite is good candidate for the use as a lightweight absorber in S-X wave band.

Key words: Fe_3O_4, carbon material, magnetic material, absorber.

1　引言

近年来，由于微波吸收材料在民用和军事上的广泛应用[1]，在千兆赫（GHz）范围内吸波性能引起了越来越广泛的兴趣。优良的吸波体要求所使用的电磁吸波材料具有吸波带宽宽、尺寸小、重量轻的特点[2,3]。磁粉复合吸波体是降低吸收体厚度、增加吸收带宽的有效方法。在磁性颗粒吸波材料领域中，铁氧体颗粒与金属磁性颗粒相比具有密度低、化学稳定性好等优点。在铁氧体材料中，Fe_3O_4 的饱和磁化强度最高。根据 Snoek

极限,高饱和磁化强度(M_S)可以在 GHz 频段获得更高的磁导率,这对降低吸波体厚度至关重要[4]。因此,Fe_3O_4 在铁氧体中是一种很有应用潜力的吸波材料。单铁氧体粒子复合的吸收材料,其介电常数相对较低,这不利于在界面达到良好的阻抗匹配,也无法使吸波体的厚度更薄。为了提高阻抗匹配,由 Fe_3O_4 和石墨烯复合的高介电常数、重量轻的吸收体已被广泛报道[4,5]。除了石墨烯,碳是另一种高介电常数和轻质量的材料,也可以用来调节阻抗匹配。如果能在 Fe_3O_4 颗粒表面涂上碳,并且包覆的碳壳还可以进一步提高 Fe_3O_4 的化学稳定性。Liu 等人设计了一种简单的方法,通过溶剂热法,使用 $FeCO_3$ 前体获得在克量级的多孔的微米 Fe_3O_4 球体颗粒。用常用的水热法获得的多孔碳包覆的 Fe_3O_4 微球颗粒[6]。Xiao 等人报道了用简单的水热法合成 Fe_3O_4—C 自组装棒状纳米结构的新方法[7]。

在本文中,我们介绍了一种厌氧退火法制备 Fe_3O_4—C 颗粒的方法,并且探究了其电磁波吸收性能。

2 实验

采用常规共沉淀法制备了平均尺寸约 400 nm 的 Fe_2O_3 前驱体,详细的制造方法在另一篇论文[8]中有介绍。采用厌氧退火法在 Fe_3O_4 颗粒表面形成碳层。详细流程如下:0.6 g Fe_2O_3 和 0.15 g 葡萄糖添加到 4 mL 蒸馏水中超声搅拌 30 min。混合物转移到烤箱,在 50 ℃下烘烤 40 min,形成胶体混合物。然后在氩气中 480 ℃ 下煅烧 90 min,为了获得良好的 Fe_3O_4 的结晶颗粒,加热速率设为 2 ℃/min。

用 X 射线衍射(XRD)检测了样品的相。在室温下用透射穆斯堡尔谱进一步鉴定了样品粒子的结构。γ 射线源是 25 mCi ^{57}Co 钯源,振子驱动速度的校准是用的 α-Fe 箔。利用 MossWinn 程序对所有谱线做超精细场分布拟合[9]。分别用扫描电子显微镜(SEM 日立 S-4800)和高分辨率透射电子显微镜(HETEM,JEM-2010, JEOL)观察了铁氧体颗粒表面层的形貌。采用振动样品磁强计(VSM,Lake Shore 7304)测量样品的饱和磁化强度(M_S)和矫顽力(H_C)。将体积浓度为 50% 的 Fe_3O_4—C 颗粒和石蜡复合材料压制成外径 7.00 mm、内径 3.04 mm 的环形样品,用安捷伦(E8363B)矢量网络分析仪测量了复合物的磁导率和介电常数。

根据传输线理论,当波通常以金属底板入射到吸收层时,在给定吸收层厚度下的 RL 曲线可由复磁导率和介电常数通过以下表达式计算:

$$Z=\frac{Z_{in}}{Z_0}=\sqrt{\frac{\mu_r}{\varepsilon_r}}\tan hj\left(\frac{2\pi t}{\lambda}\sqrt{\mu_r\varepsilon_r}\right) \quad (1)$$

$$\mathrm{RL(dB)}=20\log\left|\frac{Z-1}{Z+1}\right| \quad (2)$$

式中,Z 为与自由空间阻抗相关的归一化输入阻抗;μ_r 和 ε_r 分别是复数磁导率和介电常数,t 为吸收器厚度;λ 是自由空间波长。

3 结果与讨论

图 1(a)为制备的 Fe_2O_3 颗粒和在厌氧条件下退火 Fe_2O_3 及葡萄糖复合物颗粒的 XRD 谱图。下谱线为典型的尖晶石相的 Fe_2O_3。上谱线是厌氧条件下煅烧样品的衍射结果,索引图谱为 Fe_3O_4。在高温碳化过程中,葡萄糖可通过热解[10]转化为碳成分,碳成分可诱导碳热还原生成金属铁或金属离子 Fe^{2+}[11]。Fe_3O_4 的 x 射线衍射图谱和 γ-Fe_2O_3 非常相似,需要用穆斯堡尔谱区分它们。已知 Fe_3O_4 结晶成立方尖晶石结构[12],铁离子同时占据了四面体(A)位和八面体(B)位点 $(Fe)^A(Fe2)^BO^4$。通过穆斯堡尔技术测量两个不同占位原子的超精细场,可以用来区分 Fe_3O_4 和 γ-Fe_2O_3。图 1(b)给出了厌氧条件下 Fe_2O_3 和葡萄糖混合物煅烧样品室温下的 Mossbauer 光谱。我们可以发现,两个磁六级分裂谱刚好拟合,分别对应于 A 位点的 Fe^{3+} 离子和 B 位点的(Fe^{2+} Fe^{3+})离子。穆斯堡尔谱的参数,如表 1 所示。A 位和 B 位超精细场分别为 48.7 T 和 45.6 T。结果表明,样品是 Fe_3O_4 而不是 γ-Fe_2O_3[13,14]。厌氧退火过程中发生的化学反应可以用以下方程来解释:

$$C_6H_{12}O_6 \xrightarrow{\text{Heating and Anaerobic}} 6C+6H_2O\uparrow \quad (3)$$

$$3Fe_2O_3+C \xrightarrow{\text{Heating}} CO\uparrow+2Fe_3O_4 \quad (4)$$

$$3Fe_2O_3+CO \xrightarrow{\text{Heating}} CO_2\uparrow+2Fe_3O_4 \quad (5)$$

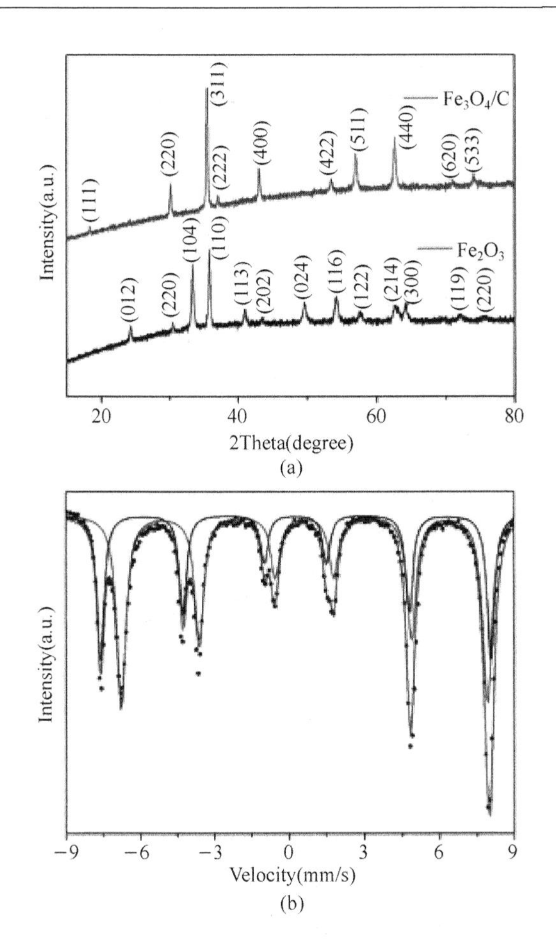

图 1 (a)Fe_3O_4—C 颗粒的 XRD 谱和(b)穆斯堡尔谱

表 1 从图 1(b)Fe_3O_4—C 颗粒常温穆斯堡尔谱线中提取的 A 和 B 占位原子的超精细参数:超精细场(B_{hf}),四极劈裂,同质异能位移,相对光谱所占面积。

Site	B_{hf}(T)	QS/(mm·s^{-1})	IS/(mm·s^{-1})	I %
A	48.7	−0.03	0.24	38.2
B	45.6	−0.04	0.60	61.8

Fe_2O_3 和在厌氧条件下形成的 Fe_3O_4 颗粒的 SEM 图像,如图 2(a)(b)所示。Fe_2O_3 粒子呈不完整八面体结构,平均直径约为 400 nm。通过对比图 2(a)和(b),我们发现 Fe_2O_3 脱氧为 Fe_3O_4 时,样品颗粒大小没有变化。从图 2(b)中可以看出,Fe_3O_4 颗粒表面形成了一些絮状物质,应该是方程(3)中描述的高温缺氧条件下的残余碳[10]。利用透射电镜观察得到了图 2(c)中颗粒结构和更细微的细节。如图中所示,Fe_3O_4—C 颗粒形貌呈 Fe_3O_4 颗粒上包覆了一层碳。退火颗粒样品的拉曼光谱如图 2(d)所示,峰出现在 1317 cm^{-1} 的 D 波段,1596 cm^{-1} 的 G 波段,分别来源于无序和有序的晶体石墨碳。这一结果进一步揭示了颗粒表面的涂层是碳。以 411、500、612 和 666 为中心的峰值与 Fe_3O_4 的 Fe—O 带有关[15]。

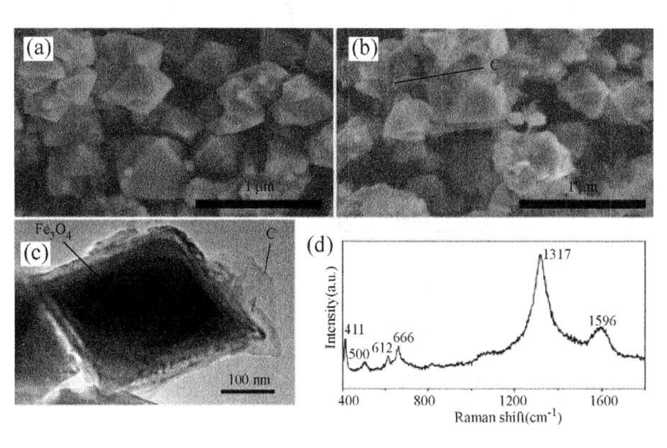

图 2 (a)Fe_2O_3 和(b)Fe_3O_4—C 微米颗粒的 SEM 图,(c)Fe_3O_4—C 微米颗粒的 TEM 图和拉曼散射光谱

Fe_3O_4—C 颗粒的常温磁滞回线,如图 3(a)所示。从图中可以看出矫顽力(H_C)和饱和磁化强度(M_S)分别为 30 Oe 和 76 emu g^{-1}。饱和磁化强度值小于纯 Fe_3O_4 颗粒(M_S = 90 emu g^{-1})[16]。这是由于 Fe_3O_4—C 复合材料中含有非磁性碳。观察热重(TG)曲线图 3(b),可以看到两个重量损失的拐点,分别是吸附水挥发(约 150 ℃)和碳发生化学反应(约 310 ℃),以及一个微弱的质量增加区(Fe_3O_4 氧化为 Fe_2O_3)转变温度范围 150~320 ℃[17]。由于碳成分可以在空气中完全燃烧,最终的产物将只有 Fe_2O_3。因此,该复合材料中的碳含量可以用[18]计算:

$$\text{wt}\%R=(1-\text{wt}\%\text{carbon}-\text{wt}\%\text{water})\frac{1.5\text{M}(Fe_2O_3)}{\text{M}(Fe_3O_4)} \tag{6}$$

式中,wt %R 为氧化后剩余重量百分比,M 为化合物分子量。由式(6)推导出的 Fe_3O_4—C 复合物中碳的重量百分比为 10.5%。

电磁波吸收体的吸收性能和材料的复介电常数和复磁导率高度相关,复介电常数的实部(ε')和复数磁导率实部(μ')代表电场和磁场能量的存储能力,虚部(ε'' 和 μ'')代表电场和磁场能量的损耗[19,20]。磁性 Fe_3O_4—C/石蜡复合材料的复数介电常数谱,如图 4(a)所示,实部(ε')和虚部(ε'')的值在整个所测频段范围内约为 20 和 2。Fe_3O_4—C /石蜡复合物复数磁导率实部(μ')和(μ'')在 1~10 GHz 范围内所测曲线,如图 4(b)所示。μ'' 值在 1 GHz 时为 2.3 并且随着频率的升高逐渐降低至

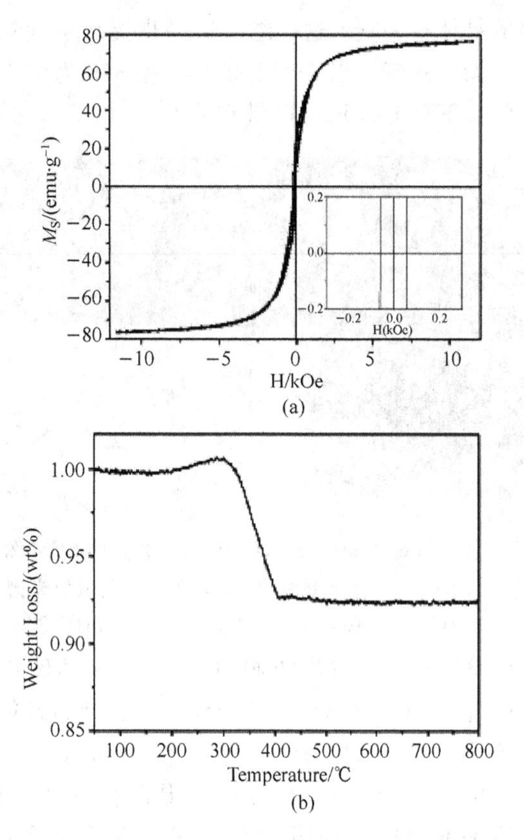

图 3 (a)Fe_3O_4—C 复合物常温磁滞回线和(b)热重曲线

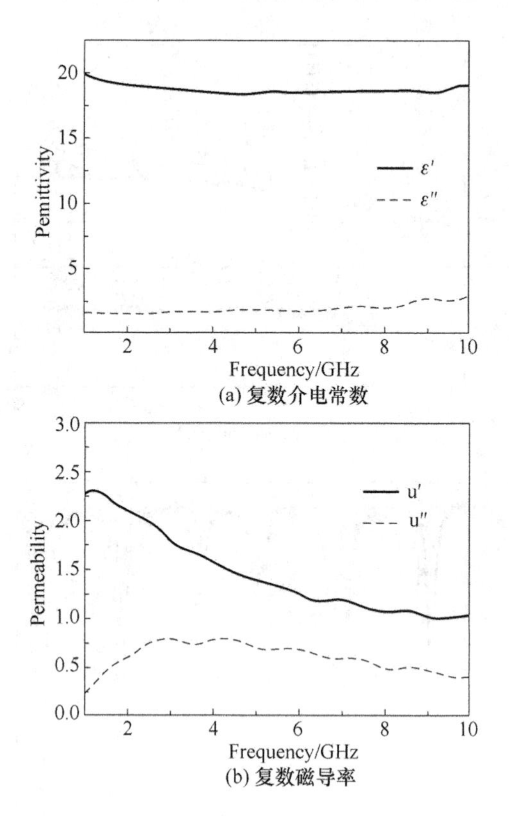

图 4 体积分数为 50% 的 Fe_3O_4—C/石蜡复合物的

1。这一数值高于其他铁氧体粒子复合材料，甚至高于某些金属纳米复合材料[15,21-23]。此外，从 μ''-f 谱明显观察到共振吸收峰到 3.2 GHz 左右。对于具有轴向各向异性的磁性材料，自然共振频率 f_r 应表示为

$$f_r=\gamma' H_a/2\pi \tag{7}$$

式中，γ' (2.8 GHz kOe^{-1})为旋磁比，H_a为各向异性场。有文献报道 Fe_3O_4磁晶各向异性常数 $K_1=-13\times10^4$ erg cm^{-1}[24]。H_a可以用公式 $2|K_1|/\mu_0 M_S$得到，因此我们可以得到自然共振频率为 $f_r=3.1$ GHz，这个值跟磁谱曲线的共振峰保持一致。

通常在吸波体中介电损耗和磁损耗在电磁波固有衰减中起着重要作用[25]。为了分析 Fe_3O_4—C 颗粒中哪一个是占主导地位，我们计算了介质损耗因数($\tan\delta_e=\varepsilon''/\varepsilon'$)和磁损耗系数($\tan\delta_m=\mu''/\mu'$)。如图 5 所示，$\tan\delta_m$ 值变化在 1～10 GHz 范围内 0.09～0.38 之间变化，但 $\tan\delta_e$ 值基本上保持不变。明显观察到在整个频率范围内 $\tan\delta_m$ 远远大于 $\tan\delta_e$。宽的损耗峰峰 $\tan\delta_m$ 来自磁共振行为 μ''-f 曲线。图 5(b)显示了 Fe_3O_4—C /石蜡复合材料反射损耗(RL)与频率的关系。从图中我们可以观察到不同频率和厚度下的吸收特性。在 1.5～10 GHz 范围和 1.7～8.0 mm 厚度下具有优于−10 dB 的吸波特性。尤其是在频率为 2.6 GHz 和厚度为 4.5 mm 时具有最优的反射损耗值−44 dB。结果表明，该复合材料在 S-X 波段具有良好的吸收性能。

吸波材料含有金属磁性颗粒，这种材料的吸波机理已经成功地用 λ/ 4 干扰取消关系解释[26]。最小 RL 值时吸波材料厚度与频率的关系可以表示为

$$t_m=\frac{nc}{4\,f_m\sqrt{\mu_r\varepsilon_r}}(n=1,2,3\cdots) \tag{8}$$

式中，t_m和 f_m是损耗峰对应的匹配厚度和匹配频率，μ_r和 ε_r是匹配频率下的复数介电常数和磁导率，c 是光速。当复合材料的厚度满足方程(8)，吸波体空气界面反射波和金属界面全反射波的相位相差 180°，因此会在吸波体空气界面发生干涉相消[27]。图 6(a)给出了在一定厚度下的 RL 曲线。RL 峰出现在每一个 RL 曲线上，随着吸波体厚度

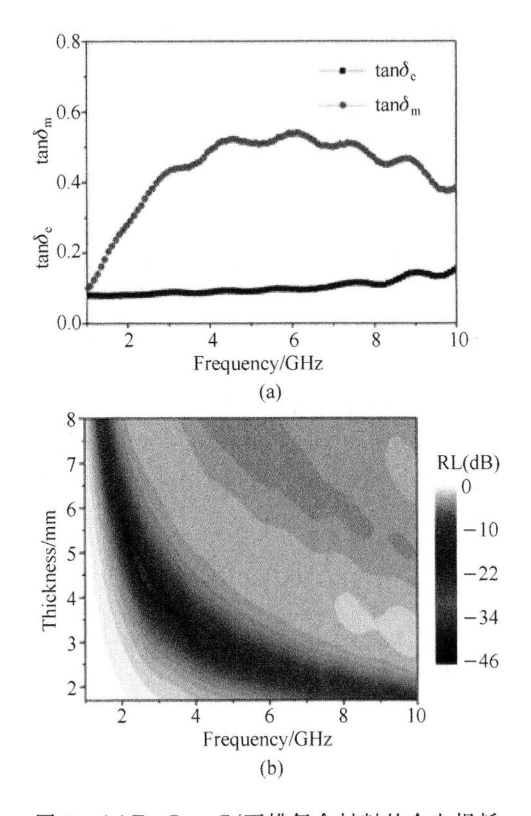

图 5 (a)Fe_3O_4—C/石蜡复合材料的介电损耗损耗，(b)在 1～10 GHz 频段内的微波反射损耗

的增加吸收峰频率逐渐降低。图 6(b)中的红线显示了计算的 Fe_3O_4/石蜡复合物随频率变化的 $\lambda/4$ 厚度。黑色方点是图 6(a)中相应吸收峰频率的吸收器厚度。这张图显示的 $\lambda/4$ 吸波体厚度与反射损耗曲线厚度相一致。结果表明，RL 峰是 Fe_3O_4—C/石蜡复合材料两波干扰抵消的结果。

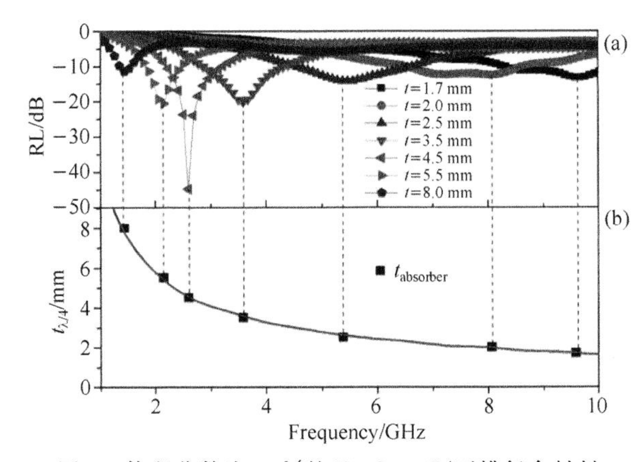

图 6 体积分数为 50%的 Fe_3O_4—C/石蜡复合材料(a)不同厚度和频率下的反射损耗和(b)四分之一波长模型计算的最大吸收匹配厚度

4 结论

采用厌氧退火法制备了化学稳定性好、重量轻的 Fe_3O_4—C 核壳颗粒。Fe_3O_4—C/石蜡复合材料表现出优异的微波吸收性能(RL≤10 dB)在 1.5～10 GHz。在最好的阻抗匹配点，厚度 4.5 mm频率 2.6 GHz，达到最低的反射损耗值 −44 dB。Fe_3O_4—C 复合材料的复介电常数和磁导率的合理匹配获得了宽频带吸收和较强的反射损耗。反射损耗峰值频率随吸收体厚度的增加而增加，并且它们的关系遵循 $\lambda/4$ 干扰相消关系。

5 致谢

这项工作由中国国家自然科学基金支持(基金号 11144008 和 11204115)。

参考文献

[1] Kim D Y, Chung Y C, Kang T W, Kim H C, IEEE Trans. Magn. 32 (1996):555-558.

[2] Sugimoto S, Maeda T , Book D, et al. Compounds 330 (2002):332301.

[3] Han R, Qiao L, Wang T, et al. Compounds 509 (2011):2734-2737.

[4] Wang L, Huang Y, Sun X, et al. Nanoscale. 6 (2014):3157.

[5] Chen T, Qiu J H, Zhu K J, Che Y C, et al. J Mater Sci: Mater Electron 25 (2014):3664-73.

[6] Liu R, Li T, Han F D, Bai Y J, et al. Compounds 597 (2014):30-35.

[7] Xiao F, Feng C, Jin C, et al. Materials Letters 122 (2014):103-105.

[8] Jeong J R, Shin S C, Lee S J et al. Magn. Mater. 286 (2005):5-9.

[9] Klencsár Z, Kuzmann E, Vértes A, et al. Nucl. Chem. 210 (1996):105.

[10] Meng Y, Gu D, Zhang F Q, et al. Angew. Chem. Int. Ed. 44 (2005):7053-7059.

[11] Sun Z H, Wang L F, Liu P P, et al. Adv Mater. 18 (2006):1968-1971.

[12] Wyckoff W G. Crystal Structures, Vol. 3, Interscience, New York, 1965.

[13] Zheng H, Yang Y, Zhou M J, et al. Hyperfine Interact 189 (2009):131-136.

[14] Brahma P, Banerjee S, Das D, et al. Magn Mater. 246 (2002):162-168.

[15] Sathish M, Tomai T, Honma I. Journal of Power Sources 217 (2012):85e91.

[16] Chikazumi S. Physics of Magnetism, Wiley, New York, 1964.

[17] Chen D, Xu R. Materials Research Bulletin, 33 (1998):1015-1021.

[18] Zhang B, Du Y C, Zhang P, Zhao H T, et al. Polym. Sci. 130 (2013):1909-1916.

[19] Li Y B, Chen G, Li Q H, et al. Compounds 509 (2010):4104.

[20] Mantese J V, Micheli A L, Dungan D F, et al. Phys. 79 (1996):1655.

[21] Qiang C W, Xu J C, Zhang Z Q, et al. Compounds 506 (2010):93.

[22] Liu X G, Geng D Y, Zhang Z D. Applied Physics Letters 92 (2008):243110.

[23] Liu X G, Or S W, Ho S L, et al. Compounds 509 (2011):9071.

[24] Jr E L, Brandl A L, Arelaro A D, et al. Phys. 99 (2006):083908.

[25] Li G, Hu G G, Zhou H D, et al. Phys. 90 (2001): 5512.

[26] Kong I, Ahmad S H, Abdullah M H, Hui D, et al. Magn Mater. 322 (2010):3401.

[27] Wang B C, Wei J Q, Yang Y, et al. Magn Mater. 323 (2011):1101.

通信作者： 张永搏

通信地址： 甘肃省兰州市南昌路 509 号　中国科学院近代物理研究所，邮编 730000

E-mail： zyb@impcas. ac. cn

FPGA 实现针对射频功放线性化的反馈多项式模型

王广江[1]　李久超[2]　刘枫[2]　李亚秋[2]　于翠屏[1]　刘元安[1]

(1. 北京邮电大学 电子工程学院，北京　100876；

2. 中国空间技术研究院 通信卫星事业部　北京，100094)

摘　要：本文针对功放的反馈多项式模型，进行了 FPGA 实现。在 FPGA 实现过程中，采用了 LUT 和间接学习结构。仿真和实测结果中 ACPR 优化了 17dBc，可表明该模型具有较好的线性化效果。

关键词：反馈多项式，数字预失真，FPGA 实现。

1　背景介绍

为了改善射频功率放大器的非线性，基于基带的数字预失真技术被广泛应用。在文献[1-4]中，多个针对射频功放数字预失真的算法模型被提出。这些算法模型用来表征功放的非线性特征。例如，记忆多项式模型[1]，广义记忆多项式模型[2]，增广复杂度约简广义记忆多项式模型[3]，基于动态偏差约简的 volterra 模型[4]等。选择一个合适的模型主要基于模型计算复杂度和模型精度。在这项工作中，我们选择了反馈多项式模型，因为其低复杂度和令人满意的精度[5]。在工程实现中，计算和存储特征数据需要处理器和存储设备，FPGA 以其可编程性和并行性被广泛应用[6-7]。此外，FPGA 中的高速串行接口可以支持高速、高精度的数字信号，从而提高性能和带宽。在文献[8]中，功放的反馈拓扑结构被提出。本文基于反馈多项式(FP)模型[5]和间接学习体系结构(ILA)设计数字预失真结构，然后将 LUT 和串行接口用于 FPGA 实现，并利用相邻信道功率比(ACPR)来评估该实现的性能。此外，还采用寄存器、LUT 等参数对 FPGA 的资源利用进行了评估。

本文的主要内容如下：第二部分介绍了数字预失真的结构设计，包括反馈模型的参数和 LUT 的结构。在第三节中，详细介绍了数字预失真结构的 FPGA 设计。第四节总结了试验结果，第五节给出了结论。

2　结构设计

反馈多项式模型的数学表达式如式(1)所示[5]：

$$y(n)=\sum_{q_y=1}^{Q_y-1}\sum_{\substack{K_y=1\\k_y=\text{odd}}}^{K_y}a_{q_yk_y}y(n-q_y)\mid y(n-q_y)\mid^{k_y-1}+\sum_{q_x=0}^{Q_x-1}\sum_{\substack{K_x=1\\K_x=\text{odd}}}^{K_x}a'_{q_xk_x}x(n-q_x)\mid x(n-q_x)\mid^{k_x-1} \tag{1}$$

式中，Q_y 是功放输出信号 $y(n)$的记忆深度；K_y 为功放输出信号 $y(n)$的非线性阶数；Q_x 和 K_x 是功放输入信号 $x(n)$的记忆深度和非线性阶数；$a_{q_yk_y}$ 和 $a_{q_xk_x}$ 为反馈多项式模型中输出和输入信号相关的系数。模型复杂度取决于待提取系数的数量。反馈多项式模型具有较低的系数总量如式(2)所示：

$$l=\frac{(Q_y-1)\times(K_y+1)+Q_x\times(K_x+1)}{2} \tag{2}$$

(1) 系数计算

本文通过式(3)并选择了如图 1 所示的间接学习结构(ILA)来计算预失真函数的系数：

$$x(n)=\underbrace{\sum_{q_x=1}^{Q_x-1}\sum_{K_x=1}^{K_x}b_{q_xk_x}x(n-q_x)\mid x(n-q_x)\mid^{k_x-1}}_{\text{feedback}}+\sum_{q_y=0}^{Q_y-1}\sum_{\substack{K_y=1\\K_y=\text{odd}}}^{K_y}b'_{q_yk_y}y(n-q_y)\mid y(n-q_y)\mid^{k_y-1} \tag{3}$$

式中，$b'_{q_yk_y}$ 和 $b_{q_xk_x}$ 为预失真函数的训练系数。本文选择了低复杂度和样本结构的最小二乘估计

(LSE)技术(5)来计算系数。式(3)可以用矩阵表示为式(4)：

$$\boldsymbol{X}_{m\times 1}=\boldsymbol{R}_{m\times l}\boldsymbol{b}_{l\times 1} \tag{4}$$

式中数据样本数量为 $\boldsymbol{m}$；l 代表着系数的数目；$\boldsymbol{R}_{m\times l}$是由 $x(n-q_x)$和 $y(n-q_x)$构成的矩阵，其结构如式(5)～(8)所示。

$$\boldsymbol{R}_{m\times l}=[\boldsymbol{r}_{1\times l}(0),\boldsymbol{r}_{1\times l}(1),\ldots,\boldsymbol{r}_{1\times l}(m-1)]^{\mathrm{T}} \tag{5}$$

$$\boldsymbol{r}_{1\times l}(n)=[o_{11},o_{13},\ldots,o_{1k_y},o_{q_y 1},o_{q_y 3},\ldots,o_{q_y k_y}, i_{11},i_{13},\ldots,i_{1k_x},i_{q_x 1},i_{q_x 3},\ldots,i_{q_x k_x}] \tag{6}$$

$$o_{q_x k_x}=x(n-q_x)|x(n-q_x)|^{k_x-1} \tag{7}$$

$$i_{q_y k_y}=y(n-q_y)|y(n-q_y)|^{k_y-1} \tag{8}$$

$\boldsymbol{b}_{l\times 1}$是一个相关系数的纵向向量。可以表示为式(9)。

$$\boldsymbol{b}_{l\times 1}=[b_{11},b_{13},\ldots,b_{1k_x},b_{q_x 1},b_{q_x 3},\ldots,b_{q_x k_x}, b'_{11},b'_{13},\ldots,b'_{1k_y},b'_{q_y 1},b'_{q_y 3},\ldots,b'_{q_y k_y}]^{\mathrm{T}} \tag{9}$$

根据 LSE 算法，通过式(10)可计算相关系数：

$$\hat{\boldsymbol{b}}_{l\times 1}=(\boldsymbol{R}^H_{l\times m}\boldsymbol{R}_{m\times l})^{-1}\boldsymbol{R}^H_{l\times m}\boldsymbol{X}_{m\times l} \tag{10}$$

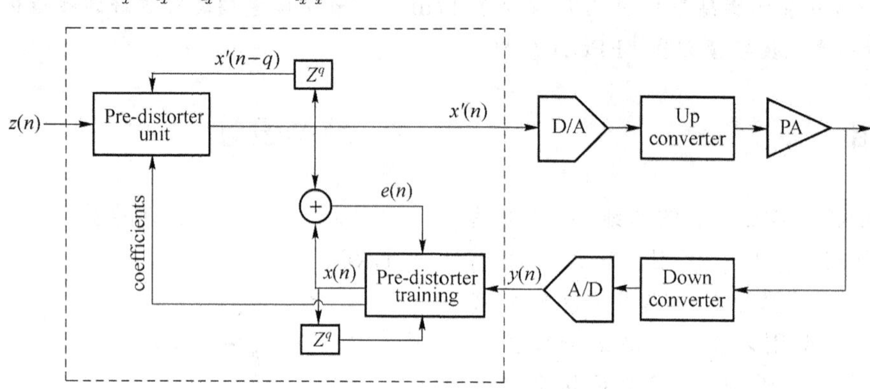

图 1　反馈模型的间接学习结构

在图 1 中，$y(n)=G\cdot z(n)$；G 为增益系数；$x'(n)=x(n)+e(n)$，通过使用 LSE 算法使 $e(n)$ 趋向于零。

(2) 基于 LUT 的结构

查找表 (LUT) 是一种有效的结构，用于减少加法器和乘法器的数量。相关数据通过信号幅值平方处理并存储在 LUT 中。本文选择宽带大功率放大器(ZHL－16W－43＋)作为非线性优化目标，利用 MATLAB 进行寻找最优 Q_x，Q_y，K_x，K_y 以得到最小相邻信道功率比(ACPR)。最终，$Q_x=2$，$Q_y=1$，$K_y=13$，$K_x=5$ 被用来建立基于 LUT 的数字预失真结构，以获得最佳性能。在这项工作中，使用两个 LUT 如式(11)所示：

$$x'(n)=\sum_{\substack{k_x=1\\k_x=\text{odd}}}^{k_x=5} x'(n-1)\underbrace{b_{q_x k_x}\,|\,x'(n-1)\,|^{2*\frac{k_x-1}{2}}}_{\text{LUT0}} + \sum_{\substack{k_y=1\\k_y=\text{odd}}}^{k_y=13} z(n)\underbrace{b'_{q_y k_y}\,|\,z(n)\,|^{2*\frac{k_y-1}{2}}}_{\text{LUT1}} \tag{11}$$

3　FPGA 实现

基于 LUT 实现数字预失真算法的结构，如图 2 所示，它由五部分组成：复数模值平方(CAS)、时延(TD)、LUT、复数乘法(CM)和复数加法(CA)。

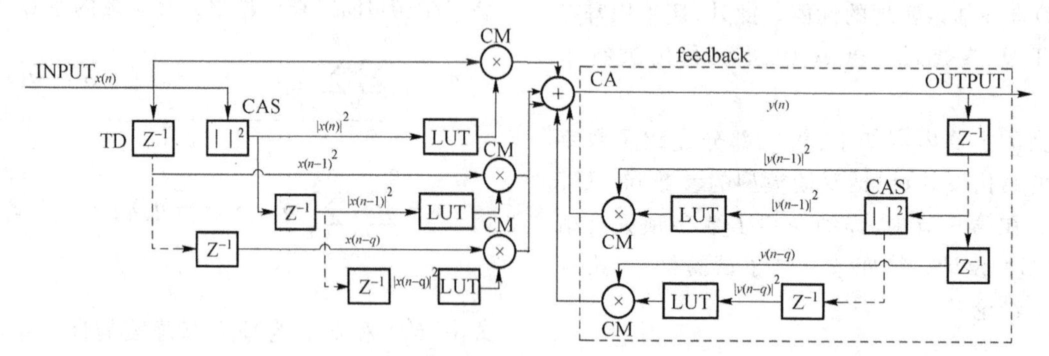

图 2　基于 LUT 的数字预失真结构

为了实现式(3)中的反馈部分，本工作采用图 2 所示的结构。在时间延迟之前计算反馈信号的幅度，这可以减少幅度计算的数量。

(1) LUT 结构

本文采用双端口 RAM 来建立 LUT，用以存储系数的实部和虚部。LUT 的结构，如图 3 所示。在图 3 中，我们以式(12)为例：

$$\mathrm{LUT}=\sum_{k=0}^{K=3} b_k\,|m\Delta|^{\frac{k}{2}},\quad \Delta=1/2048 \tag{12}$$

式中，b_k 系数可以表示为 $b_k=c_k+d_k\mathrm{j}$，c_k 是实部部分，d_k 是虚部部分。另外，$|x(n)|^2$ 用来作为地址读取 LUT 中的数据。

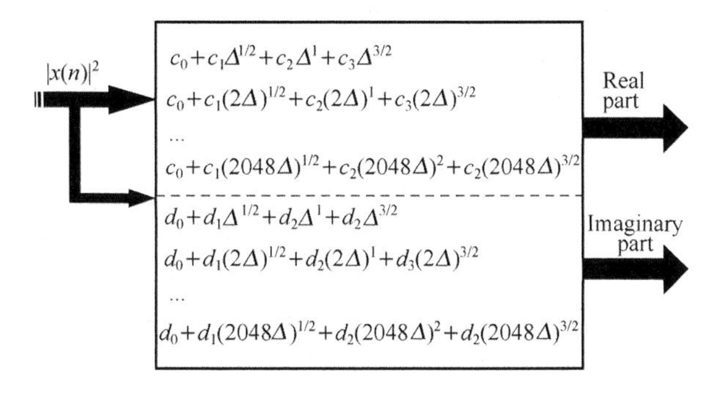

图 3 基于双口 RAM 的新型 LUT 结构

(2) 模值平方计算

利用乘法器和加法器来计算模值的平方，如图 4 所示。

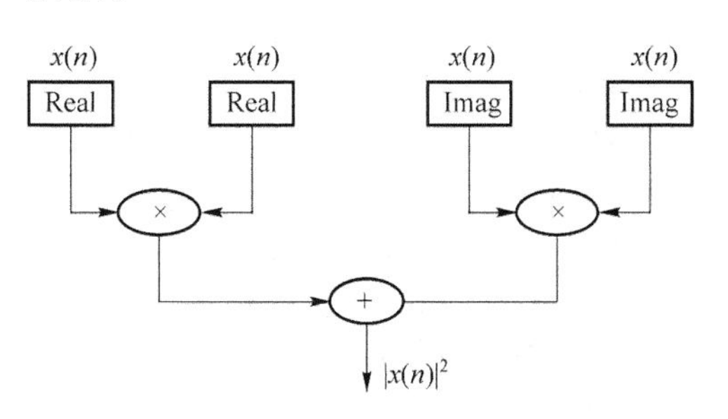

图 4 模值平方结构

比较图 3 和图 5，LUT 是由 $|x(n)|^2$ 或 $|x(n)|$ 来寻址是最主要的区别。在 FPGA 实现中，$|x(n)|^2$ 由两个乘法器和一个加法器计算，如图 4 所示。$|x(n)|$ 由 CORDIC IP 核计算。利用 ISE 软件对资源消耗进行比较，结果显示为表 1。

结果表明，选择 $|x(n)|^2$ 作为 LUT 的地址比 $|x(n)|$ 所需硬件成本要低。

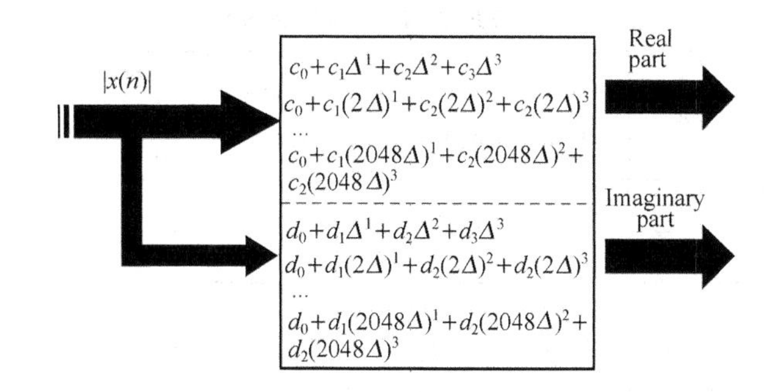

图 5 基于双口 RAM 的 LUT 结构

表 1 资源消耗对比

Type	Slices	SliceReg	LUT	LUT RAM
CORDIC	214	631	654	19
Multiplier and adder	134	300	498	0

4 测试结果

不同功放的非线性特征是不同的。在这项工作之前，基于 MATLAB 的功放(ZHL 16W－43＋)是用宽带码分多址(WCDMA)信号作为输入建立的。与 MP-odd 模型相比，结果显示为图 6、表 2 和表 3。

表 2 反馈多项式(FP)模型与记忆多项式(MP)模型的比较

Model	Model dimensions	Number of coefficients	ACPR(dBc)	
			LSB	USB
FP	$[Q_x,Q_y,K_y,K_x]=[2,1,13,5]$	10	−55.32	−54.89
MP-odd	$[Q,K]=[2,7]$	12	−51.17	−51.20

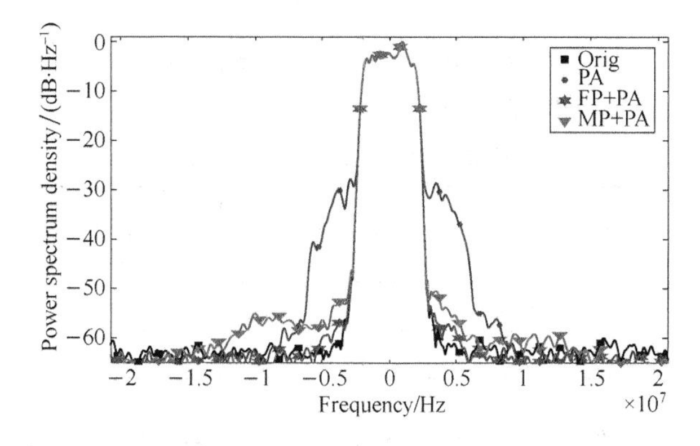

图 6 MATLAB 中功率放大器输出功率谱的比较

表 3　FP 和 MP 模型资源消耗

Model	Number of LUT	Number of Multiplex	Number of adder	Number of magnitude calculation
FP	2	8	5	2
MP	3	12	8	1

这项工作使用 Xilinx FPGA 评估开发板 VIETEX 6 ML605。通过软件 ISE,资源利用率如表 4 所示。

表 4　source utilization of FPGA board

Resources	Used	Available	Percentage
Slice register	3928	301440	1.3%
Slice LUTs	4090	150720	2.7%
DSP48E1	42	768	5.4%
Slice logic	1662	37680	4.4%

为了评估这一工作的效果,WCDMA 源信号和通过 PA 的反馈信号被提供给 FPGA 板。在计算得到数字预失真模型的输出信号后,通过功放和频谱仪,最终信号显示为图 6 和表 5。

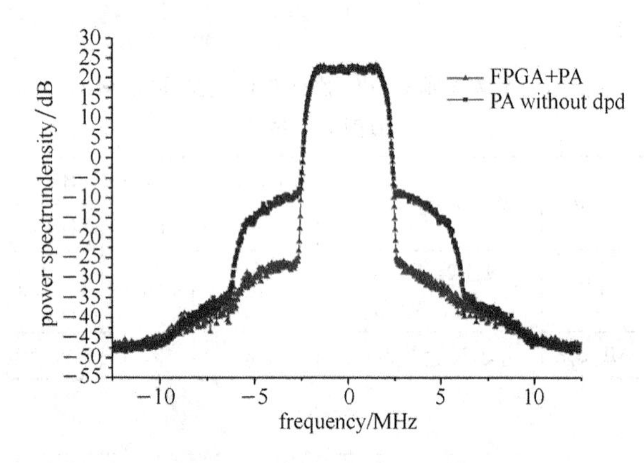

图 7　有无数字预失真的功放输出频谱对比

其中心频率为 1.9 GHz,信号带宽为 5 MHz。

表 5　FPGA 板卡的测试结果

Model	ACPR/dBc	
	LSB	USB
PFGA+PA	−53.4	−52.0
PA without DPD	−35.9	−35.4

结果表明,该系统运行良好,该系统的 ACPR 提高了约 17 dBC。

5　总结

本文介绍了基于反馈多项式模型的数字预失真实现结构。反馈多项式模型需要较少的系数,并比 MP-odd 模型效果更好。基于 FPGA 的仿真结果表明,该算法能够提高 17dBC 的 ACPR,反馈多项式模型适用于实际应用。

参考文献

[1] Kim J, Konstantinou K. Digital predistortion of wideband signals based on power amplifier model with memory, Electron. Lett. 37,2001:1417-1418.

[2] Morgan D R, Ma Z, Kim J, et al. Memory Polynomial Model for Digital Predistortion of RF Power Amplifiers, IEEE Trans. Signal. Proces. 54, 2006: 3852-3860.

[3] Zhu A, Pedro J C, Brazil T J. Dynamic deviation reduction-based Volterra behavioral modeling of RF power amplifiers, IEEE Trans. Microw. Theory Technol. 54,2006:4323-4332.

[4] Cunha T R, Pedro J C, Lima E G. Low-Pass Equivalent Feedback Topology for Power Amplifier Modeling, IEEE MTT-S. Int. Microwave Symp. Dig. 2008:1445-1448

[5] Zhao Xia, Li Zhan-ning, "A Novel Polynomial Model with Feedback for Digital Predistortion of Power Amplifiers (Dct. 2017). [online]. Aviilable: http://kns. cnki. net/kcms/dtail/11. 3570. TN. 20171002. 1839. 022. html.

[6] Guan L, Zhu A. Low-cost fpga implementation of volterra series-based digital predistorter for rf power amplifiers, IEEE Transactions on Microwave Theory and Techniques, vol. 58, no. 4:866, 2010.

[7] Cheang C, Mak P, Martins R P. A Hardware-Efficient Feedback Polynomial Topology for DPD Linearization of Power Amplifiers: Theory and FPGA Validation, IEEE Trans. Circuits Syst. I. 2018:1-14.

[8] Cunha T R, Pedro J C, Lima E G, Low-Pass Equivalent Feedback Topology for Power Amplifier Modeling, IEEE MTT-S. Int. Microwave Symp. Dig. 2008: 1445-1448.

第一作者： 王广江
通信地址： 北京市海淀区西土城路10号北京邮电大学电子工程学院，邮编100876
E-mail： gjwang@bupt.edu.cn

通信作者： 于翠屏
通信地址： 北京市海淀区西土城路10号北京邮电大学电子工程学院，邮编100876
E-mail： yucuiping@bupt.edu.cn

非接触 ESD 电极移动速度影响基于 Maxwell 方程组的初步分析

孙军[1,2]　梁梦玉[1,2]　阮方鸣[2,3]　程聪[2]　王珩[3]　陈曦[3]　李佳[4]

（1. 云南广播电视台，昆明，650000；2. 贵州大学大数据与信息工程学院，贵阳，550025；3. 贵州师范大学大数据与计算机科学学院，贵阳 550001；4. 深圳振华富电子有限公司，深圳，518109）

摘　要： 非接触静电放电发生时，放电参数会受到多种环境因素（如电极移动速度、气体压强、温度等）的影响而发生明显的改变。基于在实验中通过改变电极移动速度而观测到的放电电流峰值和上升时间，试图用 Maxwell 方程组对引起放电结果参数明显差异的内在机制加以初步分析阐释。通过 Maxwell 方程组对 ESD 实验进行研究，有益于静电放电的根本性质的探索和推进非接触静电放电测试标准的建立。

关键词： 静电放电，Maxwell 方程组，电极移动速度，峰值电流，上升时间。

Mechanism primary analysis based on Maxwell equations to electrode moving speed in non-contact ESD

Sun Jun[1,2]　Liang Mengyu[1,2]　Ruan Fangming*[2,3]　Cheng Cong[2]　Wang Heng[3]　Chen Xi[3]　Li Jia[4]

(1. Yunnan radio and television station, Kunming, 650031, China;
2. School of Big Data and Information Engineering, Guizhou University, Guiyang, China;
3. Guizhou Province Institute of Monitoring and Detecting Quality of Machinery and Electronic Products, Guiyang, China; 4. Shenzhen Zhenhuafu Electronic Corporation Company Limited, Shenzhen, China)

Abstract: When electrostatic discharge occurs, discharge parameters are obviously affected by various environmental factors, such as electrode speed moving to the target, gas pressure, temperature, etc.. In the experiment, the peak value and rising time of the discharge current are observed by changing the moving speed of the electrode, and the internal mechanism of the difference of the parameters of the discharge is analyzed and explained by the Maxwell equation group. In the ESD experiment, the results of electrostatic discharge show low reproducibility. It is of great theoretical and practical significance to fully understand the nature of electrostatic discharge by studying the ESD experiment through Maxwell equations.

Key words: electrostatic discharge, Maxwell equations, electrode movement speed, peak value, rise time.

1　引言

在现实的工业、科技、武器、日常生活出现的静电放电，非接触静电放电占有很大的比例。在电子工业中，每年会因为大量集成电路失效或损坏而造成巨大的经济损失。而静电放电引起集成电路失效或损坏，占了全部受损器件的三分之一。静电放电发生时，放电间隙的电性质具有低重复特性。研究这种低重复性，对于认识静电放电本质特性，从而采取措施防止静电放电危害，对于非接触静电放电测试标准的制定，有着重要的意义。

德国研究者 Rampe 和 Weizel 提出了以他们名字命名的 Rampe-Weizel 公式[1]，用来描述放电间隙作为等效电阻不满足欧姆定理的情况。类似的研究还包括 Bragniski，Toepler，Renninger 等人的工作[2-6]。在已经发表的国内国际文献中，虽然对气体静电放电参数的低重复性进行了或多或少、或直接或间接的一些讨论，但对这种影响的内部机理研究则几乎没有涉及，没有进行深入研究和阐明。我们团队自主研发的新型测试系统，可以得到不同速度参数的测量值，完成对该参数的实验室测量。对速度因素定量控制影响 ESD 效果的可能机制试图进行分析，讨论描述其物理过程的模型、数值分析和实验验证。

2 新型测试系统实验原理

新型静电放电测试研究系统，是将放电枪和放电靶与驱动电动机、密闭箱、数字示波器等以精巧的方式结合起来，形成一个全新的试验系统，具体如下。

电极移动速度效应检测仪是多因素（密闭箱内压强、气体种类、温度、湿度、放电枪移动速度）影响的静电放电测试研究系统，其结构如图 1 所示。

密闭箱 1 为一个可以调节其内温湿度、压强等的封闭实验环境；将放电靶 3 安装固定在密闭箱 1 的内箱壁上，在密闭箱 1 的底部安装有导轨支架 4，其作用为支撑水平固定设置在其上的导轨 5；在导轨 5 的上设置有静电放电发生器固定底座 16，并将静电放电发生器 6 固定在底座 16 上，通过固定底座 16 的运动可以使静电放电发生器 6 可以在导轨 5 上前后运动；曲轴连动杆 2 的一端与静电放电发生器 6 连接，通过此曲轴连动设计结合导轨可使静电放电发生器 6 做直线运动；设置在密闭箱 1 内的电动机 7 的输出轴与曲轴连动杆 2 的另一端相连接，并且可控制电动机 7 的电动机驱动调速器 13 与电动机 7 输入相连接，通过电动机驱动调速器 13 控制电动机转速，进而通过曲轴连动杆 2 控制静电放电发生器 6 直线向靶 3 运动的速度。

在密闭箱 1 内设有摄像头 8 和温度湿度显示器 9，通过摄像头 8 监视密闭箱 1 内部的情况，温

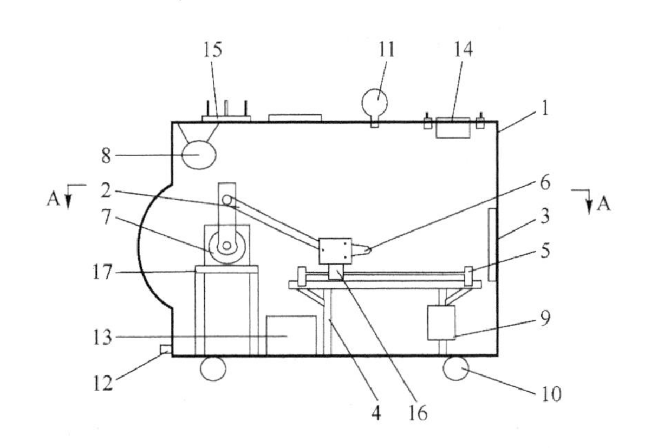

图 1　新型测试系统的主视结构图

度湿度显示器 9 用于监控密闭箱 1 内的温度和湿度，在密闭箱 1 箱体上部外侧固定有调节电动机运转速度的控制板 14 和将摄像头所摄录像转换成无线信号发射的无线路由器 15。在密闭箱 1 箱体底部装有可滑动的滚轮 10、负压表 11、与真空泵相连接的连接管 12、可放置电动机 7 的支架 17。密闭箱 1 的箱体正面镶嵌有机玻璃，其他 5 面均为铝板，这样设置有利于观察箱体的内部工作情况。本方案设计中，电动机驱动调速器 13 的输出端连接电动机 7 的输入端，用以提升电动机的驱动能力和控制电动机运转速度。

其工作的原理是：放电枪的放电现象是发生在其与放电靶接触的瞬间，通过导线将放电靶与接地金属相连，则放电产生的电流信号（即放电参数）就会通过在放电靶内部的同轴电缆传输显示到数字示波器上。

德国研究者 G Mierdel 和 R Seeliger 在早年就进行过电晕实验研究[7]。后期美国人 Penny、Cooperman 等人对电晕理论和应用进行了深入研究[8,9]。在忽略湿度对放电过程的影响和带电粒子的惯性力的前提下，用气体学原理和电晕放电理论得电极移动速度和电场强度之间的关系如下[10]：

$$E=\frac{6\pi d_s \mu V}{q} \tag{1}$$

式中，V 为电极移动速度，q 为金属粒子电荷量，E 为电极间的场强，d_s 为带电粒子的斯托克斯粒径。

Maxwell's equations 是英国物理学家詹姆斯·麦克斯韦在 19 世纪建立的一组描述电场、磁场与电荷密度、电流密度之间关系的偏微分方程。麦克斯韦方程组由如下四个方程组成。

积分形式的 Maxwell 方程组为

$$\oint_l H \cdot dl = \int_s J \cdot ds + \int_s \frac{\partial D}{\partial t} \cdot ds \qquad (2)$$

$$\oint_l E \cdot dl = -\frac{d}{dt}\int_s B \cdot ds \qquad (3)$$

$$\oint_s B \cdot ds = 0 \qquad (4)$$

$$\oint_s D \cdot ds = \int_s \rho dv \qquad (5)$$

式(2)是由安培环路定律推广而得的全电流定律，等号右边第一项是传导电流，第二项是位移电流。式(3)是法拉第电磁感应定律的表达式。式(4)表示磁感线是既无始端又无终端的；同时也说明并不存在与电荷相对应的磁荷。式(5)是高斯定律的表达式，说明在时变的条件下，从任意一个闭合曲面出来的电位移的净通量，应等于该闭曲面所包围的体积内全部自由电荷之总和。

微分形式的 Maxwell 方程组为

$$\nabla \times H = J = \frac{\partial D}{\partial t} \qquad (6)$$

$$\nabla \times E = -\frac{\partial B}{\partial t} \qquad (7)$$

$$\nabla \cdot B = 0 \qquad (8)$$

$$\nabla \cdot D = \rho \qquad (9)$$

式(6)是全电流定律的微分形式，它说明磁场的漩涡源是全电流密度，位移电流与传导电流一样都能产生磁场。式(7)是法拉第电磁感应定律的微分形式，说明电场强度 E 的旋度等于该点磁通密度 B 的时间变化率的负值，即电场的涡旋源是磁通密度的时间变化率。式(8)是磁通连续性原理的微分形式，说明磁感线线是无始无终的。也就是说不存在与电荷对应的磁荷。式(9)是静电场高斯定律的推广，即在时变条件下，电位移 D 的散度仍等于该点的自由电荷体密度。

3 实验结果与分析

在图1所示实验平台下，实验箱温度为28 ℃，相对湿度 70%，放电枪电压 2 kV，用电极移动速度检测仪进行固定小间隙静电放电的实验。通过改变电极移动速度获得电流峰峰值和上升时间，如表1所示。

表1 电流峰峰值和上升时间

$V/(\mathrm{m \cdot s^{-1}})$	0.05	0.18	0.27	0.35
I_{pp}/A	1.704	2.136	2.232	2.256
Tr/ps	1300	1100	950	900

在放电电压一定情况下，峰值电流与速度成正比，而上升时间与速度成反比，电流对时间求积为靶上所获得的总的电荷量，其随电极移动速度成正比。由 Maxwell 方程组第四个方程式可以得到，当电极移动速度变快时，放电头上分布电容的电荷量只有较少电荷量消散在周围环境中，所以才使放电电流的峰峰值大，靶上所积累的电荷量多。上升时间反应的是放电波形前沿的陡峭程度。现代微电子设备对波形的前沿最敏感。因此，速度越快，上升时间越短，对于敏感设备造成干扰越强。有公式(1)可以得到当速度变快时，放电枪上的电压随之增大，导致上升时间的变短。由 Maxwell 方程组第二个方程式得和公式(1)得，随着速度的增加，放电枪在向周围消散的电荷量减少，致使电场强度增大，但电场强度的旋度应与放电枪运动过程中消散电荷的速度有关。

探索非接触静电放电根本性质，对于静电放电危害的测量与防护，有理论和实际应用价值。基于新型静电放电测试系统实验获得的放电电流测试结果，本文用 Maxwell 方程组中的全电流定律和高斯定律，通过近似计算靶上所带的电荷量。为进一步求解电位移矢量，从而求得在放电过程中电场和磁场强度变化的规律，从能量的角度研究非接触式静电放电打下基础。在非接触静电放电标准中，目前尚未提出对电极移动速度的规定。对电极移动速度和其他环境因素影响放电结果进行深入机理分析，对于电子产品 ESD 抗度测试实验具有重要意义。

参考文献

[1] Meek, Craggs. Electrical Breakdown of Gases, Oxford Univ. Press Oxford, 1953 and Wiley, New York, 1978.

[2] Renninger R G. Mechanisms of charged-device electrostatic discharge, EOS/ESD Symp(1991).

[3] Mesyats. Physics of Pulse Breakdown in Gases, Nauka Publishers, Russia, 1991(in Russian).

[4] Ristic V M, Dubois G R. Time dependent spark-gap resistance in short duration arcs with semimetallic cathodes, IEEE Trans. Plasma Sci. PS-1978, 6(4).

[5] O'Rourke R C. Investigation of the resistive phase in high power gas switching, Lawrence Livemore Laboratories, University of California, 1977.

[6] Hyatt H M. The resistive phase of an air discharge and the formation of fast rise time ESD pulses, EOS/ESD Symp. 1992.

[7] Mierdel G, Seeliger R. The Physical Basis of Electrical Gas Purification[J]. Trans. Faraday Soc, 1936, 32: 1284-1289.

[8] W. Penny G, Humert G T. Photoionization Measurement in Air, Oxygen, and Nitrogen[J]. APPI. Phys, 1970, 41: 572-577.

[9] Cooperman P. A Theory for Space-charge Limited Currents with Application[J]. Trans. AIEE, 1960, 79 (49): 47-50.

[10] 汪颖. 喷射放电极静电除尘器的收尘机理及研发[D]. 武汉：武汉科技大学, 2009: 21-29.

[11] 阮方鸣, 高攸纲, 石丹, 等. 静电放电参数对电极速度的相关性与机理分析[J]. 新乡：电波科学学报, 2008, 23(5): 977-981.

[12] 阮方鸣, 石丹, 杨乘, 等. 在小间隙放电中用 Bernoulli 定理分析电极移动速度效应[J]. 新乡：电波科学学报, 2009, 24(3): 551-555.

通信作者： 阮方鸣

通信地址： 贵州师范大学大数据与计算机科学学院, 邮编 550001

E-mail： 921151601@qq.com

大型线栅有界波模拟器过渡段结构的仿真研究

马如坡[1]　石立华[2]　张军[1]

（1. 江苏警官学院，南京 210031；2. 陆军工程大学 野战工程学院，南京 210007）

摘　要：大型有界波模拟器采用线栅结构能够克服边缘电晕放电现象和高压击穿问题，并具有较好的承受风载能力。线栅型前过渡段的连接结构是否合适，会对模拟器的校准波形及工作区域场波形产生较大影响。本文对大型线栅有界波模拟器采用五种不同过渡段结构进行了仿真分析，相比于金属板与线栅直接相连结构，采用楔形一线栅结构或延长金属板长度结构，可获得更好的校准波形和工作区域场波形。

关键词：大型有界波模拟器，线栅型过渡段，楔形线栅结构。

Simulation Study on Transition Section Structure of Large Wire Grating Bounded Wave Simulator

Ma Rupo[1]　Shi Lihua[2]　Zhang Jun[1]

(1. Jiangsu Police Institute, Jiangsu 210031, China;

2. Field Engineering College of the Army Engineering University, Jiangsu 210007, China)

Abstract: Large bounded wave simulator with wire grating structure can overcome the edge corona discharge and high voltage breakdown problems, and has a good wind load bearing capacity. Whether the connection structure of the front transition section is suitable or not will have a great influence on the calibration waveform and the field waveform of the working area of the simulator. In this paper, five different transition structures are simulated and analyzed for the large wire grating bounded wave simulator. Compared with the metal plate directly connected with the wire grating, the wedge wire grating structure and the metal plate lengthening structure can obtain better calibration waveform and working area waveform.

Key words: large bounded wave simulator, wire grating transition section, wedge wire grating structure.

1　引言

大型装备或系统的电磁脉冲效应试验需要有较大空间的电磁脉冲模拟环境，因此，亟须研究设计具有大试验空间的大型有界波模拟器。对于大型有界波模拟器而言，其脉冲传输线一般都采用金属线栅代替金属平板，因为线栅型结构能够克服金属板型结构的边缘电晕放电现象和高压击穿问题，且在室外具有较好的承受风载能力[1-3]。在现实情况中，脉冲传输线的源端一般都为金属板，其与线栅型前过渡段的连接结构是否合适，会对模拟器的校准波形及工作区域场波形产生较大影响。通过仿真分析，确定合适的过渡段结构，可以提高大型有界波模拟器研发效率，降低成本，为实现所需技术指标提供参考。

2　大型线栅有界波模拟器仿真模型

采用基于有限积分法的三维电磁场仿真软件CST对大型线栅有界波模拟器进行仿真[4,5]。模型结构如图1所示。该有界波模拟器的总长设定为 31 m,前过渡段长为 14.5 m(源端金属板长为 3.2 m,水平方向长为 2.8 m),后过渡段长为 6.6 m,平行段工作区域长、宽、高为 10 m×5 m×5 m。为加快仿真速度且不影响计算精度,模拟器 *YOZ* 截面设置为磁壁,*XOY* 截面设置为电壁。负载端边界设置为“open”。材料设置为理想导体 PEC。

利用大型有界波模拟器进行校准测试时,为获得理想的校准对比波形,可在距离源端适当位置设置高压探头获取场波形。该模型中,为便于观察过渡段结构的反射对校准波形和工作区域场波形的影响,在距离工作区域下极板中心上方 1.5 m处设置电场监测点 1,监测点 1 距离源端 20 m,该点测得波形为工作区域波形;另在金属板—线栅连接处左侧水平距离为 1 m 处设置电场监测点 2,实际应用中该点测得场波形可作为校准波形。

激励采用集总电压源,波形采用双指数波[6,7]。双指数脉冲前沿上升时间约为 1.0 ns,半峰宽为 21.8 ns,峰值为 50 kV,最高频率约为 0.3 GHz。

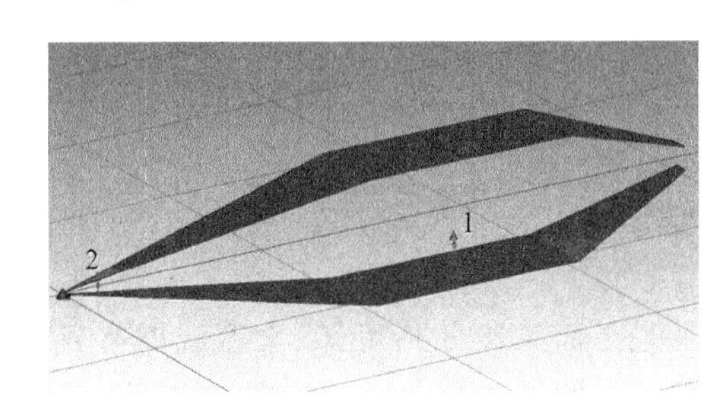

图 1　监测点 1 和 2 的设置

3　不同过渡段结构的仿真对比分析

为对比分析不同过渡段结构对场波形的影响,设计了五种类型过渡段结构进行仿真。五种结构分别为①金属板-线栅结构,即源端金属板与线栅型过渡段直接相连;②金属板延长结构,即适当延长金属板长度;③楔形结构,即金属板与线栅通过楔形结构过渡;④方形网格线栅,即源端金属板与方形网格线栅直接相连;⑤菱形网格线栅,即源端金属板与菱形网格线栅直接相连。以金属板—线栅结构为基准,分别与后四种如图 2 所示的结构进行仿真对比。

(a) 金属板延长

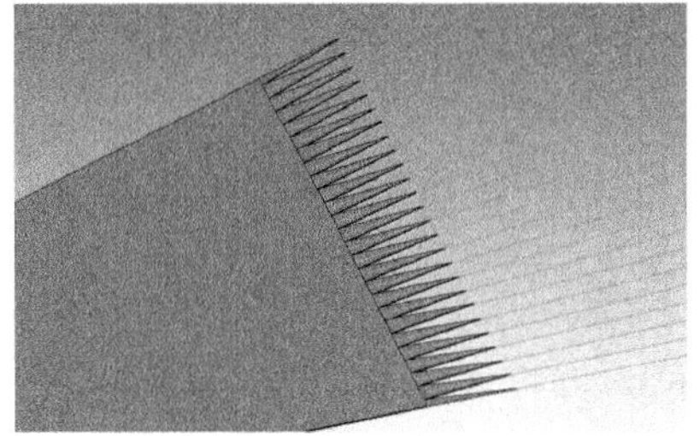

(b) 楔形结构

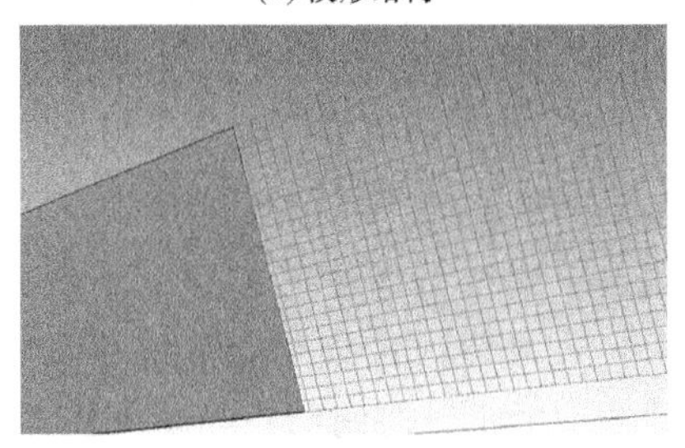

(c) 方形网格线栅

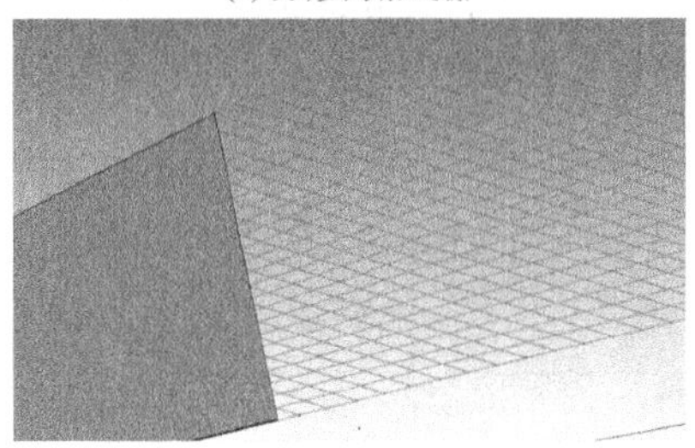

(d) 菱形网格线栅

图 2　不同过渡段结构模型

仿真结果对比如下:

(1) 金属板延长结构、楔形板—线栅结构与金属板—线栅结构对比

监测点 2 测得电场波形,如图 3 所示。

① 金属板—线栅:监测点脉冲峰值过后,脉冲在金属板与线栅连接处产生反射,由于监测点距离连接处的水平距离为 1 m,波形的反射再次到达监测点时间约 6.5 ns;峰值过后 18.5 ns 处有一个明显的正反射,这是由于金属板与线栅连接处的反射到达脉冲源后再次反射所致。

② 金属板延长:金属板在水平方向延长 3 m 后,原来结构连接处的反射明显减小。金属板与线栅连接处的反射第一次和第二次到达监测点时

间约为 26.5 ns 和 39.8 ns，从图 3 可见，这两个时间点的反射都已经很小。

③ 楔形板—线栅：金属板与线栅连接处改成楔形结构后，原来结构连接处的反射明显减小。距离脉冲峰值 8.5 ns 处的凹陷部分为锯齿结构与线栅连接处的反射，反射波经过源端再次反射到达监测点时间约为 20.7 ns。

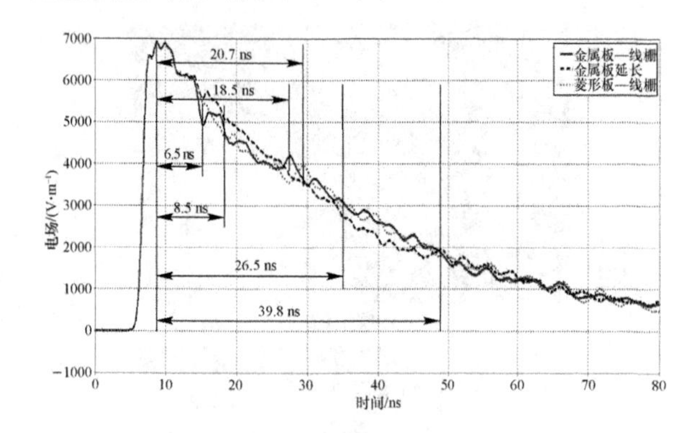

图 3　监测点 2 测得波形

监测点 1 测得电场波形的前沿上升时间，如图 4 所示。过渡段改成楔形板—线栅结构后，工作区域脉冲前沿上升时间与金属板—线栅结构相差不大，而过渡段金属板延长后，工作区域电场波形的前沿上升时间有所减小。

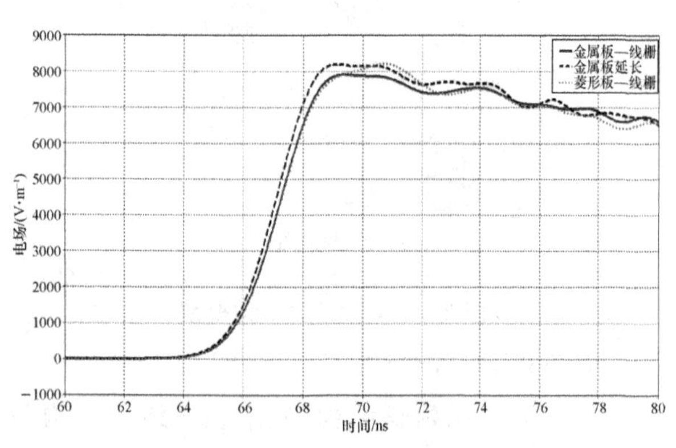

图 4　监测点 1 测得波形

(2) 方形网格结构、菱形网格结构与金属板—线栅结构对比

监测点 2 测得电场波形，如图 5 所示。前过渡段改成方形网格结构和菱形网格结构后，与原来的金属板—线栅结构相比，监测点 2 测得电场波形的反射有所减少，其他位置波形相差不大。

监测点 1 测得电场波形的波头，如图 6 所示。前过渡段改成方形网格结构后，工作区域电场波形的前沿上升时间有所减缓；改成菱形网格结构后，脉冲前沿上升时间与金属板-线栅结构相差不大。

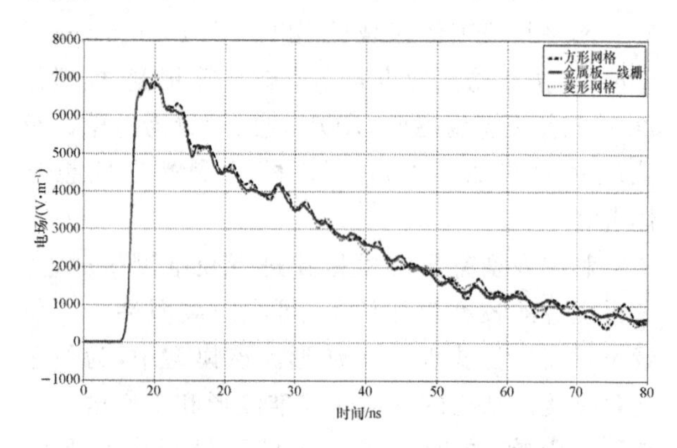

图 5　监测点 2 测得波形

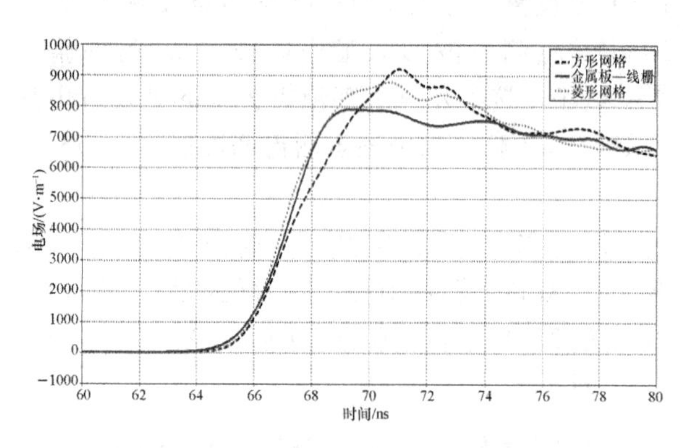

图 6　监测点 1 测得波形

4　结论

通过上面对比分析可知，大型线栅有界波模拟器的前过渡段采用楔形—线栅结构或延长金属板长度结构，可将过渡段连接部位的反射时间后移，有效避免对校准波形前沿上升时间和波峰的影响，且这两种结构均不会减缓工作区域场波形的前沿上升时间；而把过渡段结构改成网格状对反射有一定抑制作用，但方形网格严重影响了工作区域场波形的上升时间，且这两种结构加工难度比较大，成本较高。因此，对于大型线栅有界波模拟器，相比于金属板与线栅直接相连结构，其前过渡段采用楔形—线栅结构或延长金属板长度结构，可获得更好的校准波形和工作区域场波形。

参考文献

[1] 周璧华，陈彬，石立华. 电磁脉冲及其工程防护[M]. 北京：国防工业出版社，2003.

[2] 国海广，魏光辉，范丽思，等. 快沿电磁脉冲模拟器内部垂直极化场分布仿真研究[J]. 绵阳:强激光与粒子束，2009，21(3)：403-406.

[3] 潘晓东，魏光辉，任新智. 有界波模拟器内部电场分布仿真研究[J]. 测试技术学报，2007，21(3)：410-413.

[4] CST microwave studio-workflow and solver overview [EB]. CST Studio Suite™.

[5] 洪仁堂，马如坡，陈海林，等. 大型线栅有界波模拟器仿真研究[J]. 2017，(2)：59-62.

[6] MIL-STD-461F. Requirements for the Control of Electromagnetic Interference Characteristics of Subsystems and Equipment [S]，2007.

[7] IEC 61000-5-9. Installation and Mitigation Guidelines-System-level Susceptibility Assessments for HEMP and HPEM [S]，2009.

通信作者： 马如坡

通信地址： 江苏省南京市浦口区石佛寺三宫48号江苏警官学院，邮编 210031

E-mail： mrpjet@163. com

电波暗室静区反射电平和尺寸的测试

孙景禄　周峰

（中国信息通信研究院中国泰尔实验室 北京 100191）

摘　要：电波暗室是开展电磁兼容、天线等测试的重要设施，其参数性能对测试结果有重要影响。本文重点介绍了暗室的反射电平和静区尺寸的测试原理、测试方法、测试设备以及测试步骤这几方面，并对典型结果进行了分析。同时介绍了下一步的改进方向。

关键词：暗室，反射电平，静区尺寸，天线。

中图分类号：TN98　　**文献标识码**：A

Test of reflection level and size of quiet zone in anechoic chamber

Sun Jing-lu　Zhou Feng

(China Academy of Information and Communication Technology, Beijing 100191, China)

Abstract: The anechoic chamber is an important facility for testing electromagnetic compatibility and antennas. Its parameter performance has an important impact on the test results. This paper focuses on the testing principle of the reflection level and quiet zone size of the chamber, the test methods, test equipment, and test procedures, and analyzes the typical results. At the same time, the next step of improvement is introduced.

Key words: anechoic chamber, reflection level, quiet zone size; antenna.

1　引言①

随着社会的发展，科技的进步，检测和校准手段也日益成为科技工业发展的重要基石，因此规范检测和校准实验室的相关行为也就成了重中之重。中国合格评定国家认可委员会（CNAS）是根据《中华人民共和国认证认可条例》的规定，由国家认证认可监督管理委员会批准设立并授权的国家认可机构，统一负责对认证机构、实验室和检验机构等相关机构的认可工作。CNAS于2018年3月1日更新了新版本的实验室认可应用准则，其中在CNAS-CL01-A008:2018《检测和校准实验室能力认可准则在电磁兼容检测领域的应用说明》中，明确规定“进行辐射抗扰度测试时，电波暗室内的测试平面场分布均匀性应满足GB/T 17626.3——2016的要求，并定期检查、确认。电波暗室应按照GB/T 6113.104的附录”。此外，笔者在CNAS项目的支持下，在正在开展天线暗室静区反射电平的校准研究，因此，电波暗室的检测校准，要提上重视的程度。2016年工业和信息化部发布了通信行业标准YD/T 3182——2016《天线测量场地检测方法》。该方法规定了远场测量场地、近场测量场地、紧缩场测量场地的检测方法。我实验室就该方法进行了CNAS扩项，并且成功完成了数次检测任务，在多地完成了新装暗室的验收工作。

①　基金项目：国家重点研发计划资助，No. 2016YFF0200104，No. 2017YFF0204903。国家科技重大专项“新一代宽带无线移动通信网”项目，2017ZX03001028－005。中国合格评定国家认可中心科技项目，J2017CNAS05。

2 测试原理以及测试过程

YD/T 3182——2016《天线测量场地检测方法》测试反射电平，主要是应用了自由空间电压驻波比法和方向图比较法的原理。自由空间电压驻波比法的测量原理是基于微波暗室中存在直射信号和反射信号，微波暗室中空间任意一点的场强是直射信号和反射信号的矢量和，在空间形成驻波，驻波的数值大小即反映了微波暗室内反射电平的大小，而这个空间驻波可以通过测量不同位置的归一化方向图来实现测量。

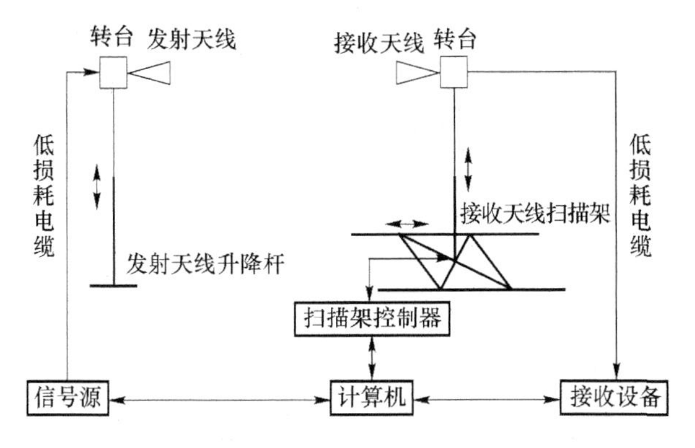

图 1 测量系统示意图

(Schematic diagram of measurement system)

我们自行设计的移动导轨也是采用了这样的原理，只是将发射天线和接收天线集合在一个可移动导轨滑块上面，两个天线间距离可调。滑块可以在整个导轨上做往复运动。

整个导轨位于下方，上面铺满了吸波材料，这样可以尽可能减少金属导轨对测试的影响。在外裸露的只有两个喇叭口天线，用于测试自由空间的接收电平。整个导轨是通过主机控制平移和天线转向。在测试过程中，主机、信号发生器、测量接收机(频谱分析仪)通过 LAN 口连接，网线从暗室内部连接到室外控制电脑。所有暗室内部的测试设备，均放置在导轨下方，被吸波材料覆盖，减小对空间电平反射的影响，如图 2 所示。

在微波暗室静区内选择若干条直线，测量时探测天线以一定的指向沿这些直线运动，这些直线被称为测量行程线。一般选择三个方向上直线作为行程线：微波暗室的纵轴方向、微波暗室横截面水平方向和垂直方向，分别称为纵向行程线、横向行程线、垂直行程线。图 3 给出了一个典型的

图 2 实际效果图(Actual rendering)

静区选取行程线的例子。待测的微波暗室静区中心为 O，最简单的测量行程线为穿过静区中心 O 的纵向行程线 Z_1Z_2、横向行程线 X_1X_2 和垂直行程线 Y_1Y_2。根据实际需要和测量时间的许可还可选择其他测量行程线。

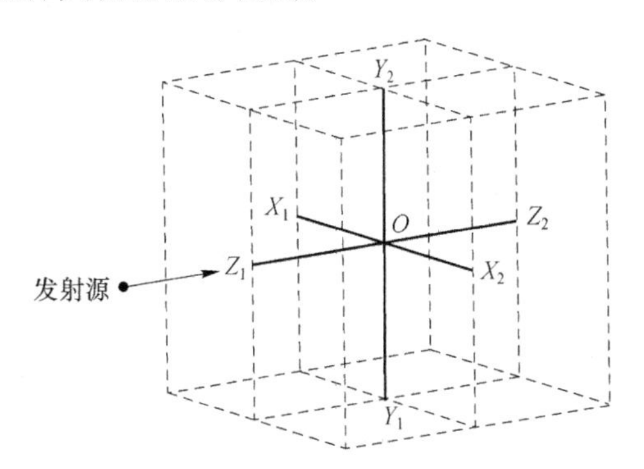

图 3 一个典型的静区示意图

(A typical quiet zone schematic)

3 测试数据和分析

我们根据 YD/T 3182——2016《天线测量场地检测方法》的规定，选取了一些测试频点，以及一条测试行程，进行了一次完整的测试。测试结果，如表 1 所示。

表 1 轴向 1，频率 0.8 GHz 反射电平

(Axial 1, frequency 0.8 GHz reflection level)

水平角/(°)	反射电平/dB	水平角/(°)	反射电平/dB
5.00	−48.95	185.00	−40.50
10.00	−48.70	190.00	−41.50
15.00	−50.00	195.00	−42.40
20.00	−48.50	200.00	−42.43
25.00	−49.03	205.00	−43.40
30.00	−46.61	210.00	−43.73

续 表

水平角/(°)	反射电平/dB	水平角/(°)	反射电平/dB
35.00	−47.10	215.00	−43.10
40.00	−45.27	220.00	−42.76
45.00	−45.30	225.00	−43.30
50.00	−45.66	230.00	−43.26
55.00	−45.98	235.00	−43.44
60.00	−47.59	240.00	−43.90
65.00	−47.12	245.00	−44.29
70.00	−47.29	250.00	−44.75
75.00	−46.99	255.00	−45.21
80.00	−46.72	260.00	−45.88
85.00	−46.14	265.00	−45.70
90.00	−45.99	270.00	−44.75
95.00	−44.51	275.00	−44.05
100.00	−44.16	280.00	−43.52
105.00	−43.48	285.00	−43.34
110.00	−42.58	290.00	−43.39
115.00	−41.95	295.00	−43.71
120.00	−42.39	300.00	−44.64
125.00	−41.64	305.00	−44.44
130.00	−41.53	310.00	−44.43
135.00	−41.64	315.00	−43.53
140.00	−41.11	320.00	−43.08
145.00	−41.36	325.00	−43.14
150.00	−41.27	330.00	−42.65
155.00	−40.97	335.00	−43.53
160.00	−40.55	340.00	−43.38
165.00	−40.68	345.00	−44.93
170.00	−41.37	350.00	−45.38
175.00	−40.92	355.00	−46.79
180.00	−40.17	360.00	−48.81

表 2 轴向 1,频率 1.8GHz 反射电平

(Axial 1, frequency 1.8 GHz reflection level)

水平角/(°)	反射电平/dB	水平角/(°)	反射电平/dB
5.00	−53.45	185.00	−45.79
10.00	−55.68	190.00	−45.64
15.00	−53.19	195.00	−46.62
20.00	−54.70	200.00	−47.25
25.00	−55.89	205.00	−47.55

续 表

水平角/(°)	反射电平/dB	水平角/(°)	反射电平/dB
30.00	−56.05	210.00	−49.01
35.00	−57.38	215.00	−49.99
40.00	−56.41	220.00	−52.08
45.00	−55.09	225.00	−53.00
50.00	−54.74	230.00	−53.43
55.00	−56.39	235.00	−52.53
60.00	−57.71	240.00	−53.73
65.00	−58.19	245.00	−54.34
70.00	−57.03	250.00	−54.84
75.00	−57.87	255.00	−55.13
80.00	−57.91	260.00	−56.67
85.00	−56.71	265.00	−58.67
90.00	−56.47	270.00	−58.76
95.00	−56.34	275.00	−60.01
100.00	−56.12	280.00	−60.35
105.00	−56.51	285.00	−59.19
110.00	−55.58	290.00	−57.90
115.00	−55.02	295.00	−55.66
120.00	−52.55	300.00	−55.19
125.00	−51.90	305.00	−53.51
130.00	−50.22	310.00	−52.42
135.00	−50.08	315.00	−51.20
140.00	−49.25	320.00	−50.95
145.00	−48.32	325.00	−50.67
150.00	−47.07	330.00	−47.77
155.00	−46.38	335.00	−46.74
160.00	−45.17	340.00	−46.09
165.00	−45.34	345.00	−46.68
170.00	−45.84	350.00	−45.59
175.00	−45.05	355.00	−49.13
180.00	−45.39	360.00	−50.65

表 3 轴向 1,频率 2.7 GHz 反射电平

(Axial 1, frequency 2.7 GHz reflection level)

水平角/(°)	反射电平/dB	水平角/(°)	反射电平/dB
5.00	−53.61	185.00	−51.03
10.00	−53.33	190.00	−50.93
15.00	−53.95	195.00	−50.50
20.00	−54.29	200.00	−49.77

续 表

水平角/(°)	反射电平/dB	水平角/(°)	反射电平/dB
25.00	−55.18	205.00	−51.41
30.00	−56.28	210.00	−53.33
35.00	−56.31	215.00	−54.08
40.00	−54.76	220.00	−55.06
45.00	−57.30	225.00	−56.73
50.00	−60.91	230.00	−57.92
55.00	−61.00	235.00	−59.34
60.00	−62.48	240.00	−60.46
65.00	−64.43	245.00	−59.31
70.00	−61.47	250.00	−60.75
75.00	−58.39	255.00	−61.31
80.00	−60.11	260.00	−62.91
85.00	−62.66	265.00	−57.04
90.00	−63.68	270.00	−56.72
95.00	−62.16	275.00	−56.72
100.00	−61.18	280.00	−56.64
105.00	−60.17	285.00	−57.66
110.00	−60.42	290.00	−58.48
115.00	−58.92	295.00	−61.65
120.00	−57.88	300.00	−62.50
125.00	−56.90	305.00	−55.06
130.00	−55.83	310.00	−49.38
135.00	−56.06	315.00	−50.21
140.00	−54.92	320.00	−48.95
145.00	−54.13	325.00	−45.16
150.00	−53.03	330.00	−47.23
155.00	−51.70	335.00	−47.34
160.00	−51.70	340.00	−47.05
165.00	−48.37	345.00	−47.95
170.00	−48.84	350.00	−49.45
175.00	−49.29	355.00	−52.71
180.00	−50.23	360.00	−55.21

从上线三个表格中我们可以明显看到，随着频率的升高，测试的反射电平有明显的改善。这个是很容易理解的，因为吸波材料的反射率是随着频率的升高而降低的。从侧面也说明我们测试结果的可靠性。但是在不同的角度，可能相邻的角度，测试结果差异很大。就该现象文献[3]有相应的原理介绍，这里就不重复叙述了。我们根据测试数据，制作了静区尺寸—反射电平的曲线，如图 4 所示。

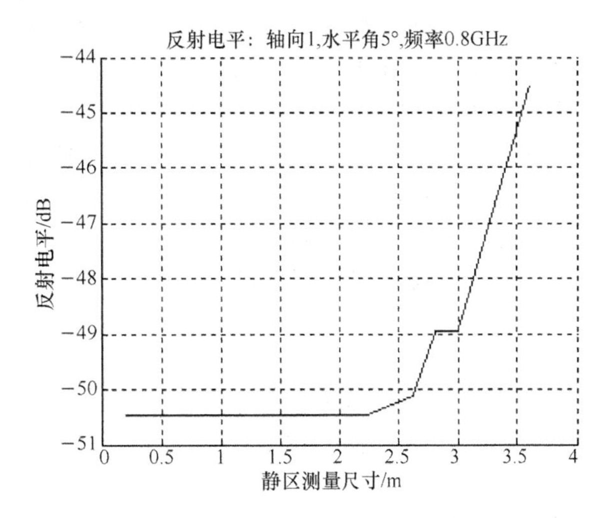

图 4　频率 0.8 GHz，水平角 5°
(Frequency 0.8 GHz, horizontal angle 5°)

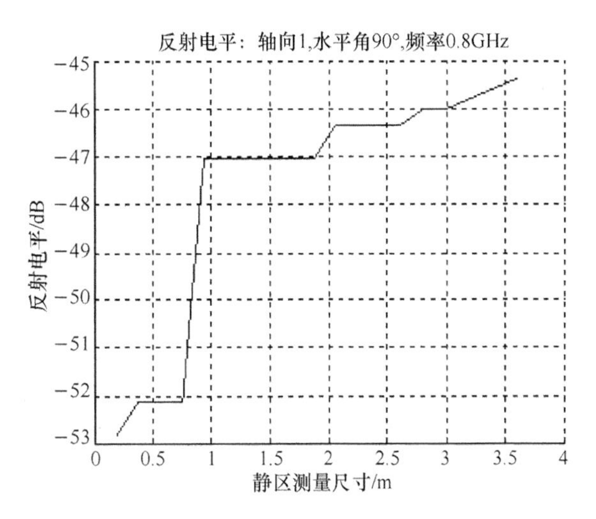

图 5　频率 0.8 GHz，水平角 90°
(Frequency 0.8 GHz, horizontal angle 90°)

从上面的图形我们可以看出，静区尺寸—反射电平是一对有制约关系的物理量。静区测量尺寸越小，对应的反射电平越低，这个现象可以从不同区域反射电平的定义分析可知。因为针对整个暗室来说，随着区域尺寸的增加，距离四周距离的减小，反射电平也随着升高。这说明我们的测试方法和数据结果是可靠有效的，可以有效地反映暗室的实际情况。

4　结论

近些年来，微波暗室的建设如火如荼，特别是随着5G的到来，天线厂家和手机研发厂家对微波暗室的需求量显著增大。在这种情况下，我们必须做好暗室的出厂验收工作，保证暗室的质量和要求。同时我们也从我们的测试试验中看出存在不足的地方，主要是导轨的体积和重量过大，而且必须铺设吸波材料。如果铺设不到位，有可能会引起反射电平的测量误差。下一步我们的工作是进一步减小导轨的体积，减轻导轨重量，同时改进材料，使得影响我们的测试结果的因素进一步降低。

参考文献

[1] CNAS-CL01-A008:2018《检测和校准实验室能力认可准则在电磁兼容检测领域的应用说明》.

[2] 吴翔，等. YD/T 3182—2016 天线测量场地检测方法(行业标准)[S]. 中华人民共和国工业和信息化部. 2016:10.

[3] TakahiroAoyagi, Koji Takizawa, Hiroshi Kurihara. Numerical simulations for site VSWR with consideration of diffracted wave of pyramidal electromagnetic wave absorber[C]. 2012 Asia-Pacific Symposium on Electromagnetic Compatibility. 21-24 May 2012. Singapore, Singapore.

作者简介： 孙景禄，(1985年出生)男，汉族，河北衡水人，工程硕士，中国泰尔实验室计量部工程师。主要研究方向为无线通信计量测试。

通信作者： 孙景禄

通信地址： 北京市海淀区花园北路52号，邮编100191

E-mail: sunjinglu@caict. ac. cn

电磁发射现场测试的探讨

李圆圆　谢树果　杨顺川　左铭

（北京航空航天大学 电子信息工程学院，北京　100191）

摘　要： 本文介绍了电磁兼容现场测试的必要性，分析了现场电磁兼容测试标准的制定情况及环境噪声的处理方法，并对国内外现场电磁兼容测试方法和测试系统研制现状进行了总结，最后提出的研究电磁发射现场测试中环境干扰的消除技术具有十分重要的理论和实际意义。

关键词： 传导发射，辐射发射，现场测试，环境噪声。

Research onIn-situ Test of Conducted Emission and Radiated Emission

Li Yuanyuan　Xie Shuguo　Yang Shunchuan　Zuo Ming

(School of Electronic and Information Engineering, Beihang University, Beijing 100191, China)

Abstract: The necessity of on-site electromagnetic compatibility test is introduced. The establishment of on-site electromagnetic compatibility test standard and the processing method of ambient noise is analyzed, and the development status of on-site electromagnetic compatibility test methods and testing systems at home and abroad is summarized. Finally, it is been pointed out that the study of eliminating technology of the environmental interference in the field test of electromagnetic emission has a very great theoretical and practical significance.

Key words: Conducted Emission, Radiated Emission, In-situ Test, ambient noise.

1　引言

为了测试结果不被外界环境影响，提高测试的准确性，标准的电磁兼容测试是在开阔场、半电波暗室或屏蔽室内进行。但是，随着通信的发展和人类活动的扩展，理想的开阔场已经很难找到，于是科研人员开始对电波暗室展开研究。电波暗室是在屏蔽室的基础上贴上吸波材料，通过屏蔽来隔绝外界环境的干扰，通过吸波材料让被试品(Equipment Under Test,EUT)发射的电磁波好像传到了无穷远处，从而避免直射波与壁面反射波叠加造成场强差异。一个标准的 10 米法的半电波暗室，一般暗室内的空间尺寸要求至少为 20 m×12 m×8 m，建造暗室不仅对厂房要求高，造价和运行成本也很高。另外，有些被测试品体积庞大，或者需要与其他设备一起工作，如果在暗室测试的话，需要改变被测试品实际工作中的连接方式，这种情况下测试得到的结果不能真实反映设备实际工作状态下的电磁发射情况。因此，现在越来越多的人在研究如何在设备的使用现场进行电磁干扰测试。

2　现场电磁兼容测试标准分析

在现场电磁兼容测试标准制定方面，英国欧联赛福认证有限公司 CCQS UK Ltd，于 2002 年提出了《现场 EMC 测试标准》(CCQS UK Ltd 2002: On-Site EMC Test Standard, MOD)。2007 年，我国信息产业部电信研究院联合华为技术有限公司和中兴通讯有限公司，在《CCQS UK Ltd 2002: On-Site EMC Test Standard, MOD》

的基础上，修改制定了我国关于电磁兼容现场测试的标准 YDT 1633—2007《电磁兼容现场测试》。该标准中规定了在安装现场进行电磁兼容测试的性能判据、测试条件、适用范围和测试方法[1]。关于环境噪声的处理方法，该标准 A.4.3 条款规定“在设备安装现场，电源线上实际的环境噪声会比典型的 EMC 测试实验室内的电平高。此时应关掉其他所有使用同一个电源的设备，并且验证环境电平低于限值。可以使用射频滤波器降低环境噪声到限值以下。” A.5.8 条款规定“现场环境噪声电平应当至少比限值要求低 10 dB，但是测试现场通常不能满足这一要求。如果被测设备可以移动（比如车载装置或者可以运输的设备），那么可以将其移动到环境噪声电平较低的地方。最好测试位置位于野外，远离交通干线、铁路、工业或者农业建筑、飞机场、港口、广播发射台、军事基地以及移动电话基站，上方无电话线或者电源线。沙漠、岛屿或者山谷（部分或者完全被高山环绕）是最佳选择。”该标准只是原则性的建议通过关闭其他设备、增加滤波器或选择测试测场地等方法来达到降低环境噪声的目的，并未给出测量数据的处理方法和降低环境噪声的技术方法。

国家食品药品监督管理总局发布实施的 YY 0505——2012《医用电气设备 第 1－2 部分：安全通用要求并列标准：电磁兼容要求和试验》，对于永久安装的大型医疗电气设备的电磁兼容现场测试进行了要求。该标准对现场测试中的射频辐射抗扰度试验进行了详细的规定[2]，对电磁发射试验仅规定可按国家标准 GB 4824《工业科学和医疗（ISM）射频设备 骚扰特性 限值和测量方法》“电磁骚扰限值”和“小批量生产的设备”中的要求，在典型的使用场所进行试验，并未对测试距离、测试方法和数据处理等问题进行具体的规定。

GB/T 6113.203—2008 中 6.1 条款规定符合性试验中，试验场地应能将 EUT 的各种发射从环境噪声中区分出来，环境电平最好要比 EUT 发射的电平低 20dB，且至少要低 6dB。如果不满足 6 dB 的要求，且环境电平和 EUT 的发射电平合成的结果超过了规定的限值，则要对环境本身和叠加了受试设备或系统电磁辐射的结果进行分析[3]。数据分析过程参考 GB/T 6113.203—2008、GB 9254—2008 及 GB 4824—2004。

文献[4]给出的电磁干扰现场测试方法，也是参照相关电磁兼容标准规定的测试项目和测试流程进行，只是在标准规定的基础上加以调整以适应现场测试的实际情况。

3 现场电磁兼容测试方法研究

在现场电磁兼容测试方法和测试系统研制方面，美国 SARA 公司基于 Marino Jr. 和 Michael A 提出的虚拟暗室测试理论开发了 CASSPER 虚拟暗室测量系统，该系统采用同步双通道 EMI 接收机，它可以在安装现场或工作现场测量被试品的电磁发射，还可以通过识别时间/频率/相位的相关性定位电磁发射源。该系统主要由双通道接收机、两副接收天线和高性能计算机组成，如图 1 所示。双通道接收机是虚拟暗室测试系统的核心，它具有频率同步及脉冲锁定功能，使用两套时间与频率都同步的通道同时接收一个被测的电磁信号，可以保证来自两个地点的电磁辐射能同时到达接收机[5]。文献[6]对虚拟暗室测量系统的应用效果设计了相关实验进行验证，从实验结果看该系统能够进行定位，在故障诊断中具有较大的应用价值，但是对环境噪声只能起到一定的滤除作用，效果与理想结果差别较大，还需在实际中进一步探索和改进。

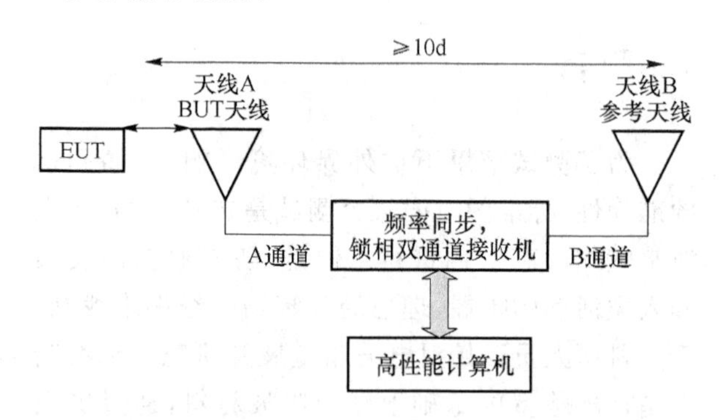

图 1　虚拟暗室测量系统组成框图

加拿大容向系统科技有限公司（Compliance Direction Systems Inc）研制了电磁干扰扫描系统 EMSCAN，能够测试板级电磁发射。德国莱茵集团设计实现了针对大型工业系统的电磁测试系统，对标准暗室无法测试的大型工业设备，可进行现场测试。该系统曾在中国为广州地铁整车电磁兼容测试及高铁电磁环境测试提供了解决方案。德国慕尼黑工业大学于2000年开始研究电磁干扰的时域测量，并于2007年成立了GUASS Instrument公司，在2007年电磁兼容苏黎世年会上，该公司推出了第一套测量系统TDEMI 1G，随后陆续推出了其改进产品，2013年推出了TDEMI-X时域测量接收机，该仪器采用双通道模式，在现场测试时可以抵消环境中的干扰信号。

国内目前在现场电磁兼容测试领域的研究成果较少，仅有一些使用CASSPER系统进行的试验及算法分析，验证性试验表明该系统去除噪声的试验效果并不能令人满意[6]。

为了帮助非EMC测试企业或部门利用有限的、容易实现的测试条件，正确判断其电子产品在传导发射干扰方面存在的问题，沈阳飞机设计研究所提出了“非标准条件下的电源线传导发射预诊断测试方法”。该方法对测试场地和测试点环境的处理都提出了具体的要求，但是基本思路是“应远离强噪声源”和“应尽量按电磁兼容性测试相关标准去准备”，而没有给出消除噪声的具体办法。

随着对系统级电磁兼容问题和现场测试的重视，国内一些大学和研究所也逐步开展了各种大型装备的现场电磁兼容试验研究。电子科技大学开展了电磁干扰源定位测试的研究，通过计算两路同步接收信号的相干函数，得到两路信号在频域上的相似性，并从中判断在特定频点上两路信号的关联程度，然后从多个辐射源中找到干扰源。文献[7,8]对大型系统的电磁兼容测试方案进行了研究，根据的被测系统的特点对电磁兼容测试标准进行合理的选用和剪裁，结合工程实践，给出电磁兼容测试方法和现场排故测试方案。军械工程学院开展了测控系统电磁兼容测试方法的研究，对测控系统中面临的电磁兼容性问题进行分析，确定了测控系统电磁兼容性测试的主要内容，根据国家军用标准提出了测控系统电磁兼容性测试的测试项目、测试要求、测试目的、测试设备和方法。中南大学按照国家军用标准，研制并设计开发了电磁兼容性检测装置，专门用于装甲车辆内部电磁环境测试，能够完成电源性传导发射和电场辐射发射两个测试项目。南京航空航天大学提出了一种具有实际操作性的无人机电磁兼容测试方法。北京航空航天大学承担了总装多套武器装备电磁兼容实验系统的研制任务，测试系统包含EMI和EMS两台方舱车，集成了以GJB 151为依据的设备和分系统级电磁兼容测试项目。由于该系统具有移动性和良好的机动性，实际使用过程中，完成了一些飞机的系统级电磁兼容测试任务。

4 结论

对于电磁发射测试，在标准暗室中测试时，被试品供电需要通过线性阻抗稳定网络（Line Impedance Stabilization Network，LISN）连接，从而隔离电网中其他设备或环境发出的干扰；辐射发射测试是有接收天线直接从空间接收被试品发出的电磁波和地面发射的电磁波，对于空间中由其他设备或是环境干扰产生的电磁信号，接收天线是没有办法区分的。因此，在被试品现场进行传导发射测试和辐射发射测试，首先要解决的问题就是如何消除环境干扰，只有消除了其他设备和环境的影响，才能确保测试结果是被试品发射的。这里将传导发射测试和辐射发射测试统称为电磁发射测试。因此，研究电磁发射现场测试中环境干扰的消除技术具有十分重要的理论和实际意义。

5 致谢

本论文的工作是在国防基础科研计划资助（编号:JCKY2016601B005）下完成的。

参考文献

[1] YDT 1633——2007，电磁兼容现场测试.

[2] YY 0505——2012，医用电气设备第1－2部分:安全通用要求并列标准:电磁兼容要求和试验[S].

[3] 刘媛，蔡文江.辐射骚扰现场测试的探讨，安全与电磁兼容，2010.5:29—32.

[4] Awan F G, Sheikh N M, Fawad M. Radiation Emission EMC Measurement in Real-Time[J]. Proceedings of the Sixth International Conference on Information Technology, 2009:528—532.

[5] 刘时宜，复杂机电装备电磁干扰（EMI）现场测试技术研究，湖南大学硕士论文，2015.6.

[6] 陈京平，刘建平，田军生. EMI 测试中虚拟暗室的使用，无线电工程，2008. 10:56—57+64.
[7] 刘民，阚德鹏. 大型电子系统平台电磁兼容验证测试方案研究[J]，北京：中国电子科学研究院学报，2006，1(2).
[8] 孙红鹏. 武器装备电磁兼容性的系统验证技术探讨[J]，沈阳：飞机设计，2007. 1.

通信作者： 李圆圆
通信地址： 北京市海淀区学院路 37 号北京航空航天大学电子信息工程学院，邮编 100191
E-mail： loo@buaa. edu. cn

电磁混响室技术研究进展[①]

程二威　陈亚洲　周星

（陆军工程大学石家庄校区电磁环境效应国家级重点实验室，石家庄 050003）

摘　要： 混响室能够用小的输入功率产生相对较高的电场强度，并且其内部电场分布是空间统计均匀、随机极化和各向同性的，在模拟密闭或半密闭空间的电磁环境时具有独特优势，是国内外电磁兼容领域的研究热点之一。本文介绍了几种常用的混响室类型及研究进展，并简要探讨了各类型混响室的特点及优势。

关键词： 混响室，机械搅拌，源搅拌，频率搅拌，异形混响室。

1　引言

随着电子系统集成度的提高，设备与设备、设备与系统，以及系统与系统之间的电磁兼容问题日益突出，极大影响了电子系统或设备的性能[1,2]。实验测量是解决电磁兼容问题的关键技术手段，因此能够定量研究电磁兼容问题的测试平台是一个研究热点[3]。混响室是继电波暗室、吉赫兹横电磁波传输室、开阔场之后提出的电磁兼容测试新平台。

混响室技术广泛应用于辐射抗扰度、辐射发射、电缆、材料、小腔体屏蔽效能的测量[4,5]、电大腔体内漫射场的模拟与耦合规律研究[6]、脉冲场的测量[7]等，并逐渐拓展到航空航天、汽车以及汽车电子、卫生设备、大型电子系统、移动通信领域的多输入、多输出电磁环境模拟和天线特性的测量技术等领域[8-13]。混响室技术在电磁兼容领域具有巨大的应用前景，是目前国际上的一个研究热点[14,15]。

2　机械搅拌式混响室

机械搅拌式混响室是在一个电大尺寸、且具有高导电反射墙面构成的屏蔽腔室内部安装一个或几个机械式搅拌器，通过搅拌器的转动（步进或连续）改变腔室的边界条件，进而在腔室内形成统计均匀、各向同性和随机极化的电磁环境。其典型结构如图 1 所示。

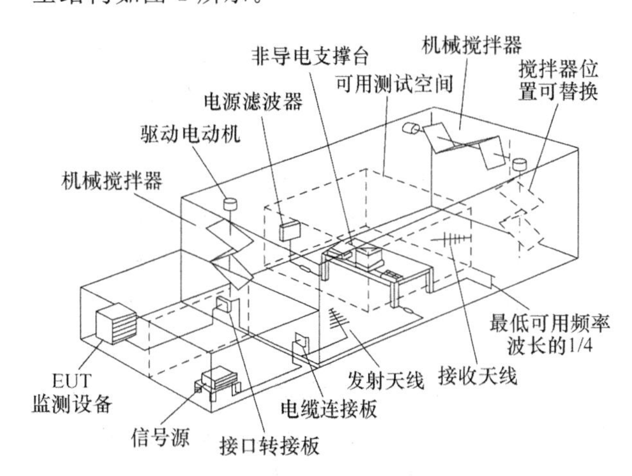

图 1　机械搅拌混响室典型结构

对混响室有关概念的研究最早可以追溯到 1968 年，H. A. Mendes 首先提出将空腔谐振用于电磁辐射测量的思想[16]。1980 年，Corona 对复杂腔体内部电磁场分布规律以及这种电磁场的模型开始进行研究[17]，并给出了最初的混响室模型。1986 年，Crawford[18] 的科研团队在总结前人研究的基础上，发表了一篇文章，内容涉及混响室设计、评估以及测试等方面。这篇文献为混响室技术重新回到电磁兼容领域奠定了基础。

近年来对机械搅拌式混响室主要集中在对混

① 基金项目：国家自然科学基金项目（51677191）

作者简介：程二威（1983—），男，博士，副教授，主要从事装备电磁环境效应及防护技术研究；ew_cheng@163.com

响室各项参数的仿真优化方面，如机械搅拌器夹角、位置、大小、个数、形状、材料磁导率、天线指向、位置等参数变化对测试区域电磁场统计特性以及均匀性的影响，并对其进行优化设计。这个阶段出现了大量关于参数优化方面的文章，并给出了一系列优化设计方案[19,20]。李春雷等人采用 HFSS 软件仿真分析了搅拌器数量、大小与形状等对混响室场均匀性的影响[21]，结果表明搅拌器越大，个数越多，改善场均匀性的效果越强。王卓等人探究了搅拌器夹角对混响室场均匀性的影响[22]。张成怀对混响室测试区域的场均匀性分布规律进行了仿真研究[23]。周香重新推导了混响室内场环境的三维场分布统计模型，并研究了不同搅拌器参数对混响室电磁环境的空间相关性、独立采样点数以及均匀性的影响[24]。崔耀中利用遗传算法对混响室天线位置、搅拌器夹角等参数进行了仿真优化[25]。第二炮兵工程学院的谭武端利用电磁仿真软件 FEKO 构建出实体混响室模型，并计算工作区 8 个顶点位置的电场标准偏差[26]。

在混响室的应用研究方面，程二威等人利用“多点平均”方法实现了小腔体的屏蔽效能测试[27]；周香等人则对混响室条件下的电缆屏蔽效能测试方法进行了研究[28]。贾锐等人针对混响室辐射抗扰度测试标准中的不足，提出了一种连续搅拌模式下的抗扰度测试新方法[29]；Mathias Magdowski 将混响室腔室内电磁场定义为随机电磁场，并对双导体线上感应信号进行了计算[30]，并实验研究混响室内的场线耦合规律[31,32]。张华彬进一步丰富了 Isabelle Junqua 给出的混响室内电场空间相关函数，并在此基础上对混响室条件下的单导体传输线的频域响应进行了分析研究[33]。贾锐建立了混响室“全向辐照”漫射场电磁环境与多导体传输线、传输线网络的耦合模型[34]。

3 源搅拌混响室

1992 年，Y Huang 和 D J Edwards 提出源搅拌的方法[35]。它通过在测试中移动天线的位置或控制天线阵中不同天线的发射信号的方法改变测试中源的位置，达到混响的目的。它的基本原理是改变混响室中各本征模的权重因子。这种方法由于不用机械搅拌器，使得测试空间增大，而且还能改善混响室的低频性能，所以至今仍有人对之进行研究，文献用本征函数叠加的方法推导了混响室有源激励的电磁场分布公式，并提出了对称模与反对称模发射的方法（即源搅拌方法），从理论上证实了利用源搅拌实现混响的可行性，一定条件下在低模状态下可获得均匀场，并且模拟的结果证实了数据推导的正确性，为混响室在低于最低可用频率的分析提供了可行的方法。

国内开展源搅拌混响室研究的单位不多，北京交通大学丁坚进利用本征函数叠加的方法[36]，推导了混响室有源激励的电磁场分布，分析了混响室的电磁工作原理。沈远茂对源搅拌混响室的三维场分布、工作原理、有效性及影响因素进行了系统研究[37]。梁双港利用多个发射天线研究了源搅拌混响室的均匀性，以及发射天线布局方式对均匀性的影响[38]。

4 频率搅拌混响室

根据混响室多模共存的工作原理，Thomas A Loughry 于 1991 年首次提出频率搅拌这一概念，并利用一定带宽的高斯白噪声激励混响室，将信号带宽内的电磁模式全部激发出来，从而形成均匀的场环境。David A Hill 对频率搅拌下混响室的二维空间（4.57 m×3.05 m）场分布进行了数值仿真[39]，计算结果表明，当中心频率为 4 GHz 时，采用 10 MHz 带宽的线源激励时，能够获得较好的均匀场。Crawford 等人将频率搅拌混响室应用于辐射抗扰度测试[40]，结果表明，设备的抗扰度阈值要高于机械搅拌混响室内的测试值。Hatfield 等人采用连续波扫频的频率搅拌方式，对混响室的场特性进行了试验测试[41]，并与带限高斯白噪声的激励方式进行了对比，结果表明两者的搅拌效果是一致的。Shih-Pin Yu 与 Bunting 对频率搅拌混响室的统计特性进行了仿真研究[42]，将电场分量幅值和幅值平方的累积分布函数，与理论累计分布函数进行拟合，并进行了拟合度检验。Maarleneld 利用载波调制信号激励混响室，用于实现频率搅拌，并在体积为 0.5 m×0.74 m×1.04 m 和 3.08 m×3.53 m×7.28 m 的大小两个混响室内进行了仿真研究，结果表明混响室尺寸越大需要的搅拌带宽越窄[43]。

国内对频率搅拌技术的关注相对较少，北京交通大学的陈温成采用双边带抑制载波调制的高斯白噪声作为激励信号，仿真分析了混响室在0.8～1.5 GHz下的场均匀性，并得出该方式能够替代机械搅拌方式的结论[44]。石家庄电磁环境效应国家级重点实验室的程二威等人对频率搅拌方式下的场均匀性与统计特性进行了仿真与试验研究，并探索了其在材料、开缝腔体、无人机壳体等屏蔽效能测试中的应用[45]。

5 异形混响室

在异形混响室研究领域，利物浦大学的Huang Yi等人提出采用摆动墙混响室的方案。通过混响室墙体的摆动，使腔室内体积不断变化，从而连续改变空腔的谐振条件而达到混响的目的[46]。N. K. Kouveliotis等人采用FDTD方法仿真计算了摆动墙混响室的品质因数Q和内部电场特性[47-48]，目前已经从理论上论证了摆动墙式混响室的有效性。E. A. Godfrey等人提出了一种波纹墙的混响室结构方案，探讨了在一个小型混响室内(1.8 m×1.2 m×0.8 m)采用波纹墙对场均匀性的影响，结果表明波纹墙有利于改善混响室的场均匀性[49]。S Y Chung等人考查了"schroeder diffuser"和"randomly made diffuser"两种不同漫射体在固有混响室的应用，并讨论了漫射体安装的位置和面积对混响室性能的影响规律[50]。M. Petirsch等人提出将建筑声学中对声波反射的Schroeder漫射体用于改善混响室内电磁波的谐振，并用数值方法分别计算了带有和不带有漫射体的混响室内电磁场的分布情况，结果表明漫射体改善了混响室内场的均匀性[51]。另外，韩国的J C Yun等人也研究过利用漫射体来改善混响室内场的均匀性[52]，瑞典的H Magnus等人通过FDTD的数值方法也发现了使用漫射体可以降低混响室的最低可用频率[53]。2011年，Jacek Skrzypczynski为了测试材料的屏蔽效能，将被测材料加载到两个振动固有型混响室之间，发射天线与接收天线分别位于两个不同的混响室内，利用柔软壁面的振动实现混响[54]。谭武端提出了一种振动型本征混响室的场均匀性建模与仿真方法，发现相同条件下振动型本征混响室能相对有效的改善混响室的低频段性能[55]。苏政铭研究了不同柔性屏蔽材料搭建的模式搅拌混响室的场均匀性和归一化电场概率分布，实验验证了其有效性[56]。

6 混响室相关标准

20世纪90年代以后，随着混响室理论研究和技术的发展，混响室逐渐被国际标准采纳。采用混响室的标准主要有：CISPR 16-1：1993《无线电干扰与抗扰度测量设备规范》，该标准已等效转化为我国国家标准GB/T 6113.1——1995；IEC 61000-4-21《电磁兼容试验与测量技术—混响室试验法》，详细介绍了混响室的校准以及利用混响室进行辐射抗扰度、辐射发射、屏蔽效能及天线效率的测量；欧洲标准方面有EURO CAE ED90，欧洲标准化委员会标准EN61000-4-21直接对应IEC 61000-4-21。汽车方面，美国通用汽车公司标准GM 9120P——1993《电磁兼容—部件试验—辐射电磁场抗扰度(混响室法)》，以及美国汽车制造者协会标准SAE J1113/27，内容基本与GM 9120P相似。在航空领域，有RTCA DO-160G《空中设备试验程序与环境条件》；在美国军用标准方面，有美国军用标准MIL-STD-461E《电磁干扰发射与敏感度控制要求》。尽管目前国内还没有专用的混响室测试标准，但在一些国家或军队标准中如GB/T 17626《电磁兼容 试验和测量技术》、GJB 8848——2016《系统电磁环境效应试验方法》、GJB 151B——2013《军用设备和分系统电磁发射和敏感度要求与测量》、GJB8810——2015《小屏蔽体屏蔽效能测量方法》已经采纳了混响室测试方法。与开阔场、电波暗室、屏蔽室类似，混响室已经成为标准化的测试场地。

7 讨论

本文介绍了不同类型混响室的研究进展和标准采纳情况。

机械搅拌式混响室无论是从理论、技术还是标准采纳情况来看，都是一种最为成熟的混响室实现方案，但是该方法也存在一些不足：一是混响室采用机械搅拌，减小了可用测试空间，水平设置的机械搅拌器长时间放置会因重力发生形变，垂直设置的机械搅拌器在步进旋转时由于搅拌器转动惯量较大不能快速稳定停止，导致混响室试验耗时过长；二是混响室需要形成多个谐振模态才能搅拌均匀，对最低可用频率有一定的限制；三是混响室建好后，基本不能拆卸、移动，需要拆卸和运送被测设备到建有混响室的相关单位进行实验，不利于现场测试。

对于源搅拌混响室来说，如果采用多源的方法，由于天线的互易性，多天线系统在作为发射天线的同时也同样是一组接收天线，会降低混响室的品质因数，并且在测试时间等方面也没有明显的优势；如果通过改变辐射源的位置实现源搅拌，则会需要大量测试时间。

对于频率搅拌混响室来说，在测试材料、壳体的屏蔽效能时，测试速度快，测试装置简单，具有明显优势。但由于频率搅拌下多频率共存状态，在辐射敏感度研究方面不易确定敏感频率，存在劣势。

对于异形混响室，特别是柔性材料制作的振动式混响室，与同体积的机械搅拌式混响室（金属壳体）相比，该方法能够改善混响室的低频特性，增大可用测试空间，节省测试时间，并且随用随建，能够进行现场测试，不必拆卸和运送被测设备，对于模拟飞机机舱和舰船舱室这类型屏蔽效能较弱的腔体内部的电磁环境较为真实有效。但由于异形混响室降低了腔体的品质因数，则在一定程度上牺牲了混响室的小输入功率产生高场强的优点。

对于不同的应用场景可以选用不同的混响室类型，开展装备的强电磁场环境效应研究适宜选用机械搅拌式混响室，研究材料、腔体的屏蔽效能适宜选用频率搅拌混响室，如果需要现场测试建议选用柔性屏蔽材料制作的振动式混响室。

参考文献

[1] 苏东林. 系统级电磁兼容性量化设计理论与方法[M]. 北京：国防工业出版社，2015.

[2] 何金良. 电磁兼容概论[M]. 北京：科学出版社，2010.

[3] GJB 151B 军用设备和分系统电磁发射和敏感度要求与测量[S]，2013.

[4] IEC 61000-4-21 Electromagnetic compatibility(EMC), part 4-21: testing and measurement techniques-reverberation chamber test methods[S], 2011.

[5] 王庆国，程二威. 电波混响室理论与应用[M]. 北京：国防工业出版社，2013.

[6] 贾锐，王庆国，程二威. 混响室散射场条件下的场线耦合数值计算[J]. 武汉：高电压技术，2014，38(11)：2823-2827.

[7] 李爽，王建国. 短脉冲激励的混响室设计[J]. 绵阳：强激光与粒子束，2012，24(6)：1439-1444.

[8] General Motors Engineering Standard GM 9120P: Immunity to Radiated Electromagnetic Fields-(Reverberation Method) EMC-Component Procedure[S], 1993.

[9] RTCA DO-160G: Environmental conditions and test procedures for airborne equipment[S], 2010.

[10] SAE ARP5583: Guide to certification of aircraft in a high intensity radiated field(HIRF) environment[S], 2003.

[11] MIL-STD-461F: Requirement for the control of electromagnetic interference characteristic of subsystem and equipment[S], 2007.

[12] Leferink F. In-situ high field strength testing using a transportable reverberation chamber[C]. 19th International Zurich Symposium on Electromagnetic Compatibility. Singapore, 2008: 379-382.

[13] CHEN X, KILDAL P, GUSTAFSSON M. Characterization of implemented algorithm for MIMO spatial multiplexing in reverberation chamber [J]. IEEE Transactions on Electromagnetic Compatibility, 2013, 55(2): 1009-1017.

[14] Meton P, Monsef F, Cozza A. Analysis of wavefront generation in a reverberation chamber for antenna measurements [C]. Proceedings of the European Conference on Antennas and Propagation, 2013: 867-871.

[15] BRADLEY D T, LLER-TRAPET M, ADELGREN J, et al. Effect of boundary diffusers in a reverberation chamber: Standardized diffuse fieldquantifiersa [J]. The Journal of the Acoustical Society of America, 2014, 135(4): 1898-1906.

[16] Mendes H A. A New Approach to Electromagnetic Field-strength Measurements in Shielded Enclosures [J]. Western Electronic Show and Convention, Aug. 1968.

[17] CORONA P, LADBURY J, LATMIRAL G. Reverberation-chamber research-then and now: a review of

early work and comparison with current understanding [J]. IEEE Transactions on Electromagnetic Compatibility , 2002, 44(1): 87-94.

[18] CRAWFORD M L, KOEPKE G H. Design, evaluation, and use of a reverberation chamber for performing electromagnetic susceptibility/vulnerability measurements [M]. US Department of Commerce, National Bureau of Standards, 1986.

[19] CLEGG J, MARVIN A C, DAWSON J F, et al. Optimization of stirrer designs in a reverberation chamber [J]. IEEE Transactions on Electromagnetic Compatibility , 2005, 47(4): 824-832.

[20] LUNDEN O, BACKSTROM M. Stirrer efficiency in FOA reverberation chambers. Evaluation of correlation coefficients and chi-squared tests [C]. proceedings of the Electromagnetic Compatibility, 2000 IEEE International Symposium on Electromagnetic Compatibility, 2000.

[21] 李春雷，邓波，高斌，等. 混响室的仿真与优化[J]. 北京:安全与电磁兼容，2005，(6):33-35.

[22] 王卓，高斌，王国栋，等. 混响室桨叶夹角对场均匀性影响的仿真及测量[J]. 北京:中国电子科学研究院学报，2007，1(5):445-449.

[23] 张成怀，魏光辉. 混响室测试区场均匀性分布规律仿真分析[J]. 武汉:高电压技术，2008，34(8): 1537-1541.

[24] 周香. 混波室设计及其在电磁兼容测试中的应用[D]. 南京:东南大学，2005.

[25] 崔耀中. 混响室优化设计仿真及实验研究 [D]. 石家庄:军械工程学院，2010.

[26] 谭武端，余志勇. 混响室场均匀性的 FEKO 仿真[J]. 北京:测控技术，2009，28(6):82-85.

[27] 程二威. 混响室内小尺寸屏蔽体屏蔽效能测试方法与实验研究 [D]. 石家庄:军械工程学院，2008.

[28] 周香，蒋全兴，曹锐. 混波室法电缆屏蔽性能测试分析[J]. 北京:测控技术，2008，27(10):83-85.

[29] 贾锐，王庆国，程二威. 混响室条件下的辐射敏感度测试新方法 [J]. 新乡:电波科学学报，2012,27(3): 532-537.

[30] MAGDOWSKI M, TKACHENKO S V, VICK R. Coupling of stochastic electromagnetic fields to a transmission line in a reverberation chamber [J]. IEEE Transactions on Electromagnetic Compatibility, 2011, 53(2): 308-317.

[31] MAGDOWSKI M, VICK R. Closed-form formulas for the stochastic electromagnetic field coupling to a transmission line with arbitrary loads [J]. IEEE Transactions on Electromagnetic Compatibility, 2012, 54 (5): 1147-1152.

[32] MAGDOWSKI M, SIDDIQUI S, VICK R. Measurement of the stochastic electromagnetic field coupling into transmission lines in a reverberation chamber [C]. proceedings of the Aerospace EMC, Proceedings ESA Workshop on Electromagnetic Compatibility, 2012.

[33] ZHANG H, ZHAO X, LUO Q, et al. An alternative semianalytical/analytical solution to field-to-wire coupling in an electrically large cavity [J]. IEEE Transactions on Electromagnetic Compatibility, 2012, 54(5): 1153-1160.

[34] 贾锐. 混响室漫射场电磁环境及其与线缆的耦合规律研究[D]. 石家庄:军械工程学院，2014.

[35] Huang Y , Edwards D J. A novel reverberating chamber: the source-stirrred chamber[J]. Eighth international conference on EMC, 1992:120-124.

[36] 丁坚进，沙斐. EMC 混响室电磁场模态研究[J]. 新乡:电波科学学报，2006，20(5):557-560.

[37] 沈远茂. 电磁兼容测试中的源搅拌混响室和电磁干扰接收机的相关研究 [D]. 北京:北京邮电大学，2006.

[38] 梁双港，许家栋，刘易勇，等. 源搅拌混响室的仿真分析与实验研究 [J]. 新乡:电波科学学报，2010，26(6): 1058-1063.

[39] Hill D A. Electronic mode stirring for reverberation-chambers[J]. IEEE Transactions on Electromagnetic Compatibility, 1994, 36(4):294-299.

[40] Crawford M, Loughry T, Hatfield M, et al. Validation of Band Limited, White Gaussian Noise Excitation of Reverberation Chambers and Verification of Applications to Radiated Susceptibility and Shielding Effectiveness Testing [R]. NIST Technical Report, 1995.

[41] Hatfield M O, Slocum M. Frequency characterization of reverberation chambers[C] // International Symposium on Electromagnetic Compatibility. Santa Clara, USA, 1996:190-193.

[42] Yu S P, Bunting C F. Statistical investigation of frequency-stirred reverberation chambers[C] // IEEE International Symposium on Electromagnetic Compatibility. Boston, United States, 2003:155-159.

[43] Maarleveld M, Hirsch H, Obholz M, et al. Experimental investigation on electronic mode stirring in

small reverberation chambers by frequency modulated signals[C] // EMC Europe. York, United kingdom, 2011:143-147.

[44] 陈温成. 混响室频率搅拌方式研究[D]. 北京：北京交通大学，2006.

[45] 程二威，刘逸飞. 频率搅拌混响室原理及应用[J]. 绵阳:强激光与离子束,2015,27(10):103202(5).

[46] Huang Y, Edward D J. An Investigation of Electromagnetic Fields Inside a Moving Wall Mode-stirred-Chamber [J]. IEEE Conference on EMC, Edinburgh, 1992.

[47] Kouveliotis N K, Trakadas P T, Capsalis C N. Examination of field uniformity in vibrating intrinsic reverberation chamber using the FDTD method[J]. Electronics Letters, 2002, 38(3):109～110.

[48] Kouveliotis N K, Trakadas P T, Capsalis C N. Theoretical Investigation of the Field Conditions in a Vibrating Reverberation Chamber With an Unstirred Component[J]. IEEE transactions on electromagnetic compatibility, 2003, 45(1):77～81.

[49] Emily A. Godfrey. Effects of corrugated walls on the field uniformity of reverberation chambers at lowfrequencies[A]. In: IEEE Symposium on EMC[C]. 1998. 21-24.

[50] Sam Young Chung, Joong Geun Rhee, Hwang Jae Rhee, etc. Field Uniformity Characteristics of an Asymmetric Structure Reverberation Chamber by FDTD Method[A], In: IEEE symposium on EMC [C], 2001:429～434.

[51] Petirsch M, Schweb A. Optimizing Shielded Chambers Utilising Acoustic Analogies [A]. In: IEEE Symposium on EMC[C], 1997.

[52] Jong-Chel Yun, Joong-Geun Rhee, Sam-Young Chung. An Improvement of Field Uniformity of Reverberation Chamber by the Variance of Diffuser Volume Ratio[A]. In: Proceedings of APMC2001[C]. Taipei, Taiwan, R. O. C: 2001. 1123～1126.

[53] Markus Petirsch. Investigation of the Field Uniformity of a Mode-Stirred Chamber Using Diffusors Based on Acoustic Theory[J]. IEEE Transaction on Electromagnetic Compatibility, 1999, 41(4):446～451.

[54] Skrzypczynski J. Dual vibrating intrinsic reverberation chamber used for shielding effectiveness measurements [C]. EMC Europe. York, UK, 2011: 133-136.

[55] 谭武端,余志勇,庄信武. 振动型本征混响室场均匀性仿真分析[J]. 武汉:高电压技术, 2014, 40(9): 2764-2769.

[56] 苏政铭,刘强,赵远,等. 基于柔性屏蔽材料混响室的设计与应用[J]. 绵阳:强激光与离子束,2018,30(7):073202(1-6).

电动汽车 PMSM 寄生参数对传导电磁干扰的影响

李 祥 翟 丽 钟广缘 胡桂兴

（北京理工大学 机械与车辆学院，北京 100081）

摘 要：本文采用有限元方法，通过电动机三维实体建模提取动态参数和寄生参数，着重分析了定子绕组与转子寄生电容对电动机驱动系统的传导电磁干扰及对轴电压的影响[1]。在 Matlab/Simulink 中搭建基于 SVPWM 调制策略的控制算法，联合电动机实体进行仿真提取瞬时相电压，将提取到的相电压注入等效电路模型中，分别用探针检测电动机驱动系统忽略和考虑电动机定子绕组与转子寄生电容情况下的传导干扰以及改变此电容容值后的轴电压值。对比结果显示，忽略定子绕组与转子寄生电容，对直流侧正负极和电动机中性点的传导电磁干扰影响不大；而在交流侧，更改电容值将极大地影响到轴电压值。因此，在设计滤波器时可以忽略此电容对直流侧的影响达到简化电路模型的目的。而在计算电机轴电压、轴电流时，此电容必须要纳入考虑的范围内，否则电动机寿命的预算将造成不准。

关键词：电机寄生参数，干扰噪声，滤波器设计，电动机寿命。

Influence of PMSM parasitic parameters on conducted electromagnetic interference in Electric vehicle

Li Xiang Zhai Li Zhong Guang yuan Hu Gui xing

(School of Mechanical Engineering, Beijing Institution of Technology, Beijing 100081, China)

Abstract: In this paper, the dynamic parameters and parasitic parameters are extracted by 3D solid modeling of motor by using finite element method, focusing on analyzing the influence of parasitic capacitance between stator winding and rotor on conduction electromagnetic interference and shaft voltage of motor drive system[1]. A control algorithm based on SVPWM modulation strategy is designed in Matlab/Simulink, and the instantaneous phase voltage is extracted by co-simulation with motor entity, then inject the extracted phase voltage into the equivalent circuit model. Using probe to detect the conduction interference of motor drive system under the condition of parasitic capacitance between stator winding and rotor, as well as shaft voltage value after changing the capacitance value between stator winding and rotor. The comparison results show that ignoring the parasitic capacitance between stator winding and rotor has little effect on the conduction electromagnetic interference of DC side positive and negative electrode and neutral point of motor. On the AC side, changing the capacitance value will greatly affect the voltage value of the shaft. Therefore, the effect of this capacitor on DC side can be neglected in designing filter which simplify the circuit model. The capacitance must be taken into account when calculating the voltage and current of the motor shaft, otherwise the life budget of the motor will be inaccurate.

Key words: parasitic parameters of motor, electromagnetic interference, filter design, motor life.

1 引言

近年来得益于电力电子技术和现代电动机技术的发展，永磁同步电动机驱动系统成为新能源汽车的核心部件和主流产品。电动机逆变器采用IGBT等电力电子器件进行脉宽调制控制，IGBT的快速通断产生较高的电流变化率和电压变化率，通过电动机驱动系统的寄生参数形成宽频带的传导电磁干扰和辐射电磁干扰，这不仅影响电动机驱动系统的电磁兼容性，还会对整车安全性带来影响[1]。

电动机驱动系统产生的传导电磁干扰的主要因素是干扰源和耦合路径。IGBT的快速通断形成了共模干扰源和差模干扰源。耦合路径主要是由逆变器、动力线缆和电机的寄生参数形成的。前期研究分析了IGBT对机壳的电容和电动机对机壳的电容对传导电磁干扰的影响。永磁电动机模型采用的是简化等效模型，不能真实反映实际寄生参数。

基于以上问题，本文利用maxwell软件，对电动汽车永磁同步电机进行了3D物理原型建模，提取的参数有定子绕组之间、定子绕组对机壳、定转子铁心之间及定子绕组与转子铁心的寄生电容，着重考虑的参数是定子绕组与转子之间的寄生电容，利用simplor软件建立空间矢量脉宽调制(SVPWM)模型，通过联合仿真，提取永磁同步电动机三相电压作为干扰源信号，分析了参数对传导电磁干扰的影响。

2 电动机驱动系统传导电磁干扰产生原理

2.1 电动机驱动系统传导电磁干扰测试平台

根据CISPR25《车辆、船和内燃机—无线电骚扰特性——用于保护车载接收机限值和测量方法》，电动机驱动系统传导电磁干扰测试平台，主要由高压直流电源、直流线缆、人工电源网络LISN、电动机控制器、交流线缆和电动机组成，如图1所示。其中电动轿车采用30 kW/100 kW永磁同步电动机，电动机控制器采用6个1200 V/300 A全控式功率器件IGBT组成，每个IGBT反并联一个续流二极管，IGBT的开通或关断由栅极的SVPWM控制信号所决定。

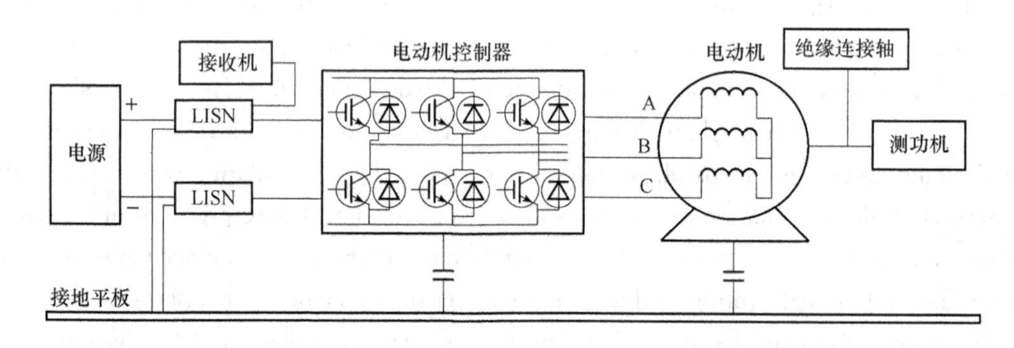

图1 电动机驱动系统构成

2.2 电磁干扰源

IGBT高频等效模型，如图2所示，当栅极电压V_g达到开关阈值电压V_{th}时，IGBT管导通，集电极电流开始增加。图3表示IGBT打开时V_{CE}电压波形和I_C的电流波形，从图3中可以看出V_{CE}在从V_{DC}变为0的过程中，导通电流从0开始逐渐上升，在电流值突变上升达到I_C+I_{RR}后，下降至I_C并趋于稳定，这一突变是因为IGBT关断过程中，其引线电感L_C、L_E、L_G与极间电容C_{GC}、C_{GE}、C_{CE}会储能，当IGBT由关断变为打开时，引线电感和极间电容存储的能量释放，导致IGBT产生的电压、电流发生突变，形成电磁干扰源信号。

2.3 传导电磁干扰及轴电压路径分析

以SVPWM调制方式中100工作模式为例，分析共模传播路径下的干扰情况，图4忽略了定子绕组对转子寄生电容的情况。其共模干扰路径

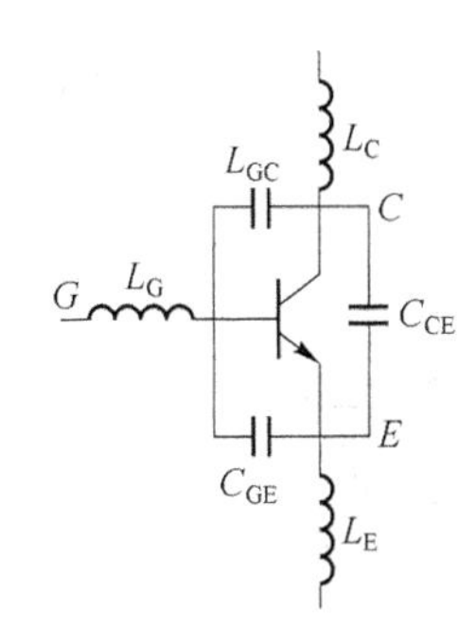

图 2　IGBT 等效电路模型

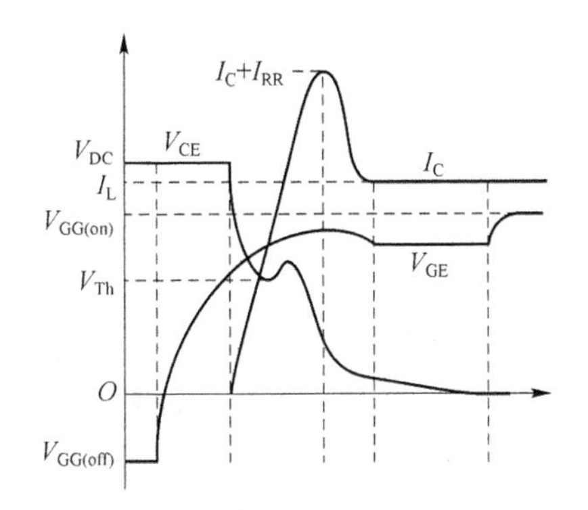

图 3　IGBT 电压电流波形

由 3 个环路组成,第一路共模电流 I_1 经交流线缆 R_{CA}、L_{CA} 流到电动机绕组 R_{MA}、L_{MA} 后分成三分支,第一分支通过绕组对机壳寄生电容 C_M、机壳对地寄生电容 C_S 流回大地,第二分支流经交流线缆 R_{CB}、L_{CB} 流到电动机绕组 R_{MB}、L_{MB},再经交流线缆对地寄生电容 C_B 流回大地,第三分支流经交流线缆 R_{CC}、L_{CC} 流到电动机绕组 R_{MC}、L_{MC},再经交流线缆对地寄生电容 C_C 流回大地;第二路经 IGBT 引线电感后分成三分支,第一分支经直流正极线缆对地寄生电容 C_P 流回大地,第二分支流经 X 电容 C_{DC}、X 电容的寄生电感和电阻 L_{DC}、R_{DC},直流线缆等效电阻电感 R_{DC-}、L_{DC-},流过 LISN 与 C_N 再流入大地,第三分支流经直流线缆等效电阻电感 R_{DC+}、L_{DC+} 和 LISN 再流回大地;第三路经交流线缆对地寄生电容 C_A 后流入大地。LISN 的电阻 R_1 和 R_2 的电压 U_{R_1} 和 U_{R_2} 是传导正极电压和传导负极电压[3]。

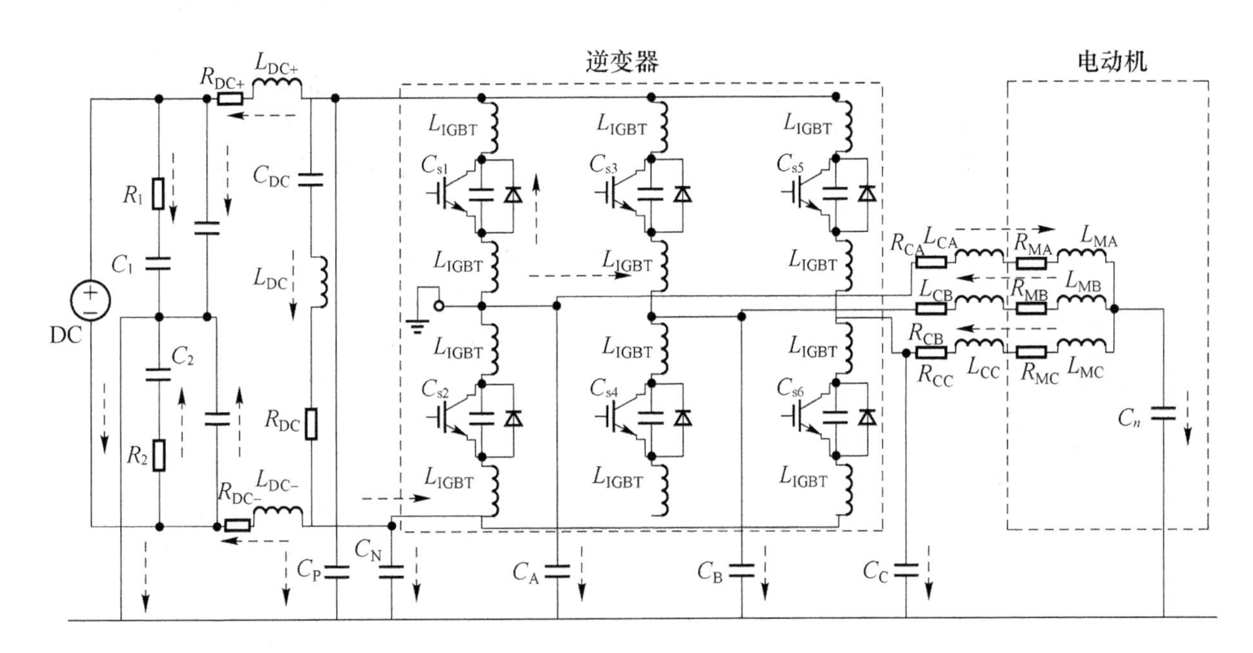

图 4　忽略定子绕组对转子寄生电容等效电路

考虑到定子绕组对转子寄生电容的情况如图 5 所示,其电容相串于轴承电容与转子对机壳电容的并联,共同构成了一条完整的支路。即流经定子绕组与转子寄生电容 C_{wr},而后分为两支,一支经转子相对定子寄生电容 C_{sr} 流入大地,另一支经轴承电容 $C_{bearing}$ 流入大地。电动机轴承上有电流通过,这是因为形成了轴电压。

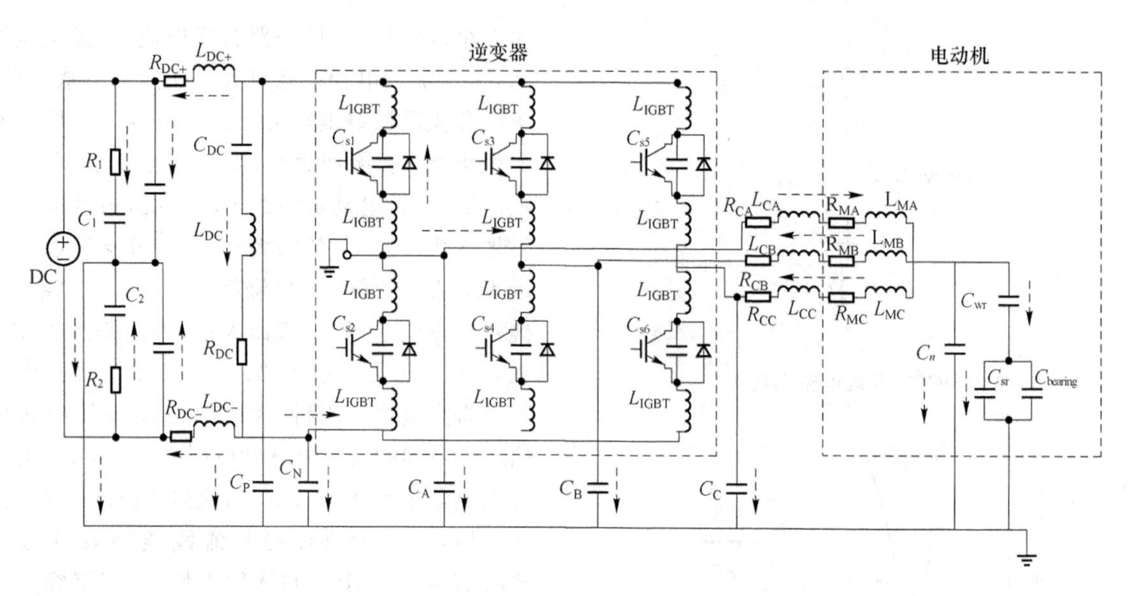

图 5　考虑定子绕组对转子寄生电容等效电路

2.4　电动机驱动系统建模与仿真

2.4.1　电动机 3D 物理原型建模

利用 ANSYS Maxwell RMxprt 模块对永磁同步电动机进行建模。根据电动机的设计参数分别对电动机的定子铁心、定子绕组、定子绕组端部、转子铁心和转子磁极及轴等参数进行了设置，生成了永磁同步电动机的 RMxprt 模型，随后生成电动机的模型，如图 6 所示。

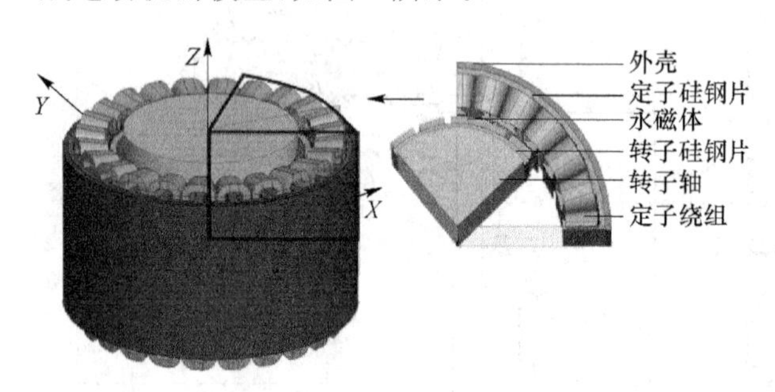

图 6　永磁同步电动机三维模型

由于永磁同步电动机根据车辆行驶状态具有多种动态参数，为了模拟车辆电动机驱动系统，利用 ANSYS maxwell 瞬态求解器提取动态参数(自感、互感)。此外，还对电动机的分布参数(主要是分布电容)利用进行了提参，主要参数包括：C_{ws}是定子绕组与定子铁心之间的分布电容，C_{ww}定子绕组之间的分布电容，C_{sr}是定、转子铁心之间的分布电容，C_{wr}是定子绕组与转子之间的分布电容，$C_{bearing}$是球轴承内外圈之间的分布电容。电动机截面四分之一的等效分布电容，如图 7 所示，电容的提取的结果，如表 1 所示。

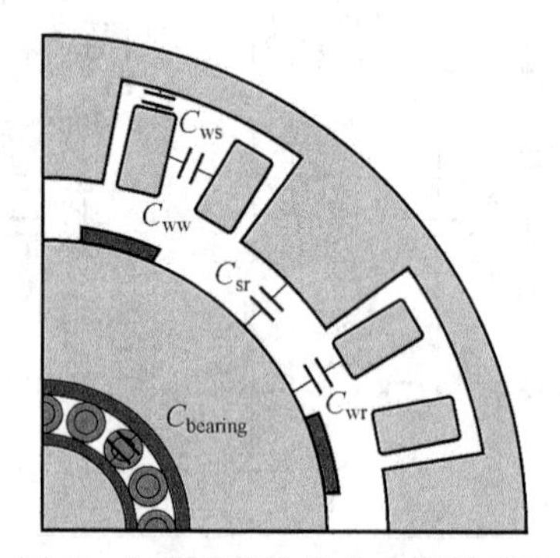

图 7　电动机等效分布电容示意图

表 1　电动机寄生电容的提取

	绕组 A	绕组 B	绕组 C	转子铁心	定子铁心	电动机外壳
绕组 A	487.68	69.36	69.36	6	342.48	x
绕组 B	69.36	487.68	69.36	6	342.48	x
绕组 C	69.36	69.36	487.68	6	342.48	x
转子铁心	6	6	6	x	396	1747.56
定子铁心	342.48	342.48	342.48	396	x	x

2.4.2 PMSM 控制电路建模与仿真

PMSM 采用 SVPWM 控制策略，在 Matlab/Simulink 环境下搭建仿真模型，如图 8 所示，以获取 SVPWM 控制信号。利用 Simplorer 软件，建立了逆变器功率电路，协同 Matlab/Simulink 和 Maxwell 进行联合仿真，如图 9 所示。施加控制后，PMSM 在稳态下运行，额定转速为 2000 rpm，转矩为 100 N · m。在 Simplore 中获得 PMSM 实际的三相电压，如图 10 所示。

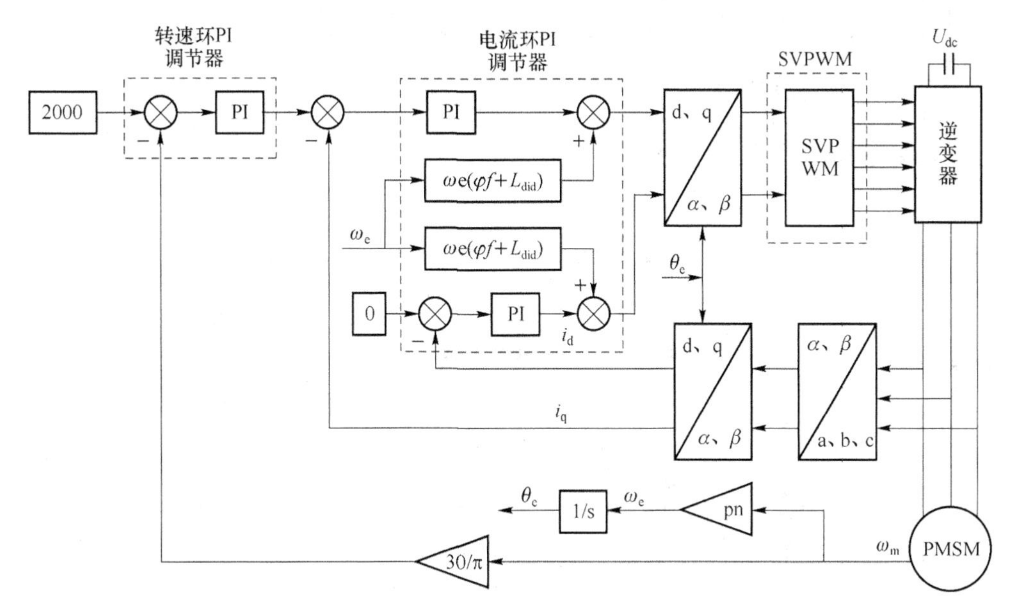

图 8　三相 PMSM 矢量控制框图

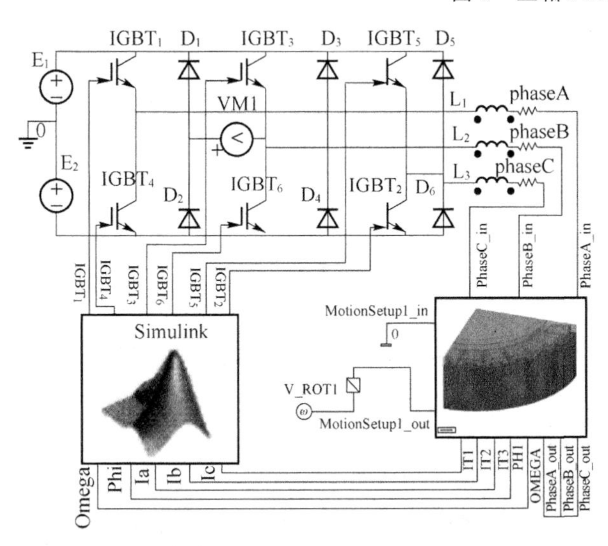

图 9　Simplore 中控制电路

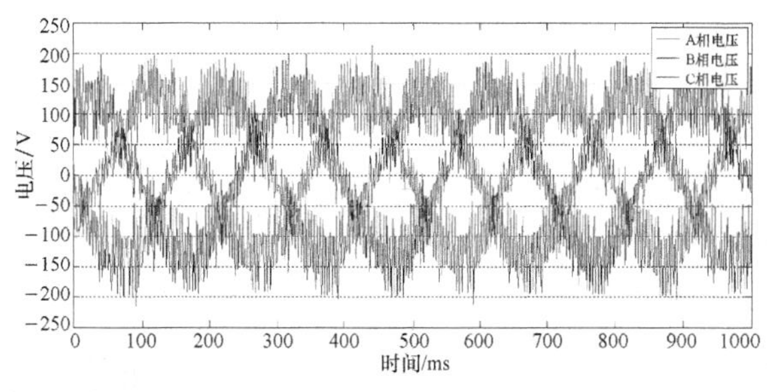

图 10　三相的时域电压

观察图 10，可以很明显地发现经过直流逆变后得到的三相时域电压是带有很多毛刺的正弦波，而这些毛刺正是干扰源。

2.4.3 电动机驱动系统传导电磁干扰建模与仿真

利用 CST 电磁仿真软件，建立电动机驱动系统传导电磁干扰等效电路模型，如图 11 所示。在端口 1、2 和 3 处注入图 10 所示的由 Simplorere 中提取到的电动机三相电压。图 11 和图 12 分别是忽略和考虑定子绕组对转子寄生电容的等效电路（含轴承电容）。通过仿真，从探针 P1 和 P2 处获得电动机驱动系统直流母线正极传导电压和负极传导电压，如图 13 和 14 所示。从探针 P3 处可检测电动机中性点电压，如图 15 所示。P4 处检测不同定子绕组与转子寄生电容值下的轴承漏电压，图 16 所示。

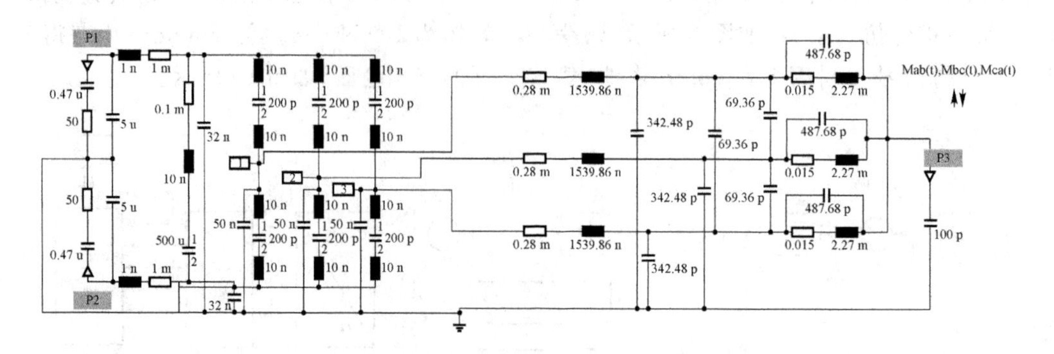

图 11　忽略定子绕组对转子寄生电容的等效电路

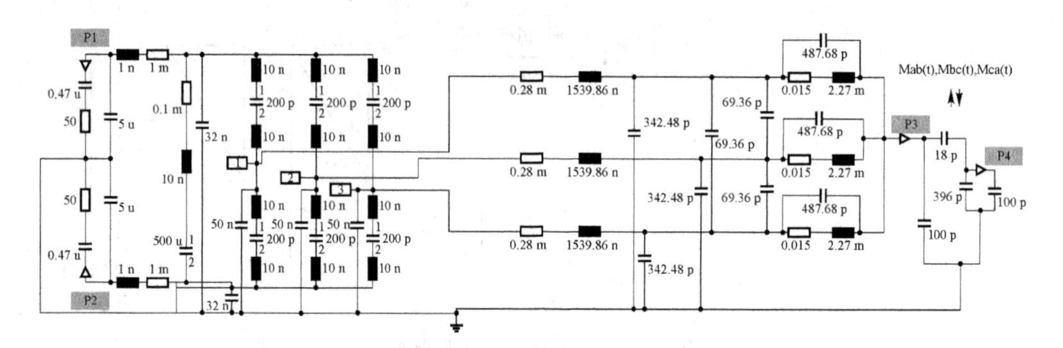

图 12　考虑定子绕组对转子寄生电容的等效电路

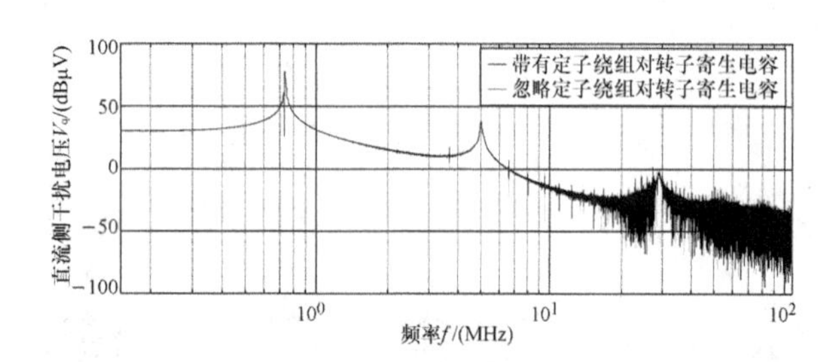

图 13　直流侧正极干扰电压对比

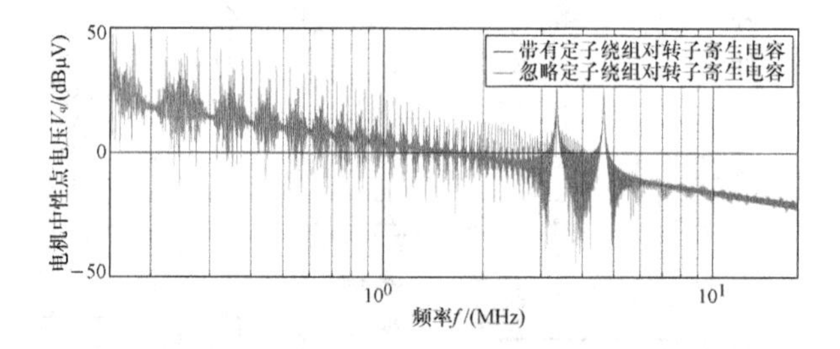

图 15　探针 3 检测到电动机中性点电压对比

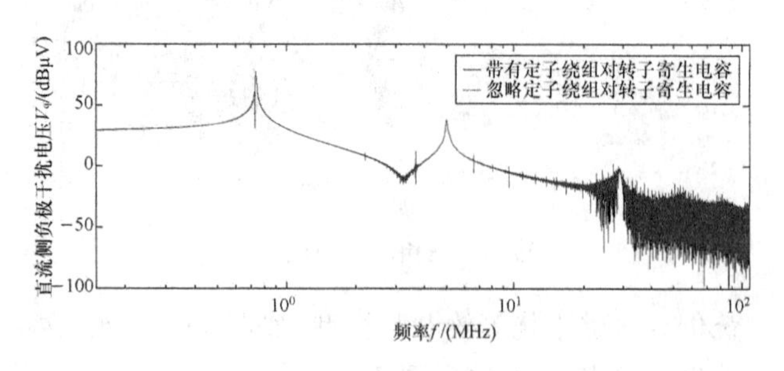

图 14　直流侧负极干扰电压对比

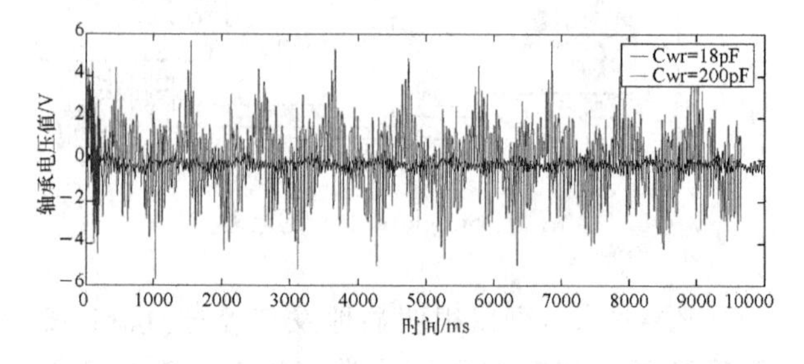

图 16　探针 4 检测到的轴承电压对比

通过对比可以发现，电动机定子绕组对转子寄生电容对直流侧正极、负极及电动机中性点的传导干扰影响微小。但是，更改定子绕组对转子的寄生电容，电动机的轴电压将发生明显的变化，定子绕组对转子寄生电容为 18 pF 时轴电压峰值为 0.2 V，改变容值为 200 pF，轴电压峰值可达 4 V，可以得出在预算电动机的使用寿命时，将其电容纳入考虑的范围是非常有必要的。

3 结论

本文采用有限元方法，通过电动机三维实体建模提取动态参数和寄生参数，着重分析了寄生参数中定子绕组与转子寄生电容对电动机驱动系统的传导电磁干扰及对轴电压的影响。在等效电路模型中注入三相时域电压进行仿真，分别用探针检测电动机驱动系统忽略和考虑电机定子绕组与转子寄生电容情况下的传导干扰以及改变此电容容值后的轴电压值。对比结果显示，忽略定子绕组与转子寄生电容，对直流侧正负极和电机中性点的传导电磁干扰影响不大；而在交流侧，更改电容值将极大地影响到轴电压值。因此，在设计滤波器时可以忽略此电容对直流侧的影响达到简化电路模型的目的。而在计算电动机轴压电、轴电流时，此电容必须要纳入考虑的范围内，否则电机寿命的预算将造成不准。

通信作者： 李　祥

通信地址： 北京市海淀区中关村南大街5号北京理工大学机械与车辆学院，邮编 100081

E-mail： xlfping@163. com

参考文献

[1] Younghwan Kwack, Hongseok Kim, Chiuk Song. ect, EMI Modeling Method of Interior Permanent Magnet Synchronous Motor for Hybrid Electric Vehicle Drive System Considering Parasitic and Dynamic Parameters. APEMC 2015.

[2] 高润泽，翟丽，阳冬波，等. 电动汽车电机逆变器系统电磁干扰的测试研究[J]. 北京：交通节能与环保，2015，(4)：18-26.

[3] 翟丽，张新宇，李广召. 电动汽车电机驱动系统分布参数对传导电磁干扰影响研究[J]. 北京：北京理工大学学报，2016，36(09)：935-939 .

[4] 袁雷，胡冰新，魏克银，等. 现代永磁同步电机控制原理及 MATLAB 仿真[M]. 北京：北京航空航天大学出版社，2016.

[5] 赵鲁. 基于 Simplorere 场路耦合多物理域联合仿真[M]. 北京：中国水利水电出版社，2014.

电连接器抗雷击测试系统冲击电流校准方法研究

瞿明生

（贵州航天计量测试技术研究所，贵阳 550009）

摘　要：本文对电连接器抗雷击测试系统的组成和工作原理进行了简单介绍，并对雷击冲击电流校准的难点进行了分析。介绍了罗式线圈测量雷击冲击电流的优点，并用罗式线圈和示波器建立了校准装置，详细说明了校准方法和校准步骤。通过罗式线圈将雷击冲击电流转换成脉冲电压，用示波器进行精确测量，从而实现对电连接器抗雷击测试系统冲击电流的校准。解决了用现有的分流器或电流探头难于校准输出的直流电压和冲击电流高达 8 kV 和 15 kA 的难题。同时，对校准装置的不确定度进行了分析评定。研究和实践表明，本校准装置简单可靠，方便实用，满足量值传递要求。

关键词：电连接器，雷击，冲击电流，校准方法。

中图分类号：TN　　　　**文献标识码：**A

Research of Calibration Method of Electrical Connectors Resisting Lightning Strike Test System

Qu Mingsheng

(Guizhou Aerospace Institute of Measuring and Testing Technology, Guiyang 550009)

Abstract: This article introduces simply the composition and the operational principle for the electrical connectors resisting lightning strike test system, and analyses the difficulty of the lightning strike electric current calibration. The advantage of Rogowski Coil is introduced, and a calibration installation is established by Rogowski Coil and Oscilloscope. The calibration tethod and step are detailed. A Rogowski Coil can transforme lightning strike electric current into a pulse voltage that can be accurately measured by way of a Oscilloscope, thus realizing the calibration of strike electric current. Existing current diverter and current probe can not solve the difficult problem of the calibration 8kV DC voltage and 15kA strike electric current produced by the electrical connectors resisting lightning strike test system. at the same time, the uncertainty of calibration installation is evaluated. by research and practice, It shows that this calibration installation is simple、reliable、convenientand and practical, and the requirement of dissemination of quantity is fulfilled with it.

Key words: electrical connectors, lightning strike, strike electric current, calibration method.

1　引言

电连接器抗雷击测试系统[1]主要由大容量高压脉冲电容器组、电容器高压恒压直流充电装置、放电机构、测控单元、PLC 可编程控制器、自动接地保护装置和计算机等部分组成，其输出电流波形和测试方法匀按相关标准[2-4]而研制的用于电连接器的高电压、大电流的模拟雷击试验装置。

工作原理简图，如图 1 所示，工作原理为

220 V、50 Hz 的交流电压输入到调压器 B_1 的输入端，根据所要求的充电电压的高低，调节调压器，可改变输出电压的大小。经变压器 B_2 将输入电压升高后用二极管 D 进行整流，整流后的直流电压通过限流电阻 R_1 后对大容量高压脉冲电容器组 C 进行充电。

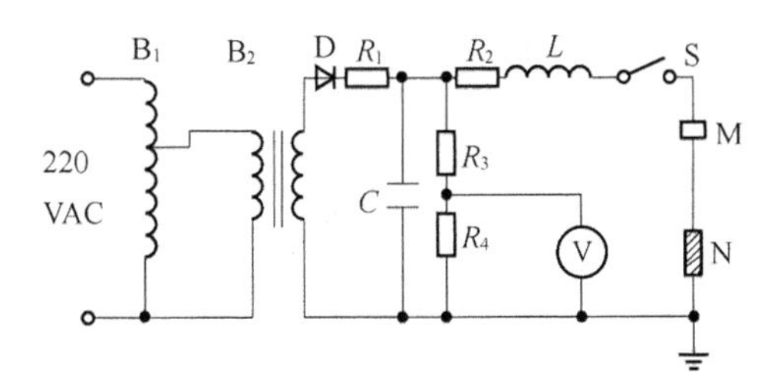

图 1　工作原理简图

当达到设定的充电电压时，合上放电开关 S，放电电流经大容量高压脉冲电容器组 C、调波电阻 R_2、调波电感 L 和放电开关 S、电流传感器 M 和被试品电连接器 N，而实现对电连接器的抗雷击试验。其中 C、R_2 和 L 组成 RLC 放电回路，其功能是产生冲击电流波形。调节充电电压的高低，可产生不同幅值的冲击电流。充电电压越高，输出的冲击电流越大。R_3 和 R_4 为直流分压器，V 为电压表，测量电容两端的电压。M 为电流传感器，测出放电电流，测出的电压和电流经计算机处理后，显示出来。

从电路理论可知，在 RLC 放电回路中，当 $R_2=2\sqrt{L/C}$时，R_2 称为 RLC 串联放电电路的临界电阻，产生非振荡波的临界值；当 $R_2<2\sqrt{L/C}$时，产生的是振荡波；当 $R_2>2\sqrt{L/C}$时，产生非振荡放电过程，其波形为非振荡波，电连接器抗雷击测试系统工作在非振荡状态。非振荡波的最大幅值产生在临界条件，电容 C 的容量、电阻 R_2 的阻值和电感 L 电感量这 3 个值决定了冲击电流到达峰值的时间和跌落时间以及电流的最大幅值。

电连接器抗雷击测试系统的主要技术指标为，波前时间：50 μs。最大允许误差：±20%。半峰值时间：500 μs，最大允许误差：±20%。充电电压范围：0 V～8 kV。冲击电流幅值范围：0.5 kA～15 kA，最大允许误差：±3%。

电连接器抗雷击测试系统属于专用设备，目前，对其校准还没有专用的校准装置及校准方法。波前时间和半峰值时间的校准用示波器就能实现，校准的难点为冲击电流的校准。

测量脉冲电流可用分流器[5]或电流探头实现。分流器实质就是一个标准电阻，将脉冲电流转换成脉冲电压，在低频率且小的脉冲电流的测量中表现出较高的精度和较快的响应速度。但在频率高且大的脉冲电流的测量中由于趋肤效应，临近效应的作用，使分流器的有效电阻增加，发热急剧增大，为了降温，增加散热效果，往往做得又大又重，不便于安装。由于高频率大电流信号产生很大的电磁场干扰信号，产生高频噪声，同时，分布电感和分布电容的影响不能忽略，使分流器的精度大大降低，因此不适合用于大的雷击冲击电流的测量。

电流探头有交流电流探头和交流/直流电流探头两种。交流电流探头采用电流互感器实现交流电流的测量；交流/直流电流探头是在交流电流探头的基础上增加能测量直流和低频信号的霍尔传感器，则可实现交流/直流电流的测量。目前，电流探头的频率测量范围从直流到几百兆赫兹，电流达到 kA 级，因此，从电流量程上达不到雷击冲击电流的范围。

针对以上难题，冲击电流的测量采用的传感器为罗式线圈。它为空心线圈，利用被测电流产生的磁场在线圈中感应的电压来测量电流。其一次侧为单根截流导线，二次侧为罗氏线圈。采用罗氏线圈测量可避免产生的热效应和电效应，同时，由于测量回路与被测电路没有直接的电连接，可避免接地点的地电位瞬间升高所引起的干扰影响。也可通过示波器对一次侧的电流信号和二次侧的电压信号同时进行采集。罗氏线圈具有体积小、重量轻、精度高、安装使用方便的特点。罗氏线圈电流/电压转换灵敏度用 $N=I/V$ 表示，罗氏线圈输出的脉冲电压参照规程[6]的方法测量。如用示波器测得的罗氏线圈输出的电压为 V，则冲击电流为 NV。

这里用的罗氏线圈主要技术指标为，频率范围：100 Hz～100 kHz。电流/电压转换灵敏度 N=500 A/V，即 500 A 冲击电流通过罗氏线圈时，输出 1 V 脉冲电压，电流电压转换最大允许误差为±1.0%。

2 校准装置

校准装置由罗式线圈[7]和 DSOX3054T 型数字存储示波器[8]组成，校准连接示意图，如图 2 所示。电连接器抗雷击测试系统的输出端 a 和 b 平时用于连接电连接器做抗雷击试验，去掉电连接器，用能承受 15 kA 的铜排短接，且铜排穿过罗式线圈的中心孔。用电缆将罗式线圈的信号输出端 d 与示波器的通道 1 即 CH_1 端连接起来。

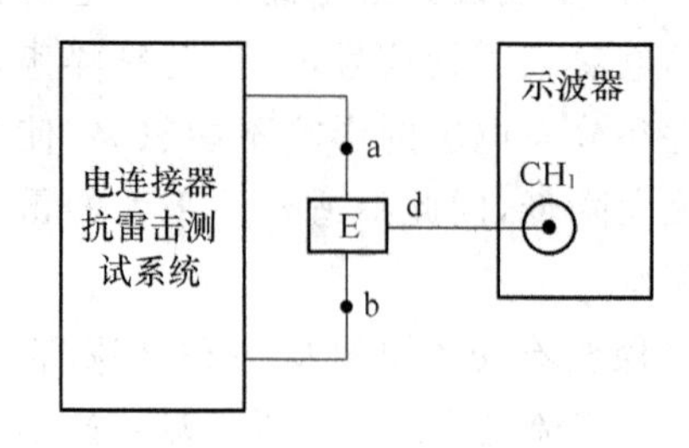

图 2　校准连接示意图

3 校准方法

罗式线圈的电流/电压转换灵敏度 $N=500$ A/V，根据冲击电流的大小，计算出罗式线圈输出的电压范围，对示波器进行设置。这里以校准 15 kA的冲击电流为例进行说明。15 kA 的冲击电流产生的脉冲电压约为 30 V，因此，示波器设置输入电阻为 1 M Ω，直流 DC 耦合，垂直偏转系数 V/div = 5V/div，水平偏转系数 s/div = 100 μs/div。

电连接器抗雷击测试系统设置方法：试验类型有手动和自动，可任选一种，选手动。充电极性有正脉冲和负脉冲两种可供选择，正脉冲和负脉冲波形形状和参数均相同，只是方向相反，这里选正脉冲。

充电电压指显示的电容上的充电电压值。预置放电电压指设置电容上的放电电压，当充电电压达到此值时放电，设置为 6.5 kV。预置充电电压指变压器上产生的电压，它应比预置放电电压高，才能对电容充电，设置为 6.6 kV。线圈倍率选择 500 A/V，电流范围选择 15 kA 量程。试验次数选择 1，即一次完成 1 次试验。

点击运行按键，当充电电压达到设置的预置放电电压后，点击放电按钮，放电开关接通冲击电流放电回路，进行冲击放电。这样一次手动试验完成，仪器显示测得的峰值时间、半峰值时间和电流峰值。同时，示波器测得的输出波形，如图 3 所示。

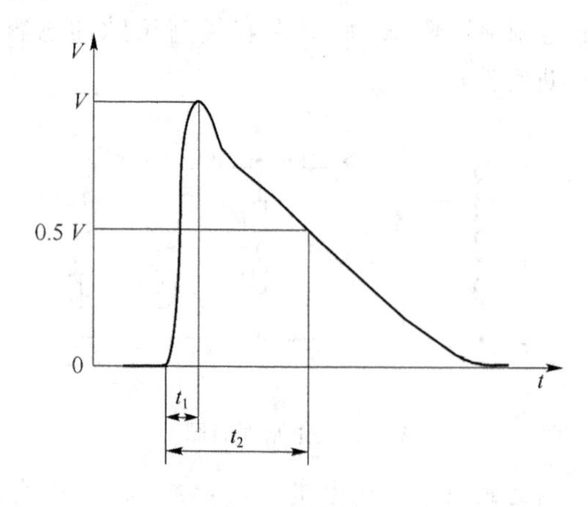

图 3　输出波形

图中：t_1 为峰值时间，t_2 半峰值时间。示波器测得的峰值电压 V 乘罗式线圈电流/电压转换灵敏度 N 即为冲击电流 I，即 $I=NV$。

4 不确定度分析

4.1 测量方法

用罗式线圈和示波器测量冲击电流。

4.2 数学模型

$$I=NV$$

式中，I—冲击电流，单位为 A。N—罗式线圈电流/电压转换灵敏度，单位为 A/V。V—示波器测得的脉冲电压，单位为 V。

4.3 不确定度分量的来源

主要测量不确定度来源有：示波器电压测量不准引入的不确定度分量；罗式线圈电流/电压转换不准引入的不确定度分量；电流测量重复性引入的不确定度分量。

4.4 不确定度分量评定

根据罗式线圈和 DSOX3054T 型数字存储示波器使用说明书提供的技术指标，参照《计量技术基础》[8]《测量不确定度评定与表示》[9]和《一级注册计量师基础知识及专业实务》[10]提供的不确定度分析评定方法，确定不确定度来源、误差限、分布规律等。

以分析评定 15 kA 冲击电流点的不确定度为例进行评定。

4.4.1 示波器电压测量不准引入的不确定度分量

由 DSOX3054T 型数字存储示波器使用说明书可知，电压测量的最大允许误差为±1.0%，它为均匀分布，取包含因子 $k=\sqrt{3}$，则 B 类相对不确定度分量 u_1：

$$u_1=0.01/\sqrt{3}=0.5773\%$$

4.4.2 罗式线圈电流/电压转换不准引入的不确定度分量

由罗式线圈使用说明书可知，电流/电压转换灵敏度的最大允许误差为±1.0%，它为均匀分布，取包含因子 $k=\sqrt{3}$，则 B 类相对不确定度分量 u_2：

$$u_2=0.01/\sqrt{3}=0.5773\%$$

4.4.3 电流测量重复性引入的不确定度分量

以电连接器抗雷击测试系统输出的 15 kA 冲击电流为被测量，用罗式线圈和示波器在短时间内重复观测 10 次，10 个观测值 x_i，如表 1 所示。

表 1 10 个观测值 x_i 单位：kA

次数	1	2	3	4	5
测量值	15.085	15.081	15.084	15.089	15.087
次数	6	7	8	9	10
测量值	15.085	15.082	15.086	15.083	15.088

测量重复性引入的相对不确定度分量 u_A：

$$u_A=\frac{1}{\bar{x}}\sqrt{\frac{\sum_{i=1}^{n}(x_i-\bar{x})^2}{n(n-1)}}=5.413\times10^{-5}$$

4.4.4 合成标准不确定度

由于各不确定度分量互不相关，其合成标准不确定度为单个标准不确定度的方和根值。

$$u_{crel}=\sqrt{\sum_{i=1}^{2}u_i^2+u_A^2}=0.816\%$$

4.4.5 扩展不确定度

确定包含因子 k 值，取 $k=2$，置信水平 95%，则得到扩展不确定度：

$$U_{rel}=ku_c=1.6\%$$

5 主要技术指标

校准装置的主要技术指标为，频率范围：100 Hz～100 kHz。冲击电流测量范围：50A～20 kA。冲击电流为 15 kA 时，扩展不确定度：$U_{rel}=1.6\%(k=2)$。

6 结束语

针对电连接器抗雷击测试系统输出的直流电压和冲击电流高达 8 kV 和 15 kA 的特点，用罗式线圈和示波器建立了校准装置。研究出了校准方法，解决了用现有的分流器和电流探头难于校准雷击冲击电流的难题。研究和实践表明，本校准装置简单可靠，方便实用，满足量值传递要求。

参考文献

[1] 电连接器抗雷击测试系统使用说明书[Z]. 西安：西安交通大学电力专用设备研究所，2016.
[2] EAI-364-75A Lightning Strike Test Procedure for Electrical Connectors，2009[S].
[3] GB/T 16927.1—1997 高电压试验技术一般试验要求[S].
[4] GB/T 16927.2—1997 高电压试验技术测量系统[S].
[5] 曾令儒，刘燕虹，刘民，等. 电磁学计量[M]. 北京：原子能出版社，2002.
[6] JJG 490-2002 脉冲信号发生器检定规程[S].
[7] 500 A/V 型罗式线圈使用说明书[Z]. 西安：西安交通大学电力专用设备研究所. 2016.
[8] Model DSOX3054T Digital Storage Oscilloscope Instruction Manual[J]. America. KEYSIGHT. 2017.
[9] 李宗杨，洪宝林，元天佑，等. 计量技术基础[M]. 北京：原子能出版社，2002.
[10] JJF 1059.1——2012 测量不确定度评定与表示[S].
[11] 叶德培，黄耀文，丁跃清，等. 一级注册计量师基础知识及专业实务[M]. 北京：中国质检出版社，2017.

作者简介：瞿明生，男，1965 年出生，硕士，高级工程师。工作单位为贵州航天计量测试技术研究所。主要研究方向为无线电和时间频率计量科研工作。

地址：贵州省贵阳市经济技术开发区红河路 5 号贵阳航天工业园，邮政编码 550009

E-mail：1608583514@qq.com

电涌保护器 EMP 防护效能实验研究

周颖慧　石立华　孙　征　付尚琛　刘　波　郭一帆

（电磁环境效应与光电工程国家级重点实验室，陆军工程大学，南京 210007）

摘　要： 为研究典型电涌保护器件对电磁脉冲的防护效能，设计了防护器件测试夹具并基于雷击浪涌发生器构建了电涌防护器件电磁脉冲防护效能测试系统；实验研究了典型电涌防护器件对宽、窄电磁脉冲的防护能力；总结了上述防护器件对电磁脉冲抑制效果。

关键词： 电涌防护器件，电磁脉冲，防护效能，实验研究。

Experiment Research on Protected Effect of Typical SPD to EMP

Zhou Ying hui　Shi Li hua　Sun Zheng　Fu Shang chen　Liu Bo　Guo Yi fan

(National Key Laboratory on Electromagnetic Environmental Effects and Electro-optical Engineering, PLA Army Engineering University, Nanjing Jiangsu 210007, China)

Abstract: In order to study the protected effect of typical surge protected devices (SPD) to electromagnetic pulse, an SPD test fixture was designed and test system was built based on lightning surge producer. The wide pulse and narrow pulse were injected to typical SPD respectively and the restrain effect was concluded based on above typical SPD test result.

Key words: Surge protected device (SPD), Electromagnetic Pulse (EMP), protected effect, experiment research.

1　引言

电涌保护器(SPD)是一种通过抑制瞬态过电压以及旁路电涌电流来保护设备的装置，具有非线性响应特性[1]。以往这类装置主要用于雷击在线路上产生的电涌的防护，在核电磁脉冲防护中的有效性尚无确定的结论。

SPD 主要分为限压型、电压开关型和组合型三类[2]。其中，电压开关型 SPD 主要有火花隙、气体放电管，在无电涌时呈高阻状态，但电涌增大到一定程度后，其阻抗变为低值；限压型 SPD 包括压敏变阻器、瞬态抑制二极管(TVS)等，具有随电涌的增大不断降低的特性，其阻抗平时也呈高阻状态；组合型 SPD 是前面两者的组合，根据所加电压的特性，可呈现开关特性或限压特性[3]。

本文设计了防护器件测试夹具并基于雷击浪涌发生器构建了电涌防护器件电磁脉冲防护效能测试系统，通过对典型 SPD 进行宽、窄电磁脉冲注入试验研究了典型 SPD 对电磁脉冲(EMP)感应过电压的适用性。

2　SPD 的 EMP 防护效能测试系统

为研究 EMP 对 SPD 的防护效能，首先设计 SPD 测试夹具并构建 EMP 防护效能测试系统。测试夹具的使用主要达到三个目的：(1)固定被测器件；(2)保证传输线匹配；(3)隔离瞬态脉冲的辐射。图 1 给出了 SPD 测试结构的原理图。

为保证测试夹具能够客观实际地反映出受试器件的各项性能，采用型号为 Agilent-4396B 网络分析仪测得该夹具在 100 kHz～1 GHz 频率范围内插入损耗小于 9 dB，传递函数曲线无明显突变，可以满足测试实验要求。

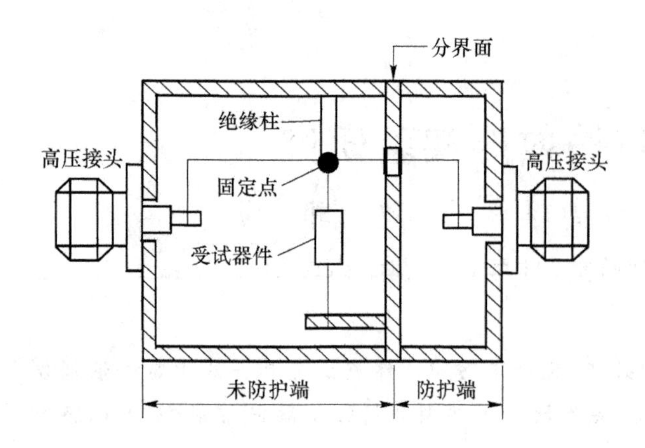

图 1　SPD 测试结构原理图

基于雷击浪涌发生器采用了窄脉冲(3/25 ns、10/100 ns)与宽脉冲(10/700 μs)两种耦合注入方式,参照国际电工委员会(IEC)有关标准[4],建立了电磁脉冲传导骚扰测试系统。测试设备组成主要包括四部分:信号发生器、骚扰信号耦合/注入装置、监测装置及非受试设备保护装置。图 2 为建立的 SPD 测试系统实物图。

图 2　SPD 测试系统实物图

3　典型 SPD 对电磁脉冲的响应能力

利用建立的测试系统,对市场上多类 SPD 及不同信号线路防护装置进行了响应特性的实验研究。每种器件的测试都分为宽(10/700 μs)、窄(3/25 ns 或 10/100 ns)两种脉冲注入。下面给出具有代表性的器件试验结果。

3.1　普通气体放电管

气体放电管又称避雷管,其管内充有一定种类和一定浓度的惰性气体,当瞬态电压出现时,管内气体被电离,于是放电管两端的电压便迅速降到一个很低的值上,它使大部分的瞬变能量被转移掉了,从而保护设备免遭骚扰或破坏。图 3 给出了宽、窄两种电磁脉冲施加到气体放电管前后的波形。可以看出,气体放电管对窄脉冲电压峰值的抑制并不明显,这主要是由于气体放电管对脉冲前沿响应速度较低而造成的;对宽脉冲则表现出较好的箝位效果。但对窄脉冲来说,气体放电管可以使作用的脉冲宽度明显变窄,说明它也可以有效吸收一部分窄脉冲的能量。

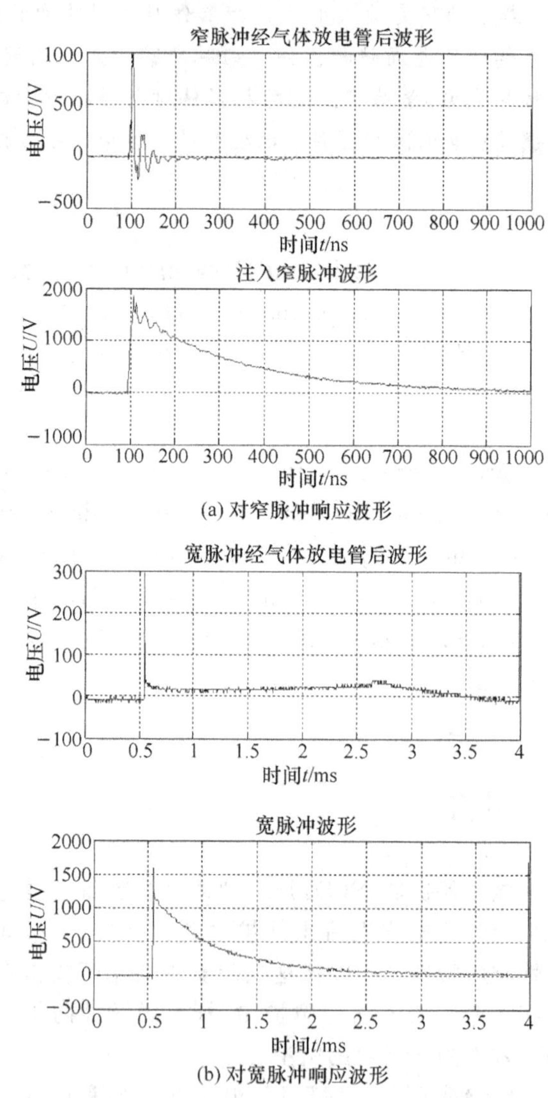

图 3　R600W0504 气体放电管测试波形

3.2　同轴气体放电管

同轴气体放电管是由圆柱形的金属内导体和圆筒形的金属外导体和两端的陶瓷密封片构成的圆柱形结构,管内也充以惰性气体。为检验这种新型电涌保护器对电磁脉冲传导骚扰的抑制能力，对型号为 CMTZ-50 的同轴气体放电管进行了宽、窄两种电磁脉冲的防护效能测试。测试结果表明随着注入脉冲峰值增大，器件经历未响应、开始响应和良好响应的作用过程。良好响应是指器件残压波形（$t_{shw}=9.87$ ns）与注入脉冲波形（$t_{shw}=24.89$ ns）相比变化很大，这说明注入电压峰值越高，器件的动作效果越明显。图 4 和图 5 也显示了相似的结果。

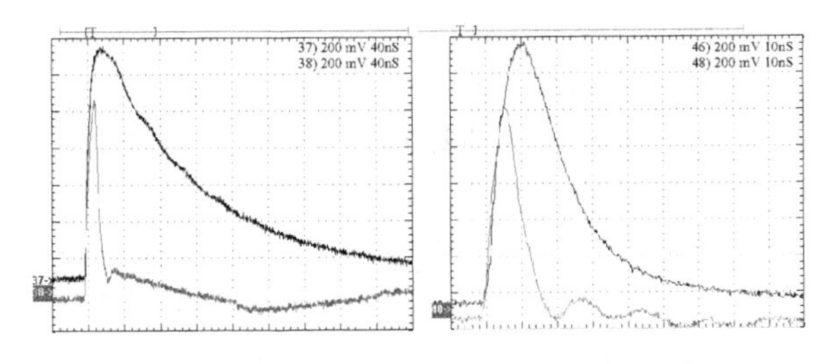

图 4　同轴气体放电管对两种窄脉冲(3/25 ns、10/100 ns)的响应波形

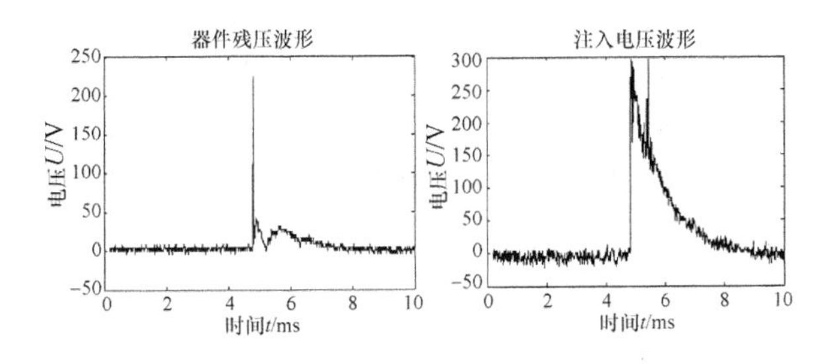

图 5　同轴气体放电管对宽脉冲的响应波形

通过对比宽、窄两种电磁脉冲的测试数据和波形，可以发现：该同轴气体放电管对电磁脉冲的响应电压是与注入脉冲上升时间密切相关的，脉冲上升时间越快，其响应电压越高。

3.3　压敏变阻器

压敏变阻器中含有氧化锌、钴、锰和其他金属氧化物，其本体结构是在晶粒周围覆有一层玻璃釉的、能导电的氧化锌（MOV）材料所构成。它对瞬态电压的吸收作用是通过箝位方式来实现的，其结果是对线路有危害的这部分能量被线路阻抗和 MOV 的阻抗所吸收，被转换成热量消耗掉，从而保护后续设备。

图 6 给出型号为 TVR20621 的 MOV 压敏变阻器在宽、窄脉冲注入时的响应波形。可以看出，该器件对窄脉冲并无箝位抑制效果，但可使其峰值明显降低，峰值电压和峰值电流在一定区间内比值恒定（器件的脉冲抑制作用近似于线性网络），对宽脉冲则呈现明显的箝位效果。

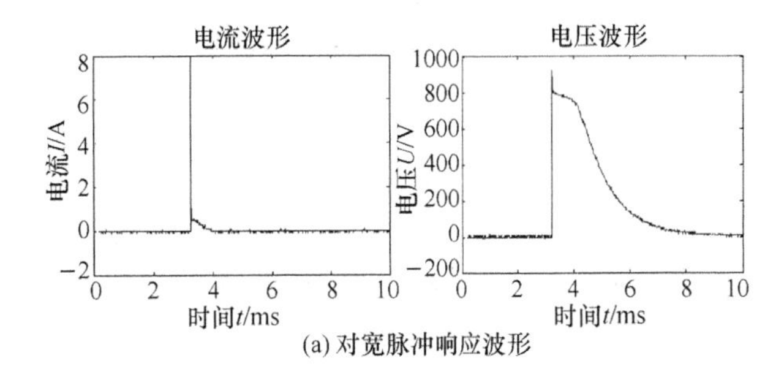

(a) 对宽脉冲响应波形

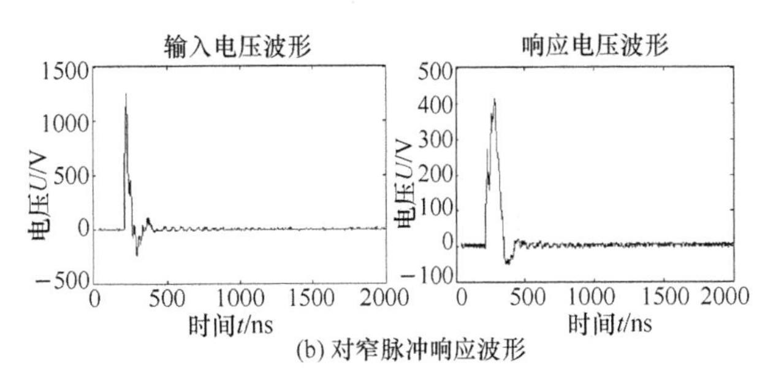

(b) 对窄脉冲响应波形

图 6　TVR20621 的测试波形

3.4　TVS 管

TVS 管通过硅 PN 结的雪崩效应以箝位方式实现对瞬变电压的抑制。在电路中未出现瞬态骚扰的情况下，TVS 是不工作的，一旦瞬变过电压出现后，TVS 管立即将尖峰电压箝位到安全电压。对型号为 1.5KE36CA 的 TVS 管进行了测试的响应波形，如图 7 所示。从图中可以看出，TVS 管对窄脉冲并无箝位抑制效果，但可使其峰值明显降低；对宽脉冲则呈现明显的箝位效果。

4　结论

以上试验研究了几种典型 SPD 对电磁脉冲传导骚扰的抑制能力，可以得出以下几条结论。

（1）目前在雷击浪涌防护中的常用 SPD 器件均具有一定的核电磁脉冲传导骚扰抑制能力，由于电磁脉冲上升时间和脉宽与雷击浪涌的不同，上述器件的响应能力与器件标称值有较大差距。

（2）气体放电管对窄脉冲的响应表现主要是将幅度减小（约一半左右）和将脉冲宽度减小（至 20 ns 以内），对宽脉冲则可呈现典型的箝位特性。

（3）MOV 压敏变阻器对宽脉冲具有明显的箝位效果，而对窄脉冲虽无箝位作用，但可使其峰值明显降低。对宽脉冲而言，MOV 压敏变阻器的

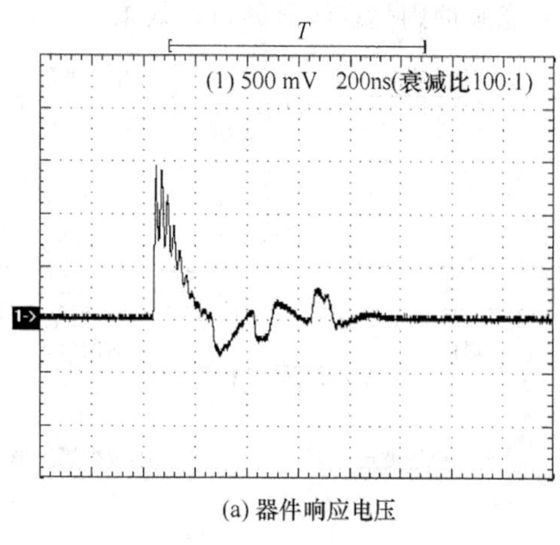

(a) 器件响应电压

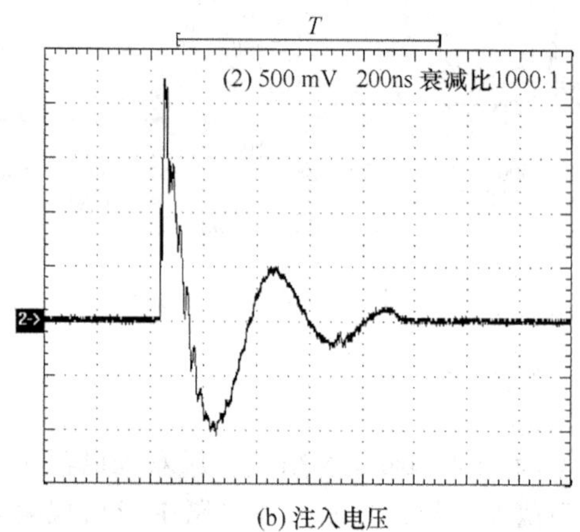

(b) 注入电压

图 7 1.5KE36CA 对窄脉冲的响应波形

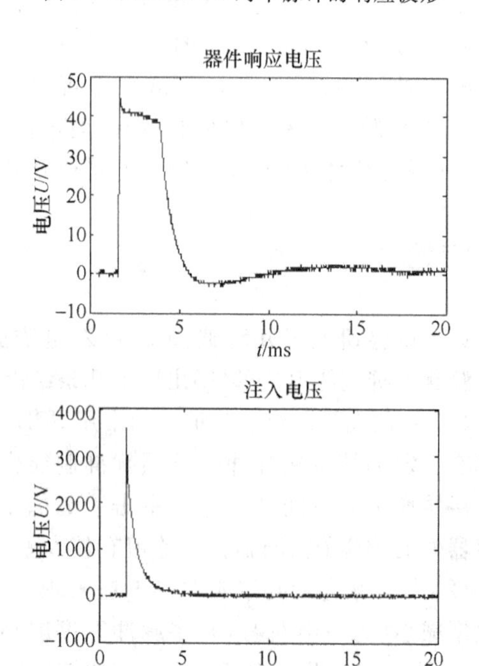

图 8 1.5KE36CA 对宽脉冲的响应波形

最大箝位电压是标称值的 1.6～1.8 倍；对窄脉冲而言，MOV 压敏变阻器对窄脉冲电压峰值的抑制范围是标称值 1.4～2 倍。MOV 压敏变阻器对于窄脉冲所产生的实验现象原因可能是：窄脉冲前沿时间很短(3～10 ns)，从频域角度而言，具有丰富的高频成分，在高频时 MOV 压敏变阻器的阻抗($Z=1/(j2\pi fC)$)迅速降低，流过器件的电流也随之增大，从而使电磁脉冲的能量被器件所吸收，达到抑制的作用。

(4) TVS 管对宽、窄电磁脉冲均有一定的抑制能力，其中对宽脉冲具有明显的箝位效果，而对窄脉冲虽无箝位现象，但可使其峰值明显降低。对宽脉冲而言，TVS 管的最大箝位电压是标称值的 1.2～1.6 倍；对窄脉冲而言，TVS 对脉冲电压峰值的抑制范围是标称值的 3～4 倍。

(5) 虽然许多 SPD 元件标称的响应时间为纳秒量级甚至更低，但是实测表明其对 10 ns(3 ns)前沿的核电磁脉冲波形没有能够响应；气体放电管试验结果表明，响应电压是脉冲上升时间的函数，这也是选择电磁脉冲防护元器件时需注意的问题。

参考文献

[1] 郭在华. 防雷装置与器件[M]. 北京：电子工业出版社，2017.

[2] 周旭. 电子设备防干扰原理与技术[M]. 北京：国防工业出版社，2005.

[3] 郑军奇. EMC 电磁兼容设计与测试案例分析[M]. 北京：电子工业出版社，2018.

[4] IEC 61000-4-24—1997, Testing and Measurement Techniques-Test methods for protective devices for HEMP conducted disturbance[S].

通信作者： 周颖慧

通信地址： 江苏省南京市秦淮区光华路海福巷 1 号，陆军工程大学电磁环境效应与电光工程国家重点实验室，邮编 210007

E-mail： 18851198858@139.com

多导体传输线分布参数提取方法的研究

杨莉　逯贵祯

（中国传媒大学 信息与通信工程学院，北京 100024）

摘　要：在传统的多导体传输线分布参数提取方法中，反三角函数的不连续性将产生相位模糊的问题，从而导致高频时传输线分布参数提取过程出现错误。为了克服传统方法中的相位模糊问题，本文提出了一种用于提取高频多导体传输线分布参数的差分迭代方法，通过对多导体微带结构传输线模型的建模，计算了模型的分布参数，验证了方法的提取可行性。数值结果表明，本文所提出的差分迭代方法可以解决传统方法中的相位模糊的问题，所提取的分布参数准确有效。

关键词：多导体传输线，差分迭代方法，分布电容参数，分布电感参数，电磁兼容。

Research about extraction method of parameter distributed for multi-conductor transmission lines

Yang Li　Lu Gui zhen

(School of Information and Communication Engineering, Communication University of China, Being 100024, China)

Abstract: In the conventional method of the distributed parameter extraction, the discontinuity of inverse trigonometric can arise the problem about phase ambiguity which causes significant errors for transmission models. This paper proposes a difference iteration method for extracting distributed parameters of high-frequency transmission line structure in order to overcome the phase ambiguity in the conventional method. The formulations of the proposed method are first derived for multi-conductor lines. Then the validation are performed for the models of micro-strip transmission line. Numerical results demonstrate that the proposed difference iteration method can solve the problem about the phase ambiguity and the extracted distributed parameters are accurate and efficient.

Key words: Multi-conductor Transmission Lines, Difference iteration method, Distributed capacitance parameter, Distributed inductance parameter, Electromagnetic Compatibility.

1　引言

多导体传输线之间的串扰会产生影响信号完整性的噪声，并导致系统性能的恶化。多导体传输线的特性与其分布参数密切相关。多导体传输线的分布参数在电路设计中是非常重要的，近年来，广大学者围绕多导体传输线的分布参数提取方法开展了许多的研究工作。

文献[1]中描述了双线 IC 互连结构中的一般提取方法，这种方法可用于计算共面波导的分布参数[2]。文献[3]针对简单双导体传输线进行了研究，讨论了提取双导体均匀传输线分布参数的两种方法。文献[4]中提出了提取具有周期性负载的传输线分布电阻参数 R、分布电感参数 L、分布电导参数 G 以及分布电容参数 C 的一般步骤，但没有对 S 参数与 $RLGC$ 参数之间的关系进行讨论。文献[5]对 PCB 板上的双导体传输线进行了分析，并由传播常数 γ、电阻 R 和电感 L 计算了传输线的电容参数 C 和电导参数 G。文献[6]中首次推导了多导体传输线端口的 S 参数和 $RLGC$ 参数之间的转换公式，该方法也被称为提取多导体传输线分布参数的传统方法。在该方法中反三角函数的不连续性会产生相位模糊的问题，这一问题将导致计算错误，随着传输线模型工作频率和线长的增加，这种错误将会变得越来越严重。

为了解决这一问题，文献[7]中通过对两个不同线长传输线的传输矩阵进行组合来解决相位模糊的问题。该方法中需要计算两个多导体传输线模型的 S 参数，因此计算过程较为复杂。文献[8]中讨论了一种提取因果 $RLGC$ 模型参数的优化算法，但是当线的数目较多时，该方法计算困难。文献[9]中对矩阵计算过程中的反三角函数不连续性和相位模糊性进行了描述，但对如何消除不连续性和相位模糊性没有进行理论方面的推导。

本文以无耗均匀多导体传输线为研究对象，基于传输线分布参数提取的传统方法，提出用差分迭代方法从 S 参数提取分布电容和电感参数。首先对传统方法进行简单介绍，然后对差分迭代方法的数学计算公式进行了推导，在此基础上以多导体微带传输线模型为例，提取了模型的分布参数。数值计算结果表明，差分迭代方法可以很好地解决传播相位的相位模糊和多值问题，用该方法提取的分布参数可以直接用于分析高速系统中的信号完整性效应和串扰现象。

论文第二部分中将主要对分布参数提取的差分迭代方法进行介绍；第三部分中运用传统方法和差分迭代方法对微带结构的多导体传输线分布参数进行提取和计算；第四部分中对论文的研究工作进行总结和讨论。

2 分布参数提取方法

为了简单起见，这里考虑了由理想导体构成的多导体传输线，研究的是三维结构的无损传输线模型。对于无损传输线来说，其分布参数包含两方面的内容，即：分布电容参数和分布电感参数。

由传输线理论可知，具有 $n+1$ 个导体的多导体传输线（其中 n 个为信号线，1 个为参考地线），可以被视作一个 $2n$ 端口的网络，该网络的阻抗参数矩阵和传输参数矩阵可以写成[6,7,10]

$$\overline{\boldsymbol{Z}}=\begin{bmatrix}\overline{\boldsymbol{Z}}_{11} & \overline{\boldsymbol{Z}}_{12}\\ \overline{\boldsymbol{Z}}_{21} & \overline{\boldsymbol{Z}}_{22}\end{bmatrix}=\overline{\boldsymbol{Z}}_0(\overline{\boldsymbol{I}}+\overline{\boldsymbol{S}})(\overline{\boldsymbol{I}}-\overline{\boldsymbol{S}})$$

$$\overline{\boldsymbol{T}}=\begin{bmatrix}\overline{\boldsymbol{A}} & \overline{\boldsymbol{B}}\\ \overline{\boldsymbol{C}} & \overline{\boldsymbol{D}}\end{bmatrix}=\begin{bmatrix}\overline{\boldsymbol{Z}}_{11}\overline{\boldsymbol{Z}}_{21}^{-1} & \overline{\boldsymbol{Z}}_{11}\overline{\boldsymbol{Z}}_{21}^{-1}\overline{\boldsymbol{Z}}_{22}-\overline{\boldsymbol{Z}}_{12}\\ \overline{\boldsymbol{Z}}_{21}^{-1} & \overline{\boldsymbol{Z}}_{21}^{-1}\overline{\boldsymbol{Z}}_{22}\end{bmatrix}$$

$$=\begin{bmatrix}\cos(\overline{\boldsymbol{\beta}}l) & \mathrm{j}\overline{\boldsymbol{Z}}_{\mathrm{c}}\sin(\overline{\boldsymbol{\beta}}l)\\ \mathrm{j}\overline{\boldsymbol{Z}}_{\mathrm{c}}^{-1}\sin(\overline{\boldsymbol{\beta}}l) & \cos(\overline{\boldsymbol{\beta}}l)\end{bmatrix} \tag{1}$$

式中，$\overline{\boldsymbol{Z}}_0$、$\overline{\boldsymbol{A}}$、$\overline{\boldsymbol{B}}$、$\overline{\boldsymbol{C}}$、$\overline{\boldsymbol{D}}$、$\overline{\boldsymbol{Z}}_{ij}$ $(i,j=1,2)$、$\overline{\boldsymbol{Z}}_{\mathrm{c}}$ 和 $\overline{\boldsymbol{\beta}}$ 均是 $N\times N$ 的矩阵。$\overline{\boldsymbol{I}}$ 为单位矩阵，$\overline{\boldsymbol{Z}}_{ij}$ 矩阵的元素是阻抗矩阵的子矩阵，$\overline{\boldsymbol{Z}}_0$ 是参考特性阻抗矩阵，$\overline{\boldsymbol{Z}}_{\mathrm{c}}$ 是阻抗矩阵，l 是线长。

某一工作频率处的传输相位 $\overline{\boldsymbol{\varphi}}$ 也是一个 $N\times N$ 的矩阵，其计算公式为

$$\overline{\boldsymbol{\varphi}}=\overline{\boldsymbol{\beta}}l=\overline{\boldsymbol{V}}\cdot\hat{\boldsymbol{\varphi}}\cdot\overline{\boldsymbol{V}}^{-1} \tag{2}$$

式中，$\hat{\boldsymbol{\varphi}}=\cos^{-1}(\overline{\lambda})$，$\overline{\lambda}$ 为 $\{\overline{\boldsymbol{Z}}_{21}^{-1}\cdot\overline{\boldsymbol{Z}}_{22}\}$ 的特征值矩阵，$\overline{V}$ 是 $\{\overline{\boldsymbol{Z}}_{21}^{-1}\cdot\overline{\boldsymbol{Z}}_{22}\}$ 的特征矢量[6,7]。

通过式(1)和式(2)，就可以由多导体传输线的 S 参数求出从低频到高频的每一个频率点处的传输相位 $\overline{\boldsymbol{\varphi}}$。由多导体传输线的传输相位可以求出传输线的相位常数 $\overline{\beta}$，即

$$\overline{\beta}=\frac{\overline{\boldsymbol{\varphi}}}{l} \tag{3}$$

特性阻抗矩阵 $\overline{\boldsymbol{Z}}_{\mathrm{c}}$ 为

$$\overline{\boldsymbol{Z}}_{\mathrm{c}}=\mathrm{j}\overline{\boldsymbol{Z}}_{21}^{-1}\sin(\overline{\boldsymbol{\beta}}l) \tag{4}$$

多导体传输线单位长度电容参数和电感参数为

$$\overline{L}(\omega)=\frac{1}{\omega}\mathrm{Im}(\overline{\boldsymbol{Z}}_{\mathrm{c}}\mathrm{j}\overline{\boldsymbol{\beta}})$$

$$\overline{C}(\omega)=\frac{1}{\omega}\mathrm{Im}(\mathrm{j}\overline{\boldsymbol{\beta}}\overline{\boldsymbol{Z}}_{\mathrm{c}}^{-1}) \tag{5}$$

上述方法为多导体传输线分布参数的传统提取方法。理论上，对于低频或电小传输线来说，$\overline{\varphi}$ 矩阵中的元素由 0 至 π 连续变化。随着频率的不断增大，$\overline{\varphi}$ 发生 2π 的跳变，其值将从 π 逐渐增加至 $+\infty$。但是，传统方法在用式(2)计算传输相位时，由于反三角函数的作用，$\overline{\varphi}$ 并不会发生 2π 的跳变，其值也将一直保持在 0 至 π 之间。这一问题将导致频率增大后的相位模糊性和相位多值性，进而在传输线分布参数提取过程中产生错误。

差分迭代方法的基本理论是当两个相邻频率点之间的间隔非常小时，传输线传输相位的变化也非常小，相邻频率点处的相位可以通过之前的频率和相位求得。

这里定义 $\overline{\boldsymbol{\varphi}}_{n+1}$、$\overline{\boldsymbol{\varphi}}_{n}$ 和 $\overline{\boldsymbol{\varphi}}_{n-1}$ 分别为第 $n+1$ 个，第 n 个和第 $n-1$ 个频率点处的传输相位矩阵，ω_n 是第 n 个频率点处的角频率，则由低到高相邻频率点处的传输相位之间的关系为

$$\frac{\overline{\boldsymbol{\varphi}}_{n+1}-\overline{\boldsymbol{\varphi}}_{n}}{\omega_{n+1}-\omega_{n}}=\frac{\overline{\boldsymbol{\varphi}}_{n}-\overline{\boldsymbol{\varphi}}_{n-1}}{\omega_{n}-\omega_{n-1}} \tag{6}$$

即

$$\overline{\boldsymbol{\varphi}}_{n+1}=\overline{\boldsymbol{\varphi}}_{n}\left(\frac{\omega_{n+1}-\omega_{n-1}}{\omega_{n}-\omega_{n-1}}\right)-\overline{\boldsymbol{\varphi}}_{n-1}\left(\frac{\omega_{n+1}-\omega_{n-1}}{\omega_{n}-\omega_{n-1}}\right) \tag{7}$$

当频率间隔相等时，式(7)可以化简为

$$\overline{\boldsymbol{\varphi}}_{n+1}=2\overline{\boldsymbol{\varphi}}_{n}-\overline{\boldsymbol{\varphi}}_{n-1} \tag{8}$$

用式(8)对由式(2)计算的传输相位 $\overline{\varphi}$ 进行差分迭代的计算，然后再利用式(3)至式(5)，即可提取出多导体传输线的分布参数。

3 建模与计算

以微带结构的多导体传输线为例，用差分迭代方法对模型的分布参数进行提取。建立如图 1 所示的微带多导体传输线模型，该模型由 6 条导线组成，其中 5 条信号线，1 条接地导线。用 FDTD 三维求解器对模型的 S 参数进行计算，为了将结果进行比较，分别用传统方法和差分迭代方法对频域的相位常数进行计算，并对模型的分布参数进行了提取。

设置信号线长度为 20 mm，线宽为 1 mm，线厚度为 0.1 mm。线之间的间隔为 2 mm。介质层厚度为 1 mm，介电常数 ε_r 为 2.1。模型工作频率为 20 GHz。

图 2 所示为分别用传统方法和差分迭代方法计算得到的导线 1 的相位常数。从图中可以看出，用传统方法计算得到的相位常数，其带宽为 5.5 GHz。当频率大于 5.5 GHz 时，相位常数出现衰减，传输相位不会发生 2π 的跳变，其值将一直保持在 0 至 π 之间。而用差分迭代方法计算的相位常数则随着频率的增加而保持稳定增长，不会出现波动情况。差分迭代方法很好地解决了相位模糊的问题。

图 3 所示为用两种方法提取的导线 1 的分布自电容参数，图 4 所示为导线 1 的分布自电感参数。导线 1 与导线 2 之间的分布互电容和分布互电感如图 5 和图 6 所示。从图中可以看出，由于相位模糊的问题，用传统方法计算得到的分布参数随着频率的增加而出现错误，而用差分迭代方法计算得到的参数则保持稳定。

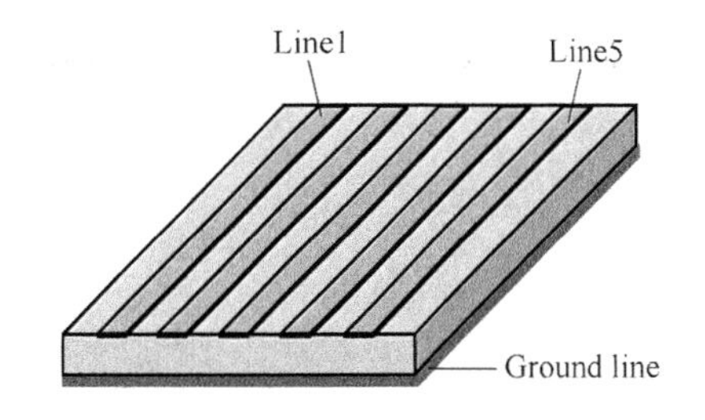

图 1　微带多导体传输线

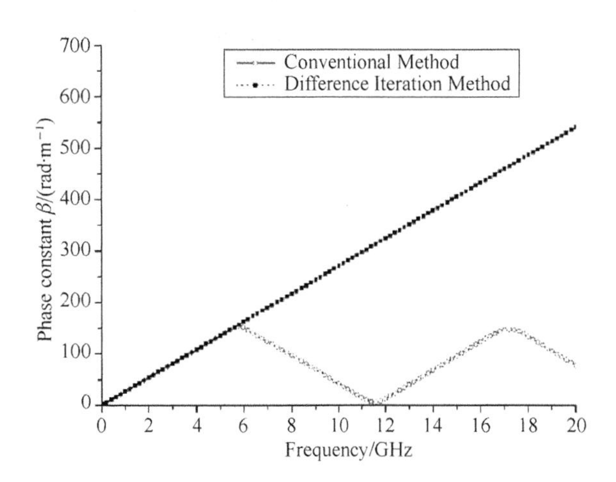

图 2　导线 1 的相位常数

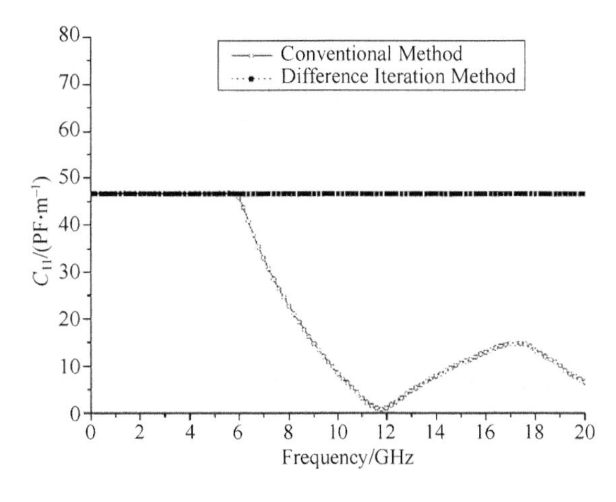

图 3　分布自电容参数 C_{11}

4 结论

本文提出了一种可用于多导体传输线分布参数提取的差分迭代方法，从而解决了传统提取方法中存在的相位模糊问题。首先在对传统方法进行分析的基础上，推导了多导体传输线差分迭代

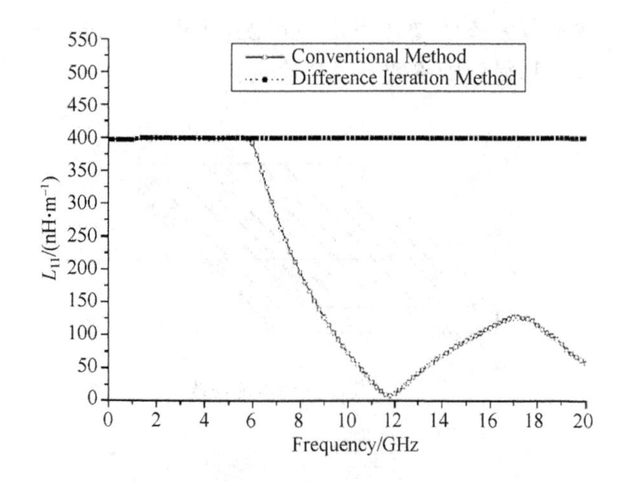

图 4　分布自电感参数 L_{11}

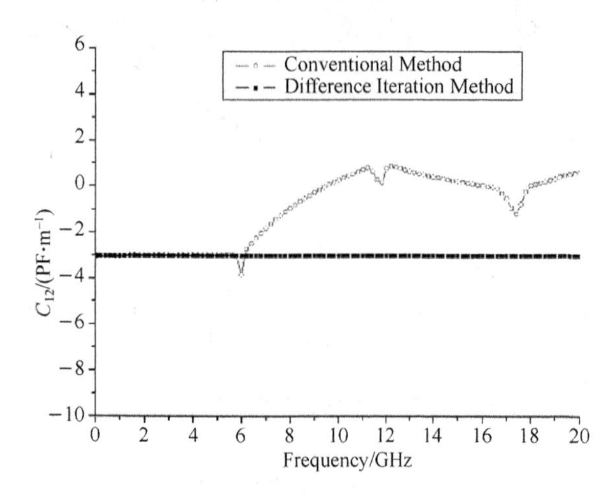

图 5　分布互电容参数 C_{12}

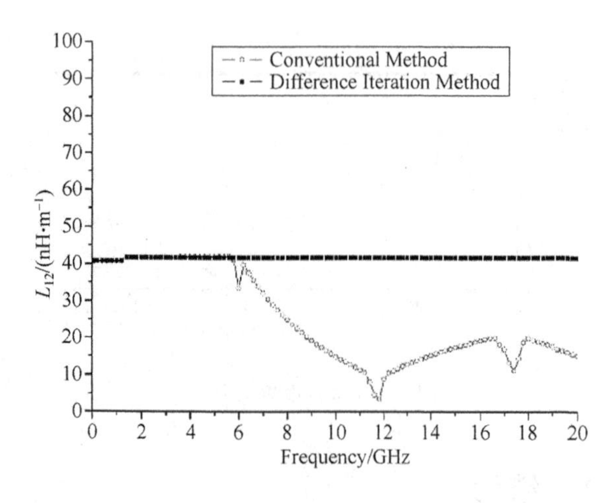

图 6　分布互电感参数 L_{12}

方法的方程，然后建立了具有三维几何结构的多导体微带传输线模型，并用传统方法和差分迭代法分别对模型的分布参数进行了提取和比较。数值结果表明，用差分迭代法计算的相位常数随着频率的增加而不断增大，而基于传统方法的结果则随频率的增加发生波动。

差分迭代法可以很好地解决传输相位的相位模糊问题，对由 S 参数提取分布参数的计算更为直接和简单。今后将继续开展有损和色散传输线方面的研究工作。

参考文献

[1] Eisenstadt W R, Eo Y, "S-parameters-Based IC Interconnect Transmission Line Characterization," IEEE Trans. Compon., Hybrids, Manuf. Technol, 1992, 15(4):483-489.

[2] Zhang J, Hsiang T Y. Extraction of Subterahertz Transmission-line Parameters of Coplanar Waveguides, PIERS ONLINE, 2007,3(7):1102-1106.

[3] Degerstrom M J, Gilbert B K, Daniel E S. Accurate Resistance, Inductance, Capacitance, and Conductance (RLGC) From Uniform Transmission Line Measurements, IEEE EPEP Conf. 2008:77-80.

[4] Chen Z, Chun S. Per-unit-length RLGC Extraction Using A Lumped Port De-embedding Method for Application on Periodically Loaded Transmission Lines, 56th Electronic Components & Technology Conference, San Diego, CA:2006:1770-1775.

[5] Cortes-Hernandez D M, Sanchez-Mesa J, Galvez-Sahagun B, et al. Characterizing Printed Transmission Lines from Calculated Frequency-Dependent Resistance and Inductance and Experimental Propagation Constant, IEEE MTT-S Latin America Microwave Conference, Puerto Vallarta, Mexico, 2006, 12:12-14.

[6] Kim W, Kim J H, Oh D, er al. S-parameters Based Transmission Line Modeling with Accurate Low-frequency Response, Proc. IEEE EPEP 15th Topical Meeting, 2003,10:79-82.

[7] Sampath M K. On Addressing the Practical Issues in the Extraction of RLGC Parameters for Lossy Multiconductor Transmissin Lines using S-parameters Models, IEEE EPEP Conf,2008:259-262.

[8] Zhang J, Drewniak J L, Pommerenke D J, et al. Causal RLGC(f) Models for Transmission Lines from Measured S-parameters, IEEE Trans. Electromagnetic Compatibility, 2010,52(1):189-198.

[9] Chu Y, Yu J Z, Qian Z. Robust and Efficient RLGC Extraction for Transmission Line structures with Periodic Three-Dimensional Geometries, IEEE Symposium

on Electromagnetic Compatibility & Signal Integrity. 2015:203-208.

[10] Hasirci Z, Cavdar I H, Ozturk M. Applicability Comparison of Transmission Line Parameter Extraction Methods for Busbar Distribution Systems, Journal of Electrical Engineering & Technology, 2017,12(2):586-593.

通信作者:杨莉

通信地址:北京市朝阳区定福庄东街一号中国传媒大学信息与通信工程学院(202#信箱),邮编 100024

E-mail: onion@cuc. edu. cn

多物理和多尺寸目标电磁散射高性能算法研究

张　楠　吴语茂　吴安雯

（复旦大学信息科学与工程学院 电磁波信息科学教育部重点实验室，上海 200433）

摘　要： 在多物理和多尺度电磁仿真技术中，物理光学(PO)算法是一种快速仿真电大尺寸目标的计算方法。由于物理光学积分具有高震荡性质，因此计算电大尺寸目标会存在工作量随波长比增大而增大的问题。在本文中，我们提出快速物理光学算法(FPO)，不同于平面片剖分，快速物理光学算法采用二次曲面剖分，这样剖分面片的数目大大降低。其次采用解析算法计算每一面片的散射场。与传统的 Gordon 面元法相比，数值算例表明该算法具有较低的工作量和较高精度的优势。

关键词： 物理光学算法，快速物理光学算法，二次曲面，解析形式。

Title The study of the high performance algorithm for the electromagnetic scattered fields from the multi-scale and multi-physics scatterers

Zhang Nan　Wu Yu mao　Wu Anwen

(Key lab for Information Science of Electromagnetic Waves (MoE), School of Information Science and Technology, Fudan University, Shanghai 200433, China)

Abstract: In regimes of the multi-scale and multi-physics electromagnetic simulation, the physical optics (PO) method is a fast method for calculating the scattered fields from the electrically large scatterers. Because of the highly oscillatory phenomena, the workload will be increased with the ratio of the wavelength and the diameter of the scatterers. In this paper, we proposed the fast PO (FPO) method. Different from the plane discretization, this method adopts quadratic discretization. The number of the patch will be decreased greatly. The closed-form formulation were used to calculate the scattered fields from each quadratic patch. Compared with the traditional method like Gordon's method, numerical examples demonstrate that this method is time-saving and high accuracy.

Key words: physical optics method, fast physical optics method, quadratic patch, closed-form formulation.

1　引言

电磁散射环境仿真是电磁计算中具有非常重要应用价值的领域。其在雷达信号分析、隐身飞机设计中具有重要的参考和指导价值。传统的全波方法[1-3]采用(1/20)～(1/10)λ 尺寸大小面片进行表面离散，随着波长比的增加，计算量会迅速上升。因此，虽然全波方法在处理电磁仿真时可以达到非常高的精度，但计算时间会大大超出预期。

传统的高频算法，例如物理光学算法(PO)[4-5]，忽略了目标之间的互相影响，通过近似物理表面的感应电流，从而减少了计算时间，并大幅度节约了计算资源。当目标的尺寸远远大于电磁波的波长时，由于物理光学积分具有高震荡特性，所需要的剖分面片数目迅速增加。在实际应用中，工程上一般采用平面片剖分结合 Gordon 面元法[6]来计算电大尺寸目标的电磁散射场。该方法的计算时间随着目标尺寸和波长比值增大而迅速增加。

基于此，本文提出电磁散射场计算的快速物理光学(FPO)算法。不同于平面片剖分，FPO算法采用二次曲面来离散目标表面。这样会大大减少面片的数目。针对每一个二次曲面，我们提出解析的数值计算方法，大大减少了计算时间。数值算例表明该算法大大降低了物理光学的计算时间，并且达到误差可控的计算精度。

2 正文

2.1 快速物理光学算法

在时谐入射平面波照射下，散射体的高频物理光学散射场可以写为

$$\boldsymbol{E}_s(\boldsymbol{r}) \approx \int_{\partial\Omega_1} \mathrm{d}S(\boldsymbol{r}')\boldsymbol{s}(\boldsymbol{r}')\mathrm{e}^{\mathrm{i}kv(\boldsymbol{r}')} \tag{1}$$

式中：

$$\boldsymbol{s}(\boldsymbol{r}')=\frac{-\mathrm{i}kZ_0\mathrm{e}^{\mathrm{i}kr}}{2\pi r^3}\boldsymbol{r}\times\boldsymbol{r}\times\boldsymbol{n}\times(\boldsymbol{r}^{\mathrm{i}}\times\boldsymbol{E}^{\mathrm{i}}(\boldsymbol{r}'))$$

$$\boldsymbol{v}(\boldsymbol{r}')=(\boldsymbol{r}^{\mathrm{i}}-\boldsymbol{r}/r)\cdot\boldsymbol{r}'$$

分别为缓变振幅函数和相位函数；$\boldsymbol{r}^{\mathrm{i}}$ 为入射波传播方向；$\boldsymbol{E}^{\mathrm{i}}(\boldsymbol{r}')$ 为入射电场；$\partial\Omega_1$ 是散射体的照亮区域；Z_0 是自由空间的本征波阻抗；$\boldsymbol{r}$ 为观测点的位置；r 为观测点距坐标原点的距离。

接下来，我们对目标表面进行二次曲面离散。如图1所示，我们将弹头目标分别进行平面片和二次曲面离散。从图中可以看出，二次曲面可以同样达到平面片离散效果，且剖分面片数大大减少。

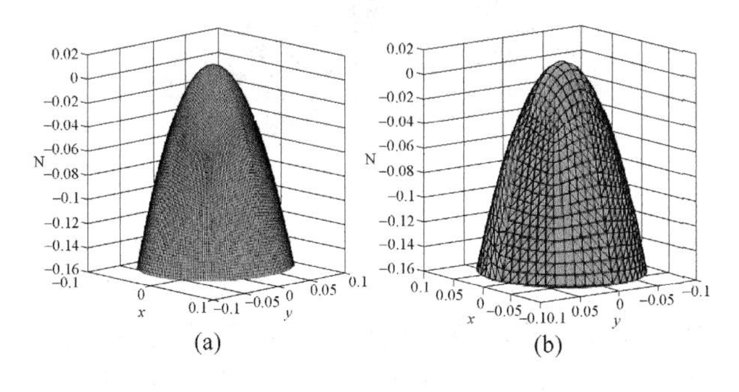

图1 弹头目标二次曲面离散

(Warhead scatterer quadratic discretization)

通过对二次曲面进行仿射变换和插值处理，我们可以将其转变为规则积分的形式，如式(2)所示。

$$\boldsymbol{E}_s \approx \sum_{n=1}^{N}\int_{-1}^{1}\int_{-1}^{1}\boldsymbol{P}_n(\xi,\eta)\mathrm{e}^{\mathrm{i}kQ_n(\xi,\eta)}\mathrm{d}\xi\mathrm{d}\eta \tag{2}$$

式中，N 为亮区面片数目[7]，$\boldsymbol{P}_n(x,y)$ 和 $Q_n(x,y)$ 为二次振幅函数和相位函数，其表示形式如式(3)和式(4)所示[8-10]：

$$\boldsymbol{s}(\boldsymbol{r}')\approx\boldsymbol{P}_n(\xi,\eta)=\alpha_1+\alpha_2\xi+\alpha_3\eta+\alpha_4\xi^2+\alpha_5\eta^2 \tag{3}$$

$$v(\boldsymbol{r}')\approx Q_n(\xi,\eta)=\beta_1+\beta_2\xi+\beta_3\eta+\beta_4\xi^2+\beta_5\eta^2 \tag{4}$$

对于相位函数 $Q_n(\xi,\eta)$，总可以采取仿射变换，将其变化为归一化形式 $\pm\xi^2\pm\eta^2$。因此，目标所产生的散射场最终可以写为[11,12]

$$\boldsymbol{E}_s(\boldsymbol{r}) \approx \sum_{n=1}^{N}\int_{L_{n,1}}^{L_{n,2}}\int_{L_{n,3}}^{L_{n,4}}\boldsymbol{P}'_n(\boldsymbol{r}')\mathrm{e}^{\mathrm{i}k(\pm\xi^2\pm\eta^2)} = \sum_{n=1}^{N}\boldsymbol{I}_n \tag{5}$$

为了叙述简便，我们考虑简单情形：

$$I=\int_{L_1}^{L_2}\int_{L_3}^{L_4}\boldsymbol{P}(\xi',\eta')\mathrm{e}^{\mathrm{i}k(\xi'^2+\eta'^2)}\mathrm{d}\xi'\mathrm{d}\eta' \tag{6}$$

采用余误差函数 erfc(.)，我们得到：

$$\begin{aligned}I&=\int_{L_1}^{L_2}\int_{L_3}^{L_4}P(\xi',\eta')\mathrm{e}^{\mathrm{i}k(\xi'^2+\eta'^2)}\mathrm{d}\xi'\mathrm{d}\eta'\\&=(\alpha_1I_1(L_1,L_2)+\alpha_2I_3(L_1,L_2)+\\&\quad\alpha_4I_3(L_1,L_2))I_1(L_3,L_4)\\&\quad+\alpha_3I_1(L_1,L_2)L_3(L_3,L_4)+\\&\quad\alpha_5I_1(L_1,L_2)I_2(L_3,L_4)\end{aligned}$$

式中：

$$I_1(a,b)=-\frac{1}{2}\sqrt{\frac{\pi}{-ik}}[\mathrm{erfc}\sqrt{-ikb}-\mathrm{erfc}(\sqrt{-ika})]$$

$$I_2(a,b)=\frac{1}{2ik}(b\mathrm{e}^{ikb^2}-a\mathrm{e}^{ika^2}-I_1(a,b))$$

$$I_3(a,b)=\frac{1}{2ik}(\mathrm{e}^{ikb^2}-\mathrm{e}^{ika^2})$$

2.2 MoM-PO 混合算法

考虑如图2所示的PEC模型，首先将散射体划分区域，通常拥有复杂结构的部分划分为MoM区域，电大光滑的规则区域划分为PO区域，两部分区域分别用 S^{MoM} 和 S^{PO} 表示，图中 $\boldsymbol{J}^{\mathrm{MoM}}$ 和 $\boldsymbol{J}^{\mathrm{PO}}$ 分别指代MoM区域和PO区域的感应面电流，根据MoM-PO的思想，三维目标MoM-PO混合算法的MoM区域的积分方程可以表示为

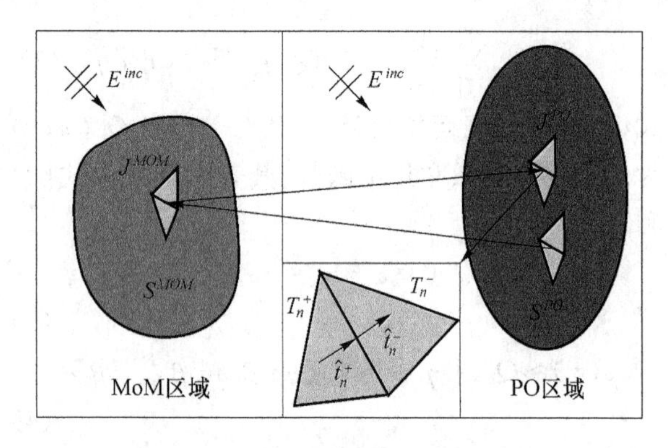

图 2 PEC 目标的 MoM-PO 模型
(The MoM-PO model of the PECobject)

$$-\hat{n}\times\boldsymbol{E}^{\mathrm{MoM}}(\boldsymbol{r})=\hat{n}\times(\boldsymbol{E}_0(\boldsymbol{r})+\boldsymbol{E}^{\mathrm{MoM}-PO}(\boldsymbol{r}))$$

式中，$\boldsymbol{E}^{\mathrm{MoM}}$ 为目标 MoM 区域的散射场，$\boldsymbol{E}_0$ 为入射波与 PO 区域的直接激励场，$\boldsymbol{E}^{\mathrm{MoM-PO}}$ 为 MoM 区域对 PO 区域的多次耦合散射场。

2.3 数值算例

为了验证本文所给的 FPO 算法和 MoM-PO 算法的有效性，我们选择平面片剖分结合 Gordon 面元法作为蛮力(Brute Force, BF)方法以及 MLFMA 算法。我们首先考虑弹头目标，入射波沿 $-z$ 方向入射，电场沿 x 方向极化。我们考虑双站散射情况。

图 3 验证了该算法的高精度性和频率无关特性。从图 3 作图我们可以看出，在工作频率 10 GHz 下，FPO 算法和 BF 算法的计算结果吻合的非常好。从图 3 右图我们可以看出，计算时间不会随着波数的增加而增加，但 BF 算法会随着波数的增加呈现爆炸式增长。

为了验证 MoM-PO 算法的准确性，我们采用飞机和海面混合模型，如图 4 所示。海面部分采用 PO 算法进行计算，飞机部分采用 MoM 算法进行计算。海面面积为 400 km²，操作频率 300 MHz，双站 RCS 结果在图 5(a)中展现。通过与 MLFMA 进行对比，MoM-PO 算法具有高精度的特点。相对误差如图 5(b)所示，呈指数收敛。

3 结 论

本文针对物理光学计算电大尺寸目标提出 FPO 算法。该算法结合二次曲面剖分和解析计算方法，大大降低了计算时间。与 BF 算法相比，该

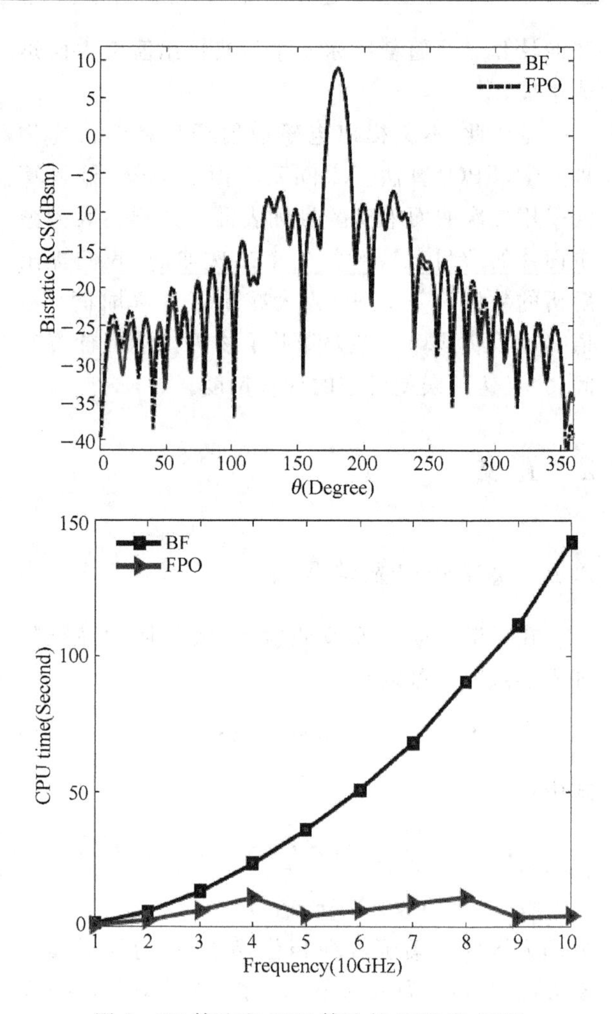

图 3 BF 算法和 FPO 算法的 RCS 和 CPU 时间计算对比(The comparison of RCS results and CPU time by using BF method and FPO method)

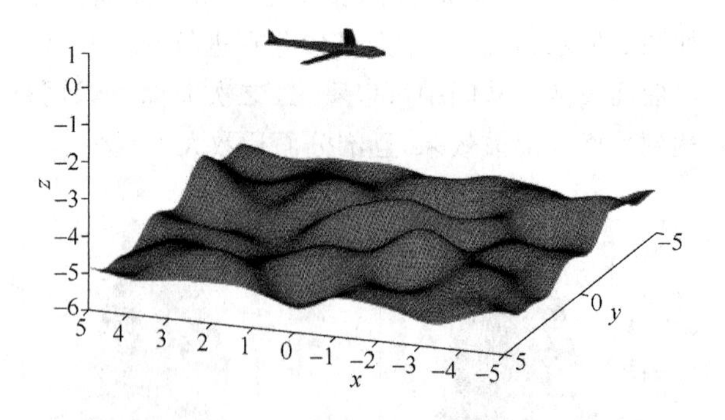

图 4 飞机海面模型(airplane and sea surface model)

算法具有误差可控的性质。数值算例表明，该算法可以仿真电大尺寸实际目标的散射场，具有重要的应用意义。本文给出了 MoM-PO 算法处理多尺度问题的数值算例，表明了在处理多尺度问题时，MoM-PO 算法所具有的优越性。

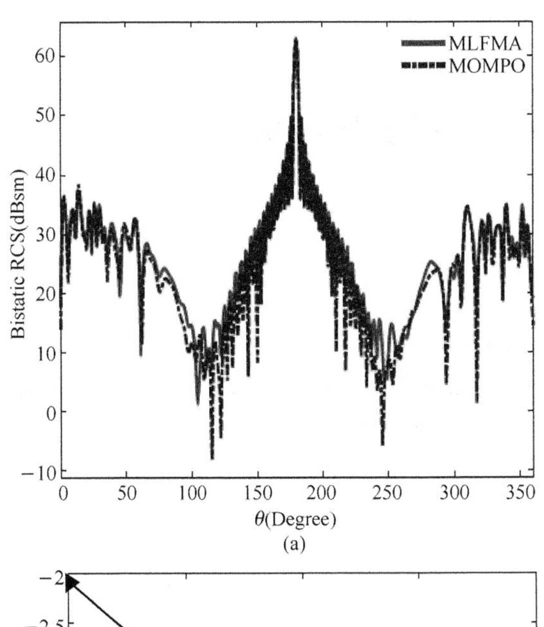

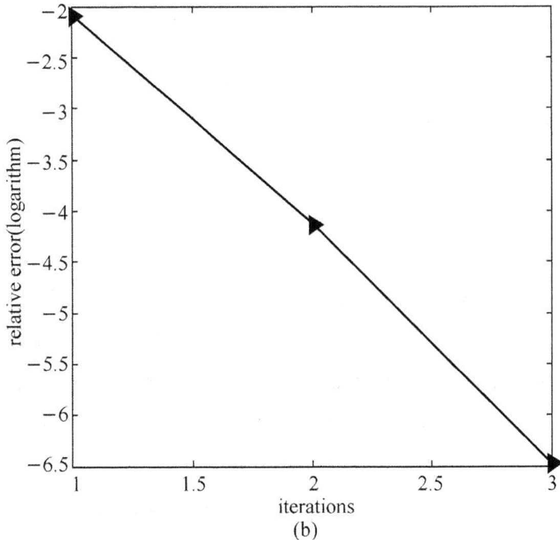

图 5 (a)双站 RCS 结果 (b) 相对误差

[(a) The results of the bistatic RCS. (b) relative error.]

参考文献

[1] HARRINGTO R. Field computation by moment methods[M]. Macmillan, New York, 1968.

[2] JIN J M. The finite element method in electromagnetics [M]. John Wiley & Sons, Hoboken, NJ, USA, 2015.

[3] PENNEY C W, LUEBBERS R J, SCHUSTER J W. Scattering from coated targets using a frequency-dependent, surface impedance boundary condition in FDTD[J]. IEEE transactions on antennas and propagation, 1996, 44(4): 434-443.

[4] UFIMTSEV P. New insight into the classical macdonald physical optics approximation[J]. IEEE antennas & propagation magazine, 2008, 50(3): 11-20.

[5] UFIMTSEV P. Elementary edge waves and the physical theory of diffraction[J]. Electromagnetics, 1991, 11(2): 125-160.

[6] GORDON W B. Far-field approximations to the Kirchoff-Helmholtz representations of scattered fields [J]. IEEE transactions on antennas and propagation, 1975, 23(4): 590-592.

[7] RIUS J M, FERRANDO M, JOFRE L. GRECO: graphical electromagnetic computing for RCS prediction in real time[J]. IEEE transactions on antennas and propagation, 1993, 35(2): 7-17.

[8] KOUYOUMJIAN R G. Asymptotic high-frequency methods[J]. Proceedings of the IEEE, 1965, 53 (8): 864-876.

[9] MCCLURE J P, WONG R. Two-dimensional stationary phase approximation: stationary point a a corner [J]. SIAM journal on mathematical analysis, 1991, 22(1): 500-523.

[10] BOUCHE D, MOLINET F, MITTRA R. Asymptotic methods in electromagnetics [M]. Springer, Berlin, 1997.

[11] 邹宁，杨杨，吴语茂. 光滑曲面上测地线射线寻迹算法及爬行波计算[J]. 绵阳:太赫兹科学与电子信息学报，2017，15(5):745-751.

ZOU N, YANG Y, WU Y M. Geodesic ray tracing algorithm and calculation of traveling wave on smooth surface [J]. Chinese journal of radio science, 2017, 15(5): 745-751. (in Chinese)

[12] 杨杨，朱劼，邹宁，等. 电大凸目标电磁散射的数值路径变换算法研究[J]. 新乡:电波科学学报，2017，32(2): 199-206.

YANG Y, ZHU J, ZOU N, et al. Numerical contour deformation method for calculating the scattered field from the electrically large convexscatterers[J]. Chinese journal of radio science, 2017, 32(2): 199-206. (in Chinese)

通信作者： 吴语茂

通信地址： 上海市杨浦区邯郸路 220 号复旦大学光华楼东主楼 1114，邮编 200433

E-mail： yumaowu@fudan. edu. cn

国际空间站电磁兼容标准初步研究

张 华

（北京空间飞行器总体设计部，北京 100094）

摘 要： 本文通过对国际空间站电磁兼容标准的初步研究，了解系统电磁环境效应控制的基本方法，发现其通过对具体设备的针对性限值剪裁和分析，在控制潜在电磁干扰风险的同时减少了过设计，同时通过专用数据库跟踪配置、分析和测试的最新变化，可有效控制系统的电磁环境效应，对我国的空间站工程研制有较高的参考价值。

关键词： 国际空间站，电磁兼容，电磁环境效应。

Preliminary Research on Electromagnetic Compatibility Standard of International Space Station

Zhang Hua

(Beijing Institute of space technology engineering, Beijing 100094, China)

Abstract: This paper is based to the international space station (ISS) the preliminary research on the electromagnetic compatibility standards, understand the system and the basic methods of electromagnetic environment effects control, found through the corresponding limit tailoring and analysis of the specific equipment, the control of electromagnetic interference potential risks at the same time reduces the design, at the same time, through the analysis of the special database to track configuration, and testing the latest changes, which can effectively control system of the electromagnetic environment effect, These standards are of high reference value to the development of space station engineering in China.

Key words: International Space Station, Electromagnetic Compatibility, Electromagnetic Environment Effects.

1 引言

国际空间站（International Space Station, ISS）是由美国航空航天局（NASA）、俄罗斯联邦航天局（Roscosmos）、日本宇航探索局（JAXA）、欧洲航天局（ESA）和加拿大航天局（CSA）联合研制的大型低轨航天器。为确保空间站各舱段的电磁兼容性（EMC），联合制定了六个相关标准，分别从系统电磁兼容性要求、电磁发射和敏感度要求、电磁测试技术、布线技术、接地和搭接技术等方面规范电子设备的准入条件。标准的基本组成如下：

（1） SSP 30243 Space Station Requirements for Electromagnetic Compatibility，空间站电磁兼容性要求。

（2） SSP 30237 Space Station Electromagnetic Emission and Susceptibility Requirements，空间站电磁发射和敏感度要求。

（3） SSP 30238 Space Station Electromagnetic Techniques，空间站电磁技术。

（4） SSP 30242 Space Station Cable/Wire Design and Control Requirements for Electromagnetic Compatibility，空间站电缆/线束电磁兼容设计和控制要求。

(5) SSP 30240 Space Station Grounding,空间站接地要求。

(6) SSP 30245 Space Station Electrical Bonding Requirements,空间站电搭接要求。

拟通过对上述标准的研究,指导我国空间站电磁兼容工程标准的制定和完善。

2 国际空间站电磁兼容性标准

2.1 SSP30243 空间站电磁兼容性要求

SSP 30243 标准是空间站 EMC 标准的核心,提出了具体的系统电磁环境效应控制要求,包括:

(1) 系统和分系统的兼容性要进行功能演示验证,地面系统要使用训练设备或模拟器进行兼容性验证。

(2) 系统、分系统和设备应按照 SSP30238 进行测试,并满足 SSP30237 的要求,货架产品需满足 MIL-STD-461 和 MIL-B-5087 的要求。

(3) 关键功能电路的电磁干扰(EMI)安全裕度通过测试应不小于 6 dB,通过分析应不小于 20 dB;点火和电爆装置等安全关键装置的安全裕度通过测试应不小于 20 dB,通过分析应不小于 34 dB。

(4) 系统、分系统和设备应明确性能降级判据,用于评估故障、不可接收和不希望的干扰程度。

(5) 线束和电缆的设计应符合 SSP30242 的要求,线束和电缆应分类成束并确保在最坏情况下具有 20 dB 的线束间隔离。

(6) 空间站系统、分系统和设备在供电满足 SSP30482 要求时,不应因供电浪涌、纹波、电压和其他供电条件变化导致干扰或敏感现象。

(7) 搭接和接地应符合 SSP30240 和 SSP 30245 的要求。

(8) 未加电的电子设备和器件在机壳和外部连接器处有不超过 4000 V 的静电放电(ESD)时不应损坏;设备如果会被 4000~15000 V 的 ESD 损伤,应在安装位置醒目张贴标识;如果设备对 15000 V 的 ESD 敏感,应按 MIL-STD-1686 实施。

(9) 电爆装置的接地和搭接应按 SSP30240 和 SSP30245 实施,线束要求应按 SSP30242 实施。

(10) 外部电磁环境的要求见 SSP30237。

为确保上述系统电磁环境效应工作的有序实施,标准要求配套专用的数据库,以确保相关设备配置、EMC 分析和测试数据的可追溯管理。

国际空间站(ISS)的配置、分析和测试数据库(CATDB)由技术部门开发,用于分析 ISS 的 EMC 特性。CATDB 提供与分析软件(如 ISEAS-Integrated Space Station Electromagnetic Compatibility Analysis System 或 IEMCAP-Software for computer aided analysis of EM compatibility)的输出接口。CATDB 包括设备最终状态的配置、分析和测试数据,包括线缆的屏蔽配置,设备的安装位置和朝向、发射机和接收机的幅频特性等参数及其来自 EMC 测试报告的其他数据。CATDB 允许产品研制方和国际分包方查询。

CATDB 的基本数据来自产品研制厂家、国际分包商、有效载荷和货架产品。CATDB 的结构可以根据后期 EME 集成的评估需求进行改进。CATDB 采用 SQL 相关模型便于普通用户将其他数据库的数据传输转化进来。CATDB 应定期更新,以反映 ISS 的 EME 相关的文件、配置、线缆和设备。CATDB 应包含设备发射、敏感度、安全裕度的分析数据和测试数据。

CATDB 应有相应的工具,能从主数据库中提取配置、分析和测试数据。主数据库类似图书馆功能并具有图形交互界面(GUI),便于对数据进行图形和曲线表示。

数据的提供要求包括如下方面:

(1) 按照 CATDB 要求的格式,定期提供 ISS 设备、线缆和安装等数据、图表。

(2) 按要求提交 EMC 测试报告,其中数据的单位表示方式、被测设备的信息、报告和测试的日期等应规范。

(3) 数据应包括频谱仪等软、硬件的相关信息。

CAT 数据应可溯源,因此需要数据包含数据源(图表、测试报告、分析报告、制造商等)的题目、版本号和日期。

2.2 SSP30237 空间站电磁发射和敏感度要求

SSP30237 标准是依据 SSP30243 标准要求细化电子设备和分系统的电磁辐射和敏感度要求，项目和限值分别为

(1) CE01 直流电源线传导发射 30 Hz～15 kHz，110～74 dBμA；

(2) CE03 直流电源线传导发射 15 kHz～50 MHz，74～45 dBμA；

(3) CE07 直流电源线时域尖峰传导发射，0.1 μs～0.1 s，+5%～+50%或+0.5 V；

(4) CS01 直流电源线传导敏感度 30 Hz～50 kHz，5V_{rms}或电源电压的 10%至 1V_{rms}；

(5) CS02 直流电源线传导敏感度 50 kHz～50 MHz，1V_{rms}/1 W；

(6) CS06 电源线尖峰信号传导敏感度，注入电压是额定电压的两倍；

(7) RE02 电场辐射发射 14 kHz～10 GHz，13.5～15.5 GHz，56～86～72 dBμV/m；

(8) RS02 磁感应场辐射敏感度，注入电压是额定电压的两倍；

(9) RS03 电场辐射敏感度 14 kHz～20 GHz，5～250 V/m；

(10) LE01 交流设备漏电流，交流设备机壳和输入电源间小于 5 mA。

在上述通用要求的基础上，在标准的附录 C 中，列出了数百个同意让步的设备情况和说明。如附录 C 的 EMECB TIA-0001 中，同意对电池充放电单元(BCDU)的 RE02 限值剪裁，分别在 4.8～5 MHz，放宽 2.8 dB；在 3.403 MHz 放宽 0.4 dB；在 12.02 MHz 放宽 2 dB。在说明中，介绍了与 BCDU 集成在一起的电源设备已经过长期测试，且未发现因其电磁辐射问题受扰的情况。另外，与其同时工作的多工器(MDM)会实施 RS03 测试。另外，在系统 EMC 测试中会对实际飞行状态的组合进行验证。从多个方面，说明剪裁限值后风险的可控性。

2.3 SSP30238 空间站电磁技术

SSP30238 标准规定了 EMC 试验的环境条件、测量设备、测量带宽和调制方式及被测件的布局操作等要求。针对 SSP30237 标准要求的测试项目，逐项说明了测试设备、布局、步骤和数据的基本要求。

2.4 SSP30242 空间站电缆线束电磁兼容设计和控制要求

SSP30242 是针对 SSP30243 标准中的电缆和线束的 EMC 要求，从信号分类、隔离和识别等方面落实设计和控制要求。同时，接地和搭接要求参照 SSP30240 和 SSP30245 标准。基本步骤是：

(1) 按电路特性参数分类：频率或上升/下降时间、阻抗、电压、电路的敏感特性。

(2) 确定电缆要求：扭绞、屏蔽、屏蔽接地等。

(3) 同类电路特性的电缆成束。

(4) 裕度要求。

(5) 成束电缆的安装。

在实际实施时，也会有一些特殊情况需要让步放行。如在 SSP30242 附录 C 的 EMECB TIA-0066 中，按照规范的电路分类要求，某舱段间接口热阻仪(RTD)到多工器(MDM)的低电平模拟信号(LLA)应采用屏蔽双绞线。但实际使用的是非屏蔽双绞线，其屏蔽功能通过安装中对线缆束进行屏蔽来实现，这项裁剪涉及的线缆约有 40 根。分析说明从两方面入手。

(1) 线束间串扰：双绞线在传感器和信号调节器两端采用平衡不接地阻性负载，RTD 传输线仅与其他信号电平传输线成束，双绞线的形式使其不易受磁场耦合的干扰，同时信号调节器会从几十赫兹起对 LLA 信号滤波。另外，线缆束中差模和共模的感应干扰量值很低，很难在实验室进行测量。

(2) 射频电磁场的耦合干扰：差模射频场在扭绞线上的感应电压很低，LLA 的输入滤波器会进一步降低耦合的射频电流。在对未进行防护的双绞线进行 RS03 测试，会发现有近 1～10 V_{P-P}的共模射频感应电压，线缆成束后共模感应电压会降低，但可能因信号调节器对共模电压的意外响应，造成 LLA 输出信号偏差。调查显示，对线缆束的屏蔽防护足以降低现有的电磁耦合效应，避免共模电压输出错误的问题出现。

2.5 SSP30240 空间站接地要求

SSP30240 依据 SSP30243 标准的要求，明确了空间站电源母线地、二次电源地、信号参考地、

信号回线地和用电设备的回线和参考地要求，其中搭接要求按SSP30245标准实施。在具体实施中，也会出现一些需要裁剪要求的情况，需要进行分析后让步放行。

如SSP30240附录C的EMECB TIA-0148中，一个电路中断设备(CID)无法满足防电击危害的"H"类搭接要求，分析CID对机壳的热敏感，可能出现故障电流进而构成电气危害。因此进行了三项改进。

(1) 在设备中增加了一个阻性搭接线，防止失效电流流向连接器。

(2) 在设备内部铺设隔热材料，避免在故障情况下构成连锁反应。

采取这些防护措施后，CID出现电击危害的风险得到控制。

2.6 SSP30245空间站搭接要求

SSP30245依据SSP30243标准的要求，明确了空间站的电搭接要求，包括搭接的特点、应用和测试等，设备和结构的表面连接应满足搭接的要求。

其中，搭接按应用类型分为防电击危险的"H"类搭接，电阻一般小于0.1 Ω；提供射频参考的"R"搭接，直流阻抗一般小于2.5 mΩ；防止静电积累的"S"类搭接，导体结构一般小于1 Ω，复合材料一般直流电阻不超过1 kΩ。如果搭接同时有多个用途，按最严格的要求实施。

在SSP30245标准的附录C中同样有一些裁剪说明，如在EMECB TIA-0006中，允许停泊装置的捕获臂可不按"S"类搭接要求实施，因为经分析该部分机械装置潜在的静电危害很低。

3 结　论

从国际空间站电磁兼容的标准组成可以发现，复杂系统的电磁环境效应控制包括技术要求、测试要求、测试方法以及线缆布局、搭接、接地等设计和工艺要求。因为系统设备组成的复杂，部分设备和装置无法完全满足统一的技术要求，需要进行针对性的裁剪并记录放行的理由。同时，需要专用的数据库跟踪配置、布局、分析和测试数据，便于提供给系统级的评估工具进行分析，使系统的电磁环境效应得到更全面的控制。

随着我国空间站研制工作的开展，相关标准的组成对工程标准体系的构建具有参考价值。同时，专用的配置、分析和测试数据库，以及ISEAS软件的研发与配套对复杂系统的电磁环境效应控制有参考和借鉴意义。

参考文献

[1] SSP 30243 Space Station Requirements for Electromagnetic Compatibility，空间站电磁兼容性要求.
[2] SSP 30237 Space Station Electromagnetic Emission and Susceptibility Requirements，空间站电磁发射和敏感度要求.
[3] SSP 30238 Space Station Electromagnetic Techniques，空间站电磁技术.
[4] SSP 30242 Space Station Cable/Wire Design and Control Requirements for Electromagnetic Compatibility，空间站电缆/线束电磁兼容设计和控制要求.
[5] SSP 30240 Space Station Grounding，空间站接地要求.
[6] SSP 30245 Space Station Electrical Bonding Requirements，空间站电搭接要求.

通信作者：张华
通信地址：北京市海淀区友谊路104号院，北京空间飞行器总体设计部，邮编100094
E-mail：cast_emc@sina.com

国外某常规潜艇升降装置雷达波隐身评估方法研究

唐兴基　李铣镔　倪家正　张凌江

（海军研究院，北京 100161）

摘　要： 本文以国外某潜艇为主要研究对象，根据公开的图片、文字、视频等信息评估其升降装置的雷达波散射截面积，并根据反潜飞机雷达发现潜艇概率的数学模型，给出了反潜飞机发现潜艇概率与潜艇RCS的关系，对潜艇的雷达波隐身论证与评估、反潜作战具有一定的参考价值。

关键词： 潜艇，隐身，雷达，评估。

Research on the method of Assessment for RADAR Stealth of the Submarine

Tang Xing ji　Li Xian bin　Ni Jia zheng　Zhang Ling jiang

(China Academy of Naval Research, Beijing 100161, China)

Abstract: In this paper, the main threat of the submarine under the ventilation condition is the radar detection based on the anti-submarine aircraft as the platform, and assess its RCS according to the public information, and the relationship of the probability and the RCS of the submarine is given according to the probability of antisubmarine. The method can also be used to evaluate the performance of other exploration systems.

Key words: submarine, stealth, radar, assessment.

1　引言

潜艇是世界各国海军水下作战的重要攻击力量[1]，其隐身性能是潜艇战斗力和生存能力的重要指标。随着以空、天探潜平台的雷达波、可见光、红外、磁场和电场等非声探测技术的飞速发展[2]，大量非声探潜装备的广泛应用，使得综合探潜体系的日臻完善，对潜艇构成了严重威胁。目前，世界发达国家海军的新型潜艇均不同程度采取了非声隐身技术措施。隐身性评估是潜艇隐身性论证、设计，以及考核隐身性战技指标是否满足作战需求的必备手段，本文从潜艇雷达波隐身的角度，对国外某常规潜艇的升降装置雷达波隐身进行了评估。

2　国外某常规潜艇升降装置雷达波隐身评估方法

潜艇在作战使用过程中，艇体或升降装置露出水面的航行状态主要包括：通气管航态（常规潜艇）、潜望航态、通信导航等。升降包括：通气管、潜望镜及光电桅杆、侦查天线及桅杆、通信天线及桅杆等。这些暴露在水面的升降装置，将会产生较大的雷达波散射截面积（Radar Cross Section，RCS），而被敌方雷达在较远距离发现、识别。因此，对国外常规潜艇的升降装置进行雷达波隐身评估具有重要意义。

本文提出了一种针对国外某常规潜艇升降装置的雷达波隐身评估方法，如图1所示。

首先搜集公开文献中的信息情报建立目标电磁散射模型，然后根据建立的电磁散射模型进行目标特性（雷达波散射截面积RCS）评估，再根据搜潜飞机发现概率模型得到飞机搜索潜艇概率，

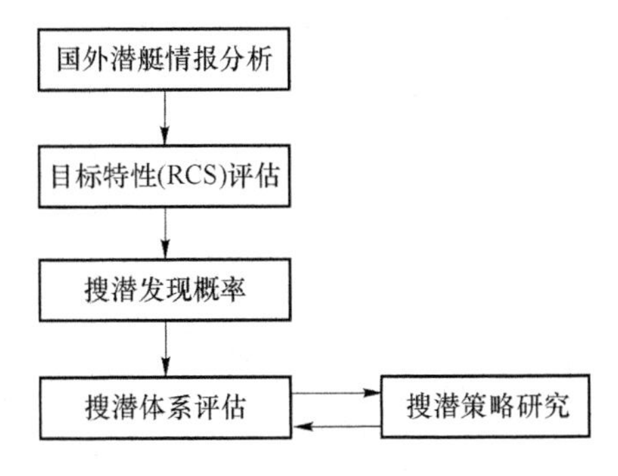

图 1　国外某常规潜艇升降装置雷达波隐身评估方法

进而对搜潜体系(多架飞机)进行了分析。最后进行搜潜策略的研究,同时可根据不同的搜潜策略对搜潜体系进行评估。

3　实例与仿真分析

3.1　国外某潜艇升降装置电磁散射模型

由于不能得到国外潜艇升降装置的准确参数,本文依据公开文献中的图片、文字、视频等信息,重构了国外某潜艇露出水面的升降装置电磁模型,如图 2 所示。

图 2　升降装置电磁模型

3.2　国外某潜艇 RCS 评估

基于图 2 所示的目标电磁模型,对目标模型进行了雷达散射截面积估算。目标假定为金属材质,平面波水平入射($\theta=0,\phi=0,360$),中心频率为 freq=9.375 GHz,极化分别为垂直极化和水平极化,计算得到的单站 RCS 结果,如图 3 所示。

在对目标进行 RCS 评估时,本文做如下假设。

(1) 通气管、潜望镜表面经过了雷达波隐身处理;

(2) 通气管与潜望镜两者间距离较远,不考虑互耦影响;

(3) 不考虑其他升降装置 RCS。

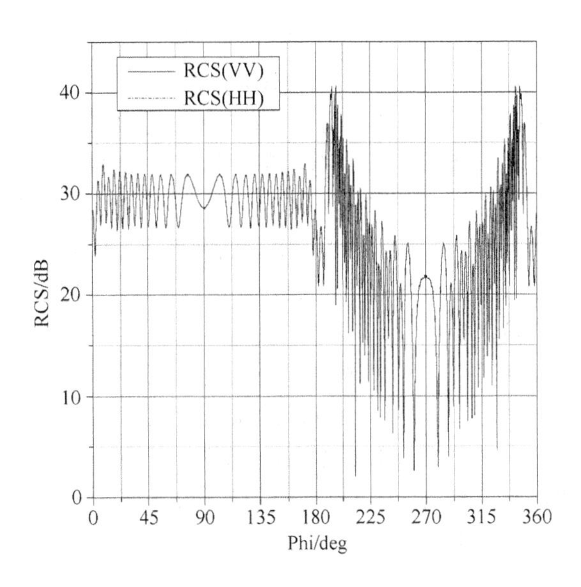

图 3　单站 RCS 结果

基于以上假设,某潜艇升降装置的 RCS 在几平方米到几十平方米之间。

3.3　反潜飞机雷达搜潜概率模型

反潜飞机采用雷达搜索发现潜艇的概率为[3-5]

$$P_{\text{radar}}=1-\exp\left(-\frac{W_{\text{radar}}v}{S}K_{\text{潜露}}P_{\text{潜未避}}P_{\text{雷识}}t\right) \quad (1)$$

式中,t 为搜索时间,S 为搜索区域的总面积,v 为反潜飞机使用雷达搜索时的飞行速度,$P_{\text{雷识}}$ 为雷达对目标的识别概率,W_{radar} 为雷达搜索扫描宽度,$K_{\text{潜露}}$ 为潜艇暴露在雷达探测状态被发现的系数,$P_{\text{潜未避}}$ 为潜艇被反潜飞机发现而不能规避的概率。

考虑一架飞机进行搜索潜艇,W_{radar} 是与雷达最大探测距离 $R_{\max}$ 相关的函数,如图 4 所示。

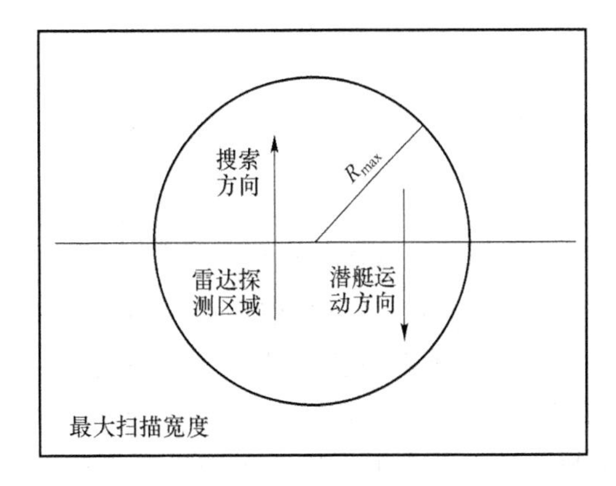

图 4　反潜飞机搜索区域示意图

$$R_{\max}=\sqrt[4]{\frac{P_tG_tA_e\sigma}{(4\pi)^2S_{\min}}} \quad (2)$$

式中，P_t 为雷达发射功率，G_t 为天线增益，A_e 为天线效率，σ 为目标的雷达散射截面积，$S_{\min}$ 为最小可检测信号。同时，$S_{\min}=KT_0BF_n(S_{out}/N_{out})_{\min}$，其中，$K$ 为玻尔兹曼常数，T_0 为标准温度，B 为雷达带宽，F_n 为雷达噪声系数，$(S_{out}/N_{out})_{\min}$ 为雷达最小可检测信噪比。

从式(2)可知，在雷达一定的情况下，雷达的最大探测距离 $R_{\max}$ 与目标的雷达散射截面积 σ 成正比。从式(1)可知，在其他条件一定情况下，雷达搜索发现潜艇的概率是与目标雷达散射截面积相关的函数。

3.4 反潜飞机发现国外某潜艇实例分析

某型反潜飞机在面积为 S 平方米的范围内，以用机载雷达(飞机速度为，高度为 H 米)对国外潜艇进行搜索。

假定搜索时间分别为 T_1、T_2 小时($T_1<T_2$)，则 N_1 架反潜飞机发现潜艇概率与潜艇 RCS 关系，如图 5 所示。

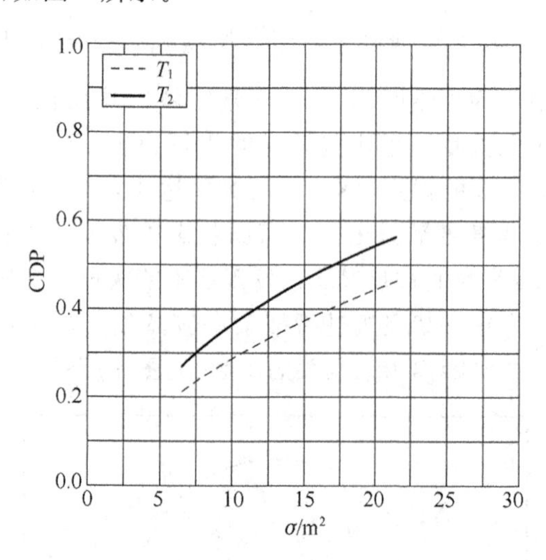

图 5　反潜飞机(时间 T_1、T_2)发现潜艇概率与潜艇 RCS 关系图

从图 5 中可知，在搜索时间固定的条件下，反潜飞机发现潜艇概率随着潜艇 RCS 的增加而增大；而在潜艇 RCS 固定的条件下，反潜飞机发现潜艇概率随着搜索时间的增加而增大，最后趋于定值。

假定搜索时间为 T_1 小时，反潜飞机的数量分别为 N_1，N_2 架($N_1<N_2$，这里不考虑飞机协同发现概率)，则反潜飞机发现潜艇概率与潜艇 RCS 关系，如图 6 所示。

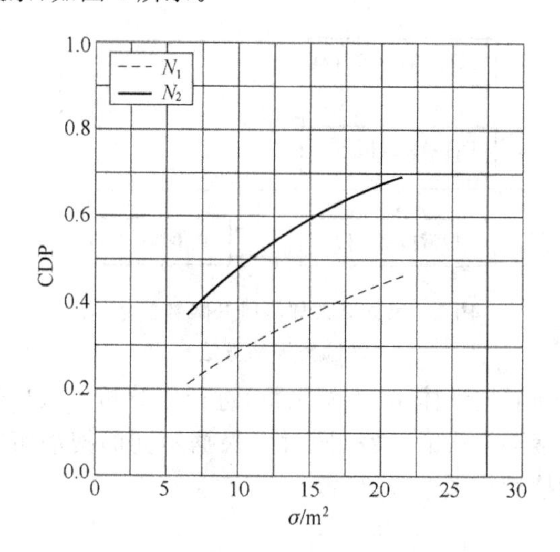

图 6　反潜飞机(飞机 N_1、N_2)发现潜艇概率与潜艇 RCS 关系图

从图 6 中可知，在潜艇 RCS 固定的条件下，反潜飞机发现潜艇概率随着搜潜飞机数量的增加而增大，最后趋于定值。

本文着重研究了反潜飞机搜索概率与潜艇目标 RCS 的关系，而下一步将对搜潜的策略进行研究。

4 结束语

本文以国外某潜艇为主要研究对象，依据公开发表文献中的图片、文字、视频等信息建立了潜艇升降装置的电磁模型，并进行了雷达波散射截面积评估，再根据反潜飞机雷达发现潜艇概率的数学模型，给出了反潜飞机发现潜艇概率与潜艇 RCS 的关系。该方法不仅能够从作战需求角度对常规潜艇升降装置的雷达波隐身指标进行解析，而且能够对现役和新研潜艇的隐身性能进行作战效能评估。

下一步将对反潜飞机(协同搜潜)的搜索模式、搜索策略等问题展开研究。

参考文献

[1] SNUNDERS S. Jane's Information Group Inc，2010：35-946.
[2] 王祖典. 航空反潜非声探设备[J]. 洛阳：电光与控制，2006，13(4)：6-8，12.

[3] 罗木生，候学隆，王培源. 反潜巡逻机雷达巡逻搜潜的面积等效模型[J]. 洛阳:电光与控制,2013,20(6):20-23.
[4] 屈也频. 机载搜索雷达搜潜作用距离实时预报模型[J]. 南京:现代雷达，2008，30(9):32-34.
[5] Borges J M L. Radar search and detection with the CASA 212 S43 aircraft [D]. Monterey, CA: Naval Postgraduate School, 2004.

通信作者: 唐兴基
通信地址: 北京市丰台区六里桥北里四号院,邮编 100161
E-mail: amani. 11@163. com

混响室场均匀性优化的研究

陈雨夏[1]　丁一夫[2]　陈　磊[2]　王卫民[1]

(1. 安全生产智能监控北京市重点实验室 北京邮电大学 电子工程学院，北京　100876；
2. 中国汽车技术研究中心有限公司，天津 300300)

摘　要：混响室在电磁兼容领域应用广泛，其内部电磁场的场均匀性是评价其性能的关键指标之一，场均匀性决定了混响室的最低可用频率和工作区域的大小。本文研究了混响室内搅拌器和挡板对场均匀性的影响，从搅拌器数量、挡板位置两方面研究混响室场均匀性优化的措施。本文还分析了八木天线和偶极子天线对混响室场均匀性影响的差异。仿真结果表明混响室场均匀性得到了优化。

关键词：混响室，场均匀性，搅拌器，八木天线。

Research on Optimization of Field Uniformity in a Reverberation Chamber

Chen Yu xia[1]　Ding Yi fu[2]　Chen Lei[2]　Wang Wei min[1]

(1. Beijing Key Laboratory of Work Safety Intelligent Monitoring, School of Electronic Engineering, Beijing University of Posts and Telecommunications, Beijing 100876, China;
2. China Automotive Technology and Research Center Co. Ltd, Tianjin 300300, China)

Abstract: A reverberation chamber (RC) had been used widely in the electromagnetic measurement area. The field uniformity of the electromagnetic field in the RC is one of the key indexes for evaluating its property. The field uniformity determines the minimum available frequency of the RC and the size of the working area. This paper studies the field uniformity influenced by the stirrer and baffle in the RC. The influences on the performance of the RC was studied from the aspects of the number of stirrers and the position of the baffle. This paper analyzes the differences of field uniformity that caused by Yagi antenna and the dipole antenna. The simulation results show that the field uniformity in the RC is optimized.

Key words: reverberation chamber, field uniformity, stirrer, Yagi antenna.

1　引言

混响室的概念由 H A Mendes 于 1968 年首次提出[1]，它是一种能够在屏蔽腔体内产生统计均匀、各向同性、随机极化电磁环境的模拟设备[2]，是一种高品质因数的构造。

从混响室的实际搭建与构造的角度看，混响室腔体构造、腔体材料、腔体尺寸的差异都会导致混响室测试性能的波动[3]，实际的工作中，混响室外形一般设计为规则的六面体，在混响室内设置搅拌器，各个模式的电磁波随搅拌器的转动随机反射，以此获得统计均匀的电磁场[4,5]。影响混响室性能的因素很多，而混响室内的场均匀性是用于评价其性能的关键性指标之一，良好的场均匀性意味着混响室工作区域内每个方向的电场强度理论上完全相同，但实际上，混响室内的电场强度是随着搅拌器的旋转达到统计意义上的均匀状态，当搅拌器旋转不同角度时，工作区域内的电场强度也会有所差异[6]，IEC 61000-4-21[7]规定了不同频率条件下混响室场均匀性标准偏差的要求。良好的混响室场均匀性是在其中开展各项电磁兼容试验的基础，因此混响室场均匀性的优化是混响室研究中的重要方面。

本文从搅拌器数量、混响室挡板位置两方面，研究混响室边界条件的改变对场均匀性的影响，同时对由于天线种类引起混响室场均匀性出现差异的原因做了对比分析，最终实现通过增加采样点数和改变混响室内各模式加权系数的方式达到混响室场均匀性优化的目的。

2 混响室场均匀性的评价

混响室是在搅拌器的作用下，内部的电场达到统计均匀状态，构成混响室试验的测试基础——统计均匀的电磁场[8]，也就是在系数平均的意义上，混响室中的能量密度，极化方向以及各极化方向的相位具有统计上的一致性，在试验工作区域内所有采样点和所有极化方向的电磁能量流密度均具有统计上的一致性。

根据波导谐振腔理论，理想无损矩形谐振腔中的电磁场频率可由式(1)得到[9]，在数学上称为本征频率。

$$f_p=\frac{\upsilon_c}{2}\cdot\sqrt{\left(\frac{l}{a}\right)^2+\left(\frac{m}{b}\right)^2+\left(\frac{n}{c}\right)^2} \tag{1}$$

式中，υ_c 代表光速，模式的下标 p 代表非负整数 l，m，n；a，b，c 分别为混响室腔体的长，宽，高，单位为 m。

统计电磁场理论是基于在混响室中均匀电磁场的分布，并基于 IEC 61000-4-21 中混响室性能的评价标准，在最低工作频率(LUF)周围，把电场探头分别依次放置于工作区域的八个顶点位置，记录每个位置所接收的最大的电场分量，并利用式(2)、式(3)、式(4)依次计算每个探头的最大归一化电场分量、24 个方位(3 个轴向，8 个顶点位置)的最大归一化电场分量平均值、各轴向以及总的标准偏差，最后利用式(5)将标准偏差用分贝形式表示。

$$\vec{E}_{\mathrm{Max}x,y,z}=\frac{\vec{E}_{\mathrm{Max}x,y,z}}{\sqrt{P_{\mathrm{Input}}}} \tag{2}$$

$$\langle\vec{E}_{x,y,z}\rangle_{24}=\sum\frac{\vec{E}_{x,y,z}}{24} \tag{3}$$

$$\sigma=\sqrt{\frac{\sum(\vec{E}_{x,y,z}-\langle\vec{E}_{x,y,z}\rangle_{24}^2)}{24-1}} \tag{4}$$

$$\sigma(\mathrm{dB})=20\log\left(\sigma+\frac{\langle\vec{E}_{x,y,z}\rangle}{\langle\vec{E}_{x,y,z}\rangle}\right) \tag{5}$$

上述是标准 IEC 61000-4-21 制定的混响室性能评价标准，从该流程可看出，针对谐振腔体内电磁分布统计均匀的电场，也需使用统计的办法来进行相关评价。

3 混响室场均匀性优化仿真

对于理想无损耗矩形谐振器，通常可以导出空腔中电磁场的模频率，一般而言，混响室最低频率至少是混响室本征频率的 3～4 倍，由此能够确定混响室最低工作频率。本文所设计混响室尺寸为 1.5 m×0.9 m×1.45 m，也即 a 为 1.5 m，b 为 0.9 m，c 为 1.45 m；则根据式(1)，得出混响室最低谐振频率为 196.1 MHz，最低工作频率大于 400 MHz。

由标准 IEC 61000-4-21，场均匀性标准偏差要求，如表 3-1 所示。

表 3-1 混响室场均匀性标准偏差要求

频率范围	标准偏差容许量要求
80～100 MHz	4 dB
100～400 MHz	随频率增加由 4 dB 线性下降至 3 dB
>400 MHz	3 dB

3.1 搅拌器数量对混响室场均匀性的优化

本文对单搅拌器混响室和双搅拌器混响室进行比对研究，每个混响室选择工作区域的八个顶点分别测量 3 个轴向的场强。双搅拌器混响室中，主、副搅拌器步进角度分别选择 40°和 90°，搅拌器每步进一次，运行 FEKO 仿真计算一次，采样工作区域 8 个顶点位置的三个轴向电场强度分量值。

通过对混响室的场均匀性仿真计算，得到单、双搅拌器混响室各个轴向电场强度标准偏差结果，如图 3-1 所示。

通过仿真结果得到，双搅拌器混响室 X、Y、Z 轴向的标准偏差分别为 2.4764 dB、2.8322 dB、1.9678 dB，而单搅拌器混响室 X、Y、Z 轴向的标准偏差分别为 2.9754 dB、3.0564 dB、2.8924 dB。双搅拌器混响室工作区域内电场强度标准偏差满

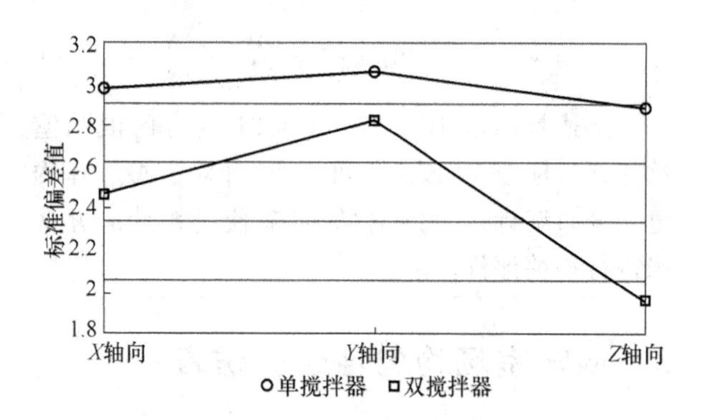

图 3-1 加入副搅拌器前后混响室各轴向标准偏差

足表 3-1 中标准偏差小于 3 dB 的要求，且性能明显优于单搅拌器混响室，混响室场均匀性良好。

原因不难得出，加入副搅拌器后，独立的两个搅拌器相对于混响室腔体壁是旋转的散射体，相当于改变了腔体内部电磁场的边界条件，为混响室提供了足够多的独立采样数目[10]，使得混响室各轴向标准偏差值有所降低，混响室场均匀性得到优化，当发射天线所发出的入射波经过搅拌器的反射与散射之后，混响室内部就得到了各向同性的统计均匀场。

由图 3-1 还可看出，副搅拌器的加入对 X、Z 轴向场均匀性改善尤为突出，从 X 轴向和 Z 轴向看横向的副搅拌器，搅拌器的加入实际上增加了搅拌器在 YOZ 和 XOY 平面上的投影面积，也就是增加了其在 X 轴向和 Z 轴向的搅拌范围，所以 X 轴向和 Z 轴向场均匀性改善明显，且 Z 轴向场均匀性的改善程度更大，因为横向搅拌器沿 Z 轴向在 XOY 平面的投影面积更大，而沿着 Y 轴向看搅拌器，搅拌器的横截面使得搅拌器在 XOZ 平面的投影面积近乎为 0，故 Y 轴向的场均匀性改善不明显。搅拌器沿各轴向的投影图，如图 3-2 所示。

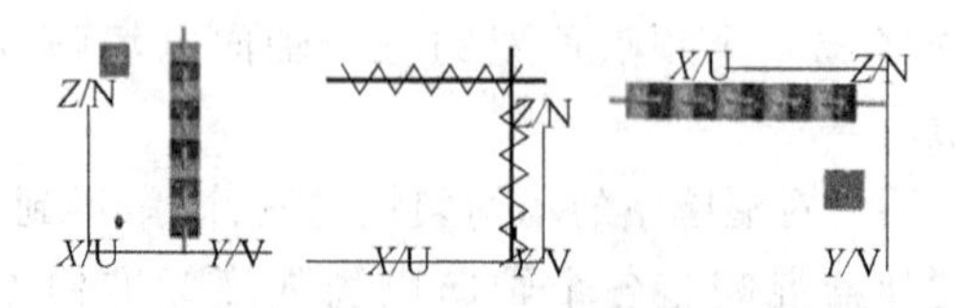

图 3-2 混响室搅拌器在 X(左)、Y(中)、Z(右)轴向投影图

3.2 挡板位置对混响室场均匀性的优化

在混响室内放置挡板，挡板对天线发射的电磁波进行多次反射与散射，搅拌器和挡板的材料同属于性能较好的良导体材料，故而电磁波在散射和反射的过程中，能量损耗较少，经过多次的反射与散射后，因为叠加效应使混响室工作区域中采样点的功率密度增强，故能形成较大的场强值。

改变了挡板位置，进一步研究挡板位置对于混响室场均匀性的影响。其中，单搅拌器混响室挡板位置改变前后混响室结构对比，如图 3-3 所示。

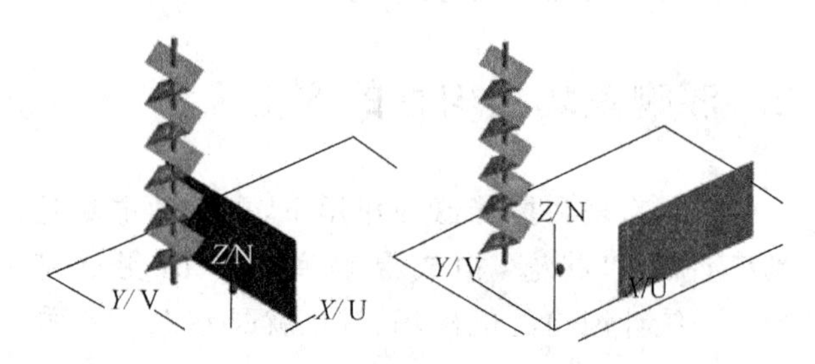

图 3-3 挡板位置变化前(左)、后(右)混响室内部结构

经过测试得到混响室内各轴向标准偏差，如图 3-4 所示。

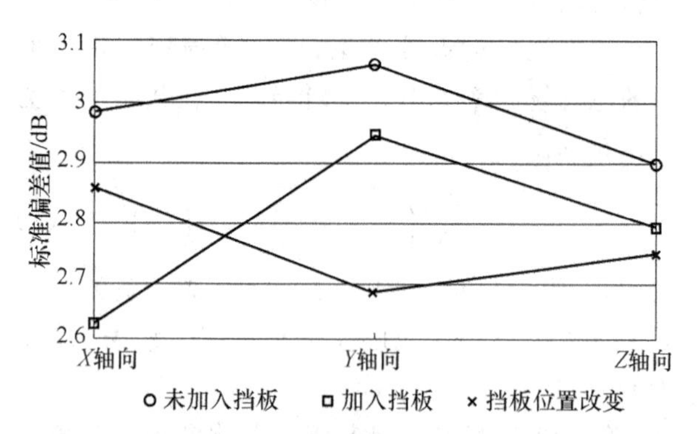

图 3-4 有无挡板以及挡板位置变化前后各轴向标准偏差

由图 3-4 可以看出，混响室内挡板加入会对场均匀性起到改善作用。当挡板位置发生变化时，对于各轴向的标准偏差影响有所不同。由此，可知挡板位置的变化引起混响室各轴向场均匀性的改变，实质上是挡板在各轴向投影面积的改变。

为比较得出挡板在混响室中的具体位置对场均匀性的影响，笔者在上述基础上，将挡板与腔体壁之间的距离分别设置为 1/8 波长、1/4 波长、1/2 波长，得到工作区域内各轴向标准偏差值，如图 3-5 所示。

由图 3-5 可以看出，挡板距离腔体壁 1/2 波长时，混响室场均匀性较好。原因不难分析，当电磁波在挡板与墙壁之间反射时，从入射到反射回

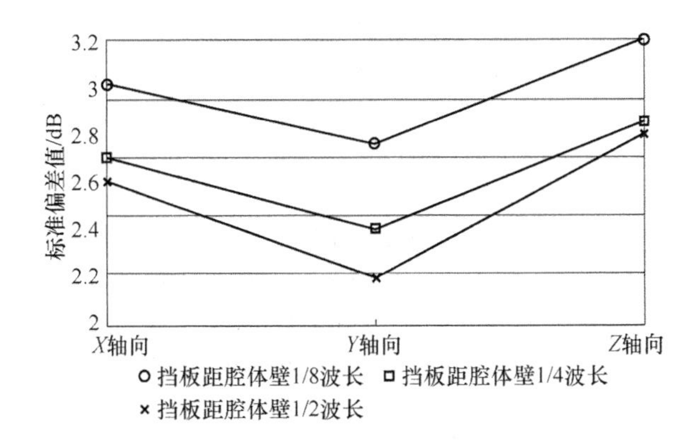

图 3-5　挡板与腔体壁间距变化后各轴向标准偏差

原处所经过的路程即是整个波长，故反射波与入射波之间恰好相差一个周期，此时反射波与入射波的强度叠加，增强了采样点处的电场强度值，且多次的反射使得混响室内独立采样数目增加，因为叠加效应使混响室工作区域中采样点的功率密度增强，故能形成较大的场强值，场均匀性得到改善。

3.3　八木天线对混响室场均匀性的优化

一般来说，混响室场均匀性仿真所用发射天线为偶极子天线，上述仿真试验中所用天线也为偶极子天线。而八木天线方向性良好，与偶极子天线相比增益更高。笔者将混响室模型中天线替换为八木天线后，再次进行了仿真试验。得到混响室内发射天线替换前后各轴向标准偏差值，如图 3-6 所示。

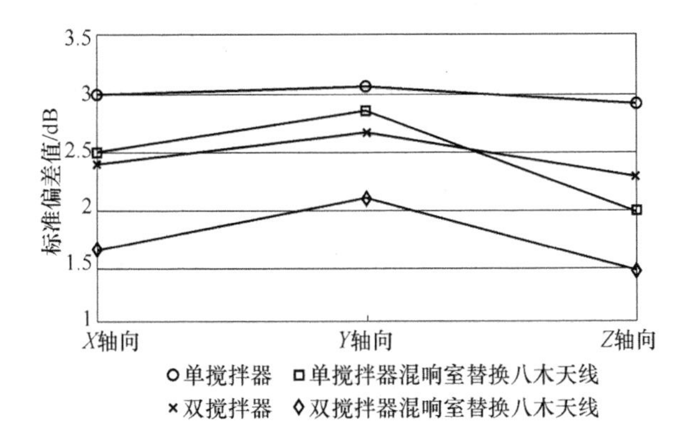

图 3-6　混响室内发射天线替换前后各轴向标准偏差值

由图 3-6 可以看出，将混响室内发射天线由偶极子天线替换为八木天线后，工作区域内场强标准偏差同比降低 0.6 dB 左右，说明此方法对混响室场均匀性改善作用十分明显。搅拌器的加入是使得搅拌范围增加，因此增加了提供给混响室的独立采样数目，而对于将偶极子天线替换为八木天线后混响室中场均匀性改善的原因，笔者做出了如下分析。

当发射天线辐射到搅拌器，混响室会在工作区域内形成统计意义上的均匀场，也即是混响室的统计均匀的特性，在本质上是把发射天线所辐射的电磁波重新分布，而重新分布的规律即为统计均匀。偶极子天线与八木天线相比，两者方向性必然有所差异，笔者又对偶极子天线与八木天线在 300 MHz 进行仿真，得出两者增益图，如图 3-7 所示。

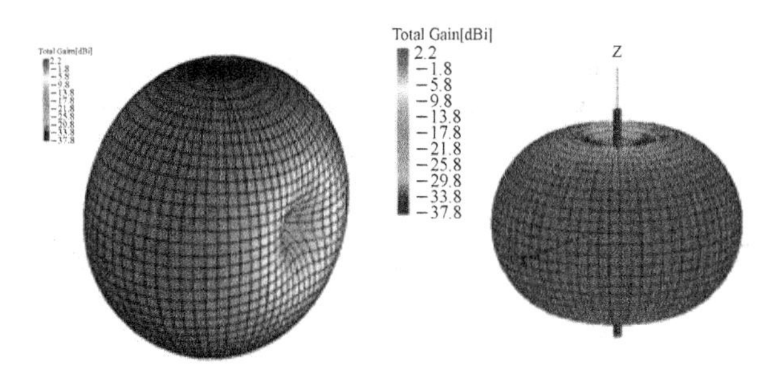

图 3-7　八木天线(左)与偶极子天线(右)增益图

从增益图可以看到，八木天线于 X、Z 轴向增益较高，而偶极子天线在 Z 轴向的增益较差，一般而言，搅拌器在混响室内位置位于靠近腔体顶部或者侧面，如此一来，搅拌器相对于发射天线，即位于发射天线的 Z 轴向，而偶极子天线相较于八木天线在 Z 轴向的增益不佳，故在混响室中，因天线种类的差异所带来的场均匀性的优劣，实质上是两种天线增益的方向性差异所引起，而方向性的差异，可以等效为天线指向的不同，发射天线的指向决定了其极化方向，影响了混响室内电磁波的反射效能，若改变发射天线的种类，或者直接改变发射天线的位置，电场三个分量间的能量分配会随之变化，可以优化各个模式的加权系数，从而使得各个模式最佳效果叠加，提高混响室场均匀性。

4　结论

本文研究了混响室内搅拌器数量、挡板有无以及挡板位置、发射天线种类对场均匀性的影响，研究表明：①在单搅拌器混响室内引入副搅拌器，能为混响室提供了足够多的独立采样数目，从而优化混响室场均匀性。②混响室内挡板的引入，本质上仍是为混响室提供足够多的独立采样数，进而使得场均匀性得以优化，且挡板距离腔体壁1/2 波长时优化效果最佳。③替换混响室内的发射天线，因天线种类的差异所带来的场均匀性的优劣，实质上是两种天线增益的方向性差异所引起，而方向性的差异，可以等效为天线指向的不同，发射天线的指向决定了其极化方向，从而影响了混响室内电磁波的反射效能。

参考文献

[1] Mendes H A. A new approach to electromagnetic field. Wescon Technical Papers, Western Electronic Show and Convention, 1968,8:20-23.

[2] 崔耀中，魏光辉，范丽思，等. 混响室发射天线位置优化仿真及实验[J]. 绵阳：强激光与粒子束，2011，23(8)：2130-2134.

[3] 朱赛. 混响室仿真设计关键技术研究[D]. 北京：北京交通大学，2014：14-15.

[4] 周香，蒋全兴，王文进. 搅拌器配置对混响室场影响的 FDTD 分析[J]. 南京：微波学报，2005，21(4)：23-26.

[5] 周香，蒋全兴，王文进. 搅拌器配置对混响室独立采样点的影响[J]. 新乡：电波科学学报，2005，20(6)：802-805.

[6] Hui, Tan, et al. Numercial simulaton of field unifomity of reverberation chamber. Antennas, Propagation and EM Theory (ISAPE), 2016 11th International Symposium on. IEEE,2016:481-484.

[7] IEC 61000-4-21, Testing and Measurement Techniques Reverberation Chamber Test Methods [S]. 2011.

[8] 谭武端，余志勇. 混响室场均匀性的 FEKO 仿真[J]. 北京：测控技术，2009，28(6)：82-85.

[9] 崔耀中，魏光辉，范丽思，等. 混响室发射天线指向对场均匀性影响研究[J]. 南京：微波学报，2011，27(6)：42-46.

[10] 吕财海. 混响室法天线参数测试研究[D]. 南京：东南大学，2016：7-8.

通信作者： 陈雨夏

通信地址： 北京市海淀区西土城路 10 号北京邮电大学电子工程学院安全生产智能监控北京市重点实验室，邮编 100876

E-mail： bupt101chen@163. com

通信作者： 丁一夫

通信地址： 中国汽车技术研究中心有限公司(China Automotive Technology and Research Center Co. Ltd)，邮编 300300

E-mail： dingyifu@catarc. ac. cn

通信作者： 陈磊

通信地址： 中国汽车技术研究中心有限公司(China Automotive Technology and Research Center Co. Ltd)，邮编 300300

E-mail： chenlei2016@catarc. ac. cn

通信作者： 王卫民

通信地址： 北京市海淀区西土城路 10 号北京邮电大学电子工程学院安全生产智能监控北京市重点实验室，邮编 100876

E-mail： wangwm@bupt. edu. cn

机箱及其内部 PCB 板的静电放电仿真研究

杨昌　杨兰兰　许文婷

（东南大学电子科学与工程学院，南京 210000）

摘　要：为了更好地研究静电放电对电子设备造成的影响，本文在电磁仿真软件 CST 上模拟了静电放电对电子设备的放电情况，研究了电子设备的表面电流以及 PCB 电磁场的分布情况，并对静电放电的电磁场分布规律进行了探讨。在此基础上阐述了一种抑制静电放电对 PCB 影响的方法。

关键词：CST，静电放电，PCB。

Simulation Research on Electrostatic Discharge of Chassis and Its Internal PCB Board

Yang Chang　Yang Lan lan, Xu Wen ting

(School of Electronic Science and Engineering, Southeast University, Nanjing, 210096, China)

Abstract: In order to study the effects of electrostatic discharge on electronic equipment, the discharge of electronic equipment by the electrostatic discharge is simulated based on electromagnetic simulation software CST. The surface electric current and the PCB's distribution of electromagnetic fields are obtained. The electromagnetic field distribution law of electrostatic discharge is also discussed. Based on this, a method for suppressing the influence of electrostatic discharge on PCB is described.

Key words: CST, Electrostatic discharge, PCB.

1　引言

当带静电的物体与不带电的导体发生接触或者靠近时，就有可能产生静电放电。ESD(Electro Static Discharge)电流幅度大、在短时间内变化极为剧烈，由此产生的电磁场，强度很大、频率范围覆盖范围较为宽广，所以对周围的影响相对较难判断。

随着工业现代化水平的逐渐提高，以及人们生活方式转变导致的大量电子设备的使用，静电放电在工业生产以及日常生活中带来的危害逐渐显现出来，其造成的危害涉及生产生活的各个领域[1]。

静电放电的实验研究不需要复杂的理论计算，得到的结果有实际应用价值，工程意义显著[2]，但需搭建实验平台，且对器件具有破坏性，成本高耗时长。同时由于静电放电的不确定性及其可能对环境带来的影响，容易造成不可预知的损害，且实验结果可重复概率较低，不太适合进行电子设备的评估工作。而电磁仿真软件在模型精确的前提下，借助计算机这一强大的计算工具对静电放电进行仿真，不仅具有很高的计算精度，且很好地控制了结果的确定性，更利于产品的分析比较。同时静电仿真软件可以获知实验测量难以监测到的一些微观参量，器件的优化设计成本低廉，耗时短，为静电放电过程的研究带来了方便。

本文仿真所用的 CST(Computer Simulation Technology)三维电磁仿真软件与其他电磁仿真软件相比具有仿真频谱宽、运算速度快、时域求解精度高、适于用电大尺寸物体等优势，非常适合本文静电放电的研究。

2 静电放电标准阐述

一般情况下，静电放电都处于一种高电位、强电场、瞬时大电流的状态，且会伴随着剧烈的电磁辐射脉冲，ESD 产生的电磁场分为两个部分：近场由电荷激发的静电场为主，近场的电磁场与放电电流呈线性关系，幅值高、上升沿陡、频谱较宽（电场 E 量级为 kV/m，磁场 H 量级为 A/m）；远场由电流微分项产生，远场的电磁场与放电电流的变化率有关，随着距离增大会迅速减小[3]。

IEC61000-4-2[4] 是国际电工协会（International Electrotechnical Commission）为了控制静电放电的不稳定性以便对各种设备进行标准化的测试而作一系列规定。IEC61000-4-2 对应国内标准是 GB/T 17626.2 。本文讨论的是静电放电对电子设备的影响，为了进行标准化的测试仿真，需要采用 IEC61000-4-2 标准规定下的静电发生器进行仿真测试。ESD 放电枪的脉冲波形是由其电路结构中的各种电容、电阻、电感以及所要测试的对象的等效电路确定。电压对波形的影响仅仅是在幅值方面。一般的静电枪原理就是通过阶梯形的电压源先后对电路中的充电电容和放电电阻进行充放电。

静电放电标准波形及不同放电电压下的放电标准，如图 1 所示，沿用国际电工协会规范的 ESD 放电枪必须符合其所规范的放电波形。之前已经有了相对成熟的静电放电模型，并对其进行了波形检测[5-7]。

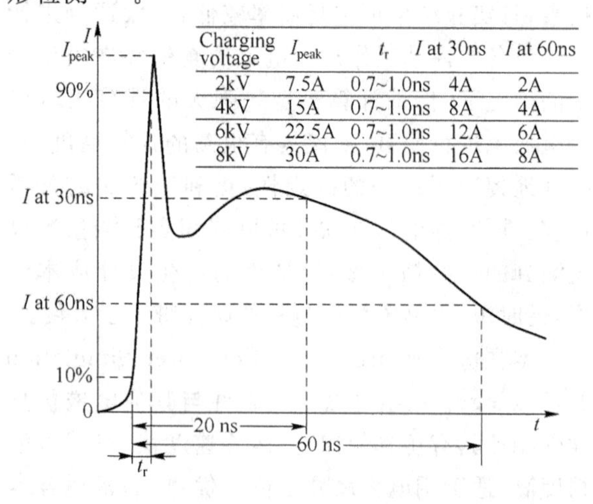

图 1 静电放电标准波形及不同放电电压下的放电标准

3 简易机箱模型的静电放电仿真

3.1 简易机箱的构建

本次所要仿真的机箱是根据市场现有的某机箱数据为基础来建立的，希望尽可能通过实际数据使仿真结果的可信度增加。表 1 描述了此种机箱尺寸的材料结构。

表 1 某机箱尺寸材料信息

产品尺寸	340 mm×205 mm×428 mm
五金材质	U 型主体：2 mm 厚度镁铝合金
	右侧板/后窗/侧硬盘架：1.5 mm 镁铝合金
	左侧板：5 mm 钢化玻璃
前置接口	USB 3.0×2，耳机×1，麦克风×1

图 2 所示的为简易机箱模型，考虑了表 1 所示的材料及开口信息，同时在机箱内部加入了简易的 PCB，更好地模拟了实际的电子产品。从仿真的角度来说，这样更易于发现电磁场耦合到机箱内部并对 PCB 造成的影响，也更加符合实际情况。

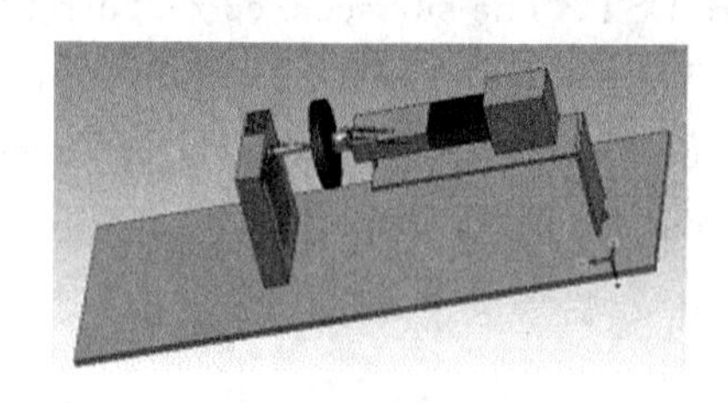

图 2 简易机箱模型

对整个仿真模型，我们设置仿真时间为 0～100 s，仿真频率范围为 0～2 GHz；设置放电点的端口为离散端口，并加 8000 V 的放电电压；选用时域求解器进行求解，选取网格为六面体网格，求解精度为－40 dB。

3.2 静电放电对机箱以及内部 PCB 的影响

静电放电对机箱及其内部 PCB 的影响分析主要从以下三个方面分析：第一是分析静电放电的表面电流探究传导干扰的影响；第二是查看 PCB 时域电磁场的强度探究静电放电的影响情况；第三是分析 PCB 关键引脚的电压情况，以便进行改进设计，防止静电放电对其电路功能的影响。

3.2.1 静电放电下机箱表面电流分布

图3给出了放电不同时刻机箱表面电流分布，图中选取了三个典型表面电流分布时间，可以从图中看出，在25 ns时，放电情况十分剧烈，对于机箱产生了较大的影响；在50 ns时，机箱的放电电流相对衰减程度较大，但是仍不能忽视此时静电放电对机箱造成的影响；在75 ns后，放电耦合传播过程基本结束。整个放电过程中基本是一个从放电点向四周扩散的过程。通过对机箱表面电流分布的分析，可以对静电放电在机箱产生的传导干扰有进一步的认识。

(a) 25 ns

(b) 50 ns

(c) 75 ns

图3 放电不同时刻机箱表面电流分布

3.2.2 静电放电对PCB上产生的时域电磁场分布

除了查看在时域下静电放电的放电路径，本文还分析了在时域下PCB的电磁场分布。

图4是选定的四个时间点下的PCB电场分布，我们可以看到四个时间点的PCB空间电场分布变化较为剧烈。刚开始在PCB板上电场强度高的区域分布较为广泛，随着时间的变化，高强度电场范围迅速收缩在PCB下方的范围，最后高强度电场范围仅在某些点状区域出现，整个PCB的静电放电过程基本结束。

图5是选定的四个时间点下的磁场分布，与电场类似，磁场较大的区域一开始分布在PCB中间的大片区域，随着时间变化，这片区域迅速收缩，并保持在了一个相对稳定大小的区域，直至最后的放电结束。通过PCB时域电磁场分布的分析，可以对静电放电在PCB上产生的辐射干扰有比较直观形象的认识，为后面PCB的静电防护提供了依据。

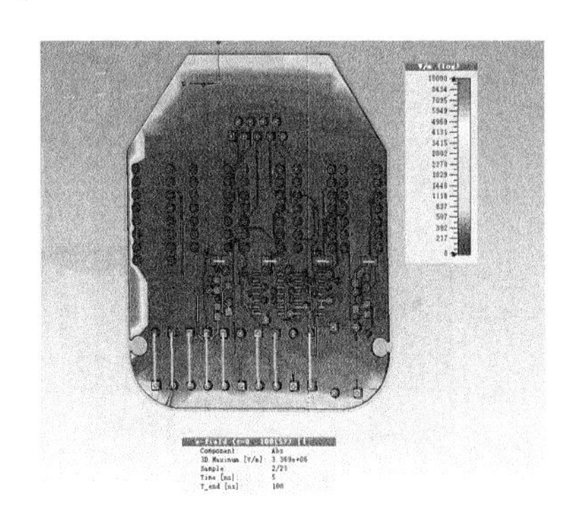

(a) $t=5$ ns

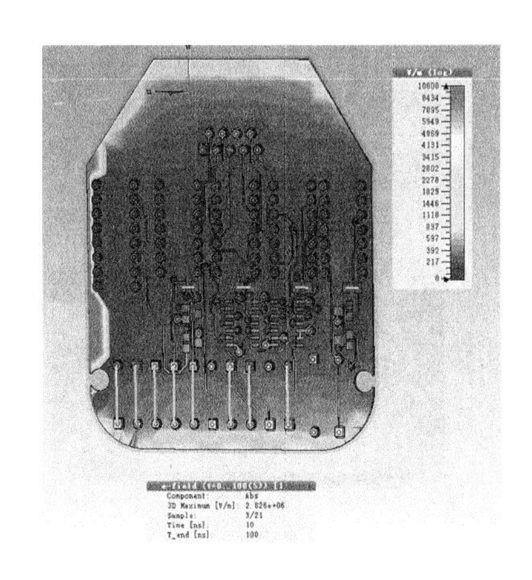

(b) $t=10$ ns

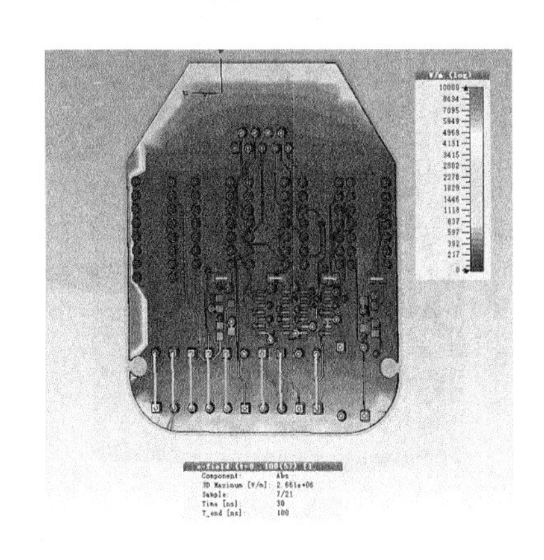

(c) $t=30$ ns

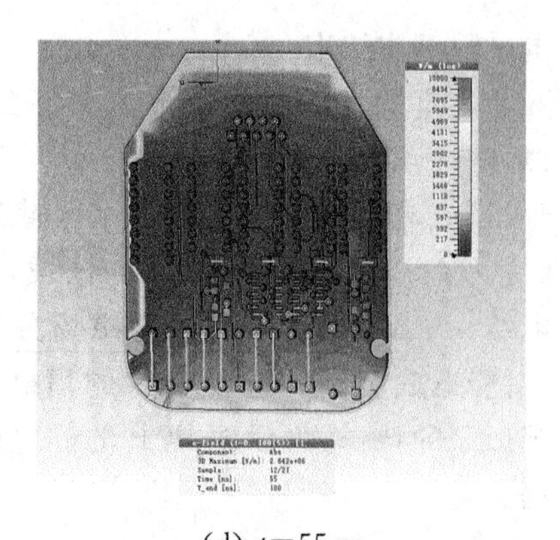

(d) $t=55$ ns

图 4　不同时间点下的电场分布

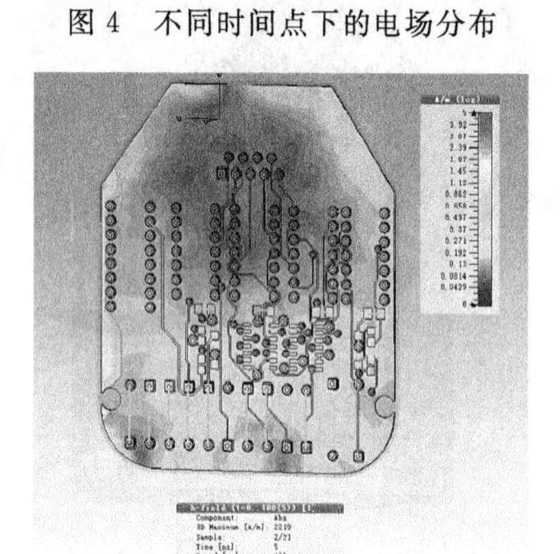

(a) $t=5$ ns

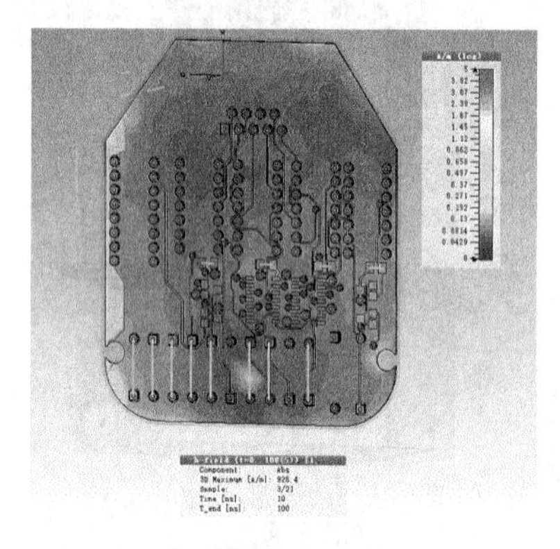

(b) $t=10$ ns

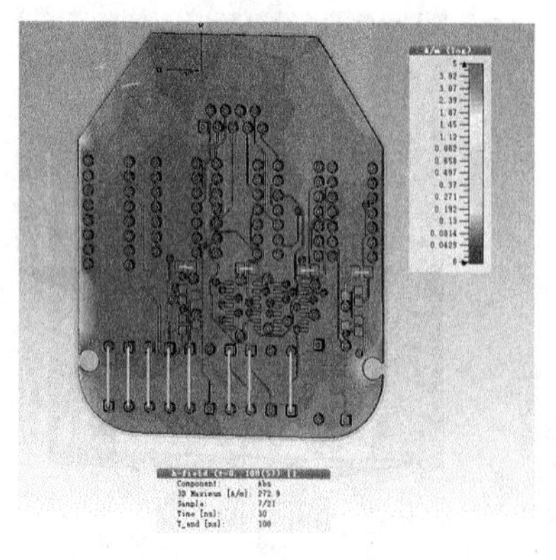

(c) $t=30$ ns

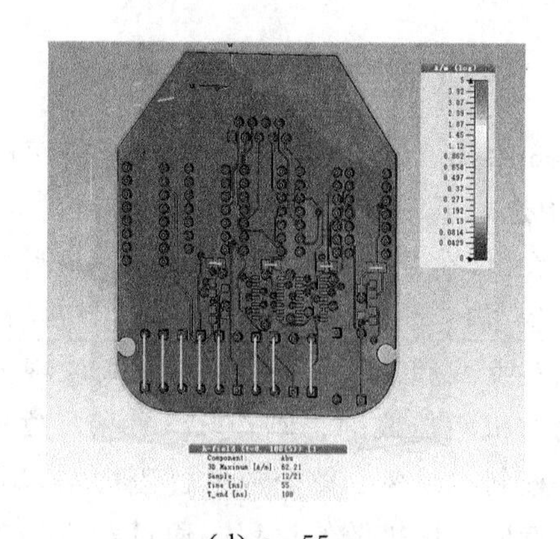

(d) $t=55$ ns

图 5　不同时间点下的磁场分布

3.3　一种抑制 PCB 引脚电压的方法

图 6 给出了机箱内部的 PCB 引脚在静电放电发生时的电压情况。可以看到，由于静电放电感应到 PCB 上的一些引脚电压已经超过了 4 V，很有可能对其功能产生影响，导致信号的异常。因此，有必要对某些超过工作电压的引脚进行电路方面的改进。

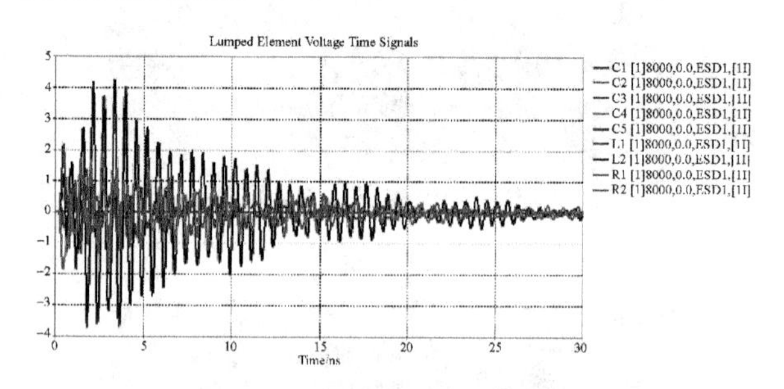

图 6　机箱内 PCB 板引脚的电压

为了防止静电放电的电磁场耦合进 PCB 对 PCB 造成危害，当仿真结果表明 ESD 的影响已经不容小觑时，需要对 PCB 采取一定的措施进行预防。一种策略是在可能受到影响的引脚并联稳压二极管防止耦合进 PCB 的电压超过阈值造成击穿，导致 PCB 的功能暂时失效甚至是击穿器件造成 PCB 的损坏。

图 7 给出了增加二极管后的可能受到影响的引脚的等效电路。需要给引脚并联两个稳压二极管(一个正接，一个反接)，保证引脚电压稳压在 $\pm V_z$附近。整个过程可以在 CST DESIGN 工作室进行，可以将已经仿真好的 PCB 引脚电压波形导出至 CST DESIGN 工作室作为其输入，不必直接在微波工作室进行全波仿真进行分析，加快了整个仿真的仿真进度。缺点是不确定加入新的器

件后是否会对模型的其他部分产生影响。

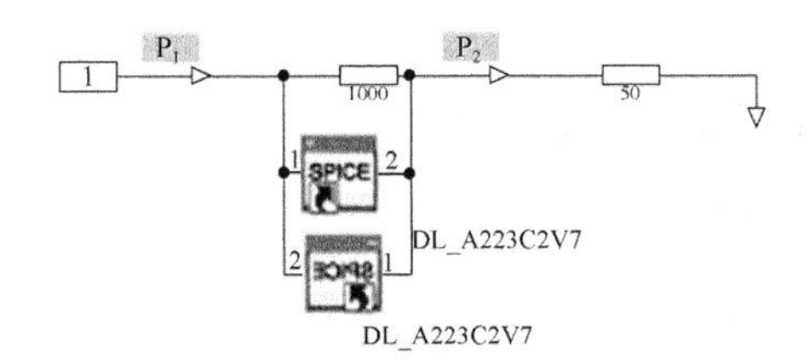

图 7 并联稳压二极管后的可能受到影响的引脚等效电路图

所用的稳压二极管是 SPICE 模型。SPICE 器件模型是一种用于 PCB 板级信号完整性分析的模型，描述器件内部的实际电气连接。SPICE 模型以元器件的工作原理为基础，从元器件的数学方程式出发，得到的器件模型及模型参数与器件的物理工作原理有密切的关系。SPICE 模型是这种模型中应用最广泛的一种。其优点是精度较高，特别是随着建模手段的发展和半导体工艺的进步和规范，人们已可以在多种级别上提供这种模型，满足不同的精度需要。缺点是模型复杂，计算时间长。在我们的应用场景下，稳压二极管作为一种较为简单的器件，用 SPICE 模型可以尽可能地接近实际情况进行仿真而不会导致过于复杂的仿真进度。

我们提取了 P_1 和 P_2 两端的电压为等效的引脚电压，其中 1000 Ω 为等效的引脚接地电阻。图 8 为在源端口 1 处导入 PCB 板某引脚电压波形后，引脚两端电压的变化情况（绿色为稳压前，红色为稳压后）。可以发现，引脚两端电压基本稳定在了 0.8 V 左右。同样，还可以分析 PCB 其他引脚的稳压情况。

通过以上的仿真分析，我们建议：为了达到防护目的，建议在 PCB 的特殊功能引脚处（数据转换、时钟）并联稳压二极管，以防静电放电对其的冲击造成的异常。以上仿真也可以推广到任意电子设备的 ESD 防护，通过类似的仿真，将电子设备所能受到的潜在静电放电影响降到最低。

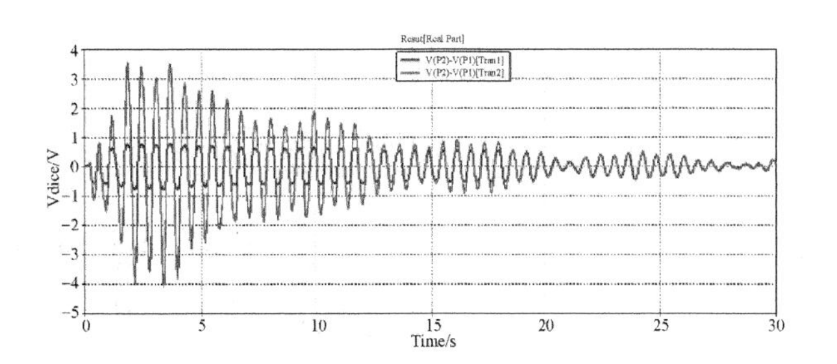

图 8 加入稳压二极管后引脚电压情况

参考文献

[1] 刘尚合，谭伟. 静电防护研究与进展[J]. 北京：物理学和高新技术，2000，29(5)：304-307.

[2] 潘长清，于志鹏. 电子产品的静电放电危害及其测试[J]. 北京：仪器仪表标准化与计量，2008(5)：8-10.

[3] 马强强. 静电放电对电子线路干扰的研究（硕士学位论文）. 济南：山东大学，2013.

[4] IEC61000-4-2Ed. 2. 0，ElectromagneticCompatibility (EMC)—Part4-2：Testing and Measurement Techniques Electrostatic Discharge Immunity Test，2008-12-9.

[5] Caniggia S，Maradei F. Circuit and numerical modeling of electrostatic discharge generators[J]. Industry Applications，IEEE Transactions on，2006，42(6)：1350-1357.

[6] Wang K，Pommerenke D，Chundru R，et al. Numerical modeling of electrostatic discharge generators[J]. Electromagnetic Compatibility，IEEE Transactions on，2003，45(2)：258-271.

[7] Sekine T，Asai H，Lee J S. Unified circuit modeling technique for the simulation of electrostaticdischarge (ESD) injected by an ESD generator[C]Electromagnetic Compatibility (EMC)，2012 IEEEInternational Symposium on. IEEE，2012：340-345.

机载蜂窝通信与机载卫星导航系统电磁兼容性研究

孙思扬[1] 陈晓晨[1] 王 娜[1] 戴 巡[1] 肖 雳[2]
祝思婷[1] 谢 江[1] 王瑞鑫[1] 张 霄[1]
（1. 中国信息通信研究院泰尔终端实验室，北京 100191；2. 深圳信息通信研究院，深圳 518048）

摘 要： 在民航客机上开展数据通信业务面临的最大技术问题是有效评估机载数据通信系统对现有机载电子电气系统/设备的潜在影响，并分析可能存在的安全隐患。本文以机载卫星导航系统为切入点，对机载数据通信系统与机载卫星导航系统间的电磁兼容性展开研究，设计试验方法并构建测试系统，以期为飞机飞行安全提供理论性依据。

关键词： 机载数据通信，卫星导航，电磁兼容，测试方法，飞行安全。

1 引言

随着互联网、移动通信和卫星通信技术的飞速发展及旅客需求的日益增长，在民航客机上为旅客提供数据通信业务已成为全球信息化发展的普遍趋势。我国作为一个幅员辽阔、民用航空发达的国家，航空机载数据通信业务的需求量非常巨大。随着我国民用航空业的快速发展，民航飞机数量、航线里程以及旅客运输量的大幅增加，航空机载数据通信的需求也会激增，发展机载数据通信业务会带来巨大收益。而在大力发展航空机载数据通信业务的同时，也需要对该系统在使用频段和安装设备等方面进行充分考虑，开展系统间和系统级电磁兼容性研究，制定详细的标准和法规，以确保航空飞行的安全。

机载数据通信业务的开展必然伴随着客舱内大量 T-PED（可发射便携式电子设备）的使用，包括平板电脑、笔记本电脑、手机等。作为消费类电子产品，T-PED 不是为了能够在敏感电磁环境中使用而制造的（所述敏感电磁环境例如民航客机上），因此其设计、制造不受航空电子设备或其他飞机系统标准的限制。航空公司对于它们的使用和维护不能进行有效管制。因此，我们不仅要通过分析和试验证明加装的电子设备不会对现有机载电子设备产生电磁干扰，还要证明在舱内大量使用的 T-PED 产生的累积电磁场效应不会对飞机机载设备及系统产生电磁干扰[1-3]。

美国航空无线电技术委员会经过近四十年研究，发布了 RTCA DO-294C、DO-307 等指导标准，然而这些标准偏研究性质，数据都具有一定的针对性，不可能体现机型差异，无法针对具体的使用场景，只能作为分析参考。此外，由汉莎航空技术公司、波音公司、空中客车工业公司、联合航空公司、美国航空公司、达美航空公司和美国航空公司等公司制定的关于机上 T-PED 使用的方法和相关的测试均可作为我们研究的起点和分析的基础[4-5]。

本文以 GPS 卫星导航系统作为典型受扰系统，开展航空机载数据通信系统与机载 GPS 卫星导航系统间的电磁兼容性研究，设计试验方法并构建测试系统，以期为飞机飞行安全提供理论性依据。

2 研究思路

根据 DO-294C 中所述，电磁波对于飞机的系统及设备的影响主要可分为：前门耦合和后门耦合。前门耦合是指电磁干扰能量通过天线耦合进入受扰设备；后门耦合是指电磁能量通过屏蔽箱上的孔缝、设备的导线、动力电缆、电话线、失效的屏蔽部件等耦合进入受扰设备，如图 1 所示。并就此引入了干扰路径损耗(IPL)的概念用以衡量两种耦合方式对飞机的潜在干扰。

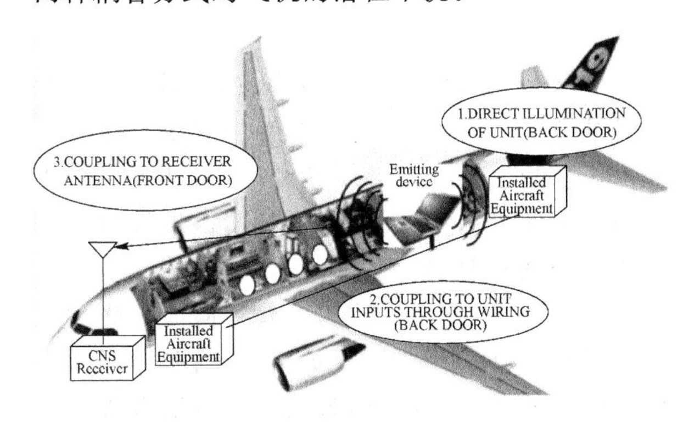

图 1　飞机内电磁干扰耦合途径

结合本文的分析,对 GPS 卫星导航系统的干扰,属于典型的前门耦合方式。然而,从理论上定量分析这两种方式对于飞机系统的干扰是极度复杂的。

研究思路:采用理论分析与试验相结合的方式,参照 DO-294C 中电磁兼容性试验方法,按照实际使用场景设计测试方法、指标判定、并搭建测试系统,使用信号发生器模拟航空机载数据通信系统与 GPS 卫星导航系统之间的电磁兼容性状况,从而验证理论,并为下一步决策提供数据参考。

3　GPS 卫星导航系统简介

GPS 系统空间卫星分布于平均高度为 20 200 km的卫星轨道之上,卫星导航信号到达地面时已经十分微弱,约为 −130 dBm,其信号强度仅相当于 16 000 km 外一个 25 W 的灯泡发出的光,比电视天线所接收到的信号功率低 10 亿倍,极易受到干扰。对 GPS 卫星信号的干扰主要有两种体制,一种是压制式干扰,另一种是欺骗式干扰。欺骗式干扰是指发射与 GPS 信号相同参数而信息码不同的虚假信号,使接收机产生错误的定位信息;而压制式干扰是指采用强带内干扰信号对卫星导航信号进行压制,使得接收机前端解扩后收不到 GPS 卫星信号。根据本项目的应用场景,此处仅考虑压制式干扰对卫星导航接收机的影响。

如前文所述,卫星导航信号到达地面时的信号强度十分微弱,约为 −130 dBm,而频带内(GPS L1 频段 1575.42 MHz±1.023 MHz)的噪底约为 −110 dBm,信号完全淹没在噪声之下。故此处的功率判断应以噪底功率 P_N 作为基准。

4　试验方法设计

根据 DO-294C,前门耦合的干扰路径损耗 IPL 测量,如图 2 所示,IPL=PT(1)−PR(3),也即:参考天线 1 处与接收机 3 处测量的电压(功率)之比。

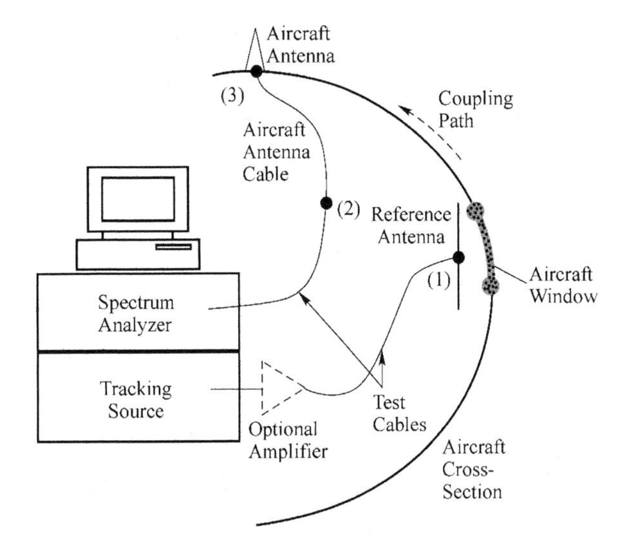

图 2　干扰路径损耗 IPL 测量示意图

使用矢量信号发生器模拟多种制式移动通信信号特性,利用参考发射天线在机舱中播放该信号,模拟航空机载数据通信业务工作环境[6-8]。信号强度的设置需要考虑机舱内多设备同时工作的累积效应(多设备因子:MEF)。选择 GPS 天线及频谱仪模拟 GPS 卫星导航接收机。通过比较矢量信号发生器开机前后频谱仪接收信号噪底变化情况,判断 GPS 卫星导航系统是否受到干扰。

项目团队基于 DO-294C 搭建的测试系统及测试场景示意图,如图 3 所示。

5　试验方法及步骤

(1) 完成不同品牌多种通信制式手机开机、通信和关机的过程中信号的录制与合成,根据测试规划或要求复制不同数量的信号样本,用于模拟多种制式多个用户的通信环境。

(2) 将合成后的信号场景文件下载到矢量信号发生器,实时回放输出至宽带功率放大器,如图 4 所示。

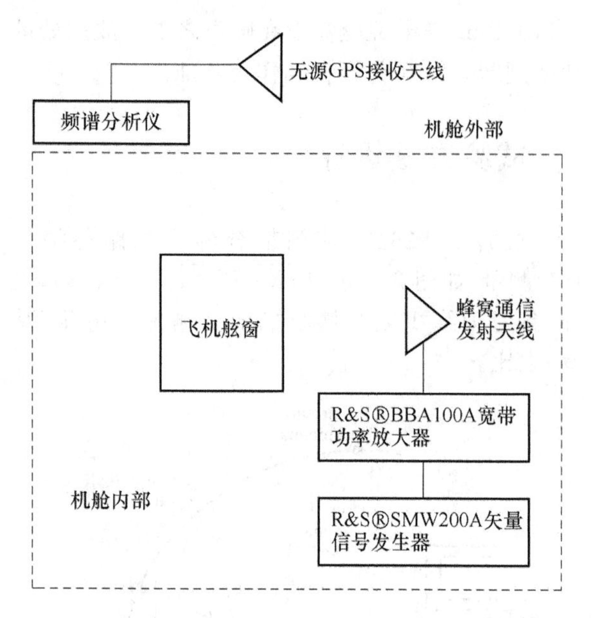

图 3　测试系统及测试场景示意图

图 4　信号样本的合成、拼接与输出

(3) 用射频同轴线将无源 GPS 接收天线连接至频谱分析仪输入端口，按照使用要求设置好频谱分析仪，布置在机舱顶部。其中，无源 GPS 接收天线布置于机载 GPS 接收天线安装位置处，以便真实地测试实际使用状态下 GPS 接收机接收到的干扰。

(4) 在机舱内部选择与机载 GPS 接收天线距离最近的座位，作为数据通信发射参考点，以一定的发射功率播放之前录制的信号，模拟实际的航空机载数据通信业务工作场景。

(5) 对信号播放前后卫星导航天线位置处的信号功率水平进行记录及分析，以判断是否受到干扰。

我方项目团队设计的测试方案流程框图，如图 5 所示。

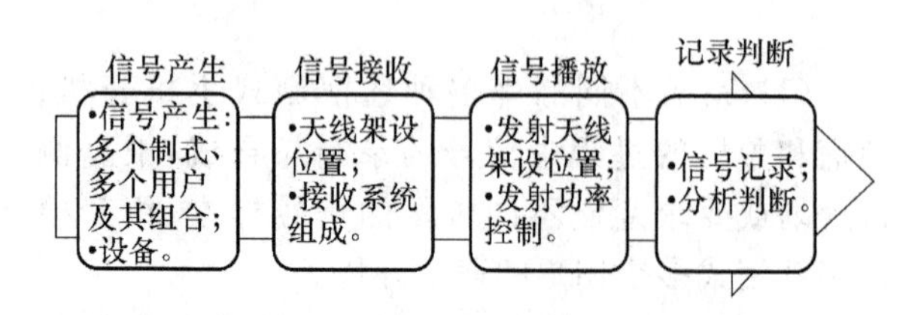

图 5　测试方案流程框图

6　结论

本文基于 RTCA DO-294C 规范，针对开展航空机载数据通信业务对飞机上现有机载电子设备及电子系统的潜在电磁干扰，展开分析研究。以机载卫星导航系统为切入点，基于电磁波对机载系统及设备的耦合途径和 GPS 卫星信号的干扰体制进行分析，考虑机舱内多设备同时工作的电磁辐射累积效应，设计 T-PED 容忍性测试试验方法并构建测试系统，以期为飞机飞行安全提供理论性依据。

7　致谢

感谢国家重点研发计划《可穿戴智能产品的可靠性测试关键技术研究》项目（项目编号：2017YFF0210800）中课题《导航定位可靠性检测技术研究》（课题编号：2017YFF0210801）的资助。

参考文献

[1] 孙京陵. 民航客机客舱内无线通信设备天线辐射干扰危害研究[D]. 南京：南京航空航天大学，2010.

[2] 代继刚，梁小亮. 一种新的 PED 对机载系统后门耦合干扰测试方法探索[J]. 北京：科技创新导报，2015，(24)：7-9.

[3] 李建峰. 飞机加装机载 WIFI 系统电磁兼容性研究[J]. 北京：通信世界，2016，(8)：230-231.

[4] RTCA DO-294, Guidance on Allowing Transmitting Portable Electronic Devices (T-PEDs) on Aircraft.

[5] RTCA DO-307, Aircraft Design and Certification for Portable Electronic Device (PED) Tolerance.

[6] YD/T 1595. 1—20122 GHz WCDMA 数字蜂窝移动通信系统的电磁兼容性要求和测量方法 第 1 部分：用户设备及其辅助设备[S]. 中华人民共和国工业和信息化部，2013. 1.

[7] YD/T 1592. 1—20122GHz TD-SCDMA 数字蜂窝移动通信系统电磁兼容性要求和测量方法 第 1 部分：用户设备及其辅助设备[S]. 中华人民共和国工业和信息化部，2013. 1.

[8] GB/T 19484. 1—2013 800MHz/2GHz CDMA2000 数字蜂窝移动通信系统的电磁兼容性要求和测量方法 第 1 部分：用户设备及其辅助设备[S]. 中华人民共和国工业和信息化部，2013. 11.

通信作者：孙思扬
通信地址：北京市海淀区花园北路52号院中国信息通信研究院，邮编 100191
E-mail：sunsiyang@caict. ac. cn

基于 Morlet 小波变换的静电放电信号时频分析

程聪[1] 孙军[2] 阮方鸣[1,3]

（1. 贵州大学大数据与信息工程学院，贵阳 550025；
2. 云南广播电视台，昆明 650031；
3. 贵州师范大学大数据与计算机科学学院，贵阳 550001）

摘　要： 静电放电信号是非平稳信号，其频率是时变的，为了更好地反映其时频特性，采用时频分析法：小波变换。本文基于 Morlet 小波，通过对实际静电放电信号进行分析，获得其二维和三维时频图。结果表明，基于小波变换的静电放电时频图能够细致的刻画信号在时频上发生的变换，准确反映静电放电信号的时频特性，可有效满足对静电放电信号进行时频分析的要求，有利于对信号特征的提取以及信号去噪。

关键词： 静电放电，小波变换，时频分析。

Time-Frequency Analysis of Electrostatic Discharge Signal Based on Morlet Wavelet Transform

Cheng Cong[1] Sun Jun[2] Ruan Fang ming*[1,3]

(1. School of Big Data and Information Engineering, Guizhou University, Guiyang, 550025, China;
2. Yunnan radio and television station, Kunming, 650031, China;
3. School of Big Data and Computer Science, Guizhou Normal University, Guiyang, 550001, China)

Abstract: The frequency of ESD (Electrostatic discharge) signal is time-varying. To better reflect its time-frequency characteristics, a time-frequency analysis method—wavelet transform is applied. It is applied to ESD signal analysis to select the appropriate wavelet function and scaling function. Shows the time-frequency characteristics of electrostatic discharge, through the analysis and processing of the actual electrostatic discharge signal, the results show that under the appropriate wavelet function, the time-frequency spectrum based on the wavelet transform can accurately describe the transformation of the signal in the time-frequency plane, accurate The time-frequency characteristics of the electrostatic discharge signal are reflected, which can effectively meet the requirements of time-frequency analysis of the electrostatic discharge signal and facilitate the extraction of signal characteristics.

Key words: wavelet transform, electrostatic discharge, time-frequency analysis.

1 引言①

静电放电是不同电位物体之间的电荷突然转移，电荷转移导致的静电放电信号产生的电磁场

① 基金项目：贵州省静电与电磁防护科技创新人才团队（合同编号：黔科合平台人才[2017]5653）；2016 年度中央引导地方科技发展专项资金项目（No. SF201606）；国家自然科学基金（No. 60971078）；

通信作者：阮方鸣，E-mail：921151601@qq. com

频率最高可达 GHz。半导体集成电路及其元件对于发生在其周围的不受控制的静电电流极其敏感[1]。因此，静电放电信号的时频特性分析是非常有必要的，既可以针对性地减少静电危害，又可以有效地进行目标识别和故障诊断。

静电放电信号是非平稳信号，其功率谱等信号统计量是随时间变化的函数，只了解信号在时域或者频域的全局特性还不足，频率随时间变化的情况也很重要。因此，需要使用频率和时间的联合函数来表示信号。在傅里叶变换的基础上，小波分析逐渐发展起来。小波分析克服了傅里叶变换在分析非平稳信号时不能反映出信号的频率成分随时间变化的关系，提供了一种窗口大小固定、形状可变的时频局部化信号分析方法。小波分析已经被广泛使用在信号处理中，比如，图像处理[2]、医学检测[3]、机械诊断[4]。

本文首先介绍了小波变化的相关理论，基于此选择适于静电放电信号时频分析的小波函数 Morlet 小波，最后将实验设备采集到的静电放电信号进行小波变换，进而分析其时频特征。

2 小波变换理论

傅里叶变换作为信号处理中最常用的分析方法，在频域上展示了原始信号总体上包含哪些频率成分，但是并未展示出某个频率随时间变化的关系。1946 年 Gabor 提出了短时傅里叶变换。短时傅里叶变换利用加窗的方法，将整个时域信号分解为无数个相同长度的过程，此时每个过程可看作是平稳信号，再对每一部分进行傅里叶变换。通过该方法，就能大概知道某些频率成分出现的时间。刘卫东已经利用短时傅里叶变换对局部静电放电信号进行了分析[5]。但是短时傅里叶变换的缺点是窗口的大小无法定量取值，所以短时傅里叶变换不能很好的满足非平稳信号时频分析的需求。

小波分析不同于傅里叶变化使用三角函数对信号进行处理分析，小波分析采用特殊的小波即母小波，通过对母小波的伸缩和平移运算对信号进行多种尺度的细化分析。用这些不规则的母小波可以很好地处理信号中尖锐以及不连续的部分。因此，小波分析在处理非平稳信号上具有独特的优势，能够更加真实地反映出原始信号的时频特性。

小波分析可以分为连续小波变化和离散小波变化。离散小波变换常用于数据压缩，连续小波变换更适合信号特征的提取。因此本文基于连续小波变换进行静电放电信号时频分析。

对于时域信号 $x(t)$，其小波变换定义如下：

$$\mathrm{WT}(a,\tau)=\frac{1}{\sqrt{a}}\int_{-\infty}^{+\infty} x(t) * \psi(\frac{t-\tau}{a})\mathrm{d}t \quad (1)$$

式中，$\psi(\ )$为小波基函数；a 为尺度算子；τ 为位移算子。尺度算子 a 控制小波函数的伸缩，位移算子 τ 控制小波函数的平移。

3 小波函数选取

小波函数选择标准有以下几点。

3.1 支撑长度

支撑长度越长，耗费的计算时间越长，且会产生更多高幅值的小波系数[6]。但支撑长度太短，信号不能很好地集中。因此需要根据具体的情况选择需要的支撑长度，大部分应用选择支撑长度为 5～9 之间的小波函数。

3.2 对称性

对称性条件即小波函数的对称性可以有效地避免相位畸变。

3.3 消失矩

消失矩条件即让尽可能多的小波系数为零，这样有利于数据压缩和消除噪声。消失矩越大，小波系数为零的点就越多。但消失矩越大，支撑长度就越长，因此两者之间要做折中。

3.4 正则性

正则性条件即在信号或者图像的重构中能获得较好的平滑效果，减小因为量化等误差引起的视觉影响。

3.5 相似性

相似性条件即选择和原始信号波形相似的小波，更加有利于信号分析、压缩、消噪等。

正交小波函数一般用于离散小波变换，非正交小波函数既可用于离散小波变换也可用于连续小波变换。非正交小波函数在对时间序列信号进行分析时可得到连续的小波振幅。此外，复值小波函数具有虚部因此可以同时得到原始信号振幅和相位两方面的信息。Morlet 小波是高斯包络下的单频率复正弦小波，并且其具有非正交性，因此本文基于 Morlet 小波对静电放电信号进行时频分析，其函数如式(2)所示。

$$\psi_0(t)=\pi^{-\frac{1}{4}}\mathrm{e}^{i w_0 t}\mathrm{e}^{-\frac{t^2}{2}} \tag{2}$$

式中，t 是时间，w_0是无量纲频率。复 Morlet 小波基函数时域波形，如图 1 所示。Morlet 小波的傅里叶变换为

$$\hat{\psi}(w)=\sqrt{2\pi}\mathrm{e}^{-(w-w_0)^2/2} \tag{3}$$

由于其一、二阶导数近似为零，所以 Morlet 小波还具有较好的时域局部性[7]。

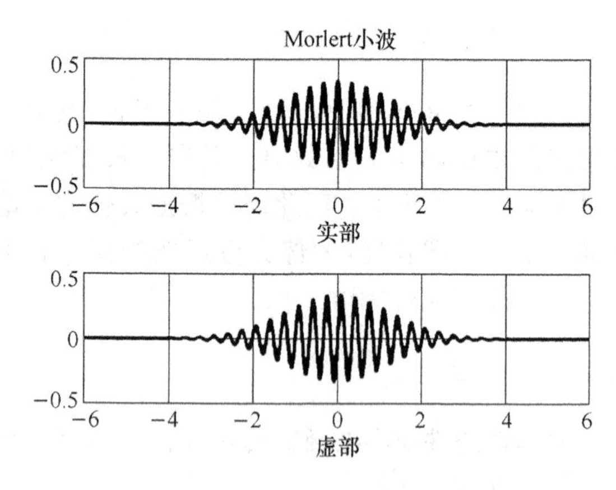

图 1　复 Morlet 小波基函数时域波形
(Complex Morlet wavelet time domain waveform)

4　基于小波变换的信号时频分析

4.1　静电放电信号采集

电极移动速度效应检测仪是我们团队自主研发的用于静电放电参数测试的仪器。主要对电气和电子设备产生的静电放电电流等参数进行测试。它主要由密封箱体，曲轴连杆，电动机，控制器和静电放电发生器等组成。在密闭箱体内的侧壁上安装有放电靶，电动机用支架固定在箱体上，电动机与放电靶间的导轨上安装有放电枪[8]。进行静电放电实验时，放电靶外接带宽 2.5 GHz，取样率 40 G/s 的 Tektronix 数字示波器用于采集和存储静电放电信号，电极速度效应静电放电测试系统，如图 2 所示。

首先打开电极速度效应检测仪，静电放电发生器和 Tektronix 数字示波器。将数字示波器的采样频率设置为 10 GHz，调节控制器将步进电极转速设定为所要测量的预定值。然后将静电放电发生器设定充电电压为 3 kV，为放电枪充电。最后拨动电动机驱动的开关，进行静电放电实验。电极向靶移动并与之接触放电时，数字示波器记录下静电放电电流信号数据和波形。

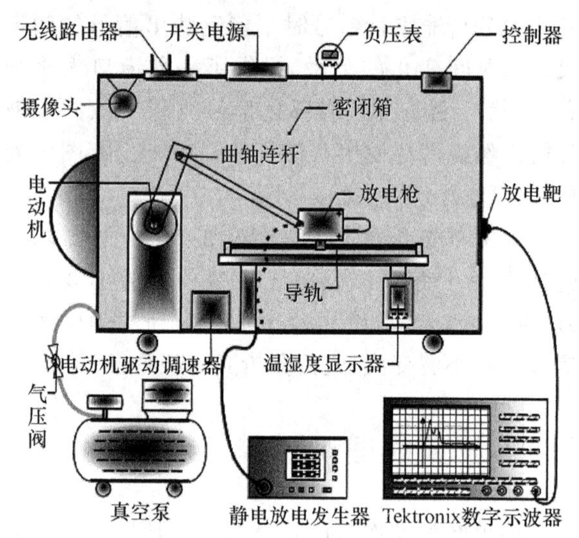

图 2　电极速度效应静电放电测试系统
(Electrode Velocity Effect ESD Test System)

4.2　静电放电信号分析

利用静电放电测试系统进行多次实验并记录下不同电极移动速度下的静电放电信号电流数据。图 3 是采集的一条非接触静电放电信号时域波形，其参数，如表 1 所示。

表 1　电极移动速度为 0.05 m/s 静电放电参数
(Parameter of Electrostatic discharge)

电极移动速度/(m/s)	放电电流峰值/A	温度/℃	湿度/(%)	压强/kPa
0.05	1.56	28	70	101

数据处理，利用 MATLAB 工具选取电极移动速度为 0.05 m/s 放电数据可用点 560 个，采样频率为 10 GHz。图 4 是非接触信号静电放电信号电流的频谱图。从频谱图中可以看出，静电放电信号频率覆盖范围宽，能量主要集中在 0～

600 MHz,其中 100～200 MHz 频率分量的能量最强,其他频率分量的能量较弱。从频谱图上仅能知道信号包含的频率分量,不能知道频率随时间变化的关系。

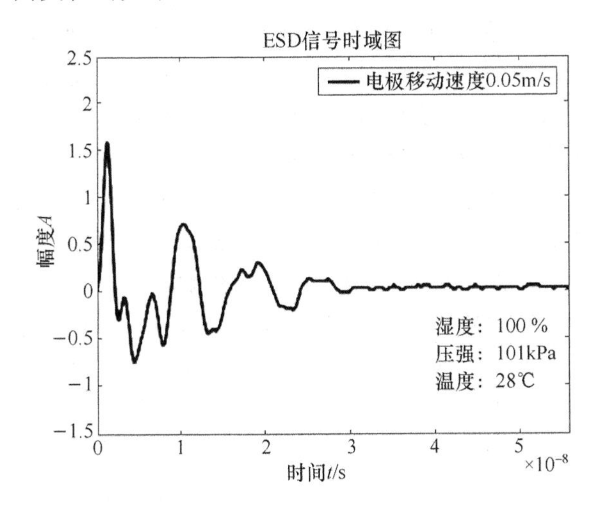

图 3 静电放电信号时域波形

(Electrostatic discharge signal waveform)

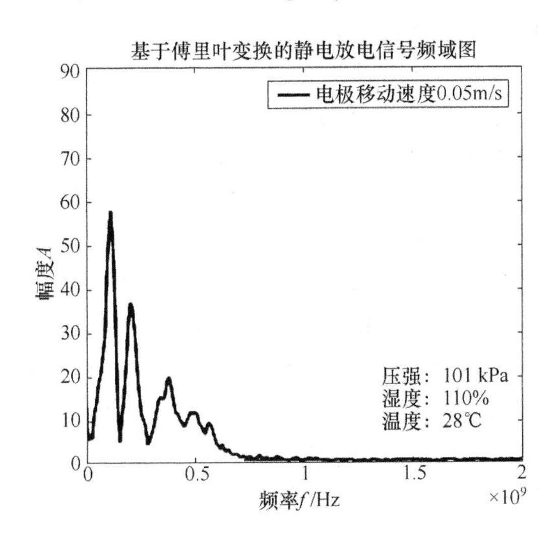

图 4 静电放电信号电流的频谱图

(Electrostatic discharge signal spectrogram)

利用 MATLAB 工具,基于复 Morlet 小波对采集到的静电放电信号进行小波变换。图 5 为电极移动速度为 0.05 m/s 静电放电波形经过小波变换得到的二维时频图。从二维时频图可知:静电放电信号中 100～200 MHz 的能量最强,持续时间最长。100 MHz 的信号能量持续了整个放电过程,200 MHz 的能量持续了放电过程的一半。更高频的能量在放电初期基本就已经消失了。图 6 为电极移动速度为 0.05 m/s 静电放电波形经过小波变换得到的三维时频图。从三维时频图可知:静电放电信号频率衰减为一个高斯衰减过程。从图中还可以清晰地看出,在整个时间段中信号噪声都存在,这可以为信号去噪提供一个非常方便的判别方法。从时域中看环境中的信号噪声不明显,但是在时频图中,噪声的时频图非常明显。

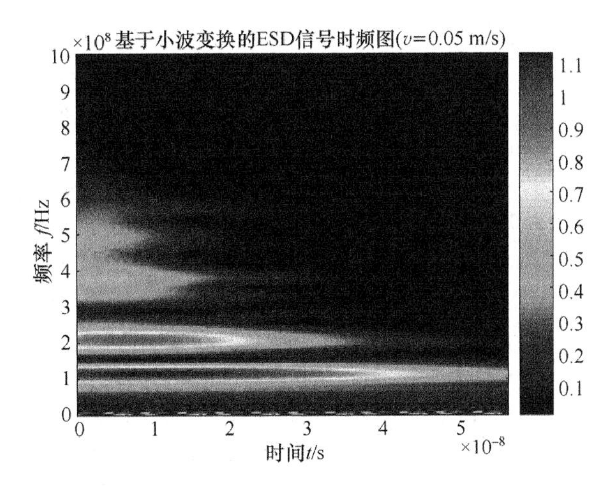

图 5 电极移动速度为 0.05 m/s 静电放电二维时频图

[ESD signal time-frequency diagram(v=0.05 m/s)]

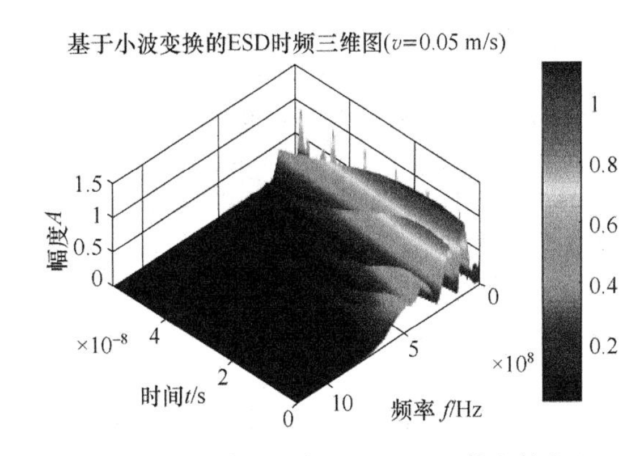

图 6 电极移动速度为 0.05 m/s 静电放电三维时频图[ESD signal 3D time-frequency diagram(v=0.05 m/s)]

5 结 论

基于 Morlet 小波变换的静电放电时频分析能够细致地刻画信号的时频特性。通过对实验数据的分析,静电放电信号持续时间很短,频率范围宽,是多分量信号,其高频分量可达 0.6 GHz。本文中实测信号的能量主要集中在 100～200 MHz 范围内,高频分量衰减迅速,低频分量持续时间相对较长。将小波变换应用于静电放电信号的分析与处理,能清楚揭示信号的时变频谱特性,有利于信号的特征提取以及静电放电电流信号去噪。相对于傅里叶变换和短时傅里叶变换对静电放电信号的分析，小波变换对静电放电信号的时频特性进一步得到了补充。在下一步的工作中需要采集更多的实验数据将小波去噪应用到静电放电电流信号中。

参考文献

[1] Dipak L. Sengupta. Valdis V. Liepa. Applied Electromagnetics and Electromagnetic Compatibility[M]. 沈远茂，刘素玲，石丹，等，译. 北京：机械工业出版社，2009. 6:287-295.

[2] Dipalee Gupta , Siddhartha Choubey, Discrete Wavelet Transform for Image Processing[J]. International Journal of Emerging Technology and Advanced Engineering, 2015,4(3):598-602.

[3] Abhijit Bhattacharyya,Ram Bilas Pachori, et al. Tunable-Q Wavelet Transform Based Multiscale Entropy Measure for Automated Classification of Epileptic EEG Signals[J]. Applied Sciences, 2017,7(4):385.

[4] Chen Jinglong, Li Zipeng, Pan Jun, et al. Wavelet transform based on inner product in fault diagnosis of rotating machinery: A review[J]. Mechanical Systems and Signal Processing, 2016,(70-71):1-35.

[5] 刘卫东，刘尚合，王雷. 采用 Gabor 变换的局部放电信号时频分析[J]. 武汉：高电压技术，2007, 33(8): 40-43.

[6] 李晓霞，苏红旗，蔡瑞. 基于小波变换的图像压缩中小波基的选取[J]. 北京：科学探索与知识创新，2011, 4:105-163.

[7] 吴从. 基于小波包与支持向量机组合模型的遥感图像去噪研究[D]. 贵阳：贵州大学，2016.

[8] 周奎，阮方鸣，张景，等. 电极移动速度效应的空气动力学[J]，电波科学学报，2016, 31(6):1060-1066.

作者简介

程聪（1994 年出生），女，四川人，贵州大学大数据与信息工程学院研究生，硕士，研究方向为电子与通信技术。

孙军（1960 年出生），男，云南广播电视台。1982 年毕业于贵州大学物理系半导体集成电路专业，获学士学位，1982 年至 1985 年在贵州职工大学电气教研室任教。1986 年至 1996 年在贵州电视台技术部工作。1997 年至 2000 年在贵州电视台广告部工作，2001 年至今在云南广播电视台工作。1986 年获工程技术类中级职称。

阮方鸣（1958 年出生），男，贵州人，贵州师范大学大数据与计算机科学学院教授，博士，中国通信学会电磁兼容委员会委员，研究方向为电磁兼容，静电放电。

本文创新点：通过使用我们电磁兼容团队自主研发的静电放电测试系统采集非接触静电放电信号，第一次提出使用小波变换对非接触静电放电信号进行时频特性分析，进而可以对静电放电信号进去小波去噪。

目前在国内外最新的发展动态：2007 年，刘尚和团队提出利用短时傅里叶变换对静电放电信号进行时频特性分析。但是短时傅里叶变换的缺点是信号截取窗口的大小无法定量取值，实现过程复杂，所以短时傅里叶变换不能很好地满足静电放电时频分析的需求。随着小波变换的逐步发展，小波分析被应用到更多的数据或者图像处理中，例如心电信号分析，地震信号分析以及各种信号噪声去噪。因此本文将小波变换应用到静电放电信号时频特性分析中。

基于 SVM 的手机电磁兼容管理系统命名实体识别

薛梦涛[1]　石　丹[2]　张芳菲[3]　王楠[4]

（北京邮电大学 电子工程学院，北京 100876）

摘　要： 本文建立了手机电磁兼容管理系统，并利用支持向量机（SVM）对管理系统中的命名实体进行了识别。该系统结合了知识图谱和机器学习方法实现对手机电磁兼容的智能管理。在知识图谱的架构中，存储了手机实体和实体之间关系的三元组。当进行电磁兼容设计时，通过向系统提问，系统从问题中抽取出实体和知识库进行实体链接。系统根据实体之间相关函数关系式进行计算，判断是否存在电磁干扰，进而提出消除电磁干扰的方案。实验结果表明，本文建立的模型对实体识别的准确率达到 90%，提高了电磁兼容自动化管理系统的性能。

关键词： 支持向量机，电磁兼容管理系统，命名实体识别，特征提取。

Named Entity Recognition of Mobile Phone Electromagnetic Compatibility Management System Based on SVM

Xue Meng-tao　Shi Dan　Zhang Fangfei　Wang Nan

(School of Electronic Engineering, Beijing University of Posts and Telecommunications, Beijing 100876, China)

Abstract: This paper establishes a mobile phone electromagnetic compatibility(EMC) management system, and uses support vector machine(SVM) to identify the named entities in the management system. The system combines knowledge graph and machine learning to achieve the intelligent management of mobile phone electromagnetic compatibility. In the architecture of the knowledge graph, entities and the relationship triples of entities are stored. When mobile EMC engineers encounter electromagnetic compatibility problems, they can ask the system questions. The system extracts entities from questions and match the entities in the knowledge base. Then the system performs calculation based on the correlation function between the entities to determine whether electromagnetic interference exists. It will propose solutions to eliminate electromagnetic interference. The experimental results show that the accuracy for entity recognition of the model established in this paper reaches 90%, which improves the performance of the electromagnetic compatibility automatic management system.

Key words: Support Vector Machine (SVM), EMC Management, Name entity recognition, Feature Extraction.

1　引言

手机电磁兼容性（Electromagnetic Compatibility, EMC）已成为手机生产过程中的强制认证环节[1]。手机中不同功能模块之间存在互相干扰，这些干扰主要由液晶显示器（Liquid Crystal Display, LCD）模块、相机模块和天线模块等产生。这种干扰降低了手机的灵敏度，浪费了手机能量并污染了电磁环境[2]。针对该问题，我们提出了手机电磁兼容智能管理系统，通过智能的问答管理系统得出是否存在干扰的判断，并最终生成解决方案。EMC 管理计划是针对特定的 EMC 情景而开发的[3]。手机电磁兼容管理系统，内部基础由手机电磁兼容知识图谱所构成。对已发表文献的分析表明，使用知识图谱帮助识别、理解、实施和监控产品或项目的 EMC 管理实属空白。为了使用知识库进行智能化管理，我们需要对用户的输入和相应的知识库中的实体进行相应的匹配，这就是命名实体识别。命名实体识别的主要任务是从用户的非结构化问题中抽取出知识库中的实体，比如，CPU、电池、LCD、天线等，以及实体与实体之间的连线，比如 CPU 和摄像头之间连线，连接 CPU 和蓝牙之间的时钟线等，这些都是电磁兼容中重要的敏感源和干扰源。这些实体的识别对进一步发现实体之间的联系和提出相应的管理方案有着非常重要的意义。

当前，命名实体识别的方法大致分为基于规则和字典的方法以及基于统计的方法。基于规则和字典的方法需要领域专家手动建立规则库和规则模板，准确率较高，但这种方法都是依赖于手工的规则，工作量大。随着语料库标注的迅速发展，基于统计的机器学习方法得到大量应用，利用人工标注的语料进行训练，可以在较短的时间内完成[4]。本文研究如何将 SVM（Support Vector Machine，支持向量机）学习模型和电磁兼容管理系统实体特征分析结合起来，提高电磁兼容问题中的命名实体识别准确率。

手机电磁兼容管理系统的实现主要由以下三部分构成：首先通过机器学习抽取手机电磁兼容工程师在实际工作中遇到问题中的实体；然后将抽取出的实体和手机电磁兼容知识图谱进行实体连接；最后通过计算得出是否存在电磁干扰和提出相应的电磁干扰抑制方案。手机电磁兼容管理系统结构，如图 1 所示。

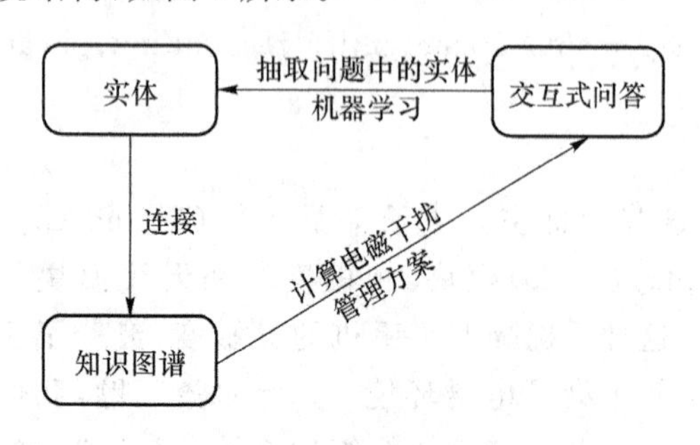

图 1　手机电磁兼容管理系统结构图

文章第 2 部分介绍命名实体识别模型，包括数据来源、特征提取、模型的训练。第 3 部分对实验结果进行了详细的分析和讨论，第 4 部分给出结论。

2　研究方法与结果

2.1　数据来源

本实验的数据来源于我们建立的 EMC 知识管理库，对知识库中的 57 个实体进行了识别，采用 570 条问题及语句作为训练语料，以及 285 条问题及语句作为测试语料。

2.2　实体表示形式

在手机 EMC 智能知识库中，由于手机模块组成和结构极其复杂，所以导致了实体的数目众多。在实体中，不仅有类似于天线（antenna）、蓝牙（Bluetooth）、电源管理集成电路（PMIC）这样单个的实体模块，更多的是由各个实体模块所组成的复杂实体，比如 cpu_camera_wire 代表了 CPU 与摄像头之间的连线。这种连线在 EMC 管理中是一种很重要的干扰源。干扰源通常是包含高功率、高频率或快速边缘信号的部分[5]。如果别的模块受到其产生的电磁干扰，严重时将导致这些模块无法正常工作。除此之外还有 bluetooth_receiver（代表蓝牙的接收端），gps_wifi_line（GPS）和无线上网模块之间的信号线等复杂实体。这些复杂的实体构成，使得对 EMC 管理中实体的识别成为挑战。

2.3　系统框架

对于手机命名实体建模主要由以下四部分构成：首先对训练文本经过预处理，然后进行构造字典；然后使用构造出的字典对训练文本进行特征提取，构造出训练矩阵；再调用 SVM 模型对第二步提取的特征和对应的已经标注好的实体语料进行训练，生成训练模型；最后使用训练模型对测试集语料进行实体识别，并计算相应的准确率和 F1 值评价指标。基于 SVM 的 EMC 管理系统实体识别的系统框架，如图 2 所示。

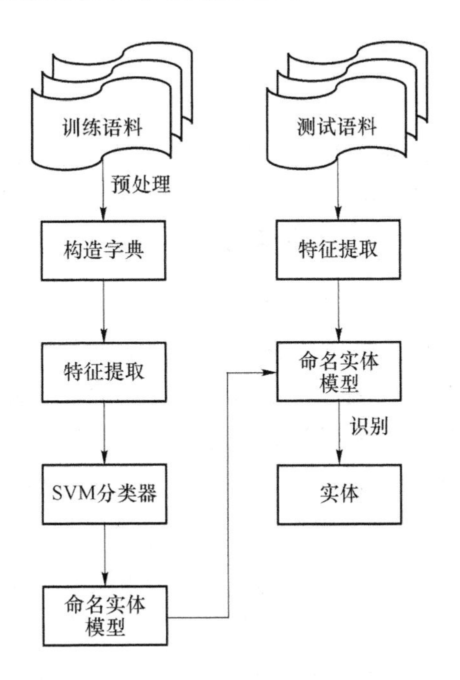

图 2 基于 SVM 的 EMC 管理系统实体识别的系统框架

2.4 构造字典和特征选取

字典的构造对于整个模型至关重要。在构造字典之前需要对训练语料进行预处理。对文本的预处理,本实验主要分为两步,删除停用词和词干提取。

对语料进行分词后,语料就成为一个由单个词组成的词集。但是字典中有很多虚词在语料中仅起到结构作用,不代表实际意义,比如介词 of、疑问词 what 等。另外还有一些词在整个语料中出现频率高而在每篇文档中出现频率大致相等,对命名实体识别作用不大,我们把这些词合称为停用词。对于这些词,应该从字典中去掉。停用词的选取对字典的大小、命名实体识别的准确率都有影响[6]。

在信息检索系统和文本挖掘研究中,需要对一个词的不同形态进行归并,即词形规范化,用于降低索引文件所占空间和提高文本处理的效率[7]。所以在字典的构造中,我们需要对一个词的不同形态进行组合和词形还原。即把同一个词的不同形式统一为一种具有代表性的标准形式,就是将词的派生形态简化为原型的基础形式。比如,“antenna”和“antenna_”就可以全部用“antenna”来代表。在此我们使用了 NLTK 库(Natural Language Toolkit)对字典进行处理,实现词干提取。

在自然语言处理过程中要处理文字信息,就必须把文字转化为可以量化的特征向量。本系统中,我们采用了 Bag-of-Words model (BoW model)词袋模型,该模型忽略掉了文本的语法和语序等要素,将一个文本看作是若干个词汇的集合,文档中每次词的出现都是独立的。即字典构造完毕之后,就可以对训练语料中的每一个文本提取维度是 m 的词数向量(假设字典的数量是 m),这个向量就是我们所提取的特征。对于向量的表示使用的是 One-Hot 编码表示方法,每一个词数向量都包含字典中所包含的 m 个高频词在文本中具体的出现频率,根据训练样本的个数 n,最后将会生成一个 $n\times m$ 的特征向量矩阵。

2.5 SVM 分类器及模型训练

SVM 是一种基于核函数的机器学习方法。主要思想是将低维空间的数据通过核函数变换到高维空间,在超空间创建一个超平面来实现线性分类。高维空间的构建比较困难,然而核函数的存在使得变换时并不需要显式构建高维空间[8]。

在基础二分类模型中,SVM 模型学习找到线性超平面使得两类具有最大间隔[9],如图 3 所示。

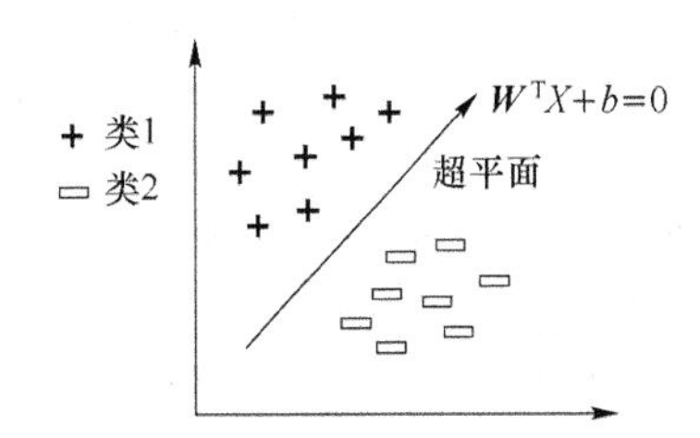

图 3 线性支持向量机分类

在样本空间中,划分超平面可通过如下线性方程来描述:

$$\boldsymbol{w}^{\mathrm{T}}x+b=0 \qquad (1)$$

式中,$\boldsymbol{W}=(\boldsymbol{w}_1;\boldsymbol{w}_2;\cdots;\boldsymbol{w}_d)$为法向量,决定了超平面的方向;$b$ 为位移项,决定了超平面与原点之间的距离。超平面就是使不同类之间的间隔最大,也就是分类最准确。

在具体实现模型训练的过程中,使用了 scikit-learn 中的 SVM 支持向量机工具实现训练任务。由于特征矩阵维数较高并且稀疏,而且 SVM 使用了多项式核函数,所以 SVM 的分类器是一个很好的选择。训练模型时，训练集中的每一条语料实例都对应着一个已知的实体名。即将训练语料进行标注的过程。监督 SVM 模型进行训练时，根据每一条语料所提取出的特征和标签建立一种对应关系。监督 SVM 模型训练结束后，就能根据测试集中的特征值预测出测试集中数据实例的实体名。

2.6 测试

我们使用训练好的模型对 285 个测试集语料进行命名实体识别。首先仍是对训练集进行特征提取，然后使用训练好的模型对特征向量矩阵进行测试，就能提取出每一个测试实例所对应的实体；我们用测试集本身对应的实体和模型所测试出的实体进行对比，就能得到准确率参数。

3 实验结果与分析

实验结果主要根据两个指标来评价命名实体识别系统的性能：召回率(REC)和精确率(PRE)。召回率等于系统正确识别的结果占所有可能结果的比例，表达公式如下：

$$\mathrm{Recall}=\frac{\mathrm{TP}}{\mathrm{TP}+\mathrm{FN}} \tag{2}$$

式中，TP 表示正确被识别的实体，(TP＋FN)表示应该识别到的实体。准确率等于系统正确识别的结果占所有识别结果的比例[10]，表达公式如下：

$$\mathrm{Precision}=\frac{\mathrm{TP}}{\mathrm{TP}+\mathrm{FP}} \tag{3}$$

式中，(TP＋FP)表示实际被识别的实体。为了综合评价系统的性能，通常还计算召回率和准确率的加权几何平均值，即 F1 指标，计算公式如下：

$$\mathrm{F1}=\frac{2}{\frac{1}{\mathrm{Recall}}+\frac{1}{\mathrm{Precision}}} \tag{4}$$

之所以使用调和平均数，是因为它除了具备平均功能之外，还会对那些召回率和精确率更加接近的模型给予更高的分数。召回率、精确率、F1 指标和部分实体识别结果分别如表 1 和表 2 所示。

表 1 召回率、精确率和 F1 指标

召回率	精确率	F1
94%	89%	90%

表 2 部分实体识别结果

测试语料	测试标签	结果标签
Why does bluetooth of antenna work abormally?	bluetooth_antenna	bluetooth_antenna
Is there any impact on other modules if camera is put here?	camera	camera
Why does the interference signal exist on the wire connecting cpu and camera?	cpu_camera_line	cpu_camera_line
How to put the wire which connects cpu and camera?	cpu_camera_line	cpu_wifi_line
Clock wire which connects cpu and bluetooth is subject to electromagnetic interference.	cpu_clock_bluetooth_wire	cpu_clock_bluetooth_wire

对实验所得到的数据进行分析，发现识别的错误主要是因为一些相似的实体之间可能存在着混淆识别，以及在一些结构化的语料中，实体所出现的位置是一致的，所以导致了错误识别。但从总体上来说，90%的准确率对手机电磁兼容管理系统中实体识别已经达到了很好的效果。

4 结　论

本文建立了机器学习模型，利用支持向量机识别手机电磁兼容管理系统命名实体的分类，提高了命名实体识别的效率。识别模型的精确度为 94%，召回率为 89%，F1 指标为 90%，可有效用于电磁兼容管理系统命名实体的识别。在今后的研究中，进一步完善手机电磁兼容管理系统知识图谱和结合相关的 EMC 标准对知识图谱进行扩充。确保生成更加准确和通用的电磁兼容管理方案。除此之外，还将采用卷积神经网络等深度学习模型进一步提高手机电磁兼容管理系统实体识别的性能。

参考文献

[1] 赵金旭. 浅谈手机电磁干扰测试系统的设计和实现[J]. 北京:中国高新技术企业, 2013(21):20-21.

[2] Yu J, Cen Y, Chen S, et al. Design of EMC testing equipment for mobile phones[C]// International Conference on Microwave Technology and Computational Electromagnetics. IET, 2009:192-195.

[3] Shi D, Fang W, Zhang F, et al. A Novel Method for Intelligent EMC Management Using a "Knowledge Base"[J]. IEEE Transactions on Electromagnetic Compatibility, 2018, PP(99):1-7.

[4] Gong L, Fu Y, Sun X, et al. Research of Protein Named Entity Recognition Based on SVMs[J]. Hans Journal of Computational Biology, 2011.

[5] Huang J. EMC challenges and mitigation methodologies for contemporary mobile phones[C]// Electromagnetic Compatibility (APEMC), 2010 Asia-Pacific Symposium on. IEEE, 2010:44-47.

[6] 崔彩霞. 停用词的选取对文本分类效果的影响研究[J]. 太原:太原师范学院学报(自然科学版), 2008, 7(4):91-93.

[7] 吴思竹, 钱庆, 胡铁军, 等. 词形还原方法及实现工具比较分析[J]. 北京:现代图书情报技术, 2012, 28(3):27-34.

[8] 王浩畅, 赵铁军. 基于SVM的生物医学命名实体的识别[J]. 哈尔滨:哈尔滨工程大学学报, 2006, 27(s1):570-574.

[9] Mansouri A, Affendey L S, Mamat A, et al. Semantically factoid question answering using fuzzy SVM Named Entity Recognition[C]// International Symposium on Information Technology. IEEE, 2008:1-7.

[10] 孙镇, 王惠临. 命名实体识别研究进展综述[J]. 北京:数据分析与知识发现, 2010, 26(6):42-47.

通信作者: 薛梦涛

通信地址: 北京市海淀区西土城路10号北京邮电大学教四楼326,邮编100876

E-mail: xuemengtao@bupt.edu.cn

基于传输线理论的 TEM 小室纵向阻抗变化现象的分析及其对于 TEM 小室应用的影响

熊宇飞

（中国信息通信研究院泰尔实验室，北京 100191）

摘　要：TEM 小室被广泛用于 EMC 测试领域和电场探头校准领域。在使用 TEM 小室进行电磁测量时，需要对小室的纵向阻抗变化进行分析和测量，以保证测量结果的准确性和可靠性。本文将通过理论分析与实验结果相结合的方式对 TEM 小室的纵向阻抗变化现象进行评估，并根据结果对 TEM 小室在应用时的该项影响因素进行建议。

关键词：电磁测量，TEM 小室，纵向阻抗。

Analysis of Longitudinal Impedance Variation of TEM Cell based on Transmission Line Theory and Its effects on Application of TEM Cell

Xiong Yufei

(China Academy of Information and Communications Technology Telecommunications Technology Lab, Beijing 100191, China)

Abstract: TEM cell is widely used in the field of EMC testing and calibration of electric field probe. When it is used in electro-magnetic measurement, for the accuracy and reliability of the results, it is necessary to analyze and measure the variation of the longitudinal impedance of TEM cell. Through the combination of theoretical analysis and experimental results, this paper will evaluate the variation of the longitudinal impedance in TEM cell, and give some suggestions on this influential factor of the TEM cell in application.

Key words: Electro-Magnetic Measurement, TEM Cell, Longitudinal Impedance.

1　引言

TEM 小室被广泛用于 EMC 测试领域，同时也被 IEEE-1309 标准推荐应用于 9 kHz～200 MHz 的电场探头校准[1]等领域。在用于电场探头校准时，通常将探头中心置于测试区域的中心位置，也即 TEM 顶板与中间芯板间的中心位置[2-3]。在使用 TEM 小室进行电磁测量时，需要对小室的纵向阻抗变化进行分析和测量，以保证测量结果的准确性和可靠性。在此方面的研究文献中，Tanaka 等人[4]提出了一种在静态条件下的使用三维边界因素法的特征阻抗变化模型。Das 等[5]讨论了一种从中心位置沿 TEM 小室长度扩展一定距离内的电场和磁场区域的变化模型。本文将通过理论分析与实验验证相结合的方式对 TEM 小室的纵向阻抗变化现象进行评估，并根据结果对 TEM 小室在应用时的该项影响因素进行建议。

2　理论分析

设有 TEM 小室如图 1 所示，特征阻抗为 Z_0，左侧为其输入端口，右侧接入负载 Z_L，以输出端定为零点。则在 z 方向上，从负载向源观察，正向

行波电压为V_0^+，反向行波电压为V_0^-，则在 z 处的电压和电流可表示为

$$V(z)=V_0^+ e^{-j\beta z}+V_0^- e^{j\beta z} \tag{1}$$

$$I(z)=\frac{V_0^+ e^{-j\beta z}-V_0^- e^{j\beta z}}{Z_0}\text{[6]} \tag{2}$$

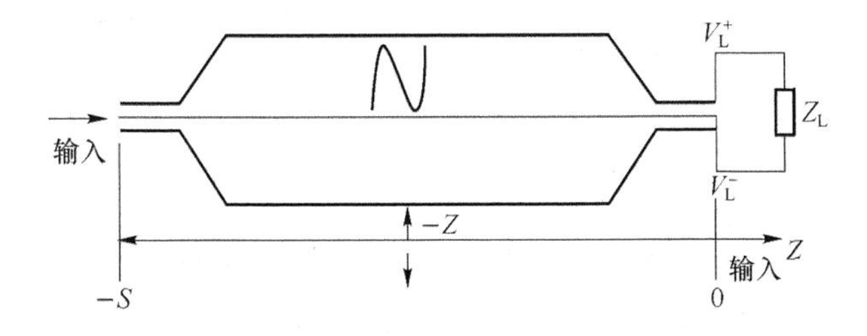

图 1　TEM 小室示意图

若考虑 TEM 小室产生的衰减，则可表示为

$$V(z)=V_0^+ e^{-(\alpha+j\beta)z}+V_0^- e^{(\alpha+j\beta)z} \tag{3}$$

$$I(z)=\frac{V_0^+ e^{-(\alpha+j\beta)z}-V_0^- e^{(\alpha+j\beta)z}}{Z_0} \tag{4}$$

则

$$\begin{aligned}Z(z)&=\frac{V(z)}{I(z)}\\&=\frac{V_0^+ e^{-(\alpha+j\beta)z}+V_0^- e^{(\alpha+j\beta)z}}{V_0^+ e^{-(\alpha+j\beta)z}-V_0^- e^{(\alpha+j\beta)z}}Z_0\end{aligned} \tag{5}$$

在 $z=0$ 处，可以求得不匹配情况下的反射系数

$$V(0)=V_0^+ +V_0^- \tag{6}$$

$$I(0)=\frac{V_0^+ -V_0^-}{Z_0} \tag{7}$$

$$Z_L=\frac{V(0)}{I(0)}=\frac{V_0^+ +V_0^-}{V_0^+ -V_0^-}Z_0 \tag{8}$$

$$Z_L(V_0^+ -V_0^-)=Z_0(V_0^+ +V_0^-) \tag{9}$$

$$\frac{V_0^-}{V_0^+}=\frac{Z_L-Z_0}{Z_L+Z_0}=\Gamma_L=|\Gamma_L|e^{j\Phi_L} \tag{10}$$

设$Z_L=R_L+j\,X_L$，则$\Phi_L=\tan^{-1}\left(\frac{X_\Gamma}{R_\Gamma}\right)=\tan^{-1}\left(\frac{2R_LX_L}{R_L^2+X_L^2-Z_0^2}\right)$，推导过程如下：

$$\begin{aligned}&\frac{R_L+j\,X_L-Z_0}{R_L+j\,X_L+Z_0}\\&=\frac{[(R_L-Z_0)+j\,X_L][(R_L+Z_0)-j\,X_L]}{[(R_L+Z_0)+j\,X_L][(R_L+Z_0)-j\,X_L]}\\&=\frac{(R_L^2-Z_0^2)+2R_LX_Lj+X_L^2}{(R_L+Z_0)^2+X_L^2}\end{aligned} \tag{11}$$

则其实部为$\frac{(R_L^2-Z_0^2)+X_L^2}{(R_L+Z_0)^2+X_L^2}$，虚部为$\frac{2R_LX_Lj}{(R_L+Z_0)^2+X_L^2}$。

因此，$\Phi_L=\tan^{-1}\left(\frac{X_\Gamma}{R_\Gamma}\right)=\tan^{-1}\left(\frac{2R_LX_L}{R_L^2+X_L^2-Z_0^2}\right)$。

在Z_1处的反射系数可表示为

$$\Gamma(Z_1)=|\Gamma_L|e^{j\Phi_L}e^{-2(\alpha+j\beta)z_1}$$

推导过程如下：

$$\begin{aligned}Z(z)&=\frac{V(z)}{I(z)}\\&=\frac{V_0^+ e^{-(\alpha+j\beta)z}+V_0^- e^{(\alpha+j\beta)z}}{V_0^+ e^{-(\alpha+j\beta)z}-V_0^- e^{(\alpha+j\beta)z}}Z_0=\frac{1+\Gamma(z)}{1-\Gamma(z)}Z_0\end{aligned} \tag{12}$$

由$\frac{V_0^-}{V_0^+}=\Gamma_L$可得

$$\begin{aligned}Z(z)&=\frac{e^{-(\alpha+j\beta)z}+\Gamma_L e^{(\alpha+j\beta)z}}{e^{-(\alpha+j\beta)z}-\Gamma_L e^{(\alpha+j\beta)z}}Z_0\\&=\frac{e^{-(\alpha+j\beta)z}+|\Gamma_L|e^{(\alpha+j\beta)z}e^{j\Phi_L}}{e^{-(\alpha+j\beta)z}-|\Gamma_L|e^{(\alpha+j\beta)z}e^{j\Phi_L}}Z_0\end{aligned} \tag{13}$$

上下同除以$e^{-(\alpha+j\beta)z}$可得

$$Z(z)=\frac{1+|\Gamma_L|e^{2(\alpha+j\beta)z}e^{j\Phi_L}}{1-|\Gamma_L|e^{2(\alpha+j\beta)z}e^{j\Phi_L}}Z_0 \tag{14}$$

将 $Z=-Z_1$(零点左侧)代入可得

$$\begin{aligned}Z(z_1)&=\frac{1+\Gamma(z_1)}{1-\Gamma(z_1)}Z_0\\&=\frac{1+|\Gamma_L|e^{-2(\alpha+j\beta)z}e^{j\Phi_L}}{1-|\Gamma_L|e^{-2(\alpha+j\beta)z}e^{j\Phi_L}}Z_0\end{aligned} \tag{15}$$

由于对 TEM 小室产生主要影响的因子为阻抗实部，所以对式(15)求 $Z(z_1)$的实部为

$$Z(z_1)=\frac{1+|\Gamma_L|e^{-2\alpha z_1}e^{j(\Phi_L-2\beta z_1)}}{1-|\Gamma_L|e^{-2\alpha z_1}e^{j(\Phi_L-2\beta z_1)}}Z_0$$

对其中的$e^{j(\Phi_L-2\beta z_1)}$采用欧拉公式展开得

$$\begin{aligned}&e^{j(\Phi_L-2\beta z_1)}\\&=\cos(\Phi_L-2\beta z_1)+j\sin(\Phi_L-2\beta z_1)\end{aligned}$$

设 $x=\cos(\Phi_L-2\beta z_1)$，$y=\sin(\Phi_L-2\beta z_1)$，则有

$$\begin{aligned}Z(z_1)&=\frac{1+|\Gamma_L|e^{-2\alpha z_1}(x+jy)}{1-|\Gamma_L|e^{-2\alpha z_1}(x+jy)}Z_0\\&=\frac{1+|\Gamma_L|e^{-2\alpha z_1}x+j|\Gamma_L|e^{-2\alpha z_1}y}{1-(|\Gamma_L|e^{-2\alpha z_1}x+j|\Gamma_L|e^{-2\alpha z_1}y)}Z_0\\&=\frac{1+|\Gamma_L|e^{-2\alpha z_1}x+j|\Gamma_L|e^{-2\alpha z_1}y}{1-|\Gamma_L|e^{-2\alpha z_1}x-j|\Gamma_L|e^{-2\alpha z_1}y}Z_0\end{aligned}$$

有理化得 $Z(z_1)$

$$=\frac{1-(x^2+y^2)|\Gamma_L|^2e^{-4\alpha z_1}+2j|\Gamma_L|e^{-2\alpha z_1}y}{(1-|\Gamma_L|e^{-2\alpha z_1}x)^2+|\Gamma_L|^2e^{-4\alpha z_1}y^2}Z_0$$

且$x^2+y^2=1$，则阻抗实部为

$$Z_{real}(z_1)=\frac{1-|\Gamma_L|^2e^{-4\alpha z_1}}{(1-|\Gamma_L|e^{-2\alpha z_1}x)^2+|\Gamma_L|^2e^{-4\alpha z_1}y^2}Z_0 \tag{16}$$

在文献[2]中，其被错误计算为

$$Z_{\text{real}}(z_1)=\frac{1-|\Gamma_{\text{L}}|\text{e}^{-4\alpha z_1}}{(1-|\Gamma_{\text{L}}|\text{e}^{-2\alpha z_1}x)^2+|\Gamma_{\text{L}}|\text{e}^{-4\alpha z_1}y^2}Z_0$$

若以阻抗端为正向，源端为零点，$Z_{\text{real}}(z_1)$也可表示为

$$Z_{\text{real}}(z_1)=\frac{1-|\Gamma_{\text{L}}|^2\text{e}^{-4\alpha(s-z_1)}}{(1-|\Gamma_{\text{L}}|\text{e}^{-2\alpha(s-z_1)}x)^2+|\Gamma_{\text{L}}|^2\text{e}^{-4\alpha(s-z_1)}y^2}Z_0$$

式中，$x=\cos(\Phi_{\text{L}}-2\beta(s-z_1))$，$y=\sin(\Phi_{\text{L}}-2\beta(s-z_1))$。

若设$p_1=1-\text{e}^{4\alpha z_1}$，$p_2=1+\text{e}^{4\alpha z_1}$，且输入端发射系数为

$$S_{\text{in}}=\frac{1+|\Gamma_{\text{L}}|\text{e}^{-2\alpha s}}{1-|\Gamma_{\text{L}}|\text{e}^{-2\alpha s}} \tag{17}$$

则阻抗实部可以表示为

$$Z_{\text{real}}(z_1)=\frac{S_{\text{in}}^2p_1+2S_{\text{in}}p_2+p_1}{S_{\text{in}}^2p_2+2S_{\text{in}}p_1+p_2-2(S_{\text{in}}^2-1)\text{e}^{2\alpha z_1}x}Z_0 \tag{18}$$

[2]

式中，$x=\cos(\Phi_{\text{L}}-2\beta(s-z_1))$。至此，推导出了与 TEM 小室输入端反射系数相关的基于传输线理论的阻抗模型。

3 实验结果

使用网络分析仪测量 100 MHz、150 MHz、200 MHz、250 MHz、300 MHz 时的反射系数并带入式(18)进行计算，得出小室在中心位置附近的阻抗变化，如图 2 所示。

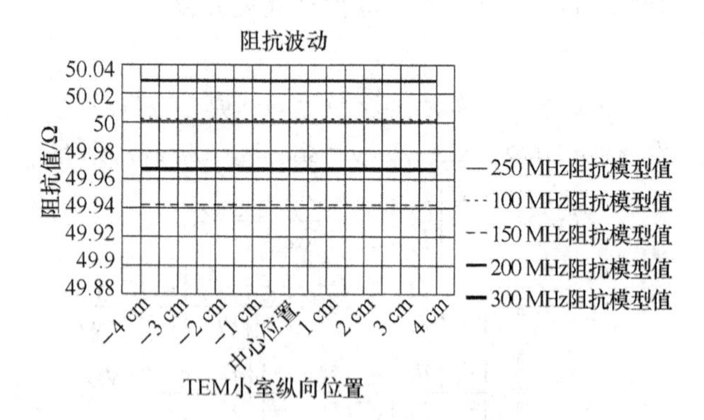

图 2　100 MHz～300 MHz 阻抗模型值

使用网络分析仪对 TEM 小室纵向中心位置正负 4 cm 距离的阻抗进行测量得到图 3 所示的测量结果。

对比两图可以发现，模型值变化很小，基本没有波动，而测量值在 150 MHz、200 MHz 和 300 MHz频点变化明显。幅度达到 1～2 Ω。

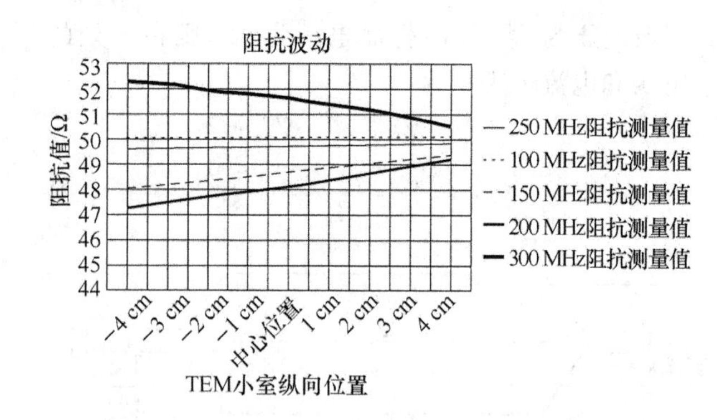

图 3　100 MHz～300 MHz 阻抗测量值

将模型值与测量值对比，可以得到图 4～图 8。

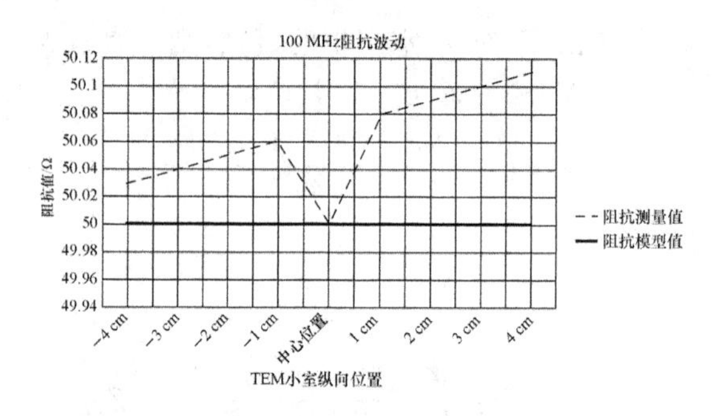

图 4　100 MHz 阻抗模型值和测量值对比图

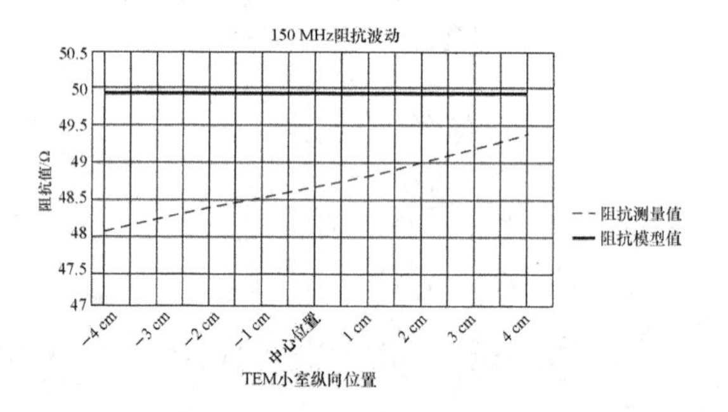

图 5　150 MHz 阻抗模型值和测量值对比图

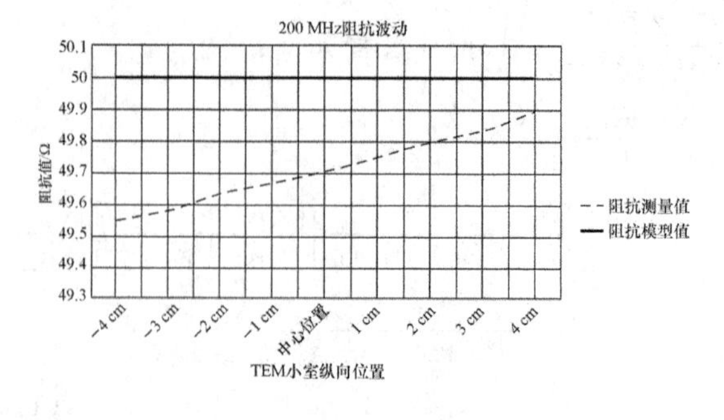

图 6　200 MHz 阻抗模型值和测量值对比图

由图 4～图 8 可以得出，阻抗测量值与模型值相比有一定差距，具体数值在 0.1～2 Ω 之间不

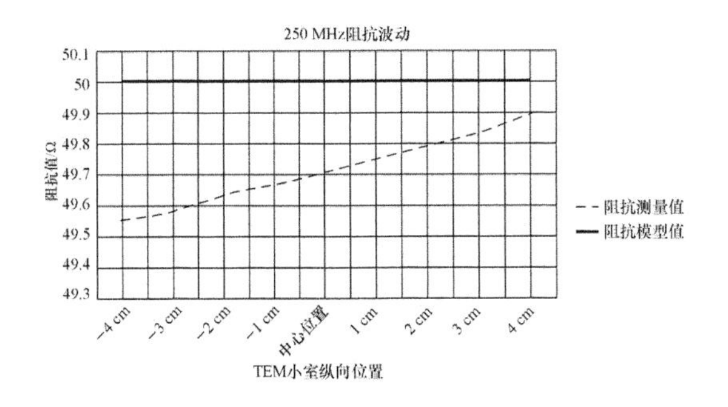

图 7　250 MHz 阻抗模型值和测量值对比图

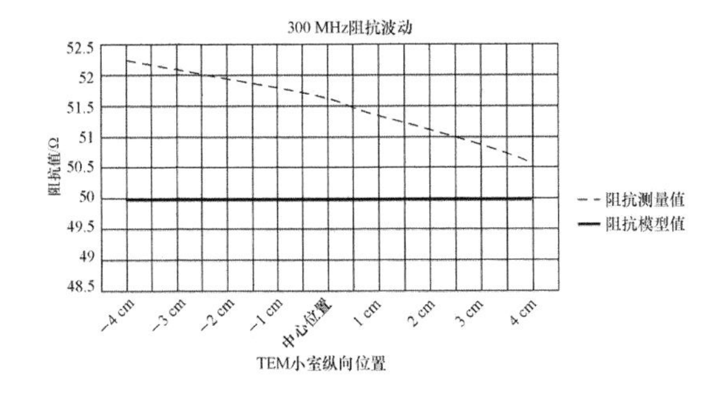

图 8　300 MHz 阻抗模型值和测量值对比图

等。且可以得出测量值基本随距离成线性变化的趋势。

图 9 显示了模型值与测量值在中心位置时随频率的变化趋势。可以看出阻抗模型值随频率稍有变化,测量值随频率变化较大。

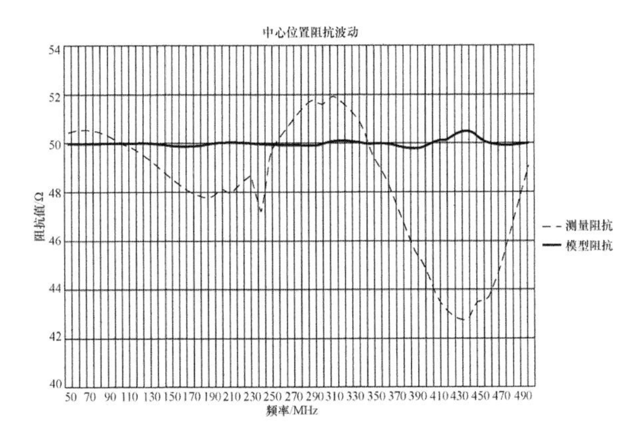

图 9　中心位置随频率变化趋势

由图 2～图 9 可以得出,阻抗模型值在频率较高且 TEM 小室纵向中心位置附近距离分辨力(cm 级)较大的情况下变化较小,没有体现出文献[2]中的变化趋势;测量值在 150 MHz、200 MHz 和 300 MHz 频点变化较大,为 1～2 Ω;测量值与模型值在 TEM 小室中心位置随频率均有变化,且测量值变化较大。

4　结论

由理论分析和实验结果,可以得出 TEM 小室的阻抗会随距输入端距离的大小和频率(固定位置)发生变化。这就对 TEM 小室在应用时测试位置的阻抗值提出了要求。本文建议在使用 TEM 小室进行测试时,需要对测试区域的阻抗值进行测量。并对需要使用阻抗值代入公式进行计算的特定测试情况,如电场探头校准时所使用的标准电场强度生成公式中的阻抗值,应使用实际测量值进行计算,避免因阻抗值偏差而对结果产生不利影响。

5　致谢

在本文撰写过程中,得到了所在部门周镒主任、刘宝殿主任、张夏主任、臧琦主任、同事万思嘉的支持和帮助,在此表示诚挚谢意。

参考文献

[1] 周峰,王景伟,熊宇飞. IEEE STD 1309-2013 电场探头校准标准的公式与计算讨论[J]. 北京:计量学报,2017,38(6):763-764.

[2] Cai Xiaoding , Costache G I. Theoretical Modelling of Longitudinal Variations of Electric Field and Line Impedance in TEM Cells. IEEE Trans on EMC, 1993, 35:398-401.

[3] IEEE. STD 1309-2013:IEEE Standard for Calibration of Electromagnetic Field Sensors and Probes, Excluding Antennas, From 9kHz to 40GHz[S]. 2013.

[4] Tanaka Y, Honma T , Kaji I, A boundary-element analysis of TEM cells in three dimensions, IEEE Trans. Electromugn. Compat. , vol. EMC-28, 1986, 11:179-184.

[5] Das S K, Venkatesan V , Sinha B K. A technique of electromagnetic interference measurement with high-impedance electric and low-impedance magnetic fields inside a "EM cell," in 1990 IEEE Int. Symp. on EMC, Washington, 1990,8:367-369.

[6] David M , Pozar , "Microwave Engineering," 3rd Edition.

通信作者：熊宇飞

通信地址：北京市海淀区花园北路52号中国信息通信研究院泰尔实验室，邮编100191

E-mail：xiongyufei@caict. ac. cn

基于多维不确定度量化的电磁模型验证与确认研究

伍月千[1,2]　鲍献丰[1,2]　李瀚宇[1]　周海京[1]
（1. 北京应用物理与计算数学研究所，北京　100094；
2. 中国工程物理研究院高性能数值模拟软件中心，北京　100088）

摘　要： 计算机技术的日益发展使得高性能电磁模拟在民航、军事等领域应用越来越广泛，而只有保证了建模与仿真的置信度，电磁模拟仿真才具有实际应用价值和意义。验证和确认(Verification and Validation，V&V)是置信度评估的重要手段，随着评估手段的日益客观化和科学化，不确定度量化和传播是目前V&V研究的主要核心方向。由于复杂电磁模型不确定源种类繁多，类型各异，面临超大计算量的问题，致使不确定度量化的本地化过程具有挑战性。本文针对复杂电磁模型验证与确认的瓶颈问题，紧密结合复杂电磁模型不确定源的特点，开展不确定源的量化分析研究，采用非嵌入式多维多项式混沌方法研究电磁模型仿真输入参数不确定引起的相关输出响应量的不确定度，并兼顾数值稳定性。在此基础上应用于电磁领域模型的置信度评估，促进高性能数值模拟在电磁领域的大规模集成及应用。

关键词： 电磁模型，验证与确认，不确定度量化。

Study on Multidimensional Uncertainties Quantification and its Application in Verification and Validation of Electromagnetic models

Wu Yueqian[1,2]　Bao Xianfeng[1,2]　Li Hanyu[1]　Zhou Haijing[1]
(1. Institute of Applied Physics and Computational Mathematics, Beijing 100094, China; 2. CAEP Software Center for High Performance Numerical Simulation, Hefei University of Technology, Beijing 100088, China)

Abstract: As rapid advance in computer technology, the computational electromagnetics have been increasingly applied in the aerospace and military fields. Electromagnetic simulation is meaningful only with the high degree of confidence by comparing with measurement result. The verification and validation of electromagnetic models is one of the most important parts in numerical simulations on electromagnetics. With the methods of V&V develop, uncertainty quantification become the key point to study on V&V. The input parameters involve many kinds of model, which leads to high consuming computations. In this paper, the method of multidimensional non-intrusive polynomial chaos is implemented for the multidimensional uncertainty quantification of the input parameters to the detonation of simulation outcomes. At last, the validation of real electromagnetic models are presented with the proposed method.

Key words: Electromagnetic model, Verification and validation, Uncertainty quantification.

1 引言

随着高性能电磁模拟应用的深入，所解决的电磁问题越来越复杂，例如在电磁分析、预测、设计过程中的作用越来越重要，同时对数值模拟置信度的要求越来越高，确保数值模拟计算置信度的难度也越来越大。目前在电磁工程应用领域，高性能数值模拟结果往往只能作为参考，很难直接基于数值模拟结果做出重大决策，决策仍依赖于试验或专家经验。其原因在于，对于电磁模拟的置信度没有进行有效的定性或者定量评估，使得使用者心怀疑虑，大大制约了高性能数值模拟软件在应用行业内的集成及重大应用。故高性能数值电磁模拟的置信度是高性能数值模拟的生命线，迫切而且重要。

验证与确认是高性能数值模拟置信度评估的重要手段。近年来，随着电磁数值模拟软件日益广泛的应用，V&V 的重要性已越来越为数值模拟软件开发者和使用者所重视。为确保有效地开展验证确认活动，从而使得数值模拟具备清晰证据支持的高置信度，适应电磁模型的验证与确认技术将不可或缺。

进一步地，在充分考虑不确定性的基础上进行量化置信度评估是电磁模型验证与确认的一个重要研究方向。美国国防部的高性能计算现代化项目（HPC）要求其成果的每个软件必须经过严格的验证与确认评估，而计算机计算能力的提升使得对模型不确定度量化成为可能。美国三大国家实验室在这方面致力于研究并量化各种不确定源对仿真结果的影响。圣地亚哥国家实验室开发的 DAKOTA 软件就是专门针对模型的 VV&UQ（Uncertainty Quantification，不确定度量化）所做，已成功地应用于大规模集成电路并行仿真软件 Xyce 的验证与确认[1]。为实现模型参数的不确定性对模型输出响应量的影响可采用蒙特卡洛方法。但蒙特卡洛方法所需样本数量巨大，对于实际复杂电磁问题，单次数值模拟的计算开销往往非常大，很难实现蒙特卡洛方法所需庞大样本的计算。针对不确定度量化方法，P. Benner 等提出使用随机配置方法和模型降阶方法对 Maxwell 方程求解进行不确定度量化，与蒙特卡洛方法相比更具高效性[2]。此外，基于谱分析的多项式混沌法等高精度方法近年来在计算流体力学、固体力学等学科的不确定性研究有了广泛应用[3-6]。近来，作者将此方法引入到电磁模型评估领域，并结合工程实例实现对实际电磁模型输入参数的不确定度量化[7]。但对于实际复杂电磁模型，影响仿真效果的不确定因素繁多而非单一，为促进电磁模拟软件开发及其应用，需着手研究多维不确定度量化方法，在此基础上应用于电磁工程领域模型的置信度评估。

2 不确定度量化

2.1 Maxwell 方程组

电磁问题的确定性矢量偏微分方程组由麦克斯韦方程组、介质本构关系和边界条件组成，由式(1)表示[8]：

$$\begin{gathered}\nabla\times E+\mu\frac{\partial H}{\partial t}=0\\ \nabla\times H-\varepsilon\frac{\partial E}{\partial t}=J\\ \nabla\cdot(\varepsilon E)=\rho\\ \nabla\cdot(\mu H)=0\end{gathered}\tag{1}$$

式中，E,H 分别为电场强度和磁场强度，J 为电流强度，ρ 为电荷密度，材料参数 ε,μ 分别为介电常数和磁导率。显然，模型参数主要包括了在计算 Maxwell 方程过程中的电尺寸、材料的电磁特性以及人为输入参数。在实际工程中，因模型几何结构复杂以及复合材料的使用等使得模型参数具有不确定性，一般认为其服从某种概率分布的随机变量，再根据其统计分布规律求出其对输出结果的影响。

2.2 非嵌入式多项式混沌法

多项式混沌方法是以一些确定性解为基础去估算多项式混沌展开式中的系数，继而得到响应量的统计特性如均值、标准差等。多项式混沌法起源于 Wiener 各项同性混沌理论中的随机变量谱展开，随后，Xiu 和 Karniadakis 将早期基于高斯随机变量的 Hermite 多项式混沌推广到 Askey 多项式混沌[3]，适用于更一般的随机变量概率分布（均匀分布、正态分布等），在本文中，我们将这种广义多项式混沌方法应用于电磁模型不确定度量化分析中。考虑一个概率空间(Ω,F,P)，设$X(\theta)$为此概率空间上关于随机变量θ的随机过程，则$X(\theta)$的Wiener-Askey谱展开为

$$X(\theta)=\sum_{j=0}^{\infty}c_j\psi_j(\xi(\theta)) \tag{2}$$

以二维多项式混沌展开式为例：

$$\begin{aligned}X(\theta)=&c_0I_0+c_1\psi_1(\xi_1(\theta))\\&+c_2\psi_1(\xi_2(\theta))\\&+c_{11}\psi_2(\xi_1(\theta),\xi_1(\theta))\\&+c_{21}\psi_2(\xi_2(\theta),\xi_1(\theta))\\&+c_{22}\psi_2(\xi_2(\theta),\xi_2(\theta))+\cdots\end{aligned} \tag{3}$$

式(2)称为多项式混沌，$\psi_j(\xi(\theta))$为Wiener-Askey多项式，系数c_j为确定量，一般展开为N_{pc}项，N_{pc}由多项式展开式的最高阶数p和随机变量的维数n确定。

$$N_{pc}=\frac{(p+n)!}{p!\ n!}-1 \tag{4}$$

正交多项式的选择依赖于随机变量的概率密度函数，根据Askey法则，对应不同的概率密度函数，存在不同的最优展开多项式，具体对应关系见参考文献[3]。在本文中，以不确定源符合均匀分布为例给出其对应的多维Hermite多项式，如表1所示。

表1 多维Hermite多项式

多项式阶数	$\eta=(\eta_1,\eta_2)$	多维多项式
0	(0,0)	$\psi_1^0(\xi_1)\psi_0^0 2(\xi_2)$
1	(0,0)	$\psi_1^1(\xi_1)\psi_2^0(\xi_2)$
1	(0,0)	$\psi_1^0(\xi_1)\psi_2^1(\xi_2)$
2	(0,0)	$\psi_1^2(\xi_1)\psi_2^0(\xi_2)$
2	(0,0)	$\psi_1^1(\xi_1)\psi_2^1(\xi_2)$
2	(0,0)	$\psi_1^0(\xi_1)\psi_2^2(\xi_2)$
3	(0,0)	$\psi_1^0(\xi_1)\psi_2^3(\xi_2)$
⋮	⋮	⋮

在得到响应量多项式混沌展开式的各项系数的基础上，将系数和多项式代入式(3)就可以给出随机变量对需评估的响应量的不确定度及影响。响应量的统计特性为：均值$\bar{c}=c_0$，标准差$\sigma_c^2=\sum_{k=1}^{N_{pc}}c_k^2\langle\psi_k{}^2\rangle$。

多项式混沌法在Maxwell方程求解不确定度分析中应用的主要思路为：基于不确定输入变量的已知概率分布（均匀分布或正态分布）的拉丁超立方抽样方法得到样本，将Maxwell方程求解器JEMS-FDTD[9]作为黑盒子得到确定性的计算结果，再结合非嵌入多项式混沌法求出不确定参数对输出响应量的影响。

3 数值算例

3.1 方箱标准件电磁耦合仿真评估

首选根据测试环境条件构建了仿真的电磁模型，如图1所示，除了有界波模拟器、方箱标准件外，还有模拟器周围的地面和简单厂房结构。方箱几何尺寸为2 m×1 m×0.6 m($L\times W\times H$)。电压激励源参考测试环境中有界波模拟器激励源，如图2所示。采用自研JEMS-TD程序模拟仿真和测试分别获取探针处的屏蔽效能。

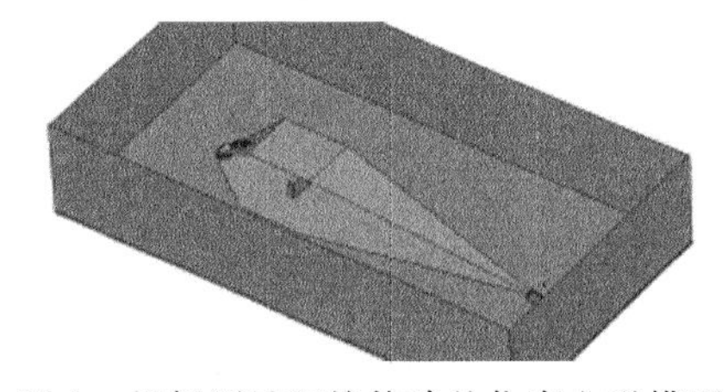

图1 根据测试环境构建的仿真电磁模型

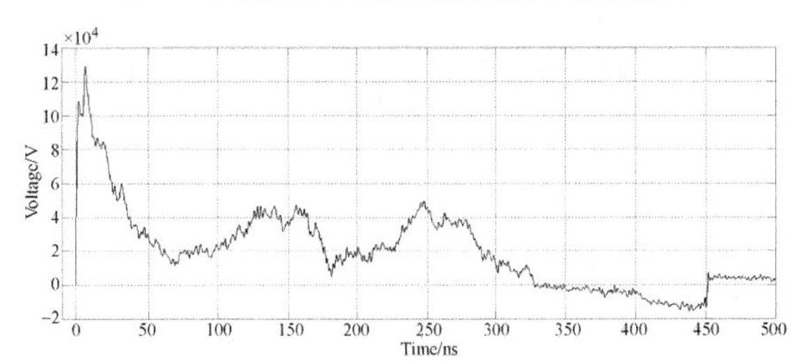

图2 电压激励源参考测试环境中有界波模拟器激励源

为保证数学模型和实验模型的一致性，考虑探头位置对计算结果的影响。实验设置为孔缝后方30 cm，上下间距−2 cm，0 cm，2 cm。仿真的不确定源设置为探头在传播方向(x轴)上以及z轴上的位置且符合均匀分布，具体为：$x=2\pm\xi x_1$，其中：$pdf(\xi)\sim U(-1,1)$，$z=5\pm\xi' z_1$且$pdf(\xi')\sim U(-1,1)$，根据Askey法则选用Legendre归一化正交多项式对响应量屏效进行展开，并依据非嵌入式混沌多项式步骤研究不确定参数对响应量的影响。采用拉丁超立方抽样在[−2,2]和[−5,5]之间均匀抽取20个样本，样本点抽样结果，如图3所示。进行NIPC方法后，可得到屏蔽效能仿真数值的置信区间（期望±标准差），如图4所

示。可看出，在电磁数值模拟中 Maxwell 方程输入参数的不确定度对计算结果的不确定性有影响。同时，屏蔽效能仿真的置信区间可覆盖大部分实际测量值。

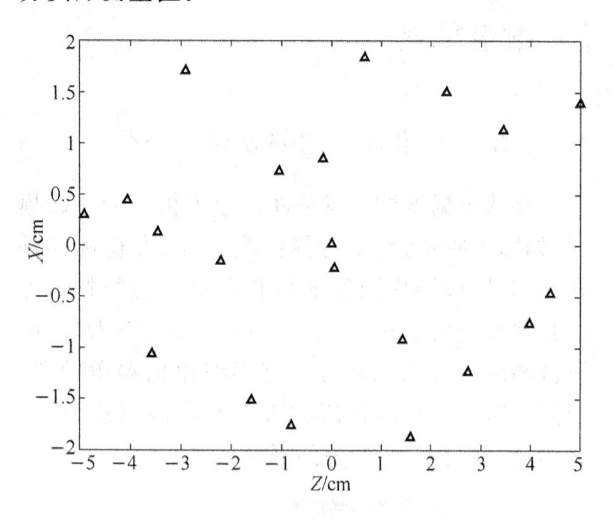

图 3　20 个入射角样本点

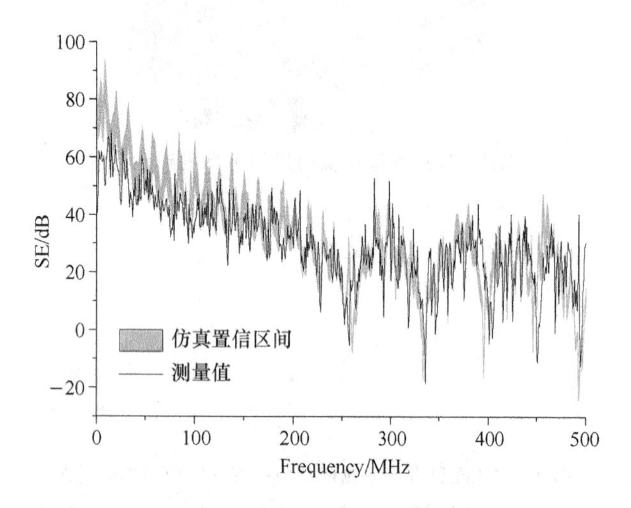

图 4　屏蔽效能仿真置信区间与测量值比较

为了得到定量化的比较评估结果，我们在给定置信区间和参考值的基础上结合 FSV 方法对仿真结果进行评估。首先要在置信区间内取得要对比的最优可信数据 BE_f，取得可信数据的方法如式(5)，具体操作为：①若电场测量值 M_f 包含在置信区间内，选择其与测量值相同部分；②若电场测量值 M_f 大于置信区间上边界 U_f，选择置信区间上边界；③若电场测量值 M_f 小于置信区间下边界 L_f，选择置信区间下边界。

$$BE_f=\begin{cases}U_f, & \text{if } M_f>U_f\\ M_f, & \text{if } L_f\leqslant M_f\leqslant U_f\\ L_f, & \text{if } M_f<L_f\end{cases}\tag{5}$$

FSV 定量评估结果，如表 2 所示，此电磁模型的评估等级为 3 级(很好)和 4 级(一般)，表明仿真结果准确，电磁模型可靠。为了进一步直观地展示两组数据的评估结果，我们给出了 FSV 评估结果直方图，如图 5 所示，最左边显示的是幅值差异量(Amplitude Difference Measure，ADM)的直方图，表明两种仿真结果在数值上的一致性是好的，幅值差异小。中间显示的是特征差异量(Feature Difference Measure，FDM)的直方图，表明两组数据之间的细节特征趋势和位置差异(数据缓变、瞬变趋势以及更细节的特征差异)少。最右边显示的是全局差异量(Global Difference Measure，GDM)的直方图，表明两组数据的全局差异量情况，评估结果多为可接受。

表 2　方箱标准件模型的 FSV 评估结果

GDM	ADM	FDM	Grade(G/A/F DM)
0.4897	0.2854	0.3376	4/3/3

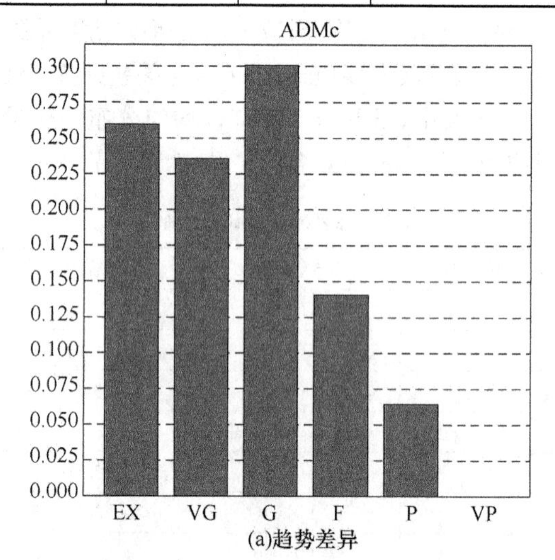

(a)趋势差异

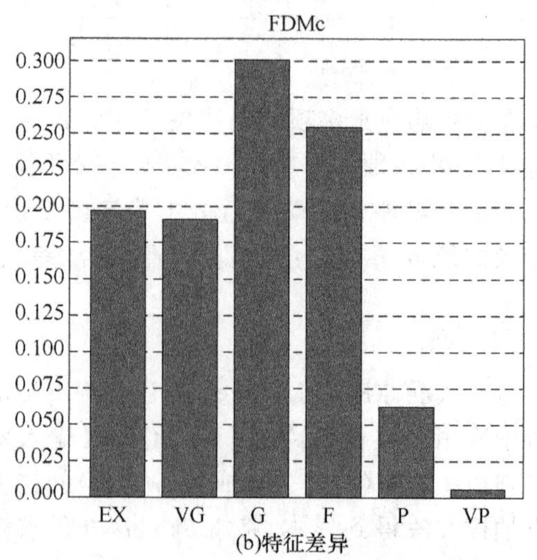

(b)特征差异

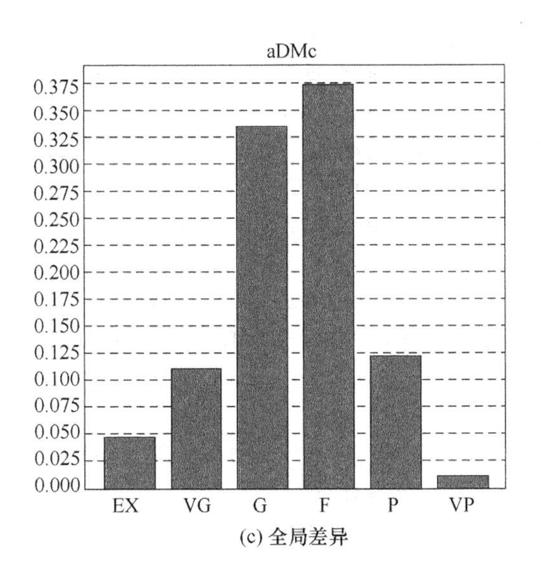

(c) 全局差异

图 5　频域仿真的置信度的 FSV 评估结果直方图

3.2　HIRF 环境下某真实飞机的适应性仿真评估

采用 JEMS-FDTD 软件对某真实飞机进行全波电磁模拟，如图 6 所示，获得多种角度不同极化方式脉冲平面波/球面波照射条件下的时域/频域电磁场分布以及驾驶舱、设备舱等关键区域监测点的时域波形等。

图 6　某真实飞机的仿真示意图

飞机尺寸为 15 m×8.3 m×4.1 m，且含有大量的精细结构。计算频率覆盖 0～3 GHz，含实验要求频段 1～2.5 GHz。考虑辐射源近距离辐照大型平台级目标时的近场效应，构建球面波等效源，不增加计算空间的情况下实现对近场照射的模拟。驾驶舱内的电场幅值的仿真值和测量值的比较，如图 7 所示。

通过对驾驶舱模型进行分析，考虑到驾驶舱玻璃材料的电磁特性及电磁波入射角度对舱内的电场影响较大，故选取这两个因素为不确定源。

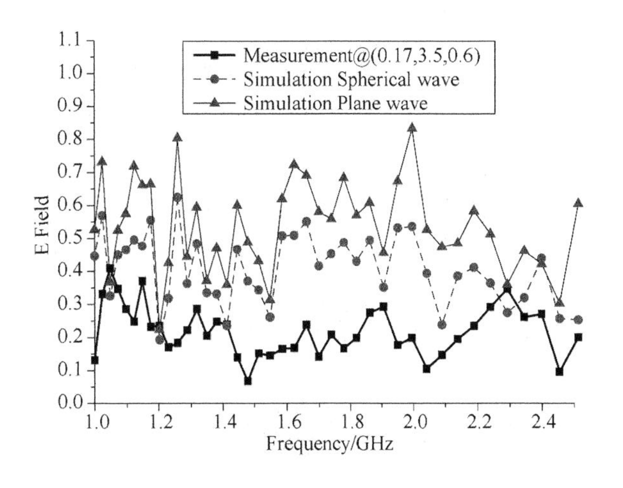

图 7　某真实飞机的驾驶舱内电场仿真值与测量值比较

驾驶舱材料及电磁波入射角度均符合均匀分布且满足：$pdf(\varepsilon)\sim U([1.5,4.5])$，$pdf(\theta)\sim U([175,185])$。采用拉丁超立方抽样在[1.5，4.5]和[175，185]之间分别抽取样本，共得到 36 个样本值。采用 NIPC 方法后，得到仿真值的置信区间与测量值的比较，如图 8 所示，可看出仿真的置信区间覆盖大部分的测量值。如图 9 所示，在仿真的置信区间内选择与测量值最接近的点得到最优仿真可信数据。进而采用 FSV 方法对测量值和最优仿真可信数据进行评估，可得到某真实飞机 HIRF 环境下适应性仿真的 FSV 评估等级为 5/4/4（驾驶舱内）。相似地，欧洲的 HIRF-SE 项目评估 C-295 型飞机的 HIRF 环境适应性得到驾驶舱内的评估等级为 5 级，与我们的结论相符。

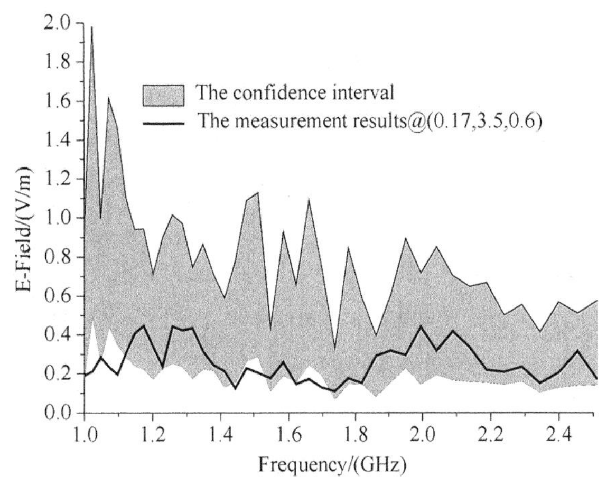

图 8　某真实飞机的驾驶舱内电场仿真置信区间与测量值比较

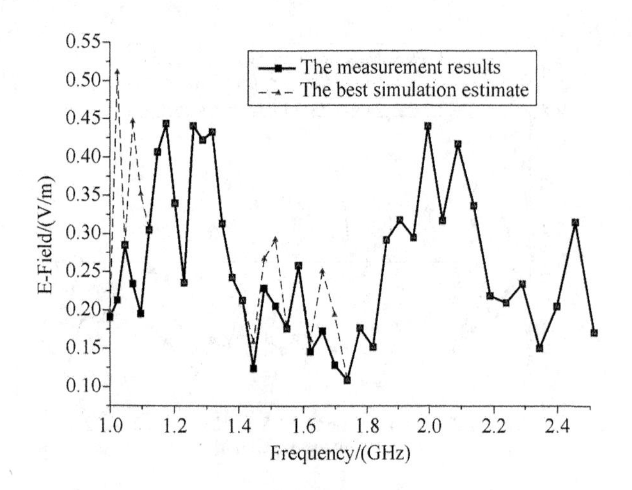

图 9　某真实飞机驾驶舱内最优电场仿真与测量值比较

表 3　某真实飞机 HIRF 环境下适应性仿真的 FSV 评估结果

测试点	GDM	ADM	FDM	Grade(G/A/F DM)
驾驶舱内	0.812	0.621	0.429	5/4/4

4　结　论

本文将多维不确定度量化概念应用于电磁模型的验证与确认过程中，通过采用多维 NIPC 方法量化模型不确定参数对输出响应量的影响，并结合 FSV 电磁评估方法给出具体电磁模型的评估等级。在此基础上应用于方箱标准件及某真实飞机电磁模型的置信度评估，促进高性能数值模拟在电磁领域的大规模集成及应用。

参考文献

[1] Adams B M, Bohnhoff W J, Dalbey K R, et al. DAKOTA, A Multilevel Parallel Object-Oriented Framework for Design Optimization, Parameter Estimation, Uncertainty Quantification, and Sensitivity Analysis: Version 5.0 User's Manual[J]. Sandia National Laboratories, Tech. Rep. SAND2010-2183, 2009.

[2] Benner P, Schneider J. Uncertainty Quantification for Maxwell's Equations Using Stochastic Collocation and Model Order Reduction[J]. International Journal for Uncertainty Quantification, 2015.

[3] Xiu D, Karniadakis G E. The Wiener——Askey Polynomial Chaos for Stochastic Differential Equations[J]. Siam Journal on Scientific Computing, 2006, 24(2): 619-644.

[4] 王瑞利，刘全，温万治. 非嵌入式多项式混沌法在爆轰产物 JWL 参数评估中的应用[J]. 绵阳：爆炸与冲击，2015, 35(1):9-15.

[5] Oberkampf W L, Trucano T G, Hirsch C. Verification, validation, and predictive capability in computational engineering and physics[J]. Applied Mechanics Reviews, 2004, 57(5):345-384.

[6] Najm H N. Uncertainty Quantification and Polynomial Chaos Techniques in Computational Fluid Dynamics [J]. Annual Review of Fluid Mechanics, 2008, 41 (1):35-52.

[7] Wu Yue qian, Zhou Hai jing ZHOU, Bao Xian feng BAO, et al. The application of the NIPC Method and the FSV Method on the Validation of EM Simulation under HIRF Environment, 2017 IEEE international symposium on electromagnetic compatibility, signal and power integrity, Washington, DC, America, 2017.

[8] 盛新庆. 计算电磁学要论[M]. 北京：科学出版社，2004.

[9] 鲍献丰，李瀚宇，周海京. JEMS-FDTD 软件在运输机电磁特性仿真中的应用[J]. 绵阳：强激光与粒子束，2015, 27(10):78-81.

通信作者：伍月千
通信地址：北京市海淀区花园路六号院软件中心，邮编 100088
E-mail：wu_yueqian@iapcm. ac. cn

基于混响室的电场传感器校准传递方法

齐万泉　王淞宇　冯英强

(北京无线电计量测试研究所，北京 100854)

摘　要：针对电场传感器高效低成本的校准需求，本文提出了采用传递探头在混响室中进行电场传感器校准的思路，介绍了基于混响室的电场传感器校准传递方法，使用混响室可以拓展到更高电场强度下电场传感器的校准。混响室中电场传感器的校准结果与微波场强标准中的测量结果进行了比较，结果显示，混响室中可以进行电场传感器的校准。

关键词：混响室，电场传感器，校准。

Transfer Method for E-Field probe Calibration Based on Reverberation Chamber

Qi Wanquan　Wang Songyu　Feng Yingqiang

(Beijing Institute of Radio Metrology and Measurements, Beijing 100876, China)

Abstract: This paper is presented to E-Field probe Calibration based on reverberation chamber by transfer probe. It introduces the calibration principle of E-Field probe in reverberation chamber. And it could expand higher E-Field level for E-Field probe calibration. Compare the measurement result with the result measured in the microwave field strength standard. The two groups of measurement result behave well in coincidence.

Key words: Reverberation chamber, E-probe, Calibration.

1　引言

电磁场传感器广泛应用于电磁环境监测、电磁兼容试验、试验场地评估、人体安全防护等领域，电磁场传感器校准结果的准确与否，直接影响到最终测试结果的准确性。标准场强环境的研建及电磁场传感器的校准一直是国内外计量机构的一个重要工作。由于电磁场传感器使用的数量多，如何提高电磁场传感器校准效率，降低电磁场传感器校准成本成为电磁场传感器的校准技术的发展方向之一。

传统的电磁场传感器校准国际上依据的主要标准是国际电气电子工程师协会(IEEE)电磁兼容分会颁布的 IEEE Std 1309—2013《IEEE Standard for calibration of electromagnetic field sensors and probes, excluding antennas, from 9kHz to 40GHz》[1]。该标准在不同频段对不同场强类型和作用域描述了九种场强产生方法，为电磁场传感器的校准提供了标准场强环境。1 GHz～40 GHz 频段电场传感器的校准通常采用基于微波暗室的标准场法。该方法在实际使用中存在着诸多不便。首先为了实现 1 GHz～18 GHz 频段电场传感器的校准，需要使用八个不同的角锥喇叭天线覆盖全频段，更换天线带来了操作上的烦琐与不便；其次为了实现 200 V/m 场强环境下电场传感器的校准，需要使用 200 W 功率放大器；最后该方法必须在性能优良的微波暗室中进行。综合如上因素，在微波暗室内使用角锥喇叭天线进行电场传感器的校准，既不方便，成本又高。

相比于微波暗室，混响室[2,3]是一种封闭的金属腔体，内部易于产生高场强环境。表 1 给出了在 1.5 m×1 m×0.8 m 尺寸的混响室中输入功率与场强的关系。可以看到，产生高于 200 V/m 的场强只需要小于 15 W 的输入功率。

使用混响室进行电场传感器校准最初由美国 NIST 的 J. Ladbury 等人提出[4]。在提出该方法的同时，也提出了一些需要注意的问题，如混响室的线性，搅拌器步数等因素对测量结果的影响等。

本文中提出了将微波暗室中的标准场强传递至混响室中，进行电场传感器的校准，并给出了测试结果的比较。

表 1　混响室中输入功率与场强的关系

频率/GHz	输入功率/W	最大场强/(V·m^{-1})	平均场强/(V·m^{-1})
1	5.71	818.3	353.3
3	13.94	843.5	420.2
18	9.85	352.6	242.7

2　工作原理

目前国内已经建立了 1 GHz～18 GHz 频段基于微波暗室的电场传感器校准系统，原理框图如图 1 所示。

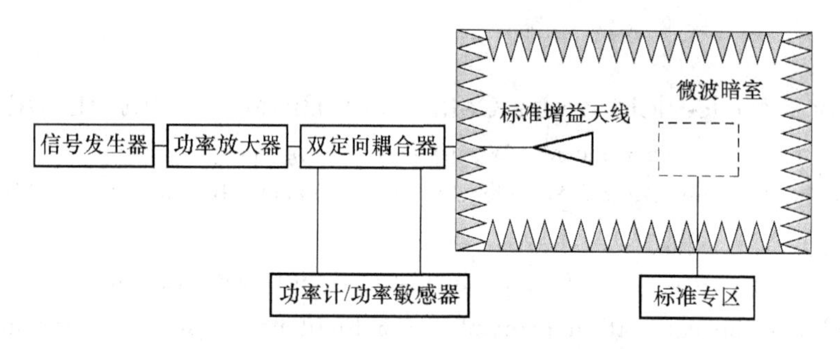

图 1　基于微波暗室的电场传感器校准系统

在微波暗室内，用于电场传感器校准的标准电场可采用公式(1)计算得到。

$$\overline{E}=\sqrt{\frac{\eta_0 PG}{4\pi d^2}} \tag{1}$$

式中，$\overline{E}$为电场强度，P 为前向功率，G 为天线增益，d 为喇叭天线口面距离场点的距离。

为了实现高效低成本的电场传感器校准，可采用混响室的方法，系统框图如图 2 所示。

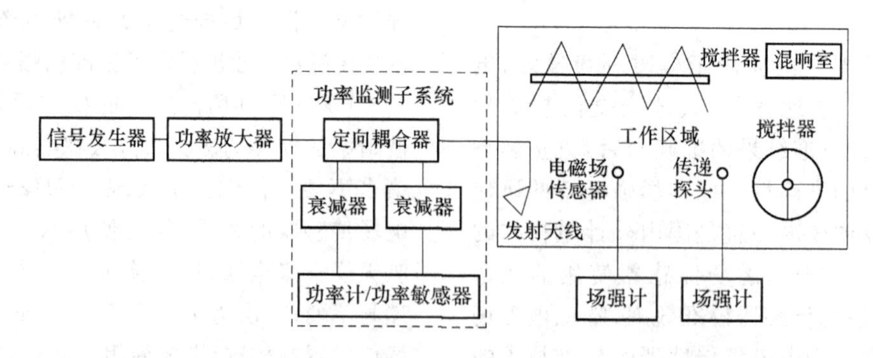

图 2　基于混响室的电场传感器校准系统框图

与微波暗室不同，由于混响室内部的电场分布复杂，内部的电场强度无法给出准确的解析公式，只能通过统计的方法进行分析，混响室内部的电场强度可采用公式(2)近似计算[5]。

$$\overline{E}=\frac{15\pi}{2\lambda}\sqrt{5\pi\,\overline{P}_R} \tag{2}$$

式中，$\overline{E}$为电场强度，$\overline{P}_R$是接收天线的平均接收功率。

在实际操作过程中，电场强度还与混响室搅

拌器的搅拌步数有关。对于混响室，在一个搅拌周期内的平均场强具有一定的统计特性，这个统计特性对于单个搅拌位置并不适用，也不具有任何意义。因此在实际操作时需要将混响室搅拌器以一定步进角旋转一周，每个角度纪录传递探头和待校准的电磁场传感器每个轴向的场强结果。搅拌器旋转一周后计算传递探头和待校准的电磁场传感器每个轴向的场强结果的平均值。在本文所使用的1.5 m×1 m×0.8 m尺寸的混响室中，通过不同步数测量的混响室内的场强如图3～图5所示，当步数取250步以上时，场强趋于稳定。

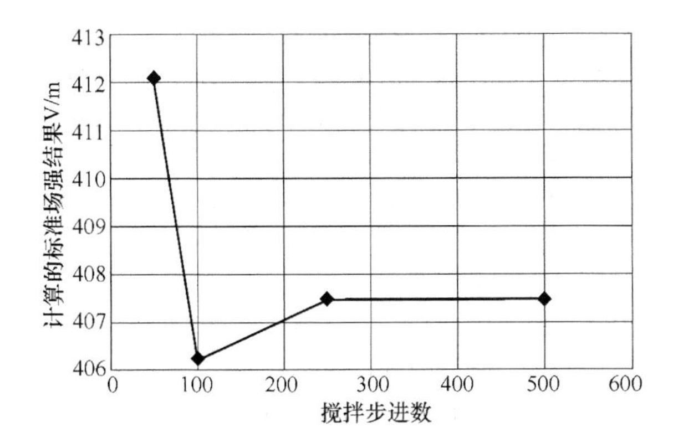

图3　1 GHz不同搅拌步进下计算的混响室场强结果

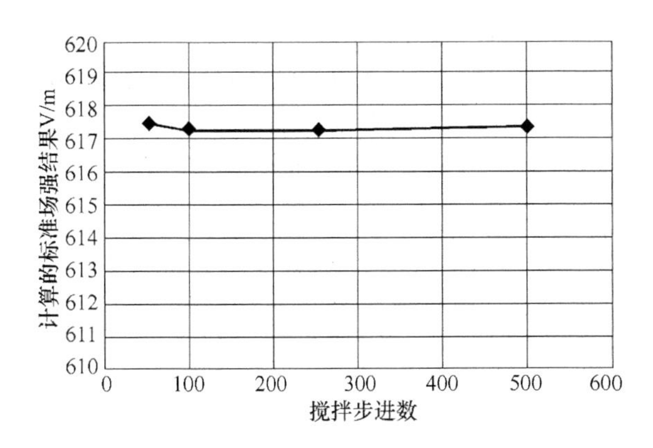

图4　3 GHz不同搅拌步进下计算的混响室场强结果

由于公式(2)是统计公式，运用该公式计算混响室内部场强的结果还有待验证，因此将经过在微波暗室中校准过的电场探头作为传递探头，即利用混响室进行电场传感器校准时，将传递探头和被校准电磁场传感器应同时置于校准区域内。混响室内的电场强度$\overline{E}_{\text{total}}$可由传递探头测量电场强度$\overline{E}_{\text{trans}}$得到，即

$$\overline{E}_{\text{total}}=\overline{E}_{\text{trans}} \tag{3}$$

式中，$\overline{E}_{\text{trans}}$为搅拌器搅拌一周的传递探头的平均总场。

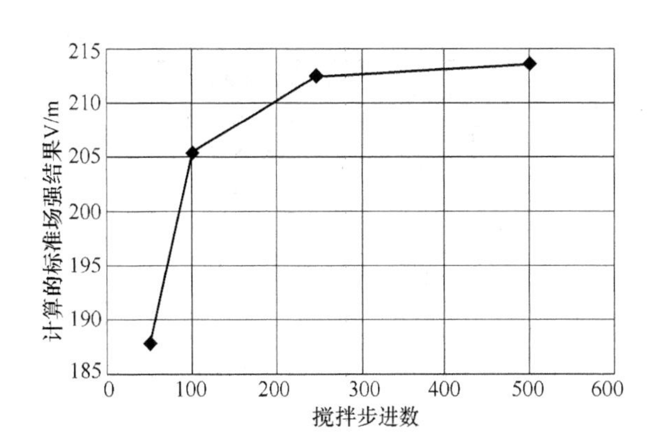

图5　18 GHz不同搅拌步进下计算的混响室场强结果

同时，由待校准电场传感器测量电场强度$\overline{E}_{\text{cal}}$和$\overline{E}_{\text{trans}}$计算得到待校准的电场传感器的电场修正因子为

$$A_{\text{F}}=\frac{\overline{E}_{\text{trans}}}{\overline{E}_{\text{cal}}} \tag{4}$$

根据待校准的电场传感器的电场修正因子和经过微波暗室校准过的传递探头可将电场传感器的校准结果溯源至微波暗室中的标准场强环境，实现电磁场传感器校准的溯源，保证电磁场传感器校准的准确性。

3　结果分析

为了验证该方法的可行性，在微波暗室及混响室中校准同一电场传感器ETS HI6053。在微波暗室内采用标准场环境进行校准，在混响室内使用另一个传递探头进行校准。校准结果如表2所示。

表2　同一电场传感器在微波暗室和混响室中校准结果比较

频率/GHz	混响室中的电磁场传感器读数 E_1/(V·m^{-1})	微波场强标准内的电磁场传感器读数 E_2/(V·m^{-1})	测试结果偏差 20log(E_1/E_2)/dB
1	5.94	5.70	0.36
	19.34	20.67	0.58
	60.55	64.73	0.58
	136.57	145.90	0.57
	215.75	231.18	0.60

续 表

频率/GHz	混响室中的电磁场传感器读数 E_1/(V·m^{-1})	微波场强标准内的电磁场传感器读数 E_2/(V·m^{-1})	测试结果偏差 20log(E_1/E_2)/dB
3	4.97	4.77	0.36
	12.91	14.07	0.75
	39.7	43.32	0.76
	102.31	109.7	0.60
	229.9	243.3	0.49
18	8.12	8.25	0.14
	41.25	43.67	0.50
	97.70	95.38	0.21
	135.8	129.7	0.40
	203.1	194.6	0.37

表中数据表明，电磁场传感器在混响室中和微波场强标准中的结果最大偏差为 0.76 dB@3 GHz。微波暗室中已经建立的场强标准装置在 3 GHz 不确定度为 1.1 dB，混响室中的校准系统在 3 GHz 不确定度评估为 1.5 dB，依据 JJF 1033——2016[6]标准的验证方法，$0.76<\sqrt{1.1^2+1.5^2}$，满足要求。因此，采用传递探头可以实现混响室中电场传感器的校准。

4 结 论

提出了一种基于混响室和传递探头进行电磁场传感器进行校准的校准系统。该系统建立在现有的微波暗室场强标准的基础上，需要使用在微波暗室场强标准中校准的传递探头。与传统方法相比，以宽带天线代替角锥喇叭天线，以混响室代替微波暗室，以小功率放大器代替大功率放大器实现同样幅度的场强环境，具有高效低成本的优点。该方法覆盖频段或更宽，场强幅度覆盖 5 V/m～200 V/m 或更高。

通信作者： 齐万泉
通信地址： 北京市 142 信箱 408 分箱，邮编 100854
E-mail： qiwq@sina.com

参考文献

[1] IEEE 1309—2013, IEEE Standard for Calibration of Electromagnetic Field Sensors and Probes, Excluding Antennas, from 9 kHz to 40 GHz, Standards Development Committee of the IEEE Electromagnetic Compatibility Society, 2013.

[2] IEC61000-4-21, Electromagnetic compatibility (EMC) Part 4-21: Testing and measurement techniques-Reverberation Chamber Test Methods International Electrotechnical Commission (IEC),2011.

[3] David A. Hill, Electromagnetic Theory of Reverberation Chambers, U. S. Department of Commerce, 1998.

[4] Ladbury J, Lewis D, Koepke G, Direen R, Challenges in using a reverberation chamber for probe calibration, AMTA 2005, pp. 529-551.

[5] 王淞宇，齐万泉. 基于混响室的电场探头校准方法研究. 北京：宇航计测技术，2018 38(1):23-26.

[6] JJF 1033——2016，计量标准考核规范，国家质量监督检验检疫总局，2016.

基于量子相干效应的天线近场测量探头研究

曾庆运　薛正辉　任武　李伟明

(北京理工大学 信息与电子学院，北京　100081)

摘　要： 本文提出了一种新型的基于里德堡原子量子相干效应的天线近场测试探头的构想，并分析了其应用于天线近场扫描测量的可行性，重点是利用这种探头进行近场测量的优势和存在的问题，提出了对应的可能解决方案供研究者探讨。

关键词： 天线近场，探头，里德堡原子，碱金属原子气室，量子相干效应。

Research on Antenna Near-Field Measurement Probe Based on the Quantum Coherence Effect

Zeng Qingyun　Xue Zhenghui　Ren Wu　Li Weiming

(School of information and electronics, Beijing Institute of Technology, Beijing 100081, China)

Abstract: In this paper, a novel antenna near-field test probe based on Rydberg atomic quantum coherence effect is proposed, and its feasibility for near-field scanning measurement of antenna is analyzed. The advantages and disadvantages of using this probe for near-field measurement are emphasized, and the corresponding possible solutions are proposed for researchers to explore.

Key words: Antenna near-field, probe, Rydberg atom, alkali metal gas chamber, quantum coherence effect.

1　引言

随着天线向高频率、电大尺寸口径、窄波束化的快速发展，近场扫描测量已成为大口径天线的主要测量方法。一般来说，它具有以下优点：良好的保密性，全天候工作，丰富的信息，高空间利用率，适用于不同的目标。

在近场测量中，对探头的研究是重中之重的。理想的探头当然是一个没有频率响应且没有方向性的理想点源。但在实际应用中这种探头是不可能存在的，可用作探头的基本上是系列电小天线(例如，开口波导和偶极子探针)。由于用作探头的天线在频域内各个频率点上、空域内各个角度辐射或者接收电磁波的能力是不相同的(一般用探头频率响应和探头方向图描述)，相当于对辐射或者接收的电磁能量加上了一种意外的调制，从而就不能真实反映待测天线的辐射场。这种误差是所有近场扫描测试误差的最主要来源。为克服这一点，人们提出了探头误差修正理论与技术。但是必须看到，无论采用现行的哪种探头，都存在一系列未完备解决的问题。问题可概括如下：需要进行探头修正，探头对待测场会产生扰动，探头的灵敏度较低，需要复杂精密的探头扫描机械系统。

近年来，一些研究人员试图利用里德堡原子设计一种新型探头，该型探头以量子相干效应为机理测量天线的电场强度，如文献[1-3]中所述。与传统电性探头相比，该型探头在电场强度测量方面具有许多优点。然而，已有的研究仅关注电场强度的测量。关于该探头是否可以应用于与纯电场强度测量不同的天线近场测量,目前还未有讨论或研究。我们知道,天线近场扫描测量除了需要测量每个采样点的电场强度,还需要关注意电场相位和采样截止范围等问题。

本文分析了将里德堡原子探头应用于天线近场测量的可行性。文章首先介绍了利用里德堡原子进行电场强度测量的基本原理,总结了该探头存在的优缺点。然后,文章又说明了天线近场扫描测量和纯电场强度测量之间的差异。并总结了利用这种探头进行近场测量所存在的问题,提出了对应的一系列问题解决方案。最终得到结论,将这种类型的探头应用于天线近场测量是可行的。

2 里德堡原子探头

2.1 利用里德堡原子测电场强度的基本原理

里德堡原子通常是指一个外层电子被激发成高量子态(主量子数 N 较大)的原子。里德堡原子探头实际上是一个碱金属原子(如铷和铯原子)气室。气室的模型如图 1(a)所示。电磁诱导透明(EIT)现象是指在两个激光场的联合作用下,由于量子态之间的共振相干性,激发路径中的量子相干效应将改变原子介质的吸收和色散特性。通常,EIT 现象的实现需要一束强耦合和一束弱探测光,涉及一个三能级系统,如图 1(b)所示。

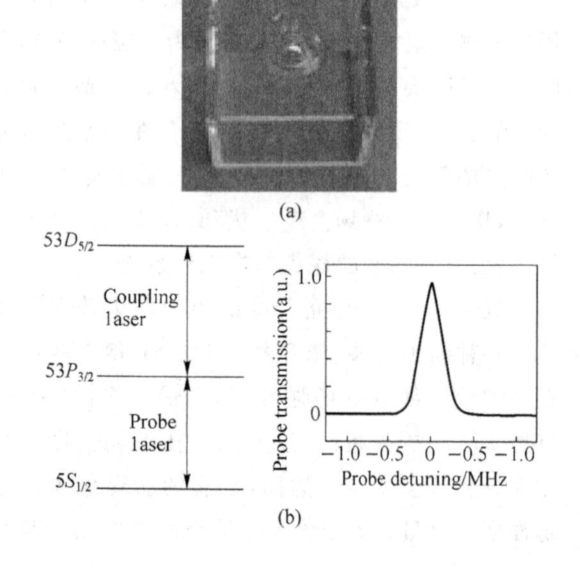

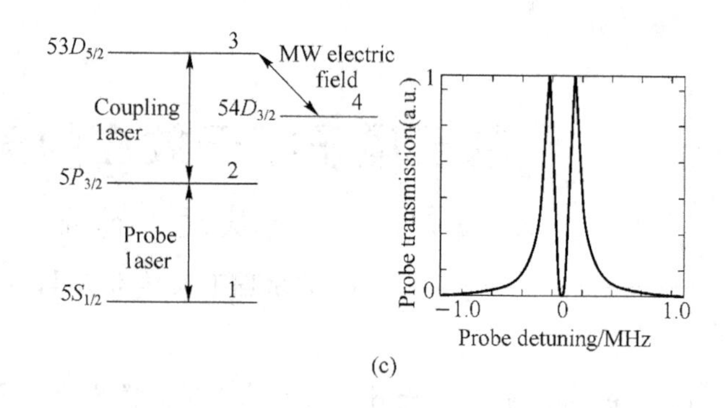

图 1 (a)原子气室;(b)三能级系统及 EIT 现象;(c)四能级系统和电磁诱导透明现象劈裂

如果再引入一个微波电场,则打破了原有的三能级系统的平衡,就需要考虑四能级系统模型。如图 1(c)所示,如果微波频率与能级 3 到能级 4 的跃迁频率一致,则就在 EIT 中所涉及的两个能级之间引入第三个能级,这导致 EIT 的吸收峰分裂为两个,称为 EIT-AT。EIT-AT 的四能级原子系统如图 1(c)中所示,这两个吸收峰之间的距离代表拉比频率,用 Ω_{MW} 表示。

$$\Omega_{\mathrm{MW}}=\mu_{\mathrm{MW}}|E|/\hbar \tag{1}$$

式中,μ_{MW} 为跃迁电偶极矩,$|E|$ 为微波电场强度,$\hbar$ 为普朗克常数。

根据此式可以清楚看到只需要精确测定拉比振荡频率和跃迁电偶极矩,就可以精确测定微波场强。理论上测试精度高于 10 μV/m。

2.2 该型探头的优势

基于里德堡原子的量子相干效应来测量电场强度是可行的。这已被许多文献证实[1-3]。此外,与传统探头相比,该型探头在电场强度测量方面具有许多优点。通过利用原子气室中的碱金属原子与两束激光和微波场的相互作用,可以将微波电场幅度测量转换成简单的 EIT 信号分裂宽度(拉比频率)的测量[2]。

该方法首先可以将电场强度测量与基本物理常数——普朗克常数相关联。与传统的追溯方法相比,可追溯路径大大缩短,测量不确定度大大降低到 0.5%。其次,使用原子自身特性进行自校准,无须在标准场强下进行探头校准。第三,通过调节耦合光波长,可以容易地实现宽频率范围内的微波电场测量。通过使用一个探头就可以实现

1 GHz 至 500 GHz 范围内的微波场测量。第四，由于探头的实际感测区域由微波场，探测光和耦合光的重叠区域确定，因此如果激光束直径足够小，则可以实现高空间分辨率。空间分辨率可以达到 100 μm。第五，因为里德堡原子具有大的电偶极矩(与 n^2 成比例)，即使在微弱的弱电场下也可以实现非常高的耦合强度。已经测量的场强低至 0.8 mV/m，甚至可能低于 0.01 mV/m[4]。第六，含有里德堡原子的原子气室可以做得很小并且使用非金属结构。这不仅有利于测量系统的小型化，而且还可以减少测量期间对待测场的干扰。但是除了这些优点外，还存在一些问题。

2.3 存在的问题

首先，根据公式 1，电场强度与 Rabi 频率正相关。外部电场强度的增加将导致透射峰值分裂程度变大。并且随着分裂程度的增加，传输峰值的高度将变得更低并且慢慢接近背景噪声信号。因此，存在如下问题：如果外部场强过大，就无法区分透射峰值的位置，从而就无法测量电场强度。如文献[2]和[3]，EIT-AT 分裂随外部电场强度和功率增加而变化的情况分别如图 2(a)和(b)所示。

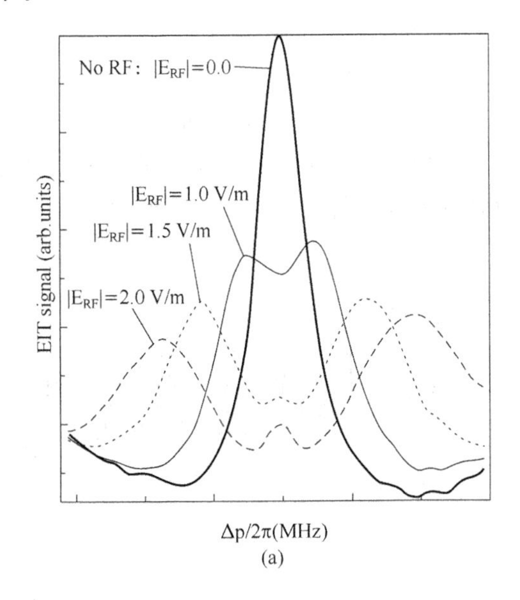

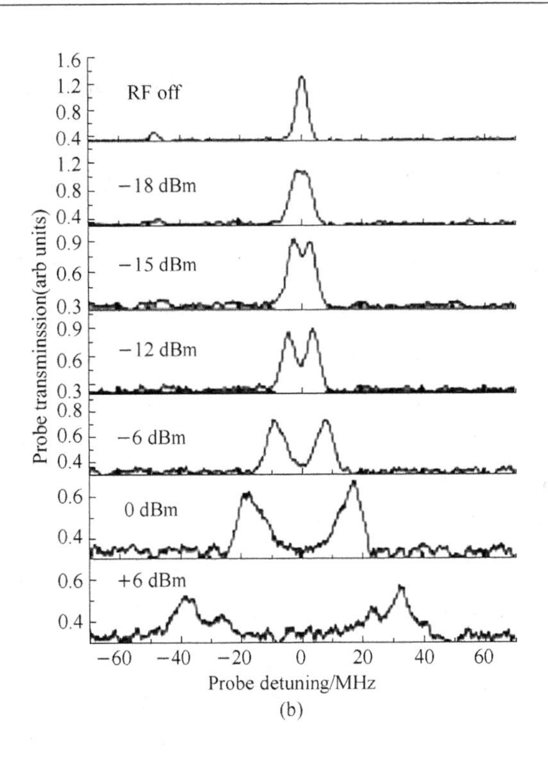

图 2 (a)EIT-AT 分裂随外部电场强度增加的化曲线[3]；(b)在某一固定频率下增加信号功率，EIT-AT 透射峰值随劈裂程度的增加而降低[2]

其次，已知基于里德堡原子量子相干效应的电场强度测量是基于一个四级系统模型。对于固定激发态 3，尽管存在许多能级跃迁选择，但许多跃迁对应于很小的电偶极矩。因此可用的跃迁选项是有限的，这意味着对于固定激发态 3，我们可以测量的微波频点数是非常有限的。为了测量宽频率范围内的电场强度，唯一的选择是改变激光波长。实际上也是通过改变耦合光的波长来实现探头的宽带测量的。然而，我们知道非常精确地控制耦合激光的波长是困难的。

再次，我们都知道原子跃迁能级在整个光谱上并不连续，因此可测量的微波频率也是不连续的。虽然它可以使用不同的原子激发态 3 来实现小的离散频率步长，但是根据文献[5,6]，可测量的离散频率在±5%到 10%的带宽内进行。最后，根据文献调研和分析，EIT 和 EIT-AT 现象只能用于测量外场的幅度，并且不能测量外场的相位。原因在于，基于电磁诱导现象及 AT 劈裂，我们无法提取出与相位有关的量。从理论分析也可以看出，通过测量探测光的透射光谱不能获得相位信息。

3 该型探头用于近场测量的可行性

虽然存在一些问题，但可以看出利用里德堡原子探头测量电场强度具有很大的优势。其中一些优势（例如，不需要探头修正，对待测量的场扰动小，高精度）对于天线的近场测量非常有吸引力。以前对这种探头的研究仅限于电场强度的测量。关于该探头是否可以应用于与纯电场强度测量不同的天线近场测量还未有讨论或研究。经过我们的分析，如果我们想将该种探头应用于天线近场测量，我们应该解决以下问题。

首先，对天线电磁场进行测量，除需要关注电场（或磁场）“幅度”外，还需要关注“相位”，这与一般意义的“电场测量”只关心“幅度”是不完全相同的，也是一般意义的“电场测量”所不能完全覆盖的。对天线近场测试而言，各近场采样点相对的幅度及相位关系更加重要，尤其是“相位”，这更是一般意义的“电场测量”只测量远场点单点电场幅度所不能替代的。在近场测量中，不仅每个近场采样点的相对幅度分布需要通过探头测量，而且必须测量相对相位。这对探头的要求远远高于远场测量时的要求。然而，众所周知，如果仅基于EIT-AT 现象，我们提出的探头是不能用于测量相位的。其次，以平面扫描为例，近场天线测量一般要求以采样平面的中心场作为参考，−35 dB 作为采样平面的边缘水平标准来切割并确定采样平面。对于里德堡原子探头来讲，场强由两个透射光谱分裂区间（即 Rabi 频率）反映，外部电场强度的增加将导致透射峰值分裂度变大。随着分裂程度的增加，透射峰值的高度变低，并逐渐接近背景噪声信号。如果外部场强太大，则不能区分透射峰值的位置并且不能进行测量。第三，如果在近场测量系统中使用这种类型的探头，它只能测量宽频率范围内的一系列离散频率。因此，我们可能无法在某个关键频率点测量方向性。

如果我们能够解决上述问题，里德堡原子探头将革命性地用于近场天线测量系统。幸运的是，我们发现每个问题都可能存在对应的解决方案，通过文献调研可能的解决方案如下所述。

3.1 相位测量的解决方案

近场相位测量是近场测量的关键。前人对这个问题进行了一些相应的基础研究。然而，与微波电场的强度测量相比，很少有进行相位测量的探索。有限的研究集中在 T. F. Gallagher 团队发表的几篇文章上[7,8]。文章表明微波场相位的测量可以在冷碱原子中进行并使用离子检测方法测量。理论上，在室温下进行这种测量也是可行的。具体步骤是首先通过耦合光和探测光将碱性原子激发到里德堡态，并使整个原子室位于待测天线的近场中，然后施加皮秒激光脉冲。脉冲能量足够大以使里德堡态的碱金属原子电离。此时，我们测量并获得场电离信号，其可以用作皮秒激光脉冲相对于天线测量频率处的辐射场的时间延迟的函数，如图 3 所示。然后，时间延迟可以转换成微波场的相位。因此，希望通过使用场电离信号间接获得微波场的相位性能，具体原理见文献[7,8]。

另一种方法是设计复合探头以实现天线的“场”和“相位”的同时近场测量。该复合探针由两部分组成：一部分是里德堡原子气室，用于精确测量每个样品点的电磁场强度。另一部分由同轴线末端的伸出内导体组成，形成微型探头，用于精确测量每个采样点的电磁相位。由于不再需要电性探头来测量电磁近场的强度而仅用于耦合相位，因此对其要求要比传统探头低得多。因此也可以通过这种方式来解决相位测量问题。

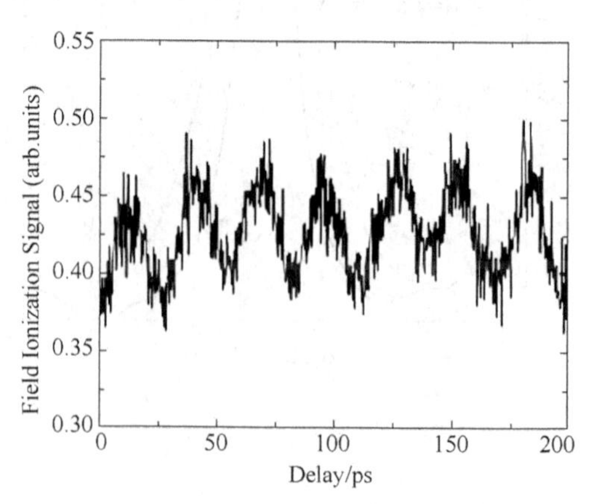

图 3　场电离信号作为皮秒激光脉冲相对于 17.43 GHz 微波场的时间延迟的函数[8]

3.2 高动态范围测量的解决方案

为了满足场强动态范围大于 35 dB 的近场扫描测量的要求(以平面扫描为例),可以尝试多采样平面组合方案。根据近场中不同区域的场强值范围,可以根据最合适的 EIT-AT 效应来确定不同扫描孔径和天线之间的距离。然后分别设置近场扫描区域。换句话说,传统的整个采样平面被分成几个子采样平面。在每个子采样平面上完成采样之后,通过数据处理等效成整个采样平面。然后进行传统的近场到远场转换。这可以充分利用 EIT-AT 效应的最佳可观察区域,满足近场测量的动态范围要求,并提高近场采样精度。

3.3 离散频点的解决方案

对于可测频点不连续的问题,涉及能级 3 到能级 4 的原子态的转变,可以使用各种碱原子及其同位素来实现更多的过渡路径选择和谐振频率选择,并最大限度地减少频率不连续性的影响。并且该方法还可用于实现更宽的电场测量频带。

上述解决方案在理论上是可行的。而且我们可以得出结论,将这种类型的探针应用于天线近场测量是可行的。

4 总结与展望

基于里德堡态原子量子相干效应测试天线近场的应用基础一旦突破,其可应用的方向和前景将非常广阔,除天线近场测试外,还有望对电磁场散射与成像测试、天线罩测试、复杂平台天线波束指向测试、电子干扰与对抗测试等有革命性的贡献。

这种探头是自校准的,对待测场的扰动非常小。另外,探头的灵敏度非常高,并且有望不再需要庞大而复杂的扫描系统。如果可以进一步形成里德堡原子气室的阵列,我们就可以把它放在待测的天线近场中。通过探测光和耦合光的空间扫描,让两个光交叉点位置处的原子可以激发到里德堡状态。事实上,探头阵列就像一个高精度的微波成像屏幕。因此,近场测试将是快速,有效和准确的。而且测试系统的成本将大大降低。这样,天线近场测试系统将迎来革命性的变革。

总之,对于所有需要测量电磁场的应用,特别是那些需要高精度测量的应用,基于里德堡状态量子相干效应的原子气室探头都可以发挥作用,并有可能取代传统的测量探头。

参考文献

[1] Jiasheng L, Hao Z, Zhenfei S, et al. Spatial distribution measurement of the microwave electric field strength via the Autler-Townes effect of Rydberg atom, 2016 IEEE MTT-S International Conference on Numerical Electromagnetic and Multiphysics Modeling and Optimization (NEMO), Beijing, 2016:1-3.

[2] Holloway C L, et al. Broadband Rydberg Atom-Based Electric-Field Probe for SI-Traceable, Self-Calibrated Measurements, in IEEE Transactions on Antennas and Propagation, vol. 62, no. 12: 6169-6182, Dec. 2014.

[3] Holloway C L, et al. , Atom-Based RF Electric Field Metrology: From Self-Calibrated Measurements to Subwavelength and Near-Field Imaging, in IEEE Transactions on Electromagnetic Compatibility, vol. 59, no. 2: 717-728, April. 2017.

[4] Sedlacek J A, Schwettmann A, Kübler H, et al. Microwave electrometry with Rydberg atoms in a vapor cell using bright atomic resonances, Nature Phys. 8, vol. 819, 2012.

[5] Simons M T, Gordon J A, Holloway C L. Simultaneous use of Cs and Rb Rydberg atoms for dipole moment assessment and RF electric field measurements via electromagnetically induced transparency, J. Appl. Phys. , vol. 102, 2016, Art. no. 123103.

[6] Simons M T, Holloway C L, Gordon J A, et al. Using frequency detuning to improve the sensitivity of electric field measurements via electromagnetically induced transparency and Autler-Townes splitting in Rydberg atoms, Appl. Phys. Lett. , vol. 108, 2016, Art. no. 174101.

[7] Overstreet K R, Jones R R, Gallagher T F . Phase-dependent energy transfer in a microwave field, Phys. Rev. A 85, 055401 (2012).

[8] Overstreet K R, Jones R R, Gallagher T F. Phase-Dependent Electron-Ion Recombination in a Microwave Field, Phys. Rev. Lett. 106, 033002 (2011).

通信作者：薛正辉
通信地址：北京市海淀区中关村南大街五号北京理工大学中关村校区 信息与电子学院，邮编 100081
E-mail：zhxue@bit.edu.cn

基于频率选择表面的宽带宽角扫描缝隙阵天线

李　伟　屈世伟

（电子科技大学 电子科学与工程学院，成都　611731）

摘　要： 本文提出了一种基于频率选择表面的宽带宽角扫描缝隙阵天线。该相控阵天线采用缝隙天线作为基本辐射单元，并在上方添加频率选择表面作为宽角匹配层，实现良好的阻抗匹配。该天线可以实现在E面0°到80°范围内扫描，电压驻波比（VSWR）小于3的阻抗带宽达到5.54：1，而在H面0°到45°范围内扫描的电压驻波比小于3的阻抗带宽达到5.12：1。

关键词： 频率选择表面，宽带，宽角扫描，相控阵。

Wideband and Wide-angle Scanning Slot Array based on FSS

Li Wei　Qu ShiWei

School of Electronic Engineering University of Electronic Science and Technology of China, Chengdu611731, China;

Abstract: A wideband and wide-angle scanning slot array based on frequency selective surface(FSS) is presented in this paper. The proposed array employs slot antenna as the radiating element, and the FSS are placed above the array as wide angle impedance matching layer to achieve a better performance. This array has the ability to scan up to 80° in E plane , featuring an impedance bandwidth of 5.54：1 with VSWR<3, and scan up to 45° in H plane, featuring an impedance bandwidth of 5.12：1 with VSWR<3.

Key words: Frequency selective surface, Wideband, Wide-angle scanning, phased array.

1　引言

过去几十年里，宽带、宽角扫描相控阵天线在军事和商业领域受到广泛重视，常用于宽带雷达，卫星通信及射电天文等系统。军事机载平台对多功能（监视、识别、追踪目标）系统的需求也促进了宽带、宽角扫描相控阵天线的发展。对于传统的相控阵天线而言，随着扫描角度的增加，天线阵列单元的输入阻抗会剧烈变化而引起端口失配，导致天线的电压驻波比急剧恶化。一般的解决方案是在天线上方添加多层介质以实现阻抗匹配，但介质的厚度往往较厚，大约达到四分之一波长，导致天线的整体重量增加。而且由于可优化的自由度较少，介质匹配层的作用往往十分有限。

近十多年来，国际天线领域相关学者提出了利用强耦合天线阵元来实现宽带相控阵天线的新思路。该思路可追溯到Wheeler在1965年提出的连续电流面理论[1]。在文献[2]中，相邻偶极子单元的辐射臂通过交指电容结构相连，交指结构增加的容性电抗有效抵消了地面的感性电抗加载。文献[3-7]同样利用了偶极子臂末端的电容耦合以及在天线上方添加介质匹配层以拓展带宽。由于天线阵元排布紧凑且相互强烈耦合，偶极子单元上的电流分布几乎恒定不变，有效地拓展了带宽，验证了连续电流面理论。然而在强互耦状态下，天线的强互耦作用使大角度扫描时状态相对于侧射时变化较大，引起自身有源阻抗的大幅度波动，天线很难达到大角度扫描。因此要实现更大的扫描角度，还需要采用别的措施。

综上所述，传统相控阵天线很难同时具有宽带、宽角扫描的能力，而利用耦合的偶极子天线阵列也存在大角度扫描困难。本文采用 FSS 作为天线的宽角扫描匹配层，可以有效解决上述提出的问题，实现更大的扫描角度。

2 正文

2.1 单元设计

本文提出的基于 FSS 的宽带宽角扫描缝隙阵天线单元结构，如图 1 所示。同轴连接器的内导体穿过下方的金属地板与 Marchand 型巴伦的内导体相连，Marchand 型巴伦上端与缝隙天线相连进行馈电。

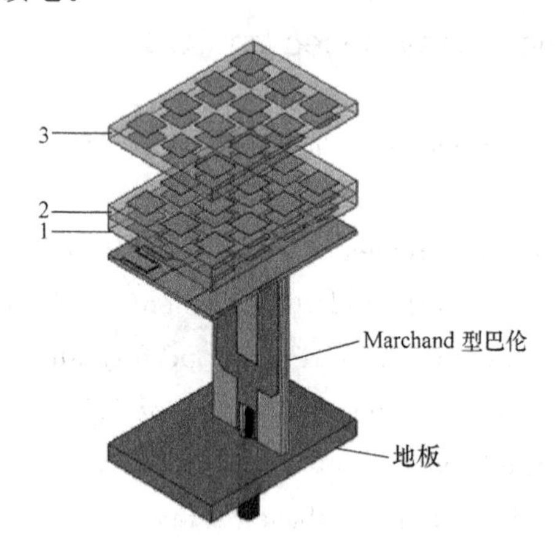

图 1　天线单元结构

在缝隙贴片的金属贴片上设置有交指型结构，如图 2 所示，可增强相连单元之间的电容耦合。通过调整交指之间的距离、交指的长度均可以控制耦合的强弱。若交指之间的间隙越大，耦合越弱，反之耦合越强。由于电容耦合而引入的容性感抗可以抵消金属地板的感性加载，降低天线工作频带的低频截止频率，有效拓展天线的工作带宽。但如果电容耦合过强，则会导致工作频带之内的阻抗匹配恶化，电压驻波比变高，因此交指型结构的各部分尺寸需要不断优化以使天线达到最佳性能。

天线上方添加了 3 层介质基板，编号从 1 到 3，每层介质基板的厚度均为 1.5 mm，相对介电常数均为 3.5。介质基板 1 和介质基板 2 贴合放置，中间用胶层固定，其上下表面以及中间分界面印

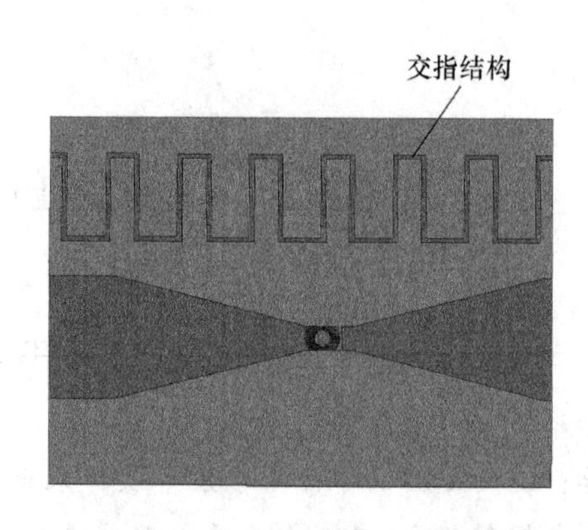

图 2　天线单元俯视图(FSS 被隐藏)

刷有周期性排列的矩形金属贴片，构成 FSS。介质基板 1 的下表面距离天线上表面的高度为 3 mm。介质基板 3 的上下表面也印刷有同样形状和相同尺寸的 FSS，其下表面到介质基板 2 上表面的距离为 8 mm。整个天线单元的大小为 21 mm×15 mm×33.5 mm。

2.2 仿真结果

天线在无限大环境下的仿真结果，如图 3 及图 4 所示。从图 3 可以看到，在 E 面 0°到 80°的扫描范围内，从 0.87 GHz 到 4.82 GHz，天线单元的有源 VSWR 均小于 3∶1，阻抗带宽达到 5.41∶1；在 H 面 0°到 45°的扫描范围内，从 0.82 GHz 到 4.2 GHz，天线的有源 VSWR 均小于 3∶1，阻抗带宽达到 5.12∶1。

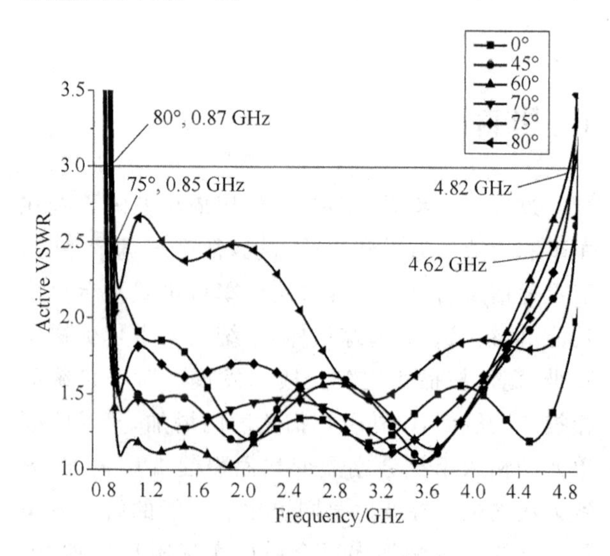

图 3　E 面扫描有源电压驻波比

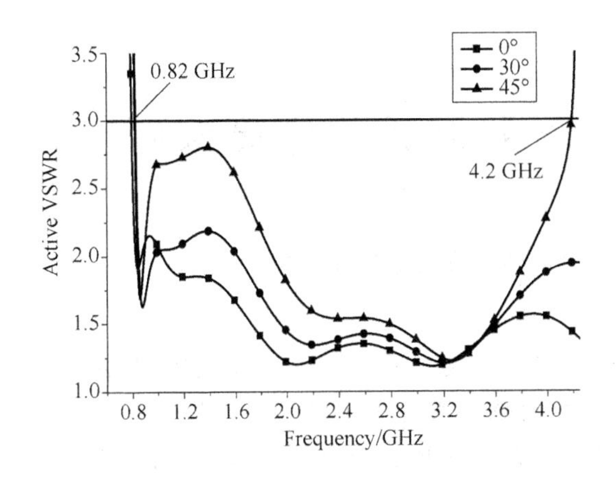

图 4　H 面扫描有源电压驻波比

3　结　论

本文提出了一种基于 FSS 的宽带宽角扫描缝隙阵天线。采用缝隙天线作为基本辐射单元，贴片上设置交指结构用于增强相连单元之间的电容耦合以达到拓展带宽的目的。同时采用 Marchand 型巴伦进行馈电，实现更良好的阻抗匹配效果。在天线上方添加 FSS 作为宽角扫描匹配层，FSS 的形式为周期性排列的矩形贴片，可以极大改善天线的有源 VSWR。该天线可以实现在 E 面从 0°到 80°范围内扫描，有源 VSWR 小于 3 的阻抗带宽达到 5.54：1，而在 H 面从 0°到 45°范围内扫描，其有源 VSWR 小于 3 的阻抗带宽达到 5.12：1。

参考文献

[1] Wheeler H A. Simple relations derived from a phased-array antenna made of an infinite current sheet, IEEE Trans. Antennas and Propagation, 1965,6(13):56514.

[2] Munk B, et al. ,A low-profile broadband phased array antenna, Proc. IEEE Antenna Propag. Soc. Int. Symp, 2013,6(2):448-451.

[3] Novak M H , Volakis J L. Ultrawideband antennas for multiband satellite communications at UHF-Ku frequencies, IEEE Trans. Antennas Propag. , 2015, 63, (4):1334-1341

[4] Doane J P, Sertel K, Volakis J L. A Wideband, Wide Scanning Tightly Coupled Dipole Array With Integrated Balun (TCDAIB), IEEE Trans. Antennas and Propagation, 2013,9(61):4538-4548.

[5] Markus H. Novak, John L. Volakis, FelixA. Miranda, Ultra-wideband phased array for small satellite communications,IET Microwaves, Antennas & Propagation,2017.

[6] Logan J T, Kindt R W, Lee M Y, et al. A new class of planar ultrawideband modular antenna arrays with improved bandwidth, IEEE Trans. Antennas Propag, 2018,2(66):692-701.

[7] Holland S S, Schaubert D H , Vouvakis M N. A 7-21 GHz dualpolarized planar ultrawideband modular antenna (PUMA) array. IEEE Trans. Antennas Propag, 2012,10(60):4589-4600.

通信作者： 屈世伟

通信地址： 成都市高新西区西源大道 2006 号电子科技大学电子科学与工程学院，邮编 611731

基于去耦分析的毫米波低副瓣阵列天线赋形算法研究

朱雄志[1]　刘欢欢[1]　张金玲[1]　郑占旗[2]

(1. 北京邮电大学 电子工程学院，北京 100876；2. 中国科学研究院微电子研究所，北京 100029)

摘　要：提出了一种采用实数编码技术的改进型遗传算法，对种群适应度值进行分段选择，在适应度值较低的情况采用锦标赛选择策略保证种群的多样性；在适应度值较高时采用最优保存策略加快收敛速度。基于本文提出的改进型遗传算法，采用本征激励的阵列天线方向图去耦分析方法，研究设计了频带宽度为 29.5 GHz～30.5 GHz，副瓣电平为－29 dB 的 8 mm×8 mm 波天线阵。仿真结果表明改进型遗传算法对阵列天线副瓣有良好抑制效果，与传统遗传算法及采用泰勒幅度分布相比，副瓣电平分别降低了 16 dB 和 7 dB。

关键词：毫米波阵列天线，遗传算法，副瓣抑制，本征激励。

Research on Pattern Synthesis Algorithm of mm-wave Antenna Arrays with Low sidelobe Including Mutual Coupling

Zhu Xiongzhi[1]　Liu Huanhuan[1]　Zhang Jinling[1]　Zheng Zhanqi[2]

(1. School of Electronic Engineering, Beijing University of Posts and Telecommunications, Beijing 100876, China;
2. Institute of Microelectronics Chinese Academy of Sciences, Beijing 100029, China)

Abstract: In this paper, an improved genetic algorithm based on real-coded technique is proposed. The fitness value of the population is selected in a piecewise manner. The tournament selection strategy is adopted to ensure the diversity of the population in the case of low fitness value, and the optimal preservation strategy is adoped to accelerate the convergence rate in the case of high fitness value. Based on the improved genetic algorithm proposed in this paper, an 8×8 mm-wave antenna array with working bandwidth 29.5 GHz-30.5 GHz and sidelobe 29 dB is designed and the eigen-driven analysis method is used to compensate the mutual coupling. The simulation results show that the improved genetic algorithm can provide low sidelobe in antenna arrays. Compared with traditional genetic algorithm and Taylor amplitude distribution, the sidelobe is reduced by 16 dB and 7 dB, respectively.

Key words: mm-wave antenna arrays, genetic algorithm, low sidelobe, eigen-driven.

1　引言

目前，低副瓣天线已经成为高性能电子系统的一个重要组成部分，为使系统在严重电磁干扰环境中有效地工作，必须采用副瓣尽可能低的天线，低或超低副瓣天线是高性能电子系统的普遍要求。因此如何获得抗干扰能力强和辐射能量集中的低副瓣天线已经成为天线设计师所面临的一个严峻挑战。①

低副瓣天线是阵列天线方向图综合的一部分，方向图综合是一个复杂的非线性优化问题，传统的综合方法一般是基于梯度的局部优化算法，很难得出满意的结果[1]，因此基于天线方向图综

① 1. 国家自然科学基金资助项目(项目编号：61771063)
2. 天地互联与融合北京市重点实验室主任基金资助
3. 华为公司创新研究计划资助
4. 国家重点研发计划资助(项目编号：2017YFC0840200)

合设计的优化算法一直是研究的热点，如改进型遗传算法[2]，入侵杂草算法[3]，差分进化算法[4]，粒子群优化算法[5]，萤火虫优化算法[6]等。其中遗传算法是一种具有全局优化性能、通用性强、且适合于并行处理的算法，具有严密的理论依据[7,8]。文献[9]采用实数编码遗传算法，对相位进行优化，得出了低副瓣方向图，文献[10]在各天线单元间距为0.45λ时，利用遗传算法对16天线单元的激励电流幅度进行了优化，文献[11]采用遗传算法对圆环阵列进行了优化，以实现阵列天线的副瓣抑制。但文献[9-11]对阵列天线进行优化过程中，没有考虑天线单元之间的互耦。由于互耦的存在，阵元在阵列中所呈现的方向图与孤立阵元的方向图有较大差距，因此对互耦现象敏感的天线阵并不适用。

本文采用本征激励的阵列方向图分析方法[12]消除阵元互耦及阵元端口失配对阵列方向图的影响，提出了一种改进的阵列天线赋形遗传算法。该算法采用实数编码技术，结合锦标赛选择策略和最优保存策略的特点，对种群适应度值进行分段选择，在全局范围寻找最优解。本文提出的改进型遗传算法在中心频率为30 GHz的8×8低副瓣毫米波天线阵列设计中加以应用并仿真验证，实现了－29 dB的低副瓣电平，且优于文献[9,10]中提到的副瓣抑制效果。如表1所示，本文提出的改进型遗传算法，在单个线性方向8阵元情况下，副瓣抑制效果已经优于文献[9]传统遗传算法12阵元抑制效果，达到了文献[10]传统遗传算法和泰勒分布16阵元副瓣抑制的同等水平。

表1 阵列天线副瓣抑制效果

文献	阵元个数	赋形方式	副瓣电平
9	12	传统遗传算法	－20 dB
10	16	传统遗传算法	－30 dB
10	16	泰勒分布	－30 dB
本文	8	改进遗传算法	－29 dB

2 改进型遗传算法

在传统的遗传算法交叉和变异的过程中，赌轮盘选择策略作用于群体时，能保护群体基因的多样性，但并不能保证子辈的性能总是好于父辈，群体的进化会出现反复，甚至暂时的倒退现象，延缓算法的收敛速度。精英选择能保证子辈的性能不差于父辈，加快收敛速度，但会出现早熟收敛问题。

基于遗传算法的搜索时间过长、易发生早熟收敛、局部寻优能力差等不足，本文对传统遗传算法进行了两方面改进。为了实现副瓣的有效抑制，设计了新的适应度函数。

2.1 改进编码方式

传统的遗传算法，一般采用二进制编码。编码过短，达不到高精度要求；编码过长，会使得染色体长度太长，导致计算量大。本文针对阵列天线参数较多的特点，采用实数编码技术，直接对解进行遗传操作，从而提高遗传算法对解的搜索效率和搜索能力。

2.2 改进选择策略

锦标赛选择策略模仿体育竞技中锦标赛淘汰方式而实现，每次从种群中随机抽取一定数量的个体，比较它们的适应度，其中适应度最高的被选择用来作为进行遗传操作的一个父代个体。与随机操作的赌轮盘选择策略相比，锦标赛选择策略具有更好的通用性，而且性能更优。虽然采用锦标赛选择方法能够保证种群基因的多样性，但是收敛速度不够快，为了加快收敛速度，引入最优保存策略。三种选择策略的对比，如表2所示。

表2 三种选择策略性能比较

赌轮盘选择策略	随机性强，适应度值高的个体不一定能选上，误差比较大
锦标赛选择策略	保证种群的最优个体被选择，最差个体被淘汰
最优保存策略	保留适应度值最高的个体，加快种群收敛速度

结合以上三种选择策略，本文提出锦标赛选择策略和最优保存策略相结合的分段选择策略。在适应度值低情况，采用锦标赛选择策略，以保证种群的多样性；适应度值高，采用最优保存策略，加快收敛速度。改进后的遗传算法充分结合锦标赛选择策略和最优保存策略的优点，能够快速而高效的在全局范围内找到最优解。改进型遗传算法具体流程，如图1所示。

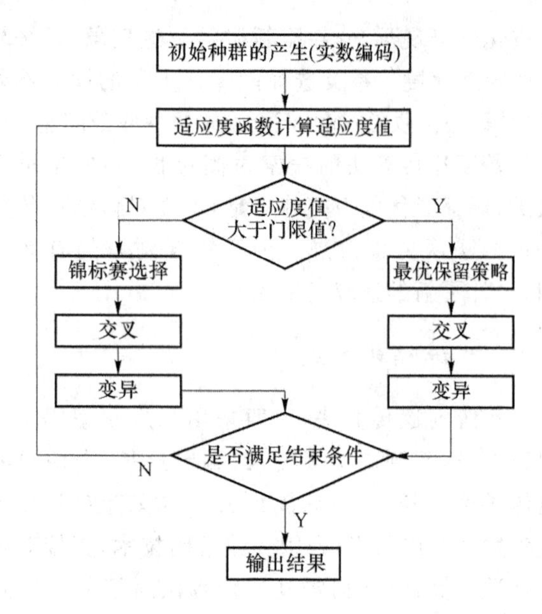

图 1　改进型遗传算法流程图

2.3　适应度函数设计

适应度函数的选取直接影响到遗传算法的收敛速度以及能否找到最优解，本文为实现对副瓣的抑制，设计适应度函数如下：

$$\text{fit}=\frac{1}{\text{MSLL}-\text{SLVL}} \tag{1}$$

式中，MSLL 为最大旁瓣电平，SLVL 为目标旁瓣电平，采用归一化 dB 值。MSLL 的求取思路：功率远场增益方向图是二维矩阵值，用 f 表示，而 $f(i,j)$ 表示 (i,j) 这个位置的功率增益值，由于数值是离散的，不能用传统的求导数或者偏导数的方法求极值，本文按照极大值定义，将 $f(i,j)$ 与它的上下左右值进行比较。

$$P=\{f(i,j)\geqslant f(i-1,j)\,\&\,f(i,j)\geqslant f(i+1,j)\,\&\,f(i,j)\geqslant f(i,j-1)\,\&\,f(i,j)\geqslant f(i,j+1)\} \tag{2}$$

式中，$i>1$，$j>1$，P 表示功率远场增益方向图波峰值的集合，对 P 去重降序排序得到 P_1

$$P_1=\text{sort}(\text{unique}(P)) \tag{3}$$

取 P_1 的第二个值，也就是 MSLL 的值

$$\text{MSLL}=P_1[2] \tag{4}$$

3　低副瓣阵列天线波束赋形

3.1　天线阵元和阵列天线

天线阵元贴片结构，如图 2 所示，阵元的长度 $W=4$ mm，宽度 $L=2.37$ mm，馈电端口宽度 $L_4=0.2$ mm，馈线部分尺寸 $L_1=0.1$ mm，$L_2=0.1$ mm，$L_3=1.285$ mm。介质板采用 Rogers 4350，介质厚度为 0.254 mm。所设计的 8×8 阵列天线如图 3 所示，单元间隔 $d=0.5\lambda$，其中 λ 为中心频率所对应的波长。单个阵元天线的 S_{11} 参数如图 4 所示，其－10 dB 工作频带为 29.5 GHz～30.5 GHz。

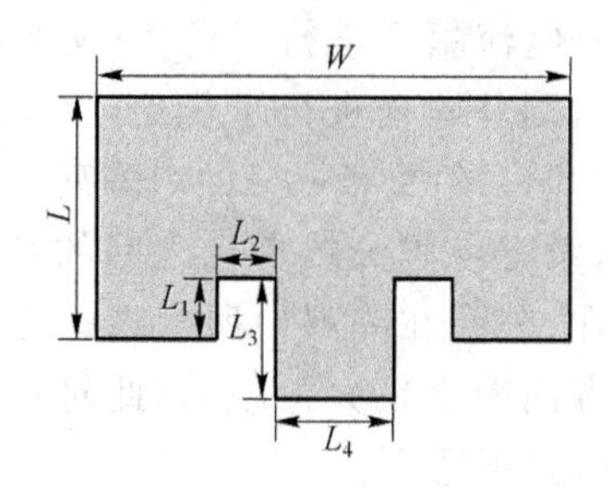

图 2　天线阵元贴片结构图

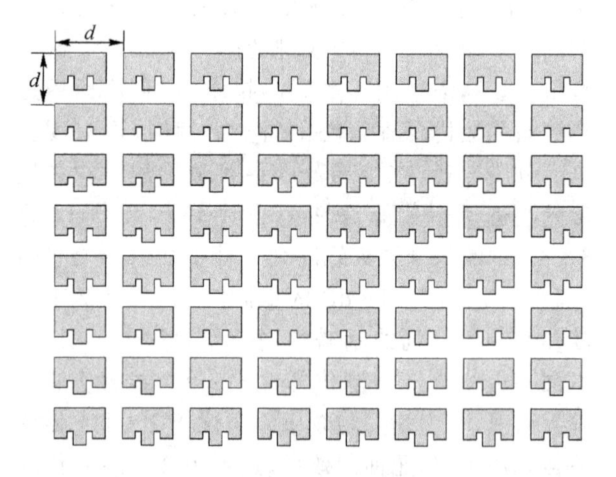

图 3　8×8 阵列天线模型

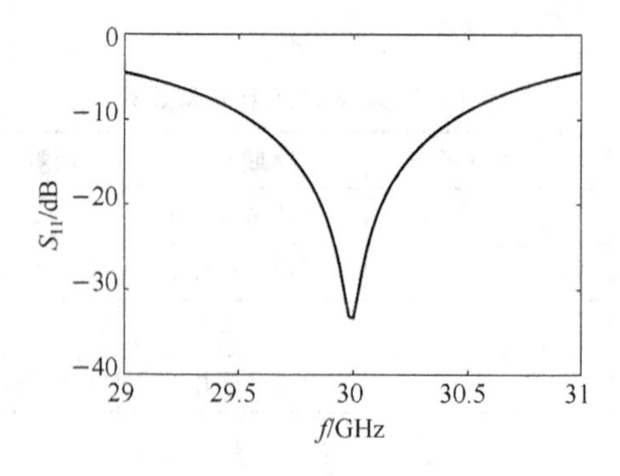

图 4　天线阵元 S_{11} 参数

3.2　平面阵列天线方向图合成

平面阵列天线的远场辐射方向图函数如下：

$$E(\theta,\varphi)=\sum_{m=1}^{M}\sum_{n=1}^{N}a_{mn}\mathrm{e}^{-\mathrm{j}\beta_{mn}}f_{mn}\mathrm{e}^{\mathrm{j}k\varphi_{mn}} \tag{5}$$

$$G(\theta,\varphi)=20\log|E(\theta,\varphi)| \tag{6}$$

$$\varphi_{mn}=md_x\sin\theta\cos\varphi+nd_y\sin\theta\sin\varphi \tag{7}$$

式中，α_{mn}和β_{mn}分别表示第(m,n)个阵元的激励幅度和相位；$k=2\pi/\lambda$，表示自由空间波常数；$\theta\in[-90,90]$，表示方位角；$\varphi\in[0,360]$，表示水平角；$d_x=d_y=\lambda/2$，分别表示阵列的行间距和列间距；φ_{mn}表示阵列单元的空间相位差；f_{mn}表示第(m,n)个阵元的电场辐射方向图。改进型遗传算法优化方向图时，将$f_{mn}(1\leqslant m\leqslant 8,\ 1\leqslant n\leqslant 8)$代入公式(5)得到电场远场辐射方向图$E(\theta,\varphi)$，将$E(\theta,\varphi)$代入公式(6)得到功率远场增益方向图$G(\theta,\varphi)$。

3.2 本征激励法去耦分析

互耦在阵元之间具有必然性和不确定性，阵元之间的距离越近，互耦越严重。本文采用本征激励法实现阵列天线去耦，具体实现过程为：在有限元分析软件中对 8×8 阵列天线的每个阵元单独激励，其余阵元接匹配负载，得到 64 个阵元的辐射方向图，接着将这 64 个电场辐射方向图应用至平面阵列天线合成公式(5)中，得到阵列天线合成方向图。由于各无源单元的负载阻抗与阵列实际工作时的信号源阻抗相同，因此这 64 个辐射方向图考虑了单元互耦影响和单元端口与信号源失配影响，合成所得的方向图也是考虑耦合的、更接近于实际情况的。

通过本征激励法去耦合成、未考虑耦合合成以及有限元分析法所得辐射方向图对比，如图 5 所示。可以看出，未考虑耦合合成的方向图与有限元分析法仿真所得方向图副瓣差异较大，而本征激励法去耦合成方向图与有限元分析法仿真所得方向图基本吻合，更接近于实际方向图。

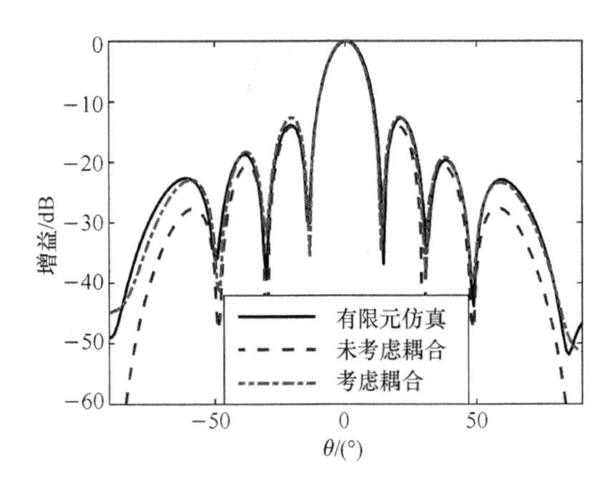

图 5 考虑耦合、未考虑耦合及全波仿真方向图对比

4 算法仿真验证

结合改进型遗传算法，对 8 mm×8 mm 波阵列天线的 64 组幅度和相位值进行优化，获得低副瓣赋形方向图。其中算法种群规模为 700，遗传代数为 800 代，交叉概率 0.75，变异概率 0.15。改进型自适应遗传算法最大适应度变化，如图 6 所示。可以看到改进型遗传算法在 300 代左右时开始收敛，在 200 代附近适应度有着飞速的提升，说明虽然引入了最优保留策略，但种群中仍然保留着基因的多样性。

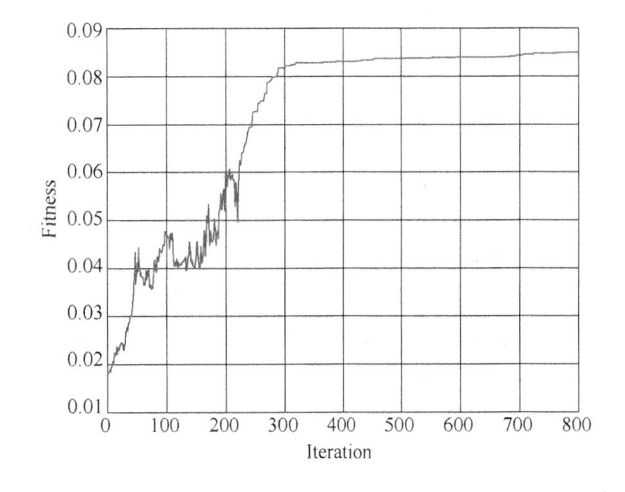

图 6 个体最大适应度变化

将改进型遗传算法计算得到激励的幅度和相位值代入 3.1 节阵列天线模型中，通过有限元仿真分析得到低副瓣波束赋形方向图，与传统遗传算法、采用泰勒幅度分布对比情况，如图 7 所示。

从图中可以看出，传统遗传算法只能达到 −13 dB的副瓣电平，采用泰勒幅度分布可以实现 −22 dB 的副瓣电平，而本文提出的改进型遗传算法可以获得 −29 dB 的副瓣电平，与前两者相比，阵列天线的副瓣电平分别降低了 16 dB 和 7 dB。

5 结论

本文考虑阵元之间耦合，提出了采用实数编

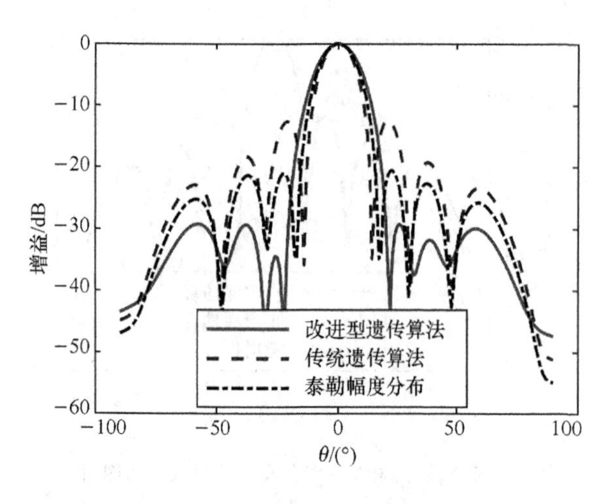

图 7　功率远场增益方向图对比

码技术的改进型遗传算法,使天线合成方向图具有高副瓣抑制的特征。以一款 8 mm×8 mm 波阵列天线为例加以验证,本文提出的改进型遗传算法所求得的赋形波束达到了－29 dB 的副瓣电平,与传统遗传算法[9,10]相比有显著的优势。

参考文献

[1] Liu H. Synthesis of antenna arrays shaped-beam using genetic algorithm[J]. Chinese Journal of Radio Science, 2002, 17(5):539-538.

[2] 张金玲,万文钢,郑占奇,等. X 波段微带余割平方扩展波束天线阵赋形优化遗传算法研究[J]. 北京:物理学报, 2015, 64(11):52-60.

[3] Foudazi A, Mallahzadeh A R. Pattern synthesis for multi-feed reflector antennas using invasive weed optimisation[J]. Iet Microwaves Antennas & Propagation, 2012, 6(14):1583-1589.

[4] Kurup D G, Himdi M, Rydberg A. Synthesis of uniform amplitude unequally spaced antenna arrays using the differential evolution algorithm[J]. IEEE Transactions on Antennas & Propagation, 2003, 51(9):2210-2217.

[5] Ismail T H, Hamici Z M. Array Pattern Synthesis Using Digital Phase Control by Quantized Particle Swarm Optimization[J]. IEEE Transactions on Antennas & Propagation, 2010, 58(6):2142-2145.

[6] Singh U, Rattan M. Design of thinned concentric circular antenna arrays using firefly algorithm[J]. Microwaves Antennas & Propagation Iet, 2014, 8(12):894-900.

[7] Haupt R L. Phase-only adaptive nulling with a genetic algorithm[J]. IEEE Transactions on Antennas & Propagation, 2002, 45(6):1009-1015.

[8] Marcano D, Duran F. Synthesis of antenna arrays using genetic algorithms[J]. IEEE Antennas & Propagation Magazine, 2000, 42(3):12-20.

[9] Mandal D, Ghoshal S K, Das S, et al. Improvement of Radiation Pattern for Linear Antenna Arrays Using Genetic Algorithm[C]// International Conference on Recent Trends in Information, Telecommunication and Computing. IEEE Computer Society, 2010:126-129.

[10] Dong T, Li Y Y, Xu X W. Genetic algorithm in the synthesis of low sidelobe antenna array[C]// International Conference on Microwave and Millimeter Wave Technology, 2002. Proceedings. Icmmt. IEEE, 2002:751-754.

[11] Haupt R L. Optimized Element Spacing for Low Sidelobe Concentric Ring Arrays[J]. IEEE Transactions on Antennas & Propagation, 2008, 56(1):266-268.

[12] Yunhui M A, Wang Y. The practice of speeding up information spread of nursing periodical[J]. Acta Editologica, 2008.

通信作者:朱雄志

通信地址:北京市海淀区西土城路 10 号北京邮电大学电子工程学院,邮编 100876

E-mail: zhuxiongzhi@bupt.edu.cn

基于全局透射边界条件的宽角抛物方程电波预测模型

郭琪　黎子豪　朱琼琼　龙云亮

（中山大学，广州 510006）

摘　要： 本文推导出了一种新型的基于全局透射边界(Non-Local Boundary Condition，NLBC)条件的宽角抛物方程(Parabolic Equation，PE)电波预测模型。在求解抛物方程时，全局透射边界条件在处理上吸收边界时具有其独特的优势，它既不需要对电场进行谱分解，也不需要设置很大的垂直计算空间来吸收向上传播的电磁波。因此 NLBC 吸收边界被广泛地应用于求解基于有限差分法(Finite Difference Method，FDM)的抛物方程模型中。然而，目前常见的 Claerbout 近似 PE 电波预测模型的可计算最大传播仰角只能达到 35°左右，且多采用吸收窗函数法来处理上边界条件。本文推导的基于 NLBC 的 Greene 宽角抛物方程电波预测模型，可将最大传播仰角提高至 50°，同时大大减小了上吸收层的设置尺寸，提高了计算效率。实验证明，该模型对复杂环境中远距离大角度的电波传播预测更加精确。

关键词： 抛物方程法，全局透射边界，电波传播，Greene 近似。

Research of radio propagation prediction model based on wide-angle parabolic equation with non-local boundary condition

Guo Qi　Li Zihao　Zhu Qiongqiong　Long Yunliang

(Sun Yat-Sen University, Guangzhou 510006, China)

Abstract: This paper present a new radio propagation prediction model based non-local boundary condition(NLBC). NLBC has significant advantage; it not only does not need spectral decomposition to field, but also does not need large vertical computing space to absorb upward transmitting radio waves. NLBC is thus widely used in PE model based on finite difference method. However, the most common Claerbout approximation PE model allow propagation angles up to about 35°from the paraxial direction, and the window function method is used to deal with the upper boundary condition. In this paper, the Greene approximation wide-angle PE propagation model based NLBC increase the maximum propagation angle to 50 degrees and decrease absorbing layer sizes, which give more accurate prediction results for large angle radio propagation for complicated environment.

Key words: parabolic equation method, non-local boundary condition, radio propagation, Greene approximation.

1　引言

如今，无线通信技术已经渗透到人们生活的各个方面，因此如何对电磁波的传播特性进行精确地预测也成为通信领域的一个重要问题。目前，常用的电波预测模型有积分方程法[1]、时域有限差分法[2]。然而，由 Leontovich[3] 提出的抛物方程法(Parabolic Equation，PE)由于其具有良好的稳定性、高效性和快速实施性等，近些年来被广泛的应用于对流层电波传播的预测中。求解抛物方程的常见方法有两种：分别是有限差分法(Finite Difference Method，FDM）[4]和傅里叶变换法[5]。虽然傅里叶方法的计算效率优于 FDM，但对边界的处理上灵活性较差。因此，在处理复杂地形表面电波传播问题时 FDM 的精确度更高。

在计算 PE 的过程中，需要对计算空间的上边界设置吸收条件来模拟无限空间。目前常见的方法有[6]：窗函数法、完美匹配层法（Perfectly Matched Layer，PML）、全局透射边界条件（Non-Local Boundary condition，NLBC）。其中，窗函数法最为简便，它是在计算区域上方设置衰减函数，来吸收向上传播的电磁波，避免在上边界处产生强烈的反射。然而，吸收窗的尺寸对吸收电波的效率有着很大的影响，一般至少要将吸收层设置为整个计算空间高度的三分之一，这会增加整个电波传播的计算空间，影响了计算效率。而 PML 是对大入射角的电波吸收效率较高，适合小范围的电波预测，常被用于雷达散射截面的计算。NLBC 是通过对边界处上一步进之前的全部电场值进行卷积处理来获得下一步进上的吸收边界条件，它最大的优点就是不需要对电场进行谱分解，也不需要设置很大的垂直空间来吸收向上传播的电磁波。相比窗函数法，大大减小了计算空间，提高了计算效率。然而，目前基于 NLBC 的抛物方程模型的最大传播仰角只能达到约 35°[7]。

本文推导了基于 NLBC 的宽角抛物方程（Wide-Angle Parabolic Equation，WAPE）算法，采用有限差分法求解抛物方程，并引入 Greene 近似系数可以将电波最大传播仰角提升到约 50°[8]。实验证明当伪微分算子的相位误差不超过 0.002 时，Tappert、Claerbout[9]和 Greene 近似的抛物方程最大传播角分别为 20°、35°和 45°。最后，将仿真结果与光学双射线模型[10]做比较，证明本文推导的基于 NLBC 的 Greene 近似宽角抛物方程法的可计算传播仰角更大，对远距离电磁波传播的预测精度也明显高于其他形式的抛物方程近似模型。

2 基于 NLBC 的宽角抛物方程算法

首先，我们通过麦克斯韦方程组得到二维的标量波动方程：

$$\frac{\partial^2 \psi(x,z)}{\partial x^2}+\frac{\partial^2 \psi(x,z)}{\partial z^2}+k^2 n^2 \psi(x,z)=0 \quad (1)$$

再引入辅助减函数 $u(x,z)=\mathrm{e}^{-ikx}\psi(x,z)$，得到简化后的电场波动方程

$$\frac{\partial^2 u(x,z)}{\partial x^2}+2ik\frac{\partial u(x,z)}{\partial x}+\frac{\partial^2 u(x,z)}{\partial z^2}+k^2(n^2-1)u(x,z)=0 \quad (2)$$

式中，大气折射率 n 在水平方向上是均匀的。再将公式(2)分解得到

$$\left[\frac{\partial u(x,z)}{\partial x}+ik(1-Q)u(x,z)\right]\left[\frac{\partial u(x,z)}{\partial x}+ik(1+Q)u(x,z)\right]=0 \quad (3)$$

式中，Q 为微分子算子，可以表示为

$$Q=\sqrt{\frac{1}{k^2}\frac{\partial^2}{\partial z^2}+n^2} \quad (4)$$

公式(3)中第一部分是电波的前向分量，后一部分是电波的后向分量。在抛物方程中，我们假设忽略了电波传播的后向分量。对 Q 不同的近似可以得到不同的抛物方程近似形式，这里我们引入一项有理式对 Q 进行近似，Q 可以表示为

$$Q=\frac{\chi_1+\chi_2 Z}{\chi_3+\chi_4 Z} \quad (5)$$

我们知道，不同的 Q 近似系数可以得到不同的抛物方程的近似形式，当 $\chi_1=1,\chi_2=0.5,\chi_3=1,\chi_4=0$ 时，为 Tappert 近似 PE 算法；当 $\chi_1=1$，$\chi_2=0.75,\chi_3=1,\chi_4=0.25$ 时，为 Claerbout 近似 PE 算法，当 $\chi_1=0.99987,\chi_2=0.79624,\chi_3=1.00000,\chi_4=0.30102$ 时，为 Greene 近似 PE 算法。图 1 中，假设相位误差为 0.002，可以看出 Tappert、Claerbout 和 Greene 近似的抛物方程最大传播角分别为 20°、35°和 45°。说明本文采用的 Greene 近似抛物方程的传播仰角最大。接着，我们将式(5)代入电波的前向分量，得到以下通用的宽角近似抛物方程传播模型：

$$\frac{\partial^3 u}{\partial x\partial z^2}+ik\left(1-\frac{\chi_2}{\chi_4}\right)\frac{\partial^2 u}{\partial z^2}+k^2\left[\frac{\chi_3}{\chi_4}+(m^2-1)\right]\frac{\partial u}{\partial x}+\frac{ik^3}{\chi_4}[(\chi_3-\chi_1)+(\chi_4-\chi_2)(m^2-1)]u=0 \quad (6)$$

采用有限差分法对式(6)进行计算，差分格式如图 2 所示。对计算区域内的点，我们采用 Crank-Nicolson 的差分格式进行处理，对下边界我们采用 Leontovich 阻抗边界条件进行处理，如下：

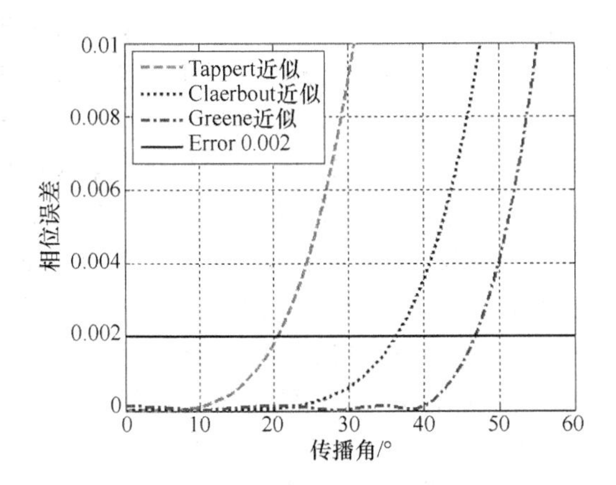

图 1　伪微分算子 Q 的不同近似形式传播角度对比

(Comparisons of the different approximations of the operator Q)

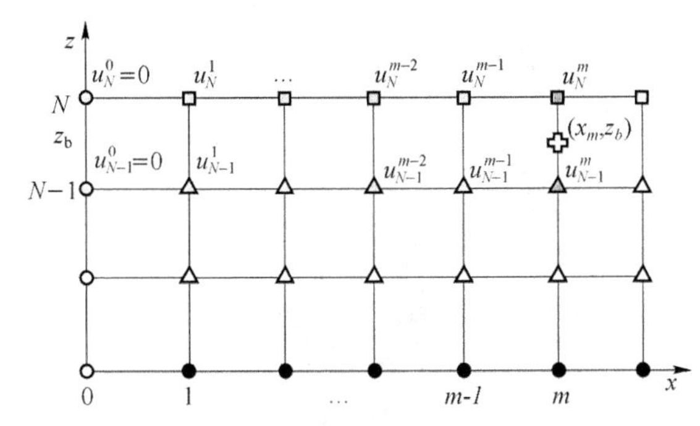

图 2　基于 NLBC 的差分格式示意图

(The finite difference scheme based on the NLBC)

$$\frac{\partial u(x_i,z_0)}{\partial z}=-k\eta u(x_i,z_0) \tag{7}$$

通过计算可以得到式(8)：

$$\begin{aligned}&\left\{\begin{array}{l}-2(2\chi_4+ik\Delta x(\chi_4-\chi_2))\\ +k^2\Delta z^2\left[\begin{array}{l}(2\chi_3+ik\Delta x(\chi_3-\chi_1))\\ +(2\chi_4+ik\Delta x(\chi_4-\chi_2))(m_j^2-1)\end{array}\right]\end{array}\right\}u_j^m\\ &\quad+[2\chi_4+ik\Delta x(\chi_4-\chi_2)](u_{j-1}^m+u_{j+1}^m)\\ &=\left\{\begin{array}{l}-2(2\chi_4-ik\Delta x(\chi_4-\chi_2))+\\ k^2\Delta z^2\left[\begin{array}{l}(2\chi_3-ik\Delta x(\chi_3-\chi_1))\\ +(2\chi_4-ik\Delta x(\chi_4-\chi_2))(m_j^2-1)\end{array}\right]\end{array}\right\}u_j^{m-1}\\ &\quad+[2\chi_4-ik\Delta x(\chi_4-\chi_2)](u_{j-1}^m+u_{j+1}^m)\end{aligned} \tag{8}$$

接着，对计算区域的上边界我们采用全局透射边界条件来处理，可以得到在 $(x_m,\ z_b)$ 处，NLBC 表达式定义为

$$\frac{\partial u(x_m,z_b)}{\partial z}=\int_0^{x_m}\frac{\partial u(\xi,z_b)}{\partial x}g_0(x-\xi)\mathrm{d}\xi \tag{9}$$

我们对式(9)左边进行差分得到式(10)：

$$\frac{\partial u(x_m,z_b)}{\partial z}=\frac{u(x_m,z_N)-u(x_m,z_{N-1})}{\Delta z} \tag{10}$$

同时，对式(9)右边进行差分得到式(11)：

$$\int_0^{x_m}\frac{\partial u(\xi,z_b)}{\partial x}g_0(x-\xi)\mathrm{d}\xi=\sum_{l=0}^{m-1}\frac{(u_b^{m-1}-u_b^{m-l-1})}{\Delta x}I_l \tag{11}$$

式中，I_l 可以表示为

$$I_l=\int_{x_l}^{x_{l+1}}g(\xi)\mathrm{d}\xi \tag{12}$$

代入等式得

$$\begin{aligned}\frac{u_N^m-u_{N-1}^m}{\Delta z}\Delta x&=\sum_{l=0}^{m-1}[u_b^{m-l}I_l-u_b^{m-l-1}I_l]\\ &=u_b^mI_0-u_b^0I_{m-1}+\\ &\quad\sum_{l=1}^{m-1}[u_b^{m-l}(I_l-I_{l-1})]\end{aligned} \tag{13}$$

最后，对式(13)进行化简得：

$$\begin{aligned}&u_N^m\left(1-\frac{\Delta z}{2\Delta x}I_0\right)-u_{N-1}^m\left(1+\frac{\Delta z}{2\Delta x}I_0\right)\\ &=\sum_{l=1}^{m-1}\left[\frac{\Delta z}{2\Delta x}(I_l-I_{l-1})(u_N^{m-l}+u_{N-1}^{m-l})\right]\end{aligned} \tag{14}$$

式中：

$$I_0=\frac{2i\Omega}{\sqrt{\pi}}\sqrt{\Delta x} \tag{15}$$

$$I_l=\frac{2i\Omega}{\sqrt{\pi}}\sqrt{\Delta x}(\sqrt{l+1}-\sqrt{l}) \tag{16}$$

$$I_{l-1}=\frac{2i\Omega}{\sqrt{\pi}}\sqrt{\Delta x}(\sqrt{l}-\sqrt{l-1}) \tag{17}$$

将式(15)至式(17)代入式(14)，最后得到上边界 z_b 处的计算式为

$$(1-a)u_N^m-(1+a)u_{N-1}^m=\sum_{l=1}^{m-1}b_l(u_N^{m-l}+u_{N-1}^{m-l}) \tag{18}$$

由式(8)和式(18)结合起来可得到以下求解公式：

$$\left|\begin{array}{cccccccc}G&A&0&0&0&\cdots&0&0\\ A&C_1^m&A&0&0&\cdots&0&0\\ 0&A&C_2^m&A&0&\cdots&0&0\\ \vdots&\vdots&\vdots&\vdots&\vdots&&\vdots&\vdots\\ 0&\cdots&0&0&0&A&C_{Z-1}^m&A\\ 0&\cdots&0&0&0&0&-(1+a)&(1-a)\end{array}\right|\left|\begin{array}{c}u_0^m\\ u_1^m\\ \vdots\\ \vdots\\ u_{N-1}^m\\ u_N^m\end{array}\right|$$

$$=\left|\begin{array}{cccccccc}H&D&0&0&0&\cdots&0&0\\ D&F_1^m&D&0&0&\cdots&0&0\\ 0&D&F_2^m&D&0&\cdots&0&0\\ \vdots&\vdots&\vdots&\vdots&\vdots&&\vdots&\vdots\\ 0&\cdots&0&0&0&D&F_{Z-1}^m&D\\ 0&\cdots&0&0&0&0&\sum_{l=1}^{m-1}b_l&\sum_{l=1}^{m-1}b_l\end{array}\right|\left|\begin{array}{c}u_0^{m-1}\\ u_1^{m-1}\\ \vdots\\ \vdots\\ u_{N-1}^{m-1}\\ u_N^{m-1}\end{array}\right| \tag{19}$$

式中，矩阵系数可以表示为

$$\begin{cases} A=2\chi_4+ik\Delta x(\chi_4-\chi_2) \\ B=2\chi_3+ik\Delta x(\chi_3-\chi_1) \\ C_j^m=-2A+k^2\Delta z^2[B+((n_j^m)^2-1)A] \\ D=2\chi_4-ik\Delta x(\chi_4-\chi_2) \\ E=2\chi_3-ik\Delta x(\chi_3-\chi_1) \\ F_j^m=-2D+k^2\Delta z^2[E+((n_j^m)^2-1)D] \\ a=(i-1)\Delta z\sqrt{\dfrac{k}{\pi\Delta x}} \\ b_l=(i-1)\Delta z\sqrt{\dfrac{k}{\pi\Delta x}}(\sqrt{l+1}+\sqrt{l-1}-2\sqrt{l}) \end{cases} \tag{20}$$

以上就是基于 NLBC 的 Greene 近似宽角抛物方程算法。当求出电场值后，我们可以得到电波的传播因子为

$$PF=20\log_{10}|u|+10\log_{10}(d) \tag{21}$$

3. 算例分析

假设初始源为 Levy 高斯天线，水平极化，频率为 100 MHz，波束宽度为 30°，天线放置在离地面 20 m 的高度，地面为中等干燥地面。我们引入光学双射线模型来对比实验结果，从图 3 中可以看出，在水平距离为 4 km 的位置，相比传统法的 Tappert 近似和 Claerbout 近似，Greene 近似 PE 算法在垂直方向上的传播高度最高，与双射线模型吻合度最好，说明本文提出的 Greene 近似算法的传播角度更大，对电波传播的预测精度更高。

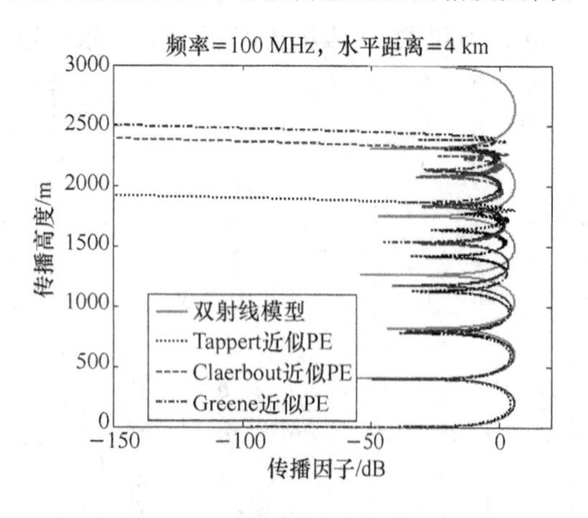

图 3 水平距离 4 km 处的 PE 传播因子对比图
(Propagation factor for the PE models at a distance of 4 km)

其次，我们将天线频率设置为 400 MHz，高度为 100 m，波束宽度为 10°。采用 PE 模型对平坦地面上的电波传播损耗情况进行仿真计算，结果如图 4 所示。可以看到，本文推导的基于 NLBC 的 Greene 近似 PE 模型可以准确地模拟电波的传播损耗(PL)情况。接着，我们将地表设置为不规则地面，频率设为 1.3 GHz，波束宽度为 14°，如图 5 所示，Greene 近似 PE 模型可以准确地模拟不规则地表引起的电磁波反射效应和绕射效应。同时，我们可以看出图 4 和图 5 中上边界处没有任何反射波出现，说明 NLBC 方法对向上传播的电磁波吸收效果很好。同时，对比窗函数法，采用 NLBC 法的计算时间提高了约 20%。

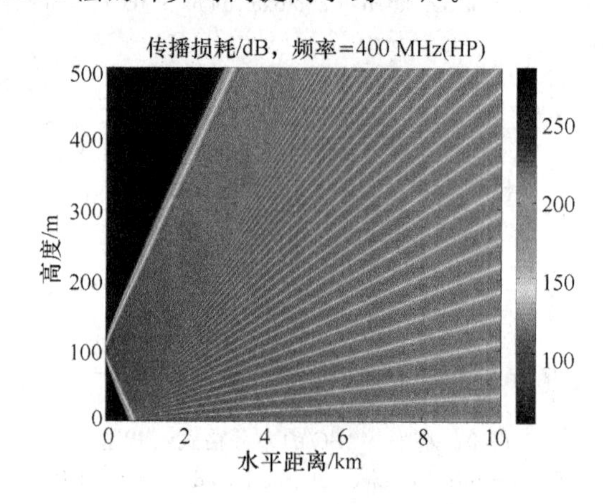

图 4 平坦地面上基于 WAPE 的电波传播损耗图
(PL for the WAPE propagation models on flat terrain)

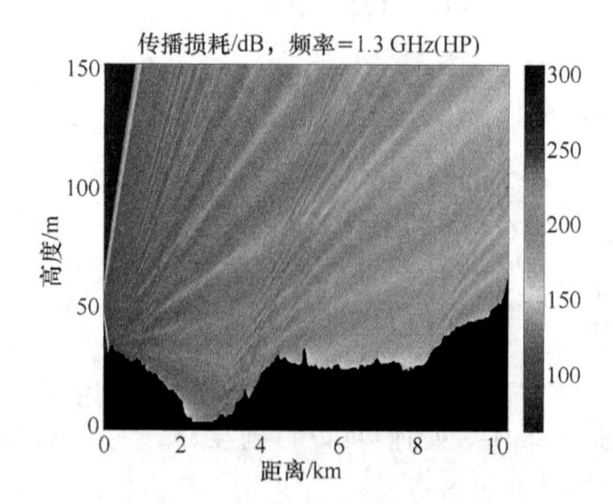

图 5 不规则地表上基于 WAPE 的电波传播损耗图
(PL for the WAPE propagation models on irregula terrain)

最后，我们对比传统的吸收窗函数法和 NLBC 法在上边界处对电波的吸收效果。这里我们先假设垂直计算区域高度设定为 500 m，从图 6 中我们可以看出采用 NLBC 边界处理上边界时，没有上边界的反射电波传播回计算区域，然而，当采

用窗函数法时，由于垂直高度的限制，无法对向上传播的电磁波全部吸收，导致大量的电波反射回计算区域，因此，窗函数法的传播因子曲线产生了强烈的振荡。

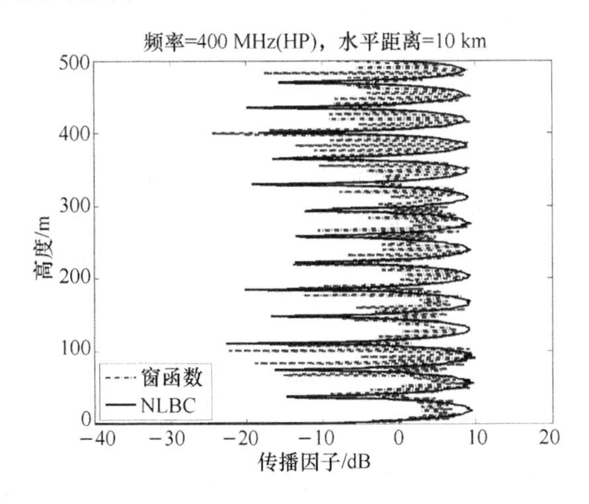

图 6 不同吸收边界条件下的电波传播因子对比图
(Propagation factor for different upper boundary condition)

4 结论

本文针对复杂环境中的电波传播特性预测问题，提出了基于 NLBC 吸收边界的 Greene 近似宽角抛物方程算法。实验结果表明：相比传统的 Tappert 和 Claerbout 近似 PE 法，该算法的最大传播仰角更大，对复杂地表环境下电波传播的预测精度更高。此外，采用 NLBC 法处理上边界吸收条件，不仅具有良好的电波吸收效果，同时还可以减小电波传播的垂直计算区域设置，相比窗函数法，减小了抛物方程算法的计算量，提高了计算效率。

参考文献

[1] Akorli F K, Costa F. An efficient solution of an integral equation applicable to simulation of propagation along irregular terrain [J]. IEEE Trans. Antennas Propag, 2001,49(7): 1033-1036.

[2] 葛德彪，等. 电磁波时域有限差分方法. 西安：西安电子科技大学出版社，2002.

[3] Leontovich M A, Fock V A. Solution of the problem of propagation of electromagnetic waves along the Earth's surface by method of parabolic equations. J. Phys, USSR, 1946, 10(1): 13-23.

[4] 黎杨. 抛物型方程的有限差分解法及其在复杂电磁环境中的应用[D]. 武汉：武汉理工大学，2010.

[5] 郭建炎，王剑莹，龙云亮. 森林中电波传播的抛物方程法. 新乡：电波科学学报，2007, 22(6): 1042-1046

[6] Levy M F. Parabolic Equation Methods for Electromagnetic Wave Propagation. IEE, London, UK, 2000.

[7] 任明，耿友林，钱志华. 电波传播损耗预测的抛物型方程模拟. 杭州：杭州电子科技大学，2012.

[8] Guo Qi , Zhou Ci , Long Yunliang. Greene Approximation Wide-Angle Parabolic Equation for Radio Propagation [J]. IEEE Transactions on Antennas and Propagation, vol. 65, no. 11:6048-6056, Nov. 2017.

[9] Claerbout J F. Fundamentals of geophysical data processing with applications to petroleum prospecting [J]. McGraw-Hill, 1976, 86(1): 217-219.

[10] Mcnamara D A, Pistorius C W I, Malherbe J A G. Introduction to the Uniform Geometrical Theory of Diffraction [J]. Norwood, MA: Artech House, 1990.

基于神经网络的 DC-DC 变换器电磁干扰抑制方法

陶秀利　孙　胜　孙家静　易嗣为　胡　俊

(电子科技大学 电子科学与工程学院，成都 611731)

摘　要：本文提出了一种基于反向传播神经网络产生 DC-DC 变换器程控脉宽调制波形的方法。神经网络被训练用以生成程控脉宽调制波形的周期值以及占空比值。该程控脉宽调制波形被优化以减少由转换器产生的电磁干扰中谐波峰值的振幅。与遗传算法相比，此方法实现起来继承了神经网络简单、迅速等优点，且能更容易地得到更优的程控脉宽调制波形。最终数值结果验证了所提出方法的有效性。

关键词：电磁兼容，电磁干扰，反向传播神经网络，程控脉宽调制，DC-DC 变换器。

Mitigation of EMI in DC-DC Converter based on Neural Networks

Tao Xiuli　Sun Sheng　Sun Jiajing　Yi Siwei　Hu Jun

(School of Electronic Science and Engineering, University of Electronic Science and Technology of China, Chengdu 611731, China)

Abstract: In this paper, a method based on back propagation (BP) neural networks to generate a programmed pulse width modulation waveform for a DC-DC converter is presented. Neural networks are trained to obtain period values and duty ratio values of programmed pulse width modulated waveforms. This programmed pulse width modulation waveform is optimized to reduce the amplitude of harmonic peaks in the EMI generated by the converter. Compared with genetic algorithm, this method inherits the advantages of neural networks, simple and rapid, and can obtain better programmed pulse width modulation waveform more easily. Finally, the numerical results validate the effectiveness of the proposed method.

Key words: electromagnetic compatibility (EMC), electromagnetic interference (EMI), BP neural networks, programmed pulse width modulation (PPWM), DC-DC converter.

1　引言

电磁干扰(EMI)是现代电子设备中的一个严重问题。当不希望的电压和电流的存在影响设备性能时，称之为电磁干扰。这些电压和电流可以通过传导或电磁场辐射对受害设备产生不期望的影响，以至恶化设备性能。故必须将这些电磁干扰传导和辐射降低到可容忍的水平以内，以满足电磁兼容标准要求[1]。扩频时钟技术被用于抑制电磁干扰[2,3]，该方法可应用于任何具有不可忽略的开关活动的电路。扩频技术通过降低干扰信号的功率谱峰来降低电磁干扰，以增加附加频谱分量为代价。程控脉宽调制(PPWM)作为扩频技术的一种，可拓宽频谱，降低 DC-DC 变换器输出波形的电磁干扰，已被应用于各种方法来控制开关电源电路中固有的谐波[4,5]。PPWM 波形通常是由在一段时间内的周期和占空比确定的，并且在 K 周期之后重复其自身。为了获得最佳的 PPWM 波形，将周期和占空比设置为需要优化的变量，并可以根据离线最优的导通和关断时间集合来计算时间周期，使得输出波形的 EMI 降低至满足要求。文献[5]中运用了遗传算法以选取 PPWM 波形的周期和占空比的最优值。但遗传算法由于其固有缺点,实现比较复杂、搜索速度比较慢、对初始种群的选择有一定依赖性等缺点,使其实现起来较困难且不一定能找到最优解。

近年来,神经网络由于其结构简单,计算速度快、精度高等优点而受到了关注,被越来越广泛地应用于各个相关领域。BP(Back Propagation)神经网络(BPNNs),又称为反向传播神经网络[6],是一种由非线性变换单元组成的前馈式全连接多层神经网络,分为输入层、输出层和隐层,其隐层可以是一层或者多层,它在理论上能够逼近任意函数。

在本文中,神经网络被运用于选取生成 PPWM 波形的周期和占空比,该 PPWM 波形被用于 DC-DC 变换器中抑制电磁干扰。本文选用 BP 神经网络,对神经网络结构进行基本设置,并采集足量频谱数据对神经网络进行训练,建立起频谱与波形的周期和占空比之间的关系。然后,设定一个标准频谱,将神经网络产生的周期和占空比对应的频谱与之比较。最终,运用此方法生成了比标准频谱更优的频谱,验证了方法的有效性。

2 正文

2.1 神经网络模型构建及方法描述

1. 构建神经网络模型

在此工作中,选择 BP 神经网络用于构建整个神经网络模型。对于神经网络来说,增加隐层数会使网络复杂化,还会增加网络训练的时间,故从简单迅速实用的角度考虑,本文选用单隐层的 BP 神经网络,即此 BP 神经网络由输入层、输出层和一个隐层组成。

其中,此 BP 神经网络的输入是 PPWM 波形的频谱,为 $n\times1$ 的列向量,列向量的每个元素是对应频点的幅值,n 为频点的个数;输出是输入的 PPWM 波形对应的各个周期和占空比的值组成的序列,即 $T_1, T_2, \cdots, T_k, D_1, D_2, \cdots, D_k$ 序列,T_i 和 $D_i(1\leqslant i\leqslant k)$ 分别是需要优化的第 i 个周期的周期和占空比,输出为 $2k\times1$ 的列向量。

在 BP 神经网络中,隐层节点数的选择非常重要,但目前理论上还没有一种科学且普遍的确定方法。为尽可能避免训练时出现"过拟合"现象,且保证足够高的网络性能和泛化能力,确定隐层节点数最基本的原则是:在满足精度要求的前提下,取尽可能少的隐层节点数。

2. 方法描述

本文提出的方法其完整实现步骤如下:

(1) 构建神经网络模型获取数据,并运用获取的数据训练一个可靠的神经网络,即训练的神经网络的均方误差曲线必须收敛。

(2) 选定一个频谱作为标准频谱,将此标准频谱作一定变换后输入训练好的神经网络中,可得到一输出,称为 NN-序列。

(3) 将 NN-序列对应的 PPWM 波形频谱称为 NN-频谱,比较标准频谱与 NN-频谱。若 NN-频谱优于标准频谱,则运用此方法实现了 PPWM 波形 $T_1, T_2, \cdots, T_k, D_1, D_2, \cdots, D_k$ 序列的一次优化;否则返回步骤(2)。

2.2 数值结果

作为示例,本文用含有 18 895 个数据的数据集训练了一个神经网络。神经网络的输入为 400×1 的列向量,输出为 10×1 的列向量,隐层节点数设置 205 个。对标准频谱作变换时,将标准频谱的幅度整体降低 40%后作为神经网络的输入。

如图 1 所示,在训练过程中,均方误差在最大时间段内迅速下降,降到其最小值 0.0066,表明该神经网络收敛,能可靠地建立起 PPWM 波形频谱与波形的周期和占空比之间的映射关系。

如图 2 所示,由神经网络产生的 NN-序列对应的 NN-频谱优于标准频谱。NN-频谱的谐波峰值振幅较标准频谱有所降低,表明电磁干扰被进一步抑制。

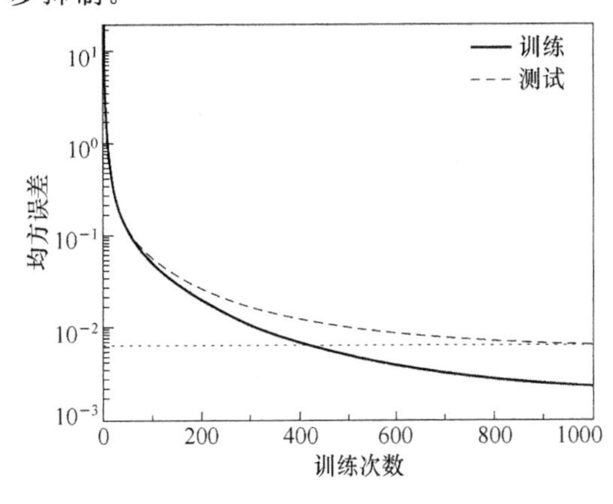

图 1 神经网络训练和测试结果的均方误差

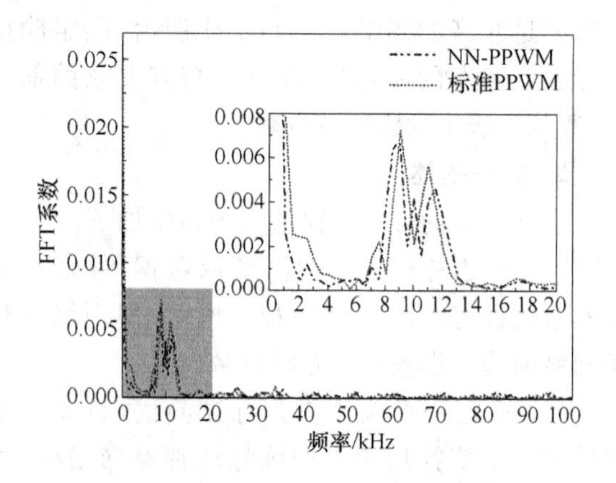

图 2　标准 PPWM 和 NN-PPWM 的频谱响应

3　结论

本文基于神经网络，对用以抑制 DC-DC 变换器中电磁干扰的 PPWM 波形的获取进行了研究，并通过实例的数值结果证明了所提出的方法的可行性。此方法实现起来简单、快速、可靠，能够较容易地获得比某一已知频谱更优的频谱，而神经网络所输出的序列即为能产生该频谱的周期和占空比的值。其实在此例中，标准频谱选用的是运用遗传算法优化所选出的频谱，这表明了本文提出的基于神经网络的方法能够比遗传算法更快更有效地找到 PPWM 波形周期和占空比的优解。

4　致谢

该研究由国家自然科学基金（项目号 61622106，61721001，61425010）及四川省科技计划资助（项目号 2018RZ0142）支持。

参考文献

[1] EN 61800-3：Adjustable speed electrical power drive systems. Part 3：EMC product standard including specific test methods-Oct. 1996.

[2] Tse K K，Chung S H，Huo S Y，et al. Analysis and spectral characteristics of a spread-spectrum technique for conducted EMI suppression，IEEE Trans. Power Electron，vol. 15：399-410，Mar. 2000.

[3] Tse K K，Chung H S H，Huo S Y，et al. A Comparative Study of Carrier-Frequency Modulation Techniques for Conducted EMI Suppression in PWM Converters，IEEE Trans. Ind. Electron，vol. 49，no. 3：618-627，Aug. 2002.

[4] Wang A C ，Sanders S R. Programmed Pulsewidth Modulated Waveforms for Electromagnetic Interference Mitigation in DC-DC Converters，IEEE Trans. Power Electron.，vol. 8：596-605，1993.

[5] Marsala G ，Ragusa A. Mitigation of EMI in a Coupled Inductors-High Boost DC-DC Converter by Programmed PWM，The 5th International Symposium on Electromagnetic Compatibility，Oct. 2017.

[6] Rumelhart D E，Hinton G E，Williams R J，Learning repre sentations by back-propagating errors，Nature，vol. 323，no. 6088：533-536，Oct. 1986.

通信作者： 孙胜
通信地址： 四川省成都市高新西区西源大道 2006 号电子科技大学清水河校区电子科学与工程学院，邮编 611731
E-mail： sunsheng@uestc. edu. cn

基于时间反演的室内定位方案

郑名洋[1]　邓力[2]　李书芳[3]
（网络体系构建与融合北京市重点实验室，北京市先进信息网络实验室，北京邮电大学，北京 100876）

摘　要：对于室内环境中的定位，由于存在大量的多径，传统方案并不适用。为了解决室内场景的定位问题，本文提出了一种基于时间反演的室内定位方案。时间反演具有时空的聚焦特性，当在多径丰富的环境中使用时，会有很好的聚焦效果，为了评估时间的性能，本文构建了一个原型系统来进行实验验证。实验结果表明，在 2.4 GHz 带宽下，时间反演指纹方法可以在实验区域内实现 10-cm 定位精度。
关键词：时间反演，多径，室内定位。

Indoor positioning method based on time-reversal

Zheng Ming yang[1]　Deng Li[2]　Li Shu fang[3]
(Beijing Key Laboratory of Network System Architecture and Convergence & Beijing Laboratory of Advanced Information Network, Beijing University of Posts and Telecommunications, Beijing 100876, China)

Abstract: For positioning in an indoor environment, traditional solutions are not applicable due to the large number of multipaths. In order to solve the problem of indoor location, this paper proposes an indoor positioning method based on time-reversal. Time-reversal has the characteristics of focusing on time domain and space domain. So there will be a good focusing effect in a multi-path rich environment. In order to evaluate the performance of time-reversal, this paper proposes a prototype system for verifying the effect. The experimental results show that the fingerprint method based on time-reversed can achieve 10-cm positioning accuracy in the experimental area with 2.4 GHz bandwidth.
Key words: Time-reversal, multi-path, indoor localization.

1　引言

随着技术发展，室外定位技术(GPS)已经可以很好地满足人们对于室外场景中的定位需求，已经成为我们生活中的一部分。但是，对于室内场景的定位技术却一直存在瓶颈。室内和室外是两个截然不同的情况，成熟的室外定位技术，例如GPS，无法在室内使用。原因有三：①精度不够，GPS 定位的精度为米级，而由于室内场景本省较小，会有更加精确的定位需求，导致 GPS 不适用于室内场景。②GPS 信号穿透楼宇的能力很弱，基本无法到达室内，所以 GPS 在室内情况的可靠性很难保证。③由于室内存在丰富的散射体，即使将 GPS 信号引入室内，信号也会由于多径效应而严重失真，无法使用[1]。为了解决室内定位的问题，一些室内定位的方案被开发出来：为了使 AP 信号功能更加完整，文献[2]中提出了一种新的本地化匹配方法。与传统的 WKNN 算法和高斯核算法相比，该方法明显提高了定位精度；在文献[3]中，提出了一种采用 CSI 的基于深度学习的室内指纹识别系统。在实验中，该系统优于现有的几种基于 RSSI 和 CSI 的方案。虽然它们都得到了很好的效果，但是由于室内的多径环境，它们还是无法满足室内定位的高精度要求。

本文提出了一种利用时间反演效果从而实现在室内环境中的定位方法，利用时间反演的时空聚焦特性，利用室内这种存在丰富散射环境达到汇聚效果，完成室内的高精度定位。首先我们介绍了时间反演的特点，其次我们将时间反演的特点提取成时间反演算法，最后我们利用系统验证了时间反演算法的有效性。

2 时间反演

TR 是一种可以在时域和空域中汇聚传输技术。Zel'dovich 等人于 1985 年首次观察到 TR 的现象[4]。随后 Fink 等人在 1989 年研究了 TR 技术并将其应用于信号处理领域[5]。实验证明，时间反演具有减小功率和抗干扰的效果，TR 技术被证明是有前景的室内解决方案。

图 1 中是一个简单的时间反演通信系统[6]。当收发器 A 想要向收发器 B 发送信息时，收发器 B 首先向收发器 A 发送脉冲信号。然后，收发器 A 立即将来自收发器 B 的接收波形(并且如果信号是复数则取共轭)发送回收发器 B，在这个过程中，因为两条信道是完全相同的，我们可知，信道是互易的，所以可以与自己相关，从而实现在时间和空间上的汇聚作用。

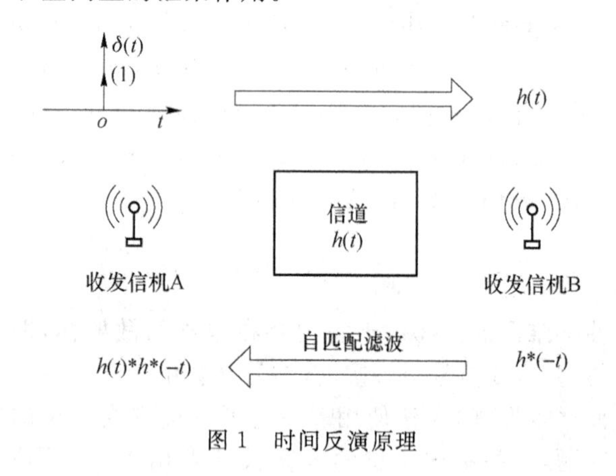

图 1 时间反演原理

3 时间反演算法

在通信系统中，我们通常用信道冲击响应作为信道的分辨手段，由于接收信号在不同位置具有不同的反射路径和延迟，不同位置的信道状态信息使唯一的，h 为信道信息。将时间反演过程中的前向信道冲击响应和后向 CIR 进行卷积操作，会在相同路径产生最大值，而其他路径没有汇聚作用，(1)式为接收到的 CIR 的类卷积操作。其中h_1，h_2为不同的冲激响应。反应的是两个信道的相关程度。

$$\eta(h_1,h_2)=\frac{\max i\left|(h_1,g_2)[i]\right|}{\sqrt{\sum_{i=0}^{L-1}\left|h_1[i]\right|^2}\sqrt{\sum_{j=0}^{L-1}\left|g_2[j]\right|^2}} \quad [6] \tag{1}$$

式中，g_2是h_2的时间反演形式，

$$g_2[k]=h_2^*[L-1-k],k=0,1,\cdots,L-1 \quad [6] \tag{2}$$

式中显示 TR 相关强度是两个复数 CIR 之间互相关的最大值，这不同于两个 CIR 之间的传统相关系数，其中没有最大操作并且索引[i]被索引[L－1]替换。使用 TR 谐振强度而不是传统相关系数的主要原因是为了增加信道估计误差容限的稳健性。传统相关系数可能反映不出两个 CIR 之间的真实相关性，而 TR 相关强度能够获得真实的相似性，从而增加稳健性。

从而，我们可以利用提出的时间反演方法对室内复杂环境的信道进行区别，利用室内环境的丰富散射，每个信道都是独一无二的特性，利用指纹定位的方法，可能实现高精度的室内定位系统的搭建，下面对于室内定位的方案进行讨论。

4 基于时间反演的室内定位方案

4.1 定位系统

指纹定位方法作为室内定位场景中广泛使用的技术，适合处理室内复杂的散射环境，我们把时间反演算法的效果与指纹法结合，提出了一种时间反演形式的室内定位方案。

经过前文的讨论，在环境不变的情况下，信道的特征与其所处的位置相关，并且基本满足一一对应的关系，所以采用指纹定位的方案，将物理地址与信道一一对应，并且做指纹查询，即可得到待定位点的位置。其次，由于室内环境存在大量的散射体，造成了室内环境存在丰富的多径效应，而正是由于大量多径的存在，信道之间的相关性会显著下降[7]。时间反演算法也是利用信道与自己的高相关性和与其他信道的不相关性来实现的，所以，时间反演的指纹定位方案会进一步增加定位系统的精度，实现高精度的室内定位。

指纹定位主要分为离线训练和在线定位两个部分[8]。如图 2 所示，为指纹定位的一般流程，对

时间反演指纹定位系统来说，离线训练阶段采集整个测试区域中的位置与发射机之间的信道状态信息(CIR)，存储在离线数据库中，并且把 CIR 与物理地址一一对应，形成二维矩阵；在线定位阶段指将采集到的未知点处的信道状态信息与数据库中的 CIR 进行时间反演运算，计算出与整个数据库的时间反演相关值，其中，最大值就为待定位点的物理位置。

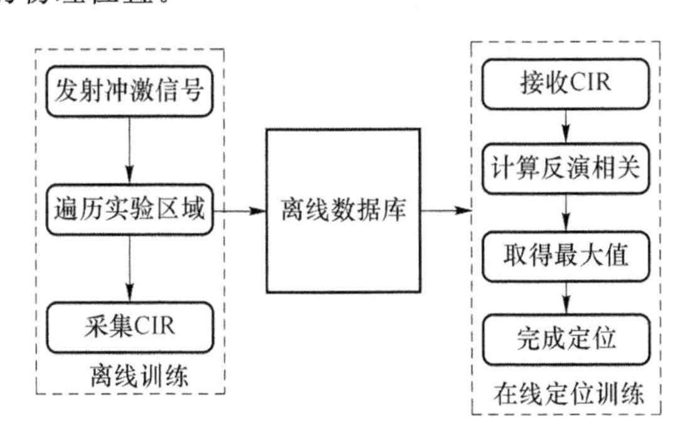

图 2　指纹定位流程图

4.2　实验

实验采用 yun-SDR 平台进行，如图 3 所示，收发机为一体，首先，发出高斯脉冲，接收端采集经过信道的 CIR。实验频率设定在 2.4 GHz。

图 3　yun-SDR 示意图

(1) 单点验证，若数据库中只有一个 CIR 存储，则所有采集到的 CIR 都与这个状态信息进行时间反演相关。如图 4 所示，如果待测点与离线库中的位置相同则信道相关系数为 0.97 左右，但若待测点与库中位置距离 10cm 以外，则信道相关系数会显著下降，所以，验证了时间反演方法的有效性。

(2) 5 点定位系统，由于器材和时间的限制，我们只进行了少量数据的定位系统设计，图 5 为 5 点定位系统，红色点为被定位到的点。数据库中存有 5 个位置，不同位置之间的距离为 10 cm，发射机在这 5 个位置不停移动，系统都可以成功的定位到发射机的位置。

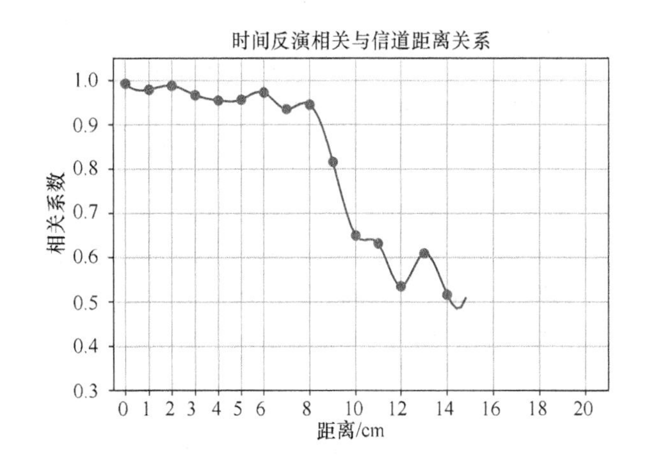

图 4　时间反演相关与信道距离关系

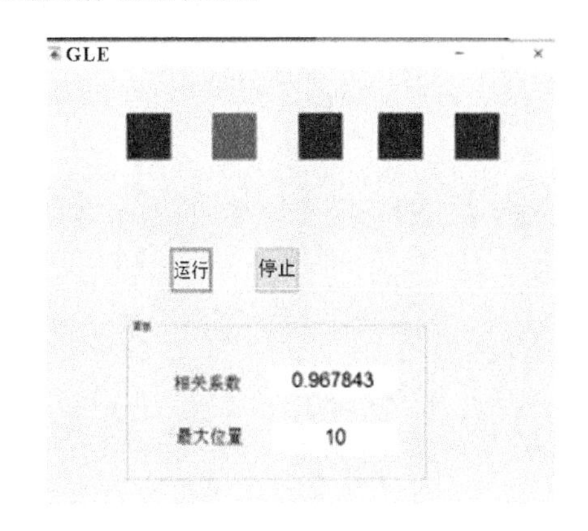

图 5　时间反演定位系统

5　结论

在本文中，本文通过利用室内环境中 CIR 的位置独特性提出了基于时间反演的指纹定位方法。具体而言，将时间反演的时空聚焦特新应用在室内这种多径丰富的环境中，利用了多径效应，并且采用了指纹定位方案，提高了室内定位的精度。并且我们对时间反演算法的效果进行了验证，时间反演增加了精度，达到了在室内 10 cm 的定位精度。

参考文献

[1] 袁果林，黄丁发. GPS 载波相位测量中的信号多路径效应影响研究[J]. 北京：测绘学报，2004，33(3)：210-215.

[2] Ding Hongwei , Zheng Zhengqi. AP weighted multiple matching nearest neighbors approach for fingerprint-based indoor localization[J], 2016 Fourth International Conference on Ubiquitous Positioning, 2016: 218-222.

[3] Wang Xuyu ,Gao Lingjun. DeepFi: Deep learning for indoor fingerprinting using channel state information, IEEE Wireless Communications and Networking Conference, 2015:1666-1671.

[4] Zeldovich B I, Pilipetskii N F, Shkunov V V, Principles of phase conjugation, in Springer Series in Optical Sciences. New York, NY, USA: Springer-Verlag, 1985, 42:262.

[5] Fink M, Prada C, Wu F, et al. Self-focusing in inhomogeneous media with time reversal acoustic mirrors, in Proc. IEEE Ultrason. Symp, Oct. 1989, 2: 681-686.

[6] Wu Z, Han Y, Chen Y , Liu K J R, A Time-Reversal Paradigm for Indoor Positioning System, in IEEE Transactions on Vehicular Technology, 2015,64(4): 1331-1339.

[7] 徐志宇. 基于广播信道的 MIMO 预编码和检测研究[D]. 南京:南京邮电大学,2015.

[8] 李昊. 位置指纹定位技术[J]. 太原:山西电子技术, 2007(5):84-87.

通信作者: 李书芳

通信地址: 北京市海淀区西土城路 10 号北京邮电大学信息与通信工程学院,邮编 100876

E-mail: bupt_paper@126. com

基于特征模理论的微带天线耦合抑制方法

马振鹏　杨　照　吴　琦　苏东林

（北京航空航天大学　电子信息工程学院，北京　100191）

摘要：微带天线阵列广泛应用于飞行器、雷达系统等领域中，如何在有限的空间内，实现微带天线之间的高隔离度，以此提升微带阵列天线的工作性能成了一个值得研究的问题。特征模理论在近些年来得到了广泛研究，并被发现了其在天线耦合特性研究的重要应用。本文通过对特征模理论的研究，得到了对于背馈微带天线耦合抑制的实现方法，并进行了仿真及实验验证，得到了理想的结果。

关键词：天线耦合，微带天线，特征模理论。

Reduction of Mutual Coupling for Microstrip Antennas Using the Theory of Characteristic Mode

Ma Zhenpeng　Yang Zhao　Wu Qi　Su Donglin

(School of Electronic and Information Engineering, Beihang University, Beijing 100191, China)

Abstract: Microstrip antenna array have been widely used in the field of aircraft, radar system and so on. Hence the problem of increasing isolation between microstrip antennas in limited space deserves consideration. The theory of characteristic mode has been researched in recent years, and it is found to be effective to reduce mutual coupling between antennas. In this paper, a method to analysis the mutual coupling between microstrip antennas is proposed based on the theory of characteristic mode. Numerical and experimental results are presented for verification and give good results.

Key words: mutual coupling, microstrip antennas, theory of characteristic mode.

1　引言

微带天线具有体积小，重量轻，易共形等特点，在飞行器等平台上应用广泛。飞行器等平台受空间、外形限制较大，天线只能安装在狭小的空间中，使得天线之间的互耦严重，影响到天线阵列的正常工作。特征模理论于19世纪60年代由Garbacz和Harrington提出，可将物体表面及内部电流分解为无穷多正交模式由此可分析其谐振及辐射特性[1,2]。特征模具有与激励方式无关，模式具有明确物理意义等特点，可以有效分析天线工作以及耦合特性。最近研究表明，特征模分析是一种抑制天线带外干扰的有效方法，已成功应用于振子、领结、缝隙等多种天线[3-5]，可以用来实现微带天线间的耦合抑制。

本文对微带天线的模式电流以及模式电场的物理意义进行探究，提出了一种分析探针馈电的微带天线不同模式对耦合贡献程度的方法，在此基础上提出了抑制特定模式的实现方法，以此降低天线之间的耦合，并进行了数值仿真和实验验证，两个微带天线之间的互耦得到了有效降低，验证了本文提出的理论。

2　微带天线模式分析

2.1　特征模理论基本概念

特征模理论最先由Garbacz和Harrington等人提出。通过特征方程：

$$X[\boldsymbol{J}_n] = \lambda_n R[\boldsymbol{J}_n] \tag{1}$$

金属体表面电流密度 J 可以被分解为实模式电流 $\boldsymbol{J}_n$ 和实数特征值 λ_n。其中 X 和 R 分别为算子 Z 的虚部和实部，并且 X,R 均为对称算子。Z 算子可以由矩量法和电场积分方程得到。

物体上的总电流则可以表示为

$$\boldsymbol{J} \approx \sum \alpha_n \boldsymbol{J}_n \tag{2}$$

式中，α_n 为待定系数，$\boldsymbol{J}_n$ 为模式电流。通过矩量法和电场积分方程，可以计算出 α_n 的表达式为

$$\alpha_n = \frac{\langle \boldsymbol{E}^i_{\tan}, \boldsymbol{J}_n \rangle}{1 + j\lambda_n} \tag{3}$$

综上所述，可以得到一组正交的模式电流以及其权重系数。由此可以定义模式电场 $\boldsymbol{E}_n(\boldsymbol{r})$ 为模式电流 $\boldsymbol{J}_n$ 在 $\boldsymbol{r}$ 处产生的电场。

模式电流有其物理意义，不同模式对天线正常工作以及相互耦合贡献不同。通过抑制对耦合贡献较强的模式，可以实现天线的耦合降低。因此如何分析不同模式对天线耦合的贡献程度是一个需要解决的问题。

2.2 模式阻抗分析

为了分析微带天线本身不同模式对天线耦合的贡献，本文采用了虚拟探针的馈电方法[6]。如图 1 所示，由于探针是虚拟的，不会改变天线的特征模，因此只需要不含馈电结构的贴片天线的特征模，就可以获得探针在任意位置上的端口阻抗信息。该方法可以在金属贴片和地平面之间任意选择馈电位置。

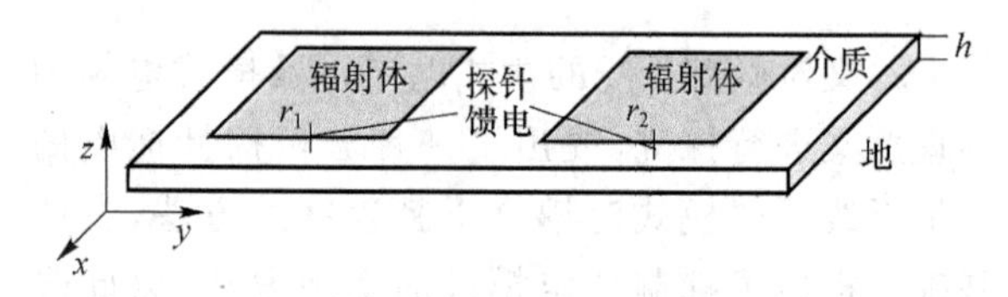

图 1 微带天线结构与虚拟探针

根据文献[6]，两个端口之间的自阻抗和互阻抗可通过能量的形式给出：

$$Z_{11} = \frac{-\iiint \boldsymbol{E}_1 \cdot \boldsymbol{J}_1 \mathrm{d}v}{I_1^2} \tag{4}$$

$$Z_{21} = \frac{-\iiint \boldsymbol{E}_2 \cdot \boldsymbol{J}_1 \mathrm{d}v}{I_1 I_2} \tag{5}$$

式中，当 $\boldsymbol{r}_1$ 处的探针激励时，$\boldsymbol{E}_1$ 和 $\boldsymbol{E}_2$ 分别是馈电位置 $\boldsymbol{r}_1$ 和 $\boldsymbol{r}_2$ 处的电场；$\boldsymbol{J}_1$ 是 $\boldsymbol{r}_1$ 处的电流密度，$\boldsymbol{I}_1$、$\boldsymbol{I}_2$ 分别是 $\boldsymbol{r}_1$、$\boldsymbol{r}_2$ 处的电流。通过模式分解理论，两个虚拟端口的自阻抗和互阻抗可以写成表达式：

$$Z_{11} = \sum_n \frac{V_n^2(\boldsymbol{r}_1)}{1 + \mathrm{j}\lambda_n} \tag{6}$$

$$Z_{21} = \sum_n \frac{V_n(\boldsymbol{r}_1) V_n(\boldsymbol{r}_2)}{1 + \mathrm{j}\lambda_n} \tag{7}$$

从式(7)可以得出每个模式的自阻抗和互阻抗的表达式。贴片天线的耦合问题可以从端口间的模式自阻抗和模式互阻抗进行分析。一个模式在馈电端口处的自阻抗越大，代表该模式对天线辐射贡献越大，在端口间的互阻抗越大，代表该模式对天线的耦合贡献越大。

2.3 贴片天线模式电流的抑制方法

模式阻抗的分析可以用来找到对天线耦合贡献较大的模式，通过抑制这些模式，则可实现天线之间耦合的降低。

以常见的矩形贴片微带天线的结构为例，结合上一节中的虚拟探针方法，假设将金属探针短路放置在金属贴片和地板之间，如果虚拟探针的物理过程是实施激励电流和模式电场之间的耦合，那么短路探针对模式影响的物理机理是削弱模式在探针附近的电场，进而减小自阻抗和互阻抗的幅值，以达到抑制模式的效果。

为了展示探针的作用，将通过图 2 中贴片天线的模式解来考查探针对模式的影响。图 3(a)是天线某个模式在介质层中间平面上的 z 向电场分布 $\boldsymbol{E}_z$。为了抑制该模式，探针位置选择在图 3(b)中红点的位置，加载后结果如图 3(b)所示。加载短路探针后，电场变化比较大，整体电场强度是下降的，而且在探针附近的电场明显减少。根据上一节的模式阻抗的计算方法，这种加载方式下的模式 2 的自阻抗和互阻抗会明显减少，因此起到了模式的抑制的作用。

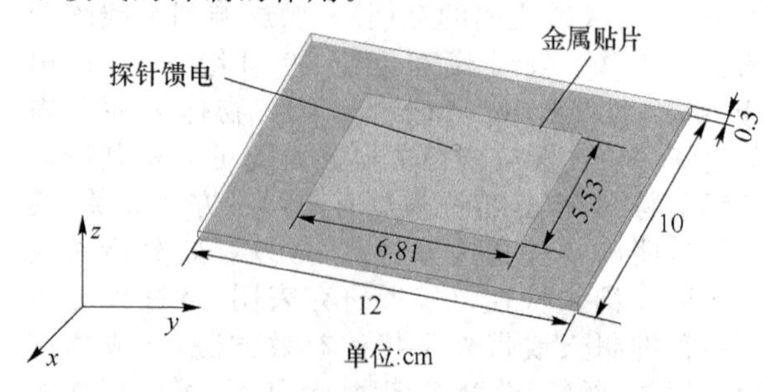

图 2 贴片微带天线的尺寸结构

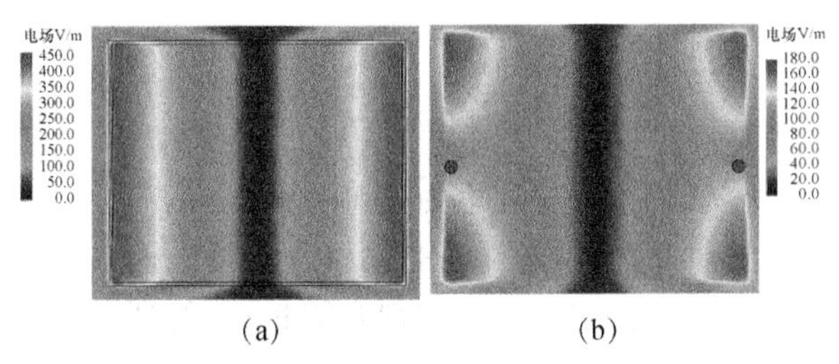

图 3　加载探针前后同一模式 $\boldsymbol{E}_z$ 分布对比，(a)加载前，(b)加载后

3　算例分析及实验验证

3.1　算例分析

以一个工作频率为 1.57 GHz 的微带天线 1 和另一个工作在 2.45 GHz 的微带天线 2 为例，在同一个孔径中的天线设计尺寸和相对位置如图 4 所示，介质基底厚度 3 mm，介电常数 2.65，损耗角正切值 0.000 9。由于两天线安装在同一个地平面上，中心距离只有 12 cm，而且极化相同，因此天线耦合比较强，需要提高隔离度来实现较好的电磁兼容性。

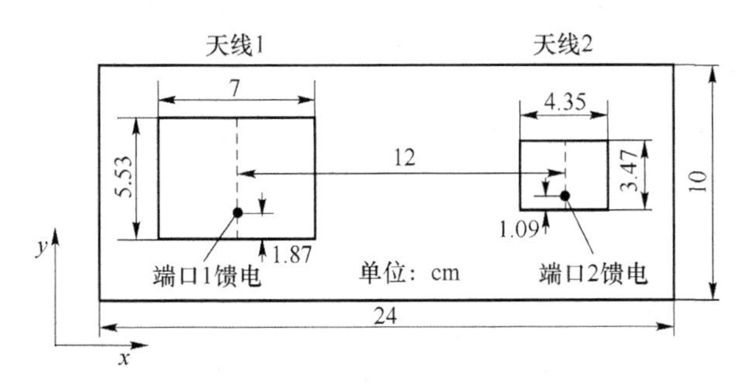

图 4　微带天线平面结构示意图

依靠之前介绍的模式阻抗分析方法以及基于短路探针的耦合抑制方法，为了提高 2.45 GHz 频率上的天线隔离度，首先要对这两个微带天线组成的天线系统模式分析，并在 2.45 GHz 计算得到介质层中的模式电场分布。通过模式互阻抗的分析，发现第 44 个模式是互阻抗幅值最大模式，互阻抗 $Z_{21}^{44}=0.5733$。通过天线 1 模式自阻抗系数的计算，确定了天线 1 的主要模式 $\boldsymbol{E}_z$ 分布，如图 5 所示，第 44 个模式的 $\boldsymbol{E}_z$ 分布，如图 6 所示。

通过与主要模式的 z 向 $\boldsymbol{E}_z$ 分布的对比发现模式 44 的探针加载候选位置中的位置 1 和位置 3 处在天线 1 主要模式 $\boldsymbol{E}_z$ 峰值区域，在这两个位置

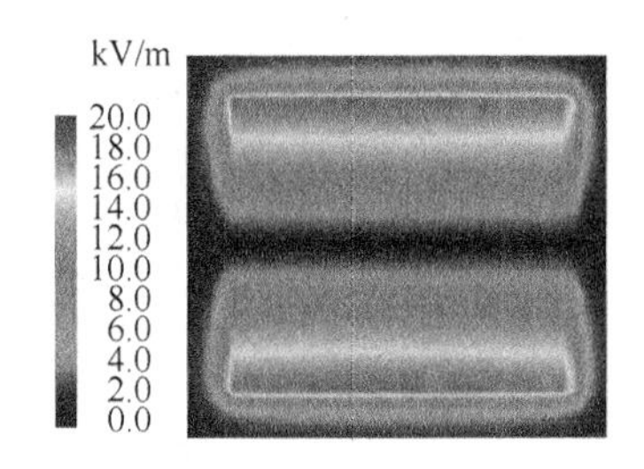

图 5　天线 1 的主要模式 z 向电场分布

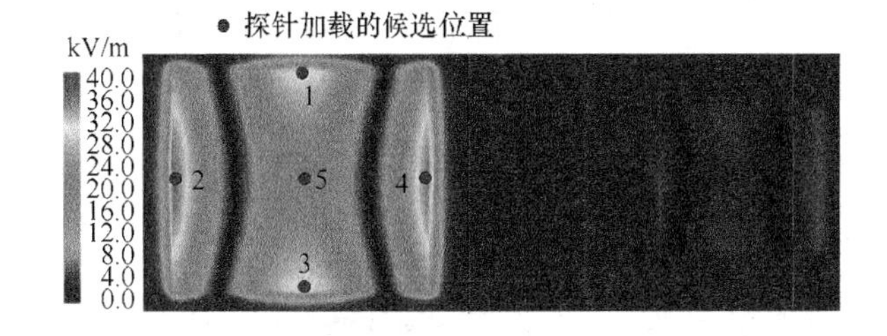

图 6　对耦合贡献最大的模式的 $\boldsymbol{E}_z$ 分布及探针加载的候选位置

加载对主要模式影响较大。因此加载位置首选图 6 中的位置 2、位置 4 以及位置 5，即如图 7 所示的探针加载方案，这样可以在不影响天线 1 主要模式的前提下抑制该耦合模式。加载后的 S 参数，如图 8 所示。从图 8 中可以看出，在不改变任何天线尺寸和馈电位置的前提下，加载探针情况下的天线 S_{21} 参数比未加载天线的 S_{21} 参数整体降低了 3 dB 左右，2.45 GHz 频率上隔离度增加了 3.3 dB，说明探针对模式 44 的电场有一定抑制作用，而天线本身的正常工作基本没有受到影响。

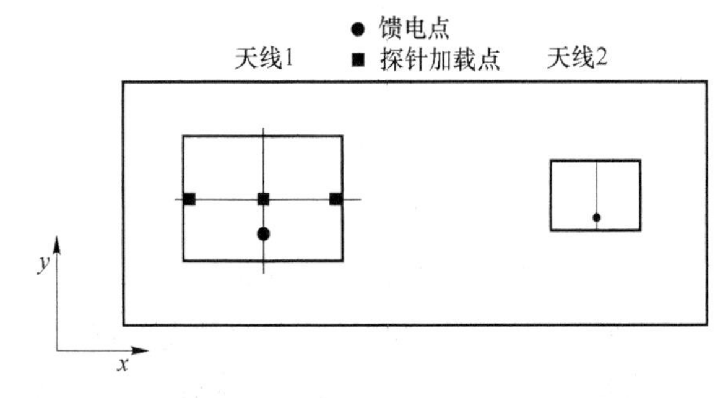

图 7　探针加载方案

3.2　实验验证

为了验证仿真结果的准确性，本节将对上述算例进行试验验证。如图 9(a)所示，试验材料为与仿真时尺寸及参数完全一致的微带天线。根据上一节中给出的探针加载方案，在相应位置放置了 3 个短路探针，优化后的天线如图 9(b)所示，仿

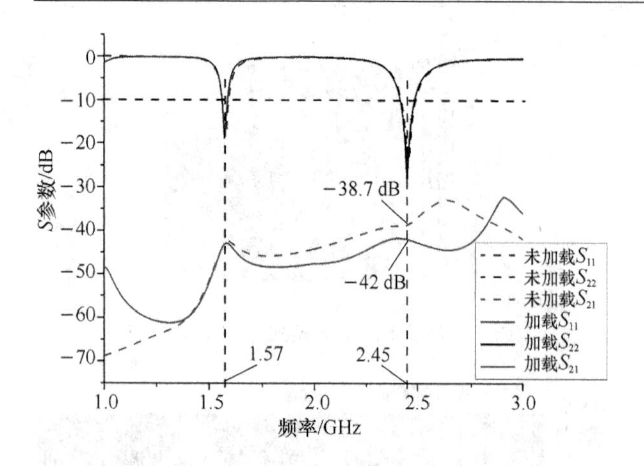

图 8　S 参数对比

真结果如图 10 所示。

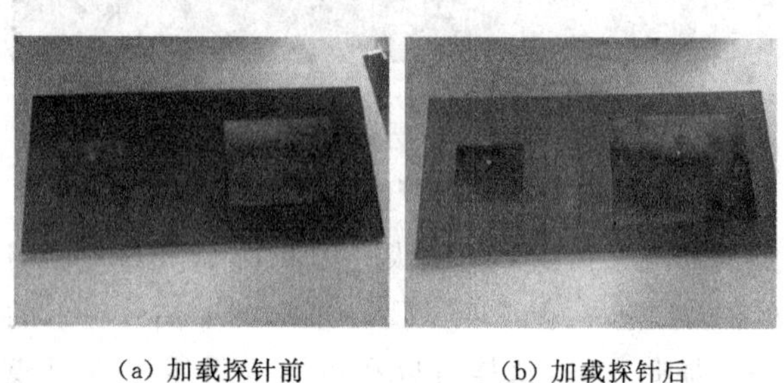

(a) 加载探针前　　(b) 加载探针后

图 9　微带天线实物

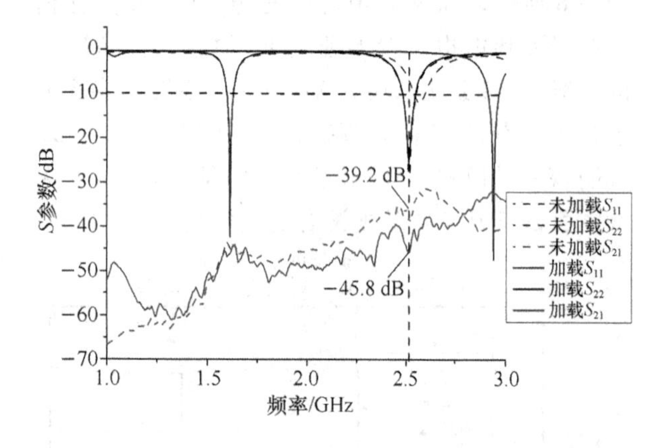

图 10　实验数据 S 参数对比

由实验数据可以看出，实验和仿真数据符合情况较好，天线 S_{11}、S_{22} 参数优化前后变化不大，S_{21} 参数在天线 2 的谐振点处由 39.2 dB 降低到了 −45.8 dB，减少了 6.6 dB，实现了耦合的降低。

通信作者：吴琦

通信地址：北京市海淀区学院路 37 号北京航空航天大学，邮编 100191

E-mail：qwu@buaa.edu.cn

4　结论

本文以特征模理论为基础，利用虚拟探针的理论分析了贴片天线之间的模式阻抗，通过模式阻抗来分析不同模式对工作和耦合贡献，并找到了一种抑制特定模式电流的措施，从而得到了一个降低天线耦合的系统的方法。本文进行了算例及实验验证，对两个微带天线进行分析，通过加载短路探针，在未改变天线尺寸及馈电位置的情况下，天线之间的耦合在指定频率降低了 6.6 dB，而且天线正常工作基本未受影响，验证了本文提出的理论。

参考文献

[1] Garbacz R J, Turpin R H. A generalized expansion for radiated and scattered fields, IEEE Transactions on Antennas and Propagation, 1971,19(3):348-358.

[2] Harrington R, Mautz J. Theory of characteristic modes for conducting bodies, IEEE Transactions on Antennas and Propagation, 1971,19(5):622-628.

[3] Wu Qi, Su Wei, Li Zhi, et al. Reduction of out-of-band antenna coupling using characteristic mode analysis, IEEE Transactions on Antennas and Propagation, 2016,64(7):2732-2742.

[4] Liang Peiyu, Wu Qi. Duality principle of characteristic modes for the analysis and design of aperture antennas, IEEE Transactions on Antennas and Propagation, 2018,66(6):2807-2817.

[5] Liang Peiyu, Wu Qi. Characteristic mode analysis of antenna mutual coupling in the near-field, IEEE Transactions on Antennas and Propagation, 2018,66(7):3757-3762.

[6] Yang B, Adams J J. Computing and Visualizing the Input Parameters of Arbitrary Planar Antennas via Eigenfunctions [J]. IEEE Transactions on Antennas and Propagation, 2016, 64(7): 2707-2718.

基于无源谐波对消的宽阻带滤波器设计

李　坤　陈　翔　韩　慧　曾勇虎

（电子信息系统复杂电磁环境效应国家重点实验室　洛阳 471000）

摘要：本文介绍了无源谐波对消的原理，并设计了实现谐波对消宽带化的高通负载结构。基于一款 Ku 波段消失模波导带通滤波器，通过仿真测试，验证了加载具有谐波对消功能的高通负载结构的滤波器有效地将原滤波器的谐波抑制了 40 dB 左右，且滤波器的阻带宽度被展宽至三倍频，滤波器的阻带性能得到显著提升。

关键词：阻带性能，无源对消，消失模波导，Ku 波段，宽阻带。

Design of wide-stopband filter based on passive counteraction

Li Kun　Chen Xiang　Han Hui　Zeng Yonghu

(State key laboratory for complex electromagnetic environmental effects of electronic information systems, Luoyang 471000)

Abstract: This paper presented the principle of harmonic suppression based on passive counteraction, and an improved high pass waveguide structure is proposed to realize wide band counteraction. Based on a Ku-band evanscent waveguide bandpass filter, It is verified that the filter with high pass waveguides can effectively suppress the harmonic of the original filter around 40dB, and the stopband is widen to three times centre frequency by simulation and measurement. As a result, the stopband performance of the original filter is improved significantly.

Key words: Stopband performance, Passive counteraction, Evanescent mode waveguide, Ku-band, wide stopband.

1　引言

滤波器作为微波电路中常用的无源滤波器件，其阻带性能的优劣直接影响着噪声的水平。目前，平面宽阻带滤波器的研究发展迅速，而腔体宽阻带滤波器的研究发展就显得比较迟缓[1,2]。腔体滤波器由于自身结构的限制，无法像微带电路实现多样的电路结构。在已有的一些腔体谐波抑制研究中往往都会利用所谓非相似谐振器的概念，即让构成滤波器的谐振器形状有所差异，使得它们虽然具有相同的主频，但谐波（尤其是第一谐波）频率相互错开，这样各谐振器会对其他谐振器的谐波产生一定的抑制作用，从而实现对滤波器整个寄生频率的抑制，达到展宽阻带、提高阻带抑制能力的目的[3,4]。

本文以一款 Ku 波段的消失模波导滤波器为例，利用无源对消原理来抑制滤波器的谐波，通过电磁仿真软件 HFSS（High Frequency Structure Simulator）对滤波器仿真优化，并对滤波器进行了加工测量，验证了此方法对提升滤波器的阻带性能效果显著。

2　五阶消失模波导带通滤波器设计

通过在消失模波导中加载具有电容性质的金属块设计了一款带通滤波器，中心频率为 12.5 GHz，相对带宽 4%。滤波器结构如图 1 所示，中间消失模波导加载了五个相同金属柱，两端连接输入输出耦合波导，耦合波导与消失模波导等高，这样减少波导端面不连续性带来的反射，使信号更好地过渡到消失模波导中，采用同轴探针方式馈电，金属柱的中心和同轴探针在滤波器的水平中心轴线上。

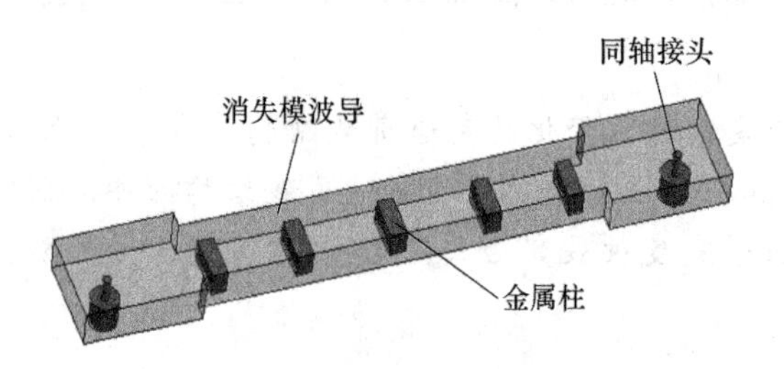

图1　五阶消失模波导带通滤波器结构图

在HFSS软件建模仿真，最终滤波器的S参数仿真优化结果如图2所示，从图中可以看出设计的滤波器在14 GHz至20 GHz的S_{21}在−70 dB以下，在21 GHz、21.75 GHz和22.7 GHz处突起。

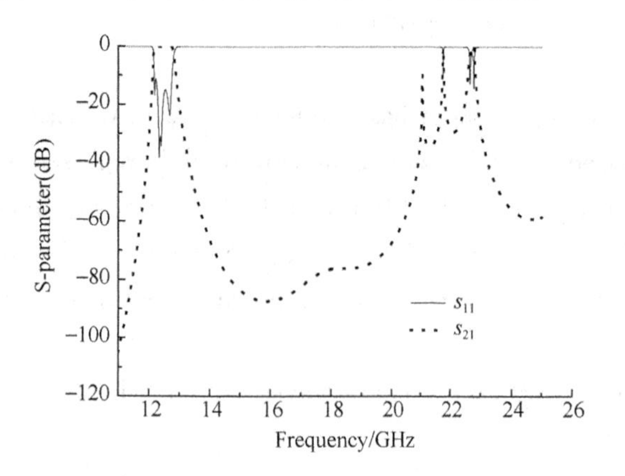

图2　参数仿真结果

3　基于无源对消的宽阻带滤波器设计

3.1　无源对消技术原理

无源对消是指通过采用无源器件对原网络注入与原有谐波电流幅值相等、相位相反的电磁波，从而与原有谐波在对消面实现相对消，用公式可表示为

$$U(z) = U^{+}\,\mathrm{e}^{\mathrm{j}\beta z} - U^{+}\,\mathrm{e}^{\mathrm{j}\beta z} = 0$$

由上式可知，实现对消的关键所在是产生相位相反的电磁波。根据相位波长的基本理论，如果两路电磁波的相位相反，则它们的相位差应该为π的奇数倍。在图3所示的对消示意图中，以矩形波导滤波器为例，假定将入射电磁波分成两路等幅反向的电磁波进行传播，通过合理地设置探针至短路面的距离，使经短路面反射后回到对消面的那路电磁波改变的相位量为π的奇数倍。这样，经短路面反射的电磁波与另一路电磁波在对消面相遇时，相位相反，就实现了对消。

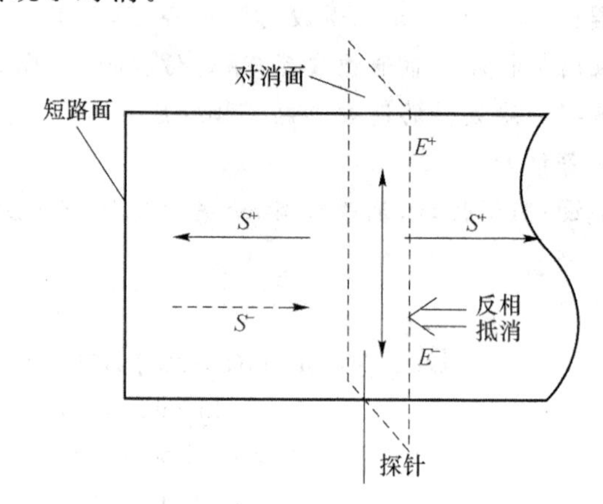

图3　无源对消示意图

3.2　对消宽带化实现

如果谐波只是在某个频点突起或者谐波的带宽很窄时，我们可以通过合理地设置探针截面距终端金属板的距离来实现对谐波的对消抑制，这种方法为窄带对消。当谐波附近存在其他谐波或者谐波的带宽较宽时，通过上述的窄带对消方法就无法实现宽带谐波的抑制。

以上文设计的消失模波导滤波器为例，滤波器在21 GHz、21.8 GHz以及22.8 GHz处有三个谐波，这三个谐波频点距离较近，且频率较高。为实现对这三个谐波的抑制，需要采用具有宽带对消的结构。首先，考虑到谐波频率距离中频12.5 GHz较远，我们可以在滤波器两侧端面加载矩形波导高通负载，利用高通负载的高通特性使谐波可以在负载内传播而将主模波阻断，这就实现了自适应频选传输路径[5]。

高通负载的作用是将频率较高的谐波导进负载内，导入的谐波经负载终端的短路面再反射回来。所以，根据对消原理可知，高通负载长度的确定对实现谐波抑制十分关键。矩形波导高通负载结构示意图，如图4所示，其中a_c、b_c分别为高通负载的宽边和窄边，l_c为高通负载的长度，d为探针距短路面的距离。

这里各参数的取值计算见参考文献[5]。

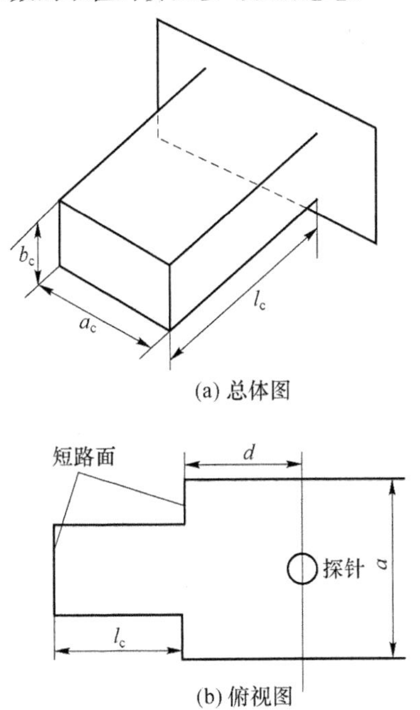

图 4　矩形波导高通结构示意图

以图 1 所示的滤波器为例，在其一端加载一矩形波导高通负载，并改变负载的长度 l_c，得到的仿真结果，如图 5 所示。从图中可知，高通负载的长度决定了对消频点的位置，长度越小，对消频点越高。且频点的对消效果明显，可给对消频点的 S_{21} 带来 40 dB 以上的下降。但采用矩形波导高通负载只能实现单个频点的对消，无法实现宽频带对消。

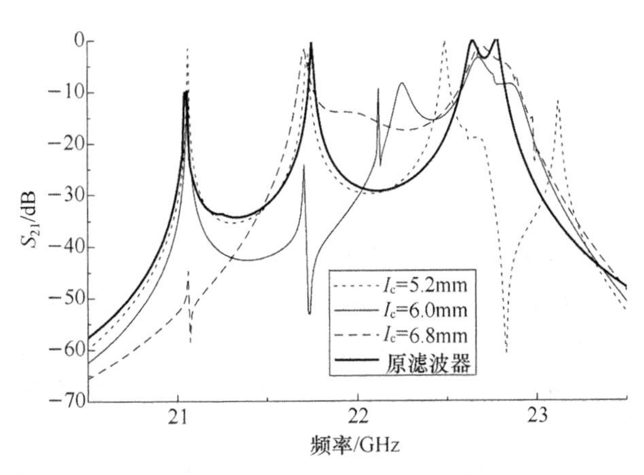

图 5　滤波器远端 S_{21} 随 l_c 变化的关系

为实现宽带谐波的对消，我们对矩形波导高通负载的短路端面做了些改变。如图 6 所示，高通负载的短路端面不再垂直于长度方向，而是在宽边以及窄边方向上都采用渐变处理。这样的端面改变即可实现多频点对消，从而为实现宽带谐波对消提供了条件。

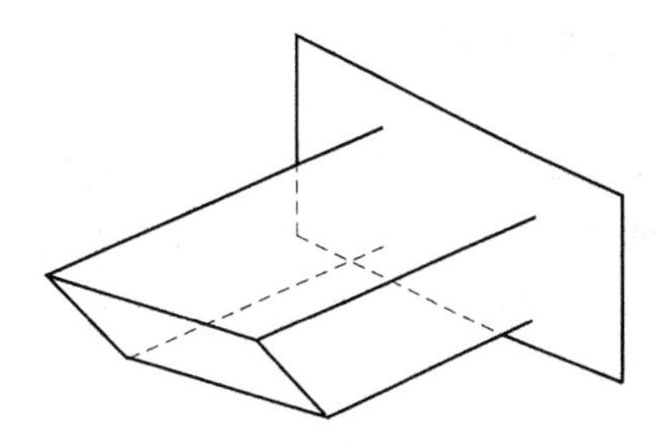

图 6　改进后的高通负载示意图

考虑到要抑制的谐波频宽较宽（约 2 GHz），我们在滤波器的两端加载了两个如图 6 所示的高通负载，且为使对消的带宽够宽，两个高通负载的长度应不等。在实际仿真中，探针距短路面的距离需配合加载的高通负载的长度进行微调。实现谐波宽带对消的滤波器仿真模型，如图 7 所示。

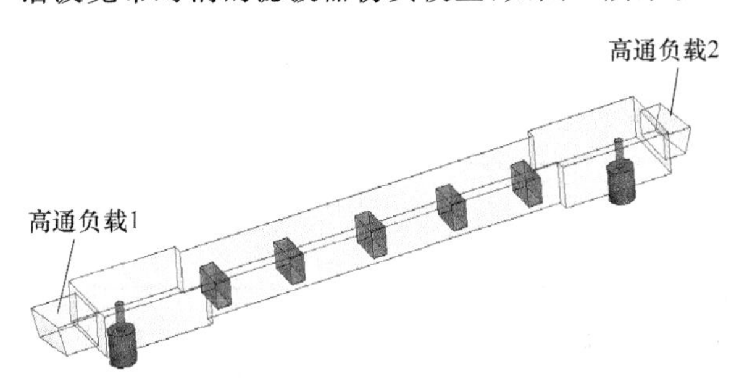

图 7　谐波宽带化对消滤波器

通过 HFSS 软件仿真优化，滤波器的宽频带 S 参数仿真曲线，如图 8 所示。从图中可以看出，原滤波器在 21 GHz、21.8 GHz 和 22.8 GHz 处的谐波的 S_{21} 被有效地抑制了在 −35 dB 以下，阻带至 28 GHz 内 S_{21} 也均在 −35 dB 以下。仿真结果说明，采用加载改良型高通波导负载的方法实现了宽带谐波的抑制，且抑制效果明显。

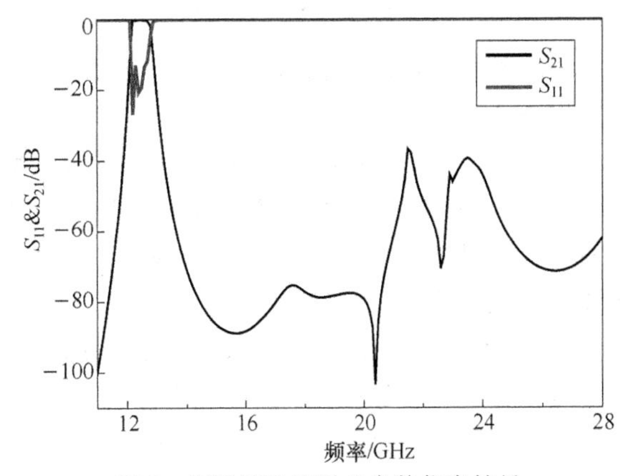

图 8　宽阻带滤波器 S 参数仿真结果

4 测量与分析

为了验证设计的准确性，对所设计的加载高通负载的宽阻带滤波器进行了加工测量，滤波器实物图以及结构参数示意图，如图 9 所示，滤波器的具体参数值在表 1 中列出。

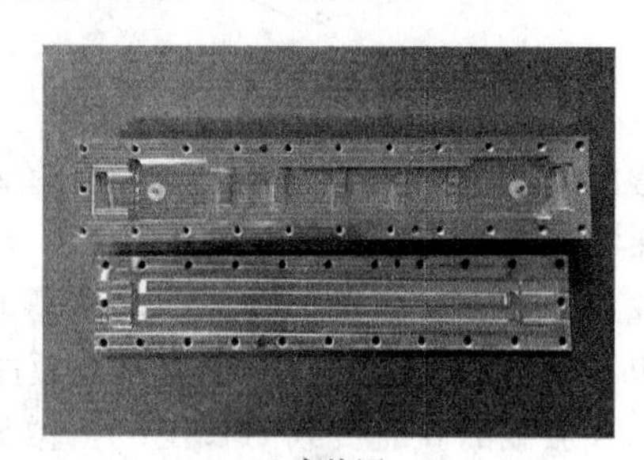

(a) 实物图

(b) 俯视图

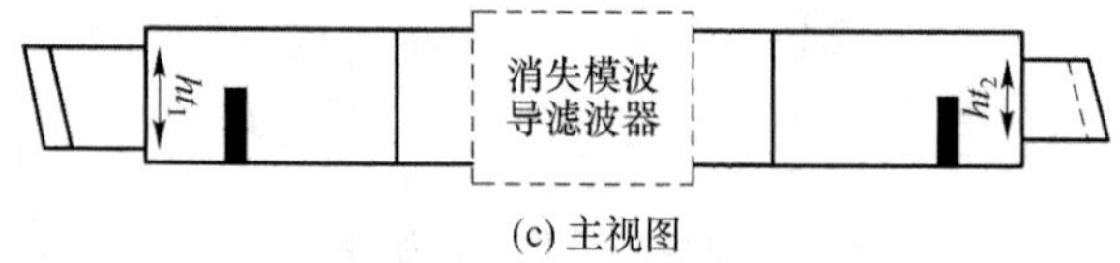

(c) 主视图

图 9　滤波器实物图及结构参数示意图

表 1　滤波器的参数值(单位:mm)

wt_1	ht_1	lt_1	lt_2	xt_1	df_1
7.5	3.8	7.2	6.2	1	5
wt_2	ht_2	lt_3	lt_4	xt_2	df_2
9	3	4.35	3.35	1	5.5

滤波器的测量结果，如图 10 所示，从图 10(a)中可知，滤波器中心频率为 12.5 GHz，带宽 500 MHz，带内测量 S_{11} 在 −16 dB 以下，带内中心处插入损耗为 0.5 dB，通带边缘插入损耗为 1.1 dB。滤波器的宽带测量结果如图 10(b)所示，从图中可知，滤波器的阻带在 13.7 GHz 至 20.7 GHz 范围内 S_{21} 在 −60 dB 以下，阻带至 29 GHz 范围内 S_{21} 在 −40 dB 以下，阻带至 36 GHz 范围内 S_{21} 均在 −20 dB 以下。测量结果表明，本文采用的改良型高通负载结构实现了宽带对消，原滤波器在 21 GHz 至 23 GHz 范围内的谐波被有效抑制，使滤波器的阻带延至约三倍频，滤波器的阻带性能得到大幅提高。

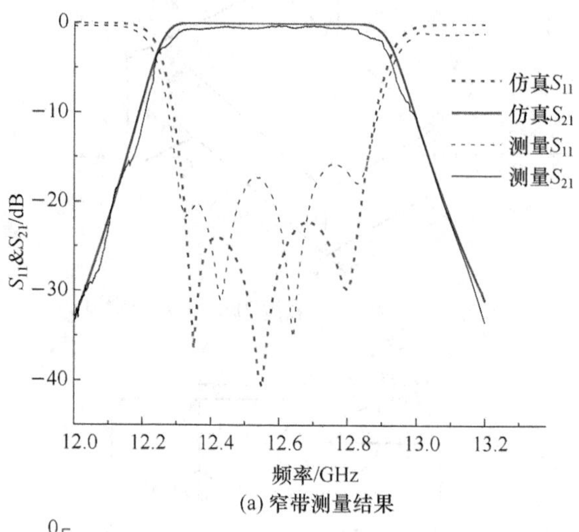

(a) 窄带测量结果

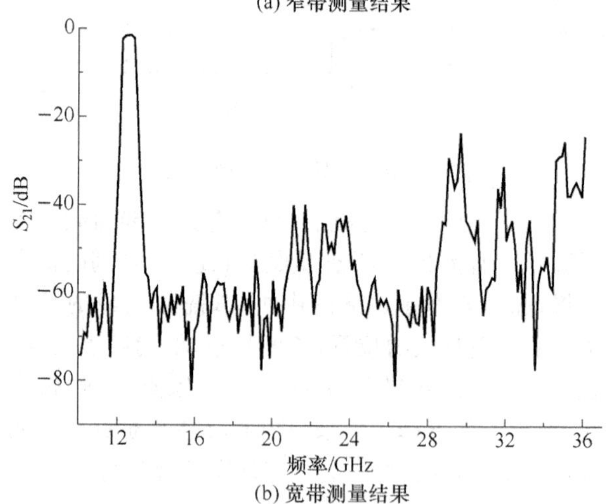

(b) 宽带测量结果

图 10　滤波器 S 参数测量结果

5 结论

本文介绍了无源对消的原理以及高通负载的尺寸设计，并对高通负载的端面进行了改进以实现对消宽带化。在消失模波导滤波器的基础上，通过仿真测试，验证了提出的谐波对消方法有效地将原滤波器的谐波抑制了 40 dB 左右，并将滤波器的阻带宽度展宽至三倍频，阻带性能得到明显提高。

参考文献

[1] 冯丰. 微波滤波器寄生通带的抑制方法研究[D]. 上海:上海交通大学, 2007.

[2] Aming A. The design of omnidirectional terahertz

mirror and TM mode filter based on one-dimensional photonic crystal: potential for THz communication system[C]// International Conference on Photonics Solutions. 2015:96590J.

[3] Kuo J T, Shih E. Microstrip stepped impedance resonator bandpass filter with an extended optimal rejection bandwidth[J]. IEEE Transactions on Microwave Theory & Techniques, 2003, 51(5):1 554-1 559.

[4] 赵鹏. 高功率波导谐波抑制器的研究[D]. 成都:电子科技大学, 2015.

[5] Wang I, Yuan B. A novel method of passive harmonic wave suppression based on frequency selection for waveguide filter[C]// International Symposium on Antennas, Propagation and Em Theory. IEEE, 2008: 518-521.

通信作者:李坤

通信地址:河南省洛阳市涧西区周山路17号,中国洛阳电子装备试验中心,邮编471000

E-mail:likun18205165592@126.com

基于下一代移动通信的宽频高增益基站天线

周　扬　贾婧蕊

(贵州师范大学 机械与电气工程学院，贵阳　550001)

摘要:本文提出了一种宽频带高增益的双极化基站天线。利用了交叉的Γ型馈电结构,实现了高隔离度。使用切角电偶极子结构产生了多个谐振点,实现了宽频。仿真结果表明:天线在1.7～3.6 GHz频段内回波损耗均小于－12 dB,天线端口隔离度低于－30 dB,且有较稳定的增益。该天线具有频带宽、增益高、具有良好的定向辐射特性,能够适用于2 G/3 G/LTE/5 G频段,可应用于下一代移动通信。

关键词:双极化天线,宽频带,高增益,移动通信,5 G。

A Wideband High Gain and Dual-polarization Base Station Antenna based on The Next Generation Mobile Communication System

Zhou Yang　Jia Jingrui

(School of Mechanical and Electrical Engineering, Guizhou Normal University, Gui Yang, 550001, China)

Abstract: A wideband, high gain and dual-polarization base station antenna is proposed in this paper. Achieve high isolation utilizing a cross-Γ-shaped feed structure. Tangential electric dipole structure is employed to generate multiple resonance points and broaden the frequency band. The simulated results show that the antenna obtains a return loss of less than －12 dB from 1.7 GHz to 3.6 GHz, the isolations is less than －30 dB, and get a stable gain. The proposed antenna obtains broadband, high gain and good radiation characteristics, suitable for 2G/3G/LTE/5G bands. It can be widely used in the next generation mobile communication system.

Key words: dual-polarization antenna, broadband, high gain, mobile communication, 5G.

1　引言

2016年11月16日,在第三届世界互联网大会上高通公司带来了可以实现“万物互联”的5 G技术原型。与LTE网络通信技术相比,5 G无线通信技术的传播速度可以提高多倍[1]。

移动通信的迅速发展,对基站天线提出了新的要求。新的基站需同时覆盖2G/3G/LTE/5G移动通信的工作频段,在相同的使用环境下,小型化、高增益、宽频带基站天线有节约建设成本、减少土地占用等优点。2018年工信部划定5G频段在3.3～3.6 GHz、4.8～5.0 GHz,而现阶段的研究还没有一款能够同时覆盖2G/3G/LTE/5G频段的天线,因此研究一款宽频带、高增益的基站天线非常有必要。近年来有多种电磁偶极子天线被提出[2],但是上述文献所提出的天线均无法满足新一代移动通信的需求,例如文献[2]中提出了带宽、方向图、隔离度特性都很好的双极化电磁偶极子天线,但是它只能在单频段工作。本文设计了一种电磁偶极子双极化天线,天线在1.7～3.6 GHz频段范围内具有较高的增益以及较稳定的辐射特性天线的结构也较为简单。本文对设计的天线进行电磁仿真分析,发现该设计能够满足基站天线对宽带、增益稳定性等要求。

2 天线设计

该天线的模型，如图 1 所示，主要由四个电偶极子、四个磁偶极子、两个正交 Γ 型馈电结构组成。天线的上表面由四片电偶极子组成，根据偶极子设计原则，其尺寸大致为四分之一波长，并且为了扩宽频段，增加额外的谐振点，在电偶极子的外环有斜切角，加有 L 型挂钩，这样做能有效地扩宽频带。电偶极子和磁偶极子连接，这种补偿天线的设计能使天线产生一个几乎完全对称的方向图，如图 2 所示，具有良好的辐射性能。

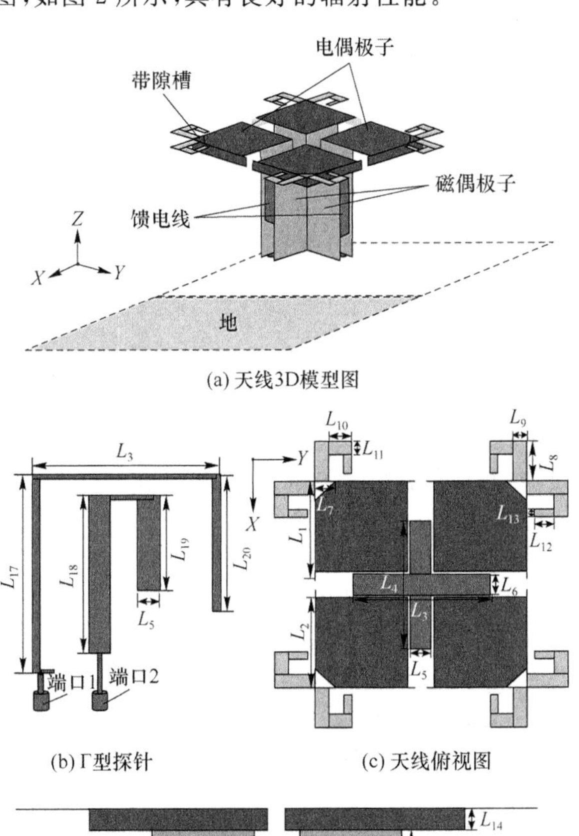

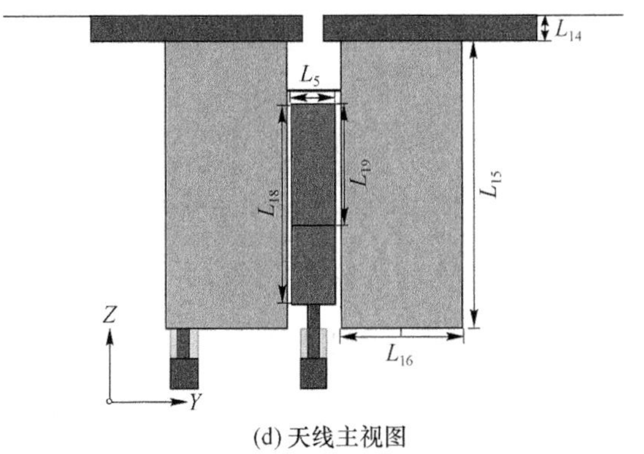

图 1　天线模型图

馈电结构，如图 1(b)所示，分为三个部分，第一部分用来调整容性感性、第二部分四分之一波长、第三部分为传输线，用于阻抗匹配，并且为了提高天线隔离度，采用两个 Γ 探针十字交叉型结构。

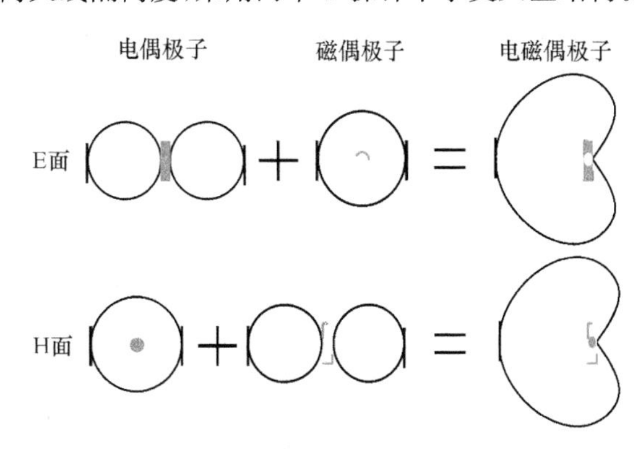

图 2　电偶极子磁偶极子辐射合成图

天线各部分尺寸，如表 1 所示。

表 1　天线结构尺寸表

参数	数值/mm	参数	数值/mm
L_1	19.48	L_{11}	2.82
L_2	17.97	L_{12}	3.72
L_3	26.64	L_{13}	1.58
L_4	25.36	L_{14}	2.32
L_5	3.91	L_{15}	28.02
L_6	3.87	L_{16}	11.19
L_7	4.02	L_{17}	20.43
L_8	8.08	L_{18}	17.78
L_9	2.78	L_{19}	10.97
L_{10}	4.32	L_{20}	14.47

3 仿真结果

本文对天线性能进行仿真测试，经过部分的调优测试，得到较为理想的结果。

图 3 为天线 S 参数和增益的仿真结果，从图 3 中可以看出，所设计的天线在 1.7～3.6 GHz 频段内回波损耗均小于－12 dB。在 1.7～3.8 GHz 频段内天线的增益较为平稳，峰值达到 8.8 dBi，天线具有宽频带特性。在频段适用范围内平均增益为 8.15 dB，且增益幅度为正负 0.65 dB，具有稳定的辐射。

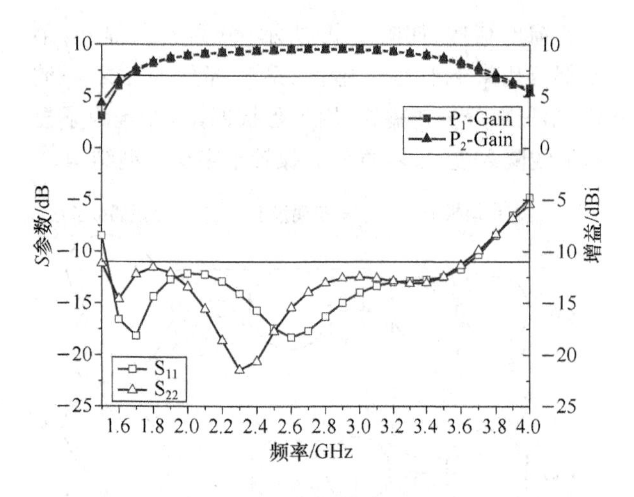

图 3　S 参数与增益

图 4 为天线的隔离度仿真结果。该天线在 1.6～3.6 GHz 频段内隔离度均小于－30 dB，隔离度较高。

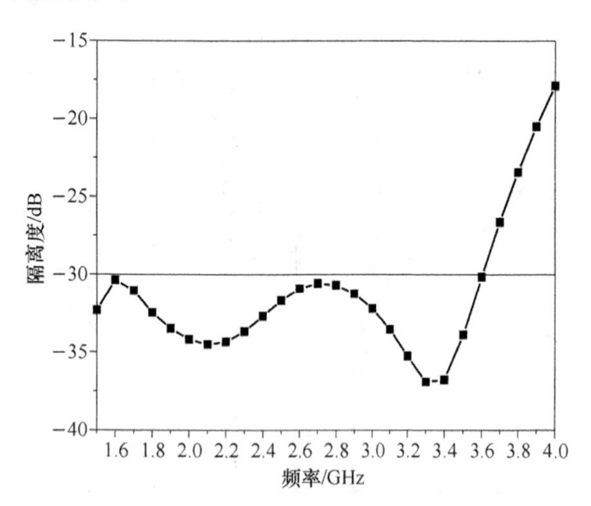

图 4　隔离度

图 5 是天线的方向图仿真结果，在 1.8 GHz、2.6 GHz、3.4 GHz 三个频点上对天线水平面、垂直面的主极化和交叉极化方向图进行仿真。由图可以看出，天线的前后比大于 20 dB，因此具有优秀的定向辐射特性。交叉极化比大于 20 dB，完全满足了正常基站天线的需求。

4　参数分析

通过分析发现，切角电偶极子的长度 L_2 对天线的匹配影响较大，图 6、7 是不同长度 L_2 下的回波损耗仿真结果。从图中可以观察到，当调整 L_2 大小时，天线的频带宽度明显变窄，并且不能完全

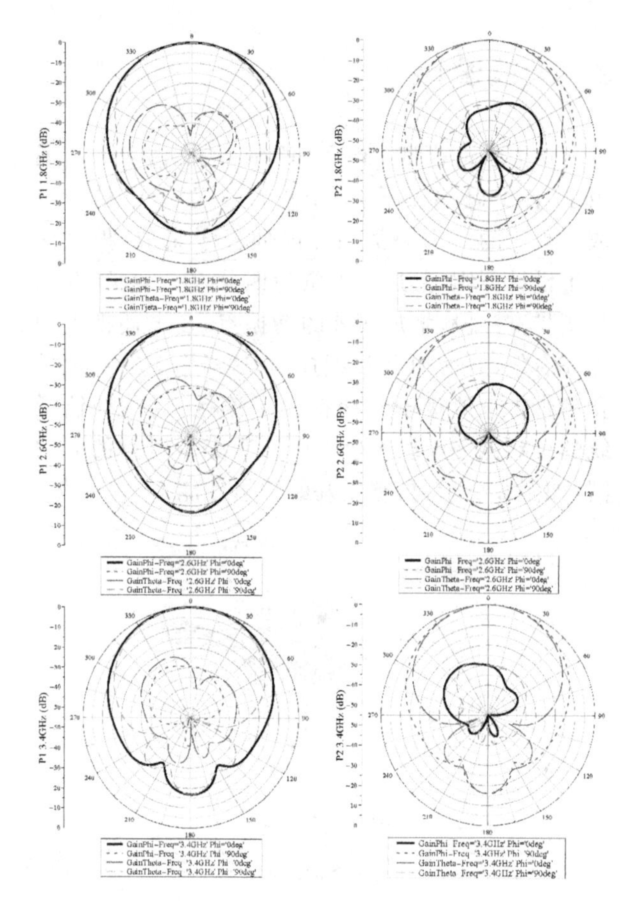

图 5　方向图

包括 2G/3G/LTE/5G 等频段，因此并不符合下一代移动通信的需求。

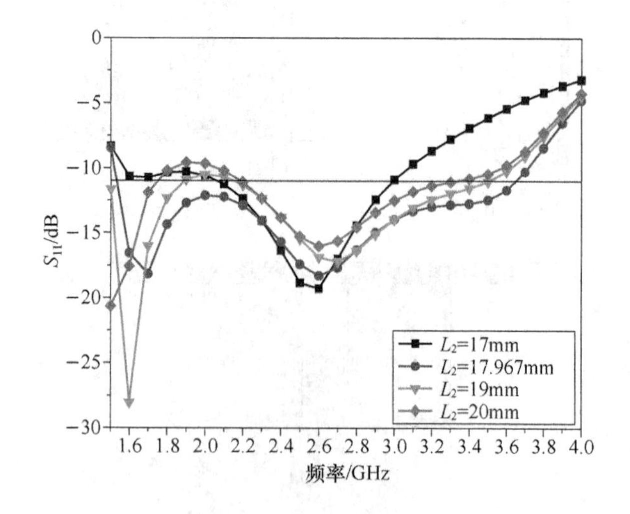

图 6　不同长度 L_2 的 S_{11}

图 8、图 9 是不同长度 L_2 下两端口的增益仿真图。可以看出，当 L_2＝17.967 mm 时，天线的增益较为稳定，且有较高的峰值。

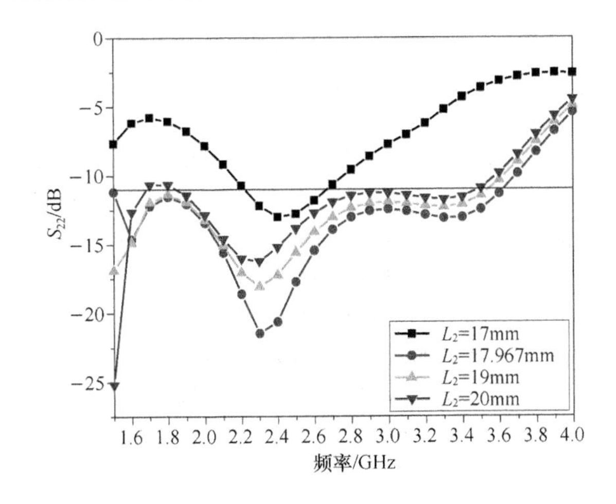

图 7　不同长度 L_2 的 S_{22}

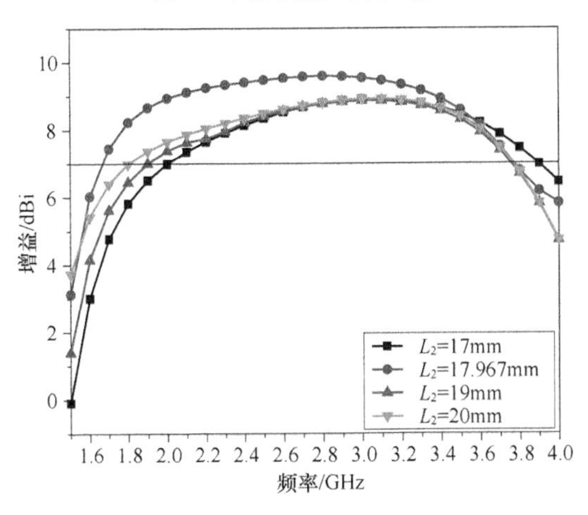

图 8　P_1 口不同长度 L_2 的增益

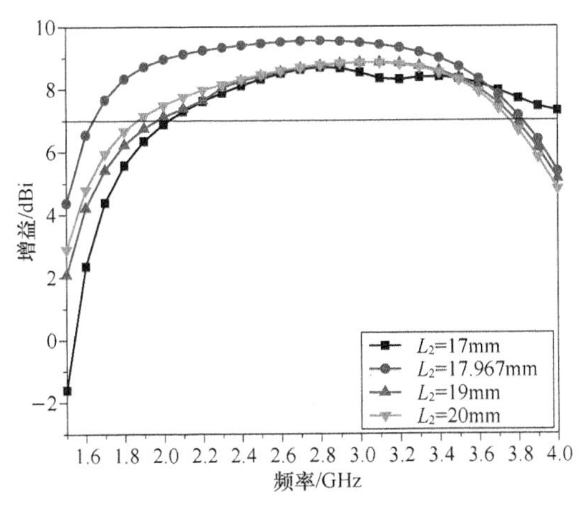

图 9　P_2 口不同长度 L_2 的增益

5　结构分析

为了分析天线结构对天线性能的影响，图 10、图 11 给出了不同结构下天线的回波损耗和增益仿真曲线。

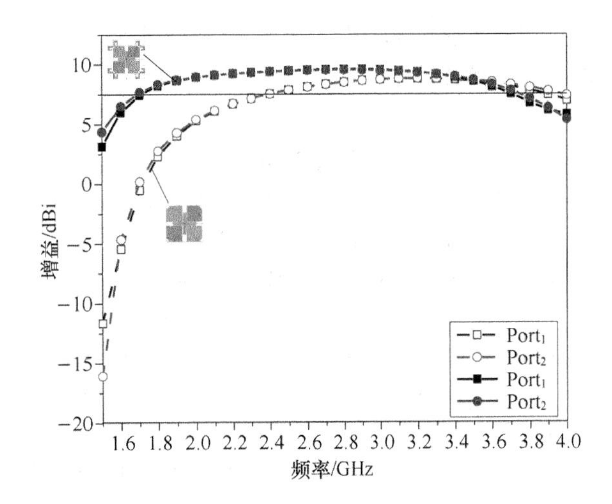

图 10　不同结构的增益

从图 10 中可以看出无外环形状的天线增益在低频段较差，加上外环后，天线增益得到明显的改善，在 1.7～3.6 GHz 频段内增益提高较为明显。

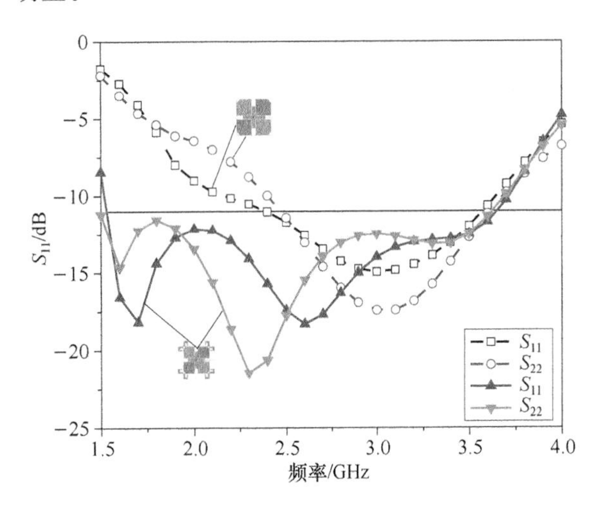

图 11　不同结构的 S 参数

图 11 是不同结构的天线回波损耗仿真图，从图中可以看出天线在没有外环的情况下，只有一个谐振点，阻抗匹配也较差。引入外环后，新增加了两个谐振点，拓宽的天线的阻抗频带，在 1.7～3.6 GHz 频段内回波损耗小于－12 dB。

6　结论

本文设计了一种基于下一代移动通信的基站天线，天线在 1.7～3.6 GHz 频段内回波损耗低于－12 dB，阻抗带宽完全覆盖 2G/3G/LTE/5G 无线移动通信，在工作频段内有十分稳定的辐射特性。实现了宽频段、高增益等性能。满足下一代移动通信的需求。

参考文献

[1] 张跃飞. 对第五代移动通信系统 5G 标准化展望与关键技术的探讨[J]. 北京:数字通信世界，2017(12).

[2] Ge L,Luk K M. Linearly Polarized and Dual-Polarized Magneto-Electric Dipole Antennas With Reconfigurable Beamwidth in the H-plane[J]. IEEE Transactions on Antennas & Propagation, 2016, 64(2): 423-431.

[3] Lai H W, Hang W. Substrate Integrated Magneto-Electric Dipole Antenna for 5G Wi-Fi[J]. IEEE Transactions on Antennas & Propagation, 2015, 63(2): 870-874.

[4] Li M,Luk K M, Ge L, et al. Miniaturization of Magnetoelectric Dipole Antenna by Using Metamaterial Loading[J]. IEEE Transactions on Antennas & Propagation, 2016, 64(11):4 914-4 918.

[5] Li M,Luk K M, Ge L, et al. Miniaturization of Magnetoelectric Dipole Antenna by Using Metamaterial Loading[J]. IEEE Transactions on Antennas & Propagation, 2016, 64(11):4 914-4 918.

通信作者:周扬

通信地址:贵州省贵阳市花溪区 贵州师范大学 机械与电气工程学院,邮编 550025

E-mail:zhyoung@live.cn

舰船电磁辐射对燃油危害安全控制研究

蔡明娟[1]　曹　斌[2]　万海军[1]　吴文力[1]

（1. 海军研究院，上海 200235；2. 中国船舶及海洋工程设计研究院，上海 200011）

摘要：舰船上处于电磁辐射环境中的燃油在一定的条件下有引燃和爆炸的危险。本文分析了国家军用标准中舰船电磁辐射对燃油危害的生成条件和安全性要求，并从舰船论证设计阶段、方案阶段、工程研制阶段和使用作业阶段四个方面提出了安全控制措施建议，可为预防舰船电磁辐射对燃油危害提供指导和参考。

关键词：舰船，电磁辐射对燃油危害（HERF），标准，安全性，控制。

Study on Safety and Control about Hazards of Electromagnetic Radiation to Fuel of Ship

Cai Mingjuan[1]　Cao Bin[2]　Wan Haijun[1]　Wu Wenli[1]

（1. Naval Research Academy, Shanghai, 200235, China;

2. Marine Design & Research Institute of China, Shanghai 200011, China）

Abstract: The fuel in the electromagnetic radiation environment may be fired and exploded in specific conditions on the ships. In this paper, it analyses the generate conditions and security requirements about the hazards of electromagnetic radiation to fuel (HERF) of ships in the military standards, and deeply puts forward the safety control proposals in the design stage, planning stage, engineering stage and using stage of ships, which can provide the guidance and reference for prevention of hazards of electromagnetic radiation to fuel on ships.

Key words: ship, hazards of electromagnetic radiation to fuel (HERF), standard, safety, control.

1　引言

处于电磁辐射场中的一些金属构件在接触时会感应电弧和火花，当这一能量达到引燃燃油蒸汽所需的最小点火能量时，会使燃油着火，可能引发火灾或者爆炸事故。20 世纪 50 年代，美国海军舰队报告停放在 CVA-42 航母甲板上的飞行器受射频照射发生了电弧放电现象，由此美国海军开展了关于射频能量点燃燃油蒸汽的专项调查工作，开始了电磁辐射对燃油危害的研究。

美军实验室以及相关专项实验表明，燃油蒸汽在能被电磁辐射产生的电弧火花点燃；同时，美军研究以及实践表明，在考虑了电磁辐射对燃油危害的作用，采取相应的措施之后，发生电磁辐射点燃燃油事件的概率是比较小的。舰船辐射天线产生辐射场强度足以达到感应出电弧和火花引燃所需的能量。虽然这种方式引起点燃的可能性由于需要多个条件同时满足而很小，但是实际舰船的例子已经说明，不能以可能性小为忽视潜在危险的存在。

2　舰船电磁辐射对燃油危害的产生

我国针对舰船电磁辐射对燃油危害问题已经开展了部分研究工作，并颁布制定了相关标准，如

GJB 1446.40——1992《舰船系统界面要求 电磁环境 电磁辐射对人员和燃油的危害》，GJB 1389A——2005《系统电磁兼容性要求》和 GJB 4000——2000《舰船通用规范》。

GJB 1446.40——1992 中在电磁辐射对燃油危害的可能性（对应标准条款为 4.4 对燃油的危害）中指出：舰船甲板上大功率通信、雷达及其他电子设备大能量的辐射，将对燃油产生危害。根据 GJB 1446.40——1992 标准，只有下列 3 个条件同时满足时，才可能发生电磁辐射引燃燃油的情况。

（1）对于给定的环境温度，燃油蒸汽与空气混合物的比率必须恰当；

（2）必须有足够能量的电弧或火花以产生恰当的点火温度；

（3）电弧间隙必须有足够的长度和热量，足以引起火焰。

因此，舰船上所谓电磁辐射对燃油危害，其本质是由于大功率电磁场辐射的缘故，使得金属间隙发生火花打火，形成电弧放电。在一定的温度、压力及浓度条件下，可能点燃燃油与空气形成的混合气体，使得燃油发生燃烧或爆炸。与一般燃油燃烧的区别在于，点火源是电磁辐射引起的放电火花，燃油燃烧的其他条件并无区别。

3 安全性要求分析

我国关于舰船上对于燃油辐射危害还没有一个得到广泛认可的明确限值要求。根据 GJB 1446.40《舰船系统界面要求 电磁环境 电磁辐射对人员和燃油的危害》，影响电磁辐射点燃燃油的因素主要有三点，而这三点都是定性的因素，没有一个明确的量化指标。GJB 1389A《系统电磁兼容性要求》标准在涉及电磁辐射对燃油危害内容的标准条款中也没给出具体的量化数据。

虽然我国舰船上对于燃油辐射危害还没有一个广泛认可的明确限值要求，但是各个标准从不同的角度提出了有关预防电磁辐射对燃油危害的安全性要求。

控制发射天线与燃油作业区的空间距离可以有效控制舰船燃油作业区的电磁环境，从而有效减小电磁辐射对燃油的危害。表 1 列出了有关空间距离控制要求。

表 1 预防电磁辐射对燃油危害有关空间距离控制要求

序号	文件	要求内容
1	GJB1446.40——1992《舰船系统界面要求 电磁环境 电磁辐射对人员和燃油的危害》	辐射装置的安装位置（包括旋转和扫描天线）应保证在工作过程中避开对加油区的照射
2	GJB 4000——2000《舰船通用规范》	405 章“天线”中指出，天线布置应确保大功率天线发射时对人员、燃油、火工品及电引爆装置的安全

由于因舰船空间有限，空间距离控制无法完全预防电磁辐射对燃油危害，因此，标准还提出了进行发射管理控制的方法控制舰船燃油作业区的电磁环境，从而有效减小电磁辐射对燃油的危害。GJB 1446.40——1992 中指出在加注燃油期间应关闭有关的发射机。

良好的接地、搭接措施可以有效避免因电磁辐射产生的火花放电，从而有效预防电磁辐射对燃油的危害。GJB 4000——2000《舰船通用规范》925 章“电装”中规定，发射天线附近输油管接口、燃油出气口等金属部件不应有毛刺和棱角，所有活动部件均应有效接地；应用毫欧表或电桥检测电缆屏蔽层接地电阻和露天部位金属构件的接地电阻，其直流电阻值应小于 10 mΩ。

为有效预防电磁辐射对燃油危害事故的发生，标准对燃油作业期间一些注意事项进行了规定。GJB 1446.40《舰船系统界面要求 电磁环境 电磁辐射对人员和燃油的危害》中规定：（1）限制危险燃油在射频场里散放；（2）操作和保存供油设备不应使燃油溢出。

GJB 1389A——2005《系统电磁兼容性要求》也在 5.8.3 电磁辐射对燃油的危害中提出了“燃油蒸汽不应由于辐射的电磁环境诱导产生的电弧而意外点燃”的要求。

4 安全控制预防措施建议

为了预防舰船上电磁辐射引燃燃油造成不可挽回的危害，在舰船不同的设计建造阶段，提出了以下的安全控制预防措施建议。

4.1 论证设计阶段

（1）在提出对系统、设备、天线的选型及布置的初步方案的同时，分析可供选用方案中应是否存在电磁辐射对燃油危害问题，并对解决问题的费用和风险进行评估。

（2）在提出的舰船总体、系统电磁兼容性初步要求中，明确有关预防电磁辐射对燃油危害的要求，确定所选用的标准，在舰船电磁兼容性分析论证报告中提出有关电磁辐射对燃油危害的相关分析。

4.2 方案阶段

（1）进行必要的模型预测，分析总体电磁环境，综合考虑电磁辐射对燃油危害因素，完成天线布置的初步设计。

（2）对工作在预定电磁环境中的燃油系统和设备进行分析，确定总体、系统及设备的预防电磁辐射对燃油危害的要求。

（3）初步确定舱室以及燃油作业区的布置，并提出相应的隔离措施和要求。明确舰船上的燃油舱、易燃挥发性油类的装卸口和通气口应远离或背向大功率辐射，尽量将其布置在场强较低的区域。

（4）在本阶段总体电磁兼容性大纲和总体电磁兼容性设计说明书中对预防电磁辐射对燃油危害问题进行说明。

4.3 工程研制阶段

4.3.1 技术设计阶段

（1）结合预防电磁辐射对燃油危害有关空间距离控制要求，完成天线电磁兼容布置以及燃油作业区布置的设计。

（2）确保电磁能量不产生火花，在加注油装置的设计中采用如下措施：①使用绝缘层，如热收缩管等；②在加油嘴和靠近油罐及通风口的区域，用非金属部件代替金属部件，如截断通路的塑料油盖、木制的油位标记杆等。

（3）有关电缆布置的要求：敷设在金属桅杆上的电缆应尽量穿入桅杆内或采用电缆罩，也可背向舰船辐射源安装；在燃油作业区域的电缆尽量采取屏蔽措施，且保证屏蔽的完整性。燃油作业区、燃油储存舱室内以及附近区域尽量避免安装电缆接线盒、开关，必须安装的电气开关应采用防爆开关，以减小产生电火花的可能性。

（4）舰船燃油分系统设计时，按挥发性快慢、燃点高低、易燃蒸汽浓度范围大小，合理安排储存位置及排气孔位置。不易挥发、燃点温度高、浓度高的燃油，其排油孔由里向外依次排列。

（5）舰船燃油加载装置、加油喷嘴、加油孔及其他所有控制及处理易燃燃料、液体的辅助设备，应设置接地线或接地搭接线。为确保加油孔盖与油箱接触不会产生火花，要将燃油口电气搭接到飞行器结构上，加油嘴外应加收缩绝缘管，避免喷嘴与加油装置的金属接触产生火花，同时应注意防静电处理。在燃油装卸口附近，应为装卸易燃挥发性油类的设备设置接地用的装置。发射天线附近输油管接口、燃油出气口等金属部件不应有毛刺和棱角，所有活动部件均应有效接地。

（6）舰船燃油舱、燃油加注孔、排气孔周围，在 10 m 范围内严禁安装可能形成火花的电气设备和机械设备，附近区域的金属构件、装置要良好接地搭接；对于安装有压力释放阀的通气管口 5 m 距离内及对于自由排气的通气管口和装卸口水平距离 10 m、垂直高度 0.5 m 内不应安装可能构成着火危险的甲板机械、设备及构件。

（7）辐射源的相关要求：距大功率发射天线较近范围内的较大的活动金属部件和设备（如吊艇柱、工作人员船用担架等）应通过绝缘吊架、钢夹或托架与船体结构接触；不允许雷达主波束对燃油装卸口及其通气管口和燃油直接照射，必要时在适当位置涂覆或采用吸收电磁波的材料，吸收辐射副瓣的能量，以尽量避免因电磁辐射而产生足以点燃航空汽油等油料蒸汽的火花。

（8）有关索具的设计要求：对于易燃挥发性油类的装卸口、通气管口附近的索具，应在两端采用能防腐蚀并有足够厚度且能承受相应机械应力的铜导体牢固接地；小张力索具以及测向环形天线附近的索具其两端宜进行绝缘。

（9）在燃油尤其是机载燃油等易挥发性油类储存舱室内或附近安装通风装置以及易燃气体探测装置，在探测装置探测到易燃性气体浓度达到燃烧极限下限 10%～20%时，自动启动通风装置。

(10) 综合预防电磁辐射对燃油危害有关接地、搭接要求，进行地及接地系统设计，并编制相应的原则工艺。

(11) 在本阶段总体电磁兼容性设计说明书中明确燃油安全防护设计。可行的话，在总体、系统、设备电磁兼容测试大纲和计划中列入预防电磁辐射对燃油危害测试的内容。

4.3.2 施工设计、建造和试验阶段

(1) 落实技术设计阶段有关预防电磁辐射对燃油危害的要求，并在施工文件中予以确认。

(2) 按施工图册及其他文件检查预防电磁辐射对燃油危害技术措施完成质量。

(3) 完成舰船电磁辐射对燃油危害测试并进行评估。

(4) 在编制总体电磁兼容性使用说明书中对有关预防电磁辐射对燃油危害的问题进行说明。

4.4 使用作业阶段

建议对工作人员进行相应的培训，使其了解电磁辐射对燃油的危害性，掌握正确的燃油作业程序，明确燃油作业注意事项。

在燃油作业期间还要注意以下几条。

(1) 油舱检修、加注油等作业时，停止大功率天线发射，断开主波束能照到燃油作业区域的大功率雷达。

(2) 对燃油作业装置及燃油作业区域附近设备定期进行检查，确保其接地搭接良好。

(3) 加注燃料期间，附近电子、电气设备不可进行连接电源、断开电源连接等动作。

(4) 燃油在存储、运输和加注过程中，要做到燃料溢漏最少，发现溢漏应立即清除并查明原因。

(5) 保持对燃油存储区及燃油作业区的良好通风。

(6) 燃油作业区域应配备相应的消防设备及器材。

5 结束语

本文针对舰船上电磁辐射对燃油危害问题，根据有关舰船的电磁辐射对燃油相关标准，分析了舰船上电磁辐射对燃油危害的产生条件和安全性要求，并从舰船论证设计阶段、方案阶段、工程研制阶段和使用阶段四个方面提出了安全控制预防措施建议，可为保证舰船最终良好的电磁兼容性提供技术指导。

参考文献

[1] GJB 1446.40——1992，舰船系统界面要求 电磁环境 电磁辐射对人员和燃油的危害，1992.

[2] GJB1389A——2005，系统电磁兼容性要求，2005.

[3] GJB 4000——2000，舰船通用规范，2000.

舰船电磁脉冲及雷电防护技术概述

耿建明[1]　宋璟毓[3]　颜世伟[2]

（中国人民解放军 92942 部队[12]　中国船舶工业系统工程研究院[3]）

摘要：本文介绍了电磁脉冲和雷电的产生机理，以及对舰船危害。提出了抗电磁脉冲的措施、关键技术和建议，为舰船电磁脉冲防护设计提供支撑。

1　概述

电磁脉冲是一种瞬变电磁现象。从时域来看，其具有陡峭的前沿，脉冲宽度较窄；从频域来看，其覆盖了较宽的频带。除了人们熟知的雷电会产生电磁脉冲以外，静电放电以及大功率电子、电气开关的动作也会产生电磁脉冲。特别是核爆炸产生的电磁脉冲（NEMP），峰值场强极高，上升时间极短，作用范围极广，是其他任何电磁脉冲所无法相比的，因而对各种军用和民用的电子、电气设备与系统构成了严重的威胁。

雷电是自然界最频繁的大气放电现象，也是电磁脉冲的形式之一。雷电对舰船的危害效应包括雷电的直接效应和雷电流引起的间接效应。直接效应即直接由雷击产生的物理效应表现为燃烧、侵蚀、爆炸、结构变形、高压冲击波、强电流形成的磁场，以及雷电沿避雷装置引下线向海面泄放时所形成的足以致命的接触电压和跨步电压等。雷电流引起的间接效应即电磁辐射效应也就是伴随着雷电产生的电磁脉冲辐射及其与设备和系统之间的相互作用。

因此，面对日益复杂的海上电磁环境，需根据舰船特点，结合电磁脉冲和雷电的破坏机理，制定合适的防护措施，以减少电磁脉冲的危害。

2　舰船电磁脉冲及雷电危害分析

对舰船装备构成重大威胁的强电磁脉冲类型有三类：高功率微波电磁脉冲（HPM）、高空核电磁脉冲（HEMP）、及自然界的雷电电磁脉冲（LEMP）。

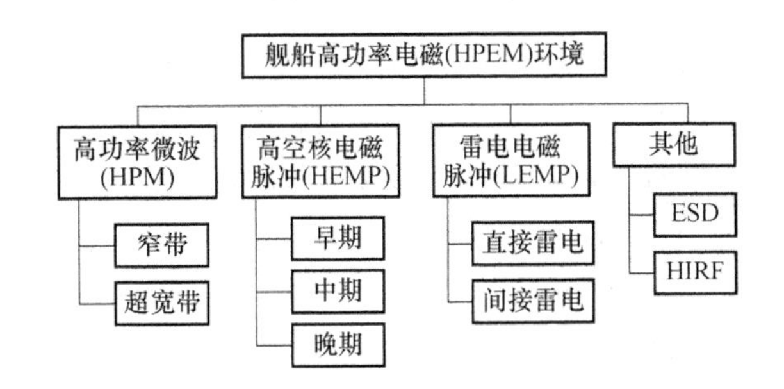

图 1　舰船强电磁脉冲威胁环境主要组成

2.1　电磁脉冲对舰船的危害

随着高能武器运用逐步进入各国海军视野，在高强度电磁脉冲辐射环境下确保电子设备功能是新一代舰艇所需要面对的新技术问题。为有效应对电磁脉冲防护，需要在全船电磁兼容总体设计中尽早统筹，加强防护措施。为后续新概念武器上舰和应对高能武器威胁提供解决思路。

2.1.1　高功率微波及其对舰船装备的危害

高功率微波（HPM）作为一种战术性武器，主要包括窄谱（相对带宽小于 5%）和超宽谱（相对带宽大于 25%）两种，是人为产生的攻击性非核强电磁脉冲。HPM 武器的源峰值功率高达十吉瓦量级，场强峰值 1 kV/m～100 kV/m 量级，频率主要位于 100 MHz～300 GHz 范围内，经定向发射可扰乱/损伤敌方电子信息系统，具有可重复发射、与多种武器平台结合、使用成本低、可平战结合使用等特点。

超宽带高功率微波频谱分量从 kHz 到数 GHz，主要频谱能量在数百 MHz，主要是扰乱舰船 HF/VHF/UHF 频段通信系统、UHF 频段的雷达系统、随动和控制系统等，对微波频段的雷达天线耦合危害较小。窄带高功率微波武器的频谱带宽很窄，能量很集中，对工作频段内的雷达天线、侦察接收天线具有极强的耦合，容易破坏射频通道前端的低噪声放大器、混频器等敏感器件，使雷达致盲，侦察接收机损坏，或受到严重干扰；窄带高功率微波对暴露的随动和控制电缆、电源电缆也有较强的耦合，会造成严重的干扰。

2.1.2 高空核电磁脉冲及其对舰船装备的危害

高空核电磁脉冲(HEMP)由高空核爆炸产生，场强峰值可达到50 kV/m，频谱从数千赫兹至300 MHz，单次攻击方式，攻击范围可覆盖百万平方公里，可损伤、扰乱电子系统，造成电子装备性能下降或失效。高空核电磁脉冲作为一种战略性武器，具有作用范围极大、破坏性强等特点，爆高100 km左右的核电磁脉冲覆盖地面半径达上千公里范围。

高空核电磁脉冲对舰船的危害主要是早期辐射分量的危害，主要频谱能量在100 MHz以下，其辐射场在中波、短波、超短波频段通信天线及信号电缆、控制电缆、电源电缆上会产生较强的耦合，对微波频段的雷达天线的耦合危害较小。

2.2 雷电对舰船的危害

雷电是自然产生的强电磁脉冲环境，是电磁脉冲防护中最直接的威胁。海上气流变化复杂，恶劣天气多发，海面是极容易形成雷电的区域。海面上的舰船会因桅杆、天线等突出部位而容易受到雷电袭击。

雷电电磁脉冲辐射的频谱在30 MHz以下，主要能量集中在kHz频率范围。雷电电磁脉冲以瞬时大电流、浪涌电压等形式，从电源线、信号线传导到电子装备，也可以通过电容性耦合、电感性耦合或等效天线耦合将电磁能量耦合至舰船装备上，给电子设备带来严重的危害，轻则引起设备紊乱，重则烧毁元器件；如果雷电流直接通过电子设备放电，则可能直接将电子设备结构烧毁，甚至对人员的生命安全构成威胁。

3 舰船电磁脉冲与雷电危害防护措施分析

3.1 舰船电磁脉冲与雷电危害防护的措施

(1) 总体设计方面

水面舰船在总体设计上需要考虑全船雷电和电磁脉冲防护，优化布局减小雷电感应，并采用严格的工艺和相关的防护措施，阻止强电磁脉冲进入舰船敏感系统内部。

通过全面分析电子设备的布置分区和使用时机，统一权衡划分全船电磁脉冲防护敏感区域和防护等级，根据电磁脉冲对全船不同部位影响程度，将全舰划分为不同区域的电磁脉冲防护区，针对不同区域的设备明确防电磁脉冲设计要求。并进一步加强应对雷电的防护措施，完善全舰避雷装置设置分析，开展全船防雷施工工艺研究，提出可实现的施工工艺要求。依据GJB4000——2000《舰船通用规范-避雷装置》计算主避雷针有效防护区域，并在距主避雷针较远、高度较高的雷达天线等位置采用副避雷针及接地装置的防护方法进行联合防护。

同时，全船应做好雷电的防护设计，电缆、水管等导体在布置时避免形成大的感应环，从而减小感应电压，所有相邻的金属结构和部件之间应采用良好的电气连接；对暴露于露天部位的屏蔽电缆、管路，在其入舱部位进行雷电间接效应防护工艺设计，隔断雷电间接效应脉冲通过电缆外屏蔽、管路耦合进入舱内的途径。对危险易爆的燃油作业，离雷电流引下线应有足够的安全保护距离。

(2) 设备、系统方面

设备需要在器件的选型、机箱的评估、与外部连接端口的处理上考虑雷电、电磁脉冲的辐射与传导危害防护。电子电气设备的电路必须采用屏蔽加固，尽量避免耦合环路的形成，并加装雷电保护器件。

电子通信等系统需要在系统内部和外部的连接上采取防雷措施。布置于直击雷防护区的通信、导航等设备的电源线路和信号线路均需加装雷电防护模块，具备感应雷的防护能力。布置于直击雷非防护区的设备需具备直击雷和感应雷的防护能力。布置于舱室雷电防护区的设备应具备感应雷的防护能力。

(3) 制定相关标准

应根据全船系统、电子设备发展,制定相应的抗电磁脉冲和雷电标准规范,充分试验,通过模块化等设计方法,掌握系统、设备抗电磁脉冲的性能。

(4) 制定应急预案

可制定紧急相应方案,在遭受雷电和电磁脉冲攻击后,能采取正确方法,积极应对,在最短时间内恢复全船能力。

3.2 主要关键技术

(1) 针对水面舰船总体构型和设备布置情况,可开展多种强电磁脉冲防护统筹设计流程研究,结合舰总体各个设计环节进行由顶层规划到工程施工,形成总体设计不同阶段设计要求、工艺文件和图纸成果。

(2) 可对敏感电子设备带内受强电磁脉冲危害程度进行预测和试验,建立损伤分析模型,研究以模型驱动的强电磁脉冲危害预报技术。

(3) 开展设备、系统、平台的强电磁脉冲综合防护试验和验证研究,完善强电磁脉冲综合防护系列标准。

4 结语

随着水面舰船搭载的电子设备日益增多,电磁脉冲和雷电等对其构成的威胁也更加严重,如何防护电磁脉冲的危害,应经成为一个不容忽视的问题,需要采用新方法、新技术和新措施来解决。

参考文献

[1] 周开基、赵刚. 电磁兼容性原理[M]. 哈尔滨:哈尔滨工程大学出版社,2003.

[2] 舰船电磁兼容性译文. 武汉:第七〇一研究所.

[3] 杨张帆,等. 基于 MIL-STD-188-125 脉冲电流注入测试要求的强电磁脉冲滤波器设计[J],北京:电磁兼容性技术,2011(1):24-28.

舰船平台电磁兼容顶层数字化设计技术

刘其凤　吴为军　倪　超　王　春　方重华

（电磁兼容性重点实验室 中国舰船研究设计中心，武汉 430064）

摘要：现代舰船平台作战能力需求的大幅度提高，导致舰载电子设备配置方案日趋复杂，舰船隐身性、集成性与电磁兼容性成为论证和设计的焦点，电磁兼容性论证和设计迫切需要向数字化、精确化、智能化方向发展。因而提出了舰船自顶向下、全要素量化的电磁兼容数字化设计方法，提出了设备电磁兼容指标设计和预检验方法，以及电磁兼容设计的流程，通过数值仿真、行为级仿真、模拟测试、数据统计等手段，对舰船平台的舰载敏感系统进行电磁兼容性评估、指标量化分配和优化设计，实现舰船平台良好的电磁兼容性设计状态控制。在此基础上提出了电磁兼容数字化设计软件平台框架，并研制出电磁兼容数字化设计软件平台 V1.0。该平台是基于数字化预测的仿真系统，能在一个统一平台上帮助论证和设计人员解决舰船电磁兼容性论证和设计中指标量化、方案优选和定量评价难题，将成为舰船实现电磁兼容性数字化论证和设计不可或缺的手段。

关键词：水面舰船，电磁兼容性数字化设计，流程，方法，辅助设计平台。

The Top-Level Digital Design Method for Ship Platform

Liu Qifeng　Wu Weijun　Xi Xiujuan　Ni Chao　Wany Chun　Fang Chonghua

(Science and Technology on EMC Laboratory,

China ship development and design center, Wuhan, China, emclqf@126.com)

Abstract: As the greatly increased requirements for combat capability in modern ship, and the ship borne electric and electronic facilities configurations become more and more complex, the ship design focus more on the stealthiness, integration and electromagnetic compatibility (EMC). The demonstration and design of EMC should be more accurate and intelligent, by using digital assistant design methods. So we proposed a ship EMC digital design method, introduced the concept and procedure of EMC top-level quantitative pre-design. And we analyzed function requirements of ship EMC digital design assistant platform, and provided some EMC design and pre-validation ways. Then we designed an assistant design system named Modern Ship EMC Top-Down Quantitative Design Platform. The system is based on digital simulation software, and can help ship design engineers to solve the problems in ship EMC design on a union platform, such as quantitative of guideline, optimization of design, and quantitative evaluation, etc. It will be a necessary assistant for modern ship EMC design and validation.

Key word: surface warship, numerical design for EMC, digital-ship EMC design, assistant design platform.

1　引言

随着电子信息技术的不断进步，国外近年推出的舰船研制方案或概念设计方案，均有一个明显的技术特征——高度隐身外形下的集成上层建筑特征，例如：美 DDG-1 000 驱逐舰和美 CVN-21、CVN-78 航母。同时也使舰上电磁收发设备之间的电磁干扰问题越加突出，体现在：一是舰载电子设备信息化的高度集成性，舰载电磁收发设备工作频率易出现频谱冲突[1]。二是舰载电子设备朝着宽频带、高敏感度、大功率的方向发展，性能指标越发先进。在射频可用频段非常有限的情况下，通常射频设备数量越多、布置越密集、每个设备实际使用频谱越宽，相互之间的频谱干扰将越严重。三是舰载电子信息设备面临越来越复杂电磁环境和使用模式等。因此，实现舰船高度隐身外形和高度集成的上层建筑，同时又避免因天线高度密集布置产生电磁兼容问题，在业界普遍认为是一个难题。解决方法主要由两种，第一，充分利用天线共孔径、射频共架、后端信息融合等技术手段大幅度裁减上层建筑上天线数量，实现真实意义上的射频集成，但需对传统的电子系统独立设计模式做出革命性改变。第二，在目前状态下实现射频设备设计和总体电磁兼容性设计的高度协调，追求战技指标与电磁兼容性指标平衡，实现射频资源协调分配、天线形式与上层建筑最佳共形，才能减少因电磁不兼容带来的破坏。

本文以舰船总体电磁兼容设计为背景，基于全舰电磁兼容顶层设计和全过程量化控制需求，提出了一种舰船平台电磁兼容顶层数字化设计技术，建立表征舰船总体的电磁兼容数字化模型和舰载电子信息系统的电磁兼容行为级仿真模型。系统阐述了电磁兼容顶层数字化设计方法、设计流程、设计关键技术等方面，并给出了电磁兼容数字化设计软件平台的需求、框架结构、研发的设计软件平台及典型应用案例。通过电磁收发设备频谱规划、舰艇总体电磁兼容优化设计，并结合全舰电磁兼容管理等手段完成舰船总体电磁兼容设计。

2 舰船电磁兼容顶层数字化设计方法

舰船电磁兼容设计实质就是对电磁兼容指标的论证提出、形成设计方案落实设计指标，并全过程进行指标控制、检验及实验验证。实现电磁兼容性顶层数字化设计的首先要建立舰船平台的电磁兼容设计指标体系，进而建立各设计指标的数字化设计方法、检验方法及实验验证方法。

（1）舰船平台电磁兼容设计指标体系

总结分析了我国舰船平台电磁兼容性设计要素，分析与设计要素相关的我国军用标准中指标体系化现状和定量指标、定性要求、取决于装舰系统技术状态而定等不同的指标存在形式，构建舰总体电磁兼容性指标体系，如图1所示。

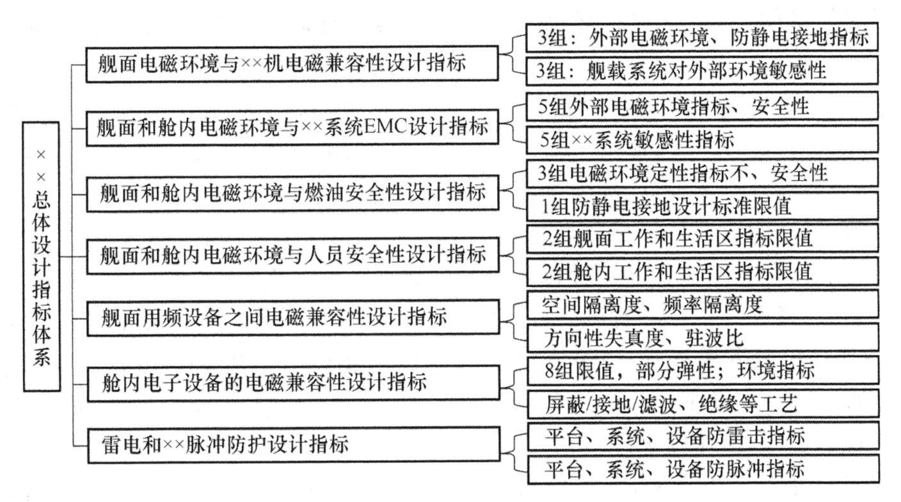

图1 舰船平台总体电磁兼容设计指标体系

由于射频设备带内和带外抗电磁烧毁、饱和、干扰指标要求与其战技指标要求和设备所处的电磁干扰环境指标密切相关，此低彼高需综合平衡，因此，不使用统一的标准进行要求，“射频设备电磁兼容指标预设计”主要针对该部分指标进行设计。在射频设备研制中，主管部门有必要根据其预定的装载平台，平衡其战技指标和电磁兼容性指标，并据此进行射频资源的平衡分配。

在舰船设计中，权衡各设备的电磁兼容指标是决定一艘舰船上数十套射频设备联合工作是否能实现兼容性的根本方法。对于装备复杂的舰船，设计师团队需要利用电磁兼容定量预测方法，预先对射频设备的电磁兼容指标是否符合要求进行定量评价，从而预先制定全舰的电磁兼容性指标，也预先评价舰船在复杂电磁环境下的联合工作能力。

(2) 电磁兼容指标仿真检验方法

在对射频设备提出电磁兼容指标后，可以进行仿真检验。检验方法可由“电磁环境仿真软件”制定各种预定或通用的模式、密度、电平、频谱分布及组合的电磁环境，通过辐照式和注入式方法，分别对接收系统不同节点和全通道进行敏感性检验。

(3) 联合使用时电磁兼容性设计检验方法

实现舰船总体电磁兼容性“全仿真”设计是舰船研制主管部门和设计师的共同目标，届时，即使不进行陆上联调试验，也可以基本实现预期的兼容性设计状态，使设备装上舰船后不造成重要设备设计返工或使用功能和指标缺陷。虽然电磁兼容数字化设计软件平台能辅助设计师进行电磁兼容性定量设计，但设计的准确性尚需验证，即：在设备装上舰船之前仍然应进行设计结果的预检验。预检验一般在陆上进行，因陆上检验可以争取更多的时间取得更充分的试验数据，为仿真软件验证提供条件。

3 电磁兼容顶层数字化设计流程

本文提出过自顶向下、全要素量化的电磁兼容数字化设计方法，分阶段开展电磁兼容顶层量化预设计、天线和设备布置方案设计、陆上试验验证及优化设计、电磁兼容性管理控制指标设计、实舰电磁兼容指标检验。在电磁兼容顶层量化预设计、天线和设备布置方案设计等设计阶段，建立舰载电子设备电磁兼容的数字模型，构建关联设备的电磁干扰和电磁安全关联矩阵，通过综合数值计算、场路协同仿真、场-线-路系统级计算、半实物仿真、设备/系统电磁兼容试验等方法，不断对系统设计方案进行分析、设计、评估、检测、优化、调整，直至舰船总体达到良好的电磁兼容，如图2所示。其主要设计过程如下所述。

(1) 在舰船总体方案论证阶段，总体主要依据总体电磁兼容性要求和设备选型，提出舰船顶层量化设计原始指标，并对各用频设备提出指标和初步的天线布局、设备布局方案。

(2) 利用电磁兼容数字化设计软件平台初步评估舰船总体初步方案的电磁兼容状态，特别要考虑到舰载用频设备的数量、功能、设计性能、设备布局、天线布局等特性。

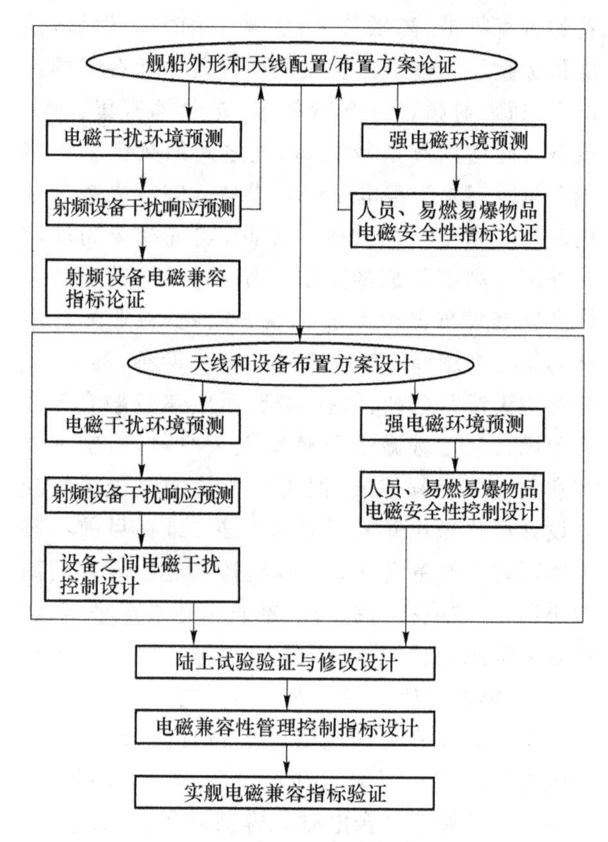

图2 舰船平台电磁兼容顶层数字化设计流程

(3) 根据初步方案的评估结果，对舰载用频设备的电磁兼容指标和性能指标进行量化分解和重新分配。

(4) 对用频设备指标分配之后的舰船总体系统重新进行电磁兼容分析和评估；根据评估结果对设备和系统指标、天线布局、设备布局等进行再调整和优化，使得舰船总体达到一定的电磁兼容状态。

(5) 对舰船总体难以消化掉的电磁兼容性指标，协调舰载用频设备的电磁资源和战技指标，或采用全舰电磁兼容管理方法等使全舰达到良好的电磁兼容状态。

4 电磁兼容顶层设计关键技术

开展自顶向下、全要素量化的电磁兼容数字化设计需要一些关键技术支撑，主要包括：舰载用频设备电磁兼数字化建模、电磁安全矩阵、用频设备间电磁干扰矩阵、指标分解和量化分配、用频设备资源优化和电磁兼容管理方法等。

(1) 舰载用频设备电磁兼数字化模型

舰载用频设备电磁兼数字化模型是进行舰船总体电磁兼容性量化预设计和评估的关键。考虑舰船总体对平台上布置设备要求，以及拟装舰辐射源的电磁特性数字模型、天线所处的平台边界条件，综合分析离散天线电磁特性的数值建模、口径面雷达电磁特性的数值建模、阵列天线电磁特性的数值建模的标准化方法，建立表征多种用频设备的综合数字化模型。舰载用频设备电磁兼数字化模型的功能是能够在舰船总体层面分析各用频设备间的干扰关联关系，建立各用频设备的特征分析模型。

(2) 人员、燃油、设备电磁安全矩阵

根据舰船大功率辐射源和敏感设备系统的布局情况，通过电磁场仿真预测方法，获取舰面电磁环境分布特征，对舰面作业区进行划分；针对每个辐射源的电磁环境预测值，采用理论方法预测多源复合电磁环境，并进行试验验证；结合舰船电磁环境影响的人员、武备、燃油系统等作业区域的电磁安全性限值，构筑表征电磁辐射危害行为的电磁安全矩阵。

(3) 用频设备间电磁干扰矩阵

用频设备间的关联关系包括正常信号流程和干扰信号流程，区分为设备内各分系统间关联以及设备间多种耦合路径关联，具体包括路—路层面的关联、场—路层面的关联、场—场层面或者场—线—路一体化层面的关联。建立设备或其内分系统的特征分析模型，即各分系统的行为级仿真模型。图 3 所示为干扰矩阵生成算法流程。

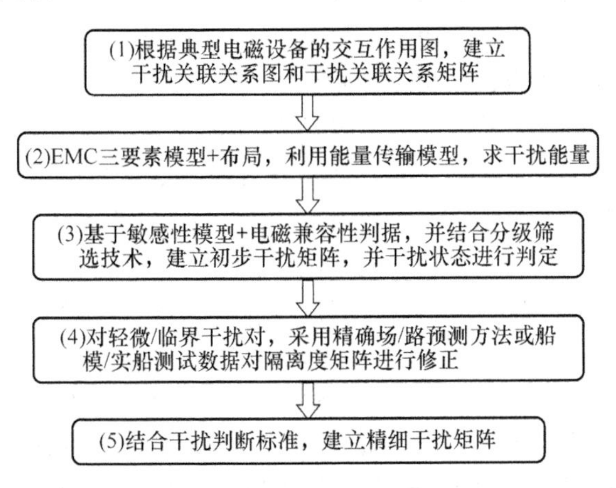

图 3　干扰矩阵生成算法流程

然后根据舰船总体的设备布置初步方案，分析出发射设备、耦合设备、接收设备和其他敏感设备，确定产生有效电磁发射、辐射、耦合的辐射源端口和敏感端口数量，建立用频设备间干扰关联矩阵，如图 4 所示。

敏感设备	干扰源							
	设备1	设备2	设备3	设备4	设备5	设备6	设备7	设备8
设备1								◎
设备2		◎					●	
设备3			◎					
设备4	●	●					○	
设备5			●					◎
设备6				○	●	●		
设备7			○					
设备8		●						

图 4　用频设备间干扰关联矩阵

建立全舰用频设备间干扰关联矩阵是实现电磁兼容顶层设计的关键部分，通过全舰用频设备间干扰矩阵不仅可以全面了解总体的干扰关系，而且可以进行各干扰要素干扰权重的分析，进而对全舰电磁兼容性进行评估和优化，对分系统进行电磁兼容量化指标分配[5,6]。

最后，利用天线耦合计算方法等数值算法解算出各个干扰对间的电磁兼容状态，构筑表征舰船平台电磁干扰行为的定量电磁干扰矩阵。

(4) 指标分解和量化分配

依据用频设备电磁兼容数字化模型，利用电磁兼容干扰矩阵和电磁安全矩阵，便可以进一步对总体电磁兼容顶层指标量化分解和分配。根据电磁兼容三要素“辐射源、敏感设备和耦合途径”，在进行系统电磁兼容分析和评估时，除了把收发设备和天线的部分性能参数纳入考虑范围，还要把耦合途径的指标纳入辐射源和敏感设备的指标体系中。耦合路径由辐射源和敏感设备的安装位置确定，也就是说对于给定的舰船平台，只要辐射源和敏感设备的布局确定，则耦合途径相应固定。

以舰载电子信息设备的位置参数为优化变量、舰载系统可承受的系统指标为约束条件、辐射源和敏感系统间不出现电磁干扰为目标函数，将舰艇总体、系统电磁兼容性指标量化分解到分系统和设备中。

舰船总体通过全舰用频设备的电磁兼容数字

化模型和电磁干扰矩阵，预测指标分配后各用频系统性能对实现全机电磁兼容顶层设计指标的影响。

舰船总体对各用频设备的指标以及舰船总体集成方案进行调整和重新设计(含天线优化布局、各种隔离、屏蔽等电磁兼容控制措施)，解决分系统设计及工艺实现中指标偏差，对舰船总体电磁兼容性的影响。

综上所述，在整个舰船总体电磁兼容设计过程中，为了实现用频设备干扰关联矩阵各元素的求解和总体电磁兼容性评估及优化等，需要完成的主要工作包括构建舰船总体的电磁仿真模型、用频设备数字化模型、强电磁环境分析、多重耦合分析、干扰关系关联矩阵构建、天线布局优化、路域行为级仿真、半实物仿真、电磁兼容性评估、指标量化分配、总体电磁兼容试验等。

(5) 用频设备资源优化和电磁兼容管理

对舰船总体电磁兼容设计难以分配掉的电磁兼容指标，充分利用电磁资源(如：占空比、脉宽、工作方式等)实现抗干扰处理，尽量满足总体对用频设备电磁兼容性指标的要求。采用相关的优化算法，利用设备敏感性预测软件解算设备响应特性，完成设备抗干扰处理方案的逐步优化，对多资源协同调整。

经过舰总体电磁兼容优化设计之后，可能还存在部分电磁收发设备不能相互兼容工作，必须通过全舰电磁兼容管理设计才能使全舰电磁兼容达到良好状态。全舰电磁兼容管理设计以全舰电磁环境预测和电磁干扰预测为依据，根据电磁收发设备的工作特点和使用要求，采用频域管理、时域管理、功率管理、空域管理等方式实现[1]。

5　电磁兼容数字化设计软件平台

针对国内缺少舰船平台系统级电磁兼容数字化设计平台问题，总结和归纳国内多型舰船总体电磁兼容设计经验，首先论证提出了提出舰船平台电磁兼容数字化设计软件平台需求，其次研制出模块化、可扩展的舰船电磁兼容数字化设计软件平台框架，最后再突破功能模块集成等关键技术，研制出电磁兼容数字化设计软件平台。

(1) 提出舰船平台电磁兼容数字化设计软件平台需求，制定了软件研发规划。

从工程实践出发，明确设计要素，在已构建的舰船平台电磁兼容指标设计和检验思路一般方法指引下，提出软件功能需求，并依“全面构建软件框架、软件设计由简入繁”研发思路，制定了软件研发实施规划。

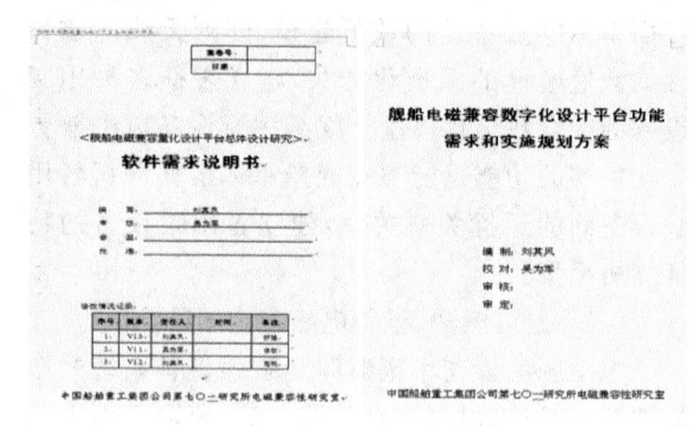
<舰船电磁兼容量化设计平台总体设计研究>

软件需求说明书

中国船舶重工集团公司第七〇一研究所电磁兼容性研究室

舰船电磁兼容数字化设计平台功能需求和实施规划方案

编制：刘其凤
校对：吴为军
审核：
审定：

中国船舶重工集团公司第七〇一研究所电磁兼容性研究室

图 5　××平台电磁兼容量化设计软件平台规划和需求分析

(2) 研制出电磁兼容数字化设计软件平台框架

进一步，基于软件工程理论，构建了电磁兼容数字化设计软件平台框架的总体结构、功能框架和层次结构，如图 6 所示。借鉴数据库技术的最新进展，设计以数据库为中心的平台分层次结构，明确了多设计要素的量化设计流程和针对性软件运行流程。规划出软件平台各部分及各部分内部的接口方法等，并在突破模块化封装等技术难点的基础上，设计出具有多人协同设计、模块化扩展、设计流程固化、设计经验推送等技术特性的以数据库为中心量化设计平台框架。

(3) 突破功能模块集成等关键技术，研制出电磁兼容数字化设计软件平台。

基于软件集成方法和流程驱动等技术，已研制出实现电磁兼容设计业务流程的数字舰船软件框架和舰船电磁量化设计软件平台(一期)，如图 7 和图 8 所示。软件平台由舰船方案输入控制软件、强电磁环境评估软件、干扰量值评价和分析软件、电磁干扰预测矩阵生成软件、电磁兼容量化设计支持软件、支撑数据库软件五部分组成，所链接的软件包包括强电磁环境预测软件包、敏感性仿真预测软件包(接收设备通道响应的行为级仿真预测软件)和干扰耦合预测软件包等组成。

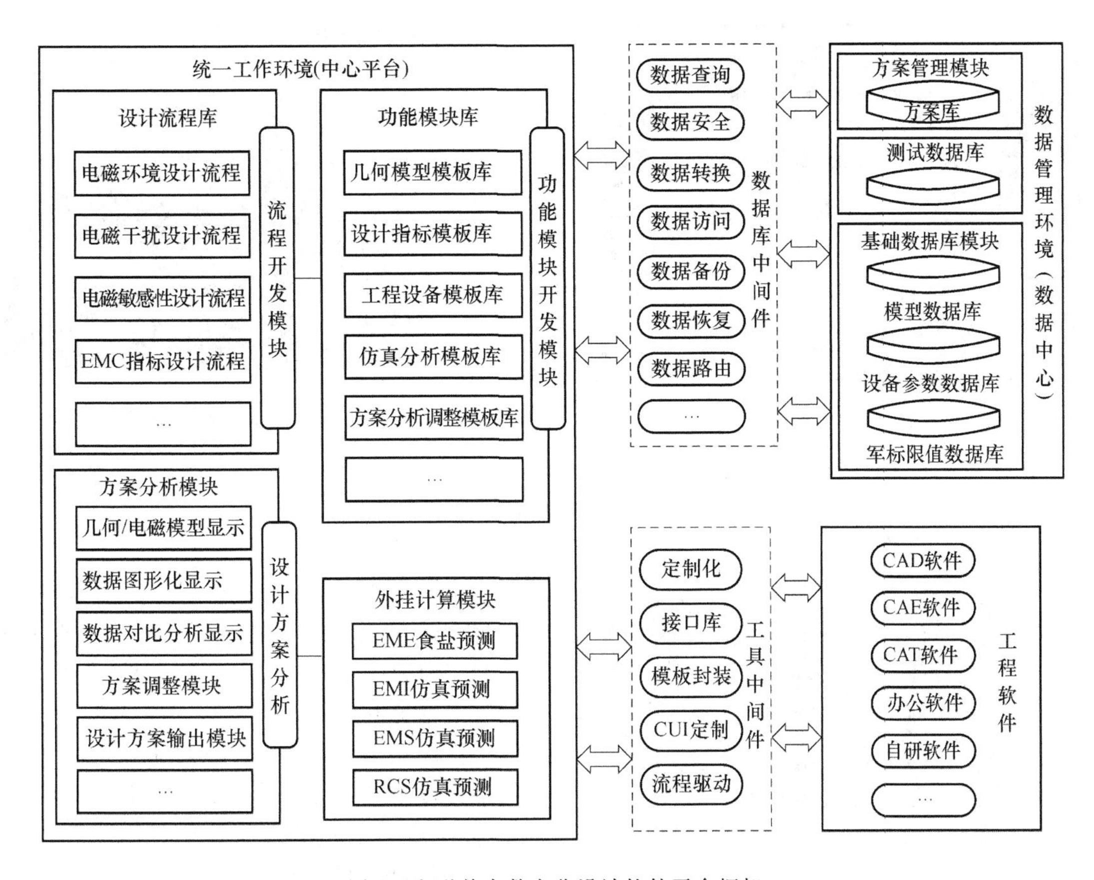

图 6　电磁兼容数字化设计软件平台框架

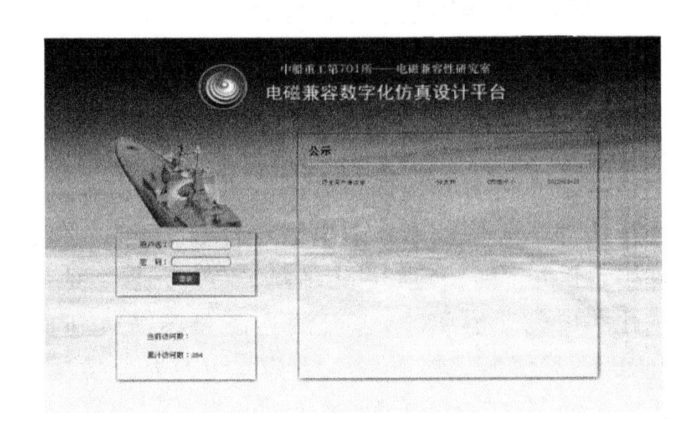

图 7　舰船平台电磁兼容量化设计软件平台登录界面

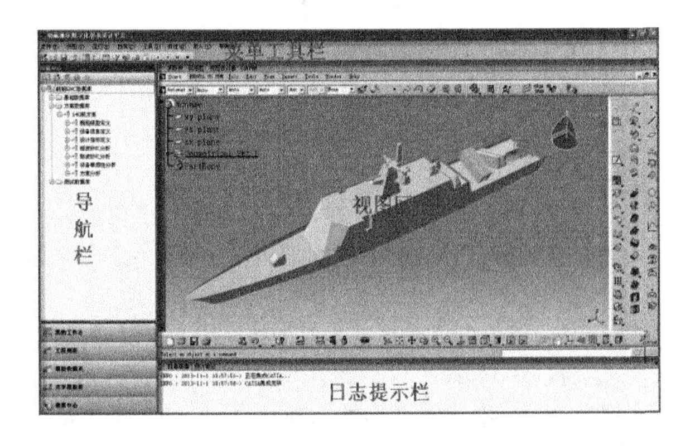

图 8　舰船平台电磁兼容量化设计软件平台统一工作环境

软件平台以数据为中心，支持设计流程固化、专家经验推送等；基于中间件技术，支撑软件工具软件“按需”集成、功能定制；基于引擎技术，实现电磁兼容设计要素固化、设计指标流程化控制和经验的管理及分享；基于数据动态建模技术，支撑多类型数据流通和统一管理；同时，还支持局域网环境下多人协同设计及工程验证的计算模型等。

目前，该软件平台已具备复杂结构建模和网格剖分、电磁兼容设计指标定义、多类型数据显示；具备短波和微波近场计算、电磁干扰计算等电磁兼容计算能力及短波/微波强电磁环境安全性设计、短波/超短波干扰性射频特性设计及部分微波设备电磁干扰控制设计功能；具备电磁兼容评估、设计过程数据管理、电磁兼容多方案管理、用户权限管理等功能，如图 9～图 13 所示，为提高舰船平台电磁兼容性设计能力和技术手段，促进舰船平台电磁兼容总体设计向定量化方向发展。

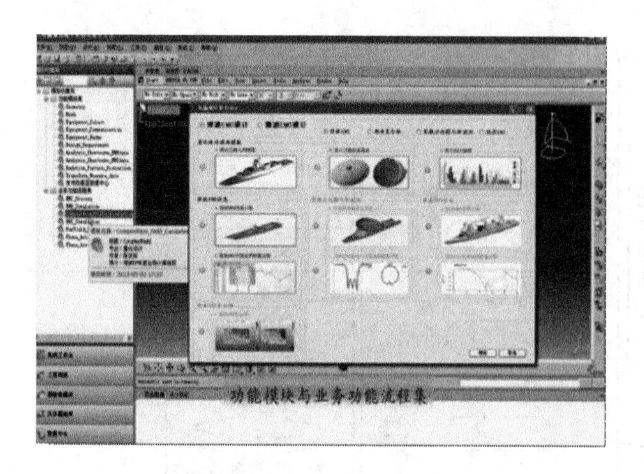

图9　功能模块与业务功能流程集

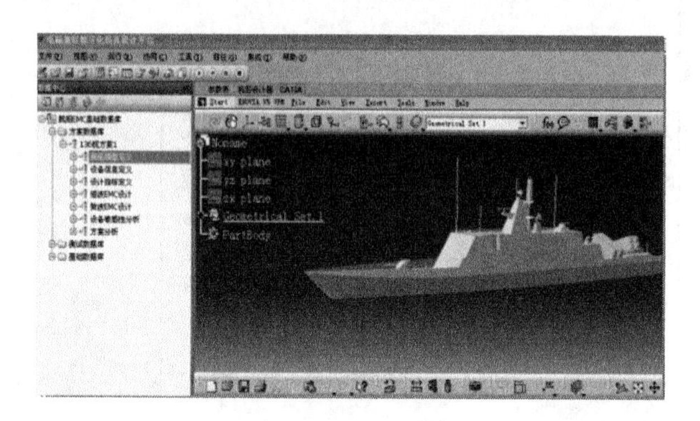

图10　模型导入

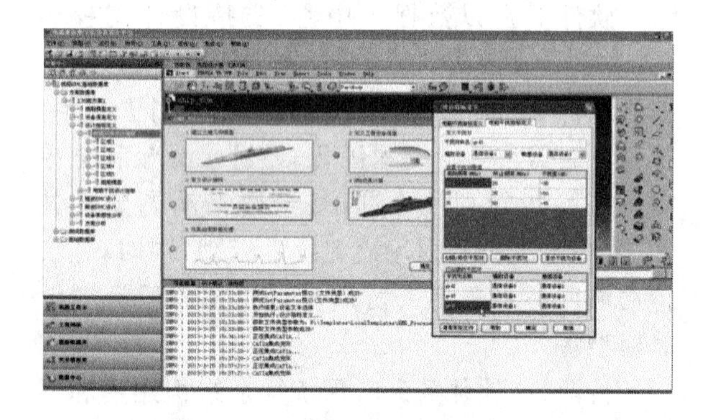

图11　设计要求定义

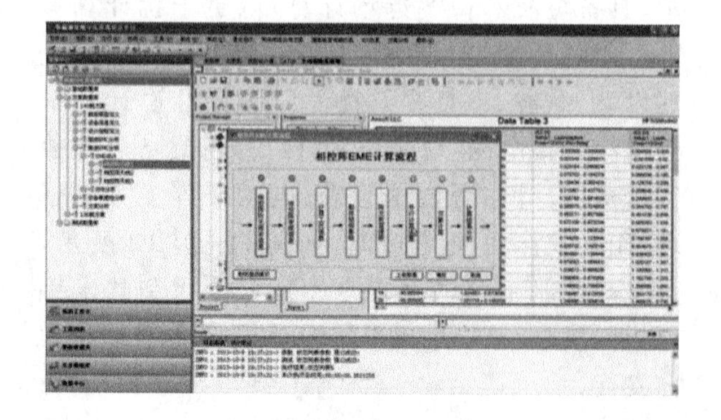

图12　电磁环境设计流程

图13　设计结果显示

6　结论

本文提出的自顶向下、全要素量化的舰船电磁兼容数字化设计方法主要针对舰船隐身性、集成性与电磁兼容性成为论证和设计的焦点，电磁兼容性论证和设计迫切需要向数字化、精确化、智能化方向发展的需求，系统阐述了电磁兼容顶层数字化设计方法、设计流程、设计关键技术等方面，并给出了电磁兼容数字化设计软件平台的需求、框架结构、研发的设计软件平台及典型应用案例。舰船电磁兼容数字化设计软件平台是以数据库为中心、由数个预测基础软件组成软件包、并通过接口与辅助设计解算平台相连的仿真系统。各种仿真预测功能软件可以由简入繁，在保持与辅助设计解算平台的接口一致的前提下，逐步建设、逐步添加。采用基于舰船电磁兼容数字化设计软件平台的电磁兼容顶层设计方法，可以通过资源优化和电磁兼容管理，使全舰电磁兼容性达到良好状态，确保舰上电子信息装备效能的充分发挥，是舰船电磁兼容顶层设计的目的。

参考文献

[1] Liu QiFeng, Xi Xiujuan, et al. The topside EMC predesign method for ship platform, in 10th International Symposium on Antennas, Propagation & EM Theory (ISAPE), 2012:1060-1063.

[2] 刘相春，奚秀娟. 水面舰船电磁兼容性数字化设计方法——舰船EMC辅助量化设计平台[J]. 北京：中国舰船研究，2012，7(1)：1-7.

[3] 孙光甦. 舰船电磁兼容技术发展综述[J]. 武汉：舰船电子工程，2007，27(5)：20-22.

[4] 周开基，赵刚. 电磁兼容性原理[M]. 哈尔滨：哈尔滨工程大学，2003.

[5] 刘志春，袁文，苏震. 美国舰载电子战系统的发展[J]. 武汉：舰船电子工程，2008，28(6)：30-34.
[6] 苏东林，王冰切，金德琨，等. 电子战特种飞机电磁兼容预设计技术[J]. 北京：北京航空航天大学学报，2006，32(10)：1239-1243.
[7] 周开基，赵刚. 电磁兼容性原理[M]. 哈尔滨：哈尔滨工程大学，2003.
[8] 苏东林，王冰切，金德琨，等. 电子战特种飞机电磁兼容预设计技术[J]. 北京：北京航空航天大学学报，2006，32(10)：1239-1243.
[9] 黄龙水，张维俊. 舰艇电磁兼容顶层设计思想和方法[J]. 武汉：舰船电子工程，2009，29(4)：15-18.

通信作者：刘其凤
通信地址：湖北省武汉市武昌区张之洞路 268 号，邮编 430064
E-mail：emclqf@126.com

通信系统高阻抗接地电阻的可行性分析

杨川林　张庭炎　袁明福　王兴春

（深圳远征技术有限公司，深圳 518102）

摘要：随着 5 G 通信及物联网大数据时代的到来，越来越多通信基站特别是微型基站将以前所未有的速度被建设，我国地域辽阔，所处环境复杂多变，若都需要获得很低的接地电阻，定然增加了施工难度，加长了施工工期，尤其在移动式信息系统中，处于的环境复杂多变，无法全都做到很低的接地电阻，可否降低接地电阻的同时不影响防雷效果实现高阻抗接地？同时提高施工设计容错率和降低故障率？本文对通信系统高阻抗接地的可行性进行分析和论证。

关键词：5 G 通信，物联网，高阻抗接地，接地电阻，通信系统。

Feasibility analysis of high impedance grounding resistance of communication system

Yang Chuanlin　Zhang Tingyan　Yuan Mingfu　Wang Xingchun

(Shenzhen Yuanzheng Technology Co., Ltd., Shenzhen 518102, China)

Abstract: With the arrival of 5G communication area and big data of internet things, more and more communication base stations, especially micro base stations, will be built at an unprecedented speed. Our country has a vast territory and a complex and changeable environment. If we need to obtain very low grounding resistance, it certainly increases the difficulty of construction and lengthens the construction period, especially in the mobile information system, which is in a complex and changeable environment, and can not all achieve a very low grounding resistance. Can the grounding resistance be reduced without affecting the lightning protection effect to achieve high impedance grounding? At the same time, improve the fault-tolerant rate of construction design and reduce the failure rate? The feasibility of high impedance grounding in communication system is analyzed and proved in this paper.

Key words: 5 G communication, Internet of Things, high impedance grounding, grounding resistance, communication system.

1　引言

接地系统主要由防雷地、保护地和工作地组成，传统防雷接地技术地采用的是联合接地方式，共用联合接地端子（排）形成等电位连接，降低电压差，因为要形成庞大的等电位连接系统，容错率很低，若其中一个连接点故障，地电位反击的威胁和破坏仍然存在，为解决上述问题，则需在接地系统中做到很小的接地电阻和加强施工的管理。

我国地域辽阔，所处环境复杂多变，若都需要获得很低的接地电阻，定然增加了施工难度，加长了施工工期，尤其在移动式信息系统中，处于的环境复杂多变，无法全都做到很低的接地电阻。因此，可否改进两端口 SPD 形成的“通道阻断防护技术”和对联合接地各功能“隔离分组技术”组成隔离式防雷系统，降低接地电阻的同时不影响防雷效果？提高施工设计容错率和降低故障率？

通过对防雷地、保护地和工作地作用进行分析论证以及现在防雷接地标准要求解读，对高阻抗接地可行性进行分析论证。

2 正文

2.1 接地电阻的要求分析

接地按类型一般可分为工作地、保护地、防雷地;在传统的概念中不同类型的地对接地电阻的要求有所不同。

(1) 工作接地一般作为参考0电位,其接地电阻无标准明确要求。

(2) 保护地的接地电阻要求各标准要求不一致,大致分为:①依据JGJ 16—2008《民用建筑电气设计规范》12.7.2条款的第2条:当采用共用接地方式时,其接地电阻应以诸种接地系统中要求接地电阻最小的接地电阻值为依据。当与防雷接地系统共用时,接地电阻不应大于1 Ω。②不宜超过10 Ω。GB 50169—2016。

(3) 防雷接地电阻要求不宜超过10 Ω;YD 5098—2005、GB 50689—2011、GB 50057—2010、GB 50169—2016等行业标准和国家标准。

(4) 通信系统两个现行有效标准GB 50689—2011通信局站防雷与接地工程设计规范和YD 5098—2005通信局(站)防雷与接地工程设计规范以及国家标准GB 50169—2016电气装置安装工程接地装置施工及验收规范均建议或要求使用联合接地,接地电阻不宜大于10 Ω,未对单独的工作接地电阻值有强制条文要求。

2.2 接地功能的分析

2.2.1 工作地

(1) 直流工作接地。向直流电源提供"0"参考电位,−48 V直流电源是正极接地,+24 V直流电源则是负极接地。蓄电池正极接地,还可以减少金属导体的电化学腐蚀。

(2) 交流工作接地。主要指的是变压器中性点或中性线(N线)接地,其主要作用是控制三相之间的平衡。由于工作地线和工频交流零线电气上相通,与地存在0.2~4.8 V的电压,带宽为20~2 000 Hz。在通信系统中,交流工作接地与直流工作接地应分开,避免干扰。在通信局(站)内,因此采用中性线(零线)和保护线分开布放,即所谓三相五线制和单相三线制的布线方式,就是为了避免接地线上经常受到干扰影响的原因。

(3) 形成通信信号回路。在通信工程中,常常利用共同的大地回路作为信号电路的单线回路。比如在电话通信中,将电池组的一个极接地,以减少由于用户线路对地绝缘不良时引起的串话。

(4) 射频接地。射频电路接地并非一定是像防雷接地,电力接地那样一定要与大地有密切的必需的有效的接地电阻的连接。为了构成信号发射接收天地线。无线电的发射是靠振荡电路来工作的,最简单的振荡电路就是一个电感线圈和一个电容,通过能量在电感和电容之间不停地转换,产生振荡频率,并向外发射电磁波。但是,他的功率太小了,为了提高功率,就要把电感减小,把电容也减小,在实际运用中,电感被做成了发射塔,发射塔的尖和地是电容的两极,所以就出来了天线和地线。例如手机,它的地线就是我们人体的等效接地。

2.2.2 安全保护接地

安全保护接地就是将电气设备不带电的金属部分与接地体之间作良好的金属连接。作用就是避免设备金属外壳带电,当带电线缆与金属外壳连接后,电流流入大地,人无意触摸后由于人体与大地之间的电阻远小于外壳与大地直接的电阻,分流的情况下,进入人体电流非常小,从而保障人身安全。

PE=Protecting Earthing,英文直译为保护导体,也就是通常所说的"地线",把应当对地无电位差的导体部位接地的线就叫地线。用来将电流引入大地的导线;电气设备漏电时,电流通过地线进入大地。

2.2.3 防雷接地

为了将雷电引入地下,将防雷设备(避雷针等)的接地端与大地相连,以消除雷电引起的过电压大电流对电气设备、人身财产的危害。在理想状态,接地越好,泄放雷电流越畅通,产生的副作用就越低,比如在雷击发生在大海中,由于海水的导电性,从未发现有鱼被雷电劈死的情况,在陆地上,各地区环境的土壤土质有差别,尤其是在土壤电阻率较高的地方，若将接地电阻做得很小，需要付出的代价难以想象。

有人的地方就有通信基站，但是这些环境中高土壤电阻率的原因，要达到低的接地电阻，非常难，需要大量的人力、物力和财力，从前文分析中得知，接地是解决设备工作、系统运行和安全防护的作用，与接地电阻并无直接关联。根据有关资料，日本在 20 世纪 70 年代，花了三年时间对 419 个微波站的雷击事故进行了调查统计，结果也表明雷电事故与微波站的接地电阻几乎没有关系。

因此，防雷接地应以用最小代价达到最大效果为宗旨，通信系统的接地至关重要，为此也制定颁布了一系列的标准。根据统计如下。

早期防雷与接地标准规范。YDJ 26—1989 通信局（站）接地设计暂行技术规定（综合楼部分）：首次提出联合接地；YD 2011—1993 微波站防雷与接地设计规范；YD 5078—1998 通信工程电源系统防雷技术规定：电源系统防雷；YD/T 5098—2001 通信局（站）雷电过电压保护工程设计规范：针对各类局站防雷。

根据应用数据进行改进升。YD 5098—2005 通信局（站）防雷与接地工程设计规范：第一部全面整合各类局站防雷与接地设计的标准。

根据应用数据再次进行改进升级为国家标准。GB 50689—2011 通信局（站）防雷与接地工程设计规范：全面引入 ITU（YDC083）接地与连接手册建议。

2.2.4 现行标准对接地电阻要求的解读

现行国家、行业标准如标准《GB 50689—2011》《YD 5098—2005》《YD/T 1235》《YD/T 3007—2016 小型无线系统的防雷接地技术要求》以及建筑标准《GB 50057—2010》对接地电阻值有建议性指标，但都是在特定条件下推荐参考性质的，没有对电阻值进行非常严格的规定。普遍使用的都是建议性的字眼，如："宜""不宜"，而且在一些特定条件下完全取消了接地电阻的限制，如下列例子说明：

（1）《GB 50689—2011 通信局（站）防雷与接地工程设计规范》：

6.2.6 基站地网的接地电阻值不宜大于 10 Ω。土壤电阻率大于 1 000 Ω · m 的地区，可不对基站的工频电阻予以限制；

8.1.5 微波站的接地电阻宜控制在 10 Ω 之内。微波站土壤电阻率大于 1 000 Ω · m 时，可不对微波站的接地电阻予以限制。

（2）《GB 50057—2010 建筑物防雷设计规范》：

4.4.6 在土壤电阻率小于或等于 3 000 Ω · M 时，外部防雷装置的接地体当符合下列规定之一以及环形接地体所包围面积的等效圆半径等于或大于所规定的值时可不计及冲击接地电阻。

2.3 通信基站防雷与接地标准技术的演进

通信系统防雷与接地技术标准的演进随着防雷技术的发展同步。无论在任何时候都遵循着技术先进、经济合理、安全可靠的宗旨。

表 1 通信基站防雷与接地标准技术的演进表

早期 YD 接地标准	YD/T 5098	GB 50689	T/CAICI4/5/6—2018
追求"纯净"的地	追求"低"的接地电阻值	强调综合防护	隔离式雷电防护系统
分散接地	联合地网＋传统接地	联合地网＋等电位接地	简易地网＋等电位接地
工作接地、保护接地、防雷地的地网分设	20 世纪 80 年代联合地网引入通信局站，工作地、保护地、防雷地排分设	联合接地，强调综合防护：直击雷防护、联合接地、过电压防护、电磁屏蔽等	简易接地系统，联合接地方式，将工作地、保护地与防雷地之间增加接地隔离抑制器

2.4 高阻抗接地可行性实验

网络通信传输验证。实验 1：通过交换机与 PC（个人电脑）之间的通信来验证接地阻值对于通信传输是否有影响；如图 1、图 2 所示。

用交换机模拟局端设备有接地；PC 模拟终端设备，PC 供电通过隔离变压器供电，（即终端处没有接地）而是通过网线的屏蔽线在远端接接地，通过改变连接网线的长度来改变接 PC 的接地电阻的大小，从而验证不同接地电阻值的通信情况。

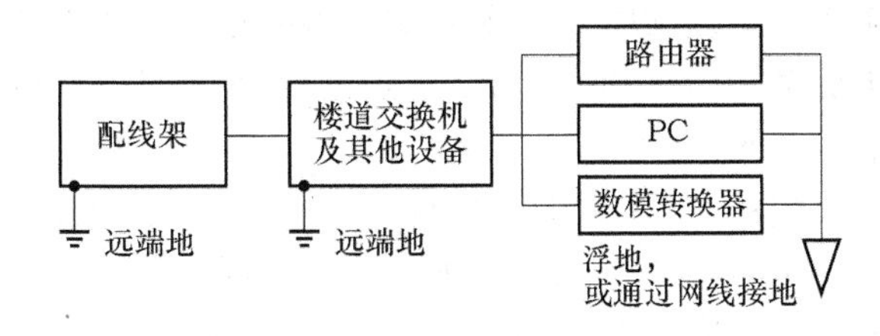

图 1　实验 1 接线框图

根据图 2 和图 3 原理，进行实验环境搭建实验场景 1：传输网线为 1 m 网线，实测电阻为 0.4 Ω，PC 与交换机数据传输正常，ping 包正常无丢包和延时；实验场景 2：长度为 100 m 的网线，实测电阻为 86 Ω，PC 与交换机数据传输正常，ping 包正常无丢包和延时。

实验结果：接地电阻值的大小对信号传输没有任何影响。

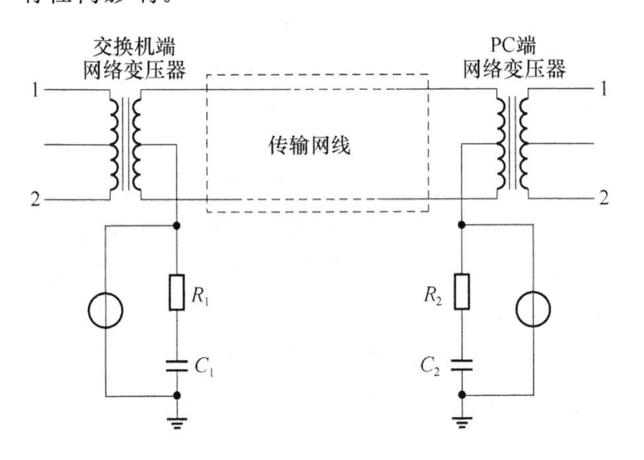

图 2　实验 1 原理框图

通过远征接地隔离抑制器接地电阻的等效电路模型如图 3 所示，在高频情况下的等效计算公式如下：

$$Z=(2\pi fc)^{-1}+R \tag{1}$$

式中，Z 是等效阻抗；f 是通信系统工作频率；C 是等效电容；R 是等效电阻。

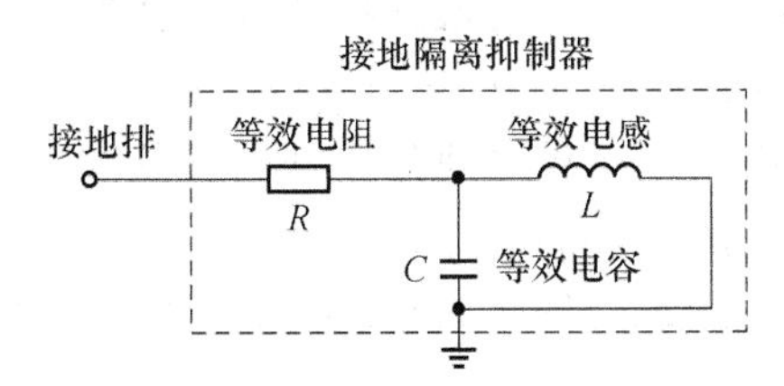

图 3　高阻抗接地在高频情况下等效电路

由式(1)可看出，在工作频率越高线路中的接地电阻的有效阻值越低，不影响正常射频通信系统工作，如手机则通过人体高阻抗接地实现射频信号传输。

在 100 Ω 保护地接地电阻对针对人体接触时人的安全，验证计算。

人体电阻由(体内电阻)和(皮肤)组成，体内电阻基本稳定，约为 500 Ω。接触电压为 220 V 时，人体电阻的平均值为 1900 Ω；接触电压为 380 V 时，人体电阻降为 1 200 Ω。经过对大量实验数据的分析研究确定，人体电阻的平均值一般为 2 000 Ω 左右，而在计算和分析时，通常取下限值 1 700 Ω。

假设接地电阻值为 100 Ω，极端接地短路电压 380 V，则对地漏流为 3.8 mA，

根据数据统计对应于概率 50%的摆脱电流成年男子约为 11 mA，成年女子约为 10.5 mA，对应于概率 99.5%的摆脱电流则分别为 9 mA 和 6 mA。接地电阻为 100 Ω 时对地漏流是安全的。

案例 1：广东 2018 年 6 月突发大雨电死 4 人的案例，说明在小的接地电阻也不能保证人员安全，最可靠的是安装漏电断路器。

案例 2：在电工操作中有一种不可缺少的技能便是带电操作，其核心思想是通过穿戴装备来增大电器操作点、人体、接地所构成通路的有效电阻值。同样的思想当机壳、人体、接地的有效电阻值大于机壳、接地线时人体是绝对安全的，如图 4 所示，$R_a+R_b+R_c>R'_a+R'_c$ 是人体安全的基础。

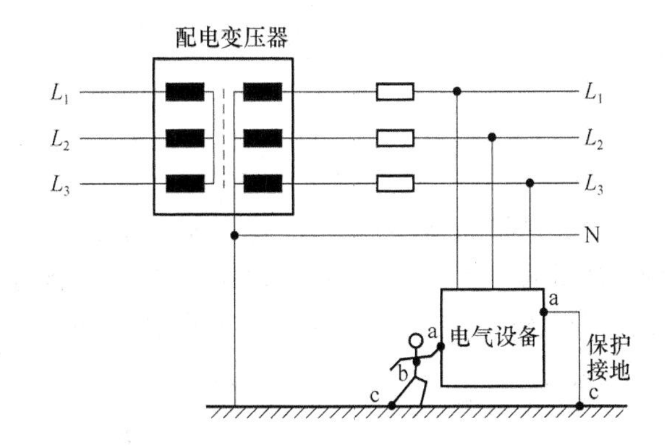

图 4　人体触电安全模型示意图

R_a：人体接触机壳的接触电阻实测 120 Ω。R_b：人体正常电阻值 1 000 Ω。R_c：人体以(穿鞋子时)地面接触的接触电阻值实测 680 Ω。R'_a：机壳接地线一般采用导线压接，4 mm^2 铜质导线压接接触电阻实测 0.2 Ω。R'_c：接地电阻，简易接地和建筑基础地，实测 24 Ω。

综上所述，人体触摸带电金属外壳时的电阻为

$(R_a+R_b+R_c)=20\ \Omega+1\ 000\ \Omega+688\ \Omega=1\ 888\ \Omega$；保护接地系统的接地电阻为$(R'_a+R'_c)=24.2\ \Omega$；若金属外壳带电 400 V 的交流电压，则产生的漏电流为 400 V/24.2 Ω=16.5 A；若在安全电压 36 V 情况下，高阻抗接地时，漏电流为 36 V/100 Ω=36 mA，都大于漏电保护开关启动电流 30 mA 值。

因此，R'_c 接地电阻值在 100 Ω 条件下不影响供电系统的保护地功能。

地电位反击验证。安装了隔离式防雷装置后；雷电波经过隔离抑制器是呈现的是高阻抗（几十 kΩ 以上），远远大于 100Ω 的接地；根据电流特性将大部分的电流会通过接地电阻地线泄放。

实验如图 5 所示，SPD_1、SPD_2 最大通流量（8/20 μs）为 120 kA 的同批次产品，且两组 SPD 的压敏电压分别为 632 V 和 633 V，其中 SPD_1 的输出端线缆穿过雷电流罗氏线圈 1 回到电流发生器的负极，SPD_2 串入接地隔离抑制器后线缆穿过雷电流罗氏线圈 2 再回到电流发生器负极。

在冲击放电电流 20 kA，同时测量、记录各个探头流过的电流数据，并计算分流比：

$$\text{反击分流比 KE}=I_2/I_1\times100\% \tag{2}$$

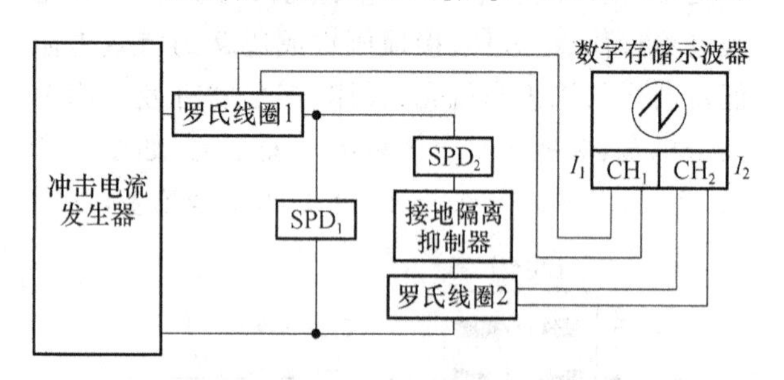

图 5　地电位反击模拟试验图

实验结果：测得通过 CH_1 通道 SPD_1 接地电阻泄放的雷电流为 10.2 kA；通过 CH_2 通道 SPD_1 接地电阻泄放的雷电流为 20 A；测试波形采集图鉴图 6。

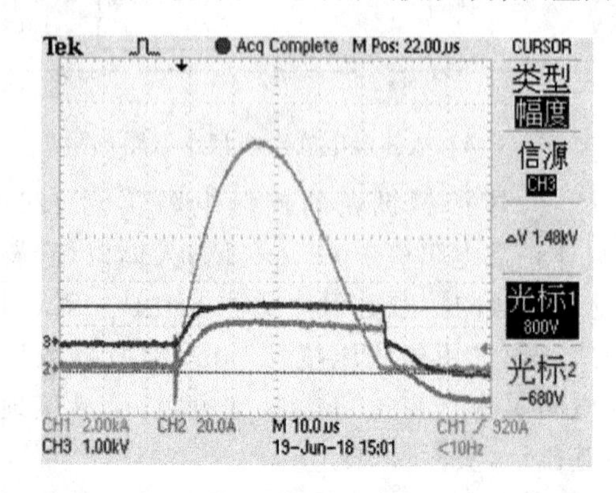

图 6　反击分流比试验采集波形图

通过式(2)计算反击分流比 KE 为 0.2%，如果雷电流入地时为 20 kA，则通多接地端进入设备电流为 20 kA×0.2%=0.04 kA，远小于设备电磁兼容能承受的 2 kA 要求。

现行标准对高阻抗的验证。YD/T 3007—2016 小型无线系统的防雷与接地技术要求第 5.2.2 节对小型无线系统的地网要求原文如下。

小型无线系统的地网应符合下列要求：

a)～e) 省略。

f) 不具备直接接地，采用路灯杆、照明杆等的小型无线系统，可将各种金属杆的埋地部分直接作为其接地系统。

路灯杆、照明杆等在实际施工过程中，大部为高阻抗接地。经对 10 个路灯杆接地电阻测试，在 30 Ω～120 Ω 不等，因为未对路灯杆、照明杆等接地电阻值有要求，则因为环境的不同存在高阻抗接地的情况。

T/CAICI 4—2018 中国通信企协团体标准《通信基站隔离式雷电防护系统工程设计与施工验收规范》标准原文如下。

6.3.1　通信基站应在隔离式分组接地的基础上实现联合接地，隔离式分组接地装置的联合地排与地网引入线相接，且对联合接地的地网阻值不做限制要求。

该标准通过隔离式分组接地装置的使用，对高阻抗接地的可行性给予了推荐和肯定。

3　结论

本文通过现行标准对防雷接地电阻的要求解读、通过试验和计算对高阻抗接地方式的可行性分析，得出以下结论。

(1) 在高阻抗接地系统不影响正常网络信号和射频信号的传输。

(2) 在 100 Ω 高阻抗接地电阻情况下不影响保护接地的防触电接地。

(3) 可以通过接地隔离抑制器抑制因高阻抗接地引起的地电位反击。

(4) 现行的行业标准 YD/T 3007—2016 小型无线系统允许高阻抗接地。

(5) T/CAICI 4—2018 中国通信企协团体标准在隔离式防雷系统中对接地电阻不做限制，高阻抗接地可适用。

综上所述，在专业的通信系统，在现有传统泄放式防雷系统通过增加隔离抑制器的条件下，高阻抗接地的方式可行。

参考文献

[1] 车壮. 保护接地与保护接零的选择使用[J]. 沈阳：农业科技与装备，2001.
[2] 马红雷. 浅析电力系统中的保护接地问题[J]. 南昌：科技经济市场，2016.
[3] 姜芸，高小庆，罗俊华，等. 电力电缆保护接地[J]. 武汉：高电压技术，1998.
[4] 陈谦，韩帅，渊辛燕. 保护等电位联结和保护接地应用中的若干问题[J]. 成都：建筑电气，2013.
[5] 赖世能，慕家骁. 通信系统防雷接地技术[M]. 北京：人民邮电出版社，2008.
[6] GB 50343—2012 建筑物电子信息系统防雷技术规范[S]. 北京：中国建筑工业出版社，2012.
[7] GB 50689—2011 通信局站防雷与接地工程设计规范[S]. 北京：中国计划出版社，2011.
[8] GB 50057—2010 建筑物防雷设计规范[S]. 北京：中国计划出版社，2011.
[9] YD/T 3007—2016 小型无线系统的防雷与接地技术要求[S]. 北京，中国通信标准化协会.
[10] T/CAICI 4—2018 通信基站隔离式雷电防护系统技术要求[S]. 北京，中国通信企协团体标准.
[11] T/CAICI 5—2018 通信基站隔离式雷电防护装置试验方法[S]. 北京，中国通信企协团体标准.
[12] T/CAICI 4—2018 通信基站隔离式雷电防护系统工程设计与施工验收规范[S]. 北京：中国通信企协团体标准.
[13] 王亚冬. 浪涌保护器(SPD)的级数配合[J]. 北京：智能建筑电气技术，2010，4(3)：87-89.
[14] 韩文生，卢学峰，杨东旭，等. 电源防雷器级间能量配合分析[J]. 郑州：气象与环境科学，2007，30(3)：88-89.
[15] 赵恒轩. 微波技术与天线[M]. 乌鲁木齐：新疆大学出版社，1999.
[16] 张栋，傅正财，孙伟，等. 多分支系统中 SPD 配合的研究[J]. 上海：低压电器，2008(7)：12-15.

通信作者：杨川林

通信地址：地址：深圳市宝安区桃花源科技创新园第三分园，邮编 518102

E-mail：ycl@yz-telecom. com

军民融合背景下商业现货电磁兼容性要求及风险评估

陈　锐　李建轩　万海军　施佳林

(海军研究院,北京,100161)

摘要:在军民融合背景下,越来越多的商业现货被列入军方的采购清单,其电磁兼容性是采购方关注的一项重要指标,本文解析了国内外军用标准对使用商业现货的电磁兼容性要求,分析了GJB 151B—2013标准与常用民用标准的主要差异,提出了风险评估方法建议,可为相关采购方提供一定参考。

关键词:商业现货,电磁兼容性,风险评估。

EMC Requiremens and Risk Assessment on the Commercial Items under the Background of Civil-military Integration

Chen Rui　Li Jianxuan　Wan Haijun　Shi Jialin

Abstract: Under the background of civil-military integration integration, more and more commercial items were listed in the military's purchase list, the electromagnetic compatibility of CI was an important indicator of the concern by the purchaser. This thesis discussed the electromagnetic compatibility requirments of CI by the domestic and international military standards, analysed the main similarities and differences of GJB151B-2013 and commercial standards, putted forward the suggestion of risk assessment, provided a reference for the purchaser.

Key words: electromagnetic compatibility, electromagnetic compatibility, risk assessment.

1　引言

商业现货一般是指非政府目的、批量生产及在市场出售的成熟民用产品。在武器装备的研制中,由于成本或订购方要求等原因,系统中所有的分系统和设备除了新开发研制产品,可能还会采用非研制产品和商业现货。现阶段军民融合发展已经上升为国家战略,军民融合深度发展将会形成全要素、高效益的格局,大量的商业现货会被军方采购,军民通用标准体系建设将会进一步完善,无论军品还是商业现货,电磁兼容性考核都是强制性要求,分析评估军用标准和民用标准的相关性可为通用标准体系建设奠定理论基础,具有重要的意义。

商业现货现已是军方物资采购的重要组成部分,对加快战斗力生成具有积极作用。商业现货电磁兼容性能是需要关注的一个重要指标,如果不进行相关评估直接使用,可能造成重大兼容性问题,但所有的产品都统一进行电磁兼容性再考核,又必将浪费大量人力物力,影响工作效率。因此商业现货电磁兼容性要求分析及风险评估是有针对性的。开展电磁兼容性检测工作的基础,特别是民用标准和军用标准在制定依据、制定目的、控制对象上都有很多共性,这也是指标要求相关性分析和风险评估的重要依据。

2　国内外电磁兼容性军用标准要求

2.1　美国军用标准相关要求

美国国防工业 EMC 标准委员会(DIESC)已

经开展了军事应用中采用已经通过了各种民用EMI标准检验的设备适宜性问题研究。MIL-STD-461标准是美军设备和系统级电磁兼容性的基础性要求，DIESC对商用文件与MIL-STD-461E[1]相关的要求及试验方法进行了详细地比较，对最新标准MIL-STD-461G[2]也有重要的参考价值。大多数商业现货是在3m的距离上试验鉴定的，而MIL-STD-461使用1m测试距离。由于与近场发射相关场阻抗的多变性和近场发射方向图的变化不确定性，将结果从商用数据转换成1 m的数据较为困难。当考虑采用商业现货时，评价设备的适合性普遍需要考虑设备与测试系统天线的位置。

MIL-STD-464C标准中“非开发项目（NDI）和商用项目”一节也指出[3]，为了保证满足系统工作性能要求，NDI和商用项目应相应的满足电磁干扰控制要求。符合性应通过试验、分析或其组合来验证。

2.2 英国军用标准相关要求

英国国防部颁布了DEF STAN-59-411标准，对电磁环境及电磁环境效应进行了详尽地描述，是英军在该领域研究的重要成果[4]。标准认为，大多数商业现货比军用装备电磁辐射的要求整体要低，当接触到高强度干扰信号时，可能更容易受到损坏，如果不能正确的评估，使用商业现货可能会导致军用系统更加脆弱。因此使用商业现货可能会带来不兼容的额外风险，并导致全寿命周期维护成本增加。针对很多时候无法避免使用商业现货，59-411标准给出了商业现货采购风险评估办法。办法中根据商业现货本身的重要性和使用平台的重要性等级得出了可接受风险的最低要求。

2.3 我国军用标准相关要求

GJB 151B—2013和GJB 1389A—2005标准是我国军品电磁兼容性基础标准，GJB 151B—2013中对NDI的要求较为概述，要求选用的非开发产品时应满足本标准的相关要求[5]；GJB 1389A—2005中的规定与MIL-STD-464C要求基本一致[6]。

2.4 小结

目前国内外军用标准对商业现货电磁兼容性要求都有相关规定，但是标准描述的比较笼统，在具体执行的过程中会产生很大的分歧，甚至出现很大的风险。因此，明确这些要求并给出详细的解释和说明是贯彻好标准和最终使装备达到良好的电磁兼容性目标的前提，因此对GJB 151B—2013与民用标准对比分析研究是十分必要。

3 GJB151B与民用标准对比分析概述

3.1 传导发射类

对于CE101项目，在电源特性相同时，满足IEC61000-3-2 C类限值要求的设备是能达到水面舰船和潜艇限值要求的，可以认为满足C类限值的民用设备是能被用于这类军用设备或与其共处于同一电磁环境。由于IEC 61000-3-2限值最高频率为40次谐波，即使是60 Hz电源，频率上限为2.4 kHz，而CE101上限为10 kHz，因此还需对此类设备40次谐波以上至10 kHz频带内的传导发射进行评估。

对于CE102项目，设备符合CISPR 14、CISPR 11、CISPR 22和CISPR 16等标准要求后，在明确了设备在10～150 kHz频率范围没有产生超过限值的干扰发射之后才能确定满足CE102要求。

对于CE106项目，不管是频率范围还是限值要求都要比CISPR 13和IEC 61244-1A等民用标准严格，因此设备在满足CISPR 13和IEC 61244-1A等标准要求时，还需要进一步考核才能使用。

通过GJB 151B—2013与相应民用标准传导发射项目的对比，军用与民用标准的传导发射项目在制定依据、制定目的、控制对象、测试方法等方面都具有相似性，民用标准限值也存在比军用标准严格的情况，一些满足民用标准的电子设备也满足军用标准要求[8]，但被应用于军品平台之前还需要根据设备的主要工作频段等进行具体评估。

3.2 传导敏感度类

对于 CS101 项目,CS101 和 IEC 60001-4-13 在频率范围、测试方法和限值要求上有较大的区别,IEC 60001-4-13 在等级 2 和等级 3 的谐波干扰曲线在低次谐波频点的连接曲线与 CS101 类似,当确定干扰源来自低频谐波干扰时,采购满足 IEC 60001-4-13 的商业现货时,其电磁兼容性的风险可控,如果电源端干扰源有较多高频的干扰成分则需要进行进一步评估。

对于 CS106 项目,最新的 MIL-STD-461G 标准已经将该项目删除。可能充分考虑了该项目与 CS116 项目的重叠性,后续国家军用标准修订很大可能会跟踪美国军用标准,不再对该项目进行考核。

对于 CS112 项目,无论适用范围、极限值要求、测试仪器要求和测试步骤,和 IEC 61000-4-2 标准基本一致。因此可以认为满足 IEC 61000-4-2 标准相同等级的电磁兼容性对于 CS112 项目是可以接受的,其风险性较小。

对于 CS114 项目,总的来说 CS114 频率覆盖范围要广,特别是 GJB 151B—2013 比 GJB 151A—1997 增加了 4～10 kHz 频段的考核要求,4 级和 5 级限值曲线要比 IEC 61000-4-6 转换的限值要求高,因此仅满足 IEC 61000-4-6 要求的设备在应用 CS114 的 4 级和 5 级限值曲线时需要重新评估。但是 IEC 61000-4-6 覆盖了 CS114 最重要的限值频率范围[9],IEC 61000-4-6 的 2 级限值可以满足 CS114 的 1 级限值曲线要求,3 级限值可以满足 CS114 的 2 级和 3 级限值曲线要求。由于测试方法的不同,IEC 61000-4-6 与 CS114 的限值对比存在不确定因素,各自的测试结果仅作彼此评估的参考。

对于 CS116 项目,由于 61000-4-12 振铃波试验的四个固定等级限值都要比 CS116 严格,阻尼振荡波试验的几个等级限值与 CS116 限值类似。在特定频段,满足 IEC 61000-4-12 的设备开展电磁兼容性评估后可以直接使用。

通过 GJB 151B—2013 与相应民用标准传导敏感度项目的对比,军用与民用标准的传导发射项目在制定依据、控制对象、测试方法等方面都有较大差异性,在考查传导敏感度项目上更多的是考虑设备所处环境的传导干扰来源。

3.3 辐射发射类

对于 RE101 项目,RE101 与 CISPR 15 在两者的重合频率(9 kHz～100 kHz)范围内,RE101 的限值比 CISPR 15 限值严得多,当需要采购满足 CISPR 15 的商业现货时,其电磁兼容性的风险较大。

对于 RE102 项目,RE102 的限值普遍要比 CISPR 11 和 CISPR 22 的限值严格,覆盖频率更宽。可以认为,符合 CISPR 11 和 CISPR 22 民用标准要求的设备不能被直接用于军品平台,否则会导致电磁不兼容现象发生。

对于 RE103 项目,与之类似对应的民标有 IEC 60244-2A,但是两者的考核内容也不相同,如果采购的商业现货需要符合 RE103 的考核要求,需要进行试验验证。

通过 GJB 151B—2013 与相应民用标准辐射发射项目的对比,军用与民用标准的传导发射项目在制定依据、制定目的、控制对象、测试方法、限值要求等方面差异性很大,军用标准要求普遍更为严格,部分项目(RE103)民用标准基本不做考核,因此商业现货在有辐射发射类项目要求的情况下需要试验再考核。

3.4 辐射敏感度类

通过 GJB 151B—2013 与相应民用标准辐射敏感度项目的对比,军用与民用标准的传导发射项目在制定依据、制定目的、控制对象有较大共性、测试方法、限值要求等方面差别很大。

RS101 与 RS103 要比相应的民用标准更加严格,即使通过对应的国际标准的商业现货设备也要进一步进行电磁兼容测试才能交付使用。

满足 IEC 61000-4-25 中 R7 等级测试可以认为满足 RS105 项目,不需要再另外做电磁兼容检测。

4 电磁兼容性风险评估方法

4.1 明确应用平台

首先应确定商业现货的用途，是用于生活保障还是与作战密切相关。其次明确商业现货的安装位置电磁环境，包括干扰源的基本情况和工作区域的主要电子、电气设备等。

4.2 划分及确定风险等级

参照英国军用标准 DEF STAN-59-411 中的评估方法，结合商业现货用途及其安装平台或系统的重要性，划分为低风险、中风险和高风险三个等级。对于一般保障型商业现货，满足工业级电磁兼容性标准可认定为低风险，可以直接采购使用；而对于间接影响战斗力生成的商业现货采购可认定为中风险，需要认真分析其满足的民用标准，评估其可能存在的电磁兼容性风险，可采购使用；对于与作战直接相关的商业现货采购可认定为高风险等级，存在的电磁兼容风险项目需进行试验验证，未通过考核的，不能使用。

4.3 加改装设计后评估

对于评估为中、高风险的商业现货，如果其需要再考核的电磁兼容试验不合格，可以对商业现货进行可能的加改装，如在电源线输入端增加电源滤波器，对其外壳改装为金属材料进行屏蔽密封等，这些措施既不改变商业现货的功能，又可以提高其电磁兼容性能。加改装设计后，商业现货功能正常，风险项目通过再试验测试，认为其风险可控，可安装使用。

4.4 评估报告

对于所有商业现货，无论是低风险等级直接使用、中风险分析评估后使用还是高风险再考核达标后使用，都需要提交评估报告，对商业现货功能、安装环境、评估放行依据、加改装情况以及试验情况等详细记录，一旦后续出现电磁兼容性问题，可以及时有针对性的排除故障，保障全寿命周期的电磁兼容性能。具体风险评估流程如图 1 所示。

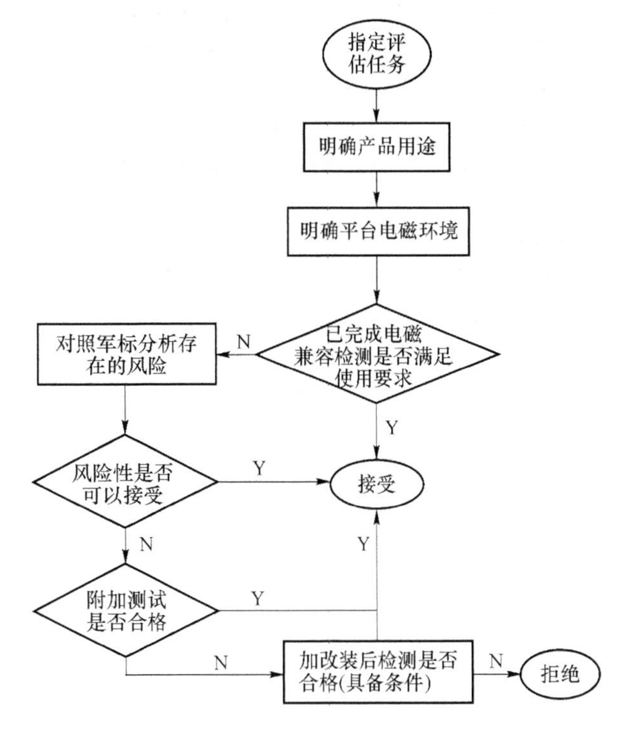

图 1 风险评估流程图

5 结论

在军民融合背景下，商业现货将会是军品采购的重要组成部分，商业现货的电磁兼容性风险评估是一项重要工作，既减少了重复性电磁兼容性检测，又能保证产品安装后的安全使用，提高了工作效率，对于完善商业现货安装使用后全寿命周期内电磁兼容性管理也有重要意义。

参考文献

[1] MIL-STD-461E. Requirements for the Control of Electromagnetic Interference Characteristics of Subsystems and Equipment[S]. U. S. Department of Defense, 20 Aug. 1999.

[2] MIL-STD-461G. Requirements for the Control of Electromagnetic Interference Characteristics of Subsystems and Equipment[S]. U. S. Department of Defense, 11 Dec. 2015.

[3] MIL-STD-464C. Electromagnetic Environmental Effects Requirements For Systems[S]. U. S. Department of Defense, 1 Dec. 2010.

[4] DEFSTAN 59-411. Electromagnetic Compatibility - Part 1: Management and Planning. 2007.

[5] 中国人民解放军总装备部电子信息基础部.

GJB151B—2013 军用设备和分系统电磁发射和敏感度要求与测量[S]. 北京:总装备部军标出版发行部,2013.

[6] 中国人民解放军总装备部电子信息基础部. GJB 1389A—2005 系统电磁兼容性要求[S]. 北京:总装备部军标出版发行部,2005.

[7] 孙宏亮. GJB151A/152A 与民用标准的对比(I) [J]. 北京:电气技术,2007,(2):29-36.

[8] 孙宏亮. GJB151A/152A 与民用标准的对比(II) [J]. 北京:电气技术,2007,(6):20-24.

通信作者:陈锐

通信地址:上海市徐汇区吴中路 3 号,邮编 200235

E-mail:xuanran2204@126.com

雷电电磁脉冲对架空接地线缆的耦合效应研究

罗小军　石立华　张　琪　王建宝　付尚琛　孙　征

（陆军工程大学　野战工程学院　电磁环境效应与光电工程国家级重点实验室　江苏 南京 210007）

摘要：本文设计了一套用于测量闪电电磁脉冲在架空线缆上的感应电压的实验系统，并对实验系统的光传输系统进行了标定，简要统计分析了自然闪电条件下线缆耦合电压的特性，为雷电防护和线缆耦合实验提供了参考。

关键词：场线耦合，感应电压，架空线缆，雷电电磁脉冲。

Study of Coupling Effects of Lightning Electromagnetic Pulse on Overhead Grounded Line

Luo XiaoJun　Shi LiHua　Zhang Qi　Wang JianBao　Fu ShangChen　Sun Zheng

(National Key Laboratory on Electromagnetic Environmental Effects and Electro-optical Engineering, Army Engineering University of PLA, Nanjing 210007, China)

Abstract: This paper mainly introduces a cable coupling test system for measuring the induced voltage of natural lightning on overhead lines and calibrates the optical transmission system of the experimental system. Moreover, the induced voltage on line under natural lightning are briefly analyzed. The law of coupling voltage provides a reference for lightning protection and cable coupling experiments.

Key words: field-to-line coupling, induced voltage, overhead line, lightning electromagnetic pulse.

1　引言

随着社会的发展，各种信息化设备越来越普遍，与此同时信息化设备需要各种电力、通信等传输线缆，但是雷电电磁脉冲（Lightning Electromagnetic Pulse，LEMP）的耦合效应会在线缆上产生感应电压和感应电流进入终端，导致设备和系统损坏。因此，线缆耦合及其防护一直是学界研究的热点问题[1-8]。

雷电电磁脉冲对各类设备和系统的毁伤作用主要有两种方式，一是通过电线电缆的耦合作用在终端产生过电压、过电流，从而损坏设备；另一方面直接在未屏蔽的电气、电子设备上产生过电压、过电流，导致设备和系统损坏[1]。国内外的众多专家学者都对架空线缆在自然闪电条件下的感应电压和感应电流进行过相关的研究，杨静等[2]对自然闪电条件下近地水平导体的感应电压及附近磁场进行测量并统计分析。Cai 等[3]对自然闪电条件下架空线感应电压的峰值范围和波形特征进行了统计分析。总体来讲，自然闪电条件下线缆耦合实验数据仍然较少。

本文在前人研究的基础上，搭建了一套用于测量自然闪电在架空线缆上的感应电压的实验系统，并对自然闪电条件下线缆的耦合电压进行了分析，丰富了相关研究的数据，为雷电间接效应防护和线缆耦合实验提供了参考。

2　测量系统搭建

为研究线缆耦合的相关问题，实验场地选择在空旷、平坦并且没有高建筑物和复杂地形的野外场地，试验干扰因素相对较少。依托实验室在苏北地区搭建的实验平台，实验布置主要分为两个实验区域：距离屏蔽室约 150 m 处的小木屋和屏蔽室正前侧的帐篷。木屋和帐篷内分别摆放实验所用的各类设备仪器。实验测试系统整体配置，如图 1 所示。

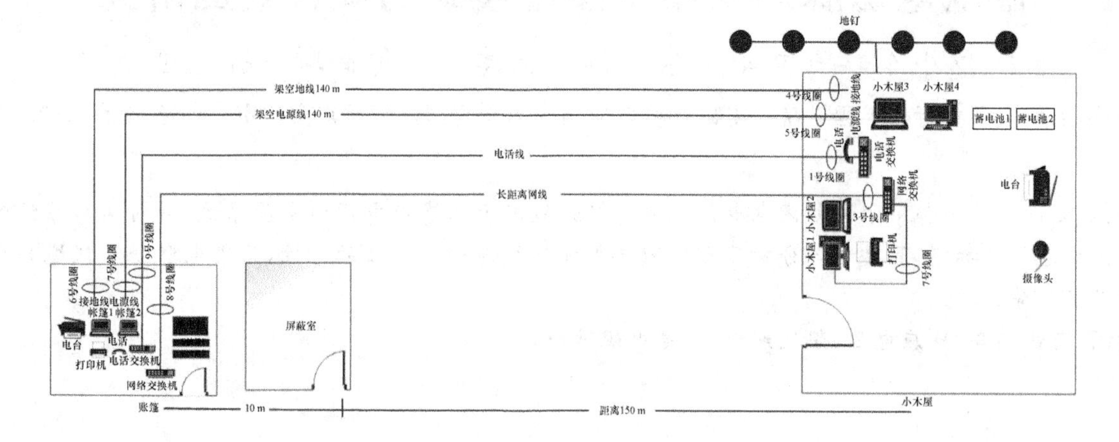

图 1　测量系统配置示意图

(Experimental Configuration of the Test System)

木屋和帐篷水平方位沿东西方向，相距约 160 m，临河搭建，通过铺设的线缆进行连通。木屋和帐篷内分别放置电脑、电话、打印机等设备，小木屋和帐篷部分实物图如图 2(a)、(b)所示，小木屋内共放置了五个自制的罗氏线圈，每个罗氏线圈测量一路线缆，分别是：电话线、长距离网线、台式机网线、架空接地线以及架空电力线。测量系统采用罗氏线圈，光发射机，光纤传输系统，光接收机，采集终端构成。帐篷内共放置了四个自制的罗氏线圈，分别测量电话线、长距离网线、架空地线、架空电力线上的耦合电流，通过长约 1 m 的同轴线 连接至手持示波器。罗氏线圈测量线缆示意图如图 2 所示。

(a) 小木屋

(b) 帐篷

图 2　小木屋和帐篷部分实物图

(Part of Equipments of the Cabin and Tent)

线缆布设的部分实物图，如图 3 所示。线槽直接置于地面上，铺设了约 150 m，线槽中一共放置了一根电话线，一根网线及六路光纤。架空接地线架空长度约 140 m，架空高度约 2 m，架空起始位置为屏蔽室后侧，架空结束位置为小木屋前侧约 3 m 处，其余直接铺在地面上，进入小木屋后连接地钉。架空电力线架空长度约 140 m，架空高度约 1.7 m，架空起始位置为屏蔽室后侧，架空结束位置为小木屋前侧约 3 m 处。

图 3　测量系统线缆实物图

(The Cable of the Test System)

3　系统标定与实测结果分析

3.1　光纤传输系统的标定

小木屋内罗氏线圈的测量信号经由光发射机、光纤、光接收机传输至屏蔽室，本文采用 Rigol

DG4162 型信号源和 LecroyHDO6104 示波器进行标定，示波器高阻采集，标定照片如图 4 所示。通过改变信号源的输出电压，注入光发射机，经过光缆的传输，在屏蔽室通过光接收机接收至示波器，得到示波器测量的系统输出电压。帐篷内的罗氏线圈测量信号直接通过同轴线接至手持示波器。

图 4　光纤传输系统的标定
(Calibration of optical fiber transmission system)

传输系数按照式(1)进行计算：

$$K = \frac{V_{\text{in}}}{V_{\text{out}}} \tag{1}$$

式中，K 为光传输系统系数，V_{in} 为信号源输入电压，单位伏特，V_{out} 为示波器测量电压。

标定结果列于表 1，六路光纤传输系统分别编号为网线光纤、电话线光纤、1＃光纤、2＃光纤、3＃光纤、4＃光纤，其中 1＃光纤测量的是架空电源线，2＃光纤测量的是架空接地线，4＃光纤测量的是小木屋台式机网线，3＃光纤作为备用。

表 1　光纤传输系统标定结果

光纤系统编号	传输系数
网线光纤	2.63
电话线光纤	2.62
1＃光纤	2.48
2＃光纤	2.83
4＃光纤	2.47

3.2　罗氏线圈的标定

本次实验中采用自制的自积分式罗氏线圈，采样电阻为 0.5 Ω，一共制作了 12 个罗氏线圈，编号 1＃到 12＃，每个线圈的匝数约为 200 匝。罗氏线圈制作完成后，采用 SJTU-ICU-A1.5 A 波形冲击电流发生器作为信号源对 12 个罗氏线圈进行了标定，标定原理图如图 5 所示。标定时 CH_1 为标准线圈输出电压，没有接衰减器，CH_2 为待测罗氏线圈输出电压，接了一个 30 dB 的衰减器，防止输出过大造成示波器损伤。

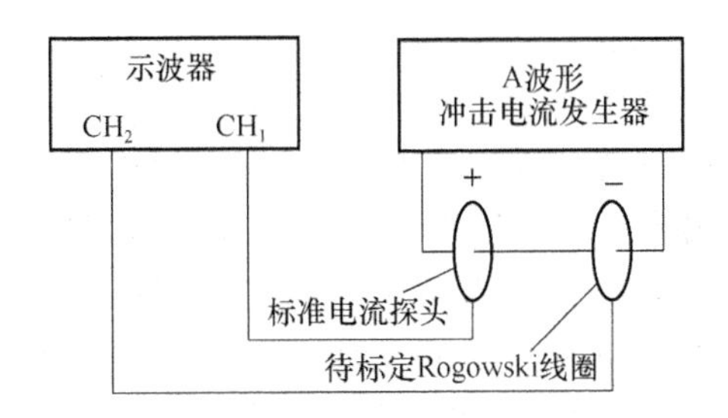

图 5　罗氏线圈标定原理图
(Schematic diagram of Rogowski coil calibration)

罗氏线圈的系数可由式(2)进行计算

$$\lambda = \frac{\eta * V_{\text{o1}}}{V_{\text{o2}} * 31.6}, \text{A/V} \tag{2}$$

式中，λ 为罗氏线圈系数，η 为标准探头系数，大小为 987.86 A/V，V_{o1} 为标准探头输出电压峰值，V_{o2} 为待测罗氏线圈输出电压峰值，31.6 为衰减器的衰减倍数。罗氏线圈标定结果，如表 2 所示。

表 2　罗氏线圈标定系数

罗氏线圈编号	系数/($\text{A}\cdot\text{V}^{-1}$)
1＃线圈	254.47
2＃线圈	196.78
3＃线圈	227.71
4＃线圈	213.28
5＃线圈	213.97
6＃线圈	236.22
7＃线圈	340.13
8＃线圈	303.08
9＃线圈	218.31
10＃线圈	316.63
11＃线圈	341.19
12＃线圈	250.55

3.3　架空接地线测量结果分析

2018 年夏季实验点的雷暴天气较多，自然闪电条件下，采集系统多次触发，得到了多组自然闪电在架空接地线上的耦合电压数据。对采集到的

44 组耦合电流进行统计分析，测量架空接地线的是 6#罗氏线圈，系数为 236.22 A/V，根据式(1)和式(3)可算出架空接地线上的感应电流为 1.42～16.77 A。与文献中结果相比本文得到的数据偏小，可能是由于云闪或者回击点距离观测点距离较远造成。

$$I=V\times K\times\lambda \tag{3}$$

式中，I 为感应电流，V 为示波器读数电压，λ 为罗氏线圈的系数。

接地电阻测量结果为 1.6 Ω，LEMP 在线缆上产生的感应电压范围为 2.27～26.83 V，算术平均值(AM)为 9.07 V，几何平均值(GM)为 7.56 V，标准差值(SD)为 5.67 V，感应电压幅值大小与雷电回击电流幅值大小有关。其中一组测量电压波形，如图 6 所示，图中电压波形呈振荡衰减趋势，说明感应电流在架空接地线上发生了反射，主要是因为架空接地线两端直接接地，阻抗不匹配，从而导致感应电流来回反射。

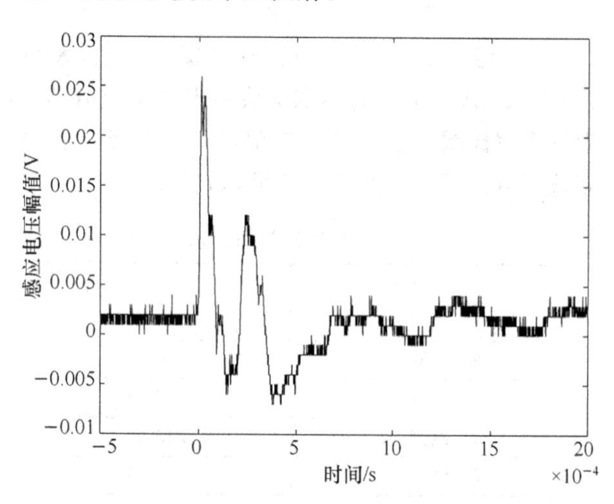

图 6　线缆耦合感应电压

(Cable Coupling Induced Voltage)

直接对本组感应电流作快速傅里叶变换，进行频谱分析，结果如图 7 所示。从图中可以看出架空接地线上的感应电压主要为低频分量，范围是 0～100 kHz。

对线缆感应电压的半峰值宽度、10%～90%上升时间统计结果列于表 2。线缆感应电压半峰值宽度主要集中在(4.9～45)μs，10%～90%上升时间主要集中在 7.4～30.8 μs。与文献[2,8]中线缆感应电压的波形参数相比，结果偏大，原因可能与雷电过程的不同和距离等有关。

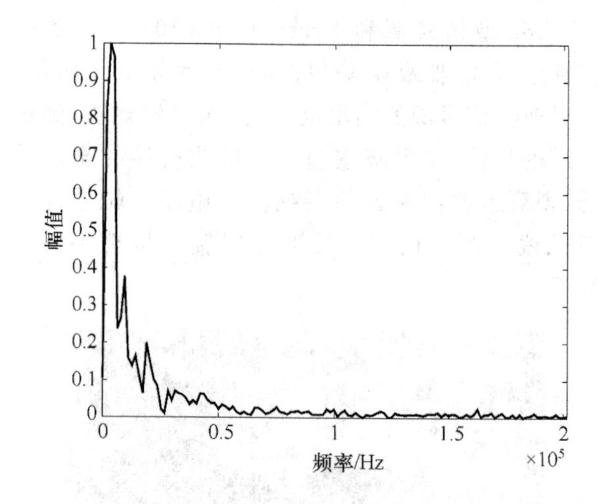

图 7　感应电压归一化频谱图

(Induced Voltage Normalized Spectrum)

表 3　感应电压波形参数

波形参数	范围/μs	AM 值/μs	GM 值/μs	SD 值/μs
10%～90%上升时间	7.4～30.8	21.03	19.67	7
半峰值宽度	4.9～45	24.31	19.54	13.26

4　结语

本文研制了一套用于测量自然闪电在架空线上的感应电压的线缆耦合实验系统，并对自然闪电条件下线缆耦合电压进行了统计分析，结果表明，本文测得的自然闪电在架空接地线上产生的感应电压、电流与文献中的数据相比偏小，但测量波形半峰值宽度及上升时间偏大。

参考文献

[1] 杨春山，程柏林. 雷电电磁脉冲对电缆的耦合效应研究[J]. 空军雷达学院学报，2005(2):1-5.

[2] 杨静，郄秀书，王建国，等. 雷电在水平导体中产生感应电压的观测及数值模拟研究[J]. 物理学报，2008(3):1968-1975.

[3] Rubinstein M, Tzeng A Y, Uman M A, et al. An experimental test of a theory of lightning-induced voltages on an overhead wire. IEEE Trans. Electromagn. Compat., 1989,31(4):376-383.

[4] Cai L, Wang J, Zhou M, et al. Observation of natural lightning-induced voltage on overhead power lines [J]. IEEE Trans. Power Del, 2012, 27(4): 2350-2359.

[5] 余同彬,周璧华. HEMP 作用下近地有限长电缆外皮感应电流研究[J]. 南京:解放军理工大学学报(自然科学版),2002(01):8-12.
[6] 刘燕. EMP 对传输线的耦合仿真分析[J]. 北京:电子世界,2017(7):198-199.
[7] 任合明,周璧华,余同彬,等. 雷电电磁脉冲对架空电力线的耦合效应[J]. 绵阳:强激光与粒子束,2005(10):101-105.
[8] 付亚鹏. 地闪雷电流及其辐射场与线缆耦合效应研究[D]. 南京:中国人民解放军陆军工程大学,2018.

基金项目:装备预研基金(614220601011704)国家重点研发计划(2017YFF0104300)

通信作者:石立华
通信地址:江苏省南京市秦淮区海福巷 1 号陆军工程大学野战工程学院,邮编 210007
E-mail:shilhnj@163. com

雷电直接效应高电压试验脉冲模拟源校准

谭艳清[1,2]　张　成[2]　陈　彦[2]

（1. 工业和信息化部电子第五研究所，广州，510000；

2. 广州赛宝计量检测中心服务有限公司，广州，510000）

摘要：本文首先讨论了雷电直接效应高电压试验的试验波形及试验种类，并根据高电压试验要求，结合高电压试验系统的配置，提出采用有限测量范围比对和附加线性度试验的校准方法。该方法能有效解决雷电直接效应高电压试验系统难以现场校准的难题，大大减轻企业设备溯源的费用，可用于指导雷电直接效应高电压试验脉冲模拟源的验收和周期溯源，填补国内在该领域的空白。

关键词：SAE ARP 5412，SAE ARP 5416，GB/T 16927，雷电直接效应高电压试验，校准。

Calibration of high-voltage pulse generator of lightning direct effects

Tan Yanqing[1,2]　Zhang Cheng[2]　Chen Yan[2]

(1. The Fifth Electronics Research Institute of Ministry of Industry and Information Technology, Guangzhou 510000, China;

2. Guangzhou CEPREI Calibration and Testing Service Co., Ltd., Guangzhou 510000, China)

Abstract: The test waveforms and test types of high voltage pulse generator of lightning direct effects are discussed in this paper. A calibration method is proposed based on the test requirements and test system configuration. This method could guide the acceptance checking and periodic tracing for high voltage test impulse generator of lightning direct effects, and it fill the gaps in this domain.

Key words: SAE ARP 5412, SAE ARP 5416, GB/T16927, Direct Lightning Effects, High-Voltage Test, Calibration.

1　引言

雷电是一种非常复杂的自然现象，每天在大气层中约发生 800 万次，一次雷电平均包含有上万个放电过程，电流脉冲平均幅值为上万安培，持续时间长达几十到几百微秒。飞机在飞行期间，极易受到雷电的影响。据统计，一架典型的飞机大约每 1 000 小时遭遇雷击一次。雷电对航空飞行器的影响主要分为直接效应和间接效应。雷电直接效应是指当雷电电弧附着时伴随产生的高温、高压冲击波和电磁能量对系统所造成的燃烧、熔蚀、爆炸、结构畸变和强度降低等效应；雷电间接效应是指飞机遭遇雷电时，在飞机电子电气设备接口处产生的干扰电压/电流，通过各种耦合机制对机载航空电子/电气设备产生干扰的效应[1-3]。

雷电防护一直以来受到航空飞行器设计师的密切关注。近 30 年来，美国科学工作者对军用机电磁兼容的研究一直走在世界的前列，并在相关机载设备环境条件和测试的军用标准（MIL-STD-461G）和民规（SAE ARP5412[4]、5416[5]，RCTA DO-160[6]等）都增加了雷击测试的相应章节。我国航空界近年来逐渐意识到抗雷击测试的重要性，加大了对抗雷击测试的研究力度，同时大量引进和开发雷电脉冲模拟源对飞机及机载设备进行抗雷击风险评估[7]。为了充分保障抗雷击测试系统的性能，确认研制生产、测试、故障检测以及维修等过程中技术指标的准确，保障飞机的安全飞行，急需对飞行器抗雷击测试系统进行有效的计量保障。然而，目前国内关于飞行器抗雷击测试系统校准的研究尚属空白。本文对雷电直接效应高电压试验系统的雷电试验波形及试验种类进行梳理，并提出雷电脉冲模拟源的校准方法，实现雷电直接效应高电压试验系统的校准。

2 高电压试验波形

雷电对飞机的直接效应包括以下具体形式：雷电附着点的熔蚀和烧伤、阻抗导致的温度升高、磁力效应、声冲击波效应、粘接或铰合等连接处的电弧和火花、燃油箱内的蒸气引燃等。目前国际公认的有关飞机的雷电试验波形，是由美国宇航工业推荐的标准 SAE ARP5412《雷电环境及相关试验波形》，其中对于高电压、附着点试验系统定义了 4 个雷电直接效应的电压波形 A、B、C、D。电压波形 A 代表快速上升的电场，波形 B 代表一个未实现击穿的全电压波形，波形 C 代表波前很陡的波形，波形 D 表示一个缓慢上升的电场，也可以用于波前上升缓慢的波形。

(1) 电压波形 A

电压波形 A 为一个上升率为 1 000 kV/μs (±5%)的波形，其幅值持续增加直到试验件击穿或闪络终止，并迅速归零。如果试验件没有闪络，则波形的跌落不做规定。电压波形 A，如图 1 所示。

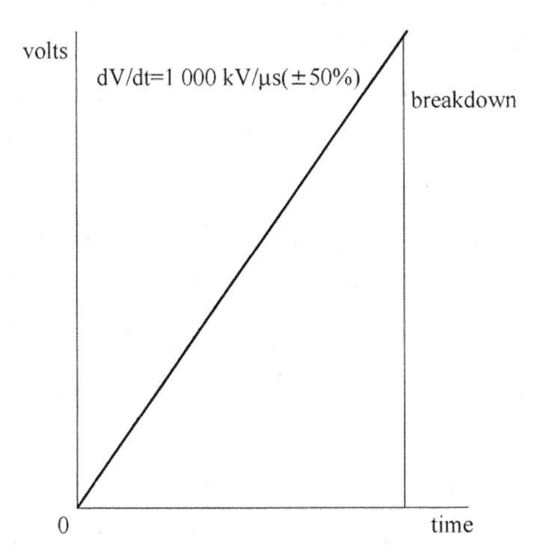

图 1　雷电直接效应电压波形 A

(2) 电压波形 B

电压波形 B 为一个典型的符合电气工业标准的 1.2/50 μs 脉冲试验波形，其上升时间为 1.2 μs (±20%)、持续时间为 50 μs(±20%)。上升时间和持续时间表示雷电脉冲发生器的开路电压，并且假定该波形不受试验件击穿或闪络滑过的影响。电压波形 B，如图 2 所示。

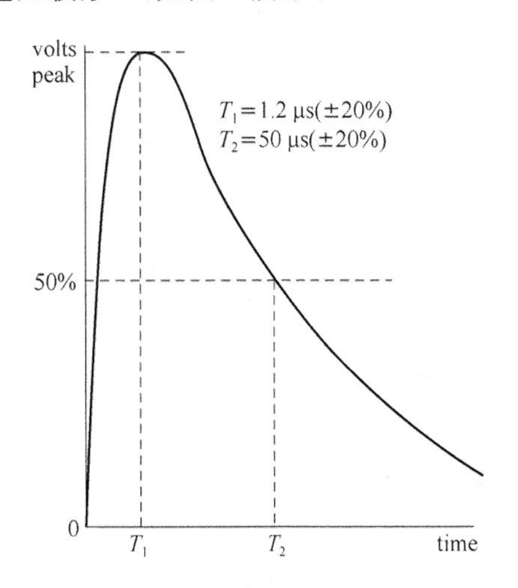

图 2　雷电直接效应电压波形 B

(3) 电压波形 C

电压波形 C 为在 2 μs(±50%)处截断的斩波电压波形，截断处的电压幅值及电压上升率没有特殊要求。电压波形 C，如图 3 所示。

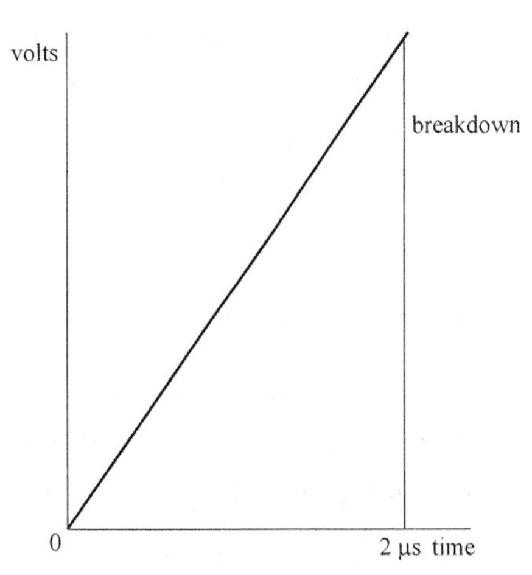

图 3　雷电直接效应电压波形 C

(4) 电压波形 D

电压波形 D 为一个上升时间 50～250 μs，持续时间大于 2 000 μs 的开路电压波形。该波形用于试验件的流光特性分析，当用该波形对雷电附着区概率分析时，得出的结论要比实际的高。电压波形 D，如图 4 所示。

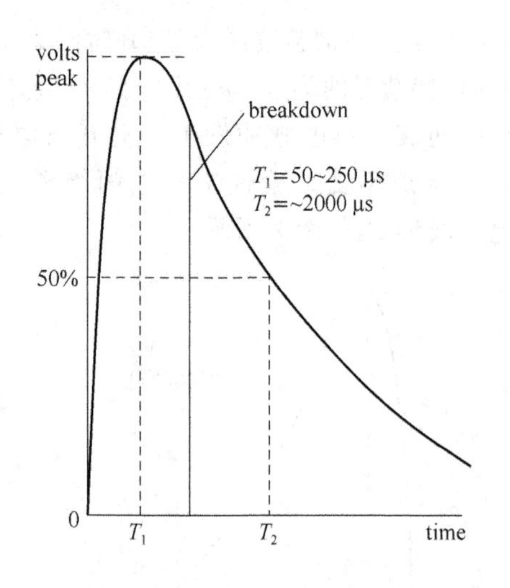

图 4　雷电直接效应电压波形 D

3　高电压试验种类

一般而言，雷电直接效应高电压试验用于确定雷电附着在设备上的可能位置或用于确定非导电材料雷电的击穿路径。在测试对象上施加的高电压冲击试验取决于其试验对象的分区类型（区域划分见 SAE ARP 5414）。根据 SAE ARP 5416，雷电直接效应高电压试验主要分为初始先导附着试验、扫掠通道附着试验和模型高压附着试验。初始先导附着试验用于确定逐渐靠近的雷电先导引起的可能附着的位置，扫掠通道附着试验用于确定闪道扫掠过设备时，可能发生的雷电附着位置。

3.1　初始先导附着试验

初始先导附着试验用于飞机上位于 1A 和 1B 区域中的结构件，如由非导电材料构成的翼尖、天线罩和大型天线整流罩。该试验用于确定全尺寸结构件上可能的先导附着点位置、评价天线罩壁面材料、优化防护装置的位置、验证保护装置的性能，此外如果结构件上有绝缘涂层，则可用于确定绝缘涂层的击穿位置。

初始先导附着试验的试验对象应该是批生产部件、全尺寸原型件或在电特性上具有代表性的部件模型。SAE ARP 5416 中规定了 3 种试验布置：试验配置 A、试验配置 B 和试验配置 C，其中试验配置 A 和试验配置 B 适用于整机或者原型样机的试验（如天线罩等），试验配置 C 适用于评价蒙皮面板结构和分流板结构的试飞试验。SAE ARP 5416 中规定初始先导附着试验配置 A 和 B 选用电压波形 D，对于试验配置 C 可以选用波形 A 或 D。

RTCA DO-160G 中也有该试验，且各项试验规定与 SAE ARP 5416 相似。

3.2　扫掠通道附着试验

扫掠通道附着试验适用于位于飞机 1A 区但未暴露于初始先导附着的部件，也用于高压冲击附着试验类型指定为 1C、2A、2B 或 3N 的设备。该试验用于确定非导电绝缘表面可能的击穿位置或闪络路径，也可用于评估防护装置的性能（如天线整流罩上的分流条等）。

针对不同尺寸的试验对象，SAE ARP 5416 中规定了不同的试验布置。对于尺寸大于 0.25 m 的较大试验对象，通常在多个位置设置电极进行试验，而对于小尺寸试验对象，则通常采用位于试验对象中心位置的电极进行试验。SAE ARP 5416 中规定扫掠通道附着试验采用选用电压波形 A 进行试验。

RTCA DO-160G 中也有该试验，且各项试验规定与 SAE ARP 5416 相似。

3.3　模型高压附着试验

模型高压附着试验用于确定飞机上初始先导附着区域。该试验是确定雷电区域的首要步骤，与 ARP 5414 中描述一致。在某些情况下，模型试验需要通过其他方式的补充试验来确定详细的初始附着位置，特别是对于包含大量非传导性结构材料的飞机。

模型高压附着试验的试验对象采用飞机缩比模型，确定飞机雷电附着点的“入点”和“出点”，根据附着点的分布及附着概率统计计算，可确定飞机的初始附着区域，为该飞机雷电区域划分提供依据。

SAE ARP 5416 中规定了两种试验布置以模拟自然环境中靠近的雷电先导和飞机引发的冲击。模拟自然环境雷电先导时，上方的电极采用棒状或直径不大于 50 mm 的小球慢慢接近飞机；模拟飞机引发的冲击时，采用足够大的平板作为电极，其尺寸至少为模型最大处尺寸的三倍。

SAE ARP 5416 中规定模型高压附着试验中用于确定自然环境雷电先导位置时采用电压波形 C，而用于确定飞机引发的冲击位置时采用电压波形 D。

4 高电压试验系统校准

4.1 雷电直接效应高电压试验系统配置

雷电直接效应高电压试验系统用于鉴定可能的雷电附着方位，也可以用于设备有绝缘涂层的地方确定穿过或通过绝缘层的击穿路径。

高电压试验系统通常由高电压波形发生器、波形调整单元、监测系统以及控制系统组成，通过调整不同的波形调整单元即可实现电压波形的 A、B、C 和 D 四种波形。波形发生器采用 Marx 回路，利用多级电容器并联充电、串联放电来产生所需的电压，其波形可由改变波头电阻和波尾电阻的阻值进行调整，幅值由充电电压进行调节，极性可通过倒换硅堆两极进行改变。

SAE ARP 5412 中规定了 4 个波形共 3 个试验对飞机结构件或整机进行试验。在试验实施过程中，A 波形在电极与样品间总间隙长度为 1.5 m 的情况下，阳极电压为 2 300 kV，阴极电压为 2 400 kV。图 5 是一套典型的高电压试验系统，其电压等级可达 3 000 kV，为满足试验要求电压，高电压波形发生器通常采用 H 型塔式机构，球隙放电，其高度高达十余米，重量达数吨，投入使用后无法移动，因此只能采取现场方式校准。

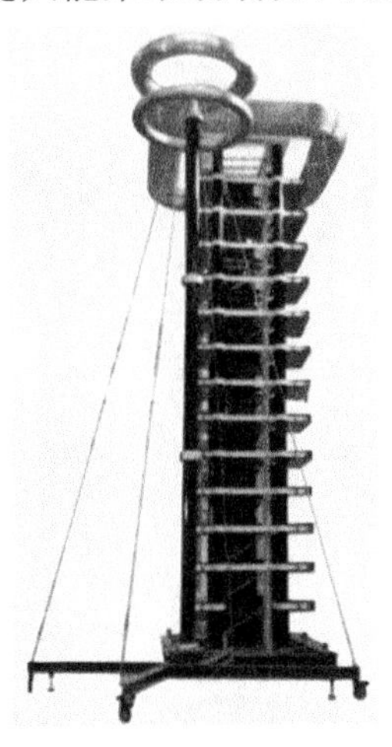

图 5 典型的雷电直接效应高电压试验系统

4.2 校准方法

如 4.1 节的内容所述，雷电直接效应高电压试验系统只能采用现场校准方式对其进行校准。常规的校准方法是采用冲击分压器对高电压试验系统的电压进行校准，然而，由于雷电直接效应高电压试验系统产生的电压值高达 3 000 kV，若采用全部标定测量范围的分压器对高电压试验系统产生的电压进行校准，则必须制作额定电压高于 3 000 kV 的冲击分压器，其重量将达 150 kg 以上，高度达 6 m 以上，如图 5 所示，运输和安装都非常困难，无法实现现场校准。根据 4.1 的内容所述，雷电直接效应高电压试验系统内通常包含有监测脉冲分压器，用于监测试验过程中波形发生器的电压，其额定电压高于波形发生器产生的电压。因此，可以利用该监测脉冲分压器实现对高电压试验系统的校准。

根据 GB/T 16927.2—2013《高电压试验技术 第 2 部分：测量系统》[8] 及 DL/T1222—2013《冲击分压器校准规范》[9, 10] 中对高电压认可测量系统及其组件的试验要求："在标定测量范围超过标准测量系统测量范围的情况下，应比对标准测量系统最高电压来确定刻度因数。应在不低于标定测量范围 20% 的电压下进行比对"，如图 6 所示。

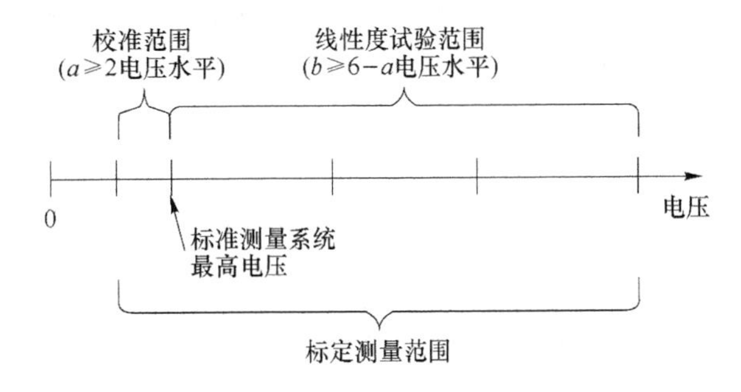

图 6 有限电压范围的比对和线性度的校准

基于此，本文提出一种基于有限范围内的比对，对高电压试验系统进行校准的方法，其校准框图如图 7 所示。采用额定电压不低于监测脉冲分压器测量范围 20% 的标准脉冲分压器经溯源后，携带至现场对高电压试验系统内的监测脉冲分压器进行比对，并补充线性度试验，扩展标准脉冲分压器的有效范围。在验证该监测脉冲分压器的线性度后，采用该监测脉冲分压器，对高电压试验系统的电压进行校准即可。该校准方法内的标准脉冲分压器由于其体积小、重量轻，因此便于运输携带，由此实现雷电直接效应高电压系统的校准。

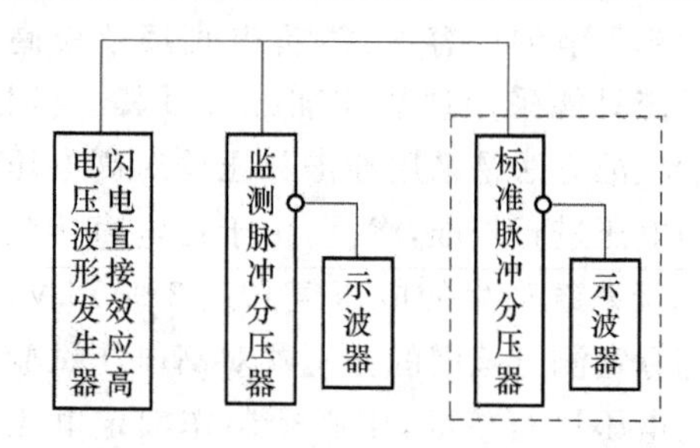

图 7　雷电直接效应高电压试验系统校准框图

5　总结

本文对雷电直接效应高电压试验系统的校准方法进行系统梳理。总结了雷电直接效应高电压试验的试验波形，明确其试验种类，确定校准项目，并据此设计校准方法、搭建校准系统。校准方法采用有限电压范围比对结合线性度试验，有效解决雷电直接效应现场校准的问题。由于校准系统的复杂性，涉及附件特别多，校准不确定度还有待深入研究。

参考文献

[1] 陈加清，周璧华，贺宏兵. 雷电的损伤效应[J]. 北京：安全与电磁兼容，2004(6)：44-48.

[2] 熊秀，骆立峰，范晓宇. 飞机雷电直接效应综述[J]. 沈阳：飞机设计，2011 (4)：64-68.

[3] 滕向如，刘光斌，余志勇. 飞行器雷电间接效应危害及其防护研究[J]，广州：环境技术，2014 (S1)：130-133.

[4] SAE ARP 5412Aircraft Lightning Environment：Related Test Waveforms. 2013.

[5] SAE ARP 5416Aircraft Lightning Test Methods，2004.

[6] RTCA DO-160G Environment Conditions and Test Procedures for Airborne Equipment [S]，2010.

[7] 张靖悉. 基于“DO160G”标准的雷电脉冲模拟源校准[J]. 成都：中国测试，2016(42)：35-39.

[8] 全国高电压试验技术和绝缘配合标准化委员会. GB/T 16927.2—2013 高电压试验技术 第 2 部分：测量系统 [S]. 北京：中国标准出版社，2013.

[9] 龙兆芝，刘少波，李文婷. 冲击电压分压器线性度试验研究 [J]. 武汉：高电压技术，2012 (38)：2015-2022.

[10] 侯永辉，王赛爽，贾红斌. 冲击电压测量方法的研究与应用[J]. 北京：工业计量，2016(40)：30-31.

通信作者：谭艳清

通信地址：广东省广州市天河区东莞庄路 110 号工业和信息化部电子五所赛宝计量检测中心，邮编 510000

E-mail：tanyanqing@ceprei. com

某卫星星载电子设备 EMC 测试及整改

杨 青 程显富 宋 伟

（山东航天电子技术研究所，烟台 264003）

摘要：本文通过某星载电子产品 EMC 测试和整改案例，提出了单机设计阶段应该注意的两点问题，强干扰元器件的布局和长距离走线的注意事项，为后续电子单机的 EMC 设计提供参考。

关键词：EMC 整改。

EMC test and corrections for spaceborne electronic equipment

Yang Qing[1] Cheng Xianfu[2] Song Wei[2]

(Shandong Institute of Space Electronic Technology, Yantai, 264003, China)

Abstract: From one certain on-board electronics EMC test and correction case, the paper puts forward two issues involving the layout of strong interference component and long-distance routing that shall be paid attentions during the unit design phase, providing a reference for the following electronic units EMC design.

Key words: EMC rectification.

1 引言

卫星是高密度电子产品组成的系统，在有限的空间中，安置了大量的电子产品；各电子单机的电磁兼容性(EMC)是星载设备的重要技术指标之一。被测量产品是卫星重要综合电子单机，主要完成高共模电压的测量及控制，其 EMC 性能对整星供电系统稳定性起到重要的作用。

2 设备组成概述

设备主要完成对整星关键模拟量参数的采集工作，共由三个模块组成，系统框图如图 1 所示。

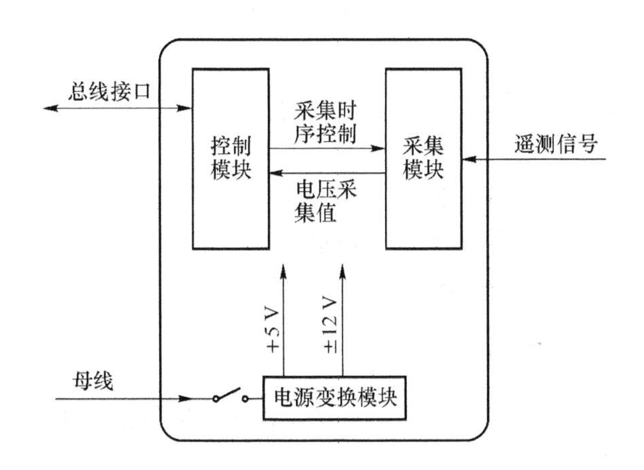

图 1 系统组成框图

3 设备电磁兼容性测试情况

测试设备电磁兼容测试按照 GJB 151B—2013 的要求在电磁兼容实验室进行，测试时设备连接所有外部电缆，按照正常工作模式运行，保证了测试结果的真实有效。

测试结果如图 2、图 3 所示。

通过 RE102 测试结果可以看出，被测设备在 3 MHz～30 MHz 和 100 MHz～200 MHz 两个频段内存在多个超频点，需要进行整改。

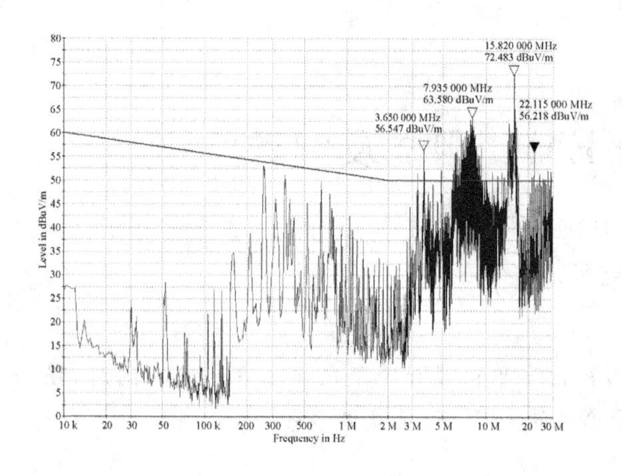

图 2　RE102 测试结果 1

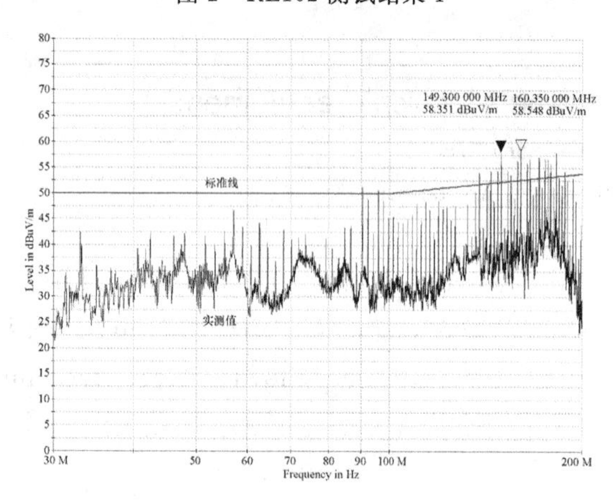

图 3　RE102 测试结果 2

4　电磁兼容问题整改

为了进一步确认 RE102 超标的根源，使用近场探头对各模块进行扫描发现，主控模块的接插件处信号发射最强，重点对主控模块进行治理。

4.1　发现问题

经过对主控模块分析，发现主要存在以下两个问题：

(1) 高速器件距离外部接插件过近，易受辐射干扰。

中控模块的布局，如图 4 所示。

通过布局图可以看出，高速大规模集成电路布局距离对外电连接器距离较近，高速信号容易通过空间辐射的形式耦合到对外电连接器，造成 EMC 干扰。

(2) 外部输入信号长距离走线，干扰信号通过导线发射。

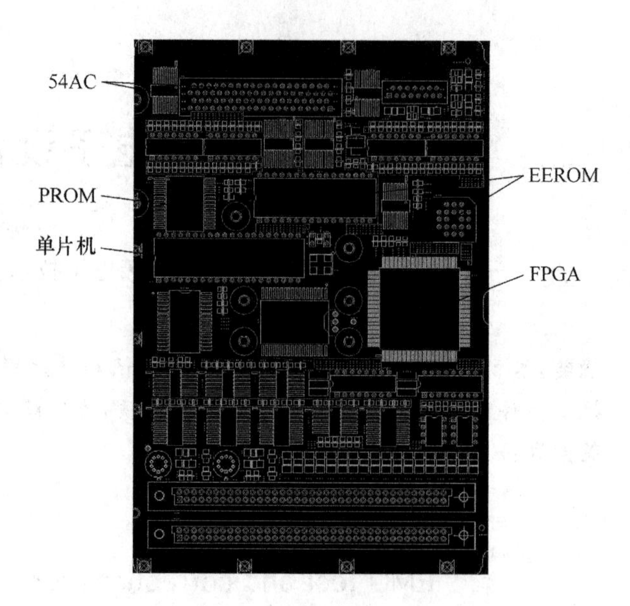

图 4　中控模块布局图

中控板中对外部长距离走线信号，如图 5 所示。

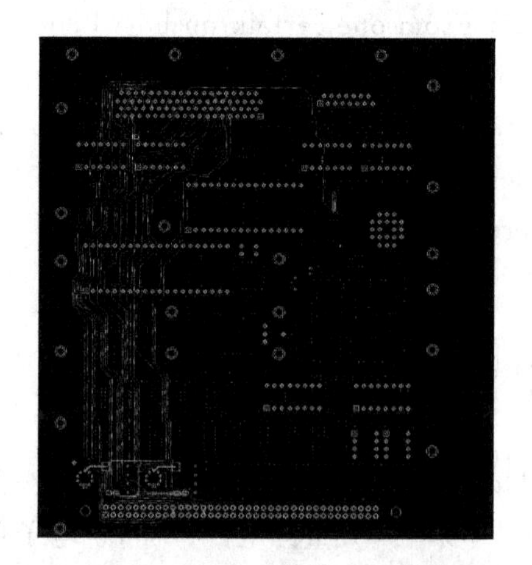

图 5　对外部信号走线图

通过图 5 中可以看出，外部输入的信号，布线较为随意，穿过印制板到底部电连接器，其间穿过 CPU、RAM、ROM 等高速器件区域，非常容易反映到噪声并通过外部电缆发射。

4.2　问题整改

根据上面的分析结果，对主控模块的印制板进行了重新布局布线，更改后的印制板布局图和对外信号走线图如图 6、图 7 所示。

通过布局图和外部信号走线图可以看出，第一版中存在的问题均已得到了改善，高速器件布局在设备的中下部，远离外部接插件；外部信号绕行印制板边缘，远离强干扰区。

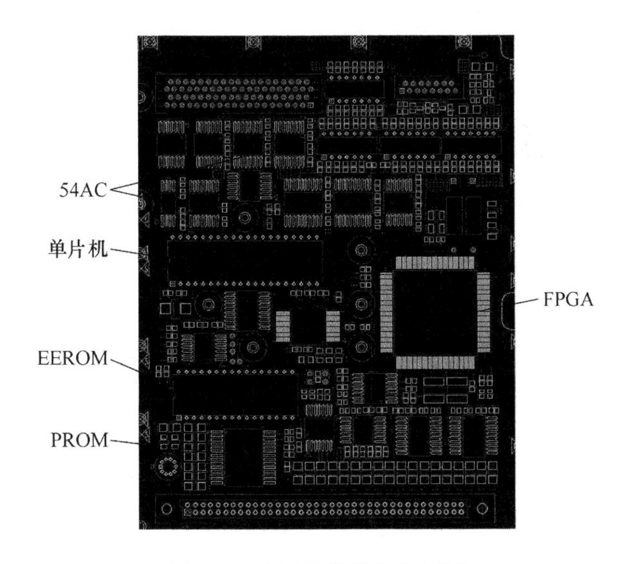

图 6　更改后中控模块布局图

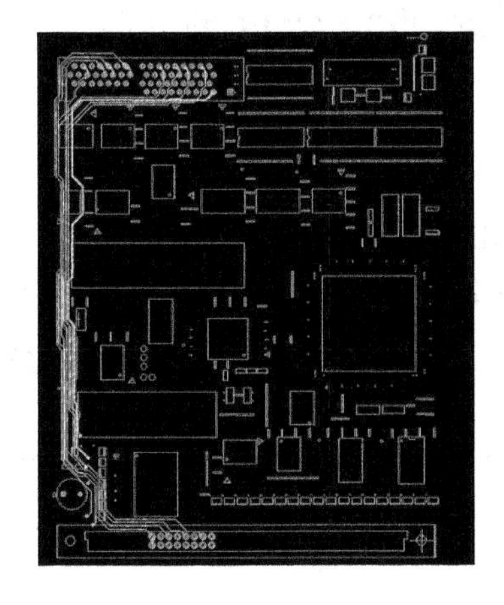

图 7　更改后对外部信号走线图

4.3　整改结果

经过上述更改，设备整机进行了第二次测试，测试条件与第一次完全相同，测试结果如图 8、图 9 所示。

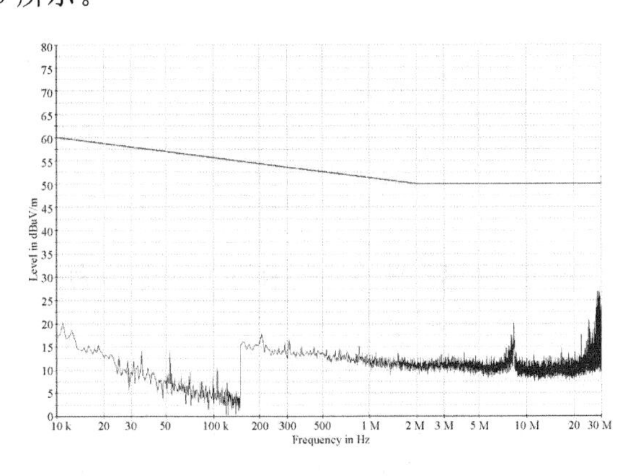

图 8　整改后 RE102 测试结果 1

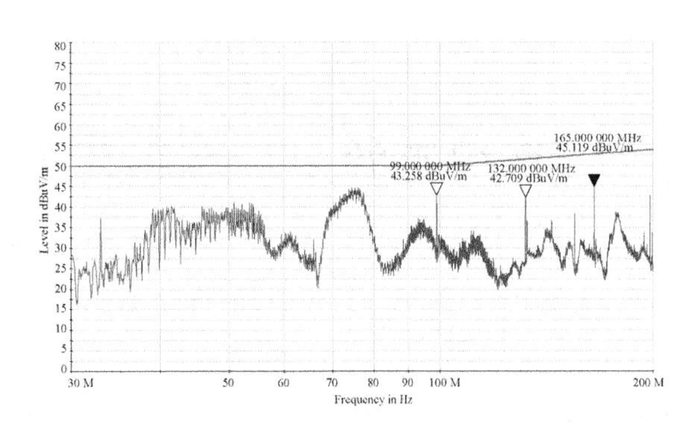

图 9　整改后 RE102 测试结果 2

通过测试结果可以看出，设备 RE102 测试满足要求，整改措施有效。

5　结论

通过对被测设备的 EMC 整改，可以看出两点 PCB 布局注意事项。

(1) 高速器件应远离外部电连接器，靠近印制板中部、底部布局。

(2) 外部电连接器输入、输出信号，避免长距离走线，必须走长线时，应尽可能的远离干扰源。

参考文献

[1] 姜雪松、王鹰．电磁兼容与 PCB 设计[M]．北京：机械工业出版社，2008.

[2] GJB 151B—2013，军用设备和分系统电磁发射和敏感度要求与测量[S].

[3] 陈穷，蒋全兴，等．电磁兼容性工程设计手册[M]．北京：国防工业出版社，1993.

通信作者：杨青

通信地址：烟台市高新区航天路 513 号，邮编 264003

E-mail： zcyangqng@qq. com

某型电源电场辐射发射测试整改分析及试验验证

张龙龙　王　磊　张振宇　李文晓　王本东　赵建伟　宗　岩

（山东航天电子技术研究所，烟台 264670）

摘要：针对某型电源电场辐射发射测试(RE102)指标超标问题，对产品干扰源进行了定位和分析，并对该电源进行了设计整改。试验结果表明，整改措施效果显著，RE102 测试结果满足 6dB 裕量要求。

关键词：电源，电磁兼容，电场辐射发射，干扰源。

Design Improvement and Experimental Verification on Electromagnetic Radiation Emissions of Specific Power Supply

Zhang Longlong　Wang Lei　Zhang Zhenyu　Li Wenxiao　Wang Bendong　Zhao Jianwei　Zong Yan

(Shandong Institute of Space Electronic Technology, Yantai 264670, China)

Abstract: In order to solve the problem that electromagnetic radiation emissions test results of specific power supply did not meet the requirement of RE102, the interference source was positioned and analyzed firstly, and then the power supply was revised for improvement. Finally, experiment was conducted to indicate that the design improvement is effective with margin of 6 dB in RE102 test.

Key words: Power supply, Electromagnetic compatibility, Electromagnetic Radiation Emissions, Interference Source.

1　引言

随着科技的不断进步，军用电子设备的功能越来越强，电磁环境也变得日趋复杂，其对电源的要求也越来越高，电源及其电子设备间的电磁兼容是确保系统任务的前提。电磁兼容是一门研究在有限空间、时间和频谱资源等条件下，各种用电设备可以共同工作而不产生性能降级的学科[1]，即保证设备或系统在电磁环境下能正常工作，且不对该环境中其他设备构成不能承受的电磁骚扰的能力。

某型电源用于为某载荷设备进行供电，该型电源与载荷设备联试后需通过 GJB 151B—2013 中规定的 RE102 测试，并预留 6dB 设计裕量。本文首先对电源与载荷设备在 RE102 测试中存在的问题进行了描述和分析，对存在的问题进行了定位，并给出了整改方案，最后通过 RE102 测试对整改效果进行了验证。

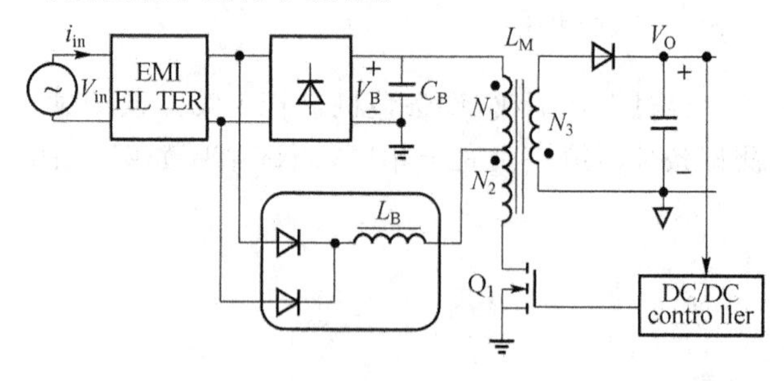

图 1　某型电源原理[2]

2　某型电源产品描述及问题分析

某型电源产品采用交流 220 V 供电，为某载荷设备 20 V 蓄电池进行充电，其采用图 1 所示单级准谐振式功率因数校正-反激变换器拓扑来实现，该拓扑具有功率因数高、效率高的优点。

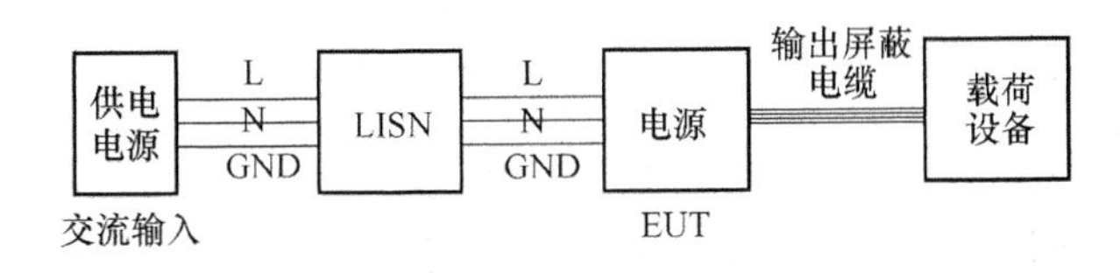

图 2 测试连线图

某型电源及其载荷设备按照图 2 所示测试连线图连接后，参照 GJB 151B—2013 标准对其进行 RE102 测试，测试结果分别如图 3～图 4 所示。可以看出，整改前 RE102（2 MHz～200 MHz）存在 15.425 MHz、21.805 MHz、53.7 MHz、74.35 MHz、102.4 MHz、123.55 MHz、157.5 MHz 等多点超标。其中，在 30 MHz～200 MHz 频段（图 4）最高点超过 GJB 151B—2013 标准线 3.6 dB，不满足该型电源产品所规定的 6 dB设计裕量。

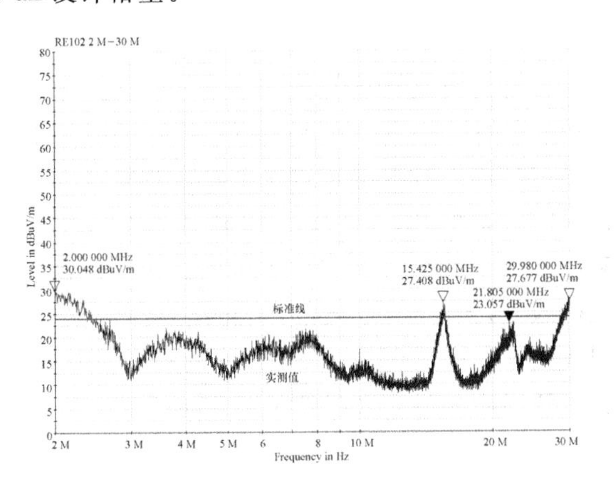

图 3 整改前 RE102(2 MHz～30 MHz)测试结果

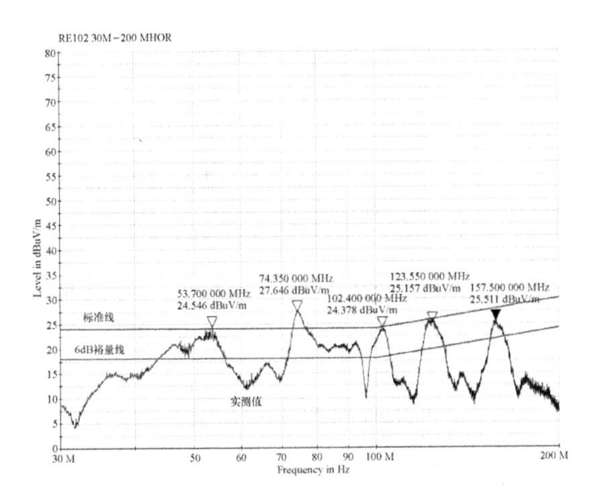

图 4 整改前 RE102(30 MHz～200 MHz)测试结果

3 干扰源分析

3.1 载荷设备

载荷设备采用屏蔽材料对内部主板、显示屏驱动等单元进行了屏蔽处理，电源与载荷设备之间通过屏蔽电缆进行连接。屏蔽电缆屏蔽层与载荷设备屏蔽层相连，大大降低了载荷设备内部晶振、数字处理器等元器件引起的辐射。但是，若屏蔽未完全处理好或载荷设备与欧度电缆之间连接接触不良，将会影响屏蔽效果，引起辐射指标升高。

为了排除载荷设备产生的影响，将某型电源断电，采用蓄电池为载荷设备供电，测试载荷设备的 RE102(2 MHz～200 MHz)的参数，其结果依次如图 5～图 6 所示。根据测试结果可知，在 2 MHz～30 MHz(图 5)和 300 MHz～200 MHz 频段(图 6)，载荷设备 RE102 指标均能满足 GJB 151B—2013 的要求，且能保留 6dB 的裕量。因此，载荷设备不是导致图 3 和图 4 所示测试超标的主要干扰源。

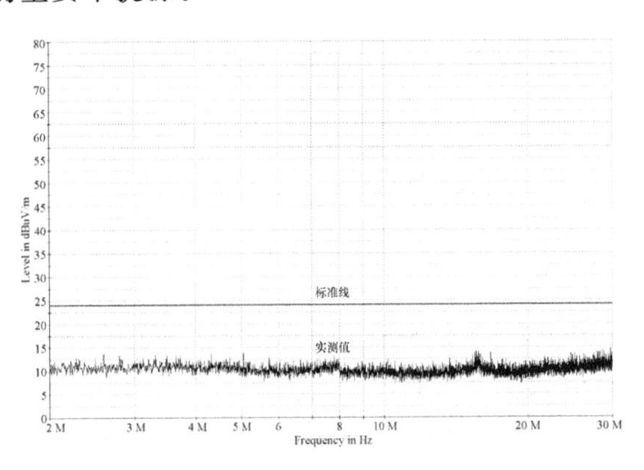

图 5 电源不开机、载荷由蓄电池供电 RE102 (2 MHz～30 MHz)测试结果

3.2 电源产品本身

某型电源主电路采用如图 1 所示拓扑结构，交流输入经 EMI 滤波器和整流桥后转化为高压直流电压 V_B，经隔离式 DC/DC 变换器（包括变压器、开关管 Q_1、电感 L_B、两个输入二极管、一个输出整流二极管以及 DC/DC Controller 等）将高压直流电压 V_B 转化为载荷设备所需的低压直流输出电压 V_O。

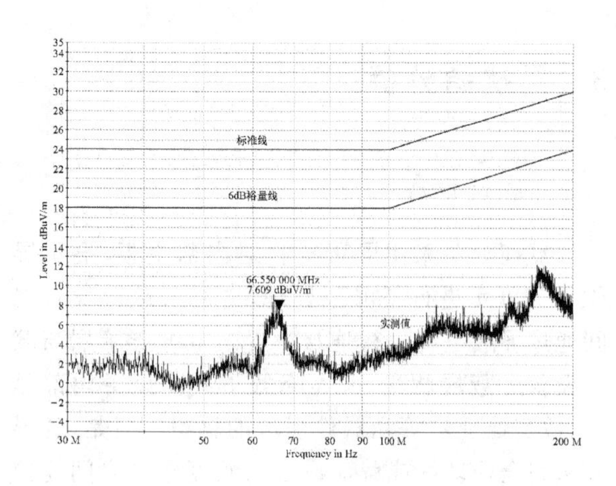

图 6 电源不开机、载荷由蓄电池供电 RE102 (30 MHz～200 MHz)测试结果

电源开关频率设计为 63.8 kHz，图 3 和图 4 中超标频率点 15.425 MHz、21.805 MHz、53.7 MHz、74.35 MHz、102.4 MHz、123.55 MHz、157.5 MHz 近似为电源开关频率的倍频点，因此，电源产品本身应为导致测试超标的主要干扰源。

在图 1 中存在以下辐射通道：

(1) 输入共模干扰和差模干扰通过输入插头及输入线产生的辐射。

(2) 输入二极管、L_B、变压器原边绕组 N_1 和电容 C_B 组成的高频谐振通路 1。

(3) 输入二极管、L_B、变压器原边 N_1 和开关管 Q_1 组成的高频开关通路 2 以及电容 C_B、变压器原边绕组 N_1 与 N_2、开关管 Q_1 组成的高频开关通路 3。

(4) 变压器副边绕组 N_S、输出整流二极管和输出电容组成的高频整流通路 4。

(5) 输出共模和差模干扰通过输出电缆产生的辐射。

上述辐射通道是导致 RE102 测试超标的主要因素。

为了降低设备生产成本，电源 PCB 板采用单层板设计，电装面安装表贴元器件和分立元器件引脚，另一面安装分立元器件本体。这种布局结构不利于降低辐射指标。

4 产品设计整改及试验验证

为了抑制产品电场辐射发射指标，接下来将根据前文分析的主要辐射通道对产品进行整改。

4.1 输入插头及输入线产生的辐射

某型电源产品采用通用 220 V 供电，其采用图 7 所示 SK1024 非屏蔽插头，输入电缆采用 6 mm 三芯交流线，且输入插头与输入线连接不存在任何屏蔽材料。因此，若 EMI 滤波器设计不合理，共模干扰和差模干扰将通过输入插头及输入线传导出去，并通过输入插头和输入电源内部的干扰泄漏出去，引起辐射指标超标。

图 7 输入 SK1024 插头

为解决由此导致的 RE102 超标问题，需要增加输入 EMI 滤波器，减少共模干扰和差模干扰对外的传导进而减少由于传导引起的辐射；同时，通过导电材料将 SK1024 插头及输入电缆包覆后与某型电源金属壳连接，减少辐射窗口。为验证以上措施，对产品更改后进行了测试，其测试结果如图 8 所示。由此可以看出，通过增加输入 EMI 滤波器和屏蔽材料大大降低了辐射指标。

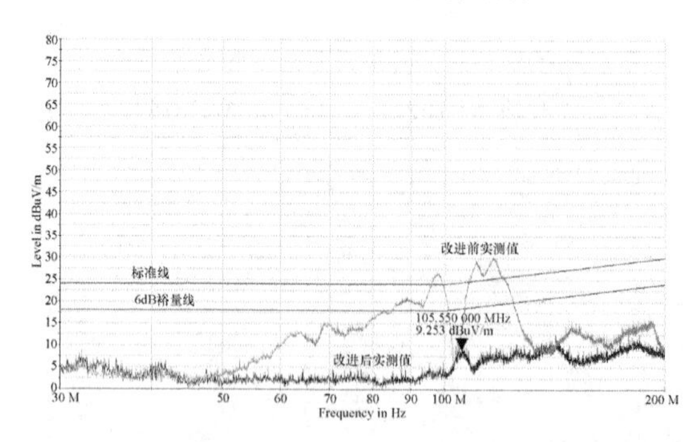

图 8 输入增加 EMI 滤波器和屏蔽材料前后 RE102 (30 MHz～200 MHz)测试结果

4.2 高频辐射通路的辐射

根据前面分析，某型电源主电路拓扑存在 4 个高频辐射通路：输入二极管 L_B、变压器原边绕组 N_1 和电容 C_B 组成的高频谐振通路 1；输入二极管 L_B、变压器原边 N_1 和开关管 Q_1 组成的高频开关通路 2；电容 C_B、变压器原边绕组 N_1 与 N_2、

开关管 Q_1 组成的高频开关通路 3；变压器副边绕组 N_S、输出整流二极管和输出电容组成的高频整流通路 4。这四个高频辐射通路通过输出线向外辐射的程度较小，主要是通过交流输入辐射出去的。因此，选用铝型材将输入 EMI 滤波器、整流电路与高频辐射通路分成两个单元。同时，采用金属屏蔽材料，将某型电源主电路屏蔽起来，减少高频辐射通路通过 PCB 板上、下面辐射出去。

为验证以上措施，对产品进行整改后进行了测试，其测试结果，如图 9 所示，可以看出，通过在某型电源外部逐步增加屏蔽金属外壳，大大降低了辐射指标。

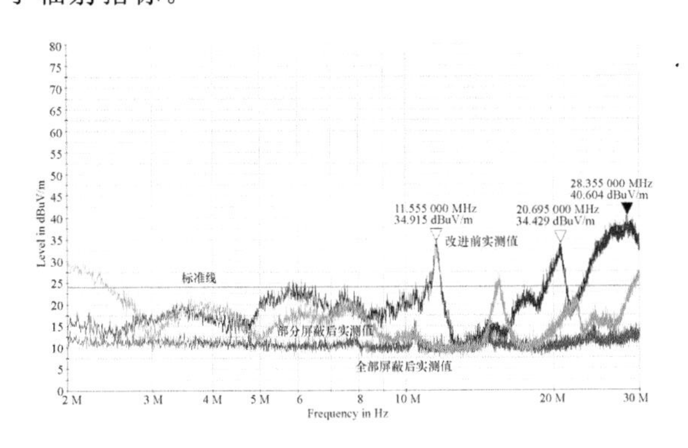

图 9　增加屏蔽金属外壳前后 RE102
(2 MHz～30 MHz)测试结果

4.3　输出电缆产生的辐射

输出电缆采用屏蔽电缆与载荷设备进行连接，若屏蔽电缆屏蔽层不能与金属外壳良好接触，则高频辐射通路辐射会通过电缆屏蔽层与金属外壳间隙泄漏出去。因此，电缆屏蔽层需要以 360°与金属外壳良好连接。同时，增加输出 EMI 滤波器，进一步减小输出共模和差模干扰。

4.4　结构布局改进

为了解决 RE102 测试超标的问题，综合 4.1～4.3 节分析后给出的解决方案，并结合电源产品规格，将金属屏蔽外壳做相应调整，其新的布局，如图 10 所示。

将某型电源金属屏蔽外壳分成三个腔体，依次分别安装输入 EMI 滤波器、电源主电路、输出 EMI 滤波器，各腔体之间采用直径为 5 mm 导线通过通孔连接。各个部件安装入腔体后，上盖通过锡焊焊接构成三个屏蔽腔体。由于某型电源主电路分别

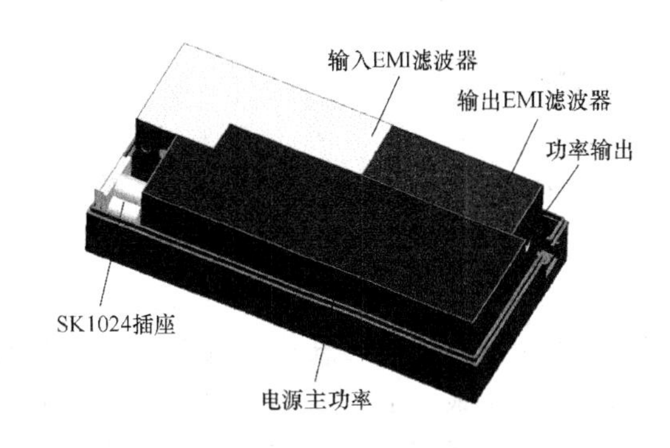

图 10　某型电源改进后的布局图

通过输入 EMI 滤波器腔体和输出 EMI 滤波器腔体与输入电缆和输出电缆连接，从而减少了高频辐射通路对外界的辐射。同时，由于输入 EMI 滤波器和输出 EMI 滤波器的存在，增加了对输入、输出线缆中的共模干扰和差模干扰成分的抑制，进而减少了因线缆传导后导致的辐射指标超标。

按照 4.4 节改进后，RE102 测试结果，如图 11 和图 12 所示。可以看出，通过整改，产品 RE102 测试结果能够满足 GJB 151B—2013 规定的标准线下 6dB 裕量设计。

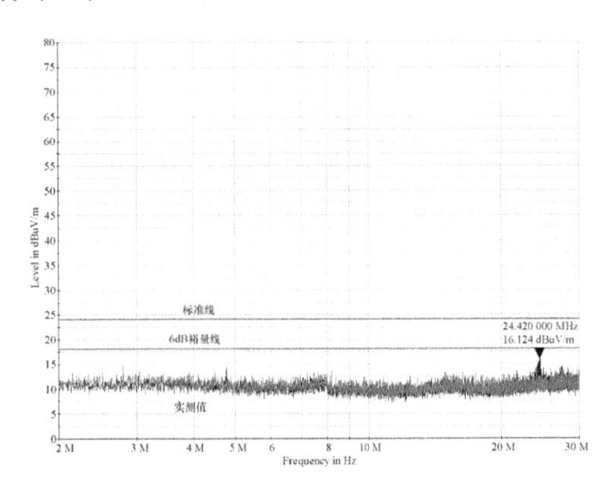

图 11　某型电源改进后 RE102
(2 MHz～30 MHz)测试结果

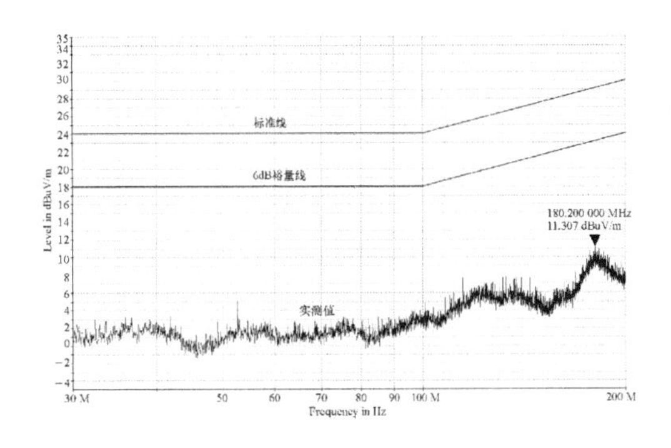

图 12　某型电源改进后 RE102
(30 MHz～200 MHz)测试结果

5 结论

对于电源产品而言，RE102 属于较难通过的 EMC 试验项目。本文根据产品测试试验数据，从设备原理出发查找干扰源和辐射通道，制定相应的整改措施，并利用试验进行整改前后效果进行对比分析，产品最终通过了 RE102 的项目测试。本产品所采取的整改措施可供其他电源产品设计借鉴。

参考文献

[1] 姜雪松、王鹰. 电磁兼容与 PCB 设计[M]. 北京：机械工业出版社，2008.

[2] Hu Yuequan, Laszlo Huber, Milan M. Jovanovic. Universal-Input Single-Stage PFC Flyback with Variable Boost Inductance for High-Brightness LED Applications[c]. 25th Annual IEEE Applied Power Electronics Conference and Exposition (APEC), 2010: 1 048-2 334.

[3] GJB 151B—2013，军用设备和分系统电磁发射和敏感度要求与测量[S].

[4] 陈穷，蒋全兴，等. 电磁兼容性工程设计手册[M]. 北京：国防工业出版社，1993.

[5] 王昕，敖爱新. 滤波器的安装使用对设备 EMI 的影响分析[C]. 第十四届全国遥测遥控技术年会，2006：251-256.

[6] Patrick G. André, Kenneth Wyatt. EMI Troubleshooting Cookbook for Product Designers[M]. London: SciTech Publishing, 2014.

通信作者：张龙龙

通信地址：山东省烟台市高新区航天路 513 号，邮编 264670

E-mail：zjupeson@163.com

某型铜网雷电通流能力仿真分析

陈　旸[1]　杜鸣心[2]

（1. 南京模拟技术研究所，南京，210016；2. 西安爱邦电磁技术有限责任公司，西安，710076）

摘要：无人直升机技术发展中，复合材料得到广泛应用，虽然降低了整机的结构重量，但是降低了机体对外部电磁环境的屏蔽效能。本文选用的是延展性铜网作为复合材料的防护，在COMOSL软件中建立表层铺有铜网的三维CFRP试件模型，仿真遭受直接雷击和电流传导时铜网温度变化、电势分布、电流分布等内容，以分析铜网雷电通流能力。

关键词：雷电防护，复合材料，遭受直接雷击，电流传导。

Simulation Analysis of Lightning current capacity of Copper mesh

Chen Yang[1]　Du Mingxin[2]

(1. Nanjing Research Institute on Simulation Technique, Nanjing 210016, China

2. Xi'an Airborne Electromagnetic Technology Co., Ltd. Shaanxi, Xi'an, 710077, China)

Abstract: In the development of unmanned helicopter technology, composite materials are widely used in aircraft manufacturing. Although the weight of the helicopter is reduced, the shielding effectiveness of the helicopter against the external electromagnetic environment is also reduced. In this paper, ductile copper mesh is used to protect composite material. A 3D CFRP specimen model with copper mesh was established in COMOSL software. In order to analyze the lightning current capacity of the copper mesh, temperature changes, electrical potential distribution and current distribution in copper mesh are simulated when it exposed to lightning strike and conducting lightning current.

Key words: Lightning protection, Composite materials, Exposed to lightning strike, Conducting lightning current.

1　概述

在无人直升机遭雷电时，整个机体成为雷电通道的一部分，承载着全部雷电电流，高温的雷电通道将直接作用于直升机机体，此外雷电电流所产生的强电磁场将作用于机载电子、电气系统。因此，直升机结构或是各个系统都将不同程度地受到雷击的影响。

对于机身外蒙皮的防护，典型的是编织丝网和延性铜网，这些网状产品能够使雷电流通过结构表面快速传递开，减少电流的聚集。本文选用的是延展性铜网作为复合材料的防护，延展性铜网能减小与碳纤维复材流电腐蚀的威胁；在复合曲率的表面不容易覆盖，不影响气动性能；与编制金属丝网相比，面对雷电流产生的强大电磁力也更不容易断裂和瓦解。

本文选用某型国产延展性铜网，在COMOSL软件中建立表层铺有铜网的三维CFRP试件模型，仿真遭受直接雷击和电流传导时铜网温度变化、电势分布、电流分布等内容，以分析铜网雷电通流能力。

2 铜网雷电仿真建模

2.1 铜网选型与建模

本次仿真对象为表面铺延性雷电防护金属铜网的 CFRP 试件和多种尺寸的金属铜网试件。延性雷电防护金属铜网参数，如表 1 所示，表层铺有金属通网的 CFRP 试件三维几何模型，如图 1(a)所示。

表 1　某型金属铜网规格参数

铜网牌号	长菱边	短菱边	梗宽	开口面积	厚度
XXEMM-Cu220	2.4 mm	1.6 mm	0.2 mm	75%	0.1 mm

本仿真需要建立实际工况环境下的仿真模型。金属铜网在雷电防护中不仅要起到拦截雷电的作用，还要起到将雷电流安全的传导到机身金属结构或者蒙皮的作用。因此可以用仿真的方法对铜网遭受直接雷击和传导电流作用下的损伤效果进行仿真。

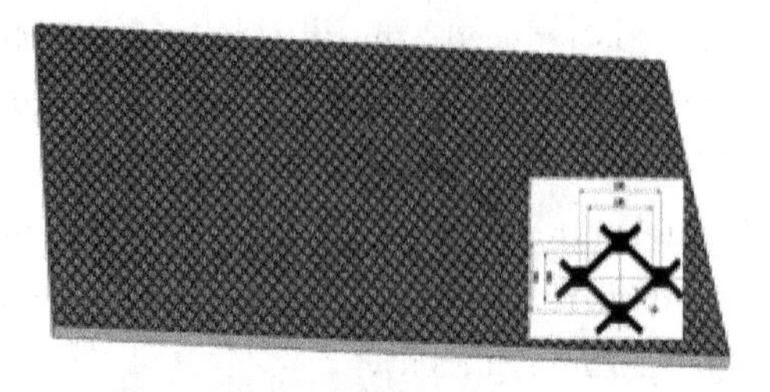

(a) 三维模型及参数定义

(b) 网格剖分结果

图 1　表层铺有金属通网的 CFRP 试件三维几何模型图

2.2 网格划分

选用稳定性较好的自由四面体为基本网格单元对仿真体进行网格设计。图 1(b)给出了表层铺有铜网的 CFRP 试件的网格剖分结果，可以看出由于金属铜网的几何模型具有细微的尺寸，从模型的建立到网格的剖分都占用了庞大的数据资源。由于计算机资源的限制，铺有铜网的三维模型无法设置过大，因此进行了二维铜网的仿真计算。

2.3 边界与激励源设定

涉及的边界条件有：吸收边界条件，完美电导体边界条件。

计算中需要较大的求解区域，但是较大的求解区域又会增加计算量，因此选择合理的求解区域，保证关心区域电场的准确性，给求解区域的最外围加吸收边界条件保证外围电场的合理衰减。

本文采用的激励源依据 SAE ARP 5412B 飞机雷电环境和相关试验波形的电流 A 分量，如图 2 所示，电流 A 分量为首次回击电流，峰值为 200 kA±20 kA，上升时间不超过 50 μs(10%峰值电流上升到 90%峰值电流所需要的时间)，作用积分达到 $2\times10^6\ \mathrm{A^2s}\pm0.4\times10^6\ \mathrm{A^2s}$，且电流衰减至 1%峰值电流的总时间不超过 500 μs。

电流源为标准雷电流 A 分量其表达式为

$$I(t)=I_0(\mathrm{e}^{-\alpha t}-\mathrm{e}^{-\beta t}) \tag{1}$$

式中，$I_0=218\ 810$ A，$\beta=11\ 354\ \mathrm{s}^{-1}$，$\alpha=647\ 265\ \mathrm{s}^{-1}$。

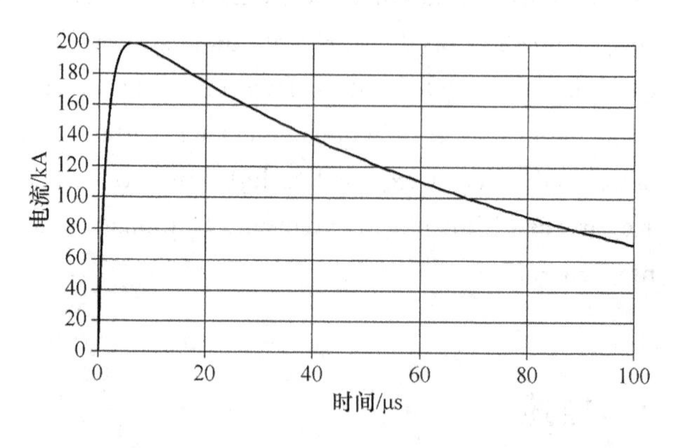

图 2　电流 A 分量的波形

3 仿真结果及分析

延性防雷金属铜网的材料为纯铜；CFRP 试件为 T300 材料。模型尺寸为 240 mm×160 mm×1.628 mm，其中金属铜网厚度为 0.1 mm，CFRP 试件厚度为 1.528 mm。由于此种规格金属铜网在雷击附着区和雷击传导区均有应用，因此分别进行了直接雷击和电流传导仿真。

3.1 电流传导模型仿真结果

进行铜网传导电流仿真时，雷电流从右侧注入，激励源如本文 2.3 节所描述的电流 A 分量，仿真模型左侧接地。从图 3 可以看出电势沿着宽度方向基本均匀分布，右边为高电势，左边为低电势。图 4 是传导电流模型局部区域温度分布图，由图 4 和图 5 可以看出在 200 μs 时，金属网的最高温度将在 750 K(476.85 ℃)，金属网不会出现熔断现象。

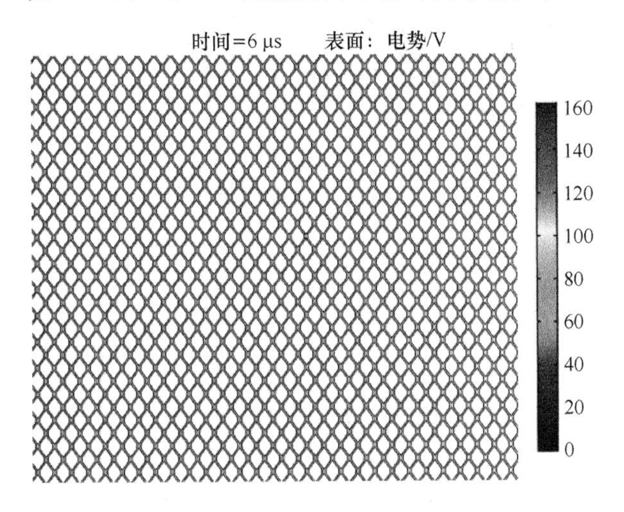

图 3　传导电流模型局部区域电势分布图

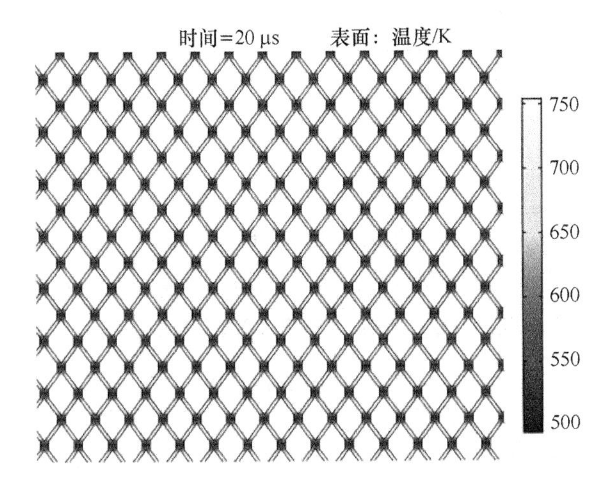

图 4　传导电流模型局部区域温度分布图

3.2 单向接地遭受直接雷击模型仿真结果

进行铜网单边接地遭受直接雷击仿真时，雷电流从金属网的中心注入，激励源如本文 2.3 节所描述的电流 A 分量，引弧区域为 0.4 mm×0.4 mm 的正方形区域，金属网的左侧接地。从图 6 可以看出在直径 5mm 的区域范围内，金属网的

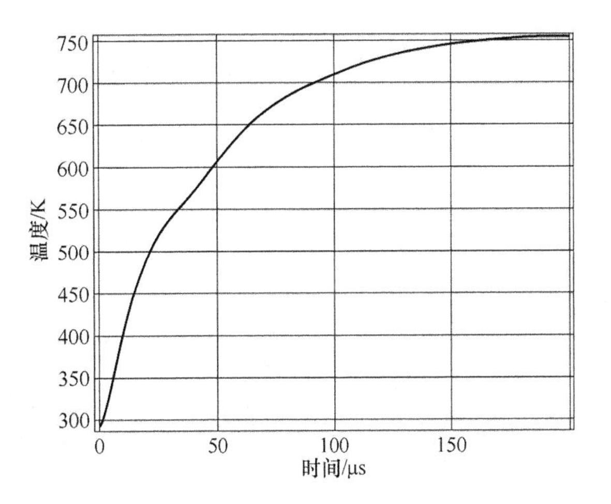

图 5　传导电流模型面最高温度

电势沿着圆周方向基本均匀分布。但随着电流继续向外扩散，电势开始出现不均匀现象。图 7 是单边接地遭受直接雷击模型局部区域温度分布图，由图中可以看出在中心区域靠右的白色区域为损伤区域，在整个金属网区域，雷电流所造成的金属网熔断区域超过了 50 mm×30 mm。

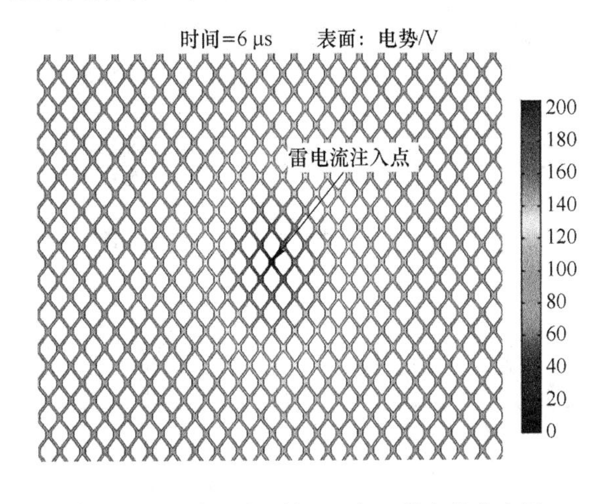

图 6　铜网单向接地模型局部区域电势分布图

3.3 四周接地遭受直接雷击模型仿真结果

进行铜网四周接地遭受直接雷击仿真时，雷电流从金属网的中心注入，激励源如本文 2.3 节所描述的电流 A 分量，引弧区域为 0.4 mm×0.4 mm 的正方形区域，金属网的四周进行接地。从图 8 可以看出，金属网的电势沿着圆周方向均匀分布。图 9 是四周接地遭受直接雷击模型局部区域温度分布图，可以看出金属铜网的熔断区域超过了直径为 30 mm 的圆形区域。

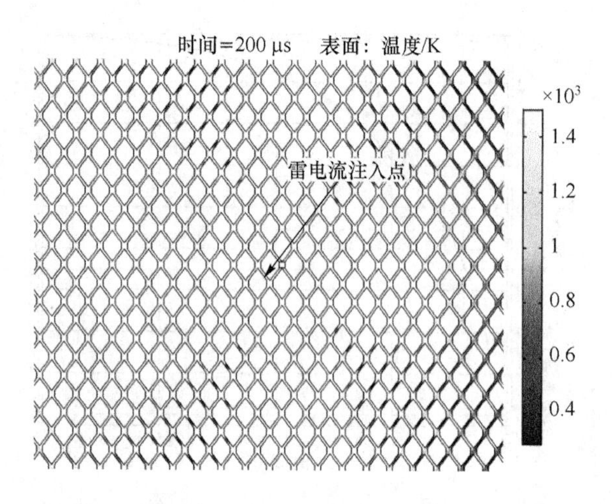

图 7 铜网单向接地模型局部区域温度分布图

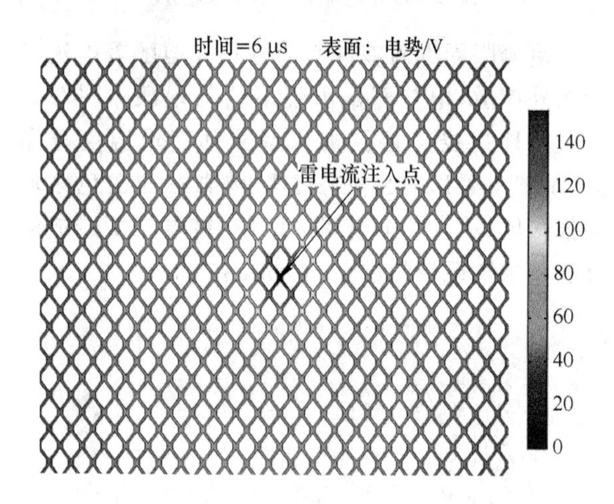

图 8 铜网四周接地模型局部电势分布图

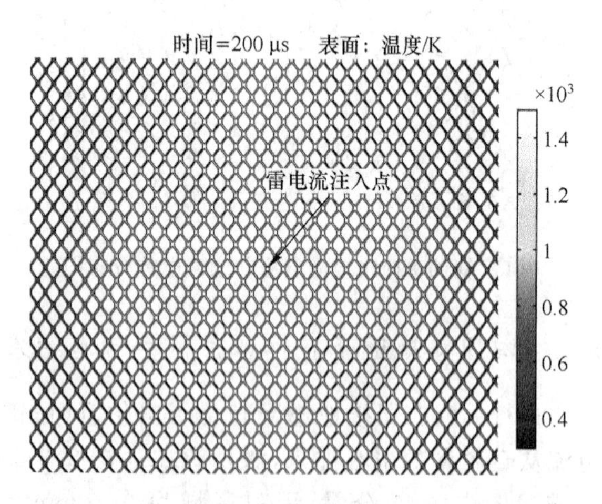

图 9 铜网四周接地模型局部温度分布图

由图 10 比较两种接地方式的温升后可以看出，铜网的左边界点(0.65,0)在遭受直接雷击单边接地引弧模型中，其温度从室温 300 K 升高达到了 470 K(196.85 ℃)，而在直接雷击四周接地模型中，其温度只升高了 0.03 K 左右。四周接地的方式比单边接地方式金属网的热量分布更均匀，所造成的损害更小。

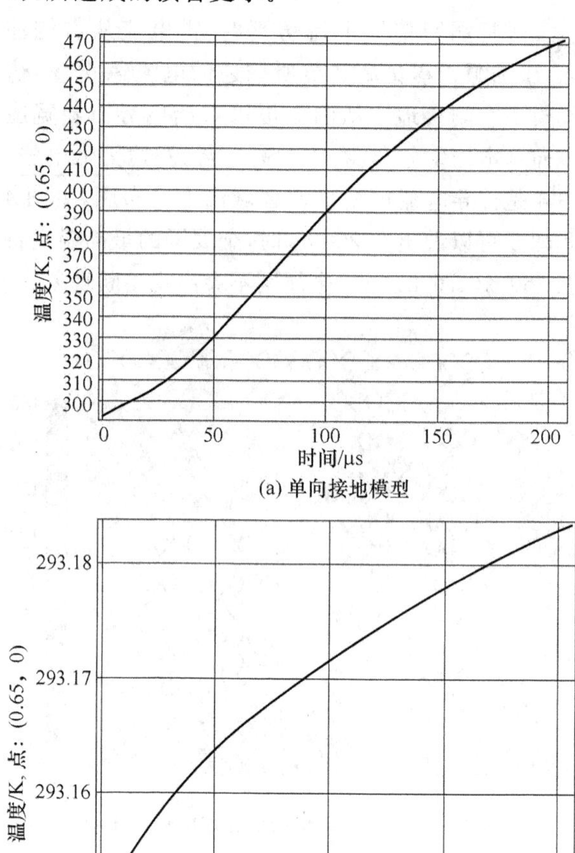

图 10 铜网左边界点(0.65,0)
遭受直接雷击温度升高变化图

从电势分布、温度变化、熔断范围和通流能力四个方面对比三种仿真结果，并汇总于表 2。

表 2 仿真结果汇总

仿真情况	电流传导	遭受直接雷击	
	单向接地	单向接地	四周接地
电势分布(6 μs 时)	左低右高分布	圆周方向分布	
温度变化 Δ(200 μs 时)	约 450 K	约 180 K	约 0.03 K
熔断范围	无	50 mm×30 mm	直径 30 mm 圆形
通流能力评估	一般	一般	更优

4 小结

通过对铺有金属铜网的 CFRP 试件进行引弧和传导电流的仿真可知，当雷击中铺有金属铜网的 CFRP 时，在铜网上会产生一定范围的损伤。但是由于该规格铜网满足雷电流通流要求，会将雷电流迅速导走，因此不会对 CFRP 产生损伤。

经过仿真可知，XXEMM-Cu220 型铜网遭受 200kA 雷电电流冲击时，不会出现大面积熔断现象，且四周接地的方式比单边接地方式金属网的热量分布更均匀，所造成的损害更小，可以满足某型无人直升机雷电防护设计需求。

综合评估可知，本文选用的金属铜网满足雷电流通流能力的要求，对 CFRP 试件经可进行有效防护。

参考文献

[1] 吴志恩. 飞机复合材料构件的防雷击保护[J]. 北京：航空制造技术，2011，(15)：97-99.

[2] Omer Soykasap, Sukru Karakaya, Mehmet Colakoglu. Simulation of lightning strike damage in carbon nanotube doped CFRP composites. Journal of Reinforced Plastics and Composites, 2016，35(6)：504-515.

[3] Abdelal, G, Murphy, A: Nonlinear numerical modelling of lightning strike effect on composite panels with temperature dependent material properties. Compos. Struct. 2014，10(9)：268-278.

[4] 熊秀，骆立峰，范晓宇，等. 飞机雷电直接效应综述[J]. 沈阳：飞机设计，2011，31(4)：64-68.

[5] Hirano, Y., Katsumata, S., Iwahori, Y., et al.: Artificial lightning testing on graphite/epoxy composite laminate. Compos Part A 2010, 41 (10), 1 461-1 470.

[6] Ding N, Zhao B, Liu Z Q, et al. Simulation of ablation damage of composite laminate subjected to lightning strike. Acta Aeronaut Astronaut Sin 2013，34(2)：301-308.

第一作者：陈旸
通信地址：江苏省南京市珠江路 766 号南京模拟技术研究所，邮编 210016
E-mail：15077867728@139.com
第二作者：杜鸣心
通信地址：陕西省西安市高新区丈八西路 35 号西安爱邦电磁技术有限责任公司，邮编 710077
E-mail：du.mingxin@airborne-em.com

某整机产品电磁瞬态干扰评价方法

邵伟恒[1]　李广伟[1,2]　邵　鄂[1]　方文啸[1]

（1. 工业和信息化部电子第五研究所　广州 510610；2. 华南理工大学　广州 510641）

摘要：针对"某整机家电类电子产品"在生产过程中出现的"闪屏""死机"等问题在实验室难以复现的现象，本文设计了一套评估产品故障的瞬态抗扰试验方法。在进行了整机实测干扰源强度和分析耦合效率的基础上，结合 IEC62215-3 开展了瞬态干扰对集成电路（MCU）的影响试验，通过对实验现象的分析，总结出瞬态干扰引起整机产线失效的根本原因，同时给出了芯片关键引脚对瞬态干扰的抗扰性数据，用于支撑整机内部的电磁可靠性设计。

关键词：瞬态干扰；死机；复位；闪屏。

Evaluation method of electromagnetic transient interference for an appliance

Shao Weiheng[1]　Li Guangwei[1,2]　Shao E[1]　Fang Wenxiao[1]

(1. No.5 Research Institute of MIIT, Guangzhou Guangdong 510610, China;

2. South China University of Technology, Guangzhou Guangdong 510641, China)

Abstract: In order to analyze the quality problems such as flashing screen and crash, which appearance accidentally in the production process of "a household appliance". But this problem cannot be reappearance under the laboratory conditions. This paper design a set of effective transient interference experimental methods. Based on the measurement of interference strength and analysis of coupling efficiency, considering on IEC62215-3, the influence of transient interference on integrated circuit(MCU) is tested. Through the analysis of experimental phenomena, the fundamental causes of failure of the appliances are summarized, and the anti-interference ability of the key pins to transient interference injection is given, which can be used to support the electromagnetic reliability design of the appliances.

Key words: transient interference, crash, restart, flashing screen.

1　引言

目前"闪屏""死机""花屏"等产品质量问题一直是电子产品可靠性的研究热点，其多出现在家电产品、医疗产品、汽车电子设备等多种电子产品中。这些问题大都是电磁兼容可靠性问题。若这些问题的触发条件是带有感性负载的开关类器件，如继电器、接触器、机械开关等，通常归属为瞬态干扰问题[1,2]。这些开关引起的瞬态干扰机理一般为开关放电，放电电弧产生较强的瞬态脉冲，频率可以达到几十到几兆赫兹。瞬态脉冲通过传导、辐射或两者结合的方式干扰敏感器件或设备[3,4]，传导干扰主要考虑的"受扰对象"为与其互连的主功率回路的器件；辐射干扰主要考虑的"受扰对象"为其功率回路周边的关键电路，如数字IO、电源IO、晶振引脚等。大部分瞬态干扰都是以整机运行或显示故障为外在表现形式，但究其最终圆晕往往是集成电路受扰。

随着器件小型化、高密度的发展，对集成电路的抗扰分析变得十分重要，集成电路的抗扰分析结论对系统的电路设计和结构设计有着至关重要的指导意义。

本文首先对整机内部关键干扰源进行了实测分析，并归纳出可能存在的干扰源；其次在对干扰的耦合机理和耦合路径分析的基础上，同时参考IEC62215-3 标准[5]，设计了集成电路 MCU 的 IC 抗扰度试验方案；最后给出了瞬态失效的机理及 MCU 关键引脚抗扰性结论。

2 瞬态干扰的产生及实测数据

开关器件引起的瞬态干扰问题的机理是开关的放电，经典的开关电路模型如图 1 所示，其中负载（感性 L＋电阻 R＋寄生电容 C）的供电 48 V 受到开关的控制，在开关断开的瞬间电感中的能量不能全部得到释放，使得流出电感的电流瞬间保持不变，同时对电容 C 充电，由于电容 C 较小，充电电压上升很快，就会在未完全断开的开关上形成较高的电压，从而击穿空气放电。这种放电通常会在开关的瞬间持续多次。其放电的次数和电容、电流、电感、电阻，开关速度、触点的材料等都有关系。

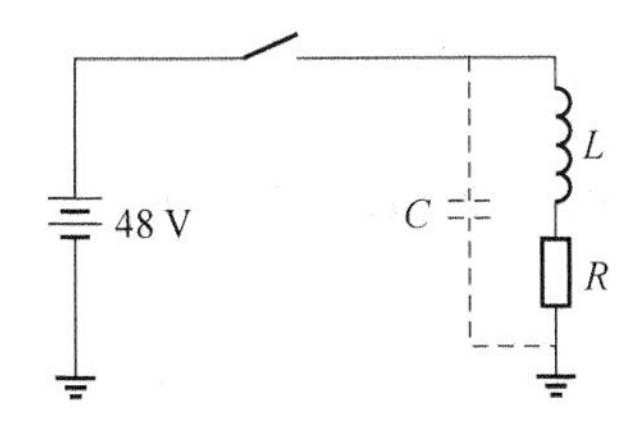

图 1 经典开关控制电路图

开关放电波形的产生机理及其过程已经在文献[6]中有详细的讨论。图 2 给出了开关动作发生在继电器控制回路时的放电典型波形。其中黄色曲线为控制回路的受扰电压，粉红色部分为开关两端的电压波形。从图中可以看出在一次开关过程中，产生了无数次的电弧放电，电感的能量不断被释放，但是随着开关距离的不断增大放电逐渐减少，最终开关两端的电压衰减回正常值。

图 2 中得瞬态波形是对集成电路最大的威胁，如果处理不当，通常会引起一些潜在的设计问题。这些波形在家电产品标准中被描述为电快速脉冲群，对应于国际标准 IEC61000-4-4，在汽车电子行业里面描述为瞬态传导干扰和瞬态辐射干扰（对应于国际标准 ISO7637-2/ISO7637-3）。这些干扰的机理为开关动作，也就是开关切换的瞬态

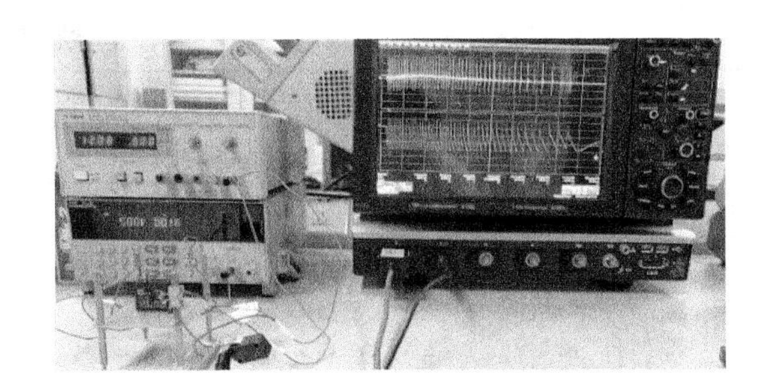

图 2 继电器控制线圈的放电波形

过程，它的干扰的频段通常最多为几百兆赫兹，常见的 EFT 干扰频段一般为 100 MHz 以内，具有较强的电压等级几千伏特。

实现对产线电磁干扰的精确治理，需要了解产线的主要干扰源，受扰仪器的特性等。通过对产线的实测与分析之后，得出本项目需进一步量化的指标包括整机瞬态干扰实测，关键部件实测等。

某整机关键线束处实测瞬态干扰波形，如图 3 所示，其中第一条曲线为驱动芯片输出的电压波形、第二条曲线为 MCU 控制输出电压波形，第三条曲线为传导电压波形。

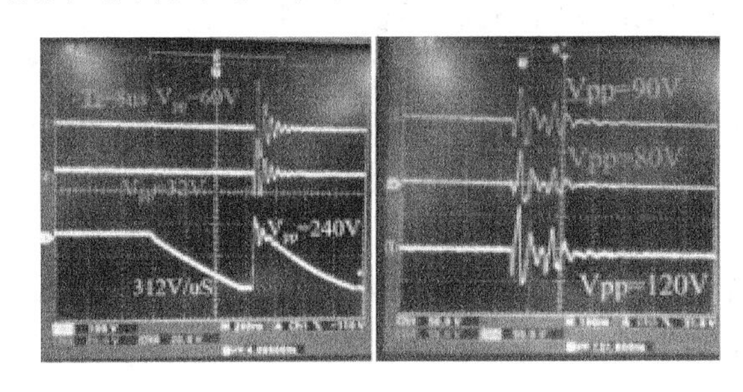

图 3 整机关键线束上的辐射和传导干扰
（左图为实测瞬态干扰 1，右图为实测瞬态干扰 2）

整机内部主要干扰源单独测试及整机测试情况如表 1 所示，通过整机实测数据和部件实测数据进行对比分析，同时结合测试波形，可以确定干扰源。本次整机确定的影响 MCU 性能的关键干扰源包括继电器线圈、电动机 1 和电动机 2 的并联。

表 1 整机内部主要干扰源及对应于实测干扰源数据

瞬态干扰源	传导电压大小 V_{pp}	辐射电流大小 I_{max}	整机实测干扰大小	
			传导	辐射
继电器线圈	406 V	1.3 A	250 V	32～40 V

续 表

瞬态干扰源	传导电压大小 V_{pp}	辐射电流大小 I_{max}	整机实测干扰大小	
			传导	辐射
电动机 1	860 V	1.58 A	/	/
电动机 2	760 V	1.31 A	/	/
电动机 1+电动机 2	840 V	2.28 A	840 V	50～80 V

在测试实际整机数据的基础上，根据整机测试数据结果和内部线束布置情况，制定 MCU 瞬态抗扰试验设计方案。

3 集成电路瞬态抗扰测试的布置

集成电路瞬态干扰注入测试系统主要由脉冲发生器、注入探头、固定夹具、参数设置计算机及示波器组成。系统实物图，如图 4 所示。该系统通过计算机设置脉冲发生器的波形参数，包括电压等级、突发事件、突发个数、脉冲周期、重复时间、相位及是否同步等信息。注入探头是由电阻和电容组成的，模拟耦合到 MCU 的干扰电压。示波器用来检测 MCU 各个引脚的状态，以判断 MCU 是否出现复位或者死机现象，如检测到屏幕显示引脚出现较长时间的低电平，则可认为连续注入的瞬态干扰引起了系统的闪屏；若检测到系统出现异常，且需要上电恢复，则可认为系统出现了死机现象等。

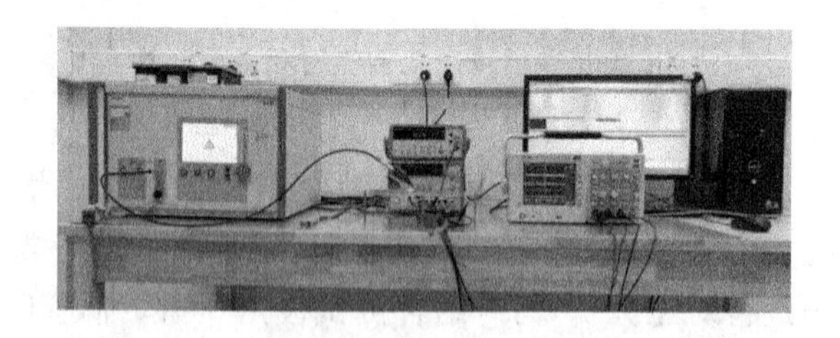

图 4　集成电路瞬态干扰注入测试系统

集成电路瞬态干扰注入试验之前，首先要针对 MCU 的工作情况，布板布线情况进行分析，根据分析结果，定做测试电路板，针对不同的 I/O 进行不同的配置方式。例如：注入电源引脚，要对电源引脚进行去耦网络设计；注入 GND 引脚，要对 GND 加入去耦网络；注入 I/O 引脚要根据 I/O 引脚的实际情况进行必要的配置。本次测试所设计的 MCU 测试电路板，如图 5 所示。

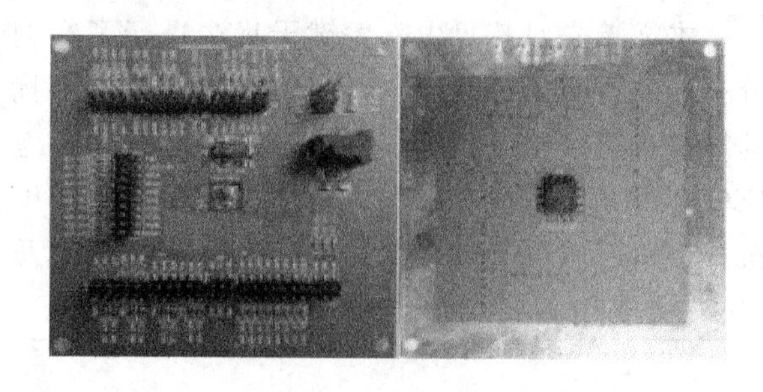

图 5　测试电路板(左图反面，右图正面)

瞬态干扰注入测试的注入原理，如图 6 所示。注入探头 RC 参数的选择根据 MCU 在系统中的走线长度进行选择，本次试验针对晶振引脚采用 2.2 pF 电容耦合，针对其他引脚采用 1 nF 电容耦合。

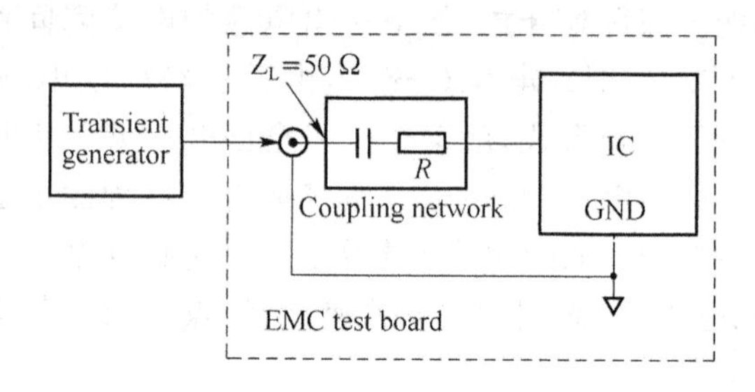

图 6　瞬态干扰注入测试的注入原理

4 MCU 瞬态抗扰测试结果

本次测试注入的引脚包括电源 VDD 引脚，输出引脚 MICRO，输出引脚 GRILL，输入引脚 DOOR，晶振引脚 XTAL1；试验过程中监测现象的引脚 TSW 引脚，显示 SEGF 引脚，晶振引脚及注入引脚。

对该款 MCU 的关键引脚进行瞬态干扰注入试验，其中脉冲条件为脉冲重复频率为 5 kHz，触发个数为 75 个，重复触发周期为 500 ms，试验持续时间为 60 s。试验结果，如图 7 所示，该故障数的统计采用 180ms 低电平复位记为 1 次故障(等效于闪屏现象)，连续低电平故障不能恢复或时钟波形消失现象故障数记为 20(上电可恢复，类似于死机现象)，试验过程最大电压为 1 300 V，电压低于 1 300 V 的引脚表示为试验期间损坏，上电复位无效，因此没有继续试验。

图 7 数据该试验结果说明该 MCU 在试验电压大于 400 V 时产生较弱的瞬态抗扰能力。对于电源 VDD 引脚，进行了两次试验，1 300 V 以内的

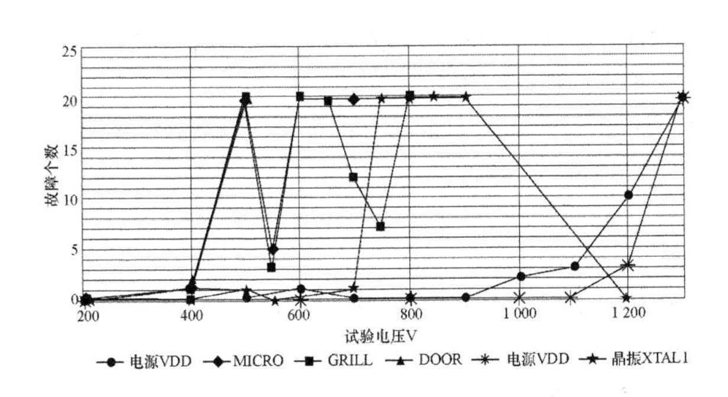

图 7 瞬态干扰注入测试的结果

试验断电复位依然有效，在 400～600 V 试验电压下出现偶然复位故障，电压大于 900 V 故障现象更加明显，直至出现持续故障；两次试验的结果略有不同。输出引脚 MICRO 在电压大于 400 V 以后出现轻微复位现象，600 V 以上会出现持续的复位现象，电压超过 800 V 引脚损坏。输出引脚 GRILL 在电压 500 V 时出现持续复位现象，电压超过 800 V 损坏。输入引脚 DOOR 试验电压 500 V 时就出现不可恢复的故障。晶振引脚在 500 V 和 700 V 时出现偶发性复位故障，在 750～900 V 出现持续性故障，1 200 V 以上不出现故障。

从图 7 的分析可以得出 DOOR 引脚、GRILL 引脚、MICRO 引脚对干扰十分敏感，其次为晶振 XTAL1 引脚，电源 VDD 引脚抗扰能力相对较强。根据整机的分析，VDD 引脚的耦合线束最长，其他引脚的耦合线束相对较短，因此针对 VDD 引脚引起的故障做主要分析，试验结果如图 8 所示。

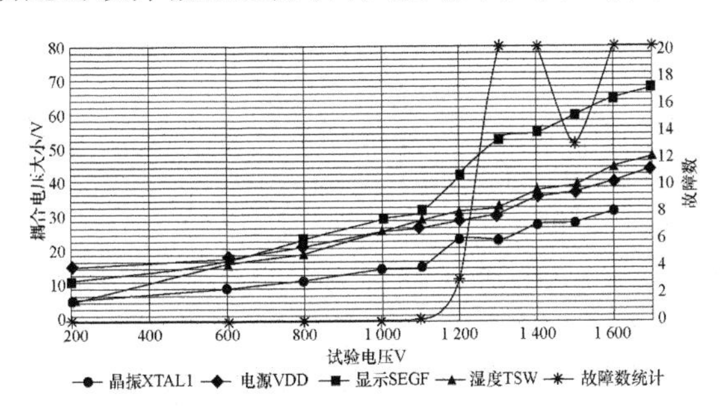

图 8 MCU 的 VDD 引脚注入瞬态干扰时各引脚的耦合电压

注入 VDD 引脚情况下，各引脚的监控状态如图 8 所示。从图中可以看出在注入电压从 200～1 300 V变化过程中，VDD 的耦合电压从 15～45 V 单调增加；而其他引脚的电压甚至会高于 VDD 的电压。图 8 说明 VDD 引脚注入电压为1 100 V 时，耦合电压在 30 V 以下，连续触发注入干扰的情况下，故障现象不明显。但当 VDD 耦合电压达到 30 V 以上时，在连续干扰注入的情况下，故障现象十分明显。

通过对该整机的实验分析可知，实验室实测整干扰电压等级为 30～80 V 左右瞬态脉冲，由于实验室单整机激发的瞬态脉冲持续时间短，触发次数少，不足以激发整机故障，但是该电压等级已经满足连续触发下的故障触发电压等级（30 V 以上）。因此，在生产线这种电磁环境恶劣的条件下，多整机同时运行工作，就会同时产生较强的瞬态干扰，该瞬态干扰通过传导的方式传播，这就增加了整机产品在产线出现问题的概率。

在实验室环境下，复现产线的试验现象是十分困难的。但是通过完成针对 MCU 抗扰方案的设计，同时结合产线和整机测试结果，可以间接说明瞬态干扰的作用机理，得出瞬态干扰叠加引起整机产线失效的根本原因。

5 结论

针对实验室整机测试时“故障难复现”，但是在产线上就会偶尔出现“死机”“闪屏”等故障现象，本文设计了一套行之有效的评价方法。本文根据整机实测的瞬态干扰源类型和电压等级，同时在评估内部线束耦合情况的基础上，给出了一套评估 MCU 瞬态抗扰能力的试验方案。该试验方案可以评估 MCU 各关键引脚对整机实测干扰的敏感程度，通过采用示波器监测的方式复现产线中出现的由于瞬态干扰引起的“闪屏”“死机”等故障现象，进而分析出引起产线瞬态失效的根本原因，支撑整机厂商有针对性地进行电路设计，从而提升产品的瞬态抗扰能力。

该评估方法还可以实现元器件筛选，器件各引脚的抗扰能力评价以及瞬态抑制措施的评估等。其分析方法和试验结果对整机产品的瞬态防护设计、内部走线设计及内部屏蔽结构设计等电磁可靠性改进有重要指导意义。

参考文献

[1] 陈曦，陆俭国，许浩. 继电器引起的电快速瞬变脉冲群强扰及抗扰度措施[J]. 许昌：继电器. 2001(10).

[2] 徐金玲. 继电器触头燃弧时间分析及其试验[D]. 武汉：华中科技大学，2007.

[3] 张刚. 空间瞬态电磁场对屏蔽电缆的耦合机理研究[D]. 哈尔滨:哈尔滨工业大学,2009.
[4] 王玉峰,邹积岩,廖敏夫. 二次回路中电快速瞬变脉冲群骚扰的研究[J]. 南京:电力系统自动化. 2007(16).
[5] IEC62215-3 集成电路-脉冲抗扰度的测量-第3部分:非同步注入法[S].
[6] Henry W. Ott. Electromagnetic Compatibility Engineering[M]. John Wiley&Sons. 2009.

作者简介:邵伟恒(1989年出生),男,硕士,河北围场县人,工程师,从事电子电器产品电磁环境可靠性及射频微波测试技术的研究。
通信地址:广州市天河区东莞庄路110号 工业和信息化部电子第五研究所,邮编 510610
邮　　箱:shaoweiheng@126.com
李广伟(1996年出生),男,华南理工大学在读硕士,广东梅州人,现于工业和信息化部电子第五研究所实习,主要从事电磁环境可靠性及天线设计等研究工作。
通信地址:广州市天河区五山路381号 华南理工大学,邮编 510641
邮　　箱:cnlgw@vip.qq.com

高功率微波照射下抛物面天线响应特性仿真

金祖升　张　勇　施佳林　李建轩

(海军研究院,北京 100161)

摘要:高功率微波武器对依靠天线进行发射或接收的电子设备构成重大威胁。天线成为耦合高功率微波能量的主要通道,天线的响应信号是分析后端接收电路高功率微波效应的基础。本文以旋转抛物面天线为例,基于时域有限积分方法分析了天线的接收方向图特性,针对窄谱和宽谱两种典型高功率辐射源,仿真研究了天线在高功率微波照射下的响应特性,同时为天线的高功率并微波响应特性研究提供了一种预估手段。

关键词:高功率微波,天线响应,时域有限积分方法。

Simulation on Response of a Parabolic Antenna to the Irradiation of the High Power Microwave

Jin Zusheng　Zhang Yong　Shi Jialin　Li Jianxuan

(Naval Research Academy, Beijing 100161, China)

Abstract: The electronic equipment with operation antennas faces significant threats from high power microwave(HPM) weapons. Antennas are main coupling paths for the HPM energy. The response of antennas is the input for the analysis of the HPM effects of the receiving or transmitting circuits. In this paper, the performance of a parabolic antenna is studied, and the response to the irradiation of HPM is also investigated by using the time-domain finite integration techniques. Finally, some instructive conclusions are obtained.

Key words: high power microwave, response of antennas, time-domain finite integration techniques.

1　引言

高功率微波(High Power Microwave, HPM)的概念目前尚未形成统一的定义。一般在描述高功率微波时,指的是微波源的峰值功率超过了 100 MW,美国军用标准 MIL-STD-464C 指出高功率微波的典型频段为 100 MHz～35 GW,美国空军科学咨询委员会将峰值输出功率为 10 MW～100 GW、频率为 100 MHz～100 GHz 的电磁波定义为高功率微波[1-3]。近年来出现一种新的认识,从平均功率的角度出发,认为每个脉冲电磁波的能量大于 1J 也属于高功率微波的范畴[4]。总之,随着高功率微波技术的不断进步和认识的不断深化,高功率微波的概念还可能进一步扩展演变。随着美国"先进反电子设备高功率微波导弹"项目(简称 CHAMP)的亮相,高功率微波武器逐步走向实战化[5,6]。高功率微波武器能在极短时间内产生非常高的微波功率,并以定向波束干扰或摧毁敌方电子设备,对信息化武器装备的作战使用构成重大威胁。

对于具有发射或接收功能的电子设备,天线是高功率微波能量耦合进入电子设备的主要通道,天线的响应信号是分析高功率微波对后端接收电路干扰和毁伤效应的依据。为此,本文以典型抛物面天线为例,利用时域有限积分方法仿真分析了天线在窄谱和宽谱高功率微波信号照射下的响应特性，获得了天线的响应特性，同时提供了一种有效的仿真预估手段。

2 天线阻抗特性和方向图特性仿真

本文分析的抛物面天线仿真模型，如图 1 所示。该天线为旋转抛物面天线，主反射面为旋转抛物面，馈源采用喇叭天线，置于抛物面的焦点上。

图 1 抛物面天线仿真模型

高功率微波辐射的是时域脉冲信号，因此本文采用时域有限积分方法进行分析。时域有限积分法在已知初始激励的条件下，采用蛙跳求解方式，通过迭代求解出空间任一时刻的场，一次求解就可以得到宽频带的结果[7,8]。

图 2 为抛物面天线的反射系数结果。在 8.0～10.0 GHz 范围内的反射系数小于－10 dB，即驻波小于 2，表明该天线在宽频带范围内匹配较好。图 3 为天线在中心频率 9.3 GHz 处的正交截面的方向图。可以看到，抛物面天线的最大辐射方向在抛物面的法线方向，波束窄、增益高。当抛物面天线主波束正对高功率微波信号接收时，接收能量最大，偏离主波束，接收能量迅速减小。

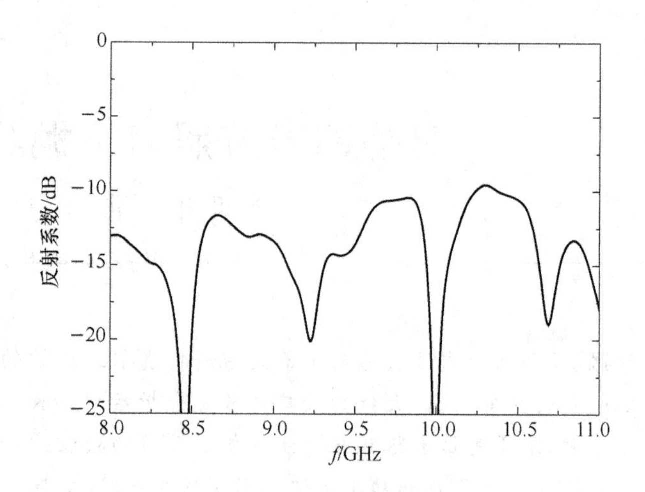

图 2 抛物面天线反射系数结果

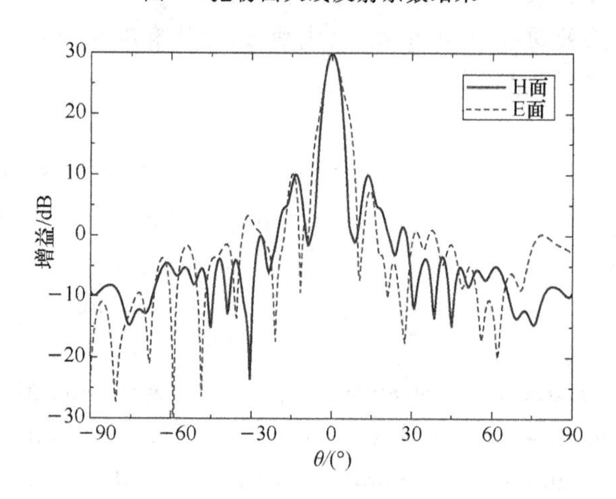

图 3 抛物面天线两个正交切面方向图(9.3 GHz)

3 天线响应特性仿真

对于具有宽带特性的抛物面天线，主要分析两种照射信号下的响应：第一种是照射信号为窄谱信号；第一种是照射信号具有一定带宽，且在抛物面天线的工作带宽内。

先分析窄谱源照射情形。窄谱信号源是高功率微波试验中非常重要的一类模拟脉冲源，特点是带宽很小、接近点频。对于 X 波段，点频源的带宽通常只有几兆赫兹，相对带宽在 0.1%左右。仿真采用中心频率为 9.3 GHz、带宽 10 MHz 的窄谱照射信号。仿真得到响应信号，为方便波形比较，照射信号和响应信号分别对其最大值进行了归一，同时对响应信号的波形进行时间平移，使照射信号和响应信号的峰值位置一致，如图 4 所示。从图中可以看出，仿真信号与照射信号时域波形几乎重合。可以预见，两者的频谱图也是高度一致的，如图 5 所示。结合其他仿真计算结果，得到如下结论：当高功率微波照射信号频带在接收天线工作带宽内且天线端口匹配良好时，天线的响应信号波形与照射信号波形一致，其差别主要在于空间传播引起的幅度衰减。

再分析宽谱源照射情形。照射高功率微波信号波形为高斯脉冲，信号频谱带宽设置为 9.5～10.5 GHz，仿真得到天线响应信号，如图 6 所示。可以看到，照射信号波形和响应信号波形具有相似性，在峰值所在时间段，如图 6(b)所示，照射信

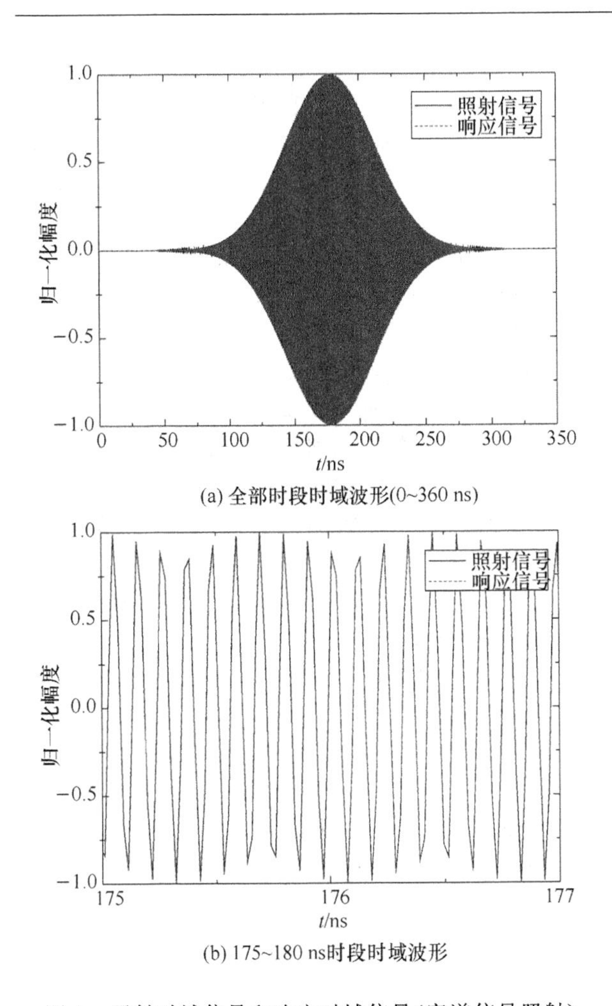

(a) 全部时段时域波形(0~360 ns)

(b) 175~180 ns时段时域波形

图 4　照射时域信号和响应时域信号(窄谱信号照射)

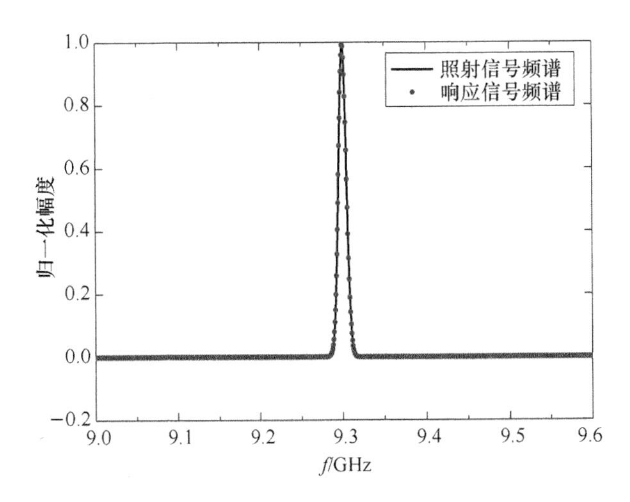

图 5　照射信号和响应信号频谱比较(窄谱信号照射)

号波形和响应信号波形基本重合。观察后半段时域波形,如图 6(c)所示,照射信号波形和响应信号波形都呈振荡衰减规律,但是响应信号的衰减过程更长。结合抛物面天线的端口反射特性(图 2),虽然在工作带宽范围内端口的反射系数小于 −10 dB,但是整体的反射系数水平较高,特别是 9.6～9.9 GHz 频段和 10.2～10.5 GHz 处反射偏大,接收端口处的反射波会在接收端口和天线阵面之间传输,导致接收波衰减变慢,时域拖尾变长。图 7 给出了照射信号和响应信号的频谱图,响应信号频谱的形状和带宽与信号频谱相当,能量最大的频率分量为 9.667 MHz,而照射信号能量最大的频率分量是 9.25 MHz,略有偏移,频谱变化与时域波形的变化是相对应的。

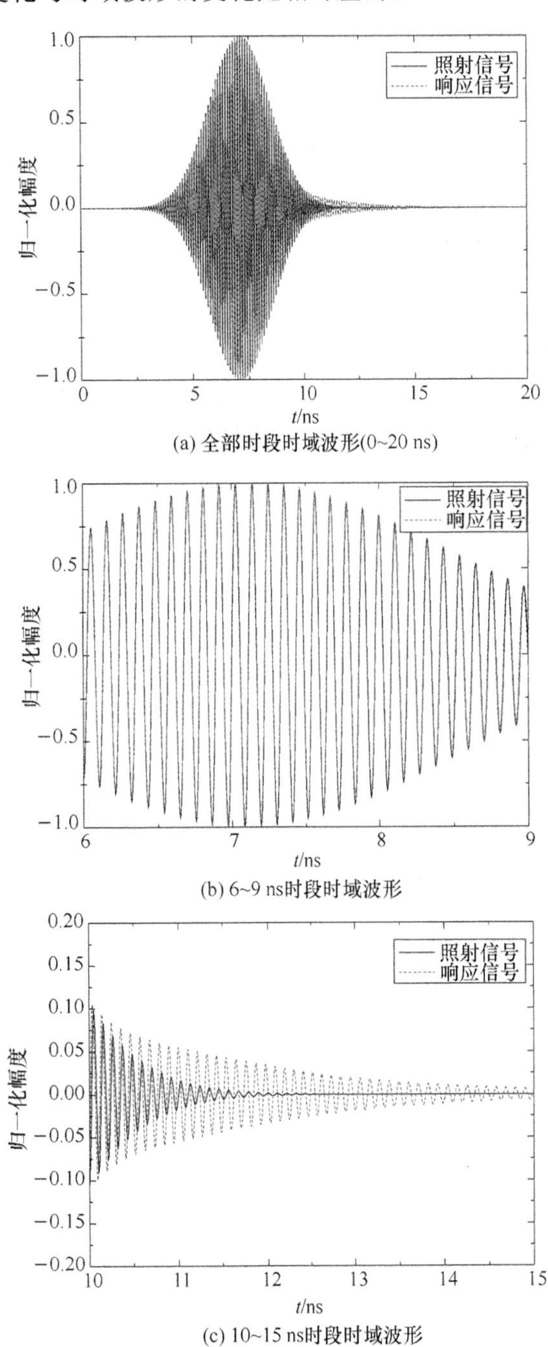

(a) 全部时段时域波形(0~20 ns)

(b) 6~9 ns时段时域波形

(c) 10~15 ns时段时域波形

图 6　照射时域信号和响应时域信号(宽谱信号照射)

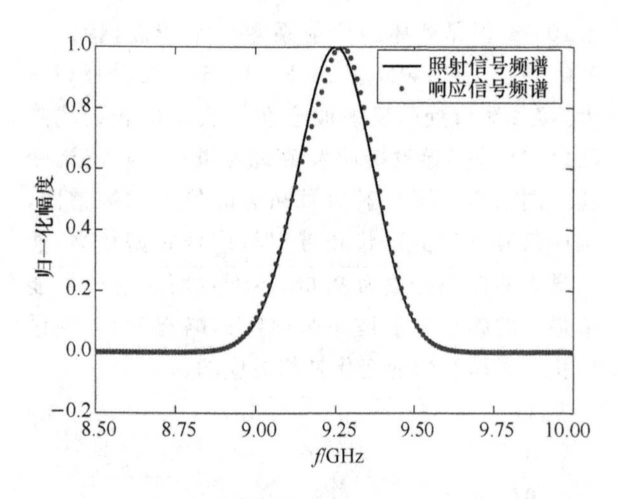

图 7　照射信号和响应信号频谱比较(宽谱信号照射)

4　结论

本文仿真分析了典型抛物面天线在高功率微波照射下的响应特性,结果表明:当高功率微波照射信号频带在接收天线工作带宽内且天线端口匹配良好时,天线的响应信号波形与照射信号波形一致,其差别主要在于空间传播引起的幅度衰减;当天线端口匹配不佳时,天线响应信号出现振荡衰减拖尾,中心频率发生漂移。

通信作者:金祖升
通信地址:邮编 100161
E-mail:jin_hexi@126.com

参考文献

[1] Redastone Arsenal. High Power Microwave Technology and Effects [A]. A University of Maryland Short Course,2005.

[2] Benford J,Swegle J. Edl Schamiloglu. 高功率微波. 2 版.[M]. 江伟华,张弛,译. 北京:国防工业出版社,2009.

[3] MIL-STD-464C. Electromagnetic Environmental Effects, Requirements for Systems. Dec. 1,2010[S].

[4] 蒙林,李天明,李浩. 国外高功率微波发展综述[J]. 北京:真空电子技术,2015(2).

[5] 蒋琪,葛悦涛,张冬青. 高功率微波导弹发展现状分析研究[J]. 北京:航天电子对抗. 2013(5):4-7.

[6] 王聪敏,张博. 高功率微波对电子设备的影响分析[J]. 北京:航天电子对抗,2007,23(5).

[7] Taflove A, Hagness S C. Computational Electrodynamics: The Finite-Difference Time-Domain Method, 2nd ed. Norwood,MA,USA:Artech House,2000.

[8] Podebrad O, Clemens M, Weiland T. New Flexible Sub-gridding for the Finite Integration Technique. IEEE Trans. Magnetics,2013,39(3):1 662-1 665.

平衡天线测试方法研究和比较

蔡晨威　洪卫军　李书芳

（网络体系构建与融合北京市重点实验室，北京市先进信息网络实验室，北京邮电大学，北京 100876）

摘要：天线测试作为天线设计中的重要环节，直接决定了能否设计出一款性能优良的天线。一般天线测试时，通常采用单同轴线馈电的单端口测试法，此方法并不适用于平衡天线的测试。对于平衡天线测试中存在的非平衡馈电问题，本文首先介绍了不平衡馈电产生的原因和负面影响。接着，介绍了几种常用的平衡-不平衡转换方法。例如，采用套筒巴伦、微带巴伦、混合耦合器、镜像法、S参数法等，并对每种方案的优劣和应用场景进行了分析。

关键词：平衡天线测试，馈电，平衡转换。

Research and Compare on Measurement Methods of Balanced Antenna

Cai Chenwei　Hong Weijun　Li Shufang

(Beijing Key Laboratory of Network System Architecture and Convergence & Beijing Laboratory of Advanced Information Network, Beijing University of Posts and Telecommunications, Beijing 100876, China)

Abstract: Antenna measurement is an important part in antenna design, which directly determines the antenna performance indicators. In antenna measurement, the single-port method is usually adopted. However, this method is not suitable to balanced antenna measurement. For the unbalanced feeding problem in the balanced antenna measurement, this paper introduces the causes and negative effects of unbalanced feeding. And some solutions are presented, including sleeve balun, microstrip balun, hybrid coupler, image theory and S-parameter method. Moreover, strengths and weaknesses of these methods are analyzed and compared in this paper.

Key words: balanced antenna measurement, feeding, balanced conversion.

引言

微波与天线测试技术是电磁场与微波技术的重要组成。仿真或者设计实物的测试结果在微波理论研究和天线设计中具有重要作用。天线设计的过程中，需要不断重复设计——测试这一流程，直至获取符合要求的天线特性参数。天线参数的测试主要包括电路特性测试和辐射特性测试。例如，天线的输入阻抗、匹配程度、带宽等电路特性。以及天线的增益、方向图等辐射特性。与传统天线的测试方法不同，平衡天线在测试时，面临不平衡馈电问题，这将对结果产生较大影响。

本文首先介绍了天线分类及特征，指出了平衡天线与非平衡天线的不同之处。接着介绍了不平衡馈电产生的原因和对平衡天线测试的影响，以及当前常用的平衡天线测试方法，每种方法的原理、特性，探讨了这些方法的优点、不足，以及适合的使用场景。

1　天线分类及特征

天线是能量获取、信号传递的“通道”，它的性能直接影响了通信系统整体的性能。天线设计的目的是为了得到性能参数优良，符合多类型或特定类型使用场景的天线。天线可以分为平衡天线和非平衡天线。单极子天线工作在1/4波长模式，相比于偶极子天线，单极子天线的地相当于偶极子的另外一支，这种就是非平衡天线。偶极子天线工作在1/2波长模式，是平衡天线，地不参与辐射[1]。如半波振子天线、环行天线等，它们都有两个馈电点，且两个馈电点的信号相位互为反相。

2 平衡天线测试面临的问题

传统天线测试多采用单端口测量，工程中往往使用特性阻抗为50 Ω的同轴线馈电。单端口测量时，矢量网络分析仪的单端口连接一根同轴电缆，另一端再与天线直接相连。但当测试平衡天线中，同轴线的内导体与天线的右臂相连，外导体外层与天线的左臂相连，如图1所示。采用高频信号时，由于趋肤效应，外导体的电流分布在内层表面。此时会在天线左臂与外导体外层形成电流，产生不平衡馈电。因此，导致天线两臂上的电流不同。由于同轴电缆屏蔽层的外表面出现电流，产生了附加辐射和损耗，天线的方向图与预期不同。电流不平衡不仅会导致输入阻抗的测量不准确，还会影响远场辐射特性和辐射效率等测量[2]。

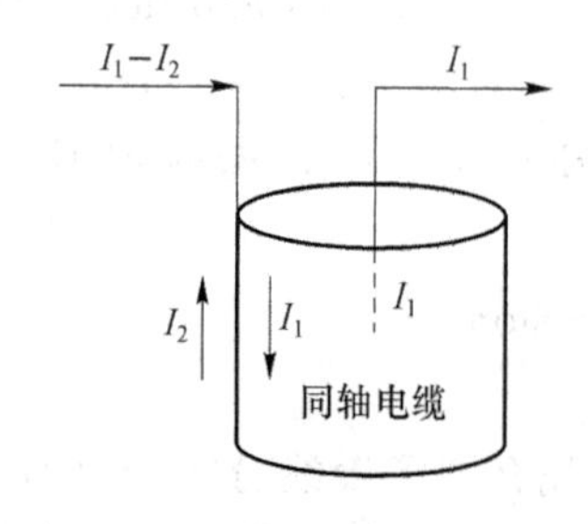

图1 同轴线为平衡天线馈电[2]

为解决不平衡馈电问题，可以从两个角度出发。一是，将天线由平衡天线转换为非平衡天线，这种方案可以使其与同轴线馈电模式匹配，如镜像法原理。但此方法局限性较大，只能测量有一个及以上对称平面的天线，同时对原有的天线结构产生破坏，无法测量其方向图等参数。二是，将馈电方式改进，通过特殊的结构，把同轴线不平衡馈电转换为平衡馈电。无论是测量天线的输入阻抗，还是方向图等参数，这种方式都较为常用。

3 平衡天线测试方法

3.1 套筒巴伦

套筒巴伦也称扼流套，在同轴线外导体的外表面加一段$\lambda/4$长的金属套，金属套的下端与同轴电缆的外导体短接，如图2所示。在理想情况下，阻抗在该结构的电缆外导体表现出无穷大，导致了同轴电缆外导体的电流被抑制。不平衡馈电转换为平衡馈电[2]。套筒巴伦的优势在于制作简单，对某一待测频点，算出对应的$\lambda/4$，选取合适的金属套筒与馈电末端的同轴线按焊接相连即可。

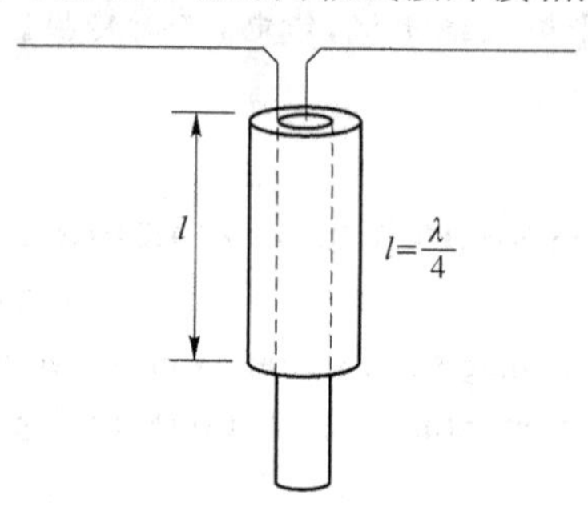

图2 套筒巴伦

套筒巴伦是一种窄带巴伦，其理论长度为1/4波长，因此其使用效果受限于待测频率。随着目前天线的应用频率升高，带宽也越来越大，面对高频宽带这一条件，套筒焊接后长度固定，无法方便的调节。窄带特性使其无法在较宽的频带上完成不平衡同轴线到平衡天线结构的转换，也就导致了在天线测试时，只有套筒对应的中心频率处的测试结果较为准确，其他频点处则再次受到不平衡电流的影响而失准。此外，套筒巴伦只是对外导体电流进行了抑制，完成了不平衡与平衡的转换，而不具备进行阻抗变换这一功能。当待测天线阻抗为常见的50 Ω时，对测试没有影响。但对非50 Ω的天线，如RFID标签天线，测量其方向图增益时，为获得最大的能量传输效率，就必须进行阻抗匹配。套筒巴伦无法完成满足这项需求。

套筒巴伦长度的确定还受“缩短系数”影响。金属套筒与同轴线外导体屏蔽网的中间还夹着电缆的塑料保护套。高频时，作为介质，也在影响着整个平衡系统的电特性。塑料层的化学成分最终决定了设计套筒巴伦的缩短系数。但作为外绝缘层，它的参数往往都会被忽略，无法查到其具体的成分组成。而且不同厂商，不同批次的同轴线产品也会对应不同的缩短系数。因此，此种结构巴伦再实践上存在诸多问题。

3.2 渐进微带巴伦

随着通信技术的不断发展，天线使用频带逐渐变宽，为保证天线在正常工作状态完成测试，巴伦的频带应大于天线频带。微带传输线频带较宽，将微带传输线引入巴伦的设计中，微带传输线的电特性不随频率的波动而变化，会保持相对稳定。除此之外，微带传输线体积小、重量轻、便于印刷，可以方便连接微波集成电路。在天线测试时，可以与待测天线集成设计，同时印刷在介质板上，避免了焊接不平滑或接触不稳定时带来的焊点处阻抗不平滑的影响。通过这一过渡结构，输出端上下两条微带线宽度相等，上下线的信号幅度相等，方向相反，满足了较好的平衡性。

在完成平衡不平衡结构的变化时，渐进微带巴伦还可以完成阻抗的变换。从不平衡的微带线结构的输入端口，到平衡的平行双线结构的输出端口之间，底层覆铜板渐变，特性阻抗逐步过渡到待测天线的输入阻抗，端口的反射系数降低，达到阻抗匹配的目的。渐进微带巴伦的结构，如图 3 所示。指数型渐进，直线型渐进，多梯形结构渐进等都可以作为渐进结构的选择[2,5]。对于非 50 Ω 的待测天线来说，这一特性有利于阻抗匹配，可以使能量传输效率达到最大。

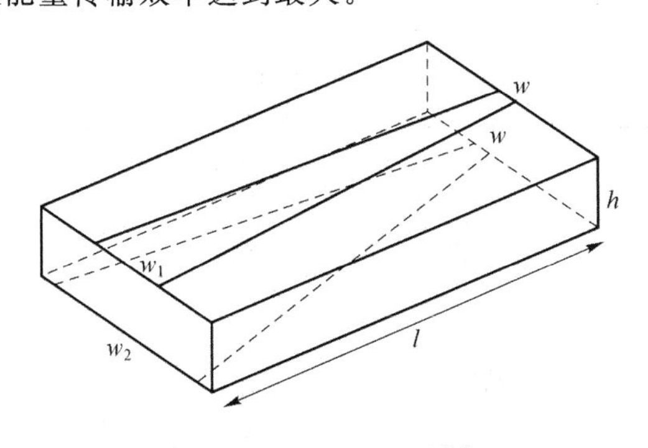

图 3 渐进微带巴伦[4]

渐进微带巴伦解决了宽频带馈电的问题，也使得设计结构更加规整紧凑，平衡转换的同时完成阻抗匹配。但无论是指数型渐进还是多梯形等结构渐进都只是改变阻抗实部，未改变虚部。这一缺陷导致其不适合在阻抗虚部较大的平衡天线测试中使用，如 RFID 标签天线的测试。

3.3 共面波导巴伦

共面波导巴伦是由共面波导结构和共面微带线组合而成的巴伦[6]，如图 4 所示。共面波导和共面微带线完成了不平衡到平衡的结构转换，分布在微带线上的电流逐步过渡到等幅度。因为有共面微带线结构的存在，可以添加开路枝节或短路枝节进行阻抗匹配。不同于渐进微带巴伦的结构，共面波导巴伦中的共面线可实现阻抗实部和虚部同时转换，以达到阻抗匹配的目的。共面波导结构巴伦不仅具有微带渐进巴伦的优点，还解决了阻抗匹配中虚部变换的问题，可以更广泛地适用于不同类型平衡天线的测试。

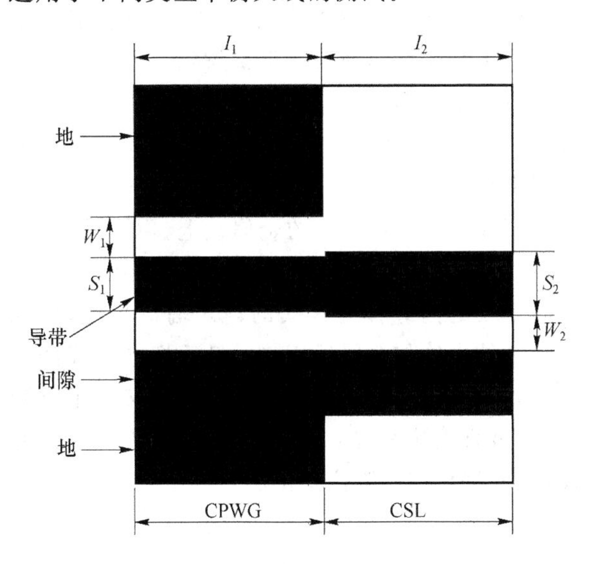

图 4 共面波导巴伦[7]

3.4 混合耦合器

混合耦合器常用于高精度偶极子天线的测试中[8,9]，180°混合耦合器为这种巴伦的主要组成部分。混合耦合器能把从一个端口输入的功率，平均分配到其他两个输出端口，同时第四端口不输出功率。如图 5 所示，使用时将端口 1 作为输入端，端口 4 用 50 Ω 阻抗匹配负载。180°混合耦合器会在端口 2 和端口 3 产生两个幅度相等、相位相差 180°的输出信号。此外，为了中和外层电流，减少测试中的不平衡性，短接与输出端相连的两条线缆末端的外导体部分。

对于常见的 50 Ω 平衡天线，混合耦合器巴伦因其良好的性能指标被广泛使用。但其成本较高，若考虑测试成本，此方案并不是最好的选择。

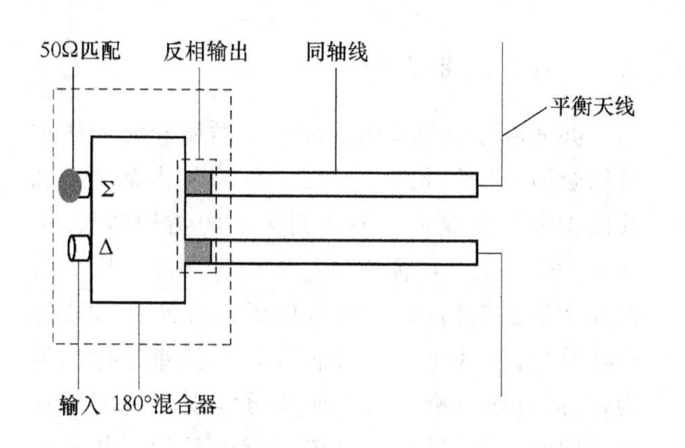

图5　180°混合耦合器测试

3.5　镜像法

巴伦是将不平衡馈电转为平衡馈电，而镜像法是把平衡结构转换为不平衡结构。该方法适合天线有一个或多个电对称面[10,11]。当天线结构对称，把完整的天线结构在电对称面处分成两个单极子天线，分别保留一个输入端口。然后将单极子垂直放置在一块很大的金属板上，用来模拟地，天线的切面与此模拟地完全接触，如图6所示。把同轴线的内导体与天线的输入端口相连，而同轴线的外导体与金属板相连。最后把同轴线的另一端直接与校准的矢量网络分析仪连接。阻抗测试时，可直接测量这个单极子天线阻抗 $Z_{monopole}$，并使用公式(1)进行阻抗转化。

$$Z_{dipole}=2\times Z_{monopole} \tag{1}$$

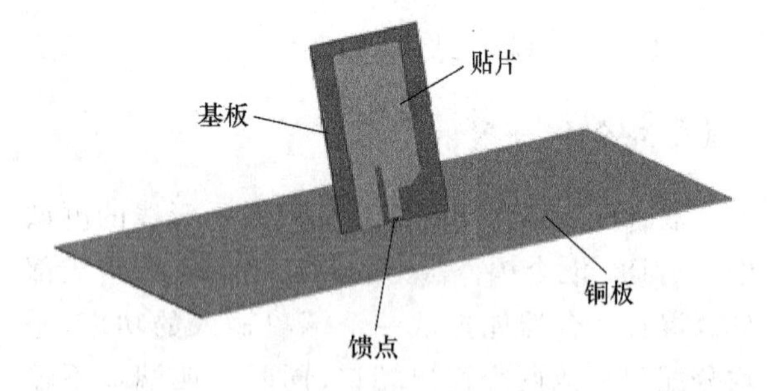

图6　镜像法测试

镜像法常用于测试天线的阻抗，且只适用于具有对称平面的平衡天线，适用范围较小。它不同于在馈电端完成不平衡结构到平衡结构的转换，而是调整被测元件，直接将平衡天线转换为非平衡天线。有了模拟地反射板后，能防止馈电线上的电流往下流，起到了平衡的作用，解决了馈电问题。镜像原理的核心是利用模拟地避免天线产生辐射，模拟出对称结构。因此理想情况下，地应该无限大。当地的面积较小时，地板会与天线结构一起产生辐射。在实际测试过程中，往往选择一块相对较大的铜板模拟地面，不是真实的无限大平面，这就造成了测试的不准确。此外，平衡天线的对称切面要与地板垂直相焊接。当天线结构较为复杂时，切面的每部分结构都要分别焊在地板上，焊点不平滑带来的切面处阻抗不连续也会对测试的准确性产生影响。

3.6　S参数法

S参数法，又称等效二端口法。其测试原理是引入一个虚拟地平面，天线两臂与虚拟地平面之间可被看作两个端口，如图7所示[12]。这种等效转换的方法并不改变天线两臂上的电流分布，也就不会影响参数测试的结果[13]。该方法通过测量天线的S参数，用公式(2)计算得到其阻抗值[14]。在测试时，需要制作特殊的夹具来实现虚拟地。将两根同轴电缆的外导体短路焊在一起，焊接长度要尽量长，以保证外导体电流的充分平衡。制作完成后，将夹具一端的两个内导体分别与天线的输入端相连，另一端与矢量网络分析仪的两个端口相连，测得所需S参数，如图8所示。由于不改变天线的结构和电流分布，这种方法对结构对称和不对称结构的天线都适用。

$$Z_d=\frac{2\cdot Z_0(1-S_{11}S_{22}+S_{12}S_{21}-S_{12}-S_{21})}{(1-S_{11})(1-S_{22})-S_{12}S_{21}} \tag{2}$$

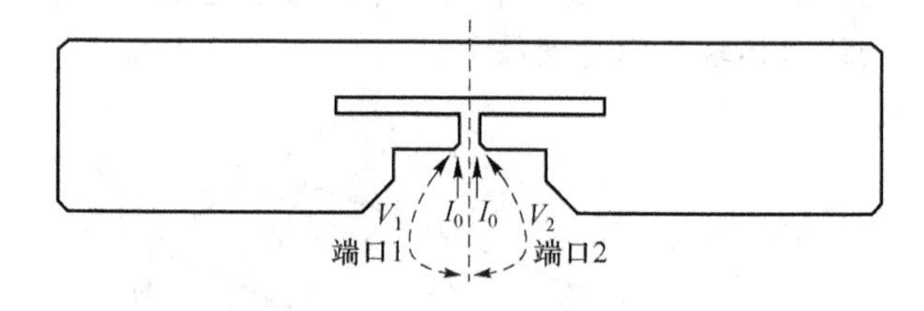

图7　等效二端口原理

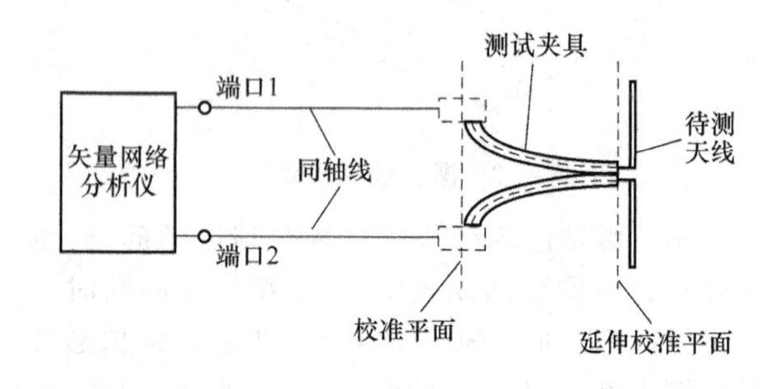

图8　等效二端口法测试[15]

相比于其他测试方法，等效二端口法需要更复杂的硬件支持。矢量网络分析仪需具有双端口功能，为双端口馈电提供支持，并可以分别测量等效二端口的反射系数。由于夹具的引入，在完成常规的仪器校准后还需将校准平面推移到夹具的末端，方便直接获得待测参数，免去使用复杂公式抵消夹具影响的计算过程。夹具的制作要选择完全相同的同轴线，外导体焊接在保证充分短路的前提下，要尽量平滑，避免结构不对称导致外导体电流不平衡。

由于人工测试操作时，人体和周围环境都会对测量结果产生影响。为提高测试准确性，可以制作测试平台，将天线固定在平台上，与测试夹具相连，保证连接的稳定。采用自动化测试方法，编写固定的测试程序，获取所需参数，以此减小周围环境带来的反射影响。

4 结论

平衡天线测试的重点在于降低测试复杂度的前提下，提高测试结果的准确性。测试的发展方向是测试的自动化，可靠的天线测试能直接评估天线的使用效果，可以让天线设计更加方便和实用。在实际测试中，需根据待测天线性质和测试硬件支持，选择适合的测试方法。对于本文分析的几种平衡天线测试方法，套筒巴伦制作简单，成本低廉，适合对窄带天线的测试工作。微带渐进巴伦和共面波导巴伦在完成平衡结构转换时也可以完成阻抗变换，适合非 50 Ω 的天线测试。但因其需要针对不同天线重新设计巴伦结构，故使用起来较为复杂。混合耦合器巴伦使用成本较高，需选择性能优良的器件，当测试与耦合器阻抗匹配性能较好的天线时可以使用这种方法。镜像原理操作简便，但适用范围较小，且易受外部环境的影响。等效二端口法需要制作一个特别的夹具，并使用二端口矢量网络分析仪。使用该方案测试时，将夹具与矢量网络分析仪组成测试平台，使用自动化测试，可以用较低成本得到较准确的测试结果。

参考文献

[1] 袁博. 多频带缝隙天线设计与研究[D]. 武汉：武汉大学，2012.

[2] 王文锋. 1 GHz～2 GHz 可计算偶极子天线研究[D]. 北京：北京交通大学，2015.

[3] 李莉. 天线与电波传播. 北京：科学出版社，2009.

[4] Chen Zhenhua, Cao Q. Study of a two-arm sinuous antenna and the relevant wideband balun. International Conference on Microwave and Millimeter Wave Technology IEEE, 2008: 1837-1840.

[5] 庞靖，姜彦南. 平面螺旋天线及其宽频带巴伦的设计[J]. 南京：微波学报，2012(s3): 128-130.

[6] Tilley K, Wu X D, Chang K. Coplanar waveguide fed coplanar strip dipole antenna. Electronics Letters 30. 3 (1994): 176-177.

[7] 郭福强，陈星，吕文龙. 一种新型超宽带微带巴伦的设计[J]. 绵阳：太赫兹科学与电子信息学报，2006，4(2): 103-106.

[8] Ge Hongbin, et al. Straight-forward impedance measurement for balanced RFID tag antenna. Electronics Letters 52. 3(2016): 181-182.

[9] Kim Ki-Chai, et al. The design of calculable standard dipole antennas in the frequency range of 1～ 3 GHz. Journal of electromagnetic engineering and science 12. 1(2012): 63-69.

[10] Tikhov, Kim Y Y, Min Y H. A novel small antenna for passive RFID transponder. Microwave Conference, 2005 European IEEE, 2005: 4.

[11] 苏艳，赖晓铮，赖声礼. 一种 RFID 标签阻抗的测量方法[J]. 北京：科学技术与工程，2010，10(20): 5067-5070.

[12] Meys R, Janssens F. (1999). Measuring the impedance of balanced antennas by an s-parameter method. IEEE Antennas & Propagation Magazine, 40(6): 62-65.

[13] 邓力，李书芳，陈坤鹏. 通过 S 参数测量平衡 RFID 标签天线阻抗的新方法[C]. 全国电磁兼容学术会议论文选. 2012.

[14] Palmer K D, Rooyen M W V. (2006). Simple broadband measurements of balanced loads using a network analyzer. IEEE Transactions on Instrumentation & Measurement, 55(1): 266-272.

[15] Qing Xianming, Goh C K, Chen Z N. "Impedance Characterization of RFID Tag Antennas and Application in Tag Co-Design." IEEE Transactions on Microwave Theory & Techniques 57. 5(2009): 1 268-1 274.

通信作者:李书芳

通信地址:北京市海淀区西土城路10号北京邮电大学信息与通信工程学院,邮编100876

E-mail:bupt_paper@126.com

平面波照射下微带贴片天线的散射特性仿真

李铣镔　唐斯密　唐兴基　倪家正

（海军研究院）

摘要：本文以十字贴片微带天线为例，利用有限元方法仿真研究该天线在平面波照射下的散射特性，并对散射规律进行分析，为天线的模式项散射特性的研究提供支撑。

1　概述

近年来，随着雷达波隐身外形和吸波材料的广泛应用，水面战斗舰船的雷达散射截面(RCS)不断降低，舰面设备(特别是雷达天线)的雷达波散射强度受到越来越多的关注，并且成为制约全舰雷达波隐身性能进一步提高的短板，目前通过频率选择表面技术在天线罩上的应用，提高了天线在工作频带外的雷达波隐身性能，但是对于天线工作频带内的 RCS 减缩仍然未能得到解决，特别是由天线辐射性能导致的模式项散射一直是天线 RCS 带内减缩的重点问题。因此研究天线工作频带内的散射特性，特别是天线工作频带内的模式项散射特性，对于天线模式项散射评估和抑制机理方法研究至关重要，也是实现天线 RCS 带内减缩的前提和依据。

本文以平面十字贴片微带天线为例，通过有限元方法分析该天线在平面波照射下的散射特性，为天线的模式项散射特性的研究提供支撑。

2　天线散射特性理论分析

天线散射通常包含两部分，一部分是与天线外形相关的结构项散射，其散射机理是与普通散射体的散射机理相同，另一部分是基于天线辐射特性及负载匹配情况的天线模式项散射，其主要原因是因为电磁波进入天线内部形成激励，从而产生对外的辐射电场，天线散射机理的基础数学表达式[1]

$$\vec{E}(Z_t)=\vec{E}(Z_c)+\frac{\Gamma_t}{1-\Gamma_t\Gamma_a}b_0^m\vec{E}_t$$

第一项为$\vec{E}(Z_c)$天线结构项散射场，第二项为天线模式项散射场，其中$\vec{E}_t$为单位场强幅度激励的辐射场，b_0^m 为天线端口接匹配负载时的幅度。本文采用平面十字贴片微带天线作为研究对象，对其散射特性进行分析研究，平面十字贴片微带天线仿真模型及方向图特性，如图 1 所示，该天线为 2×2 阵列，中心工作频率为 10 GHz，基板材料相对介电常数为 2.2，采用正面馈电设计，由于天线为平面阵设计，结构项散射特性近似于同尺寸金属平面散射特性。

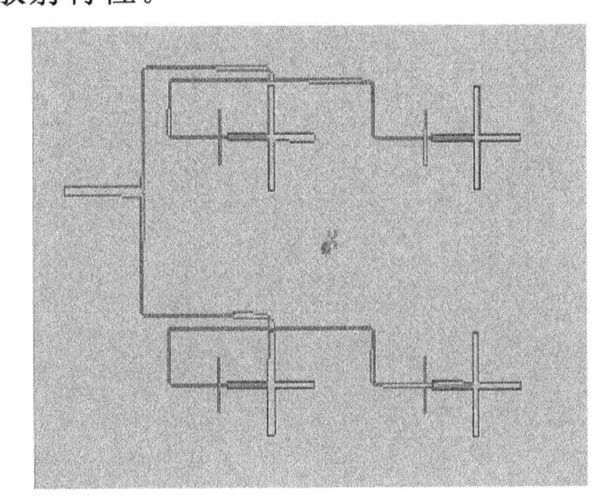

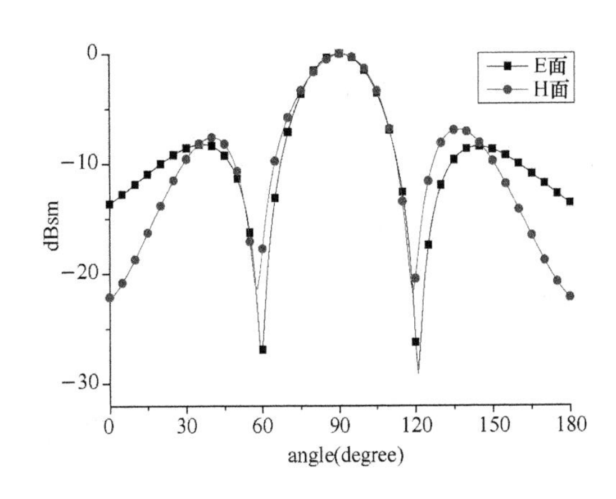

图 1　天线仿真模型及方向图特性

3　天线散射特性仿真

本文所用十字贴片微带天线为窄带天线，工作带宽为 10.9～11.1 GHz，主要分析该形式天线在两种平面波照射条件下的响应：(1)平面照射波在天线的工作频带外；(2)平面照射波在天线的工作频带内。

照射波源频率在天线的工作频带外，利用平面波源照射，波源频率为 9 GHz，仿真得到天线单站散射特性，为便于比较分析，在相同参数下对天线结构的单站散射特性进行仿真，仿真结果如图 2 所示，从图中结果可以看到，天线散射特性与天线结构散射的方向图基本一致，该结果表明，当平面照射波源的平面在天线的工作频带外，天线激励起的模式项散射较弱，天线散射特性主要由天线结构特性决定。

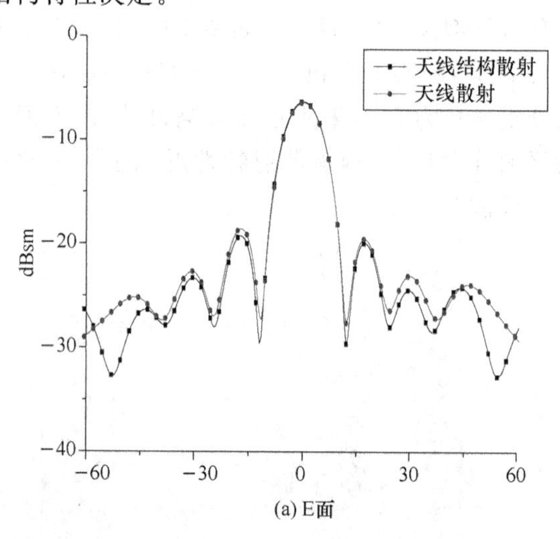

(a) E面

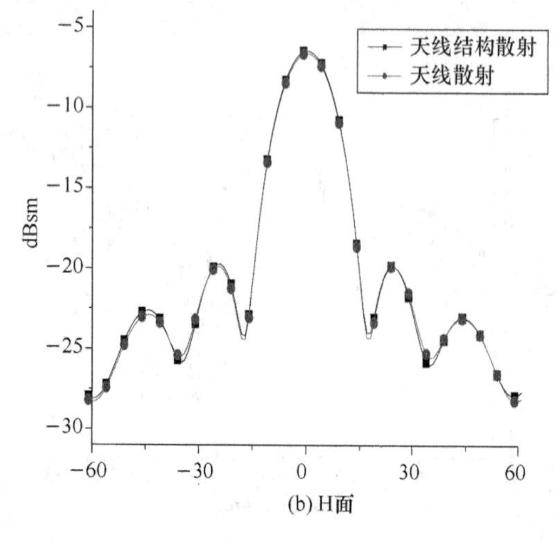

(b) H面

图 2　9 GHz 天线散射特性

照射波源频率在天线的工作频带内，利用平面波源照射，波源频率为 11 GHz，仿真得到极化匹配和极化正交条件下天线单站散射特性，为便于比较分析，在相同参数下对天线结构的单站散射特性进行仿真，仿真结果如图 3 所示，从图中结果可以看到，当照射波源极化与天线极化正交时，天线散射特性与天线结构散射的方向图基本一致，当照射波源极化与天线极化匹配时，天线散射在方向图上表现为天线法线方向 RCS 降低，在天线主波束范围内，引起 RCS 的抬升。

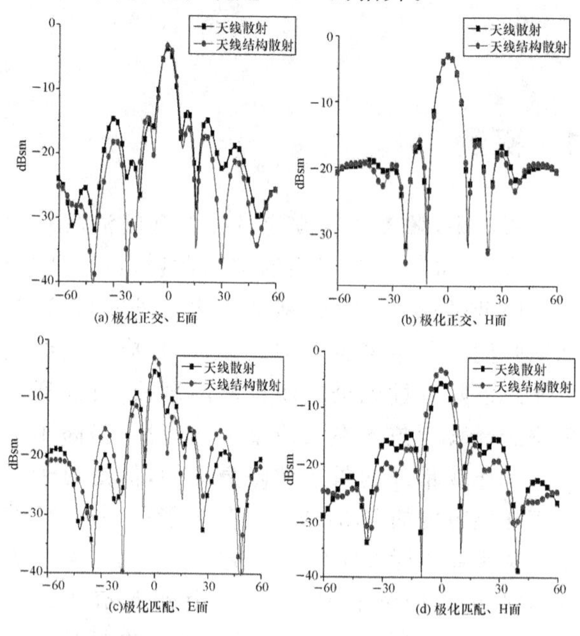

图 3　11 GHz 天线散射特性

4　结论

本文有限元方法分析分析了十字贴片微带天线在不同极化及典型频率下的天线散射特性及相同条件下该天线结构散射特性，结果表明：当照射波源频率在天线工作频带外，天线激发的模式项散射较弱，天线散射特性与天线结构特性基本一致；当照射波源频率在天线工作频带内且照射波源极化与天线极化正交，天线散射特性与天线结构特性基本一致；当照射波源频率在天线工作频带内且照射波源极化与天线极化匹配，基于天线辐射性能的天线模式项散射被激发，此时天线散射特性为天线结构散射和模式项散射组成，天线响应的这些散射特性可为研究天线的模式项散射特性和减缩机理的研究提供参考。

参考文献

[1] 刘英.天线雷达散射截面预估与缩减[D].西安:西安电子科技大学,2004.

[2] 林昌禄. 天线手册[M] . 北京:电子工业出版社,2002.

[3] 张钧,刘克成,等. 微带天线理论与工程[M]. 北京:国防工业出版社,1988.

[4] 钟顺时. 微带天线理论与应用[M]. 西安:西安电子科技大学出版社,1991.

[5] 王宇,姜兴等 Ku 波段宽频带双极化微带天线阵的设计[J].新乡:电波科学学报,2008,23(2):276-279.

[6] 李书杰,鄢泽洪,等.一 16 元 Ku 波段微带天线阵的设计[J].南京:微波学报,2006,22(增).

[7] 邵建兴,陈铁芬. 一种小型多频微带天线的分析与设计[J] . 北京:中国电子科学研究院学报,2011,6(1):106-110.

强电磁脉冲对军用加固计算机的影响建模与仿真分析

王堃兆　张明明　刘　锟　刘沂东

（中国航天科工二院七〇六所，北京 100854）

摘要：利用时域有限差分法对强电磁脉冲耦合进入军用加固计算机进行建模仿真，分析了强电磁脉冲通过外接线缆、缝隙、孔洞等进入加固计算机内部，引起计算机内部电路的硬损伤或误动作的过程。仿真结果指导军用加固计算机的 EMP 防护设计，最后通过试验验证了 EMP 防护设计的有效性。

关键词：时域有限差分法，军用加固计算机，强电磁脉冲。

Modeling and simulation analysis of the influence of EMP on military reinforced computer

Wang Kunzhao　Zhang Mingming　Liu Kun　Liu Yidong

(Institute No. 706 of the Second Academy, China Aerospace Science & Industry Corp, Beijing 100854, China)

Abstract: The purpose of this paper is to use the Finite-Difference Time-Domain(FDTD)method to study the coupling effects of EMP into military reinforced computer through external cable, slot, hole and so on, which can cause the hard damage or the wrong movement of the internal circuits of the machine. The simulation results guide the EMP protection design of military reinforced computer, and finally verify the effectiveness of EMP protection design through experiments.

Key words: Finite-Difference Time-Domain(FDTD), military reinforced computer, EMP.

1 引言

近些年，随着电磁脉冲武器的不断发展和应用，对于军用加固计算机的战场生存能力提出了严峻的考验。强电磁脉冲具有覆盖面积广、作用时间短、峰值场强高、频谱范围宽等特点，主要通过电磁频谱特性攻击电子设备，具有极强的杀伤性。

强电磁脉冲通过外接线缆、不完全屏蔽的缝隙、孔洞等耦合到军用加固计算机内部，引起计算机的内部电路的误动作或者硬损伤，造成器件和电路性能的参数恶化或完全失效。目前对于强电磁脉冲的研究主要集中在对强电磁脉冲的耦合途径和机理、防护等方面的研究，文献[1]中通过对普通台式计算机的机箱结构的屏蔽效能进行仿真，对于机箱内部的布局进行优化设计；文献[2]提出了关于有孔矩形金属腔体的屏蔽效能计算公式，并得出屏蔽效能与金属腔体的大小及厚度、腔体上孔的大小、工作频率以及观测点相关。对于强电磁脉冲对线缆的耦合研究方面，Taylor[3]、Agrawal[4]、Rashidi[5]等人分别提出了不同的传输线模型理论，三者的不同之处在于对分布源的激励定义不同，Taylor 模型主要考虑入射电通量和磁通量作激励产生的感应电流源及电压源，Agrawal 模型则把其看成电磁散射问题，主要将线缆位置处沿导体切向的电场分量作为分布电压源，Rashidi 模型则是将传输线视为激励元件，从而产生分布电流源。国内也有不少文献基于上述的三种模型对场线耦合进行特定分析。

本文主要是通过对军用加固计算机的物理模型建模、仿真，然后利用仿真计算结果研究强电磁脉冲对该军用加固计算机的耦合机理并指导军用加固计算机的 EMP 设计，通过试验验证经过整改后的军用加固计算机的 EMP 防护能力。

2 建立模型

2.1 物理和线缆模型

根据军用加固计算机的物理模型，如图 1 所示。图中所示为 1U 机箱的军用加固计算机，根据实际试验情况，对于主要使用的电源线、网线、显示屏线建立对应的线缆模型。其中电源线为四芯双绞线长度 60 cm，网线为八芯双绞线长度 82 cm（网线贯穿军用加固计算机机箱），显示屏线为扁平线长度 11.7 cm。对应的线缆模型如图 2～图 4 所示。

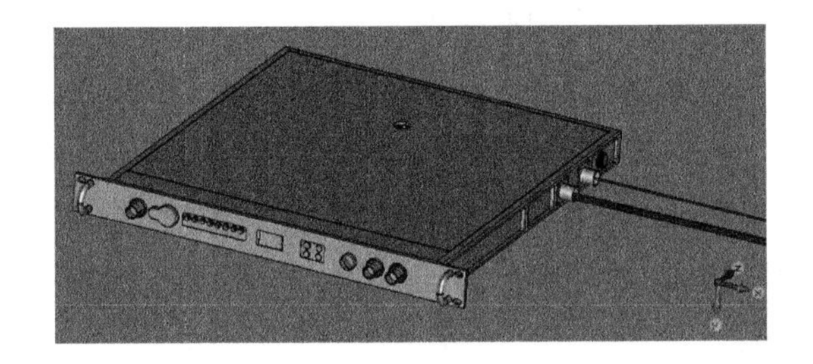

图 1　军用加固计算机物理模型

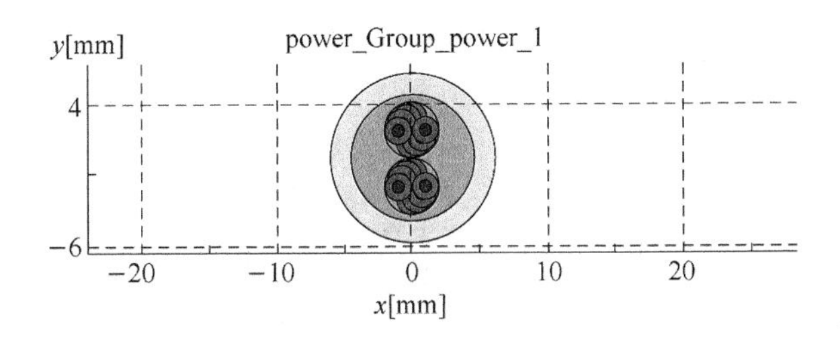

图 2　电源线模型

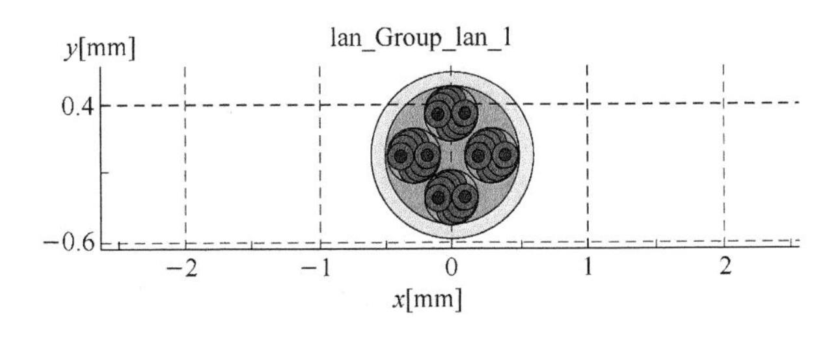

图 3　网线模型

2.2 强电磁脉冲模型

目前关于强电磁脉冲的波形，有多种不同的波形。本文选取 MIL-STD-461E 的强电磁脉冲波

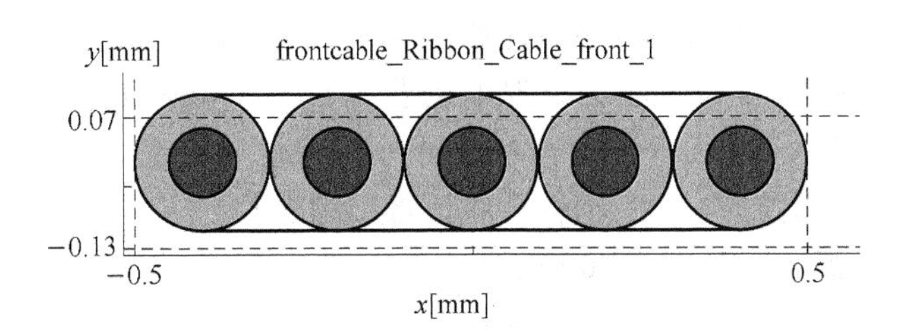

图 4　显示屏线模型

形作为研究对象，该脉冲波形的上升沿最陡，脉冲宽度最窄，所含高频分量最丰富。MIL-STD-461E 中规定的强电磁脉冲双指数函数波形为

$$E(t) = E_0 \cdot k(\mathrm{e}^{-\alpha t} - \mathrm{e}^{\beta t}) \tag{1}$$

式中，$E_0=50$ kV/m，$k=1.30$，$\alpha=4.0\times10^7/\mathrm{s}^{-1}$，$\beta=6.0\times10^8/\mathrm{s}^{-1}$，脉冲波形和频谱波形，如图 5 所示。

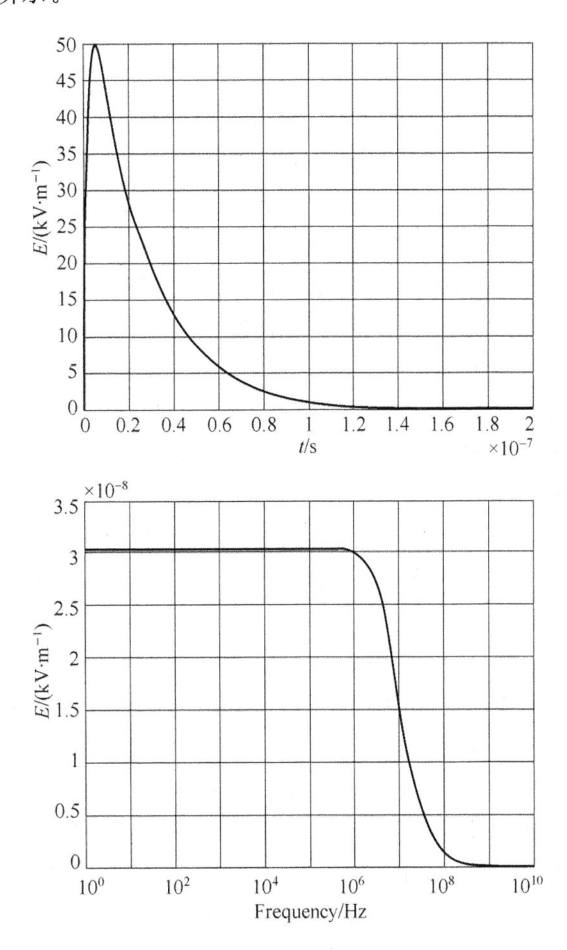

图 5　强电磁脉冲波形和频谱

3 强电磁脉冲作用机理分析

军用加固计算机内部是由大规模的集成电路

组成，外部有外拖的电源线和信号线，容易受到电磁脉冲的影响。根据电磁拓扑（Electromagnetic Topology）理论对于电磁脉冲的耦合方式主要分为前门耦合、后门耦合和两者的综合作用，建立互耦顺序图，如图 6 所示。

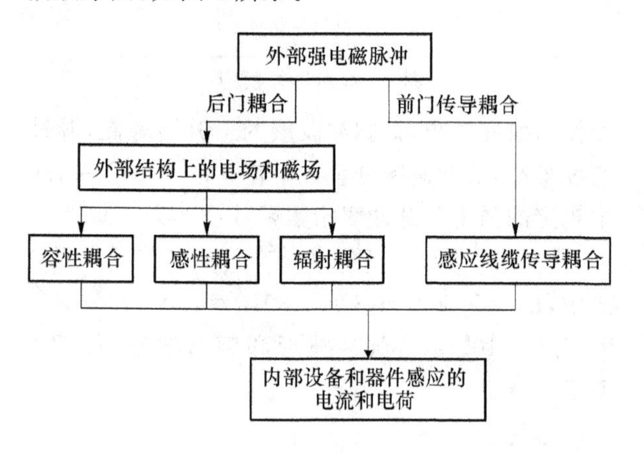

图 6　军用加固计算机的强电磁脉冲互耦顺序图

前门耦合主要指电磁脉冲或者微波能量通过目标上的天线、线缆、地回路等直接的方式耦合到电子系统内。后门耦合是指电磁脉冲通过孔洞、缝隙之类间接的方式耦合到电子系统内部。下面主要分析电磁脉冲对军用加固计算机的耦合途径。

（1）电源线、网线、地回路耦合

对于本文的军用加固计算机的电源线和网线的长度分别为 0.6 m 和 0.82 m，很容易耦合进外部的电磁脉冲干扰，对于后端的电源滤波器和网络芯片等造成破坏或影响芯片工作；电磁脉冲也可以通过公共的地回路等进入设备内部电路，对内部的电路或电子器件造成毁坏或引起其误动作干扰。

（2）前面板孔洞和缝隙耦合

本文提及的军用加固计算机的主要开孔和缝隙集中在前面板部分，当电磁脉冲入射波正对前面板照射时，一般来说，前面板孔缝的尺寸大于电磁波波长的二分之一，电磁波便可以直接耦合进入机箱内部，并产生很强的空间辐射耦合干扰，机箱内部 PCB 上的线路也会接收孔缝产生的二次干扰信号，通过感性耦合和容性耦合对线路版上的芯片和电子元器件产生破坏或影响。

4　强电磁脉冲耦合规律仿真分析

根据实际的试验要求，电磁脉冲的平面波入射方向为从前面板入射，入射波方向如图 7 所示，根据强电磁脉冲对军用加固计算机的耦合机理，分别在前面板处和机箱内部处放入探针，设置监测点 1 和监测点 2 对军用加固计算机的内部场进行监测分析；此外对于电源、网线和显示屏线缆上设置监测点 3、监测点 4 和监测点 5，对线缆上耦合的电流和电压进行监测分析。

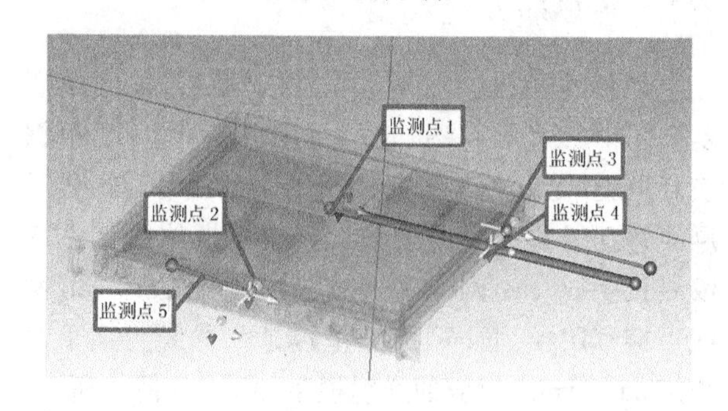

图 7　设置监测点

下面通过分析监测点 1 和监测点 2 的时域波形与频谱分布，分析军用加固计算机内部的场强和频谱，如图 8、图 9 所示。

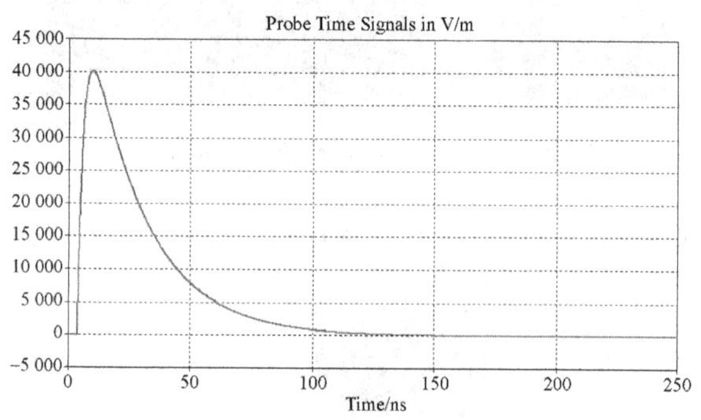

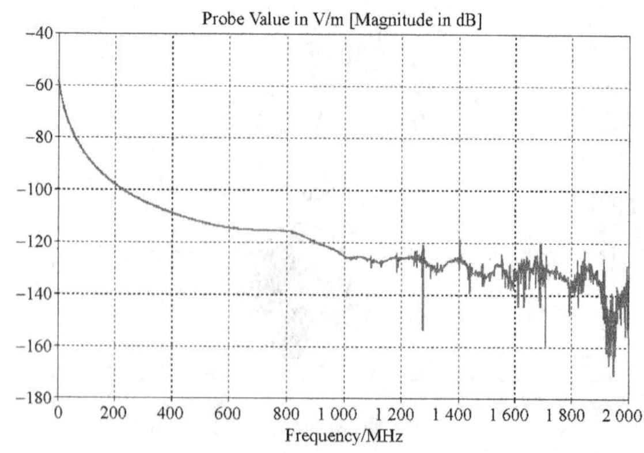

图 8　监测点 1 时域波形与频谱分布

从监测点 1 和监测点 2 的时域波形和频谱分布我们可以看出，由于贯穿机箱的网线影响，导致机箱的屏蔽效能下降，所以监测点 1 的电场强度在 40 kV/m 左右；监测点 2 虽然离前面板的缝隙

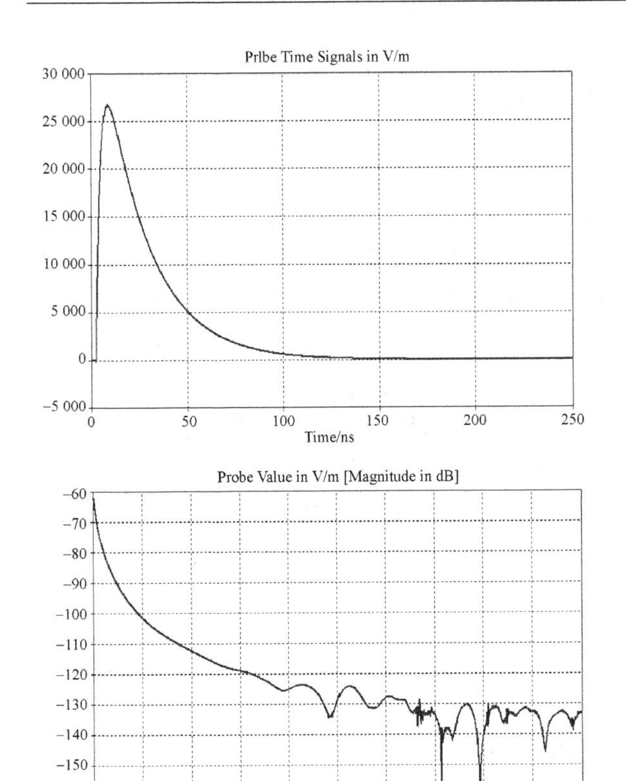

图 9　监测点 2 时域波形与频谱分布

很近，但是由于在机箱内部，远离机箱内部的主要干扰源网线，主要是受前面板的孔洞和缝隙影响，所以监测点 2 的电场强度在 26 kV/m 左右。可以看出强电磁脉冲对于本文研究军用加固计算机的主要影响在于贯穿机箱的网线耦合，其次再是前面板的空洞和缝隙耦合。

下面主要通过对不同类型线缆上的电流和电压进行分析，得到强电磁脉冲对线缆耦合的规律和影响，如图 10～图 12 所示。

为了便于计算，本文把电源线、网线和显示屏线的电路做了等效电路。从监测点 3、监测点 4、监测点 5 的电压电流，可以看出强电磁脉冲耦合到线缆上的电流和电压的影响。(1)监测点 3 显示的是耦合到电源线上的电流和电压，可以看出瞬间电流在 7 A 左右，瞬间电压高至 350 V，会对后续未防护的电路造成影响，需要采取瞬态抑制措施。(2)监测点 4 显示强电磁脉冲耦合到网线上的电流和电压，可以看出瞬间电流很小，在 0.000 4 A 左右，瞬间电压高至 50 V，可能会引起网络芯片的误动作，需要针对网络信号采取瞬态

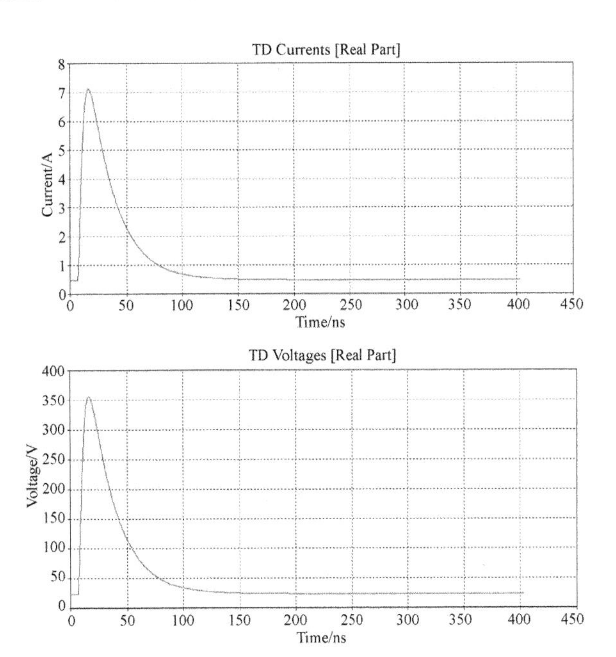

图 10　监测点 3 电流和电压

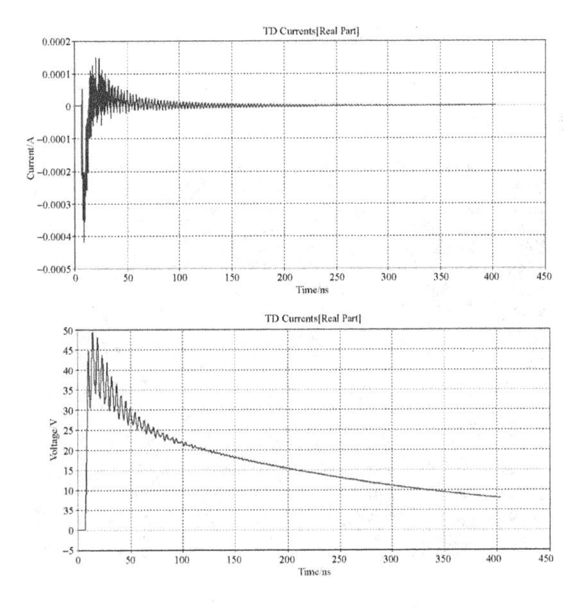

图 11　监测点 4 电流和电压

抑制措施。(3)监测点 4 显示的强电磁脉冲耦合至显示屏线上的干扰，瞬间电流 0.3 A，瞬间电压在 16 V，相对来说，影响较小，可以在电路上采取简易的瞬态抑制措施。

5　实际试验验证

根据仿真结果对军用加固计算机进行针对的防强电磁脉冲设计，(1)网络端口安装瞬态抑制器件；(2)电源端口增加防护电路设计；(3)显示屏通

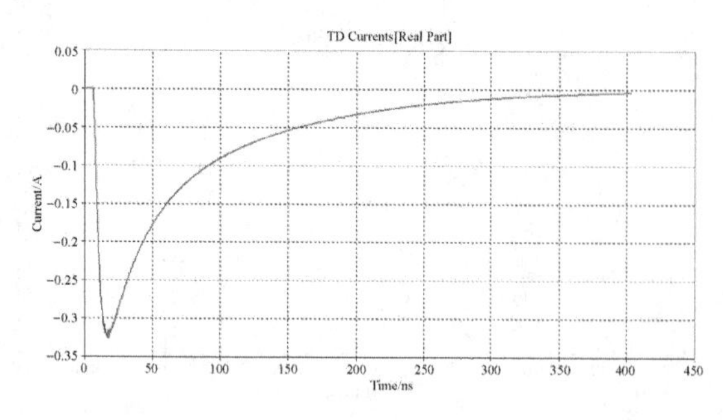

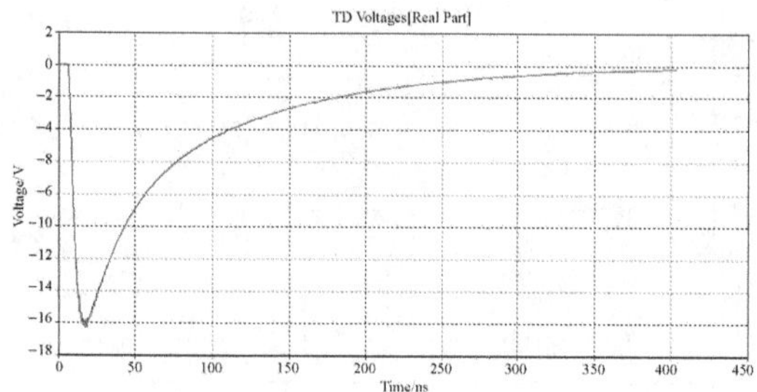

图 12　监测点 5 电流和电压

信端口增加瞬态抑制器件。根据 GJB 151B—2013 的 RS105 试验要求进行 50 kV 的强电磁脉冲试验，试验波形如下。最终该军用加固计算机顺利通过 RS105 试验。

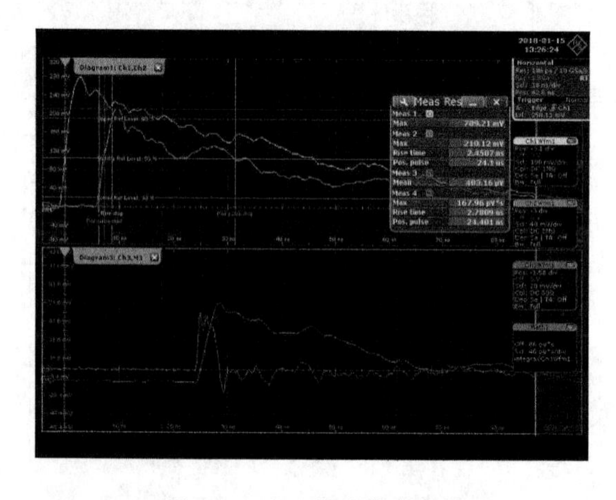

图 13　50kV 电磁脉冲波形

6. 结论

通过对强电磁脉冲影响军用加固计算机的建模和仿真分析验证，可以得出：

（1）强电磁脉冲主要通过贯穿设备机箱的线缆对机箱内部的电子器件造成影响，所以要注意对贯穿机箱的线缆进行强电磁脉冲防护和滤波处理，并注意机箱内部的电路板合理布局。

（2）试验结果表明通过强电磁脉冲的耦合机理分析和仿真软件的仿真结果的结合分析对于强电磁脉冲的防护设计具有指导意义，可在分析整改电磁兼容问题上进行引用借鉴。

参考文献

[1] 陈伟华，张厚，王剑，等. 电磁脉冲对计算机机箱的耦合效应[J]. 杭州：工程设计学报，2007，14(5)：409-413.

[2] Robinson M P, Benson T M, Christopoulos C, et al. Analytical formulation for the shielding effectiveness of enclosures with apertures[J]. IEEE Transactions on Electromagnetic Compatibility, 1998, 40(3): 240-248.

[3] Agrawal A K, Price H J, Gurbaxani S H. Transient response of multiconductor transmission line excited by a nonuniform electromagnetic field [J]. IEEE Transactions on Electromagnetic Compatibility, 1980, EMC-22(2): 119-129.

[4] Taylor C, Satterwhite R, Harrison C J. The response of a terminated two-wire transmission line excited by a nonuniform electromagneic field[J]. IEEE Transactions on Electromagnetic Compatibility, 1965, 13(6): 987-989.

[5] Rachidi F. Formulation of the field-to-transmissionline coupling equations in terms of magnetic excitation field [J]. IEEE Transactions on Electromagnetic Compatibility, 1993, 35(3): 404-407.

通信作者：王堃兆
通信地址：北京市海淀区永定路 51 号院航天二院七〇六所，邮编 100854
E-mail：704260594@qq.com

三维典型凸目标量子雷达散射计算方法研究

方重华[1]　石昕阳[2]　雷飞飞[3]　刘其凤[1]

（1. 中国舰船研究设计中心　电磁兼容性重点实验室　武汉 430000；
2. 武汉船舶通信研究所　武汉 430079；3. 武汉船舶设计研究院有限公司　武汉 4300000）

摘要：针对三维凸目标的量子雷达散射计算问题，通过对投影横截面积 $A_{\perp}(\theta_i, \Phi_i)$ 计算关键技术的突破，初步建立了可以处理任意三维凸目标的量子雷达散射截面(QRCS)计算方法，基于编写的计算程序对典型目标的单双站散射特性展开分析，初步揭示了典型目标的量子雷达散射特性。截止到今天，国际上依然没有看到类似的成果报道。

关键词：量子雷达，三维凸目标，散射，计算方法。

The Calculation Method of Quantum Radar Cross Section For 3D Convex Targets

Fang Chonghua[1,2]　Shi Xinyang[3]　Lei Feifei[3]　Liu Qifeng[1,2]

(1. Science and Technology on Electromagnetic Compatibility Laboratory
China Ship Development and Design Centre, Wuhan 430000, China;
2. Wuhan Maritime Communication Research Institute, Wuhan 430079, China;
3. Wuhan Ship Development and Design Institute Co. Ltd, Wuhan 430000, China)

Abstract: Quantum radar offers the prospect of detecting, identifying, and resolving RF stealth platforms and weapons systems, but the corresponding quantum radar cross section (QRCS) simulation is restricted—almost all existing methods can only be used for the 2D targets, not the 3D targets even for convex targets. We propose a novel method that can deal with the calculation of the orthogonal projected area $A_{\perp}(\theta_i, \Phi_i)$ of the target in each incidence, which is the key part of QRCS simulation for the arbitrary 3D convex target. To the best of our knowledge, this has not been reported before. In this paper, we introduce a three-step computation process of $A_{\perp}(\theta_i, \Phi_i)$, and verified the method for typical 2D targets. Finally, we show some results for typical 3D convex targets and compared the QRCS with classical radar cross section (CRCS). Meanwhile, we analyze the superposition of quantum effect of side lobes for 3D convex targets. The proposed method provides a key improvement for realizing the universalization and utilization of QRCS calculation.

Key words: quantum radar, 3D Convex targets, scattering, calculation method.

1　引言

现代舰船在海战场上面临各种武器的威胁，其中隐身武器（如隐形飞机（舰船）、无人机（艇））往往是其中较难以对付的。如何对抗隐身武器，以及自身的隐身优化设计一直是隐身与反隐身研究领域的热点和重点。

为了更好地对抗隐身武器，多种反隐身新技术层出不穷，量子雷达技术就是在这一背景下诞生的[1-11]。

美国海军实验室科学家马尔科博士于2001年在一次国际会议上首次提出量子雷达概念构想，并于2011年正式出版了《量子雷达》一书，系统的建立了量子雷达技术领域的理论框架，并赤裸裸的表明量子雷达就是要对抗 J20 等隐身武器。

图 1　现代舰船面临的隐身与反隐身挑战

目前，业界对于量子雷达并无统一的定义。大致上，马尔科博士在《量子雷达》中表达了类似如下的定义。

量子雷达是基于传统雷达概念的拓展，通常发射（每脉冲）少量光子，利用收发光子间的量子纠缠特性来获得灵敏度的改善，从而获得更好的探测性能。

除了在反隐身领域的重大潜力，量子雷达技术还被认为在空间探索，行星防御、生物医疗等领域有较为广泛的应用。

图 2　马尔科博士以及其著作《量子雷达》

2　量子雷达散射截面技术发展

在量子雷达技术的发展历程上，2014 年，罗切斯特大学的 M. Malik 博士构建了实验室条件下的量子雷达试验系统，据报道可以针对 B2 等隐身目标进行有效探测与识别[12]。

此外，路易斯安那州立大学（NCF 和空军研究办公室）、海军水面战中心、哈佛、MIT、约克大学（英国）、波音与雷神公司、奥地利科学院、日本、俄罗斯、印度、意大利、乌克兰等国研究机构也在这一新领域纷纷跟进。

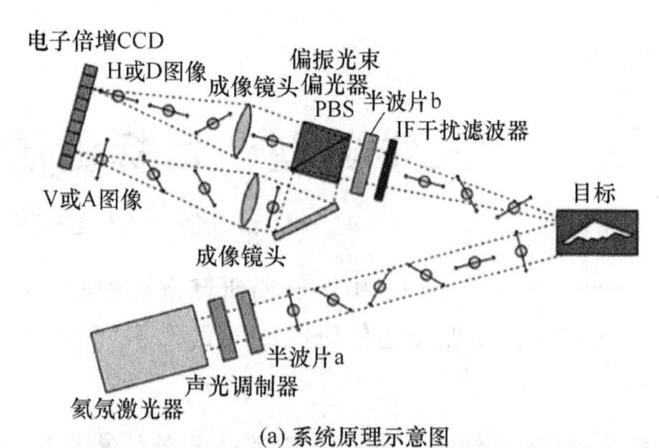

(a) 系统原理示意图

Total average error=0.84%<25%(protorol secure)

(b) 结果示意图

图 3　Malik 博士构建的量子雷达试验系统

而国内发展方面，据报道，2016 年年底，中电 14 所与中科大等单位联合开发了一部单光子量子雷达样机，并通过外场试验验收。此外，38 所等单位也在开展类似的样机研制。

图 4　14 所量子雷达外场试验照片

马尔科博士在量子雷达一书的最后提出了 17 个有关科学问题，其中约 1/4 属于量子雷达目标特性。

为了表征目标在量子雷达探测下的可观测性，马尔科博士参考经典的雷达散射截面（CRCS）定义下提出了量子雷达散射截面（QRCS）定义式，基于量子电动力学中光子波函数推导了计算表达式，并结合矩形平板结果首次揭示了旁瓣增强（二维）量子效应[13,14]。

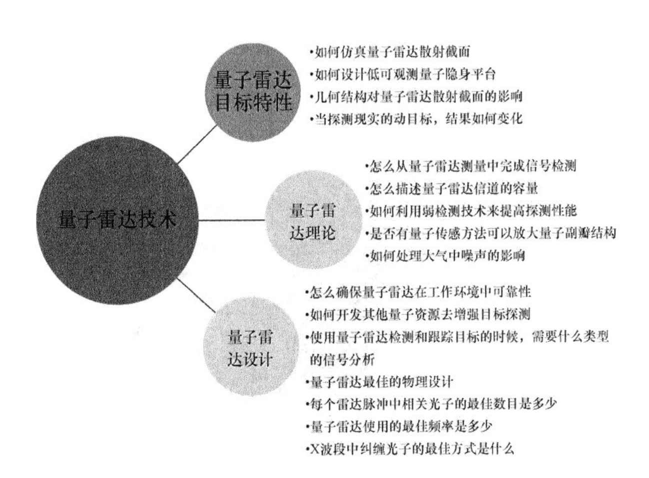

图 5　量子雷达技术的大致分类

在此基础上，宾夕法尼亚州立大学的马修博士进一步对算法进行改进与优化，使之可以计算任意二维目标（如三角形、圆形等）的 QRCS[15-19]。国内也有不少研究机构跟进这一研究成果，但总体来说，基本还是在二维目标研究范畴之内的加速等改进，亟待能够三维目标的计算方法[20-25]。

3　三维凸目标量子雷达散射截面计算方法

针对这一难题，我们课题组首次提出一种全新的算法，可以处理任意三维凸目标的量子雷达散射截面计算问题。首先需要介绍几个基本科学假设。

• 原子簇：由于真实目标表面的原子数量是海量的，因此在仿真计算中将基于相位差基本不变的前提将一团原子簇视为一个“原子”以进行计算。

• 表面近似：由于遮挡现象，假设只有（被照射）目标表面原子能参与入射光子的相互作用，即参与计算。

• 忽略绕射和吸收效应：通常考虑的目标易于满足电大尺寸要求，因此绕射贡献不显著，而对于理想目标而言内部不存在吸收效应。

• 忽略多次反射：本研究重点先解决凸目标问题，此时多次反射贡献往往可以忽略。[26-28]

在此基础上，我们采用了投影、坐标变换、和三角化与求和的三步走策略，具体如下所述。

（1）投影

将目标（被照射）表面原子坐标 $\vec{x}_n$ 沿传播方向的垂直平面进行投影计算。

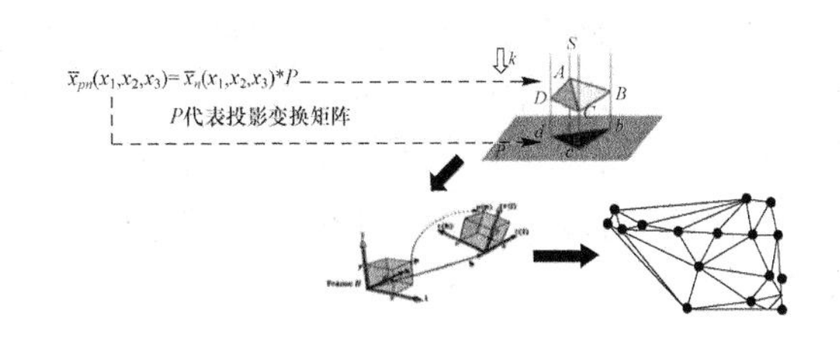

图 6　三步走策略示意图

（2）空间旋转变换

对得到的投影坐标点做两次空间旋转变换，近似得到了 $A_{\perp}(\theta_i,\Phi_i)$ 的二维化坐标点集。

$$\vec{x}'_n(x_1,x_2,0)=\vec{x}_{pn}(x_1,x_2,x_3)*R'(\Phi)*R'(\theta)$$

（3）面元三角化与面积求和

对于所有点集 $\vec{x}'_n(x_1,x_2,0)$ 进行三角化处理，找出其外轮廓，以便于将这若干的三角形面积进行无重复叠加，即得到最终的投影横截面积。

4　典型计算结果验证与分析

在本章节中，我们将针对典型二维目标给出计算与验证，在此基础上给出典型的三维目标的结果与分析。由于到目前为止，尚无量子雷达散射截面的验证试验，因此我们只能将二维结果与文献结果向比较。

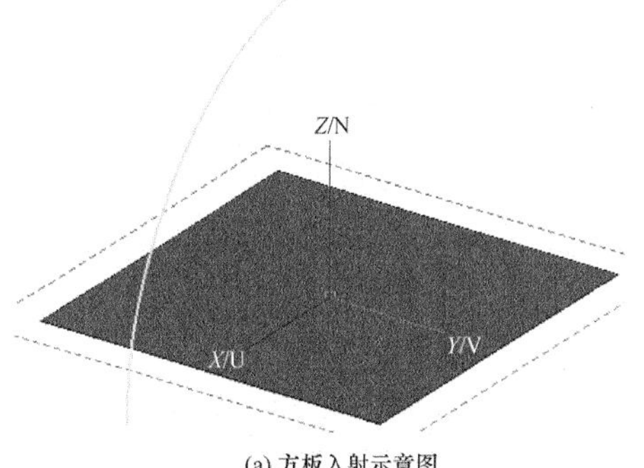

(a) 方板入射示意图

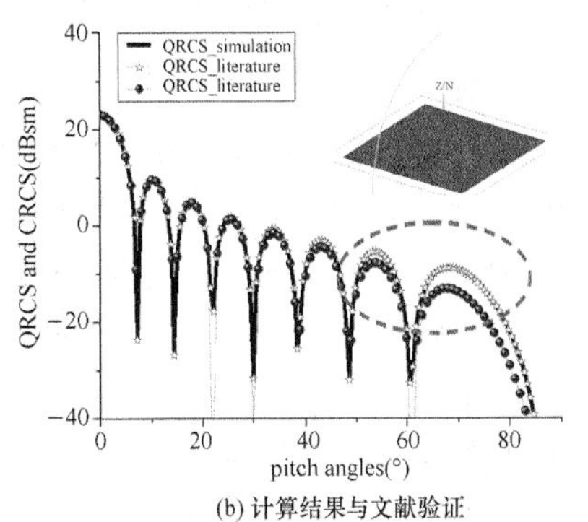

(b) 计算结果与文献验证

图 7　方板的计算域验证示意图

图 7 给出的是正方形金属板的量子雷达散射示意与结果。其中，正方形边长 1 m，入射为单光子脉冲，波长 0.25 m。该参数设置是为了与文献结果对比（下同），从图中可以看出，我们的结果与马尔科等人的结果完全一致，有着明显的旁瓣增强量子效应。

接着，我们给出三角形板的结果，也是与文献结果吻合得非常好，也能观察到类似的二维量子效应。

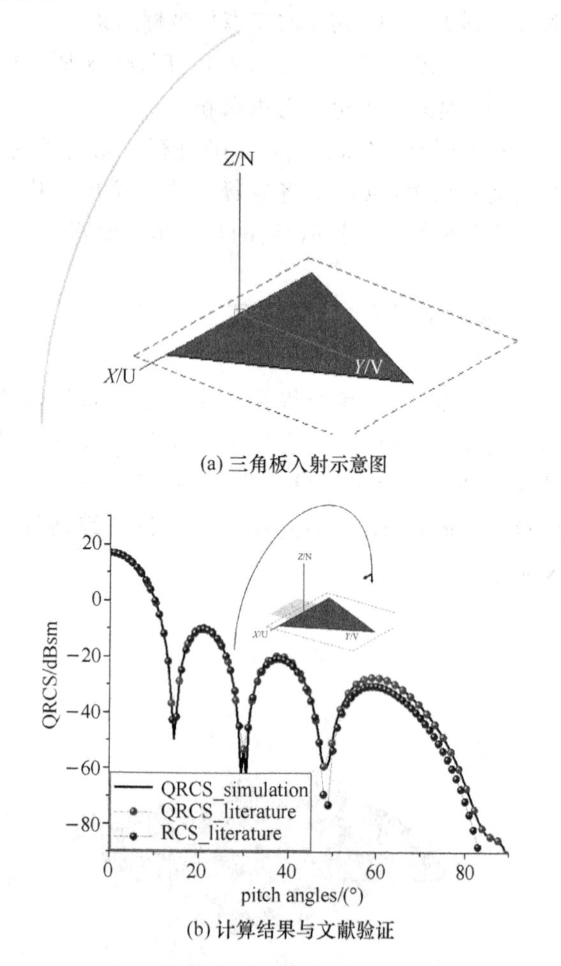

(a) 三角板入射示意图

(b) 计算结果与文献验证

图 8　三角板的计算域验证示意图

球体是目前唯一有量子雷达散射结果的三维目标，但是之前只报道过解析解，本课题组给出球的数值解则是业界首次。入射的单光子波长 0.04 m，球半径 0.1 m，数值解与理论值（−15 dBsm）仅相差 0.005 dB，初步的验证了本研究算法的准确性。

立方体是典型的三维目标，从上图中可以看出，在 0°和 90°两个法向方向附近，由于以对应面的法向散射为主，可以基于方板的结果去计算予

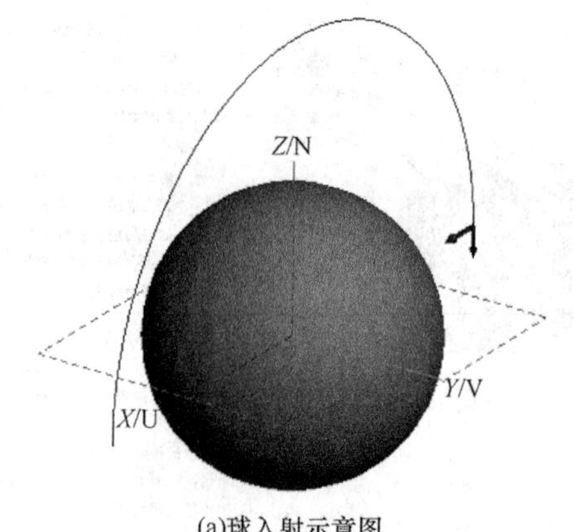

(a)球入射示意图

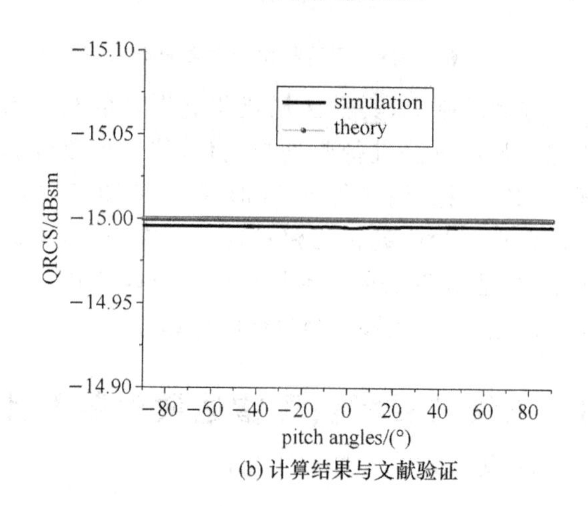

(b) 计算结果与文献验证

图 9　球的计算域验证示意图

以验证，可见都是 22.4 dBsm。此外，值得注意的是，在 45°附近角域可以观察到副瓣的进一步增强，很可能是相邻两个平面的二维帮派增强效应的叠加结果，这可以视为一种三维量子效应。

5　结论

本研究提出一种处理任意三维凸目标的量子雷达散射截面计算方法。通过投影、旋转变换、三角化与面积求和的三步走策略，突破了投影横截面积 $A_{\perp}(\theta_i,\Phi_i)$ 计算这一关键技术。通过仿真结果对比，首先验证了算法对于已有的 2D 目标的有效性，初步验证了典型三维目标的有效性，并给出了多种三维目标的 QRCS 结果。仿真结果表明，在三维目标的量子雷达散射中存在着更为丰富和不同的量子现象。

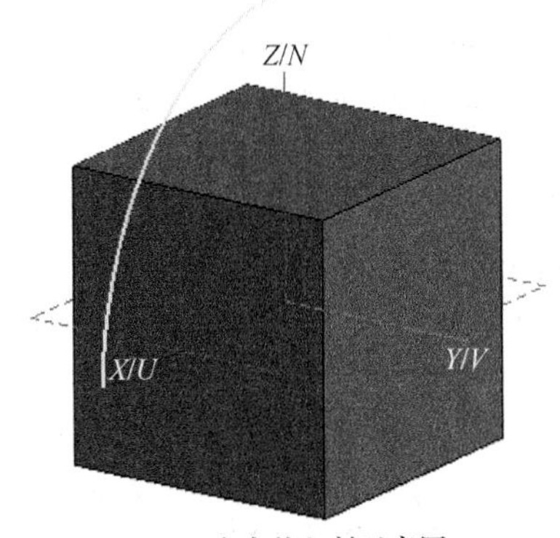

(a) 立方体入射示意图

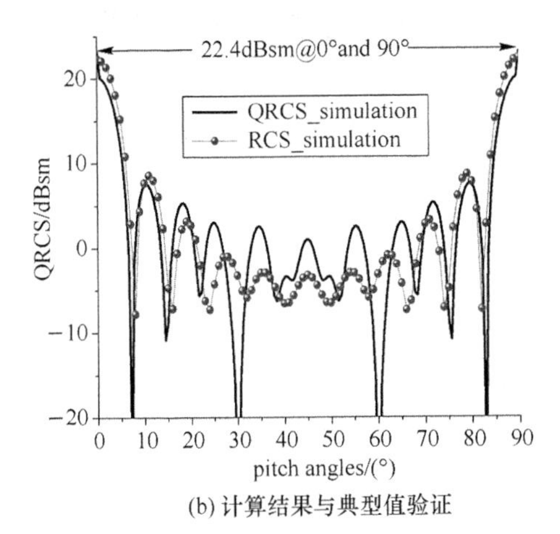

(b) 计算结果与典型值验证

图 10 球的计算域验证示意图

参考文献

[1] Lopaeva E D, Ruo Berchera I, Olivares S, et al. A detailed description of the experimental realization of a quantum illumination protocol, Phys. Scr, 2014, T160(11):14026.

[2] Lopaeva E D, Berchera I R, Degiovanni I P, Olivares S, et al. Experimental realisation of quantum illumination, Phys. Rev. Lett, 2013, 110(15).

[3] Jiang K, Lee H, Gerry C C, et al. Super-resolving quantum radar: Coherent-state sources with homodyne detection suffice to beat the diffraction limit, J. Appl. Phys, 2013, 114(19):193102.

[4] Barzanjeh S, Guha S, Weedbrook C, et al. Microwave quantum illumination, Phys. Rev. Lett, 2015, 114(8):080503.

[5] Lloyd S. Quantum Illumination, Science:1-11, 2008.

[6] Xiong B, Li X, Wang X Y, et al. Improve microwave quantum illumination via optical parametric amplifier, Ann. Phys. (N. Y), 2017, 385: 757-768.

[7] Nakamura Y, Yamamoto T. Breakthroughs in Photonics 2012: Breakthroughs in Microwave Quantum Photonics in Superconducting Circuits, IEEE Photonics J, 2013, 5(2):701406.

[8] Sanz M, Las Heras U, García-Ripoll J J, et al. Quantum Estimation Methods for Quantum Illumination, Phys. Rev. Lett, 2017, 118(7):1-5.

[9] Las Heras U, Di Candia R, Fedorov K Get al. Quantum Illumination Unveils Cloaking, Sci. Rep, 2016, 7:1-8.

[10] U. Las Heras, R. Di Candia, K. G. Fedorov, F. Deppe, M. Sanz, and E. Solano, Quantum illumination reveals phase-shift inducing cloaking, Sci. Rep, 2017, 7(1):1-7.

[11] Lloyd S. Enhanced sensitivity of photodetection via quantum illumination, Science, 2018, 321(5895): 1463-1465.

[12] Malik M, Boyd R W. Quantum imaging technologies, Rivista del Nuovo Cimento, 2014, 37(5).

[13] Lanzagorta M. Quantum radar cross section, Proc. SPIE, 2010, 7727:77270K.

[14] Lanzagorta M. Quantum Radar. San Rafael, CA, USA: Morgan & Claypool, 2011:1-3.

[15] Brandsema M J. Formulation and Analysis of the Quantum Radar Cross Section, Ph. D. dissertation, Dept. Elect. Eng., The Pennsylvania State University, ProQuest Dissertations Publishing, PA, USA, 2017.

[16] Brandsema M J, Narayanan R M, Lanzagorta M. Theoretical and computational analysis of the quantum radar cross section for simple geometrical targets, Quantum Inf. Process, 2017, 16(1):1-27.

[17] Lanzagorta M, Venegas-Andraca S. Algorithmic Analysis of Quantum Radar Cross Sections, Proc. of SPIE, 2015, 9461:946112.

[18] Brandsema M J, Narayanan R M, Lanzagorta M. Cross Section Equivalence between Photons and Non-Relativistic Massive Particles for Targets with Complex Geometries, Progress In Electromagnetics Research M, 2017, 54:37-46.

[19] Brandsema M J, Narayanan R M, Lanzagorta M. Electric and Magnetic Target Polarization in Quantum Radar, Proc. of SPIE, 2017, 10188:101880C.

[20] Liu K, Xiao H, Fan H, et al. Analysis of Quantum Radar Cross Section and Its Influence on Target Detection Performance, IEEE Photonics Technol. Lett, 2014, 26(11):1 146-1 149.

[21] Liu K, Xiao H, Fan H, et al. Analysis and simulation of quantum radar cross section, Chin. Phys. Lett, 2014, 31(3):034202-23.

[22] Kun C, Shuxin C, Dewei W, et al. analysis of quantum radar cross section of curved surface target, Acta Optica Sinica, 2016, 36(12):1227002-1-9.

[23] Lin Y, Guo L, Cai K. An Efficient Algorithm for the Calculation of Quantum Radar Cross Section of Flat Objects, Progress in Electromagnetics Research Symposium Proceedings, 2014, 3:39-43.

[24] Liu K, Jiang Y, Li X, et al. New results about quantum scattering characteristics of typical targets, Int. Geosci. Remote Sens. Symp, 2016, 2 669-2 671.

[25] Xu S L, Hu Y H, Zhao N X, et al. Impact of metal target's atom lattice structure on its quantum radar cross-section, Acta Phys. Sin, 2015, 64(15):154203.

[26] Fang C. The Simulation and Analysis of Quantum Radar Cross Section for Three-Dimensional Convex Targets, IEEE Photonics J, 2018, 10(1):1-8.

[27] Fang C, et al. The Calculation And Analysis Of The Bistatic Quantum Radar Cross Section For The Typical 2D Plate, IEEE Photonics J, 2018, 10(2):1-14.

[28] Fang C H. The Simulation of Quantum Radar Scattering for 3D Cylindrical Targets, 2018 IEEE International Conference on Calculational Electromagnetics, to be published.

通信作者:方重华
通信地址:武汉市武昌区张之洞路 268#,邮编 430000
E-mail:27634073@qq. com

利用转接头进行单相传导骚扰测试的验证分析

李文龙[1,2]　白　璐[1,2]　张　君[3]

（1. 北京农业智能装备技术研究中心，北京 100097；
2. 农业农村部农业信息软硬件产品质量检测重点实验室，北京 100097；
3. 上海机动车检测认证技术研究中心有限公司，上海 201600）

摘要：本文提供了一种将三相人工电源网络增加转接头进行单相 EUT 传导骚扰测试的方案。分析了三相电源转换为单相电源的原理，设计了专用转接头，利用三相人工电源网络实现单相 EUT 的传导骚扰测试。与单相人工电源网络测试结果进行了比对验证，验证结果表明偏差处于允许范围之内，证实了方案的可行性。

关键词：三相人工电源网络，转接头，单相 EUT，传导骚扰，测试方案，电磁兼容。

Test Verification and Analysis of Single-Phase EUT Conducted Interference Test by Adding Adapters in Three-Phase Artificial Power Network

Li Wenlong[1,2]　Bai Lu[1,2]　Zhang Jun[3]

（1. Beijing Agricultural Intelligent Equipment Technology Research Center, Beijing 100097, China;
2. Key Laboratory of Agricultural Information Software and Hardware Products Quality Inspection, Ministry of Agriculture and Rural Affairs, Beijing 100097, China;
3. Shanghai Motor Vehicle Inspection and Certification Technology Research Center Co., Ltd. Shanghai 201600, China）

Abstract: This paper provides a solution for single-phase EUT conducted interference test by adding an adapter to three-phase artificial power network. The principle of three-phase power conversion to single-phase power supply is analyzed. A special adapter is designed to realize the conducted interference test of single-phase EUT by using three-phase artificial power network. Compared with the single-phase artificial power network test results, the verification results show that the deviation is within the allowable range, which proves the feasibility of the scheme.

Key Words: three phase artificial power network, adapter, single phase EUT, conducted interference, test scheme, electromagnetic compatibility.

1　引言

电磁兼容实验室中传导骚扰试验用于测量 EUT 对外部连接线产生的传导骚扰信号，传导骚扰发射试验一般在屏蔽室中进行，基本的试验仪器有两件：(1)人工电源网络；(2)带有峰值、准峰值和平均值检波功能的 EMI 接收机。人工电源网络又称电源阻抗稳定网络，用于测量 EUT 沿电源线向公共电网发射的连续骚扰电压。人工电源网络在射频范围内向 EUT 提供一个稳定的阻抗，并将 EUT 与公共电网上的高频信号干扰隔离开，然后将干扰电压耦合到接收机上。在电磁兼容实际测试试验中，常因屏蔽室空间有限，如果同时放置三相人工电源网络和单相人工电源网络，会造成屏蔽室空间拥挤，为满足测试条件的严格规定，不得不经常性搬动人工电源网络，给测试人员徒增工作量。为解决此问题，本实验室的测试人员提出增加转换接头，将三相人工电源网络作为单相人工电源网络使用，实现三相人工电源网络一机多用，提高屏蔽室的空间利用率，同时节约仪器采购成本。

2 转换装置的实现

2.1 三相电的概念

三相交流电是电能的一种输送形式，线圈在磁场中旋转时，导线会产生感应电动势，它的变化规律可用正弦曲线表示，如果三个线圈在空间位置上角度相差 120°、在磁场中以相同速度旋转，则会感应出三个频率相同的感应电动势。由于三个线圈角度相差 120°，故产生的电流亦是三相正弦变化，称为三相正弦交流电。在我国，工业用电采用三相电，任两相之间的电压有效值都是 380 V AC，任一相对地电压有效值都是 220 V AC，分为 A 相、B 相、C 相，线路上用 L1，L2，L3 来表示；中性线则用 N 来表示。

2.2 三相电转换为单相电的方法

三相电源的任意一相与中性线都可以构成一个电压有效值为 220 V AC 单相回路，为单相用户提供电能，从而形成我们通常所说的单相电。我们设计的转换接头一端与三相电源对接，连接 L1 及 N，另一端转换为符合《GB/T 2099.3—2015 家用和类似用途插头插座 第 2-5 部分：转换器的特殊要求》的普通单相插座，与单相 EUT 方便连接，用于单相 EUT 的供电和传导骚扰测试。为了减少转换接头对测试结果带来的影响，转换接头的连接选择优质硬铜线，插座选择无任何 LCR 保护元件及保护电路的普通国标插座。

3 测试结果的比对与分析

3.1 实验设备的布置

如图 1、图 2 所示，为了进行测试结果比对验证，EMI 接收机使用同一台德国 R&S 公司生产的 ESU26 型接收机，本批次测试频率范围均为 0.15～30 MHz，频率步进为 4 kHz，每个频率点驻留时间为 300 ms，每个比对试验获取 7464 组测试数据。

人工电源网络则采用了两组设备，以便进行数据比对：第一组，使用德国 R&S 公司生产的 ENV4200 型三相人工电源网络配合三相转单相的转接头；第二组，使用意大利 AFJ 公司生产的 LS16C 型单相人工电源网络。

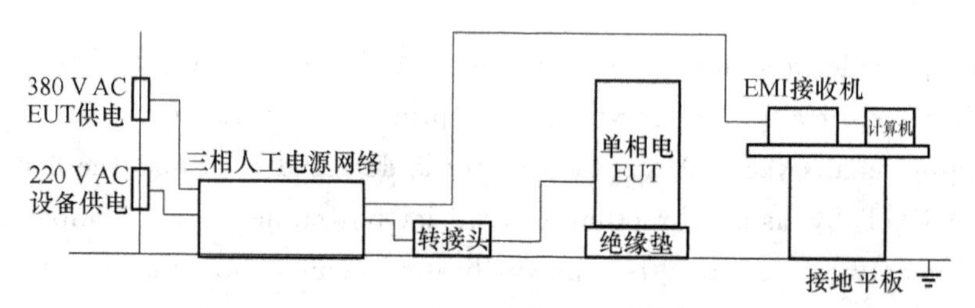

图 1 使用三相人工电源网络增加转接头测试单相 EUT 的布置图

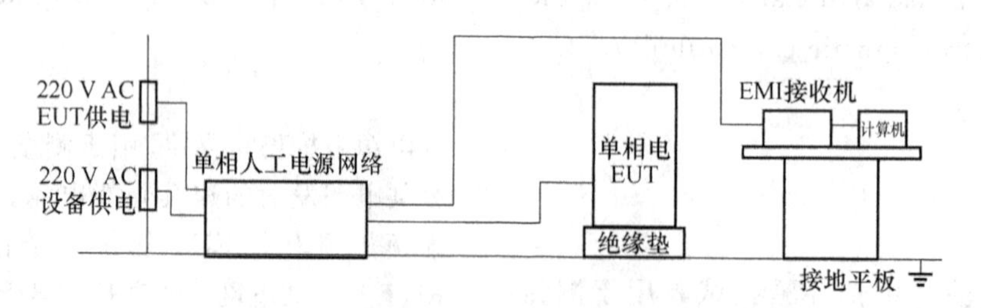

图 2 使用单相人工电源网络测试单相 EUT 的布置图

3.2 测试数据及分析

首先，分别使用两组人工电源网络，进行两组底噪的测试，测试数据和分析结果如图3、图4所示。

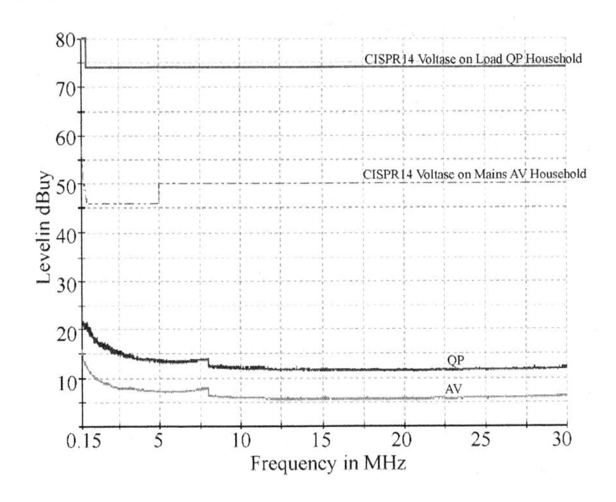

图3 使用三相人工电源网络增加转接头测试实验室底噪数据曲线

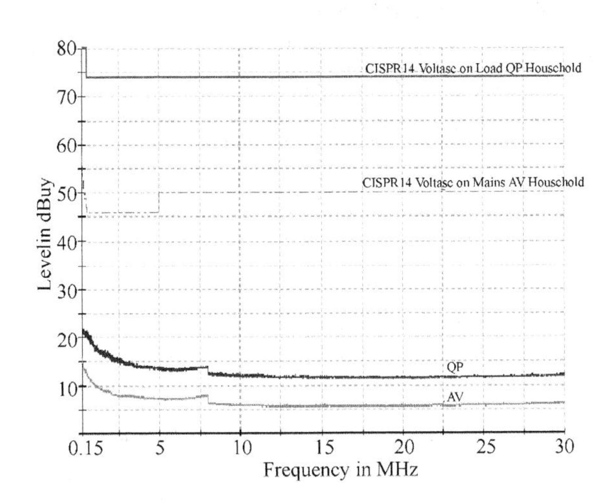

图4 使用单相人工电源网络测试实验室底噪数据曲线

测试数据的比对统计结果如表1、表2所示。

表1 准峰值(QP)比对表

偏差E范围/dB μV	测试数据数量/个	占比
$E \leqslant 0.5$	5 897	79.0%
$0.5 < E \leqslant 1.0$	1 388	18.6%
$1.0 < E \leqslant 2.0$	163	2.2%
$2.0 < E \leqslant 2.9$	16	0.2%
合计	7 464	100%

备注：本次测试最大偏差为2.9 dBμV。

表2 平均值(AV)比对表

偏差E范围/dBμV	测试数据数量/个	占比
$E \leqslant 0.5$	5 936	79.5%
$0.5 < E \leqslant 1.0$	1 365	18.3%
$1.0 < E \leqslant 2.0$	153	2.1%
$2.0 < E \leqslant 2.7$	10	0.1%
合计	7 464	100%

备注：本次测试最大偏差为2.7 dBμV。

然后，分别使用两组人工电源网络，选取固定速度、平稳旋转的普通电风扇作为EUT，进行两组EUT实际工作状态下传导骚扰测试。为保持测试信号的一致性和平稳性，电风扇仅仅做定速旋转，无任何额外控制，且在电风扇稳定旋转一分钟以上，再开始传导骚扰测试。测试数据曲线如图5、图6所示。

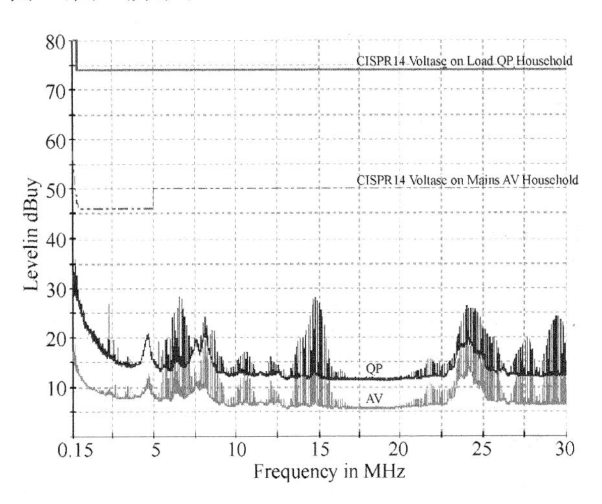

图5 使用三相人工电源网络增加转接头测试电风扇传导骚扰的数据曲线

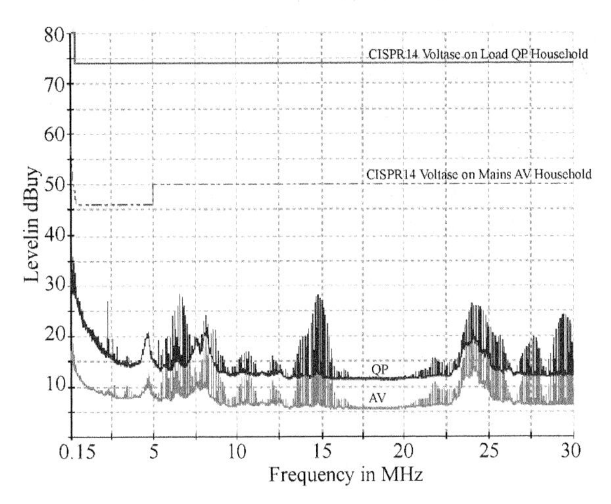

图6 使用单相人工电源网络测试电风扇传导骚扰的数据曲线

测试数据的比对统计结果如表 3、表 4 所示。

表 3　准峰值(QP)比对表

偏差 E 范围/dBμV	测试数据数量/个	占比
$E \leqslant 0.5$	5 734	76.9%
$0.5 < E \leqslant 1.0$	1 269	17.0%
$1.0 < E \leqslant 2.0$	368	4.9%
$2.0 < E \leqslant 3.0$	93	1.2%
合计	7 464	100%

备注:本次测试最大偏差为 3.0 dBμV。

表 4　平均值(AV)比对表

偏差 E 范围/dBμV	测试数据数量/个	占比
$E \leqslant 0.5$	5 816	77.9%
$0.5 < E \leqslant 1.0$	1 293	17.3%
$1.0 < E \leqslant 2.0$	273	3.7%
$2.0 < E \leqslant 2.8$	82	1.1%
合计	7 464	100%

备注:本次测试最大偏差为 2.8 dBμV。

4　结论

依据《CNAS—GL07　EMC 检测领域不确定度的评估指南》,本测试采用 50 Ω/50 μH+5 Ω 的人工电源网络,传导骚扰测量的扩展不确定度为 3.6 dBμV。在三相人工电源网络增加转换接头后,无论是底噪、还是针对电风扇的传导骚扰测试,测试数据偏差均为系统允许范围之内,比对数据有着良好的一致性。测试结果表明,将三相人工电源网络增加转换接头用于单相 EUT 的传导骚扰测试,是一个简便可行、科学可靠的方案。拥有三相人工电源网络的测试实验室使用该方案,可以免配单相人工电源网络,从而可以节约 EMC 屏蔽室测试空间,节省实验室的设备投入。

参考文献

[1] GB/T 2099.3—2015 家用和类似用途插头插座 第 2-5 部分:转换器的特殊要求.

[2] GB/T 6113.102—2008 无线电骚扰和抗扰度测量设备和测量方法规范 第 1-2 部分:无线电骚扰和抗扰度测量设备 辅助设备 传导骚扰.

[3] GB/T 6113.201—2017 无线电骚扰和抗扰度测量设备和测量方法规范 第 2-1 部分:无线电骚扰和抗扰度测量方法 传导骚扰测量.

[4] GB 4343.1—2009 家用电器、电动工具和类似器具的电磁兼容要求 第 1 部分:发射.

[5] CNAS-GL07 EMC 检测领域不确定度的评估指南.

作者简介:

1. 李文龙,男,1976 年出生,黑龙江省绥化市人,现任北京农业智能装备技术研究中心、农业农村部农业信息软硬件产品质量检测重点实验室助理研究员,主要从事电磁兼容测试、环境可靠性测试工作。

邮　　箱 842081842@qq.com。

2. 白璐,男,1995 年出生,山西省阳泉市人,现任北京农业智能装备技术研究中心、农业农村部农业信息软硬件产品质量检测重点实验室测试工程师,主要从事电磁兼容测试、环境可靠性测试工作。

邮　　箱 1727465787@qq.com。

3. 张君,男,1981 年出生,上海市人,现任上海机动车检测认证技术研究中心有限公司汽车电子电器(EMC)检测研究实验室技术主管,主要从事汽车及电子零部件、交直流充电系统领域的电磁兼容检测及智能网联汽车等方面的研究工作。全国无线电干扰标准化技术委员会 B 分会(工科医领域)委员、D 分会(汽车和内燃机领域)委员。

邮　　箱 12057953@qq.com。

无人机雷电间接效应试验方法的仿真分析

郭　飞　姜张磊　苏丽媛

（陆军工程大学 电磁环境效应与光电工程国家级重点实验室，南京 210007）

摘要：本文针对固定翼无人机建立了端接式和同轴式两种不同的回路导体模型，通过传输线矩阵法仿真分析了 MQ-9 无人机在不同试验配置条件下的雷电间接效应，并对内部重点舱室的电磁场分布规律进行了初步分析，给出了合理优化的试验方案。

关键词：闪电间接效应，回路导体，传输线矩阵。

Simulation of lightning indirect effect test method for UAV

Guo Fei　Jiang Zhanglei　Su Liyuan

(1. National Key laboratory on Electromagnetic Environment and Electro-optical Engineering, Army Engineering University of PLA, Nanjing 210007, China)

Abstract: Two different circuit conductor models of fixed-wing UAV are established, which are end-connected and coaxial. The lightning indirect effects of MQ-9 about different test configurations are simulated and analyzed by transmission-line matrix method. The electromagnetic field in the key cabin is preliminarily analyzed, and the reasonable optimization is given.

Key words: lightning indirect effect, circuit conductor, TLM.

1　引言

雷电对飞行器的飞行安全构成严重的威胁。飞机的雷击瞬态脉冲注入实验通过直接对飞机注入试验电流，模拟机身遭遇雷电流的情况，可一次性对机身表面电流、机舱内部电磁场、舱内电缆耦合、机载设备抗扰度等进行分析，是针对飞机闪电间接效应最直观有效的测试[1]。根据相关标准，对于尺寸较大的飞机，由于模拟闪电电流在机身上均匀分布较为困难，因此实际应用中一般采用敷设面积不小于飞机投影面积的接地平面，构成端接式回路导体[2]来模拟外部闪电环境。而对于一般的小型固定翼飞机，整机测试应搭建同轴式回路导体。搭建回路导体的主要作用是构成电流回路，尽量模拟飞机在飞行过程中遭遇闪电附着后电流在飞机表面的分布情况，从而在提供准确的雷电流实验波形和均匀的机身表面电流分布条件下，使机内各部分产生足够的感应场强，以判断雷击时机载设备所处的电磁环境。由于试验过程中，导体回路路径配置复杂，整机测试成本高周期长，因此在试验之前采用数字仿真技术对试验配置方案进行分析比较，可以用来评估测试状态和正常飞行状态雷电附着航空器的电流分布，从而对回路导体布局进行优化配置以达到满足实验要求的目的。

本文针对固定翼无人机建立了端接式和同轴式的回路导体模型，通过传输线矩阵法仿真分析 MQ-9 无人机在不同试验配置条件下的雷电间接效应，并与飞机遭遇自然雷击的仿真结果做对比，给出了合理优化的试验方案；最后对内部重点舱室的电磁场分布情况进行了初步分析，为进一步研究航空器回路导体的配置方法打下基础。

2　模型建立

本文采用 MQ-9 无人机的等比例模型构建了

4种不同的回路导体路径，如图1所示。其中图1(a)为飞机遭遇自然雷击时的理想情况，图1(b)为试验中常用的矩形接地平面端接式回路导体。由于飞机外形不均匀，接地平面与飞机构成的传输线分布参数也不均匀，易引起电流的反射使试验电流失真，因此根据飞机外形结构建立了图1(c)所示的6导体同轴式回路模型，为了分析比较导体数量对结果的影响，图(d)考虑了10导体同轴式回路模型。

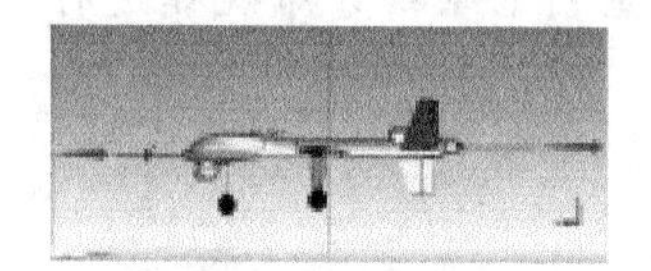

(a) 理想情况

(b) 端接式回路导体

(c) 6导体同轴式回路导体

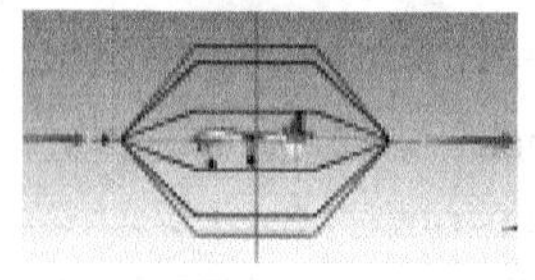

(d) 10导体同轴式回路导体

图1　回路导体路径配置图

采用CST电磁场软件对上述模型进行仿真，由于飞机几何建模的复杂性和计算硬件平台的限制，仅考虑飞机外表面的简化结构模型。为了分析不同回路导体配置对舱内场分布的影响，在机头顶部设置1 mm的缝隙。舱内从机头至机尾设置8个场监测点，如图2所示。前置摄像头为玻璃材料，机身蒙皮为铝蒙皮，轮胎设为橡胶。由于注入电流波形A的频谱能量主要集中在10 kHz以内，飞机上诸如铝等材料可近似为各向同性的均匀连续材料，并以介电常数和电导率为有效电参数，主要材料电参数，如表1所示。考虑到本文仿真的重点，上述简化对于分析雷电电磁仿真的可行性、雷电流对飞机结构作用机理是允许的。

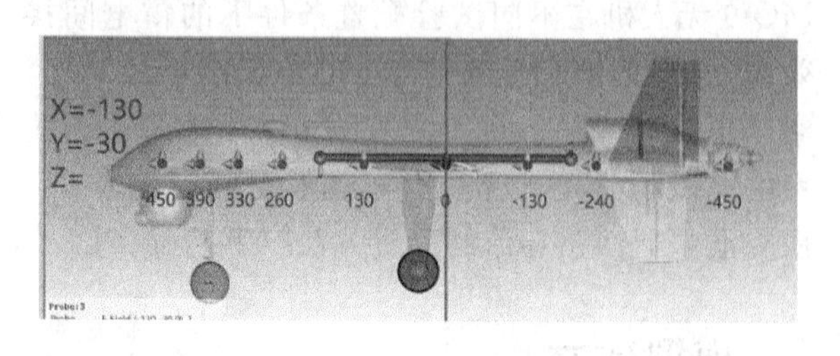

图2　场监测点和线缆设置

表1　主要材料电参数

材料	电导率/($S \cdot m^{-1}$)	相对介电常数
Al	3.56×10^{7}	1
Glass	—	4.82
Rubber	—	3

3　仿真结果分析

3.1　空间电磁场分布

通过图3和图4可以看出，通常实验室采用的极板接地端接式回路模型与理想模型差异较大。这将导致飞机底部靠近地平面区域的电流密度比实际状态恶劣，例如：安装于机翼的导线以及安装在飞机下部电子设备舱的电子/电气系统都属于上述情况。同时也将导致位于飞机上部区域，如机舱顶部的电流密度比实际要小。而采取同轴式回路导体模型的空间电磁场分布都近似于理想模型。

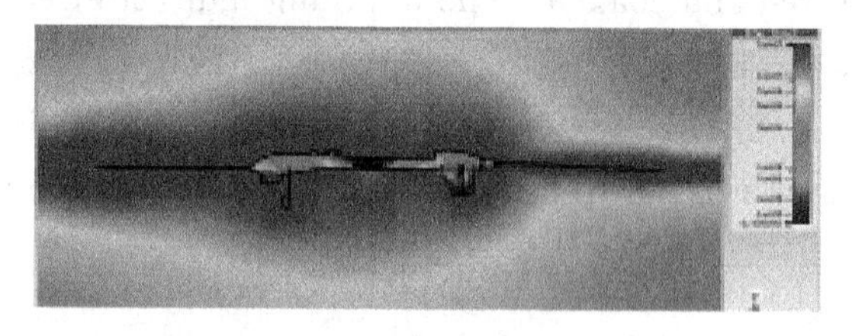

(a)理想情况

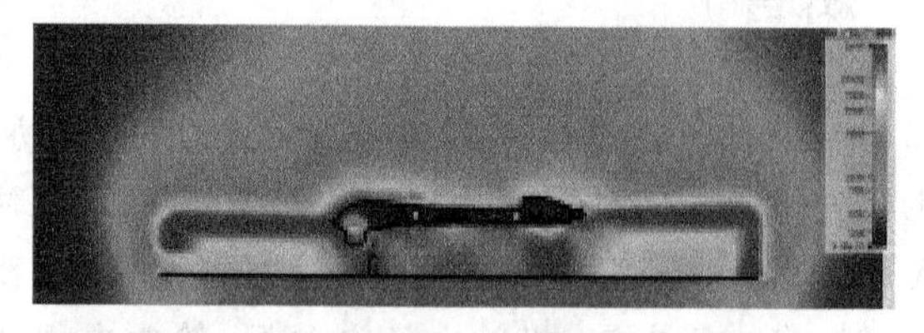

(b)端接式回路导体

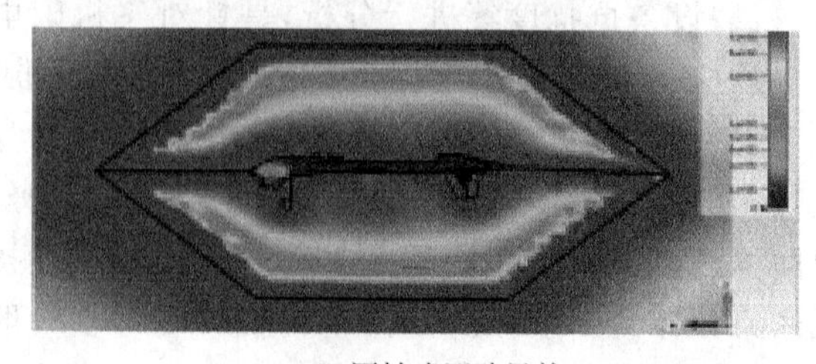

(c)同轴式回路导体

图3　空间电场分布

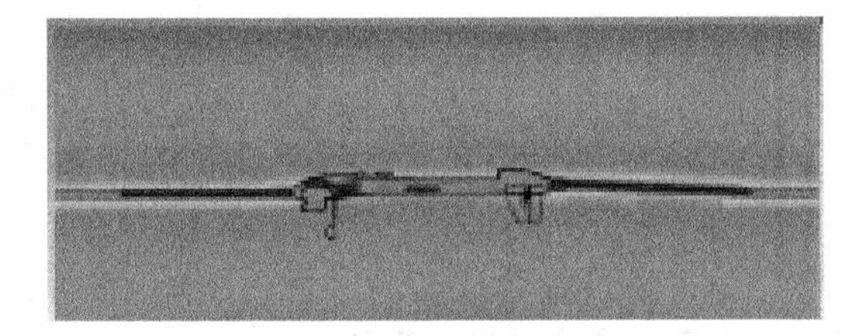

(a)理想情况

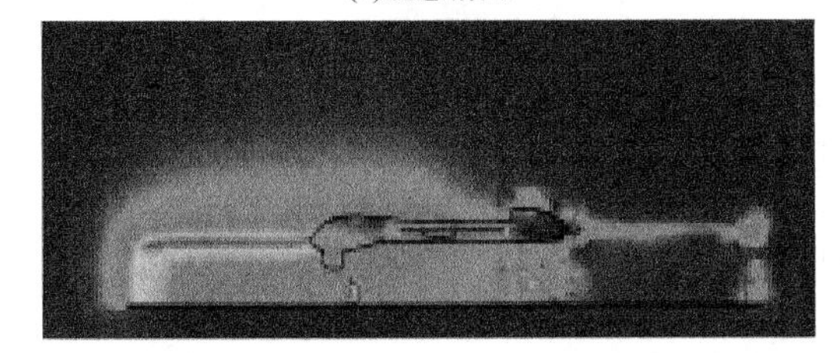

(b)端接式回路导体

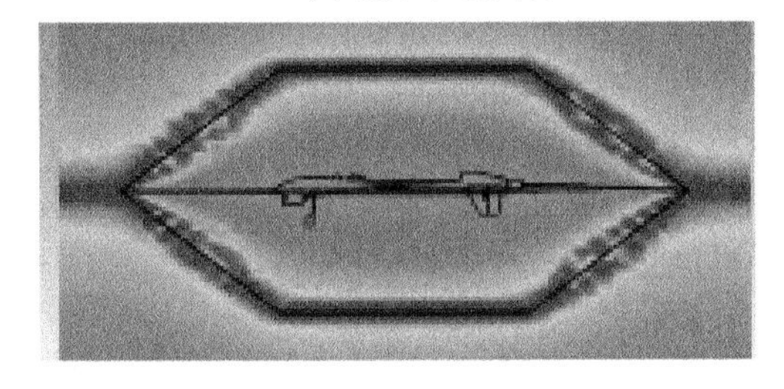

(c)同轴式回路导体

图 4　空间磁场分布

3.2　机身内部电磁场分布

表 2 给出了 8 个监测点处舱内电场强度峰值。如图 5 所示，通过四种回路模型的舱内电场分布可看出，理想模型和同轴结构模型的空间电磁场分布相差较小，而端接模型由于受接地平板的影响，电磁场主要集中于机身下部，致使机身后部场强偏大；由于机头顶部存在缝隙，导致机头处电场远小于理想情况，误差较大。

表 2　舱内电场强度峰值(单位为 kV/m)

监测点	理想	端接	同轴	
			6 导线	10 导线
1/Z=450	1041	553	644	805
2/Z=390	355	207	244	265
3/Z=330	11.2	5	6	8.38
4/Z=260	1.7	3.0	2.7	2.1
5/Z=130	1.7	2.5	2.2	1.7
6/Z=0	0.003	0.01	0.001	0.002
7/Z=−130	1.2	1.7	1.5	1.3
8/Z=−240	1.1	1.5	1.3	1.0

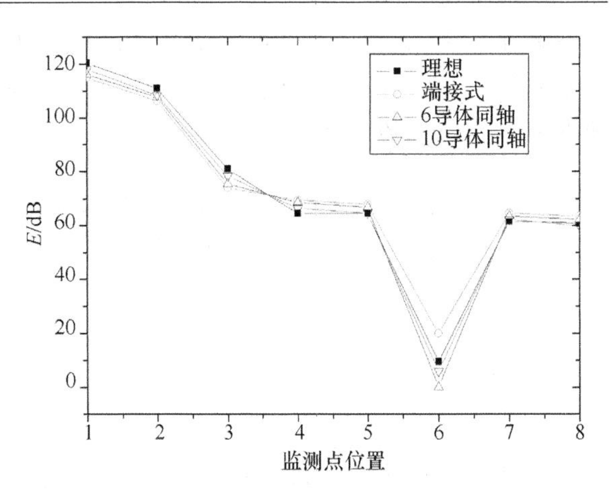

图 5　舱内各点处的电场强度峰值

为了进一步比较两种不同同轴结构的差异，图 6 给出了 6 导体和 10 导体同轴回路与理想情况磁场强度峰值的分布规律。可以看出，方案设计优化的 10 根导线同轴结构更易在机身产生均匀的电流分布，内部场更接近于理想模型。

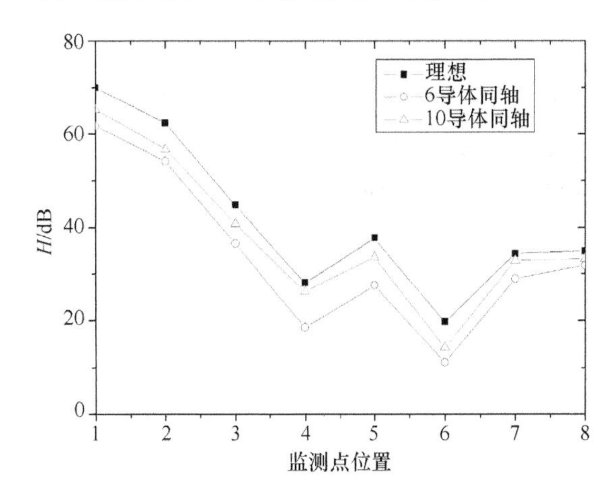

图 6　舱内各点处的磁场强度峰值

3.3　机身表面电流分布

雷击时，机身表面电流是造成舱内感应电磁场的主要原因，图 7 给出了 10 导体同轴回路情况下的飞机表面电流分布。可以看出机身表面电流主要流经区域为：雷击附着点所在的机头机尾，机头开缝隙处，机身曲率大的交界处，机尾螺旋处，由于机翼的影响，机身中部电流强度要小于机身前后端，但机翼翼尖、机翼前后缘、机身交界处等曲率大的部位电流较为集中，机尾螺旋装置电流密集，测试中机身电流最强达到了 2.34×10^{6} A/m。为防止电流过于集中产生尖端放电效应和过热效应损坏机身，机身结构在设计和改进时可以尽可能地减小曲率，尤其是在机身表面交界处，对于机头和机尾，可考虑改善材料的导电性能，加快电流通过和减小电流的热效应。

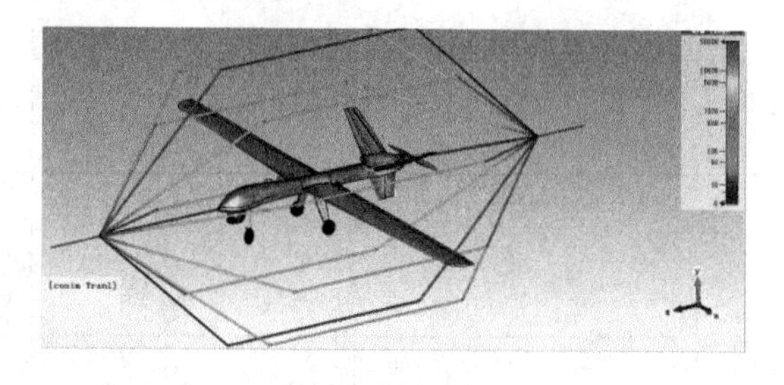

图 7　10 导体同轴回路机身表面电流分布

4　结论

本文以无人机雷电间接效应试验方法为研究对象，仿真分析了端接式和同轴式回路导体配置布局对测试结果的影响，给出了 10 导体同轴回路导体配置的优化方案。计算结果表明，和传统的接地平板端接式相比，同轴结构模型能够消除地面带来的误差，仿真结果更接近于理想模型，且同轴结构越密集仿真结果越准确。因此对同轴回路导体试验方案进行合理布局和优化设计，将极大提高雷电间接效应试验的适用范围。

参考文献

[1] 郭飞，周璧华，高成. 飞机闪电间接效应数值仿真分析，电波科学学报，2012(6).

[2] SAE-ARP5416，Aircraft Lightning Test Methods，2005.

[3] Su Liyuan，Gao Cheng，Guo Fei，Ma Yao. Simulation Analysis on the Distributed Capacitance of Aircraft Return Conductor System，Conference on Environmental Electromagnetics 2015，Hangzhou，2015：386-389.

[4] SAE-ARP 5412，Aircraft Lightning Environment and Related Test Waveforms，1999.

通信作者：郭飞

通信地址：江苏省南京市海福巷 1 号 陆军工程大学电磁环境效应与光电工程国家级重点实验室，邮编 210007

E-mail：ariessa@126.com

面向 IoT 应用的无线射频能量收集电路设计

潘道儒[1]　刘元安[1]　吴　帆[1]　沈瑞松[2]　陈双明[2]

(1. 北京邮电大学 电子工程学院,北京 100876；2. 海能达通信股份有限公司，深圳 518057)

摘要：随着物联网的快速发展，物联网结点设备对于电池的依赖问题日益凸显。本文通过使用收集环境中 915MHz 的射频能量，通过低输入整流电路将收集到的射频信号转化为直流能量，为低功耗元件供能。在本文中，对能量收集系统的重要部分——整流电路的设计进行了详尽地描述，并使用高频电路仿真软件 ADS 进行了仿真，最后对设计出来的无线能量收集系统进行了功率和效率的核算。本文设计的无线环境能量收集系统为解决物联网结点电池寿命短的问题提供了一个参考方案。

关键词：物联网；射频能量收集；低功率整流电路；ADS。

Design of RF energy harvesting circuit for IoT

Abstract: With the rapid development of the Internet of things, the problem of dependence of wireless sensor network node devices on batteries has become increasingly prominent. In this paper, we grab the 915MHz RF power in environment and convert the collected RF signal into DC energy through a low power rectifier circuit and the DC energy will be released to supply energy for low-power components. In this paper, the design of the rectifier circuit, an important part of the energy collection system, is described in detail and it is also simulated with ADS, a high frequency circuit simulation software. At last, the power and efficiency of the designed wireless energy harvest system are calculated. The wireless environmental energy collection system designed in this paper provides an effective solution to solve the problem of short battery life of wireless sensor network nodes.

Key Word: Wireless sensor network, RF power harvesting, low power regulator, ADS.

1　引言

当今，物联网已经越来越深入人们的现代生活当中，从工业物联网、物流供应链、农业物联网到人们身边的智能电表、智能家居、智能楼宇等，无一不存在着物联网的身影。

根据 2017 年 11 月的爱立信全球移动市场调查报告[1]统计及预测，在 2017 年年底，全球有 6 亿台物联网设备接入蜂窝网，而到 2023 年，接入蜂窝网的物联网设备将会达到 23 亿台，而所有连接形式的物联网设备的总量还会更多。

物联网系统的基础设施必须具有长期稳定工作的能力，物联网结点的能量的供给就成了一个必须解决的问题。物联网结点的寿命在很大程度上是受其电池容量制约的，一旦电池电量耗尽，该网络结点设备也将停止工作，需要人为为其更换电池，但是进行电池的更换，则必定会有人力与物力的消耗。而且部分物联网应用的规模大，结点分散，使得更换电池的难度更大成本更高。此外，在很多领域的物联网应用中，结点安置在人类很难到达的地方，比如嵌入在楼房的墙体中、大桥的桥体、水务监测中部撒在河面等，使得结点电池的更换变得无法实现。与此同时，在众多的结点中判断哪些结点需要进行电池的更换也是一个很难解决的问题。

而射频能量收集就成为了解决这一问题的一个可选方法。首先，射频能量收集方法是通过无线的方式将能量提供给物联网结点，这就使得充电对传感器结点的位置的要求更低，只要环境电磁能量够强就可以完成无线供能的过程；其次，通过无线能量进行供电，可以大幅延长网络结点电池的使用寿命，甚至可以让结点摆脱电池实现自供能，这也可以减少化学电池对传感网所处环境的污染问题。

虽然从目前看来，即使在距离射频源距离较近的情况下能够收集到的射频能量的功率也非常有限，通常在微瓦级左右。但是随着半导体工艺水平的提高，集成电路中晶体管体积减小，带来集成电路芯片功率的大幅下降，且多种低功耗通信技术比如 BLE、ZigBee、Rola、NB-IoT 的推广使得毫瓦甚至微瓦级的能量也能被无线结点所利用。这也就为环境射频能量收集赋予了实际意义，使得通过无线的方式为物联网结点进行供电成了一种可行方案。这将大大减少物联网的维护成本并延长网络终端设备使用寿命，在很大程度上解决物联网的部署成本以及维护成本问题。

图 1 给出了无线能量收集系统的一般结构。对于能量收集系统来说，整流放大电路是一个很重要的部分，因此本文着重对这部分电路的设计进行详细的描述，并对设计出来的电路进行了仿真，得到了电路输出电压、集能效率等性能参数。最后在结论中对设计进行了总结，并对系统功率进行了核算，表明了能量收集驱动低功耗元件的可行性。

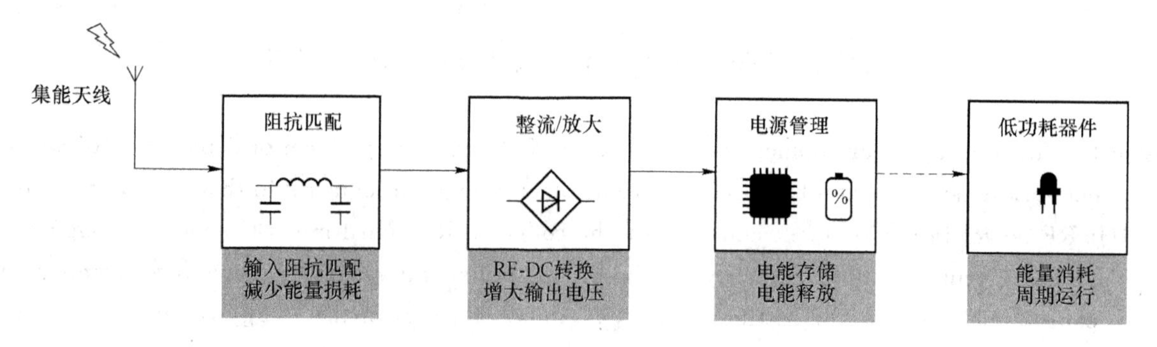

图 1　物联网结点无线能量收集系统一般结构

2　电路设计以及仿真

无线能量收集系统通常由以下几个部分组成：收集天线、带通滤波器（匹配电路）、整流电路以及低通滤波器几个部分组成[2]。其主要功能是使用天线接收环境中的射频信号，通过匹配电路进入整流电路，通过整流电路的整流输出直流信号，供板上低功耗电路使用。

2.1　整流放大电路设计

对无线能量接受系统来说，最关键的部分是整流电路。整流电路中常用的二极管在导通的时候会有一个压降，而在环境能量较低的情况下，天线能够感应到的电压非常低，此时二极管的压降与输入电压相比来说是一个很大的值，这也就造成了在环境功率下整流的效率非常低[3]。影响到整流器效率有如下因素：频率、输入功率等级、二极管类型、整流器拓扑结构以及与天线的匹配等[4]。

本文采用 SMS7630 这一型号的肖特基二极管作为整流电路所使用的二极管，因为相较于其他型号的二极管来说，SMS7630 前向电压很低，只有 60 到 120 mV 左右[5]，这对于提高整流电路的效率有着决定性的帮助。

电路拓扑结构方面，在整流电路的输入功率很小的时候，输入电压可能也非常低，但是后续电路中的芯片需要的启动电压比较大，需要整流放大电路将输入电压放大到一个比较合理的电压等级，然而由于器件损耗及二极管压降的存在，电荷泵的级数越多效率也就越低，经过初步权衡，本设计使用了三级 Dickson 电荷泵作为整流升压电路，这样既可以保证有一定的效率，也可以满足相应的电压等级。电路原理图，如图 2 所示。

该电路理论上可以提供接近 6 倍于输入电压的输出电压，但是由于二极管的压降以及其他器件的损耗，实际上并不能达到 6 倍。

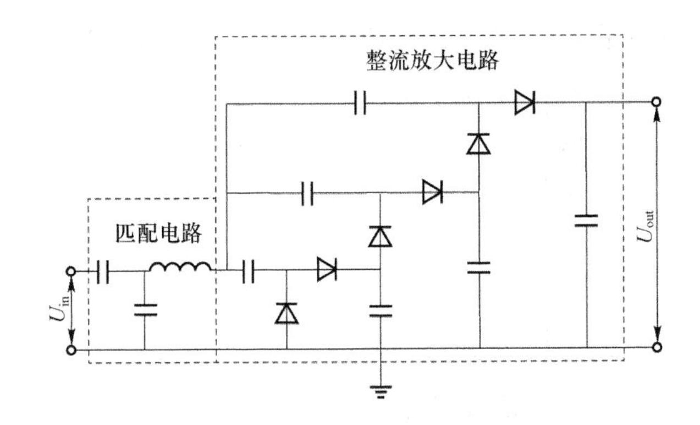

图 2　匹配电路以及整流放大电路原理图

表 1　SMS7630 的 SPICE 模型参数

参数	单位	SMS7630
I_s	A	5E-6
R_s	Ω	20
N	—	1.05
TT	sec	1E-11
C_{JO}	pF	0.14
M	—	0.40
E_G	eV	0.69
XTI	—	2
F_c	—	0.5
B_v	V	2
I_{BV}	A	1E-4
V_j	V	0.34

2.2　整流放大电路仿真

2.2.1　二极管建模

首先在 ADS 软件中建立一张新的原理图，并对 SMS7630 进行建模。根据 Skyworks 官网上的数据手册，SMS7630 的仿真 SPICE 模型参数如表 1 所示，可以在 ADS 中选择二极管模型并将相应参数填入即可得到其模型。

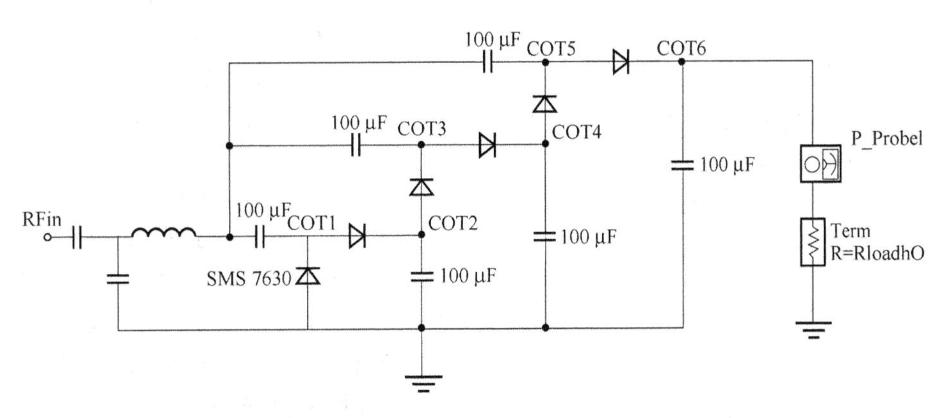

图 3　使用 ADS 进行仿真的电路原理图

2.2.2　电压输出仿真

采用了上述模型的电路仿真原理图，如图 3 所示。

使用 ADS 的谐波平衡仿真（Simulation_HB 控件）对输出电压进行仿真。此时整体电路（匹配电路与整流放大电路）的输入为－20 dBm，频率为 915 MHz，如果负载处开路，得到的输出电压为理论上的最高电压，但是实际的系统中整流放大电路都会接入负载，在输出接入负载的时候电路的输出电压以及效率等均会有所改变。

我们对每一级电荷泵的输出电压都进行了仿真，监控的参数有输入电压（匹配前，也就是匹配电路的输入电压）IN、输入电压（匹配后，也就是整流电路的输入电压）INrect、第一级输出电压 OUT2、第二级输出电压 OUT4、第三级输出电压 OUT6。

在电路输入功率为固定的－20 dBm 时，输出电压的仿真结果如图 4 所示。

图 5 为匹配输入电压与输出电压（整流电路输入电压）的仿真结果。可见，匹配电路的输入电压峰值为 30 mV 左右，而经过匹配电路谐振放大后，变大为 200 mV，这也保证了经过匹配电路放大后的电压大于二极管的正向电压，使得后续的放大电路能够正常工作。

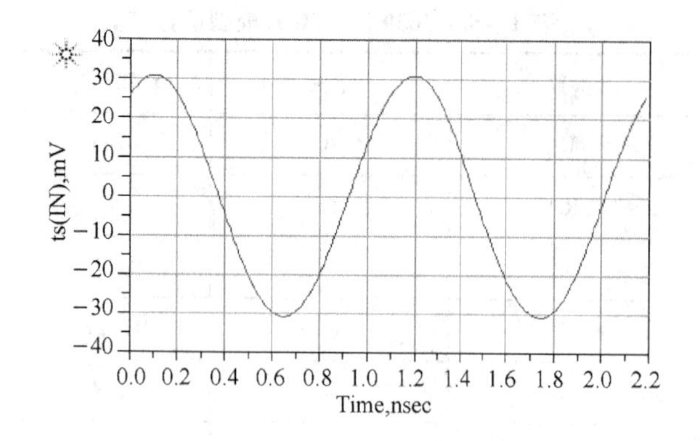

图 4 输入为－20 dBm 时匹配电路的输入电压

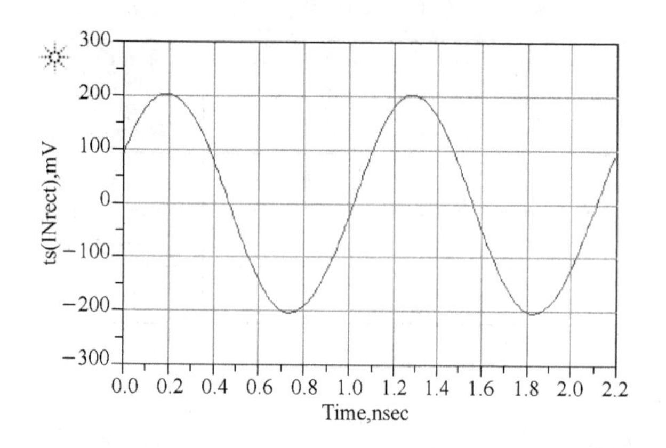

图 5 匹配电路的输出电压仿真结果

如图 6 所示，第二级的输出电压为 317 mV，可见此时第二级电荷泵的输出还是有一些低，如此低的电压比较难驱动一些用电元件以及如 BQ25504[6] 这样的电源管理芯片。

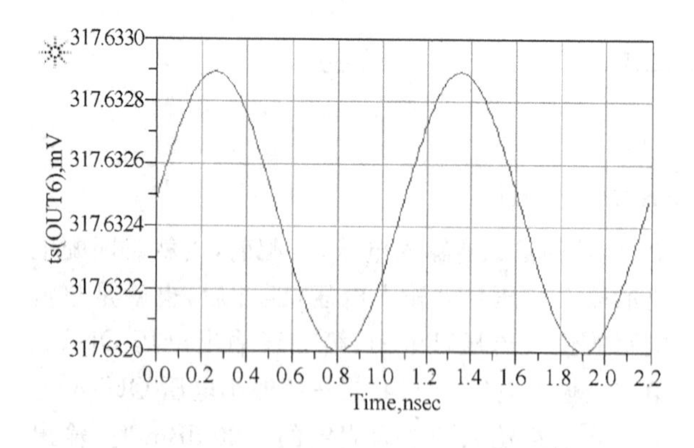

图 6 输入为－20 dBm，负载为 100 kΩ 时第二级电荷泵的输出电压

第三级电荷泵的输出电压仿真结果如图 7 所示。此时输出电压为 476 mV，此时产生的电压已经可以供 BQ25504 冷启动，这里也验证了使用三级电荷泵的必要性，如果仅使用两级电荷泵，在输入为－20 dBm 时，产生的电压很可能不足 330 mV 或仅仅稍微高于 330 mV，从而导致系统的灵敏度下降。

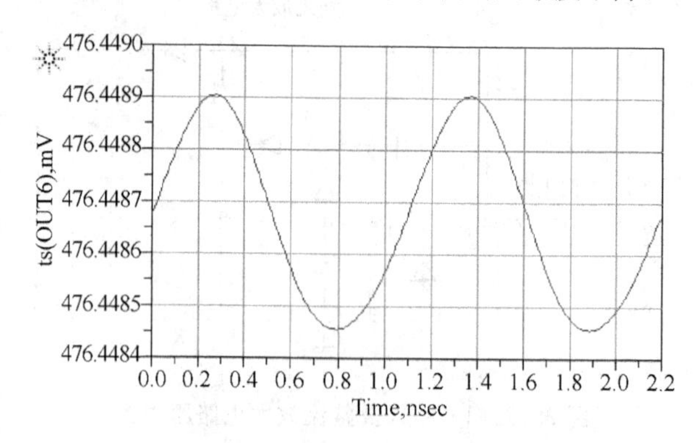

图 7 输入为－20 dBm，负载为 100 kΩ 时第三级电荷泵的输出电压

2.2.3 系统效率仿真

对匹配电路加上整流电路的整体效率进行仿真。由于整流电路的效率在很大程度上取决于输入功率的大小，因此将信号源（也就是天线）的输出功率设置为一个变量 RFin，并在 ADS 的谐波平衡仿真控件中设置 RFin 为一个变量，并对这个变量进行从－20 dBm 到 10 dBm 的扫描。

整流效率的计算公式如公式(1)所示：

$$\text{Eff}=\frac{\text{P\_Probe1}[0]}{\text{dbmtow}(\text{RF}_{\text{in}})} \tag{1}$$

式中，Eff 为电路的总体效率，P_Probe1 为功率计控件所测得的输出功率的值，这个值包含有谐波的成分，而我们求功率转换效率所需要的是直流的功率，也就是第零次谐波也就是 P_Probe1[0]；RF_{in}为总体的输入功率，而这个变量的单位是 dBm，我们需要使用 ADS 内置的 dbmtow() 函数将输入功率转换成与 P_Probe1[0]相同的单位瓦特(W)。两个值做除法得到电能转换的效率。仿真的结果，如图 8 所示。

从仿真结果中可以得到在输入 RF_{in} 为－20 dBm 的时候，效率为 22.7%，此时的输出功率为 2.27 μW；输入为－15 dBm 的时候，效率为 34%，此时的输出功率为 10.7 μW；在输入为－10 dBm 的时候效率达到最高，为 38.6%，此时的输出功率为 38.6 μW。

由于负载的阻抗值也会影响到系统的工作状态以及工作效率，所以在之后的仿真中将负载的阻抗值 Rload 作为自变量在 1 kΩ 到 1 000 kΩ 之间变化，将输入功率 RF_{in} 固定为－15 dBm 进行仿真，并观察效率的变化。仿真结果如图 9 所示，效

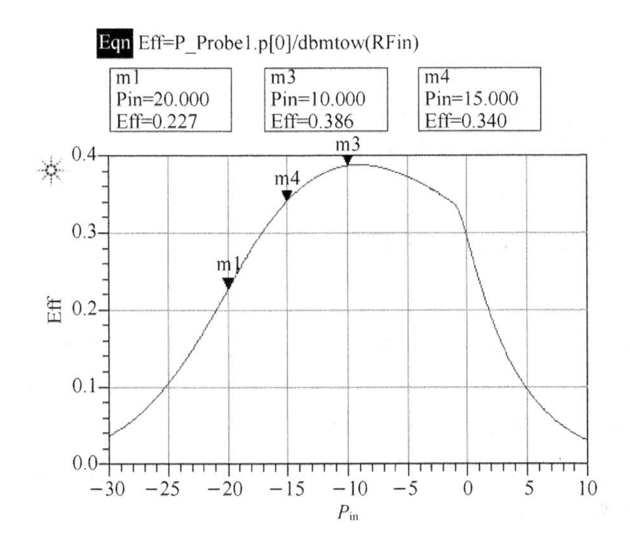

图 8 负载 100 kΩ 下整体电路电能转换效率仿真结果

率在负载阻抗为 56 kΩ 时达到了最高，在 56 kΩ 以下时，效率变化很快，而在 56 kΩ 以上时效率缓慢下降。可见，想要达到较高的效率，负载的阻抗值优化是电路设计关键。

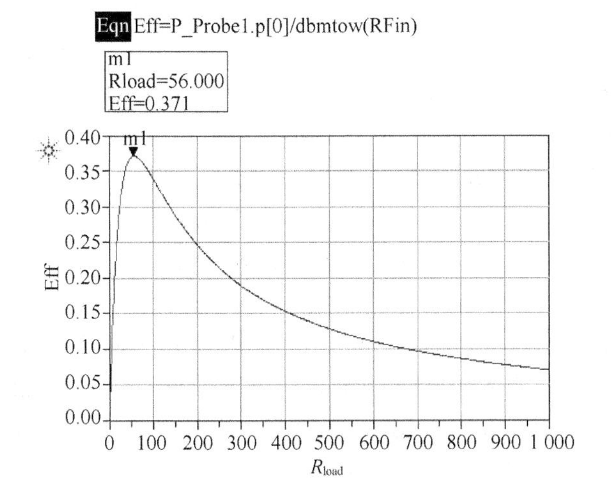

图 9 输入为－15 dBm 时系统效率随负载阻抗变化仿真结果

通信作者：吴帆

通信地址：北京市海淀区北京邮电大学 282 信箱，100876

E-mail：wufanwww@bupt. edu. cn

3 结论

由以上的仿真结果，在负载为 100 kΩ、输入为－20 dBm 的时候，输出功率为 2. 27 μW，输出电压为 476 mV，由此可以计算出输出电流为 40 μA，可以满足部分微小功率物联网结点的基本工作需要。

参考文献

[1] November 2017 edition of the Ericsson Mobility Report. Available: https://www. ericsson. com/en/mobilityreport/reports/november-2017.

[2] Valenta C, Durgin G. "Harvesting wireless power: Survey of energy-harvester conversion efficiency in far-field wireless power transfer systems" IEEE Microw. Mag. 2014, 15(4): 108-120.

[3] Hemour S, Zhao Y, Lorenz H P. Towards Low-Power High-Efficiency RF and Microwave Energy Harvesting. IEEE TRANSACTIONS ON MICROWAVE THEORY AND TECHNIQUES, 2014,62(4).

[4] Adami S, Proynov P, et al. A Flexible 2. 45-GHz Power Harvesting Wristband With Net System Output From －24. 3 dBm of RF Power. IEEE TRANSACTIONS ON MICROWAVE THEORY AND TECHNIQUES.

[5] Data sheet of SMS7630. Available on: http://www. skyworksinc. com/uploads/documents/Surface_Mount_Schottky_Diodes_200041AC. pdf.

[6] Data sheet of BQ25504. Available on: http://www. ti. com. cn/cn/lit/ds/symlink/bq25504. pdf.

系统电磁环境效应要求研究

张　勇[1,2]　金祖升[1]　李建轩[1]　赵炳秋[1]

（1. 海军研究院，北京 100161；2. 上海交通大学，上海 200030）

摘要：随着电磁环境的日益复杂，电磁环境效应对装备的影响和危害越发凸显，系统电磁环境效应要求是装备的关键指标，试验评估是验证指标是否满足的重要手段。通过对美军和国内电磁环境效应要求和标准的分析研究，针对系统级电磁环境效应的特殊性和重要性，提出了确定电磁环境效应要求的方法，详细分析了系统内自兼容、系统间兼容性和系统与外部环境三大部分的系统电磁环境效应要求及对平台的适用性，为开展装备系统级电磁环境效应工程研制、试验提供技术支撑。

关键词：系统，电磁环境效应，要求，试验，评估。

Study on the requirements of Electromagnetic environmental effect for systems

Zhang Yong[1,2]　Jin Zusheng[1]　Li JianXuan[1]　Zhao BingQiu[1]

（1. Naval Research Academy, Beijing 100161; 2. Shanghai Jiao Tong University, Shanghai 200030）

Abstract: With the increasing complexity of electromagnetic environment, the influence and harm of electromagnetic environment effect on equipment become more and more prominent. The requirement of electromagnetic environment effect of system is the key index of equipment, and the test evaluation is an important means to verify whether the index is satisfied or not. Based on the analysis and study of the requirements and standards of electromagnetic environmental effects in US military and domestic countries, and in view of the particularity and importance of electromagnetic environmental effects at system level, a method for determining the requirements of electromagnetic environmental effects is put forward, and the self-compatibility in the system is analyzed in detail. The compatibility between systems and the requirement of electromagnetic environment effect between the system and the external environment and its applicability to the platform provide technical support for the development and test of the equipment system level electromagnetic environment effect engineering.

Key words: System, Electromagnetic environmental effect(E^3), Requirement, Test, Evaluation.

1　引言

随着使用区域电磁环境的日益复杂，装备面临的电磁环境效应问题十分突出。装备面临的电磁环境既有自然的、又有人为的，既有外部的、又有内部的，既有有意的、又有无意的。复杂电磁环境下，系统中任何一个环节出现电磁不兼容现象，都将导致装备效能的大幅降低，甚至产生严重后果[1]。

为了解决日益严重的电磁环境效应问题，美国军方制定了一系列的电磁环境效应军用标准和指令指示等文件，以施行武器装备的电磁环境效应控制和认证。在美军控制电磁环境效应和装备采办过程中有相应的 DoDD 3222.3 国防部电磁环境效应程序等指令指示和 MIL-HDBK-237D 军用操作手册支持，为武器装备达到电磁兼容性提供指导和管理指南。在随后的几十年里，系统级电磁兼容性理论和试验措施被不断地丰富和发展。美国系统级军用电磁兼容性标准经历了

MIL-STD-1385《预防电磁辐射对军用系统危害的一般要求》和MIL-STD-1818，现在发展到MIL-STD-464C《系统电磁环境效应要求》[2]。

因此，开展电磁环境效应要求研究，掌握电磁环境效应要求，加强电磁环境效应试验评估，对于提高装备电磁兼容性和适应复杂电磁环境的能力具有十分重要的意义。

2 开展系统级电磁环境效应的重要性

电磁环境效应是研究电磁环境对设备、系统及平台的综合影响，分析系统对电磁环境的适应能力，它涉及了所有与之相关的电磁现象，它不仅包含了“电磁兼容性”的全部技术内容，而且增加了雷电、静电等自然电磁环境及电磁武器等新电磁现象，增加了人员、军械、燃油等电磁环境受体，增加了电磁防护和电磁易损性等技术内容[3]。电磁环境效应涵盖了武器装备与电磁环境的所有关联关系。

系统级是相对设备而言。设备电磁兼容性测试中被试品是单一设备或分系统，其设备构成、线缆数量、耦合关系相对简单。而系统级则包括了较多单设备和多分系统。系统级试验还需面对相对设备级更多的线缆等互联问题。系统级试验还要考虑对使用环境的适应性，包括舰面环境、系统间和编队环境等。为什么系统级电磁环境效应更为重要呢？主要由于以下原因。

（1）武器装备的电磁环境效应最终是在整个装备系统层面进行鉴定考核，只有通过系统级的全面试验和评估，才能判定是否满足研制总要求规定。

（2）从板级、设备级到分系统级的设计、防护和试验考核是为系统级提供良好的基础。

（3）系统级的电磁环境效应试验和评估才是装备研制能否成功和适应复杂电磁环境的关键所在。

3 系统电磁环境效应要求的发展

美国是世界上最早提出电磁环境效应概念并开展研究的国家。对美军MIL军用标准、指令指示等相关文件进行了分析，这些文件包括军用标准规范、军用手册、指令指示等类别，涉及武器装备系统、分系统、设备的电磁兼容性管理要求、技术要求和试验方法等内容。

经分析，美国用于电磁环境效应要求分布在各指令、操作手册和标准中。电磁兼容及防护指标以国防部、海军部等有关电磁环境效应指令指示、MIL-HDBK-237D管理手册和《系统电磁环境效应要求》为主线，在上述文件中提出技术、管理上的电磁兼容性要求，并以直接引用的电磁环境效应标准为支撑。引用的电磁环境效应标准提出具体的电磁兼容性要求和指标，在技术要素和管理、试验方面都有相应的要求。

从20世纪30年代的射频干扰，发展到60年代的电磁干扰和电磁兼容，到90年代初的“电磁环境效应”已引起人们的关注。1950年美军颁布了第一个系统级电磁兼容标准MIL-E-6051《系统电磁兼容性要求》，从此美军武器装备研制有了顶层的电磁兼容性要求。1992年美军颁布的MIL-STD-1818，是第一个系统级电磁环境效应要求标准。1997年美军颁布了MIL-STD-464《系统电磁环境效应要求》，取代了MIL-STD-1818和MIL-E-6051标准[4]。MIL-STD-464标准在真正意义上统一和规范了电磁环境效应所涉及的内容和要求，是电磁环境效应研究领域标准化上的一个重要标志。现行有效的是2010年颁布的C版本，如表1所示。

表1 美军系统级电磁环境效应标准的演变过程

代　号	名　称	版次	颁布时间
MIL-E-6051	系统电磁兼容性要求	原版	1950年3月28日
		A版	1953年1月23日
		C版	1960年6月17日
		D版	1967年9月7日
MIL-STD-1818	系统电磁环境效应要求	原版	1992年5月8日
		A版	1993年10月4日
MIL-STD-464	系统电磁环境效应要求	原版	1997年3月18日
MIL-STD-464A	系统电磁环境效应要求	A版	2002年12月19日
MIL-STD-464B	系统电磁环境效应要求	B版	2010年10月1日
MIL-STD-464C	系统电磁环境效应要求	C版	2010年12月1日

我国使用的电磁环境效应的概念与美国基本一致，研究的内容基本相同，但在概念推出的时间上比美国略晚。2002年颁布的GJB 72A，正式给出了电磁环境效应定义，等效采用了美国军用标准MIL-STD-464A，尚未包括高功率微波、静电放电等。2015年编制完成的我国军用标准《系统电磁环境效应试验方法》已等效采用了美国军用标准MIL-STD-464C的电磁环境效应定义。

1992年颁布了第一个系统级电磁兼容性标准GJB 1389《系统电磁兼容性要求》。为适应复杂电磁环境对装备的新要求，对该标准进行了修订，2005年颁布了GJB 1389A—2005《系统电磁兼容性要求》，名称虽然仍成为“系统电磁兼容性要求”，但明确引入电磁环境效应的概念，指标要求和主要技术内容涵盖了当时电磁环境效应领域的全部技术内容，实质上就是电磁环境效应。2017年以MIL-STD-464C为基础对GJB 1389A—2005进行了修订，其名称和要求内容均明确是系统电磁环境效应要求。

4 系统级电磁环境效应要求

4.1 确定要求的方法

系统电磁环境指标要求的确定应优先采用实测和预测的数据，通常可采用如下方法。

(1) 分析装备的使命任务和作战使用要求；

(2) 结合以往型号工程经验；

(3) 采用建模仿真，预测电磁环境，开展电磁兼容分析；

(4) 开展缩比模型、1∶1模型等试验验证；

(5) 进行电磁环境效应标准分析；

(6) 通过预测和试验数据分析，结合相关标准要求，确定装备具体的指标项目和量值。

通过对美国军用标准和我国军用标准中电磁环境效应要求的内涵以及相互之间的关系分析，系统内所有分系统和设备之间应是电磁兼容的，系统与系统外部的电磁环境也应兼容。系统电磁环境效应要求组成，如图1所示。

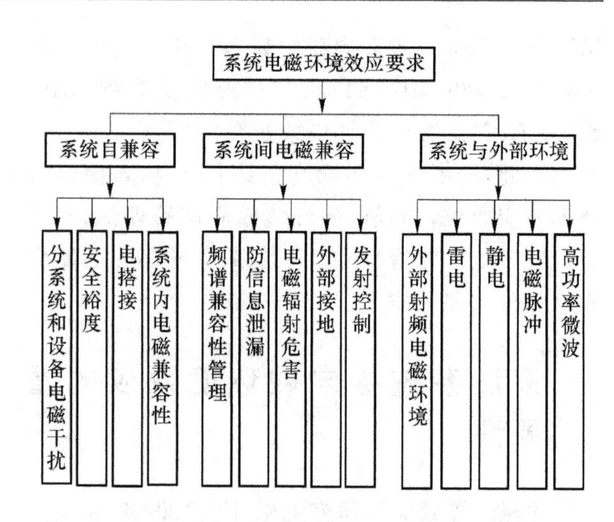

图1 系统电磁环境效应要求组成

系统自兼容：对于集多种功能于一体的系统，系统中大功率发射设备、高灵敏度接收设备共处同一平台，其自身的电磁兼容性要求是面临的首要和基本问题，包括设备和分系统电磁干扰、安全裕度、电搭接和系统内电磁兼容性要求。

系统间电磁兼容：系统不因其他系统中的电磁干扰和危害而产生明显降级的状态。包括频谱兼容性、防信息泄漏、发射控制、电磁辐射危害等要求。

系统与外部环境：作为直接暴露在实际环境中的装备，必须适应自然环境要求，包括雷电、外部接地、静电等要求；作为装备，确保毁伤环境下的生存力是装备具备实战能力的关键，包括电磁脉冲、高功率微波等要求，具体如图2所示。

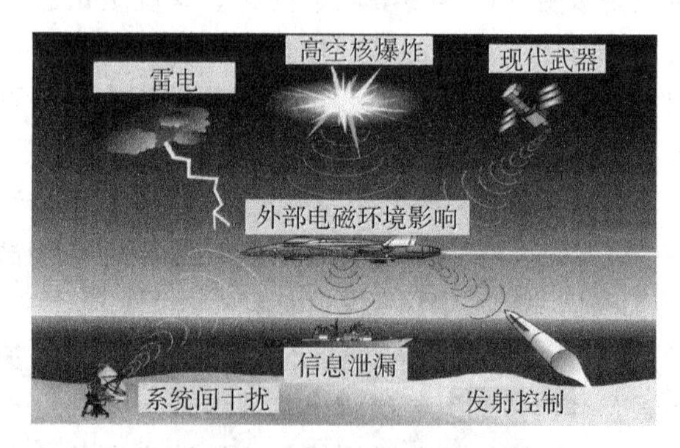

图2 系统面临的外部及平台间的电磁环境影响

4.2 对各平台系统的适用性

装备的电磁环境效应主要涉及系统内、系统间及系统与外部环境三大部分的要求内容，其中系统内电磁环境效应是分析和检验系统自身的电磁兼容性，系统间是反映多个系统之间的兼容能力，系统外电磁环境效应则反映了系统对外部电磁环境的适应能力。对各平台适用的要求可参见表2。

表 2 对各平台适用的要求

序号	系统电磁环境效应要求		飞机	舰船	空间和运载	地面
1	一、系统自兼容	安全裕度	A	A	A	A
2		系统内电磁兼容性	A	A	A	A
2.1		船壳引起的互调干扰	/	A	/	/
2.2		舰船内部电磁环境	/	A	/	/
2.3		电源线瞬变	A	A	A	A
2.4		二次电子倍增	/	/	A	/
3		分系统和设备电磁干扰	A	A	A	A
3.1		舰船直流磁场环境	/	Y	/	/
4		电搭接	A	A	A	A
5	二、系统间电磁兼容	频谱兼容性管理	A	A	A	A
6		防信息泄漏	A	A	A	A
7		发射控制	A	A	S	S
8		外部接地	A	A	A	A
8.1		飞机接地插座	A	A	S	/
8.2		服务和维护设备接地	A	A	A	A
9		电磁辐射危害	A	A	A	A
10	三、系统与外部电磁环境	静电电荷控制	A	A	A	A
10.1		直升机和空中加油机	A	A	S	/
10.2		沉积静电	A	/	A	/
10.3		军械分系统	A	A	A	A
11		外部射频电磁环境	A	A	A	A
12		雷电	A	S	A	A
13		电磁脉冲	A	A	A	A

注:“A”表示该要求适用,“S”表示由订购方规定是否适用,“/”表示不适用。以上要素可根据平台要求的不同进行剪裁。

5 结论

开展系统电磁环境效应要求研究,对装备整体性能和使用十分关键。通过对美军和国内电磁环境效应要求及标准的分析研究,针对系统级电磁环境效应的特殊性和重要性,提出了确定电磁环境效应要求的方法,详细分析了系统自兼容、系统间兼容性和系统与外部环境三大部分的系统电磁环境效应要求及对平台的适用性,为装备开展系统级电磁环境效应工程研制、试验提供技术支撑。

参考文献

[1] 张勇,等.舰船电磁兼容性标准体系的构建[J].北京:舰船科学技术,2011.3.
[2] 卢西义,等.美军电磁环境效应管理研究[J].石家庄:河北科技大学学报,2011.8.
[3] MIL-STD-464C《Electromagnetic Environmental Effects Requirements for Systems》,Department of defense Interface Standard,2010 美国国防部.
[4] 汤仕平,张勇,等.电磁环境效应工程[M].北京:国防工业出版社,2017.
[5] MIL-HDBK-237D. Electromagnetic Environmental Effects and Spectrum Supportability Guidance for the Acquisition Process. Department of defense handbook,2005 美国国防部.
[6] GJB1389A—2005,系统电磁兼容性要求[S].

通信作者:张勇
通信地址:上海市徐汇区吴中路3号,邮编 200235
E-mail:zhang_yong_zy@163.com

斜置线缆电磁耦合的时域建模方法研究

刘　强[1]　叶志红[2]

（1. 北京应用物理与计算数学研究所，北京 100094；
2. 重庆邮电大学 通信与信息工程学院，重庆 400065）

摘要：针对电磁波作用斜置线缆的电磁耦合问题，目前还缺乏高效的建模方法。本文将时域有限差分（FDTD）方法与传输线方程结合起来，并引入相应的插值技术，提出新的时域建模方法，构建斜置线缆的电磁耦合模型，实现空间电磁场与线缆瞬态响应的同步计算。采用该建模方法对平面波作用地面上单根斜置线缆与多根斜置线缆的电磁耦合进行建模与仿真，并与 FDTD 方法的计算结果进行对比，验证该建模方法的正确性。

关键词：斜置线缆，时域建模方法，FDTD 方法，传输线方程，插值技术。

Time Domain Modeling Method for the Coupling of Oblique Transmission Lines

Liu Qiang[1]　Ye Zhihong[2]

(1. Institute of Applied Physics and Computational Mathematics, Beijing 100094, China;
2. School of Communication and Information Engineering, Chongqing University of Posts and Telecommunications, Chongqing 400065, China)

Abstract: At present, the efficient modeling method for the coupling problem of the oblique transmission lines excited by ambient electromagnetic wave is lacked. This paper presents a novel time-domain modeling method, which consists of finite-difference time-domain (FDTD) method, transmission line equations, and interpolation techniques. It can be well applied for the coupling analysis of the oblique transmission lines rapidly. The electromagnetic coupling model of oblique cable is built to realize synchronous calculation of space electromagnetic field and transient response of cable. This modeling method is used to model and simulate the coupling of one single and multiple oblique transmission lines on the ground excited by the plane wave. The accuracy of the presented method is verified by compared with the FDTD method.

Key words: Oblique transmission lines, time domain modeling method, FDTD method, transmission line equations, interpolation techniques.

1　引言

随着电子系统工作频率的提高，系统中的电子设备或电路集成度越来越高。电子设备或电路在实现小型化的同时，带来的不良影响是其承受功率降低，使其更容易受到空间电磁场的干扰。传输线缆是传播电磁干扰的主要途径，而电子系统中线缆的布局受到内部设备或电路位置的限制，其放置方向是任意的。因此，模拟和分析任意方向线缆的电磁耦合问题具有十分重要的工程应用价值。

目前，国内外学者针对电磁波作用传输线的电磁耦合问题开展了大量的研究，并提出了多种高效的场线耦合算法，例如 BLT 方程、FDTD-SPICE 算法和 FDTD-TL 算法，等等。BLT 方程[1-3]是一种频域算法，只适用于端接负载为线性和时不变的情况。FDTD-SPICE 混合算法[4-6]是根据传输线方程理论，建立传输线的 SPICE 等效电路模型，然后利用 FDTD 方法计算得到传输线的激励源项，最后采用 SPICE 软件仿真得到传输线端接电路各元件上的瞬态响应。然而，该方法需要空间电磁场和电路瞬态响应分开计算，计算效率不高。FDTD-TL 算法[7-9]是本文前期研究成果，其核心思想是利用 FDTD 方法模拟传输线周围空间的电磁场分布，并在每个时间步进上引入到传输线方程作为等效分布源项，然后采用传输线方程构建电磁波作用传输线的电磁耦合模型，并采用 FDTD 的差分格式进行离散，从而实现空间电磁场和传输线瞬态响应的同步计算。目前，这类算法针对的研究对象均是直导线的情况，即线缆放置方向与直角坐标系的坐标轴平行，而斜置线缆的研究还未见报道。

因此，本文将对 FDTD-TL 算法进行改进，并引入插值技术，提出一种新的时域建模方法，构建斜置线缆的电磁耦合模型，并实现空间电磁场与线缆瞬态响应的同步计算。

2 时域建模方法理论

电磁波作用斜置线缆的电磁耦合，可以通过传输线方程描述为

$$\frac{\partial}{\partial y}\boldsymbol{V}(y,t)+\boldsymbol{L}\frac{\partial}{\partial t}\boldsymbol{I}(y,t)=\boldsymbol{V}_{\mathrm{F}}(y,t) \tag{1}$$

$$\frac{\partial}{\partial y}\boldsymbol{I}(y,t)+\boldsymbol{C}\frac{\partial}{\partial t}\boldsymbol{V}(y,t)=\boldsymbol{I}_{\mathrm{F}}(y,t) \tag{2}$$

式中，$\boldsymbol{L}$ 和 $\boldsymbol{C}$ 分别为传输线的单位长度电感和电容分布参数，$\boldsymbol{V}(y,t)$ 和 $\boldsymbol{I}(y,t)$ 分别为传输线上的电压和电流向量，$\boldsymbol{V}_{\mathrm{F}}(y,t)$ 和 $\boldsymbol{I}_{\mathrm{F}}(y,t)$ 分别为等效分布电压源和电流源项，其公式为

$$\boldsymbol{V}_{\mathrm{F}}(y,t)=-\frac{\partial}{\partial y}\boldsymbol{E}_{\mathrm{T}}(y,t)+\boldsymbol{E}_{\mathrm{L}}(y,t) \tag{3}$$

$$\boldsymbol{I}_{\mathrm{F}}(y,t)=-\boldsymbol{C}\frac{\partial}{\partial t}\boldsymbol{E}_{\mathrm{T}}(y,t) \tag{4}$$

$\boldsymbol{E}_{\mathrm{T}}(y,t)$ 和 $\boldsymbol{E}_{\mathrm{L}}(y,t)$ 由空间电磁场计算得到，可表示为

$$\boldsymbol{E}_{\mathrm{T}}(y,t)=\int_0^h \mathrm{e}_z^{ex}(x,y,z,t)\mathrm{d}z \tag{5}$$

$$\boldsymbol{E}_{\mathrm{L}}(y,t)=\mathrm{e}_y^{ex}(x,y,h,t)-\mathrm{e}_y^{ex}(x,y,0,t) \tag{6}$$

式中，h 表示线缆距离地面的高度，e_y^{ex} 和 e_z^{ex} 分别为线缆沿线的入射电场分量和垂直于线缆的入射电场分量。

等效分布源项的计算精度直接影响到传输线方程的准确度。对于斜置线缆，e_y^{ex} 和 e_z^{ex} 无法由 FDTD 网格上的电场分量直接获得，需采用相应的插值技术进行处理。具体的实施步骤为

首先，将斜置线缆按照 FDTD 网格进行划分。为了便于计算，将线缆的起点和终点平移到其所在网格的中心点，如图 1 所示。

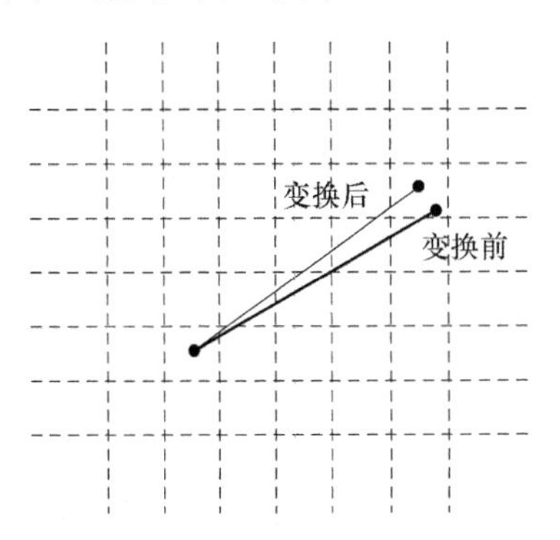

图 1　斜置线缆的平移

然后，将平移之后的斜线分解成 N 段，每段长度的投影为一个 FDTD 网格，这样处理的好处是每段线缆的中心点刚好落在 FDTD 网格的棱边上，如图 2 所示。

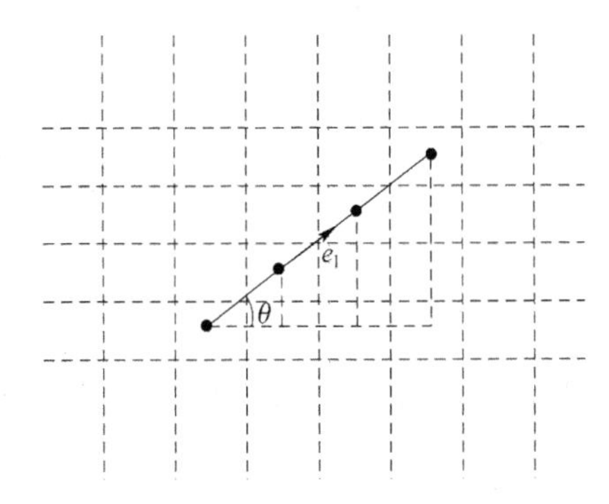

图 2　斜置线缆的网格划分

最后，计算斜线的等效分布源项，即获得斜线沿线的切向电场分量和垂直电场分量，具体的处理方法是：斜线的切向电场分量 $\boldsymbol{E}_{\mathrm{L}}$ 可表示为$\boldsymbol{E}_{L}=\boldsymbol{E}\cdot\boldsymbol{e}_l=\boldsymbol{E}_x\cdot a_x\boldsymbol{e}_x+\boldsymbol{E}_y\cdot a_y\boldsymbol{e}_y$，式中，$\boldsymbol{e}_x$ 和 $\boldsymbol{e}_y$ 为单位方向矢量，a_x 和 a_y 为系数，其表达式为 $a_x=\sin\theta$ 和 $a_y=\cos\theta$。E_x 和 E_y 需由相应的插值技术获得，具体的计算公式为

$$E_y = \frac{1}{2}\left\{\begin{aligned}&(mE_y(i+1,j+\frac{1}{2},k_0)+\\&(1-m)E_y(i,j+\frac{1}{2},k_0)+\\&(mE_y(i+1,j+\frac{3}{2},k_0)+\\&(1-m)E_y(i,j+\frac{3}{2},k_0)\end{aligned}\right\} \quad (7)$$

$$E_x = (1.5-m)E_x\left(i+\frac{1}{2},j+1,k_0\right)+ (m-0.5)E_x\left(i+\frac{3}{2},j+1,k_0\right) \quad (8)$$

式中,m 表示场点在棱边上所占比例的大小。

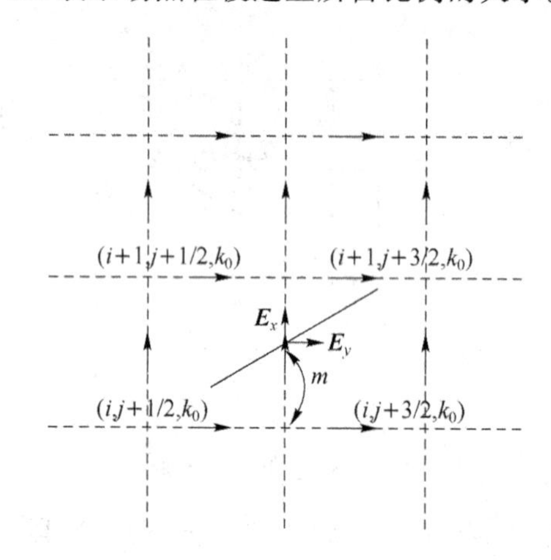

图 3 线缆沿线电场分量的插值方式

线缆垂直电场分量的沿线积分由插值表示为

$$E_T = \sum_{k=0}^{k=h/\Delta z-1}\left\{\begin{aligned}&(1-m)(E_z(i,j,k+\frac{1}{2})+\\&E_z(i,j+1,k+\frac{1}{2}))/2.0\\&+m(E_z(i+1,j,k+\frac{1}{2})+\\&E_z(i+1,j+1,k+\frac{1}{2}))/2.0\end{aligned}\right\} \quad (9)$$

式中,m 表示场点在网格中心线上所占比例的大小。

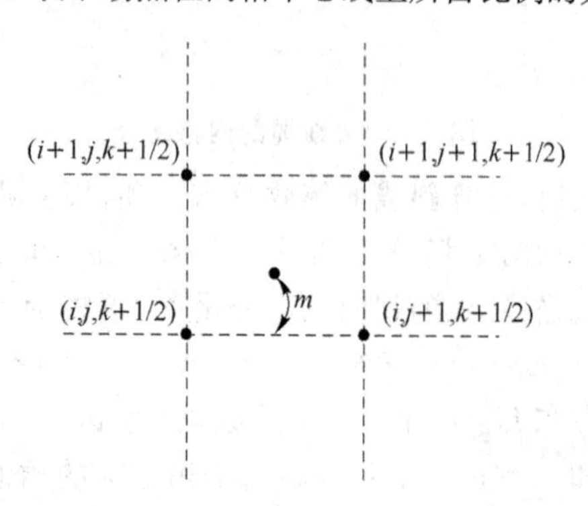

图 4 线缆垂直电场分量的插值方式

建立好传输线方程之后,采用 FDTD 方法的中心差分格式对其进行离散,从而迭代求解得到线缆上的电压和电流响应。需要说明的是,斜置线缆差分所需的空间步长为 FDTD 网格的 $1/\cos\theta$ 倍。

3 数值仿真

下面通过电磁波作用地面上单根和多根斜置线缆电磁耦合的仿真,来验证该建模方法的正确性。

电磁波作用地面上单根斜置线缆的电磁耦合模型,如图 5 所示,地面大小设为 0.9m×0.8m,线缆倾斜角为 30°。线缆半径为 2 mm,长度为 40 cm,高度为 2 cm,端接负载 $R_1=50\ \Omega$,$R_2=100\ \Omega$。入射波为高斯脉冲,垂直照射线缆,其幅度为 1 000 V/m,脉宽为 4 ns。采用上述建模方法计算得到线缆端接负载上的电压响应。

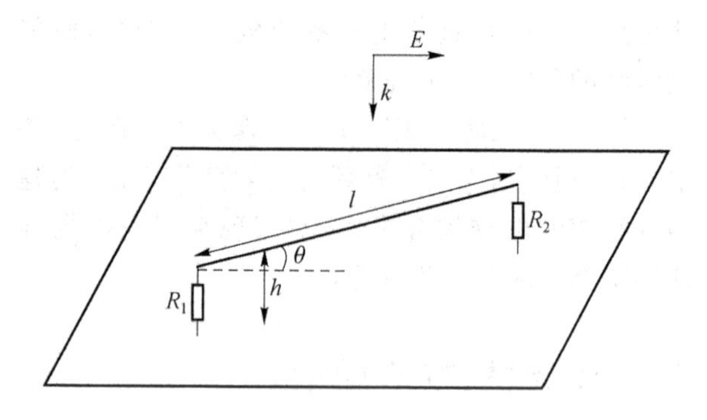

图 5 地面上单根斜线的电磁耦合模型

图 6 给出了该建模方法计算得到的负载 R_2 上的电压响应与 FDTD 方法计算结果的对比曲线。可以看出,两者吻合得比较好,验证了该建模方法用于单根斜置线缆电磁耦合计算的正确性。

电磁波作用地面上多根斜置线缆的电磁耦合模型,如图 7 所示,地面大小与入射波设置与上述算例相同。斜置线缆由单根扩展到三根,倾斜角度为 30°,线缆长度和高度与上述算例相同,间距为 2 cm,端接负载 $R_1=R_2=R_3=50\ \Omega$,$R_4=R_5=R_6=100\ \Omega$。采用上述建模方法计算得到斜线终端负载 R_4 上的电压响应,并与 FDTD 方法的仿真结果进行对比,如图 8 所示。

由图 8 可以看出,两种方法的计算结果吻合得比较好,验证了该建模方法用于多根斜置线缆电磁耦合计算的正确性。

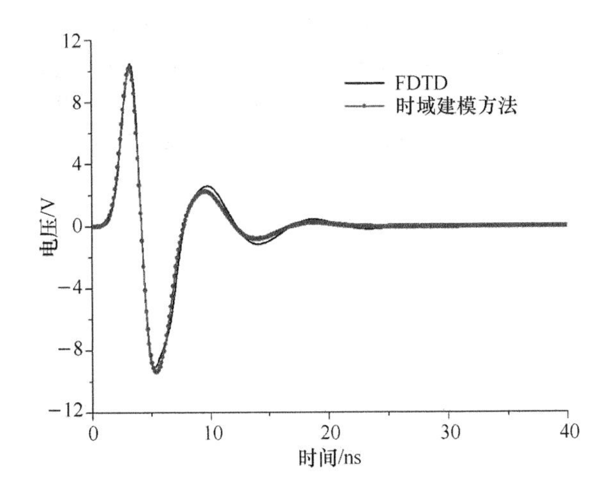

图 6　负载 R_2 上的电压响应

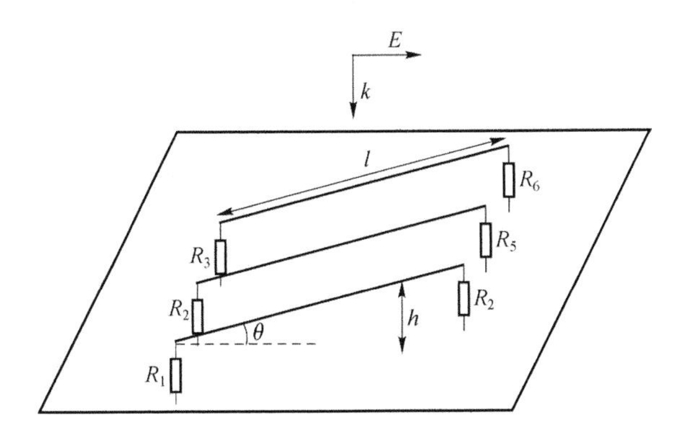

图 7　地面上多根斜线的电磁耦合模型

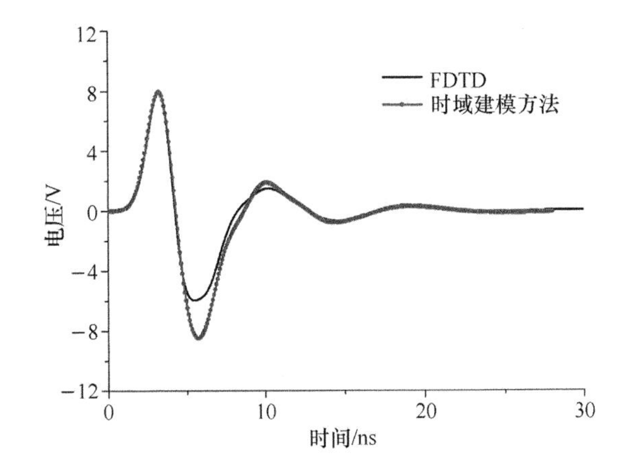

图 8　负载 R4 上的电压响应

4 结　论

本文通过对 FDTD-TL 算法进行改进，并引入相应的插值技术，提出了一种新的时域建模方法，能够快速模拟电磁波作用地面上单根和多根斜置线缆的电磁耦合问题。该时域混合算法能够实现空间电磁场与斜置线缆瞬态响应的同步计算，且避免了对斜置线缆的直接建模。通过相应数值算例的模拟，验证了该时域建模方法的正确性。

参考文献

[1] 张祥，石立华，周颖慧，等. 复杂传输线网络电磁脉冲响应的拓扑分析研究[J]. 新乡：电波科学学报，2013，28(2)：341-347.

ZHANG X，SHI L H，ZHOU Y H，et al. Terminal voltage analysis of complex transmission line network based on electromagnetic topology theory[J]. Chinese Journal of Radio Science，2013，28(2)：341-347. (in Chinese)

[2] XIE L，LEI Y Z. Transient response of a multiconductor transmission line with nonlinear terminations excited by an electric dipole[J]. IEEE Transactions on Electromagnetic Compatibility，2009，51(3)：805-810.

[3] 彭强，周东方，侯德亭，等. 基于 BLT 方程的微带线电磁耦合终端响应[J]. 绵阳：强激光与粒子束，2013，25(5)：1241-1246.

PENG Q，ZHOU D F，HOU D T，et al. Electromagnetic coupling terminal response for microstrip line based on BLT equation[J]. High Power Laser And Particle Beams，2013，25(5)：1241-1246. (in Chinese)

[4] XIE H Y，WANG J G，FAN R Y. SPICE models for radiated and conducted susceptibility analyses of multiconductor shielded cables[J]. Progress In Electromagnetics Research，2010，103：241-257.

[5] XIE H Y，WANG J G，FAN R Y. SPICE models for prediction of disturbances induced by nonuniform fields on shielded cables[J]. IEEE Transactions on Electromagnetic Compatibility，2011，53(1)：185-192.

[6]XIEH Y，DU T J，ZHANG M Y，et al. Theoretical and experimental study of effective coupling length for transmission lines illuminated by HEMP[J]. IEEE Transactions on Electromagnetic Compatibility，2015，57(6)：1529-153.

[7] 叶志红，周海京，刘强. 屏蔽腔内任意高度线缆端接 TVS 管电路的电磁耦合时域分析[J]. 北京：电子与信息学报，2018，40(4)：1007-1011.

YE Z H，ZHOU H G，LIU Q. Time domain coupling analysis for the arbitrary height cable terminated with TVS circuit in shield cavity[J]. Journal of Electronics & Information Technology，2018，40(4)：

1007-1011.(in Chinese).
[8] YE Z H, XIONG X Z, LIAO C, et al. A hybrid method for electromagnetic coupling problems of transmission lines in cavity based on FDTD method and transmission line equation[J]. Progress In Electromagnetics Research M, 2015, 42: 85-93.
[9] YE Z H, XIONG X Z, ZHANG M, et al. A time-domain hybrid method for coupling problems of long cables excited by electromagnetic pulses[J]. IEEE Transactions on Electromagnetic Compatibility, 2016, 58(6): 1710-1716.

通信作者: 刘强
通信地址: 北京市海淀区丰豪东路2号,邮编100094
E-mail: q_liu1987@126.com

新型静电放电测试系统的小型温度控制系统设计①

王智宇[1] 阮方鸣*[2] 孙晓平[1] 苏 明[2] 王 珩[2] 邓 迪[3] 李 佳[4]

(1. 贵州大学大数据与信息工程学院，贵阳，550025；
2. 贵州师范大学大数据与计算机科学学院，贵阳，550001；
3. 贵州省机械电子产品质量监督检验院，贵阳，550016；
4. 深圳振华富电子有限公司，深圳，518109)

摘要：在小间隙静电放电中(Electrostatic Discharge，ESD)，环境温度、空气湿度、气体压强和电极表面状况等因素，对静电放电相关电参数的影响应有相应的内在机理。我们研究团队研制的新型ESD测试系统，可测量静电放电各参数随不同因素变化的影响。其中温度参数是一个很重要的影响因素，所以本文设计了一个小型温度控制子系统，可以测量和控制实验的环境温度。

关键词：静电放电，温度控制，FPGA。

1 引言

静电放电(ESD)是一种主要的电磁干扰，也是电子设备的严重威胁。工业、国防、航空航天、军事武器以及民用电子电器产品，都涉及电磁兼容静电放电的测试与危害防护问题[1]。实验可得出，试验箱内温度的变化也会引起放电过程中电荷分布与运动的变化，是影响静电放电参数测试低重复性的一个重要因素。所以研究新型静电放电测试系统的温度控制子系统对静电放电参数的低重复性研究是十分有必要的。本文利用了FPGA、温度传感器和半导体制冷片为核心，设计一个小型温度控制子系统，并仿真表明该系统能够进行温度控制。

2 硬件系统设计

2.1 系统整体介绍

该小型温度控制子系统由FPGA、温度传感器DS18B20、液晶显示LCD1604、步进直流电动机驱动芯片L298N控制具有帕尔贴效应的半导体制冷片以及3×4矩阵式键盘构成，如图1所示。系统上电后，温度传感器测量箱体内部实际温度值，将该值发送给LCD显示；根据小间隙静电放电测试试验要求的温度，通过键盘来控制步进直流电动机驱动芯片L298N的电流方向，从而达到控制半导体制冷片加热还是制冷。

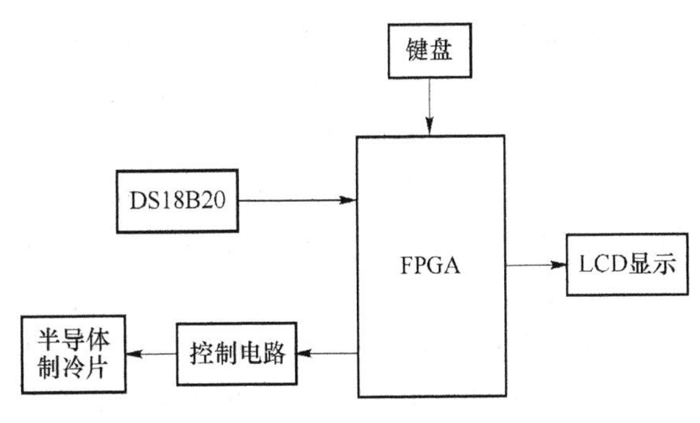

图1 系统整体结构框图

2.2 各个结构介绍

选择测温范围为−55 ℃～125 ℃的数字式温度传感器DS18B20，在可编程分辨率为12位时，对应的分辨率温度为0.0625℃，测温精度高，足以满足设计要求。DS18B20具有独特的单线接口

① 基金项目：贵州省静电与电磁防护科技创新人才团队(合同编号：黔科合平台人才[2017]5653)；2016年度中央引导地方科技发展专项资金项目(No. SF201606)；国家自然科学基金(No. 60971078)。

方式，可通过 FPGA I/O 端口进行双向通信；支持多点组网功能，能将多个 DS18B20 并联，进行多点温度测量；测量结果则以"一线总线"串行方式直接输出数字温度信号，传送给 FPGA，也可传送 CRC 校验码，具有非常强的抗干扰纠错能力。因为 DS18B20 使用总线技术，其与 FPGA 连接电路非常简单。VCC 连接外部电源，GND 接地，所用 I/O 与 FPGA 的 I/O 线相连[3]。

系统选用 LCD1604 液晶显示器。该显示器具有功耗较低、无明显电磁辐射、寿命较长、价格低廉、接口方便等特点，被广泛应用于各种显示终端。LCD1604 液晶显示器可显示 4 行，共 4×16 个字符，它是专门设计用于显示字母、数字、符号等的点阵型液晶显示模块。

矩阵式键盘由行线和列线组成，它们竖直交叉但是并不连通。每个行列线的交叉处都相当于是一个机械开关，当有键被按下时，相当于机械开关被按下，通过行列扫描可以确定是哪个按键被按下。它的优势在于可以充分利用 I/O 资源，利用 n 根线就可以实现大于 n 个按键。本次设计采用 3×4 矩阵式键盘，一共有 12 个按键。其中用到了 3 个按键，功能分别为"制冷""加热"和"停止"。

本设计采用半导体制冷器，同时实现加热和制冷两种功能。其温差范围，从正温 90℃到负温度 130℃都可以实现。作为一种基于帕尔贴效应的技术[2]，半导体制冷技术是通过铜联接片将一个 N 型半导体和一个 P 型半导体焊接成一个电偶对，N 型半导体的导电主要靠"自由电子"，P 型半导体的导电主要是靠"空穴"。由于载流子（空穴和电子）在半导体中的势能不同于在金属中势能的大小，自由电子在 N 型半导体中电子的势能高于在金属中的势能，而空穴在 P 型半导体中所具有的能量又高于空穴在金属中所具有的能量，所以载流子在流过半导体和金属的联结点时，必然会引起能量的传递。用金属片通过焊接技术把多组特制的 P 型半导体和 N 型半导体连接在一起，组成制冷器的热电偶。如图 2 所示，当电流方向为正向时，半导体制冷器进行制冷；反之，当电流方向反向时，半导体制冷器进行加热。因此，采用半导体制冷器（TEC）可一并实现对试验箱的加热和制冷两种控制，完全可以满足温度控制系统对试验环境温度既要能够加热又要能够制冷的控制要求。

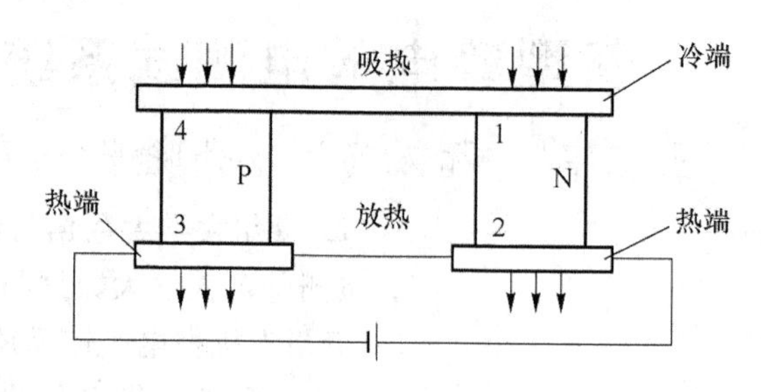

图 2　半导体温差电偶

要驱动半导体制冷片，驱动电路必须达到三点要求。

(1) 可以改变电流的方向，使半导体制冷片既可以制冷也可以加热。

(2) 可以控制电流的大小或者能进行 PWM 控制，即能够改变半导体制冷片的功率大小。

(3) 可以带动至少 2 A 电流和 8 W 的功率的负载。

常用的步进直流电动机驱动芯片 L298N 能很好地符合以上要求。L298N 专用于驱动集成电路，属于 H 桥集成电路，其输出电流增大，功率增强。L298N 的输出电流为 2 A，最高输出电流为 4 A，最高工作电压为 50 V，能够驱动感性负载，如步进电动机，大功率直流电动机，电磁阀等，尤其是其输入端可以与 FPGA 直接相联，从而可以方便地受 FPGA 控制。

当 L298N 驱动直流电动机时，能够直接驱动两路电动机，并且能实现电动机正转和反转，想要实现这个功能仅需要改变输入端的逻辑电平即可。

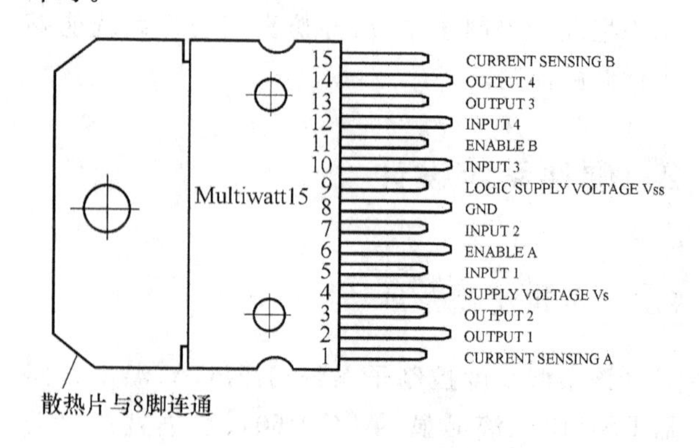

图 3　L298N 封装示意图

图 3 是为本系统设计的 TEC 驱动模块的电路原理图。板上的 ENA 与 ENB 使能端为高电平

时有效，只有当使能端为高电平时，TEC 才能够获得电流，否则 TEC 将不会工作，此处使用的电平是 TTL 电平。IN1 和 IN2 的使能端为 ENA，IN3 和 IN4 的使能端为 ENB。在 TEC 两端分别连接 L298N 的 OUT1 和 OUT2 的情况下，当 ENA＝1，IN1＝1，IN2＝0 时，TEC 获得电流为正向，对受控温度环境进行制冷；ENA＝1，IN1＝0，IN2＝1 时，TEC 获得电流为反向，对受控温度环境进行加热。同理，在 TEC 连接 OUT3 和 OUT4 的情况下，当 ENB＝1，IN3＝1，INT4＝0 时，TEC 获得正向电流，对受控温度环境制冷；ENB＝1，IN3＝0，IN4＝1 时，TEC 获得反向电流，对受控温度环境加热。VCC 即 Vs 接直流电源，电源正端接 VCC，电源负端为 GND 接地。

3 系统软件设计

系统上电的瞬间，各参数将初始化，包括温度寄存器、显示器、键盘等参数，然后进行温度采集，将采集来的温度实际值在显示器上显示出来，操作键盘使信号调节 PWM 脉宽调制信号的输出，控制半导体制冷片加热或制冷。在这一过程中，液晶显示器对温度进行实时的显示。如图 4 所示为系统整体软件流程图。

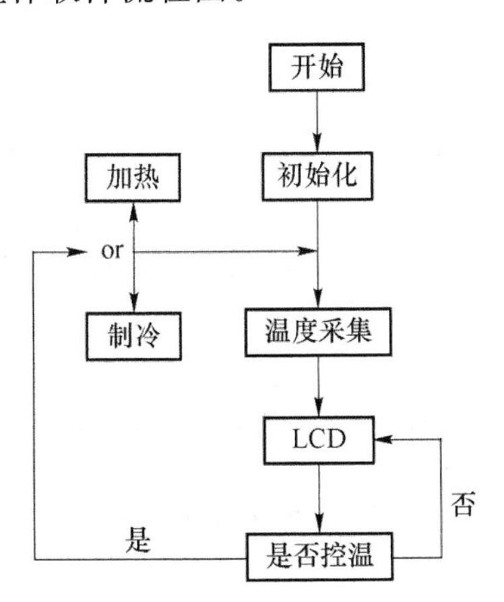

图 4 系统整体软件流程图

3.1 温度采集模块

包括一个采集触发模块和温度采集模块，当键盘按下“采集”键后，经采集触发模块触发 rst 为高电平，DS18B20 开始工作，进行温度采集，其原理图输入如图 5 所示。

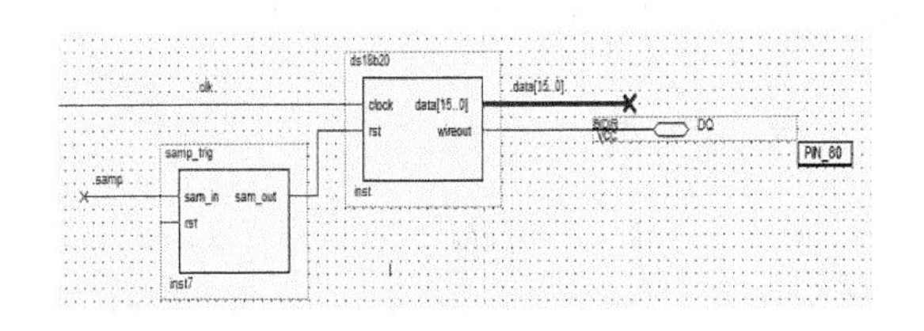

图 5 温度采集模块原理图

其中采集触发模块代码如下：

```
module samp_trig(sam_in,rst,sam_out);
    input rst;
    input sam_in;
    output sam_out;
    reg sam_out;
    always@(posedge sam_in or negedge rst)
      begin
        if (～rst) sam_out <= 0;
        else
        sam_out <= 1;
        end
    endmodule
```

为了将采集到的数据显示在 LCD 显示屏上，其后还有数据转换模块，把温度采集模块数据和键盘设定值转换为十进制数（百位、十位、个位）。如图 6 所示为其原理图。

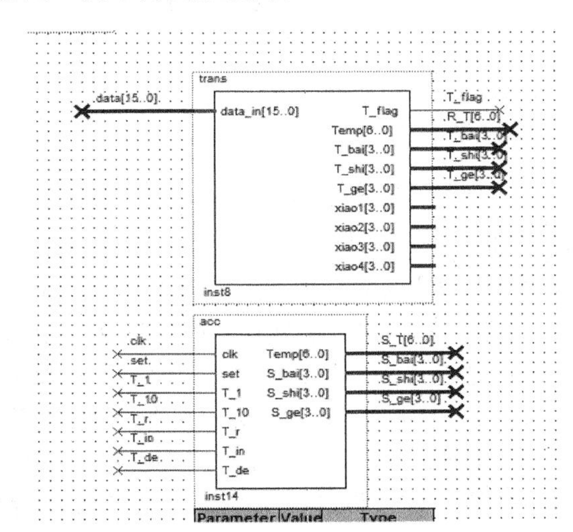

图 6 温度采集及键盘输入译码转换块原理图

其代码如下：

```
module trans( data_in, T_flag,Temp,
T_bai,T_shi,T_ge,xiao1,xiao2,xiao3,xiao4);
  input[15:0] data_in;
  output T_flag; //极性
  output[6:0] Temp; //绝对值整数温度
  output[4:0] T_bai,T_shi,T_ge,xiao1,xiao2,xi-
```

ao3,xiao4;//二进制数据转十进制,百位,十位,个位,小数位 1,2, 3, 4

```
    reg[6:0] Temp;
    reg[11:0] T;
    reg[3:0] T_bai,T_shi,T_ge,xiao1,xiao2,xiao3,
xiao4;
    reg T_flag;

  always @(data_in)
    begin
      if(data_in[11] = = 0)
        begin
          T = data_in[10:0];
          T_flag = 0;
        end
      else
    begin
      T = 12'h800-data_in[10:0];
      T_flag = 1;
    end
      Temp[6:0] = T[10:4];
      xiao4 = T * 625 % 10;
      xiao3 = T * 625 % 100/10;
      xiao2 = T * 625 % 1000/100;
      xiao1 = T * 625 % 10000/1000;
      T_ge = T * 625 % 100000/10000;
      T_shi = T * 625 % 1000000/100000;
      T_bai = T * 625 % 10000000/1000000;
      end
      endmodule
```

3.2 按键模块

当需要制冷时,按下"制冷"按键,FPGA 给 L298N 的 ENA 和 IN1 输入高电平,给 IN2 输入低电平,使得 ENA=1,IN1=1,IN2=0,TEC 获得电流为正向,对受控温度环境进行制冷;当需要加热时,按下"加热"按键,FPGA 给 L298N 的 ENA 和 IN2 输入高电平,给 IN1 输入低电平,ENA=1,IN1=0,IN2=1 时,TEC 获得电流为反向,对受控温度环境进行加热。当按下"停止按键"时,FPGA 给 ENA 一个低电平,使能为 0,L298N 停止工作。

4 仿真结果

当无按键按下,或按下"停止"时,PWM_out=0,cool=0,heat=0,既不加热也不制冷,如图 7 所示。

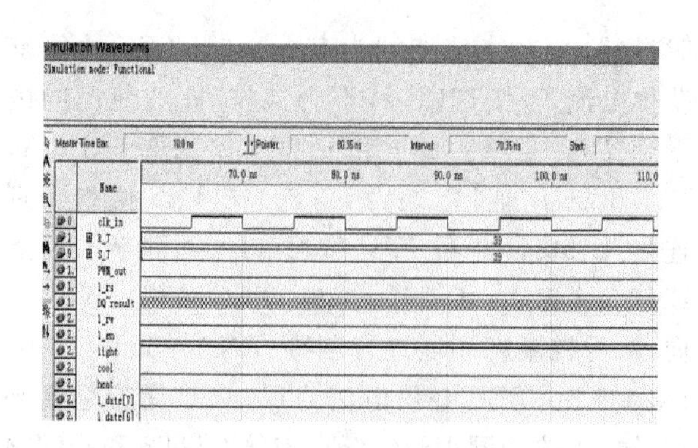

图 7 不加热也不制冷仿真波形

按下"制冷"按键时,PWM_out=25%,cool=1,heat=0,进行制冷,如图 8 所示。

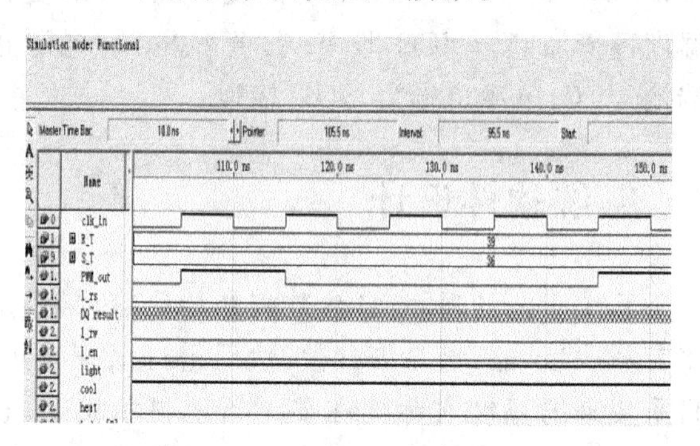

图 8 制冷仿真波形

按下"加热"按键时,PWM_out=75%,cool=0,heat=1,进行加热,如图 9 所示。

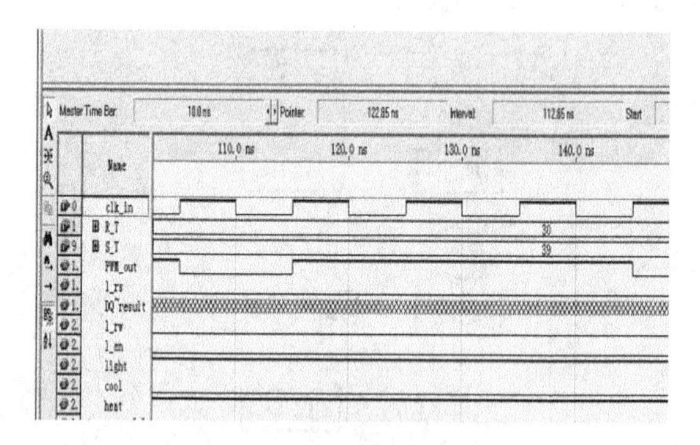

图 9 加热仿真波形

5 结语

本文设计了一个小型温控系统来测控新型静电放电测试系统的气体温度。我们利用了 FPGA,DS18B20 速度快,精度高,并结合了半导体制冷片温差范围大,热惯性非常小等众多优点,设计了该系统。

参考文献

[1] 阮方鸣，章俊华，陈辉林，等.非接触静电放电测试低重复特性分析研究 [J]. 新乡：电波科学学报，2014，29(5):941-944.

[2] 陈振林，孙中泉.半导体制冷器原理与应用[J].无锡：微电子技术，1999，27(5)：63-65.

[3] 陈彩蓉，胡飞.基于 DS18B20 的温室温度控制系统设计[J].合肥：安徽农业科学. 2009. 37. 36:17 870-17 874.

[4] Ruan Fangming, Yang Xiangdong, Xu Yongbing et al. Influence Analysis of Electrode Velocity and Air Pressure Impacted on ESD Parameters[C]. Proceedings of 2013 Asia-Pacific International Symposium and Exhibition on Electromagnetic Compatibility, ID143, 20-23 May, Melbourne, Australia.

[5] Ruan Fangming, Meng Yang, Xu Yongbing, et al. Relationship Investigation of ESD Parameters, Air Pressure Variation and Electrode Approach Speed. Journal of Network & Information Security. 2013, Vol. 4, No. 4:307-314. (ISSN2160-9462).

[6] Ruan Fangming, Dlugosz Tomasz . Analysis of partial vacuum formation and effect on discharge parameter in short gap ESD. Electrical Review, No. 2, 2011: 291-293. (SCIE).

通信作者： 阮方鸣

E-mail： 921151601@qq. com

一种垂直极化的超宽带低剖面半折叠 Vivaldi 天线

肖 林 屈世伟 杨仕文

(电子科技大学 电子科学与工程学院,成都 611731)

摘要:本文提出了一种垂直极化的超宽带低剖面 Vivaldi 天线。为实现端射方向上的垂直极化,只有一半 Vivaldi 天线垂直于地板放置。为实现低剖面,天线的上半部分折叠成一个直角。矩形长槽可以用来改善工作带宽内的 VSWR 并增强端射方向上的辐射性能。50 Ω 同轴线直接与渐变槽的末端相连用来馈电。天线总尺寸为 100 mm(长)×50 mm(宽)×16 mm(高)。仿真与测试结果显示该天线在 3.2~24 GHz之间 VSWR 小于 2.2,在 3~16 GHz 之间有稳定的方向图。

关键词:超宽带,Vivaldi 天线,矩形槽,垂直极化。

A vertically-polarized ultra-wideband, low-profile and folded half Vivaldi antenna

Xiao Lin Qu ShiWei Yang Shiwen

(School of Electronic Science and Engineering, University of Electronic Science and Technology of China, Chengdu 611731, China)

Abstract: A vertically-polarized, ultra-wideband (UWB), low-profile Vivaldi antenna is presented in this paper. Only half of the Vivaldi is placed perpendicularly to the ground plane to achieve vertical polarization at the end-fire orientation. The upper part of the antenna is folded into a right angle to achieve a low-profile. The rectangular slotlines are used to improve VSWR and enhance the gain at the end-fire orientation in the operating frequency band, and a 50 Ω coaxial probe connects directly with the end of taper slot for feeding purpose. The total sizes are 100 (length)×50 (width)×16 (height) mm3. Simulated results show that the designed antenna exhibits a bandwidth from 3.2 to 24 GHz (7.5 : 1) for VSWR<2.2, and stable radiation patterns in 3~16 GHz.

Key words: ultra-wideband, Vivaldi antenna, rectangular slotline, vertical polarization.

1 引言

Vivaldi 天线由 Gibson 于 1979 年首次提出[1],是一种宽带端射的指数渐变槽天线。因为它具备的优点,如超宽带、平面结构、成本低、易于制造等,Vivaldi 天线在实际宽带需求场合得到了广泛的应用。

传统的 Vivaldi 天线一般由印刷在介质基板两侧的微带转槽线结构进行馈电,这样可以实现很宽的阻抗匹配性能[2]。已有很多关于此种类型的 Vivaldi 天线得到报道。文献[3]中,使用超薄微波吸收材料(MAMs)使得这种微带转槽线馈电的 Vivaldi 天线在 VSWR 小于 2.15 时的工作带宽为 0.8~15.5 GHz,此外,雷达散射截面(RCS)进一步缩减,宽带内的增益也更稳定。文献[4]提出了一种与缺陷地板结构(DGS)和透镜结构相结合的超宽带 Vivaldi 天线,该天线可工作在 1~14 GHz之间,用于地空通信。文献[5]提出了一种用四分之一波长巴伦馈电的超宽带双极化 Vivaldi 天线,在 0.56~7.36 GHz 实现了低交叉极化和良好的阻抗匹配。

综上所述,Vivaldi 天线的超宽带性能吸引了大量天线研究人员的关注，被广泛应用于各种超宽带需求的雷达与通信领域。本文提出了一种由 50 Ω 同轴线直接馈电的超宽带低剖面 Vivaldi 天线，实现了垂直极化的近端射方向上的辐射。

2 正文

2.1 天线结构

本文提出的半折叠 Vivaldi 天线结构，如图 1 所示。其中，50 Ω 同轴线作为馈电结构；末端与地板相垂直的 PEC 壁用来模拟实际应用场景，同时也能增强端射方向上的辐射；开有矩形长槽的半折叠 Vivaldi 天线作为辐射体向端射方向辐射能量。另外，置于四个角的有机玻璃柱用来支撑整个天线，在不影响天线性能的情况下确保了足够的机械强度。

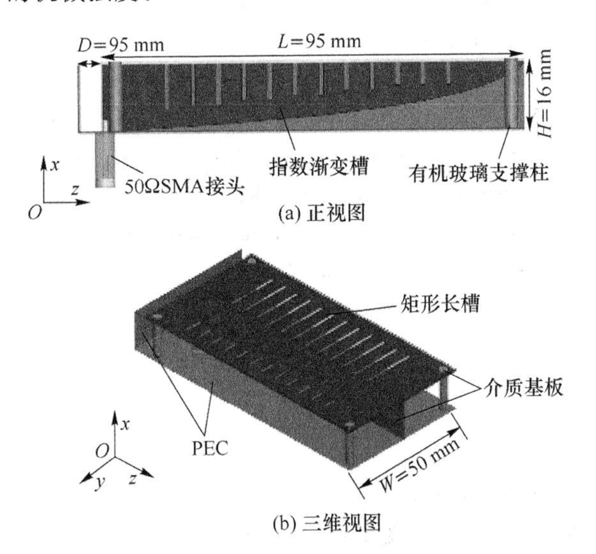

图 1 天线结构与基本尺寸

厚度为 1mm 的介质基板 F4BM220($\varepsilon_r=2.2$, $\tan\delta=0.002$)用作 Vivaldi 天线的介质板。50 Ω SMA 接头与指数渐变槽的末端焊接在一起。指数渐变曲线可由公式(1)确定[2]：

$$z(y)=Ae^{py} \tag{1}$$

式中，p 为渐变指数，A 为指数渐变槽的最小宽度，y 是指数渐变槽的总长度，z 是指数渐变槽的宽度。天线的总尺寸为 100 mm(长)×50 mm(宽)×16 mm(高)，且易于制造和装配。

2.2 仿真与测试

仿真结果由商用全波仿真软件得到。如图 2 所示，对于有折叠金属部分的 Vivaldi 天线，可以看到在 2～20.8 GHz 之间，其仿真的 VSWR 比没有折叠金属部分的 Vivaldi 天线低得多，这说明有电流从指数渐变槽流向折叠的矩形金属板，而且电磁能量可以从这一部分向自由空间辐射。从这一点看，折叠的矩形金属板等效于增加了 Vivaldi 天线的高度。此外，在 2～8.4 GHz，开有矩形长槽的半折叠 Vivaldi 天线的 VSWR 比未开矩形长槽的更小，但两者的差值随频率升高而减小。这主要是因为在更高频段，表面电流更集中在指数渐变曲线附近，使得槽的作用减弱。

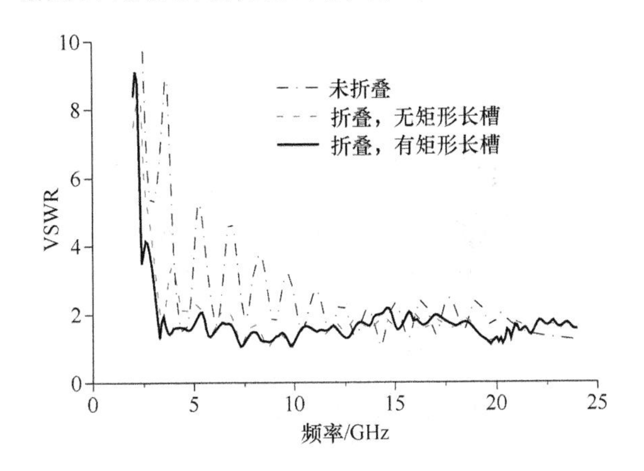

图 2 仿真的 3 种情况的 VSWR

图 3 给出了所设计 Vivaldi 天线的几个典型辐射方向图。E 面辐射方向图是非对称的，最大增益并不在端射方向上，而是有一定程度的上翘，并且随频率上升上翘角度减小；H 面的辐射方向图关于天线对称。可以看到随着频率升高，E 面和 H 面的交叉极化增加，高频段时辐射方向图恶化。24 GHz 时，两个主平面的波束出现分裂。尽管如此，在 3～16 GHz，E 面和 H 面的辐射性能良好。在整个工作频带内，E 面最小增益出现在 3 GHz，波束指向 30°时的情况，为 2.6 dBi；最大增益出现在 16 GHz，波束指向 13°时的情况，为 12.8 dBi。

图 4 给出了加工的实际天线。图 5 是实测与仿真的反射系数对比图，可以看到，在整个工作频带内仿真的反射系数与实测的结果吻合良好，验证了所设计 Vivaldi 天线的有效性与可靠性。

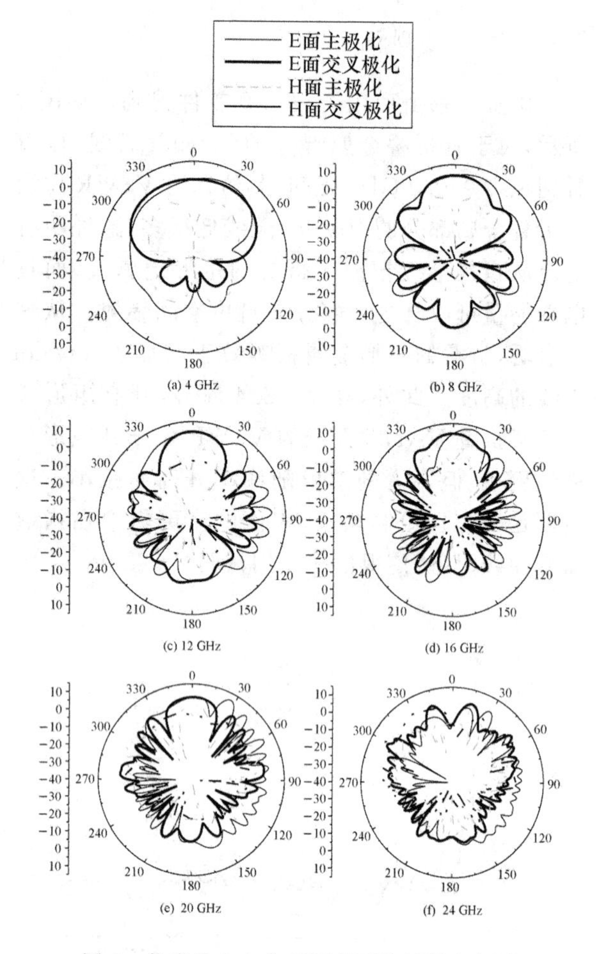

图 3　仿真的 6 个典型频率下的辐射方向图

图 4　加工的天线实物

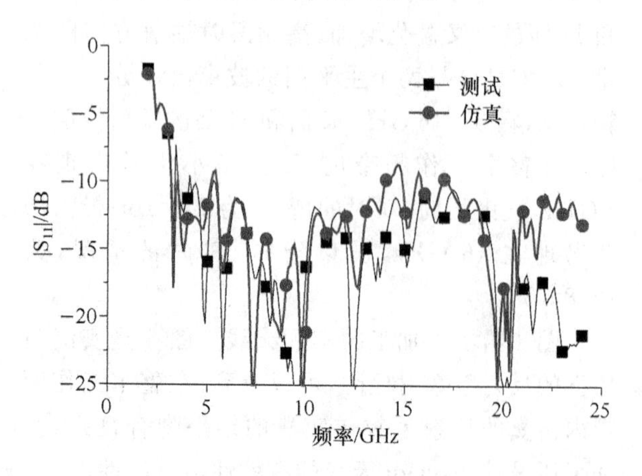

图 5　仿真与测试的反射系数

3　结　论

本文设计了一种垂直极化的超宽带低剖面 Vivaldi 天线，可应用于有超宽带需求的应用场景。仿真与测试结果表明该天线在 3.2～24 GHz 之间的 VSWR 小于 2.2，在 3～16 GHz 之间有稳定的辐射方向图，其中，最小增益出现在 3 GHz，为 2.6 dBi；最大增益出现在 16 GHz，为 12.8 dBi。

参考文献

[1] Gibson P J. The Vivaldi Aerial, 1979 9th European Microwave Conference, Brighton, UK, 1979: 101-105.

[2] Balanis C A. Antenna Deisgn: Analysis and Theory, 4th ed, John Wiley & Sons, Inc., 2016: 496-500, 2016.

[3] Zhang P F, Li J R. Compact UWB and Low-RCS Vivaldi Antenna Using Ultrathin Microwave-Absorbing Materials. IEEE Antennas Wireless Propag. Lett, 2017,16: 1965-1968.

[4] Belen M A, Evranos İ Ö, F Mahouti P. An UWB Vivaldi antenna with the enhanced functionalities through the use of DGS and dielectric lens. 2017 8th International Conference on Recent Advances in Space Technologies (RAST), Istanbul, 2017: 199-201.

[5] Dzagbletey P A, Shim J Y, Jeong J Y, et al. Dual-polarized Vivaldi antenna with quarter-wave balun feeding, 2017 Asia-Pacific International Symposium on Electromagnetic Compatibility (APEMC), Seoul, 2017:108-110.

通信作者：屈世伟

通信地址：四川省成都市西源大道 2006 号电子科技大学电子科学与工程学院，邮编 611731

E-mail：shiweiqu@uestc.edu.cn

一种基于GPU并行优化的CE-LOD-FDTD方案

黎子豪　郭　琪　朱琼琼　龙云亮
（中山大学　电子与信息工程学院，　广州 510006）

摘要：针对大规模、复杂环境下的复包络局部一维时域有限差分法（Complex Envelope Locally One Dimension Finite Difference Time Domain，CE-LOD-FDTD）仿真问题，提出了一种基于GPU并行优化的CE-LOD-FDTD方案。该方案结合了CE-FDTD适用于处理窄带信号的优点及LOD-FDTD适用于大规模运算的优势，运算时把CE-LOD-FDTD隐式运算矩阵分割成多个小矩阵，采用GPU并行架构及Thomas-PCR并行算法进行处理。实验结果表明，相比于现有算法，本文算法可获得更好的加速性能。
关键词：复包络，时域有限差分法（FDTD），GPU，并行算法。

A CE-LOD-FDTD Scheme Based on GPU Parallel Optimization

Li Zihao　Guo Qi　Zhu Qiongqiong　Long Yunliang
(School of Electronics and Information Technologyg, Sun Yat-sen University, Guangzhou 510006, China)

Abstract: For solving the problems of large scale and complex environment in complex envelope locally one dimension finite difference time domain (CE-LOD-FDTD) simulation, this paper proposed a CE-LOD-FDTD scheme based on GPU parallel optimization. The scheme combines the advantage of narrow band simulation in CE-FDTD and the advantage of large scale computation of LOD-FDTD. In computation step, the implicit matrix of CE-LOD-FDTD is divided into multiple small matrices. The GPU parallel architecture and the Thomas-PCR parallel algorithm have been adopted for computation. Experimental results show that the proposed algorithm obtains better acceleration performance compared with state-of-the-art algorithms.
Key words: complex envelope, finite difference time domain (FDTD), GPU, parallel algorithm.

1　引言

1966年，K. S. Yee首先提出了时域有限差分法（Finite Difference Time Domain，FDTD），用于分析电磁脉冲在柱形金属中的传播和反射[1]。但是，由于采用FDTD计算容易产生网格数量过多的问题，局部一维（Locally One Dimension，LOD）时域有限差分法（LOD-FDTD）被用于解决以上缺陷[2]，该方法可在误差影响不大的前提下减少迭代次数。因此，该方法可在大规模电磁仿真中得以应用。虽然并行LOD-FDTD方法得以成功使用，但在当时，该方法仅能在单台计算机上执行。

随后，Hemmi等人提出了基于域分解（Domain Decomposition，DD）的并行LOD-FDTD方法[3]。该方法在运算时，需要对每个H场进行转置。由于转置运算会带来节点间带宽压力，为解决上述问题，提出了基于Sherman-Morrison矩阵分解方法的LOD-FDTD算法。

然而，上述算法均采用CPU进行运算，相对于GPU而言，存在运算速度性价比过低的缺陷。由于基于GPU的FDTD算法目前较为缺乏，本文提出一种基于GPU并行优化的CE-LOD-

FDTD 方案。该方案结合了 CE-FDTD 适用于处理窄带信号的优点及 LOD-FDTD 适用于大规模运算的优势，运算时把 CE-LOD-FDTD 隐式运算矩阵分割成多个小矩阵，采用 GPU 并行架构及 Thomas-PCR 并行算法进行处理。

2 CE-LOD-FDTD 算法

CE-FDTD 可对窄带信号进行有效建模，如所述，$\hat{H}$ 和 $\hat{E}$ 场可采用以下方式所述：

$$(\hat{H},\hat{E}) = \mathrm{Re}([H,E]\mathrm{e}^{\mathrm{j}\omega t}] \tag{1}$$

式中，H 和 E 是窄带信号，$\mathrm{e}^{\mathrm{j}\omega t}$ 是载波信号。

将式(1)代入麦克斯韦方程组，可得：

$$\frac{\partial H}{\partial t} + \mathrm{j}\omega H = -\frac{1}{u}\nabla\times E \tag{2}$$

$$\frac{\partial D}{\partial t} + \mathrm{j}\omega D = \nabla\times H \tag{3}$$

$$\frac{\partial D}{\partial t} + \mathrm{j}\omega D = \sigma E + \varepsilon_0\varepsilon_r\left(\frac{\partial E}{\partial t} + \mathrm{j}\omega E\right) \tag{4}$$

式中，σ 为电导率、μ 为磁导率、ε_0 为真空介电常数、ε_r 为相对介电常数。

基于中心差分法，可得 CE-FDTD 方程：

$$\begin{aligned}
&\frac{1}{2}\Big[\frac{E_z^{n+1}(i,j+1,k) - E_z^{n+1}(i,j,k)}{\Delta y} \\
&- \frac{E_y^{n+1}(i,j,k+1) - E_y^{n+1}(i,j,k)}{\Delta z} \\
&+ \frac{E_z^{n}(i,j+1,k) - E_z^{n}(i,j,k)}{\Delta y} \\
&- \frac{E_y^{n}(i,j,k+1) - E_y^{n}(i,j,k)}{\Delta z}\Big] \\
&= -\mu\Big[\frac{H_x^{n+1}(i,j,k) - H_x^{n}(i,j,k)}{\Delta t} \\
&+ \mathrm{j}\omega\frac{H_z^{n+1}(i,j,k) + H_z^{n}(i,j,k)}{2}\Big]
\end{aligned} \tag{5}$$

将 CE 麦克斯韦方程组代入 LOD-FDTD 算法，H_x 可分解为下列形式：

$$\begin{aligned}
H_x^{n+2/3}(i,j,k) &= \frac{a}{A_y}H_x^{n+1/3}(i,j,k) \\
&- \frac{2\Delta t}{A_y}(E_z^{n+2/3}(i,j+1,k) \\
&- E_z^{n+2/3}(i,j,k) + E_z^{n+1/3}(i,j+1,k) \\
&- E_z^{n+1/3}(i,j,k))
\end{aligned} \tag{6}$$

$$\begin{aligned}
H_x^{n+1}(i,j,k) &= \frac{a}{A_z}H_x^{n+2/3}(i,j,k) \\
&- \frac{2\Delta t}{A_z}(E_y^{n+1}(i,j,k+1) \\
&- E_y^{n+1}(i,j,k) \\
&+ E_y^{n+2/3}(i,j,k+1) - E_y^{n+2/3}(i,j,k)
\end{aligned} \tag{7}$$

式中，$A_h = \Delta h\mu(4+\Delta t\mathrm{j}\omega)$，$h = x,y,z$，$a = \Delta h\mu(4-\Delta t\mathrm{j}\omega)$。$H_z$ 也可采用同样的方法进行展开：

$$\begin{aligned}
H_z^{n+1/3}(i,j,k) &= \frac{a}{A_x}H_z^{n}(i,j,k) \\
&+ \frac{2\Delta t}{A_x}(E_y^{n+1/3}(i+1,j,k) \\
&- E_y^{n+1/3}(i,j,k) \\
&+ E_y^{n}(i+1,j,k) - E_y^{n}(i,j,k)
\end{aligned} \tag{8}$$

$$\begin{aligned}
H_z^{n+2/3}(i,j,k) &= \frac{a}{A_y}H_z^{n}(i,j,k) \\
&+ \frac{2\Delta t}{A_y}(E_x^{n+2/3}(i,j+1,k) \\
&+ E_x^{n+2/3}(i,j,k) \\
&+ E_x^{n}(i,j+1,k) - E_x^{n}(i,j,k))
\end{aligned} \tag{9}$$

对于 D_y，可做以下分解：

$$\begin{aligned}
D_y^{n+1/3}(i,j,k) &= \frac{c}{C_x}D_y^{n}(i,j,k) \\
&+ \frac{2\Delta t}{C_x}[(H_z^{n+1/3}(i,j,k) \\
&- H_z^{n+1/3}(i-1,j,k) \\
&+ (H_z^{n}(i,j,k) - H_z^{n}(i-1,j,k)]
\end{aligned} \tag{10}$$

式中，$C_x = \Delta x(4 + j\omega\Delta t)$、$c = \Delta x(4 - j\omega\Delta t)$。

对于 E，可做以下分解：

$$\begin{aligned}
E_h^{n+(m+1)/3}(i,j,k) &= \frac{b_1}{B}E_h^{n+m/3}(i,j,k) \\
&+ \frac{b_2}{B}D_h^{(n+m/3)}(i,j,k) \\
&+ \frac{b_3}{B}D_h^{n+(m+1)/3}(i,j,k)
\end{aligned} \tag{11}$$

式中，$B = \Delta t\sigma + 4\varepsilon + \mathrm{j}\omega\varepsilon$、$b_1 = 4\varepsilon - \Delta t\sigma - \mathrm{j}\omega\varepsilon$、$b_2 = \mathrm{j}\omega\Delta t - 4$，$b_3 = 4 + \mathrm{j}\omega\Delta t$，$m = 0,1,2$。

代入 E_y 到式(7)，可得隐式 LOD-FDTD 方程：

$$\begin{aligned}
H_z^{n+1/3}(i,j,k) &= \frac{a}{A_x}H_z^{n}(i,j,k) \\
&- \frac{2\Delta t}{A_x}\Big[\Big(1+\frac{b_1}{B}\Big)(E_y^{n}(i+1,j,k) \\
&- E_y^{n}(i,j,k) \\
&+ \frac{b_2}{B}(D_y^{n}(i+1,j,k) - D_y^{n}(i,j,k)) \\
&+ \frac{b_3}{B}(D_y^{n+1/3}(i+1,j,k)
\end{aligned}$$

$$-D_y^{n+1/3}(i,j,k) \tag{12}$$

把式(11)代入式(9),可得:

$$\begin{aligned}
&\frac{2b_3(\Delta t)^2}{A_xBC_x}(D_y^{n+1/3}(i+1,j,k) \\
&+D_y^{n+1/3}(i-1,j,k) \\
&-\left(1+\frac{4b_3(\Delta t)^2}{A_xBC_x}\right)D_y^{n+1/3}(i,j,k) \\
&=\frac{c}{C_x}D_y^n(i,j,k) \\
&+\frac{2\Delta t}{C_x}\Big[\left(1+\frac{a}{A_x}\right)(H_z^n(i,j,k) \\
&-H_z^n(i-1,j,k)) \\
&+\frac{2\Delta t(B+b_1)}{A_xB}(E_y^n(i+1,j,k) \\
&+E_y^n(i-1,j,k)-2E_y^n(i,j,k) \\
&+\frac{b_2\Delta t}{A_xB}(D_y^n(i+1,j,k) \\
&+D_y^n(i-1,j,k)-2D_y^n(i,j,k))\Big]
\end{aligned} \tag{13}$$

式(13)是三对角矩阵,当式(13)计算完毕后,$E_y^{n+1/3}$ 和 $H_x^{n+1/3}$ 可通过式(11)和式(8)获得。最后,时间步 $n+2/3$ 和 $n+1$ 可通过相似方式获得。

3 GPU 并行优化算法

本文采用文献[5]所述的 GPU 并行优化算法对隐式方程(12)进行求解。首先,方程(12)可表述为 $\boldsymbol{Ax}=\boldsymbol{d}$ 的形式,其中:

$$\boldsymbol{A}=\begin{pmatrix} b_1 & c_1 & & & \\ a_2 & b_2 & c_2 & 0 & \\ \vdots & \vdots & \vdots & \vdots & \\ & 0 & a_{n-1} & b_{n-1} & c_{n-1} \\ & & & a_n & b_n \end{pmatrix} \tag{14}$$

$$\boldsymbol{d}=(d_1,d_2,\cdots,d_{n-1},d_n)^{\mathrm{T}} \tag{15}$$

3.1 Thomas 算法

Thomas 算法是高斯消元法的一种形式,算法包括两个阶段:前向消除和后向替换。在前向消除阶段,下对角线元素可通过主对角线元素进行运算消除:

$$c_1'=\frac{c_1}{b_1},c_1'=\frac{c_i}{b_i-c_{i-1}a_i},i=2,3,\cdots,n-1 \tag{16}$$

$$d_1'=\frac{d_1}{b_1},d_1'=\frac{d_i-d_{i-1}'a_i}{b_i-c_{i-1}a_i},i=2,3,\cdots,n-1 \tag{17}$$

后向替换算法使用上对角线及主对角线的元素来计算剩余的未知量:

$$x_n=d_n',x_i=d_i'-c_i'x_{i+1},i=n-1,\cdots,1 \tag{18}$$

3.2 PCR 算法

并行循环消除(Parallel Cyclic Reduction, PCR)是循环消除(Cyclic Reduction, CR)的前向形式,当 CR 执行奇数或偶数行时,PCR 可同时执行奇数和偶数行。因此,一个系统可分解为两个子系统。公式(18)说明了一个 PCR 前向消除步骤的操作流程,当 CR 法传输 e_2 和 e_4 时,PCR 会同时执行 e_1 和 e_3 的消除步,因此会产生如公式(18)所示的两个小矩阵。PCR 的计算复杂度为 O($n\log n$),所需的消除步数为 $\log n+1$。

$$\begin{matrix} e_1 \\ e_2 \\ e_3 \\ e_4 \end{matrix}\begin{bmatrix} b_1 & c_1 & & \\ a_2 & b_2 & c_2 & \\ & a_3 & b_3 & c_3 \\ & & a_4 & b_4 \end{bmatrix} \to \begin{matrix} e_1' \\ e_2' \\ e_3' \\ e_4' \end{matrix}\begin{pmatrix} b_1' & 0 & c_1' & \\ 0 & b_2' & 0 & c_2' \\ a_3 & 0 & b_3 & 0 \\ & a_4 & 0 & b_4 \end{pmatrix} \to \frac{\begin{pmatrix} b_1 & c_1 \\ a_3' & b_3' \end{pmatrix}}{\begin{pmatrix} b_2 & c^2 \\ a_4' & b_4' \end{pmatrix}} \tag{19}$$

图 1 说明了数据转移方式,顶端的两个矩形表示一个 PCR 步的两个子系统,每个子系统由 4 个元素组成。随后,每个子系统经过一次 PCR 步,变为由 2 个元素组成的子系统。随后,2 元素系统可被求解。

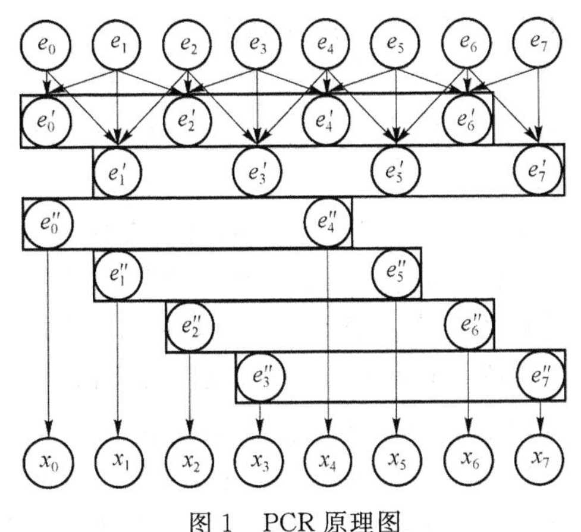

图 1 PCR 原理图
(Schematic diagram of PCR)

3.3 Thomas-PCR 混合算法

本文所使用的 GPU 并行算法为多级 Thomas-PCR 算法。算法从平铺 PCR 开始，随后转移至 p-Thomas，算法的转换点由输入数据的大小所决定。图 2 说明了本算法对一个 8 元素系统的优化方案。

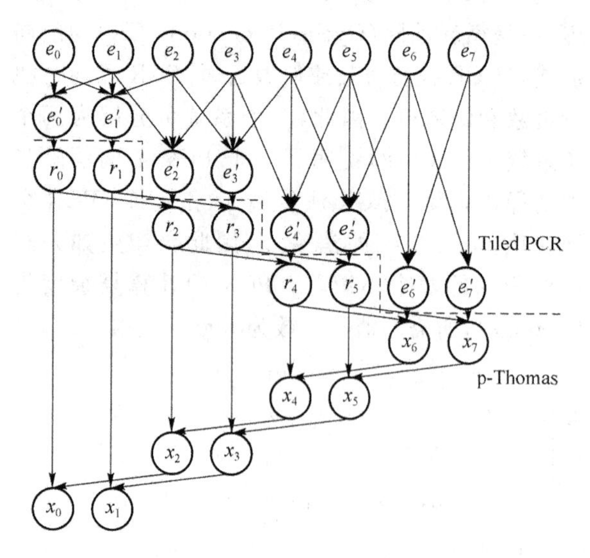

图 2　8 元素系统的 PCR 步
(One PCR step for one 8-element system)

首先，PCR 将输入系统划分为两个 4 元素系统，在经过一次 PCR 步后，p-Thomas 接管了这两个系统，两个矩阵分别采用两个线程进行并行求解。

t-PCR 与 PCR 的区别在于，t-PCR 在算法运行至最小矩阵之前执行中止操作。与现有的算法对比，t-PCR 将输入数据分割成多个小序列，并同步执行每个序列的运算。与直接加载输入数据不同，t-PCR 将输入数据分块，分配至共享内存。

由于一个单一的算法不能应付所有的硬件和输入大小的组合，这是基于硬件可以支持的并行量和潜在的工作负载大小之间的关系，需要控制算法来选择最佳组合。因此，采用成本函数计算，可计算出混合算法中消除步的数目。假设在 M 个独立的系统中存在 k 步 PCR 步，每个系统由 2^n 个元素，在 P 路并行模式下运行。当 $M>P$ 时，令 $k=0$，算法直接运行 p-Thomas 步骤；当 $M<P$ 时，令 $2^k.M<P$。表 1 汇总了各种条件下的计算代价函数。

表 1　Thomas、PCR 与混合算法的计算代价对比
(Computation cost comparison of Thomas, PCR and the hybrid algorithm)

算法	$M>P$	$M\leqslant P$
Thomas	$\frac{M}{P}(2\cdot 2^n-1)$	$2\cdot 2^n-1$
PCR	$\frac{M}{P}(n\cdot 2^n+1)$	$\frac{M}{P}(n\cdot 2^n+1)$
混合算法	$\frac{M}{P}[2(2^n-k)+k\cdot 2^n]$	$\frac{M}{P}k\cdot 2^n+\frac{M}{P}2(2^n-2^k)$, $M>P$
		$\frac{M}{P}k\cdot 2^n+2(2^n-2^k)$, $M\leqslant P$

但输入数据的大小是 2^n 时，Thomas 法的消除步是 $2\cdot 2^n-1$。当 $M\leqslant P$ 时，总的执行时间不会改变；当 $M>P$ 时，工作负载会填满并行空间，即工作负载可平分至每个节点。在 PCR 算法中，当系统继续工作时，系统就被分解了，因此工作负载可在任何情况下分配至每个并行节点。在混合算法中，$k\cdot 2^n$ 表示 PCR 的消除代价函数，$2\cdot 2^{n-k}-1$ 表示 Thomas 的消除代价函数。输入矩阵大小与 M 和 k 的关系，如表 2 所示。

表 2　输入矩阵大小与 M 和 k 的关系
(Relationships in the size of input matrix, M and k)

M	k 步数	输入大小(2^k)
$M<16$	8	256
$16\leqslant M<32$	7	128
$32\leqslant M<512$	6	64
$512\leqslant M<1\,024$	5	32
$1024\leqslant M$	0	1

系统流程图，如图 3 所示。

4　实验结果

本文采用的实验环境如下：16 核的 Intel E5-2600 CPU、64GB 内存以及 NVIDIA Tesla C2075 GPU。本文采用 DD 算法作为实验对比，实验场景为文献[6]所采用的牛津大学实验室，如图 4 所示。

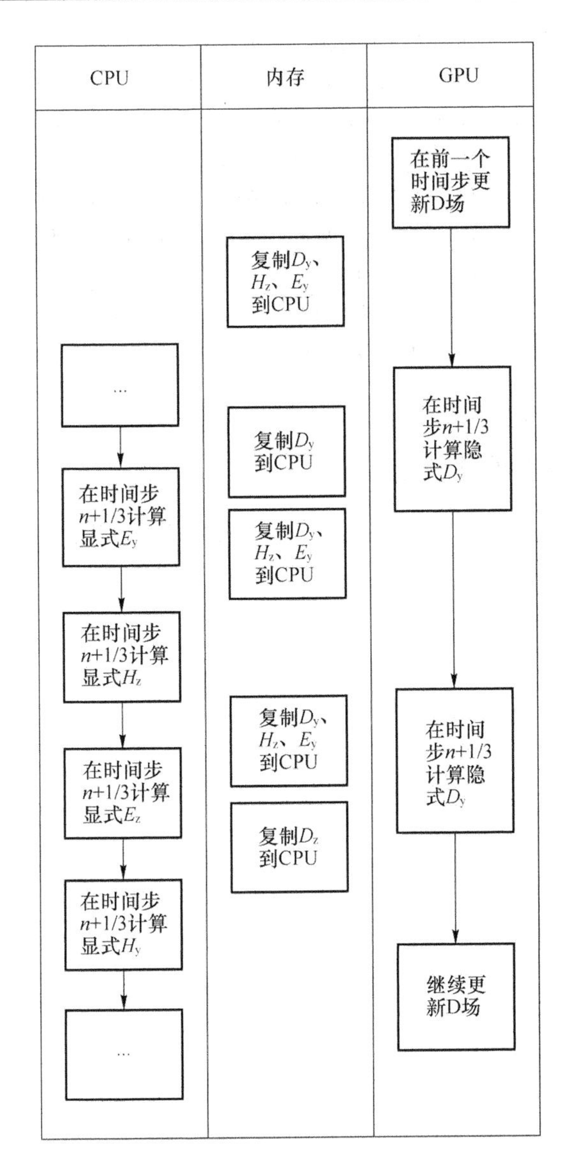

图 3　系统流程图

(Flow chart of the system)

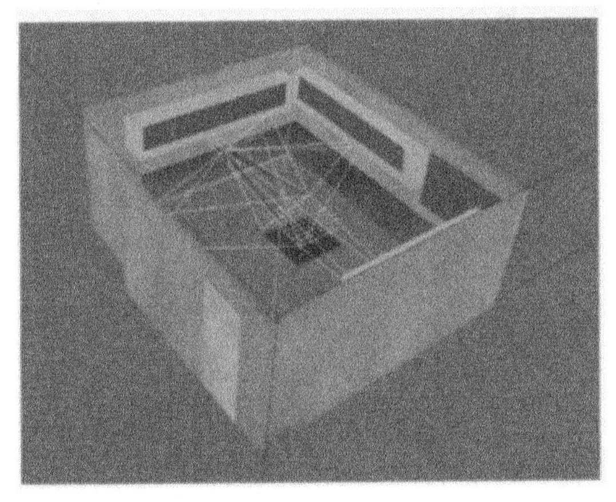

图 4　实验场景图

(The picture of experimental environment)

表 3 给出了本文算法和 DD 算法的每秒处理胞元数对比，可以看出本文算法在处理速度上具有更明显的优势。

表 3　每秒处理胞元数对比

(Comparison of number cells per sedond)

算法	本文算法	DD
胞元数	2.3×10^8	1.4×10^8

图 5 显示了 CE-LOD-FDTD、FDTD 及实测数据的功率时延对比图，其中 CE-LOD-FDTD 的 CFLN 设置为 4。可以发现 CE-LOD-FDTD 的计算值与 FDTD 较为接近，相关性达到了 0.92。

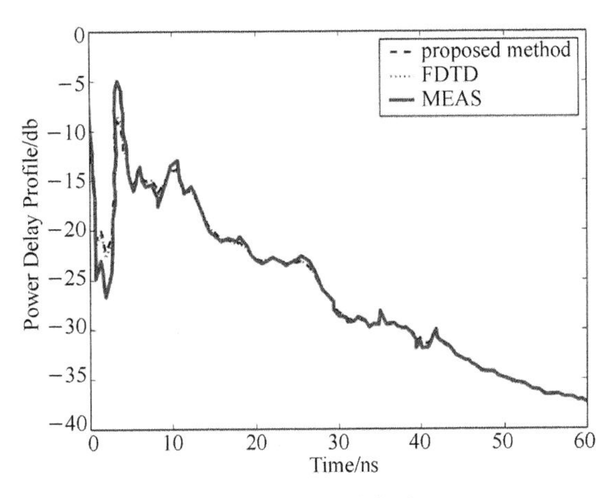

图 5　功率延迟分布对比

(Power delay profile comparison)

5　结论

本文提出了一种基于 GPU 并行优化的 CE-LOD-FDTD 方案。该方案结合了 CE-FDTD 及 LOD-FDTD 的优势，提出了 CE-LOD-FDTD 算法，计算时采用 Thomas-PCR 混合 GPU 算法，提高了计算效率。实验结果表明本文算法兼具了计算速度及计算精确度的优势。

参考文献

[1] YEE K S. Numerical solution of initial boundary values of involving Maxwell equations in isotropic media [J]. IEEE transactions on antennas and propagation, 1966, 14(3): 302-307.

[2] Ahmed I, Chua E K, Li E P and Chen Z. Development of the three-dimensional unconditionally stable LOD-FDTD method[J]. IEEE transactions on anten-

nas and propagation, 2008, 56: 3596-3600.

[3] Hemmi T, Costen F, Garcia S, Himeno R, Yokota H and Mustafa M. Efficient parallel LOD-FDTD method for debye-dispersive media[J]. IEEE transactions on antennas and propagation, 2014, 62: 1330-1338.

[4] Tan J, Li Z, Guo Q and Long Y. An efficient implicit parallel solver for LOD-FDTD algorithm in cloud computing environment[J]. IEEE antennas and wireless propagation letters, 2018, 17(7): 1209-1212.

[5] Kim H S, Wu S, Chang L W and Hwu W W. A scalable tridiagonal solver for GPUs[C]. The2011 International Conference on Parallel Processing, Taipei, Taiwan, China, Sept. 13-16, 2018.

[6] Tiberi G, Bertini S, Maik W, Monorchio A, Edwards D and Manara G. Analysis of realistic ultrawideband indoor communication channels by using an efficient ray-tracing based method[J]. IEEE transactions on antennas and propagation, 2009, 57: 777-785.

通信作者:黎子豪

通信地址:广东省广州市广州大学城中山大学电子与信息工程学院,邮编 510006

E-mail:352054678@qq. com

一种基于液晶的可调谐频率选择表面设计

杨　鑫[1]　杨国辉[1]　吴　群[1]　张　狂[1]　李迎松[1]

（1. 哈尔滨工业大学电子与信息工程学院，哈尔滨 150001
2. 哈尔滨工程大学信息与通信工程学院，哈尔滨 150001
3. 中国科学院国家空间科学中心，北京 100000）

摘要：液晶的介电各向异性随着电压改变的特性给提供了一种 FSS 的调谐机制。本文将利用液晶材料的调谐机制，设计一种基于液晶的新型可调谐双层 FSS。该设计通过改变液晶单元的电压来改变前和后 FSS 层之间的电容，液晶单元周期性地位于前和后 FSS 金属层之间的电容性结点处。利用这一方法，可以使用很少的液晶实现可调谐性，从而降低介电损耗并降低材料成本。

关键词：频率选择表面(FSS)，液晶，各向异性。

A Tunable Frequency Selective Surface Design Based on Liquid Crystal

Yang Xin[1]　Yang Guohui[1]　Wu Qun[1]　Zhang Kuang[1]　Li Yingsong[1]

(1. School of Electronics and Information Engineering, Harbin Institute of Technology, Harbin 150001, China
2. College of Information and Communication Engineering, Harbin Engineering University, Harbin 150001, China
3. National Space Science Center, Chinese Academy of Sciences, Beijing, 100000)

Abstract: The dielectric anisotropy of liquid crystals provides a tuning mechanism for FSS with the characteristics of voltage changes. In this paper, we will design a new tunable double-layer FSS based on liquid crystal using the tuning mechanism of liquid crystal materials. The design changes the capacitance between the front and back FSS layers by varying the voltage of the liquid crystal cell, which is periodically located at the capacitive junction between the front and back FSS metal layers. With this method, tunability can be achieved with very few liquid crystals, thereby reducing dielectric loss and reducing material costs.

Key words: Frequency selective surface(FSS), Liquid crystal, Anisotropy.

1　引言

在对影响频率选择表面特性的研究中，了解到单元结构十分重要的因素之一。而在对 FSS 的设计时，对单元结构的选择和设计，实际上是将影响到 FSS 受到激励时表面电流的分布。因此单元结构的选择在很大程度上确定了整体 FSS 的性能，例如带宽和稳定性等。对 FSS 的基本单元有一定了解后，将利用液晶材料的调谐机制，设计一种基于液晶的新型可调谐双层 FSS。

2　基本 FSS 单元结构

一般将 FSS 的单元概括为四类，如图 1 所示，根据单元的形状大体上分为中心连接型、环形结构单元、实心型单元和复合型单元。

中间连接型单元包括：常见的直线形或 N 极型、十字形、耶路撒冷十字形、Y 形等。中心连接型结构多应用于带阻型 FSS 的设计中，其谐振长度，即端到端的距离大约为 $\lambda/2$。环形结构单元包括：方环形、圆环形、六边形等。由于环形结构实

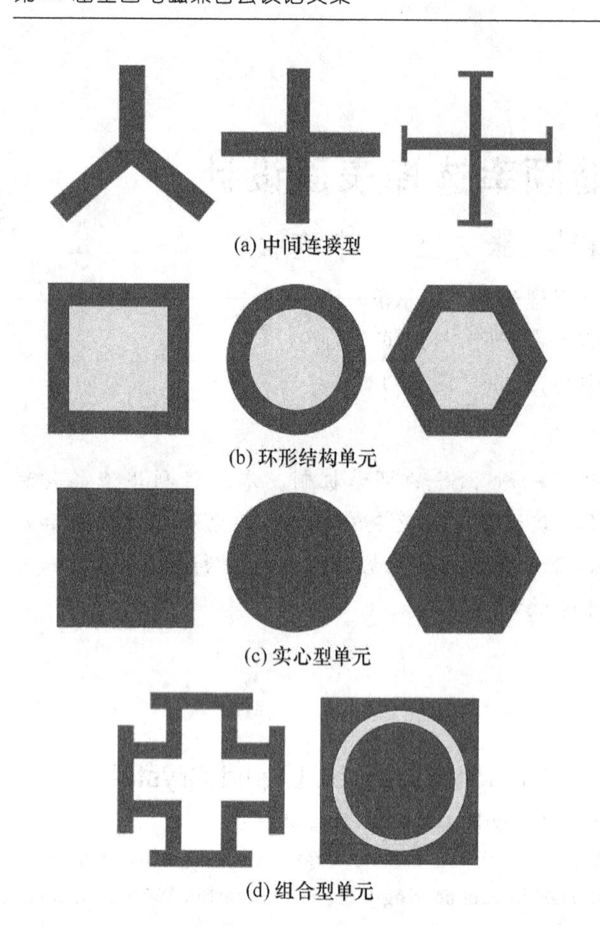

(a) 中间连接型

(b) 环形结构单元

(c) 实心型单元

(d) 组合型单元

图 1　FSS 的不同单元结构分类

际上和偶极子辐射的情况类似，故谐振条件可以参考偶极子。因此环形单元的谐振长度大致为环形结构的周长。实心型单元结构包括：常见的三角形、矩形、六边形、圆形和多边形等。复合单元实际上是前面三种类型的单元自由组合成的结构，因此可以同时具有前面几种单元的不同特点，形状也更丰富多种。

表 1 给出了上述几种常见的单元结构谐振特性的对比。实际上，在对 FSS 的设计中并不一定要追求 FSS 的综合性能最优。往往会根据实际的项目要求只关注其某一个或几个的性能最优即可。

表 1　不同 FSS 单元谐振性能对比

单元形状	角度稳定性	带宽(大)	隔离所需频带(小)	抑制交叉极化能力
偶极子	最差	最好	最好	最好
耶路撒冷十字形	次好	差	次好	差
方环形	最好	最好	最好	最好
圆形形	最好	最好	最好	最好
Y 形	差	差	次好	差
十字形	差	差	差	差

例如，环形结构和耶路撒冷十字这类具有中心对称的结构对入射波的极化改变并不敏感，且它们的大角度入射稳定性较其他结构都比较良好。因此根据实际需要选择符合要求的单元结构即可。表 1 中给出的谐振特性是不考虑介质层加载的情况下的结果。除了加载介质层会影响性能外，单元结构的排列也是影响的因素之一。

3　一种新型可调谐 FSS 的设计

对于利用液晶材料实现调谐 FSS 的方法，参考双层 FSS 的耦合作用的设计。给出一种液晶单元周期性地位于前和后 FSS 金属层之间的电容性结点处。通过改变液晶单元的电压来改变前和后 FSS 层之间的电容。进而实现使用更少的液晶来完成调谐能力。下面给出该新型 FSS 单元结构的示意图，如图 2 所示。

该结构如图 2 所示，是一个双层结构。上层单元是一个耶路撒冷十字金属贴片的变形，与耶路撒冷十字交叉的带条是为了连接每个上层单元结构以便于为液晶单元进行馈电，其宽度 $s=0.3$ mm。十字长度 $d=3.1$ mm，十字宽度 $a=1.0$ mm，$w=1.6$ mm，$b=0.3$ mm。下层单元是一个金属网格结构，其宽度 $c=1.0$ mm。在两个金属层中间加载的介质层的介电常数为 2.2，介电损耗 tan=0.01，长度 7 mm，厚度 $t=0.125$ mm，整个 FSS 结构单元尺寸为 $7\times7\times0.125\ \text{mm}^3$。其中如图 2 中的结构透视图所示，四个液晶单元添加在两个金属层重叠的部分，其液晶单元边长 $c=1.0$ mm。

使用 CST Microwave Studio 仿真软件对单元结构进行仿真模拟，表 2 给出了三种不同的液晶材料，利用这三种材料来模拟分析 FSS 的频率调谐能力。

表 2　不同类型的液晶及相应的性能表

samples	$\varepsilon_\perp$	ε_P	$\tan\delta_\perp$	$\tan\delta_P$	$\Delta\varepsilon$	η	fieq/GHz
BL037	2.35	2.61	0.06	0.06	0.26	0.100	19
GT3-23001	2.50	3.30	0.014 3	0.003 8	0.80	0.246	19
TUD-026	2.39	3.27	0.007	0.002 2	0.88	0.269	19

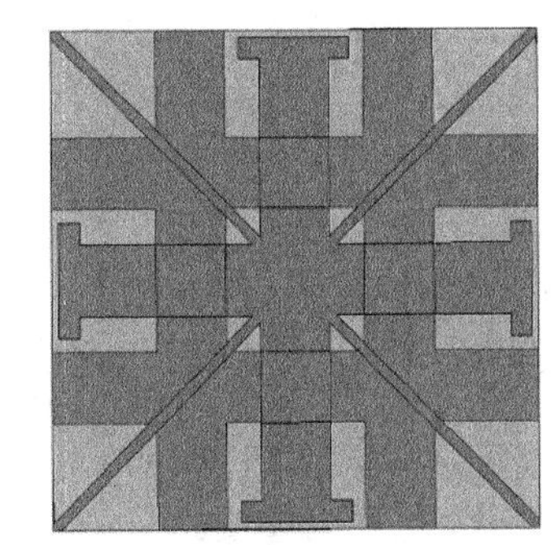

(a) 立体结构图

(b) 结构透视图

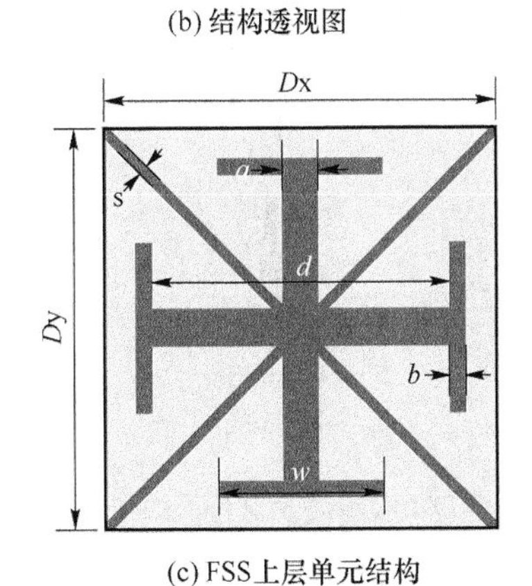

(c) FSS上层单元结构

(d) FSS下层单元结构

图 2　新型可调谐 FSS 结构示意图

实际上 FSS 的等效电路可以看作是 LC 谐振电路，下面给出谐振电路的谐振频率计算公式如下：

$$f_0 = \frac{1}{2\pi\sqrt{LC}} \tag{1}$$

式中，f_0 即为谐振频率的中心频点(GHz)。而液晶单元可等效为可调电容 C_{int}，它是上下金属层重叠部分的互耦电容，电容的计算公式如下：

$$C = \varepsilon \frac{S}{4\pi kd} \tag{2}$$

通过电容的计算公式可知，上下金属单元的耦合面积 S，层间距离 d，都可以改变电容的值。式中 k 为静电力常数，ε 即为液晶的介电常数。因此，在不改变单元结构的条件下，可以通过改变液晶的介电常数来改变耦合电容值，电容 C 正比于介电常数 ε。因此当 ε 变大时，电容 C 增大，对于整体的等效电路来说也增大了谐振电路的电容值。所以使式(1)中的 C 变大，谐振频率的中心频点 f_0 变小，即频带向左偏移。

对于极化和角度入射以及之后的参数研究分析，本文都使用材料 BGT3—23001 来做示例。图 3 给出了垂直入射时调谐前后的传输系数，通过仿真结果可以知道平面波垂直入射的时候，在 $\varepsilon_{\perp}=2.50$ 和 $\varepsilon_{\text{P}}=3.30$ 的条件下，尽管入射的极化方式不同，但该结构的传输系数曲线基本吻合，因此该结构在调谐前后都具有很好的极化入射稳定性。

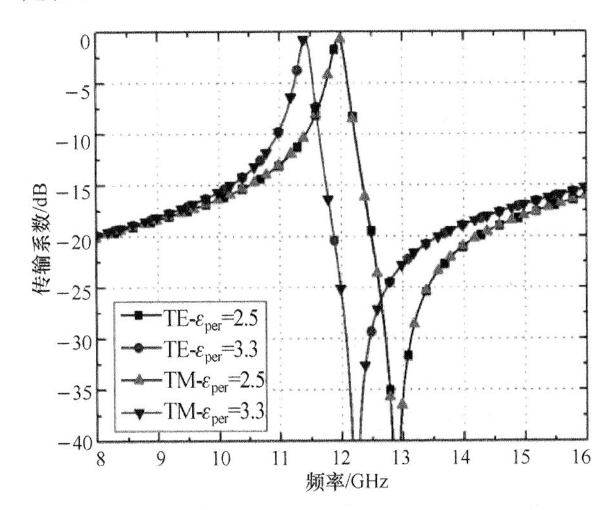

图 3　垂直入射时调谐前后的传输系数

图 4 和图 5 分别是在 $\varepsilon_{\perp}=2.50$ 和 $\varepsilon_{\text{P}}=3.30$ 下，通过 CST 软件仿真结算得到的 0°到 45°斜入射的结果。可以看出，该结构不同入射角下的传输参数。不论在 $\varepsilon_{\perp}=2.50$ 还是 $\varepsilon_{\text{P}}=3.30$ 时，TE 极化斜入射时，随着角度变大，FSS 的谐振中心频

率基本保持不变，带宽略微变窄。TM 极化斜入射时，随着角度变大，FSS 的谐振中心频率也基本保持不变，但是带宽略有变大。综上可以看出，该结构在调谐前后都对极化不敏感，且在斜入射情况下，不论是 TE 还是 TM 模式，谐振特性都保持良好，斜入射角度可达 45°。

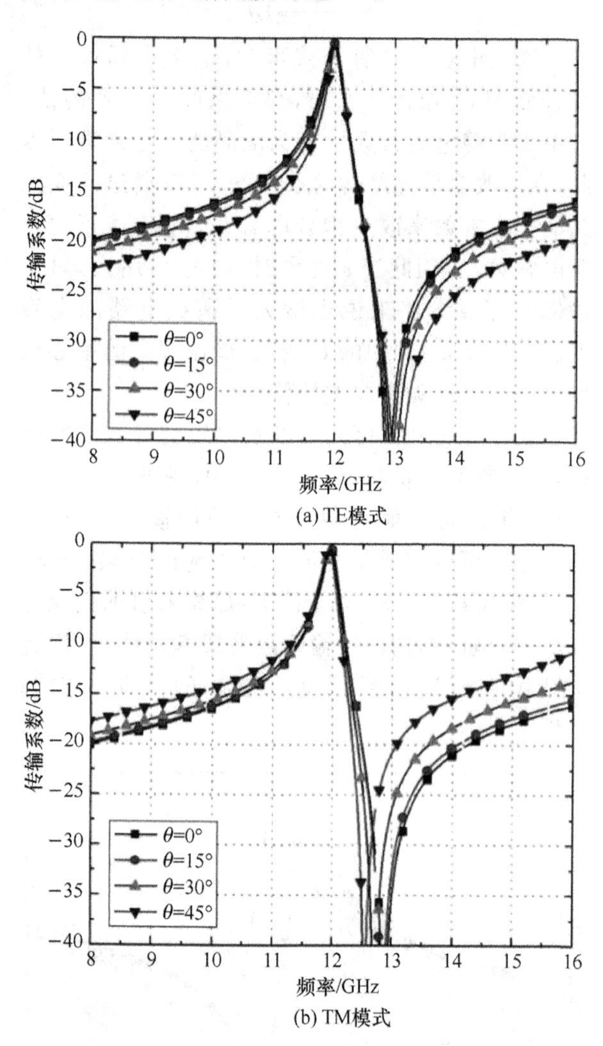

(a) TE模式

(b) TM模式

图 4　$\varepsilon_{\perp}=2.50$ 时不同入射角下的传输系数

4　仿真结果与分析

为了更好地了解结构参数对 FSS 的影响，将对设计的 FSS 的参数进行模拟仿真，仅以 TE 极化垂直入射为例进行分析。

首先保持该结构中的其他参数不变，通过 CST 仿真软件模拟在液晶介电常数从 $\varepsilon_{\perp}=2.50$ 到 $\varepsilon_{P}=3.30$ 时，上层十字金属宽度在 $a=0.8$ mm 到 $a=1.2$ mm 区间变化时，分析其传输性能和调

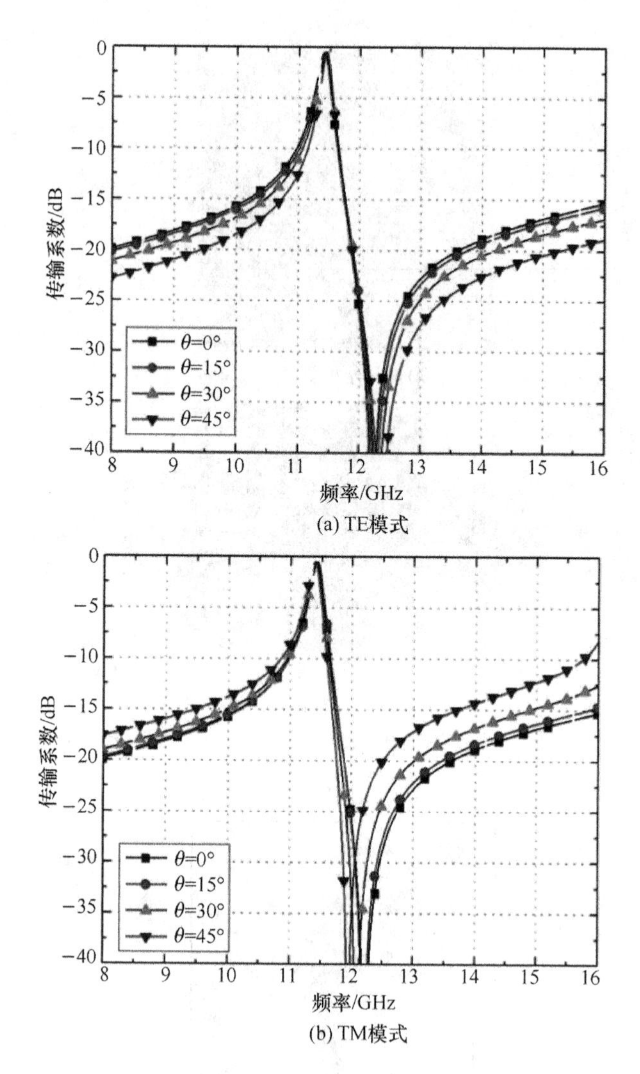

(a) TE模式

(b) TM模式

图 5　$\varepsilon_{P}=3.30$ 时不同入射角下的传输系数

谐能力。图 6 所示为仿真结果图，表 3 为其结果对比。

表 3　不同十字宽度 a 的调谐性能表

金属十字宽度/mm	$\varepsilon_{\perp}=2.50$ 时中心频率	$\varepsilon_{P}=3.30$ 时中心频率	调谐能力（相对于低频）
$a=0.8$	11.627 GHz	11.126 GHz	4.50%
$a=1.0$	11.962 GHz	11.414 GHz	4.79%
$a=1.2$	12.515 GHz	11.876 GHz	5.38%

从图 6 和表 3 可以发现，随着金属十字宽度的增加，调谐能力逐渐增大，谐振的中心频率向着高频方向偏移。当金属十字宽度从 $a=0.8$ mm 到 $a=1.2$ mm 时，调谐能力几乎增大了 1%。

下面保持该结构中的其他参数不变，通过 CST 仿真软件模拟在液晶介电常数从 $\varepsilon_{\perp}=2.50$

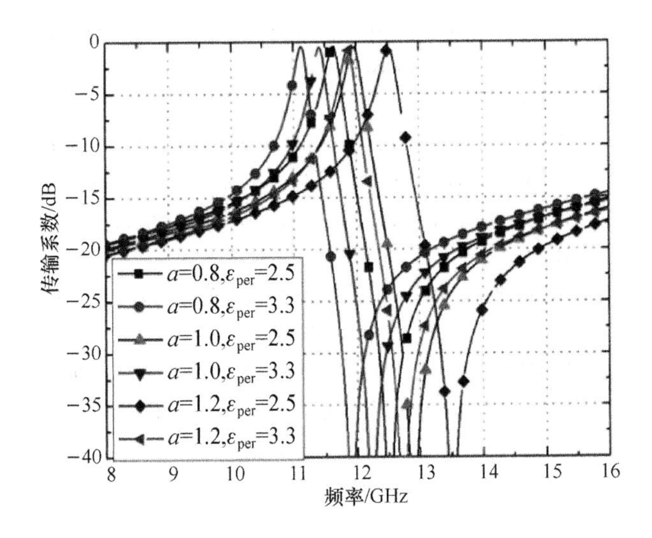

图 6　十字宽度 a 对调谐性能的影响

到 $\varepsilon_P=3.30$ 时，下层金属栅格宽度在 $c=0.8$ mm 到 $c=1.2$ mm 区间变化时，分析其传输性能和调谐能力。如图 7 所示为仿真结果图，表 4 为其仿真结果对比。

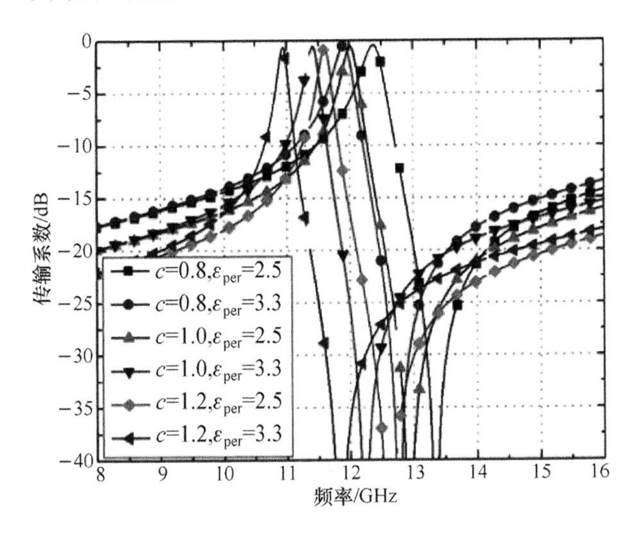

图 7　栅格宽度 c 对调谐性能的影响

表 4　不同栅格宽度 c 的调谐性能表

金属栅格宽度/mm	$\varepsilon_{\perp}=2.50$ 时中心频率	$\varepsilon_P=3.30$ 时中心频率	调谐能力（相对于低频）
$c=0.8$	12.373 GHz	11.904 GHz	3.94%
$c=1.0$	12.009 GHz	11.408 GHz	5.27%
$c=1.2$	11.603 GHz	10.932 GHz	6.14%

从图 7 和表 4 可以发现，随着金属栅格宽度的增加，调谐能力逐渐增大，谐振的中心频率向着低频方向偏移。相比于十字宽度的改变，金属栅格宽度改变对调谐能力的影响更大。但中心频率会向低频偏移，所以在具体的设计中要权衡这两个因素选择适合的尺寸。

下面对该结构的介质层厚度参数 t 进行仿真分析。探究参数 t 对调谐能力和 FSS 谐振特性的影响。保持该结构中的其他参数不变，在液晶介电常数从 $\varepsilon_{\perp}=2.50$ 到 $\varepsilon_P=3.30$ 时，介质层厚度 t 在 $t=0.125$ mm 到 $t=0.140$ mm 区间变化时，分析其传输性能和调谐能力。如图 8 所示为仿真结果图，同样的，给出表 5 为其结果对比。

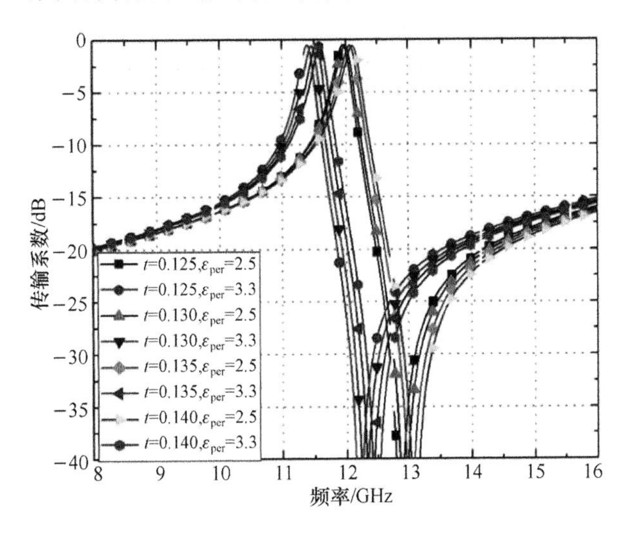

图 8　介质层厚度 t 对调谐性能的影响

表 5　不同介质层厚度 t 的调谐性能表

介质层厚度/mm	$\varepsilon_{\perp}=2.50$ 时中心频率	$\varepsilon_P=3.30$ 时中心频率	调谐能力（相对于低频）
$t=0.125$	11.958 GHz	11.388 GHz	5.00%
$t=0.130$	11.987 GHz	11.460 GHz	4.60%
$t=1.35$	12.059 GHz	11.533 GHz	4.57%
$t=1.40$	12.103 GHz	11.598 GHz	4.35%

从图 8 和表 5 中可以发现，随着介质层厚度的增加，调谐能力逐渐变差，谐振频率的中心频点向着高频方向偏移。

5　结论

本文利用液晶单元周期性地位于前和后 FSS 金属层之间的电容性结点处这一调谐方法，设计了一种可调谐 FSS 的结构。所设计的 FSS 具有良好的调谐性能，在使用 TUD-026 型液晶时，最大调谐范围可达 5%。除此之外，该 FSS 结构对不同极化下大角度范围的入射波均能保持稳定的传输特性。最后还利用 CST 仿真软件对结构中影响调谐性能的参数进行了详细的研究分析，为结构优化设计提供了方向。整体结构的尺寸为 7 mm×7 mm×0.125 mm，相当于工作波长的四分之一，可以看出该结构的尺寸较大。

参考文献

[1] Simpkin R A, Vardaxoglou J C. Frequency selective surface: US, US6218978[P]. 2001.

[2] Romeu J, Rahmat-Samii Y. Fractal FSS: a novel dual-band frequency selective surface[J]. IEEE Transactions on Antennas & Propagation, 2000,48(7):1 097-1 105.

[3] Chan C H, Mittra R. On the analysis of frequency-selective surfaces using subdomain basis functions[J]. IEEE Transactions on Antennas & Propagation, 1990, 38(1):40-50.

[4] Munk B A. Frequency-selective surfaces: Theory and design[M]. 2009 Wiley, New York.

[5] 刘培国，刘晨曦，谭剑锋. 强电磁防护技术研究进展[J]. 北京:中国舰船研究，2015,10(2): 2-6.

一种具有隐藏特性的缝隙偶极子阵列天线

梁志鹏　梁志禧　李元新　龙云亮

（中山大学　电子与信息工程学院，广州，510006）

摘要：本文提出一种缝隙宽度极小同时仍然具有宽带宽的缝隙偶极子阵列天线，天线包含两条平行独立的缝隙，缝隙的宽度足够小从而能够隐藏在金属表面上。馈电连接两条缝隙的两条边，天线与平行馈电的二单元偶极子阵列天线互补，尽管两条缝隙宽度很小，但所提出天线的带宽可以通过增加两条缝隙的距离来提升。此天线采用两条缝隙的距离为 5 mm(0.04λ)，宽度仅有 0.2 mm(0.001 6λ)的尺寸。参数的研究由仿真来引导完成，且仿真的结果也与理论分析的结果匹配。天线的带宽从 2.23 GHz 到 2.74 GHz，天线的效率在此频段内超过 65%，其峰值增益在 2.5 GHz 时约为 6 dBi。

关键词：缝隙天线，宽带天线，小型化天线。

A Slot Dipole Array Antenna with Hidden Characteristics

Liang Zhipeng　Liang Zhixi　Li Yuanxin　Long Yunliang

(School of Electronics and Information Technology, Sun Yat-Sen University, Guangzhou 510006, China)

Abstract: A novel slot dipole array antenna is proposed to achieve a broad bandwidth even when the slot width is very narrow. The antenna consists of two parallel identical slits, which are very narrow so that they can be hidden in a metal surface. The feeding is connected to the two edges of each slit, and the antenna is complementary to a parallel-fed two-element dipole array. The bandwidth of the proposed antenna can be enhanced by increasing the distance between two slits. The hidden slot array antenna is designed using two slits with distance of 5 mm (0.04λ) and width of only 0.2 mm (0.0016λ). A parametric study is conducted by simulation; the simulated results align with the theoretical analysis. A bandwidth from 2.23 to 2.74 GHz was obtained to cover the operating bands of WLAN 2.4 GHz. The efficiency was more than 65% in this bandwidth and the peak gain was about 6 dBi at 2.5 GHz.

Key words: slot antenna, broadband antenna, miniaturized antenna.

1　引言

随着无线通信系统的迅猛发展，通信设备、终端不断往小型化、低剖面发展，这就使得留给天线的设计空间也相对的越来越小，并且对性能的要求也越来越高。而缝隙天线恰好是其中十分符合现代发展需求的一类天线。

缝隙偶极子的带宽基本由它的缝隙宽度决定，因此，有许多的扩频和多频技术来增加缝隙偶极子天线的带宽，如矩形[1]和六边形[2]的宽缝可以提供超过 100%的阻抗带宽；具有分叉结构[3]、梳状结构[4]的缝隙偶极子能实现双频、三频、甚至是五频带。但增加带宽通常需要增大尺寸，缝隙尺寸的减少一般来说会导致带宽下降。在不牺牲带宽的情况下，缝隙尺寸和带宽之间的矛盾很难降低缝隙偶极子的视觉影响。虽然缝隙偶极子天线能够设计成将缝隙弯曲来达到紧凑的效果，但是这并不能明显改变视觉尺寸。

在本文中，一种新的方法被用来减少缝隙偶

极子天线的尺寸和视觉影响，同时，仍保留较大宽带宽。

2 正文

所提出的缝隙偶极子阵列天线的几何图形如图 1 所示，天线由两条平行的细缝构成，缝隙位于地平面的中间，地平面长为 L_g，宽为 W_g。两条细缝尺寸相同，放置于相距为 d 的位置，细缝长为 L_s，宽为 W_s。一条 50 Ω 的同轴线连接缝隙相距较远的两侧(A 点和 C 点)，来对天线馈电。

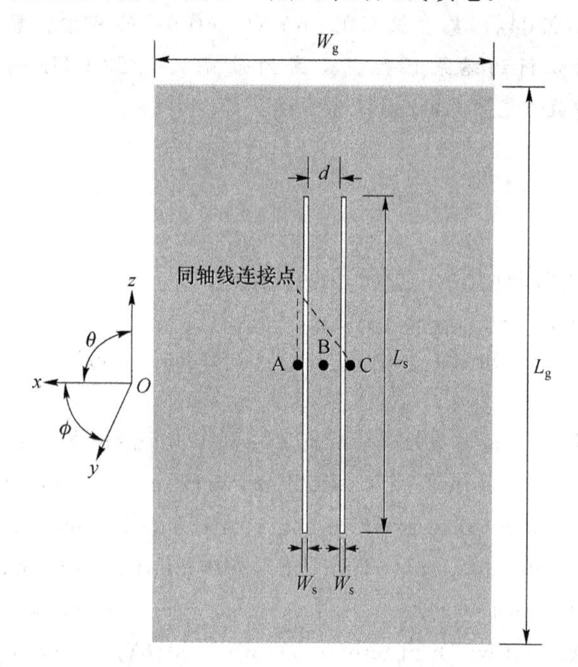

图 1　所提出的缝隙偶极子阵列天线模型

2.1　阻抗分析

根据 Booker 的关系式[5]，缝隙天线的终端阻抗 Z_{slot} 等于 1/4 的周围介质的固有阻抗的平方除以互补条状偶极子的终端阻抗 Z_{strip}，对于自由空间，固有阻抗 $Z_0=377\ \Omega$；这个特别的式子如下：

$$Z_{slot}=\frac{Z_0^2}{4Z_{strip}}=\frac{377^2}{4Z_{strip}} \tag{1}$$

式子表明，缝隙天线的阻抗正比于它的互补天线的导纳，反之亦然。那么，所提出的天线的带宽特性与互补偶极天线相同。我们将使用所提出天线的互补天线的阻抗来相应解释所提出天线的带宽特性，因为电偶极子天线的阻抗结果更容易获得。

互补偶极子的等效电路图由 Kraus[6] 在研究两个偶极子的互惠时给出，如图 2 所示。互补偶极子阵列的终端阻抗 Z_{comp} 可以根据电路网络获得。

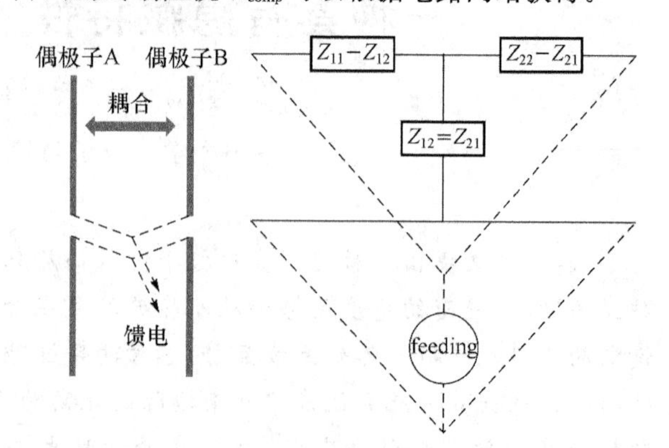

图 2　互补偶极子等效电路图

并且，终端阻抗 Z_{comp} 等于平均固有阻抗和互阻抗，如下公式所示。

$$Z_{comp}=\frac{Z_{11}-Z_{12}}{2}+Z_{12}=\frac{Z_{11}+Z_{12}}{2} \tag{2}$$

式中，固有阻抗根据 King 的分析[7]，如果条状偶极子的宽度 W_d 很小($W_d \ll \lambda$)，这个条状偶极子可以等效为半径为 r 圆柱形偶极子，r 为 1/4 的 W_d。那么长度为 L 半径为 r 的圆柱偶极子的阻抗由 Jodan[8] 给出：

$$Z_{cylinder}=\frac{\mathrm{j}60}{\sin^2\frac{kL}{2}}4\cos^2\cdot S\left(\frac{kL}{2}\right)-$$

$$\frac{\mathrm{j}60}{\sin^2\frac{kL}{2}}\cos kL\cdot S\left(\frac{kL}{2}\right)- \tag{3}$$

$$\frac{\mathrm{j}60}{\sin^2\frac{kL}{2}}\sin kL\left[2C\left(\frac{kL}{2}\right)-C(kL)\right]$$

式中：

$$C(ky)=\ln\frac{2y}{r}-\frac{1}{2}\mathrm{Cin}(2ky)-\frac{\mathrm{j}}{2}\mathrm{Si}(2ky) \tag{4}$$

$$S(ky)=\frac{1}{2}\mathrm{Si}(2ky)-\frac{\mathrm{j}}{2}\mathrm{Cin}(2ky)-kr \tag{5}$$

$\mathrm{Si}(x)$是正弦积分：

$$\mathrm{Si}(x)=\int_0^x\frac{\sin u}{u}\mathrm{d}u \tag{6}$$

而函数 $\mathrm{Cin}(x)$为

$$\mathrm{Cin}(x)=\int_0^x\frac{1-\cos u}{u}\mathrm{d}u \tag{7}$$

根据 Tai[9] 提供的互阻抗的计算方法，当偶极子很细时(即半径小于 0.01λ)，半径对于互阻抗的影响很小。因此，我们可以使用线偶极子的公式来近似宽度小于 0.01λ 的条状偶极子的互阻抗。

对于沿着 Z 轴两个相同的并排放置的线偶极子，其互阻抗可由文献[10]给出，如下公式所示：

$$Z_{12}=\frac{\mathrm{j}30}{\sin^2\frac{kL}{2}}\int_{-L}^{L}\frac{\mathrm{e}^{\mathrm{j}kr_1}}{r_1}\sin k(L-z)\mathrm{d}z+\frac{\mathrm{j}30}{\sin^2\frac{kL}{2}}\int_{-L}^{L}\frac{\mathrm{e}^{\mathrm{j}kr_2}}{r_2}\sin k(L-z)\mathrm{d}z-\frac{\mathrm{j}30}{\sin^2\frac{kL}{2}}\int_{-L}^{L}\left(2\cos\frac{kL}{2r}\right)\sin k(L-z)\mathrm{d}z \tag{8}$$

式中：

$$r_1=\sqrt{d^2+(z-L)^2} \tag{9}$$

$$r_2=\sqrt{d^2+(z+L)^2} \tag{10}$$

$$r=\sqrt{d^2+z^2} \tag{11}$$

在用固有阻抗和互阻抗的值代入公式(2)后就得到了互补的阵列偶极子的输入阻抗。如图 3 所示，虽然细长偶极子的阻抗（$W_d=0.01\lambda$）迅速增加，但是互补偶极子阵列的阻抗变化就慢得多。

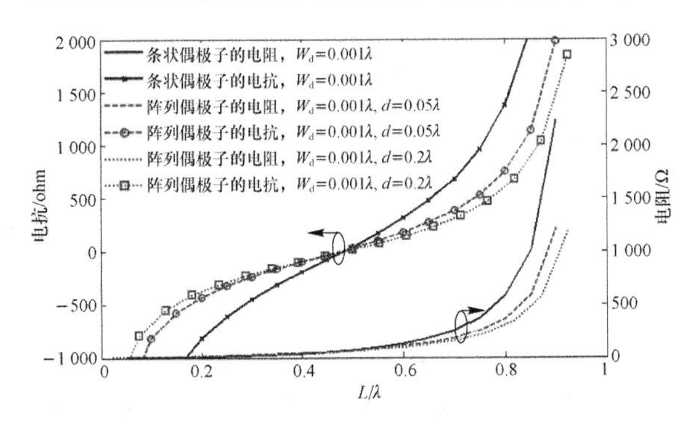

图 3　不同条件下的阻抗对比图

这种行为是由于固有阻抗的 Z_{11} 和相互阻抗 Z_{12} 的平均值比固有阻抗变化慢得多。随着距离 d 的增加，输入阻抗的变化的速度可能会进一步降低。因此，带宽可以通过增加两个缝隙之间的距离增大，如图 4 所示。

所提出的天线随两偶极子之间距离 d 改变时的方向图，如图 5 所示。随着 d 的增加，辐射在 X 轴方向降低，辐射的下降是因为两个偶极子之间存在波程差。在 Y-Z 平面上，方向图不随 d 的变化而变化，因为两个偶极子之间总是同相的。一般来说，当两个偶极子的距离很小时，所提出天线的辐射图和一般的偶极子的辐射图相似。

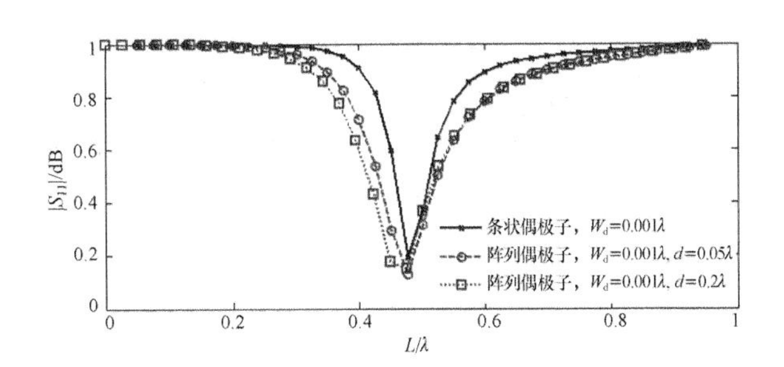

图 4　不同条件下的 S_{11} 对比图

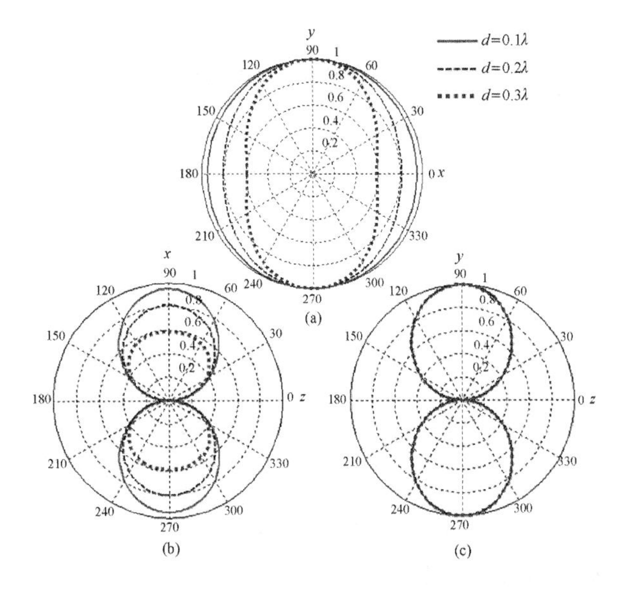

图 5　不同 d 时的方向图对比

根据 Booker 的关系式，所提出的缝隙阵列天线的终端导纳正比于互补的阵列天线的阻抗，因此，相同的宽带技术也能应用于所提出天线。

2.2　仿真

经过优化后的所提出天线的尺寸为 L_s = 96 mm、W_s = 0.2 mm、L_g = 200 mm、W_g = 100 mm、d=5 mm。如图 6 所示，可见所提出天线的缝隙宽度对性能影响很小。所以，我们可以选择一个非常小的缝隙宽度而同时实现较大带宽，而最细的缝隙我们可以制造是 0.2 mm。如图 7 所示，当两个缝隙之间的距离增加时带宽明显增加，这再一次表明，所提出的天线的带宽可以不增大缝隙宽度来增加。

2.3　实测

我们制作了一个所提出的天线的原型，如图 8 所示。两个相同的缝隙宽度（0.2 mm）非常小，人

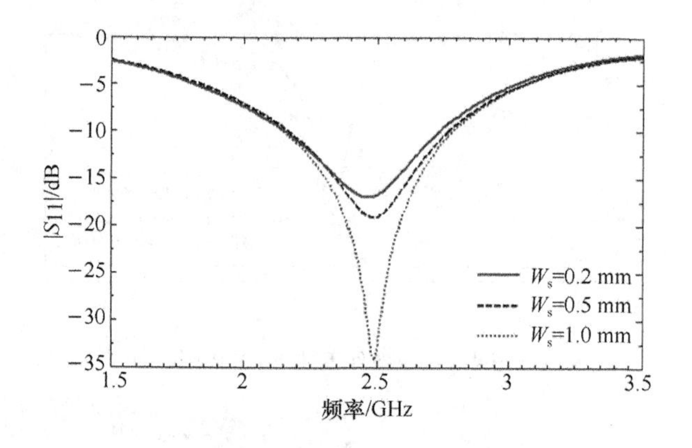

图 6　不同缝宽时天线 S_{11} 对比图

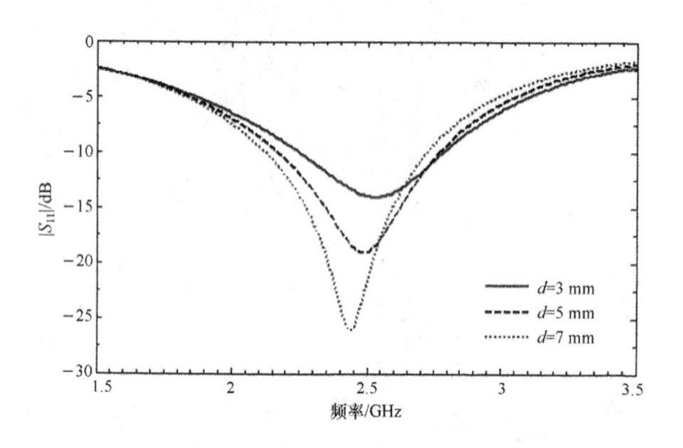

图 7　不同缝距时天线 S_{11} 对比图

眼难以注意缝隙。图 9 是测量的反射系数图其与仿真的结果吻合较好。并传统的缝隙天线进行对比。

图 8　所提出天线的实物图

所提出天线的效率和峰值增益，如图 10 所示。在此带宽(从 2.23 GHz 到 2.74 GHz)中，效率超过 65%，峰值增益从 4.5 dBi 到 6 dBi 之间变化。

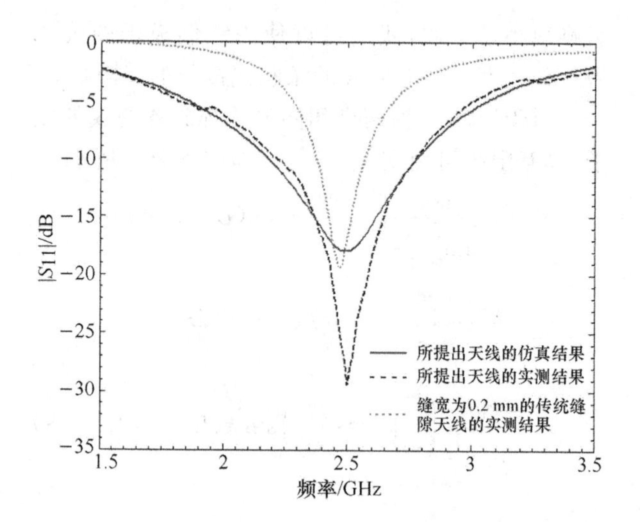

图 9　所提出天线的仿真与实测 S_{11} 对比图

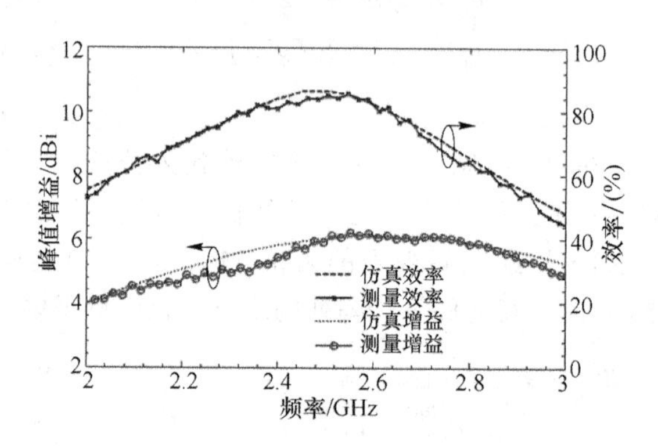

图 10　仿真与实测效率和增益的对比图

3　结论

本文提出了一种新型天线，其可以在不牺牲带宽的前提下来减少缝隙天线对视觉影响。研究结果表明，当缝隙放置的很近时，该天线的辐射方向图类似于一个传统的偶极子天线的方向图。对于相距较远的缝隙，随着缝隙长度的变化，互阻抗的变化会更慢，且带宽也会相应地提高。

参考文献

[1] 杨晓梅，宗卫华．一种超宽带缝隙型天线设计[J]．南京：工业控制计算机，2016，29(1)：71-72.

[2] 葛少雷，张斌珍，段俊萍，等．小型宽频带六边形缝隙天线的设计[J]．南京：固体电子学研究与进展，2016，36(2)：132-135.

[3] 马晓亮．超宽带天线及其相关特性的研究与设计[D]．成都：电子科技大学，2013.

[4] 万小凤，郑宏兴，张玉贤，等．三频梳状缝隙天线设计

[J]. 添加:天津职业技术师范大学学报,2015,25(02):15-18.

[5] 钟顺时. 天线理论与技术[M]. 北京:电子工业出版社,2011.

[6] Kraus J D, Marhefka R J, Antennas: for all applications. [M] New York: McGraw-Hill, 2008, ch. 2: 118, 441.

[7] King R W P. Theory of linear antennas[M], Cambridge: Harvard University Press, 1956: 16-20.

[8] Jordan E C, Balmain K G, Electromagnetic Waves and Radiating Systems[M], New Jersey: Prentice-Hall, 1968: 40-47.

[9] Tai C T. Coupled antennas[J], Proc. In IRE, vol. 36:487-500, 1948.

[10] Elliott R S. Antenna theory and design[M]. New Jersey: John Wiley & Sons, 2003, ch. 2: 61,32.

一种屏蔽对称电缆屏蔽衰减的测量方法

杨金涛　韩玉峰　马永光　张磊

（北京无线电计量测试研究所，北京 100039）

摘要：本文概述了屏蔽对称电缆的屏蔽衰减，阐述了屏蔽对称电缆屏蔽衰减的测量原理，介绍了用吸收钳测屏蔽对称电缆屏蔽衰减的测量方法。

关键词：屏蔽对称电缆，屏蔽衰减，吸收钳。

A Measurement of Screened Symmetrical Cable's Screening Attenuation

Yang jintao　Han yufeng　Ma yongguang　Zhang lei

(Beijing Institute of Radio Metrology & Measurement, Beijing 100039)

Abstract: In the article a brief review of Screened Symmetrical cable's screening attenuation test principles is given. A test equipment of absorbing clamp method is designed and manufactured which is used to complete the measurement of screening attenuation.

Key words: Screened, Symmetrical, cable, Screening attenuation, Absorbing clamp.

1　引言

屏蔽是抑制电磁干扰最有效的手段之一，在型号研制中，常有设备不能通过 GJB 151B—2013 规定的 EMC 试验项目，通常的做法是将与被测设备相连的互联电缆或电缆束通过包敷屏蔽导电胶带或金属网后，大多数被测设备能够通过测试。工程上对包敷互联电缆或电缆束的屏蔽层的屏蔽只是定性分析，屏蔽衰减是评价电缆电磁兼容性的重要指标，由于电缆的种类多种多样，屏蔽的效果也会有高有低，采用不同的屏蔽材料和屏蔽结构，其屏蔽性能也会有很大的差异，因此，本文针对屏蔽对称电缆屏蔽衰减的测量方法进行了研究，并结合实际对一种屏蔽对称电缆进行了测试，希望在电磁兼容实际应用中有一定的指导意义。

2　屏蔽衰减测量原理

当被测屏蔽对称电缆馈入功率时，被测屏蔽对称电缆的外导体与周围环境产生电磁耦合，这时在被测屏蔽对称电缆的外导体上产生表面波，该表面波电流在被测屏蔽对称电缆的外导体表面沿两个方向传播，可以用吸收钳来测量表面电流，考虑到近端和远端表面电流对测量结果的影响，应分别在近端和远端用吸收钳进行测量，并取近端和远端测量功率值的较大者用于测量结果的计算。

即屏蔽衰减定义为馈入信号和外系统近端或远端测量得到的最大信号的比值，通常用分贝值表示。

即屏蔽衰减 a_c 其表达式如下：

$$a_c = 10\log_{10}\left(\frac{P_1}{\max[P_{2n}, P_{2f}]}\right)$$

式中：

P_1—馈入电缆的功率，单位为 W；

P_{2n}—近端耦合最大峰值功率，单位为 W；

P_{2f}—远端耦合最大峰值功率，单位为 W。

3　屏蔽衰减测量装置及测量方法

3.1　测量装置

测量装置主要由矢量网络分析仪、放置在信号输出端的垂直金属反射板、吸收钳以及铁氧体吸收器组成。测量装置应能在 30 MHz~1 GHz 频率范围内全部频率上测量屏蔽对称电缆的屏蔽衰减。

如果测量高屏蔽衰减的屏蔽对称电缆时，测量装置还需要配备功率放大器或低噪放大器，用于提高测量装置的动态范围，其中功率放大器与信号源输出端连接，低噪放大器与接收端连接。

测量装置，如图 1 所示。

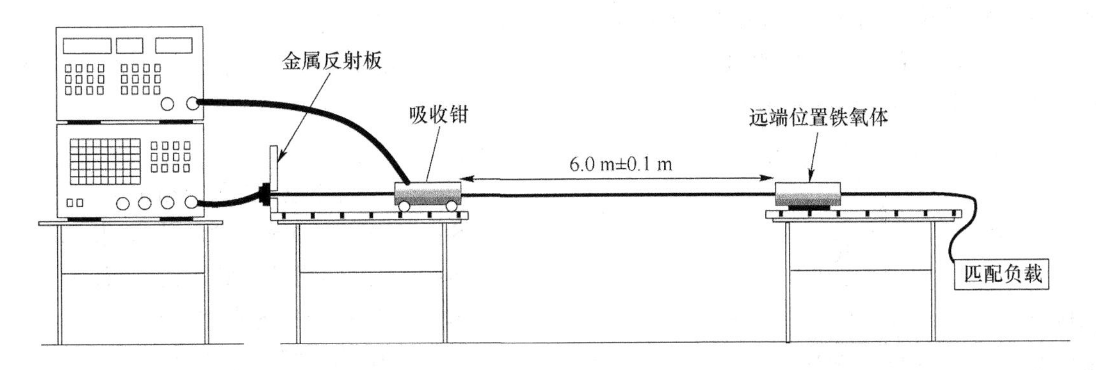

图 1　屏蔽对称电缆屏蔽衰减测量装置

3.2　测量方法

被测屏蔽对称电缆的长度至少为 6.0 m±0.1 m 加上吸收钳和铁氧体吸收器的长度，屏蔽对称电缆的屏蔽衰减测量可视为准同轴系统屏蔽衰减的测量，网络分析仪源端口和准同轴系统之间通过一个阻抗匹配网络连接。

测量前将所有芯线在两端均要连接在同一点，所有屏蔽层应在两端连接成环形，如果屏蔽对称电缆中有多对屏蔽对称线，各对的屏蔽层都应在两端连接在一起，屏蔽层连接时应保证 360°的包围芯线的连接，如图 2 所示。

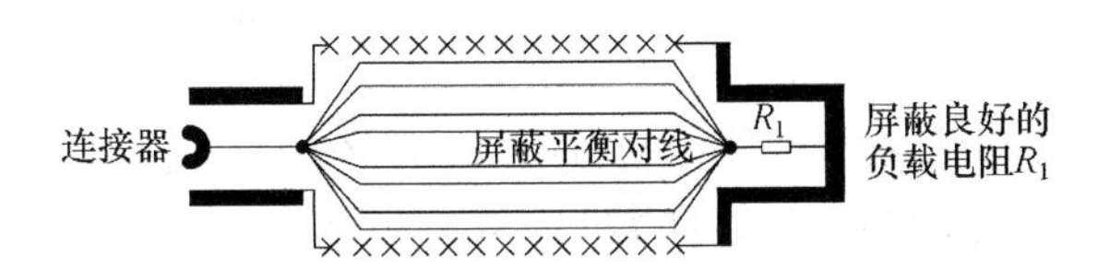

图 2　屏蔽对称电缆终端连接示意图

3.2.1　准同轴系统特性阻抗的测量方法

准同轴系统的终端应连接负载，负载的阻值等于准同轴系统的特性阻抗，准同轴系统特性阻抗的确定方法采用网络分析仪间接测量。

测量的频率点可通过下面的方法确定，首先测量被测屏蔽对称电缆的长度，然后按式(1)计算测量频率点。

$$f_{\text{test}} \approx \frac{c}{8 \times L_{\text{sample}} \times \sqrt{\varepsilon_{r1}}} \tag{1}$$

式中：

f_{test}——测试频率，单位为 Hz；

c——光速，3×10^8 m/s；

L_{sample}——样品长度，单位为 m；

ε_{r1}——内系统的介电常数。

在测量过程中首先要对网络分析仪在接头参考平面进行校准。校准完成后，将准备好的被测屏蔽对称电缆的一端连接到网络分析仪，然后分两次进行测量并记录。第一次将被测屏蔽对称电缆在远端短路，然后通过网络分析仪测量被测屏蔽对称电缆的短路阻抗 Z_{short}；第二次将被测屏蔽对称电缆在远端开路，然后通过网络分析仪测量被测屏蔽对称电缆的开路阻抗 Z_{open}。被测屏蔽对称电缆准同轴系统阻抗 Z_1 按式(2)计算：

$$Z_1 = \sqrt{Z_{\text{short}} \times Z_{\text{open}}} \tag{2}$$

式中：

Z_1——准同轴系统的阻抗，单位为 Ω；

Z_{short}——屏蔽对称电缆的短路阻抗，单位为 Ω；

Z_{open}——屏蔽对称电缆的开路阻抗，单位为 Ω。

3.2.2　阻抗匹配网络的计算方法

如果准同轴系统的阻抗 Z_1 和随后的负载电阻 R_1 阻值分别小于信号源 50 Ω 的阻抗，用式(3)计算阻抗匹配网络串联电阻和并联电阻的阻值。

$$\left.\begin{aligned} R_S &= 50 \times \sqrt{1-\frac{R_1}{50}} \\ R_P &= \frac{R_1}{\sqrt{1-\frac{R_1}{50}}} \end{aligned}\right\} \tag{3}$$

式中：

R_1——负载电阻，单位为 Ω；

R_S——串联电阻，单位为 Ω；

R_P——并联电阻，单位为 Ω。

如果准同轴系统的阻抗 Z_1 和随后的负载电阻 R_1 阻值分别大于信号源 50 Ω 的阻抗，用式(4)计算阻抗匹配网络串联电阻和并联电阻的阻值。

$$\left.\begin{aligned} R_S &= R_1 \times \sqrt{1-\frac{50}{R_1}} \\ R_P &= \frac{50}{\sqrt{1-\frac{50}{R_1}}} \end{aligned}\right\} \tag{4}$$

具体测试时将被测屏蔽对称电缆通过一个阻抗匹配网络与网络分析仪源端口连接，被测屏蔽对称电缆应架空放置，可制作专用支架支撑被测电缆，距被测电缆 0.6 m 范围内应无任何物体。吸收钳和铁氧体吸收器分别放置在非金属桌子上，其中吸收钳的电流变换器端和铁氧体吸收器朝向吸收钳端距桌子边缘最大距离为 50 mm；吸收钳和铁氧体吸收器之间的距离应为 6.0 m±0.1 m；在近端测量时，吸收钳放置应靠近反射板；在远端测量时，吸收钳和铁氧体吸收器互换位置；在近端测量和远端测量两种状态下，吸收钳的电流变换器应朝向铁氧体吸收器。

吸收钳测量屏蔽对称电缆的屏蔽衰减时，必须对测量设备进行校准，其中最主要的是对测量装置衰减的校准。校准时都需要把被测屏蔽对称电缆的屏蔽层和信号源输出的内导体相连。测量装置的衰减由测量装置的复合衰减和反射损耗组成，其中复合衰减由式(5)计算。

$$a_{cal} = -|S_{21}| \tag{5}$$

式中：

a_{cal}——复合损耗，单位为 dB；

S_{21}——散射参数，单位为 dB。

反射损耗由式(6)计算：

$$a_{rfl} = -10\log_{10}(1-|S_{11}|^2) \tag{6}$$

式中：

a_{rfl}——反射损耗，单位为 dB；

S_{11}——散射参数。

测量装置的衰减等于测量装置的复合损耗减去测量装置的反射损耗。测量装置的衰减按式(7)计算：

$$a_m = a_{cal} - a_{rfl} \tag{7}$$

式中，a_m——测量装置的衰减，单位为 dB。

3.3 屏蔽衰减计算

取近端测量值 S_{21n} 和远端测量值 S_{21f} 的较大值，用式(8)计算：

$$a_c = -\max[S_{21n}, S_{21f}] - a_m + 20\log_{10}(k_m) \tag{8}$$

式中：

a_c——屏蔽衰减，单位为 dB；

S_{21n}——近端测量得到的值，单位为 dB；

S_{21f}——远端测量得到的值，单位为 dB；

a_m——测量配置的衰减，单位为 dB；

k_m——阻抗匹配电路的电压增益。

其中，当准同轴系统的阻抗小于 50 Ω 时，阻抗匹配电路的电压增益 k_m 用式(9)计算：

$$k_m = \frac{R_1 \times R_P}{R_1 \times R_P + R_P \times R_S + R_1 \times R_S} \tag{9}$$

当准同轴系统的阻抗大于 50 Ω 时，阻抗匹配电路的电压增益 k_m 用式(10)计算：

$$k_m = \frac{R_1}{R_S + R_1} \tag{10}$$

4 测量应用

我们用功率吸收钳法对一种屏蔽对称电缆进行了屏蔽衰减的测试，按照准同轴系统特性阻抗的测量方法，测试时选择的屏蔽对称电缆长度为 8.7 m，介电常数 $\varepsilon=2.08$，$f_{test}=3$ MHz，$Z_{open}=52.7$ Ω，$Z_{short}=62.9$ Ω，计算得到 $Z=57.6$ Ω，按照阻抗匹配网络的计算方法得到电路增益 $k_m=0.73$。

将测量结果进行数据处理后，得到的该屏蔽对称电缆的屏蔽衰减数据，如图 3 所示。

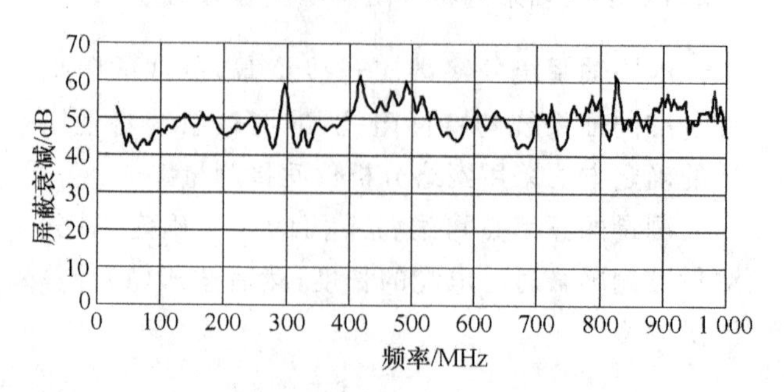

图 3 一种屏蔽对称电缆屏蔽衰减测试曲线

5 结论

本文介绍了一种屏蔽对称电缆屏蔽衰减的测量方法,并结合实际工程应用,对一种屏蔽对称电缆的屏蔽衰减进行了测量,试验结果表明,该方法是一种具有较高的可靠性及准确性的测试屏蔽对称电缆屏蔽衰减的方法,将会对实际的电磁兼容军标测试及工程应用带来很大帮助。

参考文献

[1] IEC62153-4-5-2006 Metallic communication cables test methods-Part 4-5: Electromagnetic compatibility (EMC)-Coupling or screening attenuation - Absorbing clamp method.

[2] GB/T4365 电工术语 电磁兼容.

[3] GB/T6113.103——2008 无线电骚扰和抗扰度测量设备和测量方法规范 第1-3部分:无线电骚扰和抗扰度测量设备 辅助设备 骚扰功率.

[4] GB/T18015.1——2007 数字通信用对绞或星绞多芯对成电缆 第1部分:总规范.

通信作者:杨金涛 男,1978年出生,北京无线电计量测试研究所高级工程师,主要研究方向为电磁兼容测试、微波暗室、紧缩场校准等

通信地址:北京142信箱408分箱2室,邮编:100854

E-mail:yangjt_203@hotmail.com

韩玉峰 男,1971年出生,北京无线电计量测试研究所高级工程师,主要研究方向为为电磁兼容测试、军标测试系统集成等

通信地址:北京142信箱408分箱2室,邮编:100854

E-mail:emc203@yahoo.cn

马永光 男,1978年出生,北京无线电计量测试研究所高级工程师,博士毕业。主要研究方向为微波暗室、雷达目标特性测量、天线工程等

通信地址:北京142信箱408分箱2室,邮编:100854

E-mail:myg1978@sina.com

张磊 男,1975年出生,北京无线电计量测试研究所高级工程师,主要研究方向为电磁兼容测试、微波暗室性能测试等

通信地址:北京142信箱408分箱2室,邮编:100854

E-mail:emc203@yahoo.cn

一种整车级导航系统的电磁兼容测试原理和方法

陈 睿[1,2] 雷剑梅[1,2] 黎晓娇[1,2] 孙欣萌[1,2] 耿东东[2]

（1. 汽车噪声、振动与安全技术国家重点实验室，重庆，401122；
2. 重庆市汽车电磁兼容性能开发工程技术研究中心，重庆，401122）

摘要：随着汽车智能网联化以及无人驾驶技术的发展，人们对高精度实时地图的需求越来越高，因而车载导航系统在现代汽车的发展历程中正扮演着越来越重要的角色，其功能、性能的优劣直接影响到用户体验甚至行车安全，然而，现阶段人们仅在零部件级别进行车载导航的功能指标测试以及在道路上进行整车级车载导航的功能测试，前者存在与实际使用场景不符等缺点，后者存在无法复现、成本高等缺点，且都无法对整车级车载导航系统的电磁兼容性能进行测试。本文提出了一种应用于整车级导航系统的电磁兼容测试方法，其可利用仿真生成卫星信号和采集回放道路卫星信号的形式，结合车载导航系统输出的导航电文形成一种闭环测试方法，其不仅能测试评价整车级导航系统的功能指标，还能在整车EMS测试中测试评价其导航系统的电磁兼容性能，填补了整车EMS测试中导航系统电磁兼容评价测试的空白。

关键词：智能网联，车载导航系统，电磁兼容。

An EMC Test Principle and Method Applied in Vehicle level Navigation System

Chen Rui[1,2] Lei Jianmei[1,2] Ni Xiaojiao[1,2] Sun Xingmeng[2] Geng Dongdong[2]

(1. State Key Laboratory of Vehicle NVH and Safety Technology, chongqing 401122,China;
2. Chongqing Engineering Research Center for Automotive EMC Development, chongqing 401122,China)

Abstract: With the development of intelligent network and driverless technology, the demand for high precision real-time map is growing, the in-vehicle navigation system is playing an increasing important role in the development of modern automobile, its function and performance directly affect user experience and even the driving safety. At this stage, however, people do the function test about the in-vehicle navigation system just in the level of components. And people do the function test on the road in the vehicle level. The former is not consistent with the actual use scenario, while the latter is unable to reproduce and has high cost, and they all can't test the electromagnetic compatibility of the vehicle level navigation system. This paper proposed a EMC test principle and method which applied in vehicle level navigation system, the method uses the GNSS simulation device or GNSS playback device to generate the satellite signal, the navigation system receives the GNSS signal and then outputs the navigation message which contrast with the reference navigation information. This method is a closed loop test method, it not only can be used to test the functionality of the vehicle level navigation system, also can be used to evaluate the EMC performance of the navigation system in the vehicle level EMS test. This test principle and method which proposed in this paper fills the void in the vehicle level navigation system EMS test.

Key words: intelligent network, in-vehicle navigation system, EMC.

1 引言

现代汽车工业正经历着深刻的变革，汽车正朝着电动化、智能网联化发展，多个国家已提出在2025年左右实现L5级别的全自动无人驾驶功能，因此，人们对高精度实时地图的要求也越来越高，车载导航系统正扮演越来越重要的作用，其功能和性能直接关系到用户体验甚至行车安全。现有的导航系统功能、性能测试中，业界仅通过导航系统零部件测试给予其整车功能、性能的判定，但导航系统装车后因其安装以及工作环境的改变，可能导致其工作性能下降以及可能存在一些自兼容问题。整车级导航系统的功能测试若在道路上使用真实卫星信号进行测试，则存在无法重复播放、测试成本高等问题。而且，以上两种测试方法都无法对车载导航系统的电磁兼容性能进行测试。可以看出，在电波暗室内对整车级导航系统进行功能测试和电磁兼容性能测试在整车测试领域尚属于空白。在我国最新发布的国家标准GB 34660——2017中，首次提出了对道路车辆的电磁抗扰性(RS)的强制要求，且其要求的电磁抗扰强度与欧盟的相关要求(ECE R10 Rev. 3，《关于车辆电磁兼容性认证的统一规定》)相同，这一强制检测标准已经于2018年1月1日开始执行。所以，业界迫切需要制定出一套更为全面的电磁兼容评价测试方法用以评测车辆的抗电磁干扰性能。本文提出了一种专门针对车载导航系统的闭环电磁兼容测试方法，其利用卫星信号模拟器仿真生成卫星信号或者利用卫星信号采集回放器回放真实道路上采集到的卫星信号作为测试源信号，车载定位导航系统接收并解析卫星信号，然后将导航电文输出，输出的导航电文与源信号的导航信息作比对，便可闭环测试出整车级车载导航系统的功能指标。在整车EMS测试时评价导航系统的电磁兼容性能，此测试原理和方法可填补整车EMS测试领域中车载导航系统电磁兼容评价测试的空白[1,2]。

2 整车级导航系统电磁兼容测试方法

2.1 测试指标和现象

车载导航系统需要测试的指标如表1所示，车载导航系统在进行功能指标测试时，着重关注并保存以上指标测试，当进行整车EMS测试时，将此时测得的指标与不加电磁干扰时测得的指标进行比对，并利用摄像头和麦克风分别对车载导航界面和导航语音进行实时监控(监控中可能出现的问题如表2所示)，便可从参数指标和实验现象两方面对车载导航系统的电磁兼容性能进行判定。

表1 车载导航系统测试指标表

编号	测试参数	参数描述
1	冷启动首次定位时间(TTFF)	接收终端开机时，没有当前有效的历书、星历和本机概略位置信息，卫星接收系统获得可用定位信息的时间
2	热启动首次定位时间(TTFF)	接收终端开机时，有当前有效的历书、星历和本机概略位置信息，卫星接收系统获得可用定位信息的时间
3	捕获灵敏度	卫星接收系统能获得可用定位信息时的最小信号电平
4	跟踪灵敏度	卫星接收系统能保持跟踪码、载波相位以及维持位置修正的最小信号电平
5	静态定位精度	卫星接收系统处于静态时，其显示位置信息与真实位置信息的差值
6	冷启动重捕获时间	接收终端开机时，没有当前有效的历书、星历和本机概略位置信息，卫星接收系统在完全丢失接收信号后重新获得定位信息的时间
7	热启动重捕获时间	接收终端开机时，有当前有效的历书、星历和本机概略位置等信息，卫星接收系统在完全丢失接收信号后重新获得定位信息的时间
8	PNT(positioning、navigation、timing)弹性	接收机在面对干扰、欺骗、太阳天气和分段误差等真实威胁的压力时所具备的弹性(考查此时接收机的表现)

表 2　车载导航系统现象监控表

编号	监控对象	实验现象
1	导航显示界面	导航界面出现导航地图跳转不及时、卡顿，黑屏、花屏等现象，导航指针运动方向指示错误，导航指针定位点错误等现象
2	导航语音	导航语音模糊、卡顿、啸叫、有杂声，音量变化等现象

2.2　测试原理

应用于整车级导航系统的电磁兼容测试方法原理框图如图 1 所示，PC 控制卫星信号源输出卫星射频信号，放置在车载卫星接收天线上方的卫星信号发射天线向空中发送电磁波，车载卫星接收机接收并解析卫星信号，车载导航系统解析出的导航电文通过 CAN 总线等方式输出，为防止导航电文因受电磁干扰而出现错误传输，将带有导航电文的总线信号通过电光转换模块转换成光信号，光信号由暗室内部传输至外部控制室，控制内再由光电转换模块转换成电信号，最后再传输至 PC 端进行解析、处理，生成含有以上指标的评价测试报告。

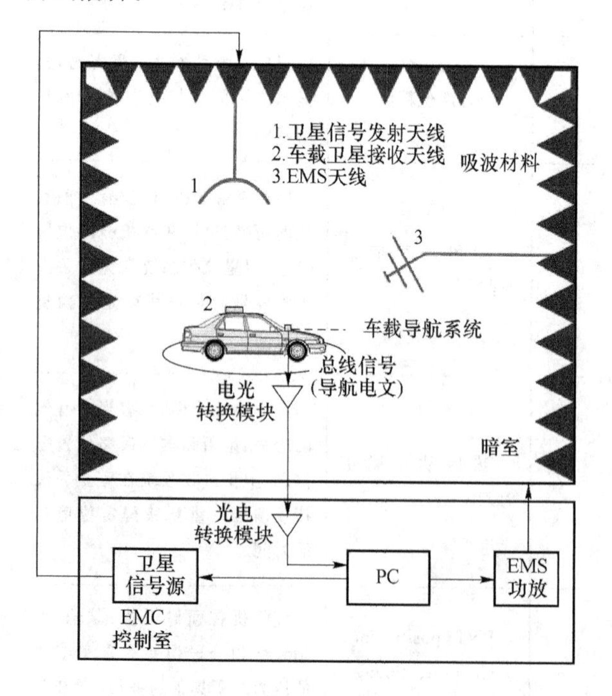

图 1　整车级导航系统电磁兼容测试方法原理框图

当进行整车级导航系统 EMS 测试时，需要在定位导航同时，PC 控制 EMS 射频源和功放外加标准规定（如 ISO 11451、GB 34660——2017 以及 ECE R10 Rev. 3 等标准）的干扰电磁波，EMS 测试系统原理和布置框图，如图 2 所示。为实现多种场景下的多维度测试，根据卫星信号源生成装置不同，测试方法又可分为仿真模拟法和采集回放法两种。

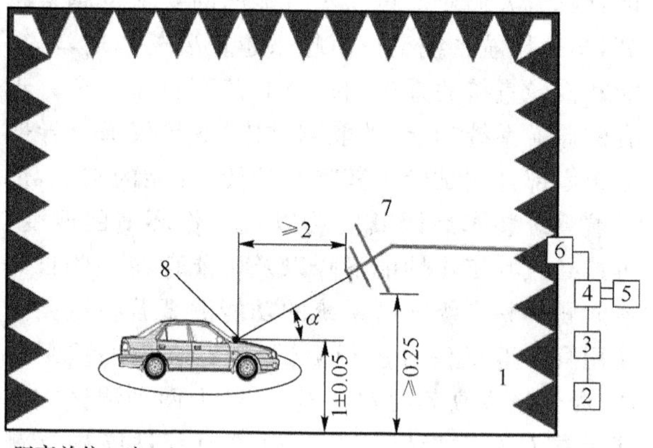

距离单位：米(m)
α天线倾斜角
1.电波暗室
2.射频信号发生器
3.功率放大器
4.双定向耦合器
5.功率计
6.同轴馈通孔
7.场发生装置
8.车辆参考点

图 2　整车 EMS 测试原理和布置框图

2.2.1　仿真模拟法

仿真模拟法利用卫星信号模拟器，可模拟出多颗 GPS、GNOLASS、伽利略以及北斗卫星，并将测试人员设定生成的卫星信息保存记录作为参考信息用以和车载导航系统解析出的导航信息做比对。仿真模拟法具有完全的控制能力（可对生成的卫星信号的任意参数进行控制，如卫星数量，卫星制式，卫星经纬度，UTC 时间以及输出功率强度等指标），可在实验室进行标准化指标测试，可重复播放测试，具有高效率、低成本等特点[3,4]。

2.2.2　采集回放法

采集回放法利用卫星信号记录回放系统进行测试。首先需要将卫星信号记录仪安装在实验车上，并将高精度 RTK（Real-Time Kinematic，实时动态差分法）接收机与卫星信号记录仪放置在同一位置，卫星信号记录仪负责记录带内所有射频信号（包括卫星信号与带内环境噪声、杂散信号等),记录真实道路场景下的电磁环境,高精度RTK接收机将测试过程中的定位信息解析出来,由于高精度RTK接收机定位精度可达厘米级,故将其解析出的卫星信息作为回放测试中的参考定位信息。道路卫星信号采集完毕之后,便可在电波暗室内将采集到的信号进行回放测试。采集回放法能再现真实世界中道路上的带内射频信号,具有可重复性好、低成本、高效率等特点,几乎能够取代相应的道路测试,便于在实验室进行整车厂要求的定制场景下的指标测试[5]。

2.3 功能验证实验

基于此测试原理,本文分别做了相应的功能验证实验,但鉴于目前市面上几乎没有能够在整车上通过CAN等总线输出导航电文的车型,所以此次实验仅成功实现了导航定位射频链路在整车上的连接,待获得可输出导航电文的样车时便可实现闭环测试。

2.3.1 仿真模拟法验证实验

此次功能验证实验使用的是美国国家仪器(NI)的卫星信号仿真器,实验开始前手动编辑输入星历、经纬度、卫星类型和数量等信息,然后运行软件脚本开始生成仿真卫星信号。车载导航系统与卫星信号仿真器成功连接后,解析导航信号,可在导航软件上观测到星座类型和数量、车辆运行轨迹以及运行速度等信息,与编辑的导航信息基本一致,更为精细的量化比对则需要实验条件更为成熟后才能进行。图3为功能验证实验示意图,图4为车载导航系统界面。

图3 仿真模拟法功能验证实验示意图

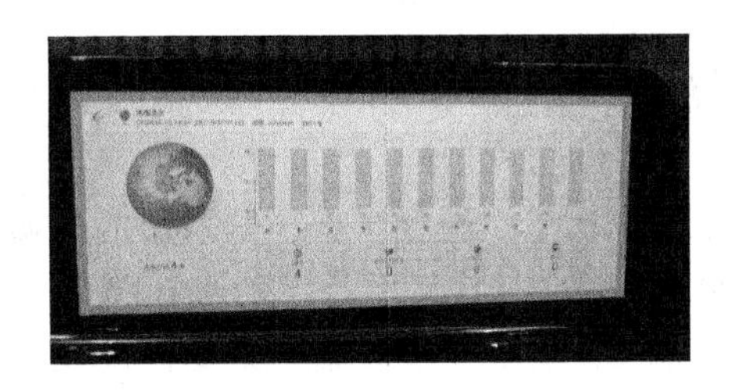

图4 车载导航系统界面

2.3.2 采集回放法验证实验

此次功能验证实验使用的是思博伦通信的卫星信号采集回放仪,回放是在广州道路上采集下来的信号,同理地,车载导航系统与卫星信号仿真器成功连接后,解析导航信号,可在导航软件上观测到星座类型和数量、车辆运行轨迹以及运行速度等信息,可与记录的信息作大致对比,若想定量对比,同样需要更为成熟的实验条件才能完善闭环测试。图5为采集回放法功能验证实验示意图,图6为车载导航系统界面。

图5 采集回放法功能验证实验示意图

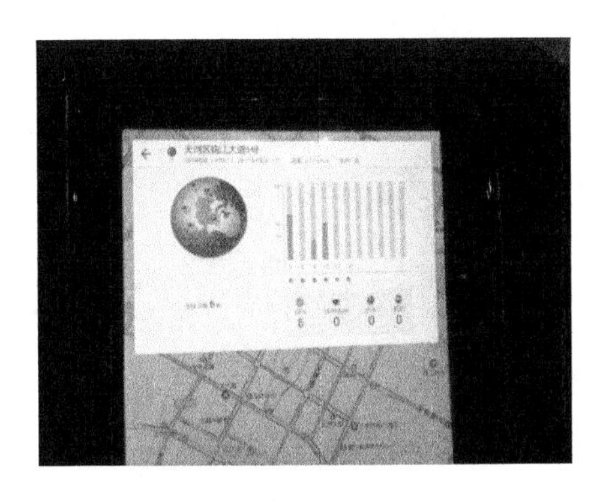

图6 车载导航系统界面

3 结论

本文提出了一种整车级导航系统的电磁兼容测试原理和方法，其利用卫星信号模拟器仿真生成卫星信号或者利用卫星信号采集回放仪回放真实道路上采集到的卫星信号作为测试源信号，车载定位导航系统接收并解析卫星信号，然后将导航电文输出，输出的导航电文与源信号的导航信息作比对，便可闭环测试出车载导航系统的功能指标，在整车 EMS 测试时评价导航系统的电磁兼容性能，可填补整车 EMS 测试中导航系统电磁兼容评价测试的空白。此外，本文提到的测试方法和原理还可运用在车载导航系统零部件级的前期功能和电磁兼容性能摸底测试中，用以完善车载导航系统的功能和提升车载导航系统的电磁兼容性能。但由于现阶段可获得的实验资源有限，未能从整车导航系统中通过 CAN 总线等方式获取导航电文，仅对测试原理和方法中的射频链路部分进行了功能性验证测试，待获得可以输出导航电文的实验样车之后便可进行完整的闭环测试，得到定量的指标参数进行分析、评价。并且，待实验链路准备成熟后，可将测试仪器放置在如测试框图所示的控制室内，此时便可进行电磁干扰环境下的整车级导航系统的测试，评估整车级导航系统的电磁兼容性能，这是后续需要解决和验证的问题。

参考文献

[1] 李武钢. 北斗车载导航系统的电磁兼容实验与实践[J]. 深圳：深圳职业技术学院学报，2014(9).

[2] 安苏生. 北斗卫星导航终端电磁抗扰度特性分析与研究[J]. 南京：南京信息工业大学，2016(9).

[3] 刘丽丽. 卫星信号模拟器研究现状及发展趋势[J]. 新乡：全球定位系统，2010(6).

[4] 任鹏飞. 浅谈卫星导信号模拟器的应用[J]. 北京：卫星与网络，2010(9).

[5] 王田. 基于导航信号模拟器的采集回放测试方法研究[J]. 北京：宇航计测技术，2017(12).

通信作者：张光明

通信地址：北京市海淀区西土城路 10 号北京邮电大学电子工程学院，邮编 100876

E-mail：zhangguang@foxmail.com

有关因素对舰载超短波通信天线方向图的影响分析

施佳林　金祖升　陈　锐　吴文力

（海军研究院，北京 100161）

摘要：本文采用电磁仿真软件 FEKO 对不同状态下的舰载超短波通信天线的辐射方向图进行了仿真预测，研究总结了舰船上层建筑物遮挡、天线发射频率和海面等有关因素对舰载超短波通信天线方向图的影响，研究成果对舰船天线设计和布局具有实际指导意义。

关键词：舰船，超短波，天线方向图，影响。

Analysis on the Influence of Relevant Factors on the Pattern of Shipborne VHF Communication Antenna

Shi Jialin　Jin Zusheng　Chen Rui　Wu Wenli

(Naval Research Academy, Beijing 100161, China)

Abstract: In this paper, we adopt the electromagnetic simulation software FEKO to predict the radiation pattern of shipborne VHF communication antenna under different conditions. We summarized the effect of ship superstructure, frequency and sea conditions on the performance of shipboard VHF communication antenna, which has a certain guiding significance for the design and layout of ship-borne antenna.

Key words: shipborne, VHF, pattern, influence.

1　引言

随着舰船装备发展的需求，舰船有限的空间内安装了种类繁多的雷达、通信天线等电子设备，来满足导航、通信等各种需要。但是，当天线加载到舰船平台后，整体会受到天线辐射场的激励而产生感应电流及相应的辐射场，从而对天线的辐射特性产生显著的影响，加载后的天线方向图很可能畸变致使无法正常工作。因此，分析不同因素对天线方向图的影响，显得尤为重要。

在舰船论证、设计过程中，采用数字仿真方法预测分析舰载超短波通信天线方向图，费效比低，且不受地面、周围物体反射等方面的影响，是分析舰载超短波通信天线方向图的有效手段。因此，本文采用电磁仿真软件 FEKO，开展了舰载超短波通信天线方向图仿真预测，摸清了不同状态下舰载超短波通信天线受影响的情况。

2　建模及仿真方法

采用曲面法建立的舰船几何模型，如图 1 所示。通过网格剖分生成舰船电磁模型，并加载超短波通信天线，如图 2 所示。由于舰载超短波通信天线以鞭状天线形式为主，综合考虑计算量和计算精度，本文采用矩量法/物理光学法混合方法计算舰载超短波通信天线方向图，即船体采用物理光学法计算，舰载超短波通信天线采用矩量法计算，对不同条件下的天线方向图进行了定性定量分析。

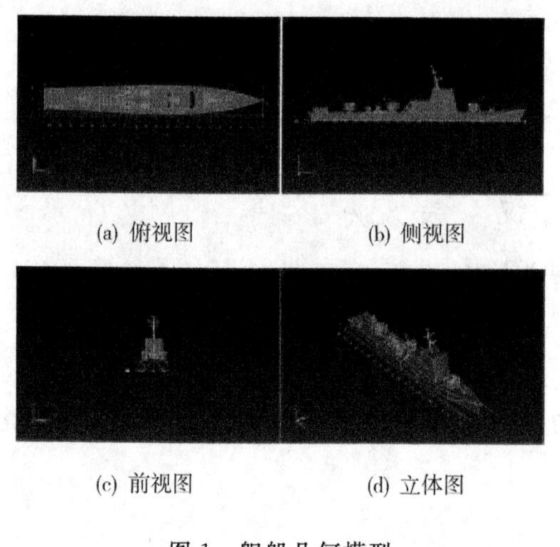

(a) 俯视图　　(b) 侧视图

(c) 前视图　　(d) 立体图

图 1　舰船几何模型

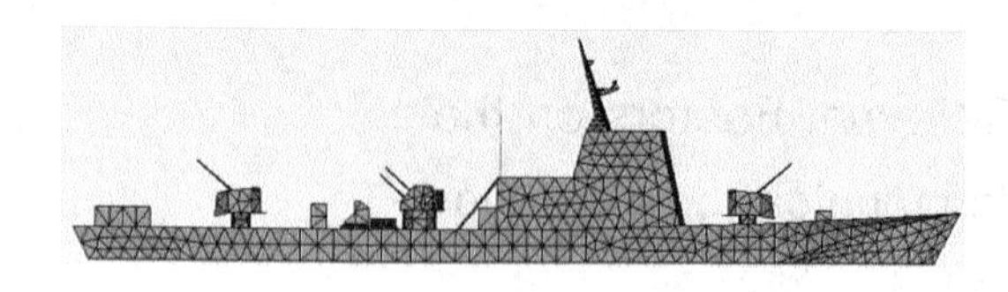

图 2　舰船电磁模型

3　舰载超短波通信天线水平方向图的影响分析

(1) 舰船上方桅杆对天线方向图影响

当桅杆远离天线超短波最低频率所对应的几个波长时，对天线水平方向图无影响；而当工作在超短波较高频率时，桅杆应远离天线几十个波长，对方向图才无影响。

(2) 舰船上层建筑物对天线方向图的影响

对图 2 船上的 3 m 鞭天线，频率选择 88 MHz 计算天线水平方向图。如果将上层建筑物去掉桅杆，三脚架等较小障碍物，可使其方向图在舰船前方和后方均有较好的改善。如果去掉船体较大的金属结构(舱室、甲板上方平台)后，这时天线水平方向图在船体前方有较大的增益，并且在 $\phi=0°$ 方向上辐射效果改善 6 dB 左右，如图 3 所示。由此说明：对天线水平方向图的影响并不是某一个单独金属物，而是上层建筑多个构件及船体结构等同时作用，相互影响的结果。

(3) 工作频率对天线方向图的影响

舰载通信超短波天线，在理想的屏蔽面上，其超短波范围内所测得的水平方向图应该是一个圆。而在船模上测得的天线水平方向图则随其工

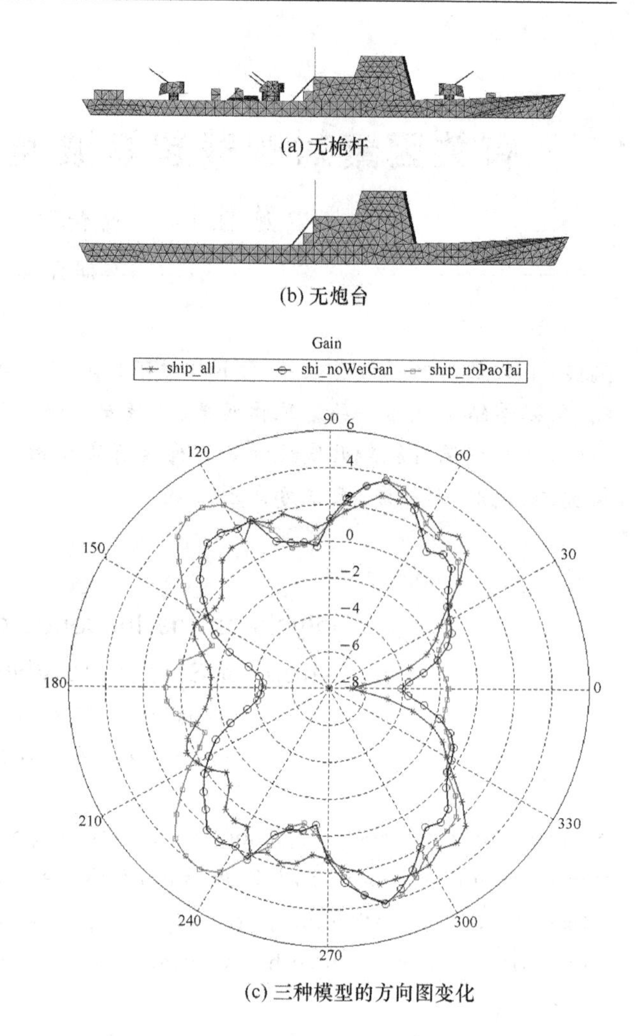

(a) 无桅杆

(b) 无炮台

(c) 三种模型的方向图变化

图 3　上层建筑对方向图的影响

作频率的增加而畸变，这是因为超短波的工作波长在 1～10 m，它是一个很特别的频段，在其波长范围内，由于高大金属物的存在，其结构上就会感应出寄生电击产生二次辐射。当入射波与上层建筑物产生的二次辐射相位相同时，该处场强叠加而加强，使方向图出现凸现象，当产生的二次辐射相位相反时，该处场强就减弱，使方向图出现凹现象，通称为寄生现象。随工作频率的增加，除寄生影响外，上层建筑还产生遮蔽影响，使方向图畸变更严重，呈多瓣形状。本文对频率变化范围为 30～100 MHz的超短波通信天线进行了仿真，研究其舰载方向图变化特性，如图 4 所示。

(4) 海面对天线方向图的影响

实际海况会对舰艇上的天线辐射产生一定的影响。假设海水的相对介电常数 ε_r 为 80，电导率 σ 为 4.0 S/m，超短波通信天线距海面高度为 4 m，针对图 2 模型，计算结果如图 5 所示。

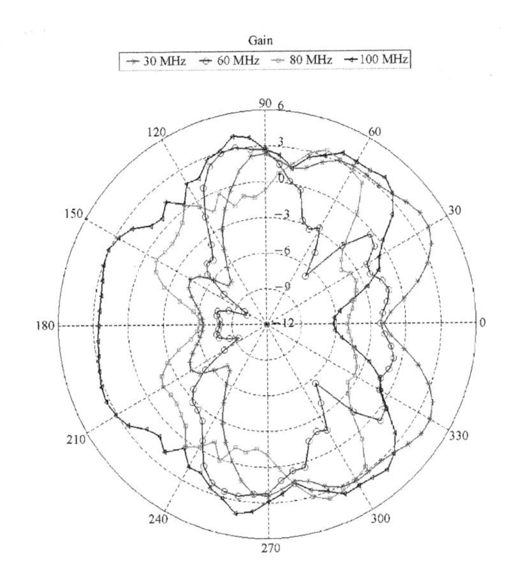

图 4　四种工作频率对天线方向图的影响

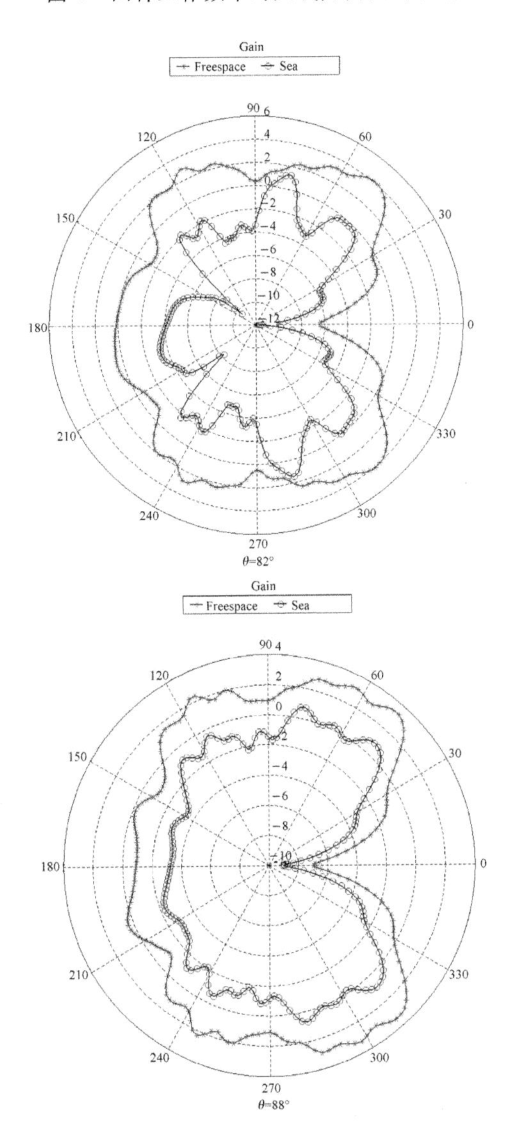

图 5　海面对方向图的影响

作为对比，同时给出了舰船在自由空间中的方向图。对于半空间情况，只关心海面以上的情况，即仅给出海面上($z>0$)的方向图。从图中可以看出，海水的介电常数和电导率对舰船天线方向图的影响较大，尤其是水平面，舰船上层建筑对超短波天线遮挡较少，电磁波直接辐射到海水表面，产生二次反射对方向图的影响较大。对应不同的θ角，方向图的差别也很大，造成的结果就是天线辐射最大增益方向开始上移，并且产生分裂。因此为了准确分析舰载天线的性能，考虑海面的影响是必要的。

4　舰载超短波通信天线垂直方向图的影响分析

舰载超短波天线的辐射特性在垂直面内和水平面内一样，除决定于天线本身的结构形式外，还与其安装高度及周围上层建筑、工作频率等因素有关。因此，通过数值计算分析各种复杂情况下相互之间的影响是十分必要的。工程实验研究证明：船舶通信天线在其使用频率范围，天线垂直面方向图具有如下规律。

(1) 随使用频率的变化，天线的h/λ随之变化，垂直面内的方向图也会有相应变化。3 m 中馈鞭天线在超短波低频段，方向图为单瓣，有良好的低仰角辐射特性。当工作频率在谐振频率及其以上时，开始分裂为两瓣或多瓣。随频率的增加，方向图分裂趋于严重，最大辐射方向上移，低仰角区的辐射波瓣变窄，辐射能量减少。另外，对于中馈天线长度与波长的比例在 1 左右，单极垂直接地天线垂直方向图具有良好的低仰角辐射特性，因而船用超短波天线选用这种类型的天线对远距离通信是有利的。

(2) 由于船体、上层建筑的遮挡效应，天线垂直方向图将发生相应的畸变。

5　结语

本文采用电磁仿真软件 FEKO，预测分析了舰载超短波通信天线的辐射方向图特性，归纳总结了舰船上层建筑物遮挡、天线发射频率和海面等因素对舰载超短波通信天线方向图的影响，研究结果对舰船天线设计和布局具有实际指导意义。

参考文献

[1] 林昌禄. 天线工程手册[M]. 北京:电子工业出版社,2002.

[2] 倪光正,等. 工程电磁场数值计算[M]. 北京:机械工业出版社,2004.

通信作者:施佳林

通信地址:北京市 1303 信箱,邮编:100161

E-mail:sjl00108@sina. com

方向图可重构垂直极化低剖面紧凑天线设计

段云露　唐明春　武震天　陈晓明

（重庆大学，微电子与通信工程学院，重庆，400044）

摘要：本文设计了一款方向图可重构的垂直极化低剖面紧凑天线，该天线由三个完全相同的顶端加载的折叠单极子和一个可重构的馈电结构组成。天线通过电控制三个加载的PIN开关二极管，实现三个可重构的端射状态，每个状态方向图的H面3-dB波束宽度均超过120°，通过三个状态的动态切换可在水平面实现360°全方位扫描。测试结果表明，天线具有11%的分数带宽和6.6 dBi的可实现增益。此外，该天线结构简单紧凑、剖面低，其横向尺寸面积仅为0.1 λ_0^2，剖面仅0.48λ_0，其中，λ_0为天线工作频段中心频点2.22 GHz所对应的波长。

关键词：方向图可重构，端射，紧凑，垂直极化。

Design of a pattern reconfigurable, vertically polarized, low-profile, compact antenna

Duan Yunlu　Tang Mingchun　Wu Zhentian　Chen Xiaoming

(College of Microelectronics and Communication Engineering, Chongqing University, Chongqing 400044, China)

Abstract: In this paper, a vertically polarized, low-profile, compact antenna with pattern-reconfigurability is demonstrated. The antenna consists of three identical top-loaded folded monopoles and a reconfigurable feed structure. The antenna has three dynamic end-fire states facilitated with only three PIN diodes. 3-dB beamwidth of the radiation pattern in each state covers more than 120° in its H-plane and, hence, it achieves beam-scanning that covers the entire 360° azimuth plane. The measurement result show that the antenna exhibits a wide 11% impedance bandwidth and a 6.6 dBi peak realized gain. Furthermore, the antenna structure is simple and compact and the profile is very low. The antenna transverse size is only 0.1 λ_0^2, and height is only 0.048λ_0. The λ_0 is the free-space wavelength at the center operating frequency 2.22 GHz.

Key words: pattern reconfigurable, end-fire, compact, vertically polarized.

1　引言

近年来，方向图可重构垂直极化天线受到广泛关注，一方面，方向图可重构垂直极化天线在提高信噪比，减小多径效应，节约能量等方面具有极大优势；另一方面，垂直极化相对于水平极化而言，垂直极化方式不易产生极化电流，从而避免了能量的大幅衰减，保证了信号的有效传播。因此，方向图可重构的垂直极化天线被应用于5G通信系统[1]，雷达[2]，用户终端设备[3]等领域。

在诸多之前的研究中，大多数可重构垂直极化天线[1,2,4,5]采用在天线中间放置一个单极子天线单元作为激励振子，天线周围环绕数个寄生单极子单元，通过使用如PIN管，变容管等有源器件进行控制，选取部分寄生单极子与激励振子构成八木天线，形成端射波束，来实现天线的方向图可重构。当天线工作在某个端射状态时，总有寄生单极子处于空闲状态，这无疑造成了天线空间利用率低，导致天线尺寸大，不利于天线的安装使用。文献[3]中的设计克服了这一缺陷，极大程度地减小了天线的尺寸，但需要外加复杂的相移网络对每个振子进行馈电。如今，无限通信系统正朝着小型化发展，可用于天线安装的空间也在不断缩减，设计具有良好辐射特性的结构简单，剖面低的紧凑天线是必然趋势也是难点。因此，本文提出了一款方向图可重构的垂直极化紧凑低剖面天线，首先介绍该天线的结构；然后给出天线测试结果，并对结果进行分析总结。

2 天线设计

方向图可重构的垂直极化紧凑低剖面天线具体结构，如图 1 所示。天线对应的设计参数，如表 1 所示。

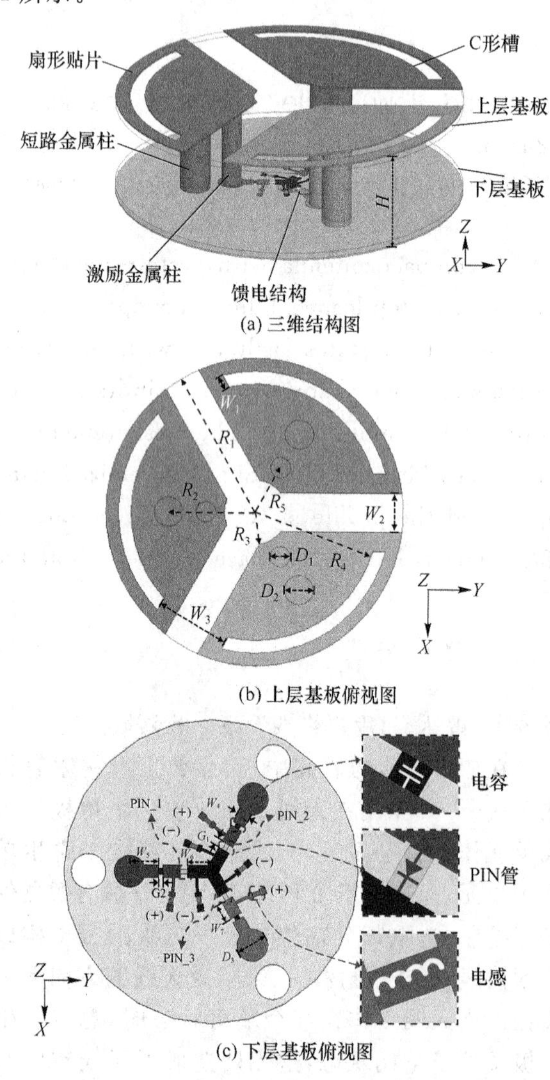

(a) 三维结构图

(b) 上层基板俯视图

(c) 下层基板俯视图

图 1　方向图可重构垂直极化低剖面紧凑天线

表 1　天线参数(单位:mm)

$R_1=24$	$R_2=13.8$	$R_3=5$	$R_4=20$
$R_5=8.5$	$W_1=2.2$	$W_2=6$	$W_3=12$
$W_4=1.5$	$W_5=3.5$	$W_6=2.05$	$W_7=2.05$
$D_1=3.2$	$D_2=4.6$	$D_3=4.2$	$G_1=0.4$
$G_2=0.5$			

天线由三个完全相同的顶端加载的折叠单极子和可重构馈电结构组成。本天线所使用的介质基板均为 Taconic RF-35，其相对介电常数为 3.5，损耗角正切为 0.001 8，基板厚度为 0.76 mm，基板半径为 24 mm。扇形贴片通过印制电路板技术印刷在上层基板的上表面，馈电结构印刷在下层基板的上表面，下层基板下表面敷铜，且与同轴线外导体及大地板相连。顶端加载的折叠单极子由一根激励金属柱，一根短路金属柱和一个具有 C 字形槽的扇形贴片组成。扇形贴片通过激励金属柱与可重构馈电结构相连，并通过短路金属柱与地板相连。通过在扇形贴片上刻蚀 C 字形槽可达到减小单极子尺寸的作用。如图 1(c)所示，馈电结构由关于中心对称的三个路径组成，每条路径由金属条带，PIN 开关二极管，电容和电感组成，其中心与同轴线内导体相连。所有 PIN 开关二极管的负极均朝向基板中心，PIN 开关二极管两边的电感起隔交的作用，作为偏置电路的一部分，防止交流信号进入直流稳压源；金属条带间的电容起隔直的作用，防止直流稳压源与交流馈源之间形成短路电流。

当通过直流偏压控制 PIN 管，将其中一个顶端加载的折叠单极子通过馈电结构与同轴线内导体相连时，该单极子即作为激励振子，另外两个单极子即作为近场寄生耦合单元，构成改进的八木天线，产生端射波束，此时天线端射方向朝着激励振子方向。利用三个 PIN 开关二极管和六个电感添加直流偏置电压来实时控制馈电结构路径的通断，选择与馈电结构中通路相连的单极子作为激励单元，从而实现 3 种状态的方向图可重构。当 PIN_1 打开，PIN_2 和 PIN_3 关闭时，视为状态 1 (State-1)；当 PIN_2 打开，PIN_1 和 PIN_3 关闭时，视为状态 2 (State-2)；当 PIN_3 打开，PIN_1 和 PIN_1 关闭时，视为状态 3 (State-3)。

3 天线仿真及分析对比

该天线结构简单紧凑，横向尺寸为 $0.1\lambda_0^2$，天线剖面为 $0.48\lambda_0$，其中，λ_0 为天线工作频段中心频点 2.22 GHz 所对应的波长。通过控制三个 PIN 开关二极管的通断，即可实现 State-1，State-2 和 State-3 三种状态的方向图可重构。三种可重构状态下天线的仿真和测试的反射系数随频率变化的曲线，如图 2 所示，因为天线具有旋转对称性，三种状态下仿真的反射系数曲线完全重合，仿真的工作频段为 2.1～2.342 GHz，对应的分数带宽为 10.9%。测试(Mea.)和仿真(Sim.)结果基本吻合，当天线工作在 State-1 时，其工作频带为 2.113～2.348 GHz，对应的分数带宽为 10.5%；工作在 State-2 时，工作频带为 2.09～2.335 GHz，对应的分数带宽为 11.1%；工作在 State-3 时，工作频带为 2.065～2.323 GHz，对应的分数带宽为 11.8%。

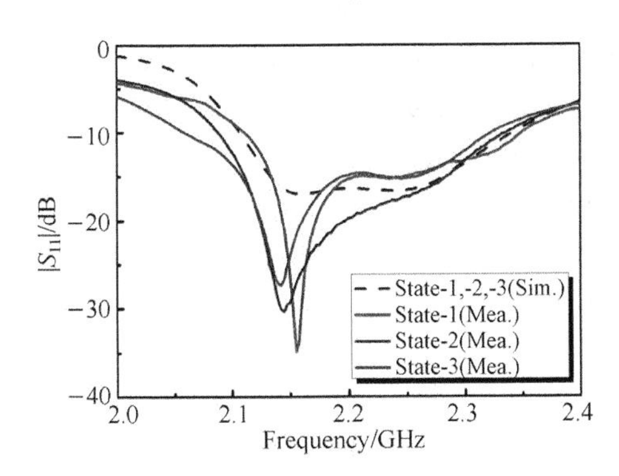

图 2　天线仿真和测试的反射系数随频率变化的曲线

图 3 为于微波暗室进行天线远场测试的照片，蓝色导线通过电感与 PIN 开关二极管负极相连，黄色导线通过电感与 PIN 开关二极管正极相连，一个半径为 30 cm 的金属地板被用于辅助测试。测试时，将所有蓝色导线接于直流稳压源负极，将连接于需要打开的 PIN 开关二极管正极的黄色导线接于直流稳压源正极，通过直流稳压源馈以～1.4 V 电压即可将与该 PIN 开关二极管所在路径连接的单极子选作激励振子。图 4 为在三种状态下，天线工作在第一个谐振点～2.15 GHz 时的仿真和测试的 E 面和 H 面的二维方向图，天线的主波束方向符合预期。在三种状态下，天线仿真的可实现增益均为 7.13 dBi，当天线工作在 State-1，State-2，State-3 时，测试的可实现增益分别为 6.97 dBi，6.36 dBi，6.52 dBi，由图 4 可知，天线在 E 面的最大方向为水平向上约 40°，天线在 H 面 3-dB 波束宽度在三种状态下均超过 120°，所以通过三个状态动态切换可实现水平面 360°全方位扫描。三种状态下主波束的指向及在 H 面所覆盖的角度及其增益等仿真(S)及其测试(M)结果归纳于表 2。

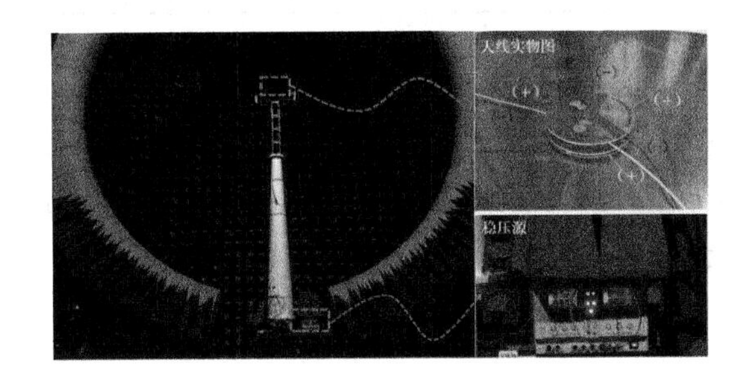

图 3　天线测试图

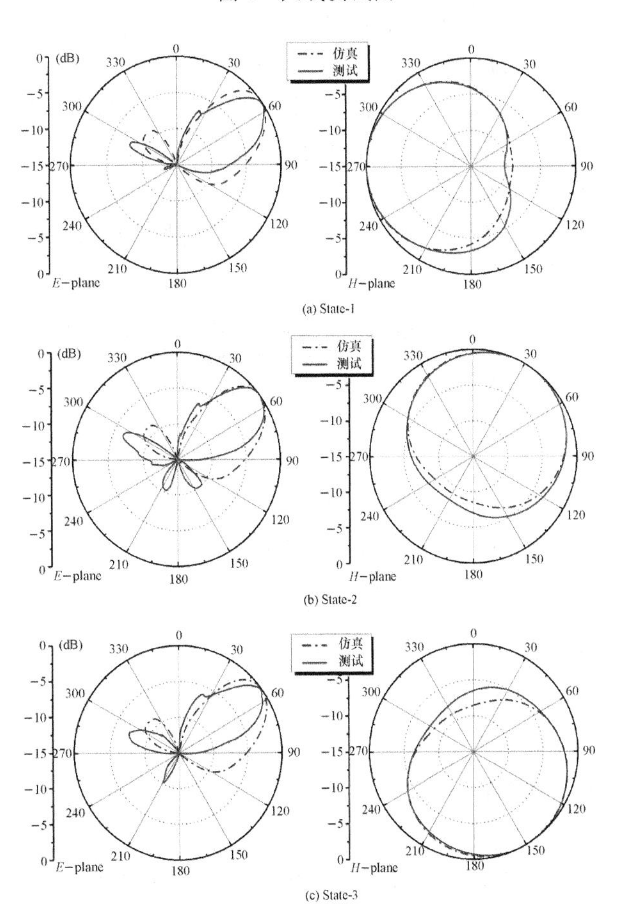

图 4　天线仿真和测试的三种可重构状态下二维方向图

表 2　天线仿真(S)及测试(M)结果

State		1	2	3
工作频段/GHz	S	2.100～2.342		
	M	2.113～2.348	2.090～2.335	2.065～2.323

续 表

State		1	2	3
分数带宽	S	10.9%		
	M	10.5%	11.1%	11.8%
可实现增益/dBi	S	7.13		
	M	6.97	6.36	6.52
主波束方向	S	270°	30°	150°
	M	269°	32°	148°
H-面 3-dB 波束覆盖范围	S	190°～350°	−50°～110°	70°～230°
	M	187°～346°	−46°～115°	73°～226°
H-面 3-dB 波束宽度	S	160°		
	M	159°	161°	153°

表 3 选取了近年来可实现 360°扫面的方向图可重构垂直极化天线的相关文献，分别从剖面高度，横向尺寸，可实现增益、带宽、状态数几个方面进行比较，高度及尺寸均按照天线工作频段中心点计算。可以看出本天线结构简单，使用了最少的状态数即实现了 360°全方位扫描，且在保持良好带宽和较高增益的前提下，天线剖面低、尺寸小。

表 3　可实现 360°扫面的垂直极化天线比较

文献	剖面高度(λ_0)	横向尺寸(λ_0^2)	增益/dBi	分数带宽	状态数
[1]	0.38	0.12	4.9	8%	6
[2]	0.25	1.31	12	16%	12
[3]	0.09	0.14	6.7	19%	4
[4]	0.25	0.69	8	19%	6
[5]	0.063	0.22	1.5	5.7%	4
本文	0.048	0.10	6.6	11%	3

4　结论

本文通过三个 PIN 开关二极管选择其中一个顶端加载单极子作为激励振子，其余两个单极子作为寄生振子构成八木天线反射器，形成端射波束，无论是工作在 State-1，State-2 还是 State-3，所有单极子均不会处于空闲状态，这样的设计能有效减小天线尺寸，且无须复杂的馈电网络即可实现方向图可重构。每个可重构状态 H 面 3-dB 波束宽度均超过 120°，通过三个状态的动态切换可在水平面实现 360°全方位扫描。天线具有约 11% 的分数带宽和 6.6 dBi 的可实现增益，横向尺寸仅为 $0.1\lambda_0^2$，剖面高度仅为 $0.48\lambda_0$。本文所设计的方向图可重构垂直极化天线结构紧凑、剖面低，在空间有限的基站和智能交通等系统中具有极大的应用潜力。

参考文献

[1] Hossain M A, Bahceci, Cetiner B A. Parasitic layer based radiation pattern reconfigurable antenna for 5G communications, IEEE Trans. Antennas Propag, 2017, 65(12): 6 444-6 452.

[2] Scott H, Fusco V F. 360° electronically controlled beam scan array, IEEE Trans. Antennas Propag, 2004, (1): 333-335.

[3] Wan W, Wen G, Gao S. Optimum design of low-cost dual-mode beam-steerable arrays for customer-premises equipment applications, IEEE Access, 2018, 6: 16 092-1 609.

[4] Katare K K, Biswas A, Esselle K P. Directive array based pattern reconfigurable antenna, in Proc. 2017 11th European Conference on Antenna and Propagation (EUCAP), 19-24, Mar, Paris, France, 2017: 2 029-2 032.

[5] Akhoobdzadeh-Asl L, Laurin J J, Mirkamali A. A novel low-profile monopole antenna with beam switching capabilities, IEEE Trans. Antennas Propag, 2014, 3: 1 212-1 220.

通信作者：唐明春

通信地址：重庆市沙坪坝区沙正街 174 号重庆大学微电子与通信工程学院，邮编 400044

E-mail：tangmingchun@cqu.edu.cn

复杂环境场景化电波传播预测及态势处理方法

穆冬梅[1]　吴　帆[1]　石　丹[1]　张庭炎[2]　陈双明[3]　刘元安[1]

（1. 北京邮电大学，北京 100876；
2. 深圳远征技术有限公司　深圳 518102；
3. 海能达通信股份有限公司　深圳 518057）

摘要：论文围绕复杂环境电磁态势预测，借助理想矩形波导结构的波导波长变化规律，描述了一个固定频率电磁波进入复杂电磁环境空间后，由于环境可以分割为无穷理想或非理想虚拟化的波导结构，导致众多离散特征的电波传播状态；当这个情况发生在多频率或连续谱信号时，导致连续特征的电波传播状态。以此为基础，本文给出了复杂环境多波长计算公式、谱计算公式，定义了环境虚拟化波导结构，给出了复杂环境分区分层处理模型和计算结构。基于这些场景化的复杂环境电波传播预测，通过智能化方法引入，可显著提升电磁态势获取能力。

关键词：复杂环境，电磁态势，分区分层，移动通信，物联网。

Abstract: For the electromagnetic situation assessment and prediction of complex electromagnetic environments, this paper describes simultaneous propagation of multiple independent frequencies derived from one fixed frequency entering into complex environmental space, by means of waveguide wavelength distribution of pure waveguide principles, while the environment is imagined as infinite ideal or non-ideal fictitious waveguides. If the multiple frequencies or continuous spectrum are injected into the environment, we define the concept of fictitious waveguides in environments and give a computation approach by region-cutting with vertical virtual layers. By the scenario-oriented process, the ability of electromagnetic situation assessment and prediction will be enhanced much more. In addition, fractal electromagnetics and artificial intelligence are introduced into the electromagnetic situation assessment and prediction.

Key words: complex environments, electromagnetic situation, region-cutting with vertical virtual layers, mobile communication, IOT.

1　引言

3 G、4 G、5 G 和 6 G 及其依托各种长短距离和宽窄带宽无线通信的物联网，是目前最主要的关注之一，其发展对未来社会的生活方式和工作方式将产生重要影响，并改变信息社会综合信息的传送方式。

移动通信系统和物联网都关注环境中电波传播，但由于网络结构和连接结点性质差异，因而本质上是有巨大差异的，移动通信侧重泛在广域覆盖和大容量高性能传输，物联网侧重区域信息有效感知和自协作高效传输。但是，随着移动通信系统内涵的演化，5 G 终端中有可能存在大量的“物”终端，而物联网终端也可能并联着人（人、物叠加态），网内信息数据也同样有高速、低速存在，使得 5 G 和物联网的广义认知界限越益模糊，倾于融合。由于起源差异，沿着移动通信演进出来的 5 G，首先服务于人的需要，而诞生于物物相连的物联网，将优先满足于物的连接和控制，则是它们之间不可调和的关心、走向和发展。这种差异将主要体现在信息层面，对于本文关心的复杂环境电波传播，则差异小、共性大。

抛开上述差异层面，回到我们的题目，则他们之间在电波传播层面上，确有很多相似之处或者说高度关联性。以此为基础，本文首先分析了 5 G 和物联网关联性电波传播特征，给出了共性和差异性分析；阐述了空间频率、波长及其模式依赖性特征；提出了虚拟波导及波导波长谱概念及其计算公式；建立了多点计算与测试融合的小区态势评估方法和基于该方法的多小区分层复杂环境电磁态势评估模型；进一步分析了盲条件下 5 G 及物联网电磁环境利用与调控措施，给出了基于模型库的情景化复杂电磁环境研究思路。

2 5G 与物联网传播环境

当移动通信高速发展 30 年后，大规模天线和毫米波等成为 5 G 将要采用的关键新技术，微微蜂窝、微蜂窝、宏蜂窝，尤其微微蜂窝，是组网的基本架构。天线将会按照立体、多维在不同高度、不同角度、不同方向、不同体态上布置，覆盖微波到毫米波大范围频率区间。因此，5 G 以后 6 G 的无线电波的传播距离和传播方式，与 2 G、3 G 和 4 G 相比差异巨大。物联网方面，类似 NB-IOT 的情况将继续发生，但基本特征仍然是区域高密度终端及其自组织协作传输形成的丰富电波传播模式。针对上述两种情况，通过分析，我们把 5 G 和物联网技术的差异性和相似性总结在表 1 中。

表 1 的情况表明，5 G 和物联网在传播环境上，由于 5 G 终端密度上升和蜂窝范围更小，相同是主要的，差异是次要的。本文不关注差异部分，重点关注并给出共同性，概要总结如下。

表 1 5 G 和物联网的传播环境

	组网方式	环境特点	覆盖范围	工作频率	传输
5 G	1. 分区 2. 分群 3. 分簇 4. 自组织	网内环境复杂、特征差异大、起伏变化大，不确定性强	1. 微微基站 20 m 以内 2. 微基站 100 m 以内 3. 宏基站几公里以内	1. 低频 450 MHz～6 GHz 2. 毫米波 20～60 GHz	1. 小、高、密规律性强 2. 大、中、稀规律性较强 4. 多天线 5. 大规模天线 6. 云结构 7. 边缘计算
物联网	1. 分群 2. 分簇 3. 自组织	网内空间较小、特征差异较小、起伏较小，不确定性小	节点覆盖范围 10～5 000 m	1. LoRa：470～510 MHz 2. NB-IoT：800 或 900 MHz 3. Wi-Fi 和 BT：2.4 GHz 4. NFC：13.56 MHz	1. 小区、准均匀 2. 规律性很强 3. 全向天线

(1) 区域二维曲面传播环境预测。由于支撑 5 G 高速的结点大量部署于覆盖区域的微微小区，形成了随环境地表、物表起伏而变化的曲面传播环境，且对于通信影响较大，这个与 2 G、3 G 甚至 4 G 的大区、微区覆盖有很大不同，对于电波传播的预测要求也不一样。物联网的情况类似，为了实现对某个区域的有效和精确监测，从而形成随环境地表、物表起伏而变化的曲面传播环境，对于电波传播的预测，可以大大提高物联网信息监测可靠性和传输效率。

(2) 区域点到点、点到多点和多点到多点断续传输的多路径电波传播预测、关联与电磁环境调控。无论是 5 G 还是物联网，在继续保持终端到基站或 AP 间传输的同时，人到人、终端到终端、物到物的直接传输都会成为重要的传输模式。区域电磁环境建模中，如何体现整体容量最大、最优，为空间多径电磁多通道自适应保持奠定基础，是 5G 和物联网特别是高速低延时物联网的需要。

(3) 平行多区域电磁环境预测及关联分析。移动通信边缘计算、云计算的兴起意味着微区域的自主性、自控能力提高，中心控制能力下降，这个特点导致其与物联网固有的网络模式趋于一致，从而引出了新的问题——各区域之间的直接衔接传输。这需要邻近交连区域边缘的准实时电磁环境信息或实时电磁环境信息，为邻域传输和跨域传输提供可能性。

（4）垂直多频重叠区域复杂电磁环境预测及关联分析。以同一空间区域中多频复用为代表的变尺度参数（如不同频率）引起的电磁环境差异性及其空间重叠，是从 2 G、3 G 共存开始出现的电磁环境特征，5 G 和物联网的发展，使得这样的电磁环境特征更趋明显，形成了垂直变参数和多参数重叠区域，不同子区域除了共用空间外，域之间具有非相关性。

3 电波频率、虚拟波导、波导波长及其模式依赖性

以熟悉的矩形波导为例。在理想矩形波导中，对任何一个特定频率的信号，注入波导后，得到波导中的传播常数表示如下：

$$\beta^2=\omega^2\mu_0\varepsilon_0\mu_r\varepsilon_r-\frac{p^2\pi^2}{a^2}-\frac{q^2\pi^2}{b^2} \tag{1}$$

式中，β 是波导中传播常数，ω 是自由空间角频率，μ、ε 分别是磁导率和介电常数，p、q 分别是横向和垂直模数，a、b 分别是矩形波导横向和垂直边长。上式中代表的物理意义是：在假设电磁信号频率不变的情况下，波导中的传播常数与自由空间传播常数相比将下降。此时，由于传播常数与对应的波导波长成反比，波导波长必然增加，从而导致传播速度增加。

因此，对于特定波导结构（由确定的 a、b 和 μ、ε 决定），自由空间角频率对应的波导波长与自由空间波长是不同的，波导波长表示如下：

$$\lambda_g=\frac{2\pi}{\sqrt{\omega^2\mu_0\varepsilon_0\mu_r\varepsilon_r-\frac{p^2\pi^2}{a^2}-\frac{q^2\pi^2}{b^2}}} \tag{2}$$

式中，λ_g 是波导波长。按照电磁理论，波长增加了，发生改变的是相位变化更快，而不是波能量传播速度更快，这从数学形式$(\omega t-\beta z)$是直观的。

对于式(2)，我们从物理角度进行一些解释。

（1）自由空间波长是理想空间波长，波导波长大于空间波长。

（2）波导波长与波导结构有关系，矩形波导中 a、b 的任意变化都会影响波导波长。

（3）波导波长与自由空间频率有关系，自由空间频率不同，则波导波长不同。

（4）波导波长与填充波导的介质性质具有依赖性，具体体现在对介质磁导率和介电常数的依赖性。

在这些特征基础上，还有两个更为重要的间接关系和规律：

① 波导波长与模式复杂的关系，随着自由空间频率提高，p、q 的存在范围会大大增加，不同的 p、q 在同一个波导里面会同时存在，即在同一个空间、同一个时间，对于一个空间频率来讲，会有多个波导模式所对应的很多波导波长存在。

② 上面的公式表明，波导波长与自由空间频率、波导尺寸、模式数呈先指数后线性的变化关系，与磁导率和介电常数的平方根呈先指数后线性的变化关系。

4 复杂环境感受波长、波长谱

实际复杂电波环境中，以树丛环境为例，如图 1 所示，是多维立体电波传播环境，不存在规范的波导结构，至少不能用有限类标准波导结构去描述或刻画，难以得到如上清晰的有限个离散波导波长。在此情况下，为处理这样的复杂环境中的电磁态势问题，我们建议将复杂电磁环境理解为众多甚至无限多标准波导结构的空间拓扑组合，如图 2 所示。

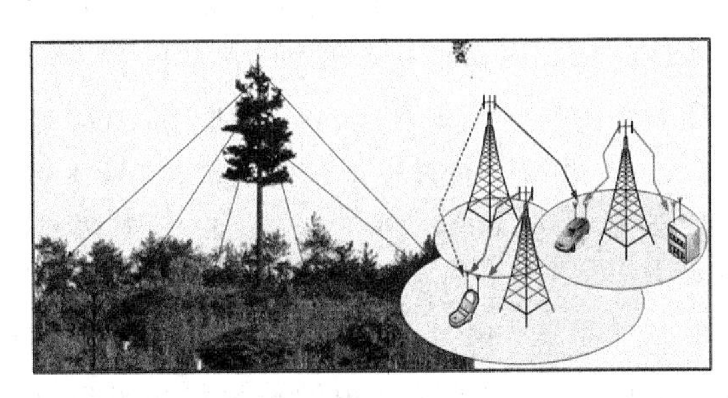

图 1　树丛区域通信的电波传播环境

图 2　树丛环境的多波导切割模型

在多波导切割模型中，不同的切割会产生不

同的标准波导结构及其衍生的波导波长(频率相同或频率不同都一样,频率越多,电磁态势越复杂),即对于多波导切割模型,环境中的波导波长为

$$\lambda_g = \sum_{i=1}^{i=N} \frac{2\pi}{\sqrt{\omega^2 \mu_0 \varepsilon_0 \mu_{ri} \varepsilon_{ri} - \frac{p^2 \pi^2}{a_i^2} - \frac{q^2 \pi^2}{b_i^2}}} \quad (3)$$

显然,对于确定的自由空间频率 ω,对于离散的波导结构(a_i,b_i)集合,有 N 个分离的 ω_g。由于传播环境的不同,1 个基本频率,致生了 N 个波导频率,这种现象在简单结构里面是不会出现,但在复杂环境里,这个现象产生了。

进一步,类似图 2 这种矩形波导结构并不能完全描述环境特点,实际上,截面矩形、圆形、椭圆、三角、多边形等结构,纵向渐变、阶梯、曲线等结构,边界完纯、吸收、混合等条件,内部均匀、部分、多层等填充,这些都会成为复杂环境电波传播的特征。因此,对于一般情况下的复杂电磁环境,理论上,波导波长的表达式为

$$\lambda_g = c^2 \int_{a_{\min}}^{a_{\max}} \int_{b_{\min}}^{b_{\max}} \frac{f(a,b)}{\sqrt{\omega^2 \mu_0 \varepsilon_0 \mu_r \varepsilon_r - \frac{p^2 \pi^2}{a^2} - \frac{q^2 \pi^2}{b^2}}} \mathrm{d}a\mathrm{d}b \quad (4)$$

式中,$f(a,b)$代表环境切割几何结构函数,该函数对于任何实际环境应该是确定的,不以自由空间频率大小的变化而变化。$f(a,b)$是随(a,b)变化的(0,1)函数,连续、分段连续或离散,其具体表示与空间物体分布、空间尺度、空间维度等均有关系。

通过上述分析,对于复杂环境而言,采用简单的确定频率、确定波长的电波传播描述难以准确地描述空间电磁波存在的实际情况,单一频率成分可能产生的波长可能已经是相当丰富了,如果有多个频率或频率谱,其复杂性是非常高的。同时,空间切割只是一种模型,实际环境中无论怎么切割都只是一种方式,切割方式可以有多种方式,因此空间的波导波长应该不是有限个数,而是十分丰富。因此,我们引入新的概念来描述空间波长谱——环境感受波长谱,其成分是非常复杂的,数量是非常大的,甚至是连续谱。

如果考虑到不同频率的信号强度,则可以得到环境频谱强度分布图,本文不再考虑。

5 分区分层模型及处理

上述分析表明,电磁态势随环境状况变化的变化是十分显著。因此,在复杂电磁环境中,传统的电波预测方法难以满足时间短、空间大和精度高的环境电磁态势评估需要,更无法获得电磁态势的空间、时间变化关系。为解决快速计算和时间敏感性电磁态势评估问题,本文基于多重本地本征 $\Phi = \sum_{i=1}^{i=N} \sum_{m,n,l=0}^{\infty} \Phi_{m,n,l}^{(i)}$ 计算方法(N 为最大本地化波导数),提出分区分层模型架构及融合处理,分区分层模型,如图 3 所示。

图 3 复杂环境分区分层

在图 3 中,L1 为本地层,L2 为区连层,L3 为区协层。L1 为包含若干电磁作用单元或单体的小区域;L2 为多个相连 L1 的连接信息(边界及电磁信息),即满足唯一性定理的数值等效信息;L3 为利用 L2 信息进行多区域协作算法,算法不同计算效率不同。

图 4 为本地层电磁态势获取结构。利用本地本征计算方法,快速获得关键区域的电磁值,如图中黑点所示位置;为提高电磁态势评估精度,适当增加测试位置点,如图中绿点位置。测试值既是基准值,也参与区域计算的可信协作。本地层的结构越复杂、空间变化越快(或尖锐),L1 中的黑点、绿点就越多,为减少评估工作量,黑点的数量要远高于绿点数,且随着算法水平的提高,黑点与绿点的比越大。通常,凡是有尖锐结构的地方,都应该设置本地计算坐标系,以大大降低这些位置空间电磁计算的效率。同时,绿点的设置数及其位置选择也是非常重要的,尤其在有限绿点数情况下的位置选择,对于区域电磁态势的评估具有十分重要的作用。

图 4 复杂电磁环境本地计算模型与态势处理

图 5 物联网和 5 G 面临的环境多样性

6 物联网和 5 G 复杂电磁环境盲预测算法

物联网和 5 G 系统与网络将工作在不同类型的复杂电磁环境之中，及时了解和掌握工作环境的电磁态势及其变化，而不仅仅是 2 G、3 G 和 4 G 系统依赖的电波传播预测，对于更加复杂 RF 接入体系、更高传输速率、更高时延限制、更大系统容量、更多业务类型的 5 G 和物联网，是十分重要的。

然而，5 G 和物联网信息传输的空中段部分，需要穿过未知的电磁环境，传播特性起伏受环境起伏的影响大。因此，为保证系统性能"稳定"，对于这些系统来讲，如何实现未知电磁环境（盲环境）下的尽可能"知"，实现系统对于环境的适应性响应，是 5G 和物联网要解决的重要问题。

解决该问题的一个途径就是上面给出的分区分层模型及处理方法，基本算法过程是：

（1）完成 L1 中奇异电磁结构的本征场计算；

（2）获得 L1 中的空间电磁统一表达式；

（3）获得测试场；

（4）将测试值融入计算式，校正矩阵系数；

（5）挖掘 L2 数据；

（6）依据 L2 数据，设计 L3 算法；

（7）计算出电磁态势；

（8）增加时间 t，重复上述过程。

上述算法的完成，就可以获得区域电磁态势，对于 5 G 和物联网是关键的过程。这些算法可以置入到某个基站、AP 或簇头里，以边缘计算的模式完成态势评估，通过调控波束、频率和波形控制区域电磁态势，也可以把数据上传到服务器，以云模式或雾模式完成态势评估，同样通过调控波束、频率和波形控制区域电磁态势。实现网络在任何时间、任何空间的最佳工作状态。

7 模型库与情景化处理

前面，我们指出了一种掌握 5G 和物联网场景中复杂电磁环境的态势处理方法，但是完成某个时刻的态势计算，消耗的计算力是很大的，对许多时间敏感应用来讲，由于计算时间耗时太多，数据对于系统的有效作用甚微，甚至完全失效。因此，发展高效、高速的处理方法，永远是电磁环境态势获取的重要工作。

为此，根据电磁环境特点，我们认为发展的方向为

（1）情景化处理：电磁态势由电磁场控制方程及边界条件确定，电磁相似环境具有接近的电磁态势特征。因此电磁环境分类及其电磁态势归类，有利于降低获取时间。情景化即特定环境对应的态势。这是未来电磁态势评估的重要发展方向。

（2）多尺度分形电磁学：复杂电磁环境面临参数多、变化剧烈、计算量大等，提取环境分形维数，发掘自相似性，确定空域、频域、能量域、相干域、波形域等指标，通过多场景建模，在预定的态势误差范围内，能够快速、有效地获得复杂环境的电磁态势。这是一个新兴领域，对于环境电磁计算具有重要价值。

（3）人工智能电磁学：建立完整的从环境到态势的库，从因到果，发展面向电磁环境的人工智能算法和处理体系，极大提高预测精度，变不可能

为可能的电磁态势评估,解决大区域、宽频域、长时域、多参域、波形域的电磁评估难题,将是环境电磁发展的重要方向,开展重点探索和摸索,对于通信等时间敏感系统,具有十分重要的价值。

8 结论

人们开始体会电波传播的复杂性,是从 1920 年美国匹兹堡诞生了世界上第一座警用无线广播电台 KDKA 开始的。从此,电波传播及其规律性研究一直延续到今天,移动通信的发展使这些研究更加受到重视,从 Raleigh 模型、Lee 模型、Okumura-Hata 模型到 COST231-Hata 模型和 Walfisch-Ikegami 模型等,形成了丰富的模型库,在移动通信系统从 2 G、3 G 到 4 G 的发展中发挥了重要作用。进入高可靠通信、5 G 和物联网时代后,为提高系统可靠性,空间电波的预测将从过去电波传播模型方法向态势评估模型库方法发展,以获得更加精确的电磁态势信息。本文分析了环境电磁场复杂的理论,给出环境波长谱概念定义,提出了一种分区分层模型及处理方法,探讨了未来发展思路。

参考文献

[1] 谢益溪,无线电波传播——原理与应用. 北京:人民邮电出版社,2008.

[2] 张瑜,电磁波空间传播. 西安:西安电子科技大学出版社,2007.

[3] Liu Y, Tang B, Gao Y. Sphere-Tem Mode In Rectangular Top Horn Offset Coaxial Transmission-line, IEEE Transactions on Electromagnetic Compatibility, 1994, 36(4):390-394.

[4] 董智超,王勇亮,李鑫,等. 复杂电磁环境分析研究. 西安:电子工程设计,2014,22(17).

[5] 李治安,杨懿. 基于层次分析法的复杂电磁环境评估研究. 成都:电子对抗,2014 年 12 月,总第 159 期,2014 年第 6 期.

[6] 施京,陈伟明,王宇辉,等. 复杂电磁环境下通信与通信对抗训练效能评估. 北京:中国电子科学研究院学报,2017,12(6).

[7] 刘敏,乔会东,董树理,超短波通信装备复杂电磁环境适应能力评估. 嘉兴:通信对抗,2016,35(4).

[8] 李承剑,李伟华,李琳琳,等. 复杂电磁环境下机动通信网络抗毁性评估. 西安:电子设计工程,2012,20(5).

[9] 高波,马向玲,隋江波. 海战复杂电磁环境分析. 太原:火力与指挥控制,201338(3).

[10] 陈利虎,张尔扬,一种新的定量评估电磁环境复杂度方法. 成都:电子对抗,总第 125 期,2009 年,第 2 期.

[11] 安明伟,方龙,郑少华,基于层次分析法的坦克电台通信效能评估. 太原:火力与指挥控制,2016,41(1).

[12] Shao X F, Jiang N. Research on Methods of Complicated Electromagnetic Environment Construction, Applied Mechanics and Materials, 2014, 565: 265-270.

[13] Temaneh-Nyah C, JMakiche J, Nujoma J. Characterization of Complex Electromagnetic Environment Created by Multiple Sources of Electromagnetic Radiation, World Academy of Science, Engineering and Technology, International Journal of Environmental and Ecological Engineering, 2014, 8, (11): 1762-1765.

[14] Temaneh-Nyah C. A Fast Algorithm for Electromagnetic Compatibility Estimation for Radio Communication Network in a Complex Electromagnetic Environment, 2013 European Modelling Symposium, 20-22 Nov. 2013, Manchester, UK, 109-112.

[15] Lazzi G, Gandhi O P. A mixed FDTD-integral equation approach for on-site safety assessment in complex electromagnetic environments, IEEE Transactions on Antennas and Propagation, 200, 48, (12): 1830-1836.

[16] NicholasC. Hunt, Darren Findlay, Determining the electromagnetic environment of a complex conductive cavity, 2015 IEEE Global Electromagnetic Compatibility Conference (GEMCCON), 10-12 Nov 2015, Adelaide, SA, Australia, 91-94.

[17] Alwyn Finney, EMC Management Planning: Application to Commercial Buildings in Complex Electromagnetic Environments, 2007 IET Seminar on New Regulatory Requirements and Techniques for Achieving Electromagnetic Compatibility in Commercial Buildings, 13-13 April 2007, London, UK, 41-48.

基于 Geo 编码的 CNN 无线室内定位

朱琼琼　黎子豪　陈绍建　龙云亮

（中山大学 电子与信息工程学院，广州　510006）

摘要：基于 WiFi 的无线室内定位技术由于无线设备部署广泛、成本低廉而受到广泛关注。室内场景复杂，因此 RSS 具有区域性和随机性。针对以上问题，创新性地提出一种基于 Geo 编码子区域划分的 CNN 无线室内定位理论。将 CNN 应用于室内定位，可减少数据分析及人工干预，增强算法的通用性。采用 Geo 编码划分子区域，无须计算参考点之间的欧式距离，有效地避免传统聚类算法出现奇点的情况。在定位阶段，将用户实时接收到的 RSS 与子区域指纹进行匹配，能够提供用户粗定位；然后引入 CNN 模型确定用户的精确位置。提出模型能够隐式地从指纹数据库中学习，避免了主观的特征选择。实验结果表明，与现有的室内定位算法相比，提出算法能够有效地降低定位误差。

关键词：室内定位，接收信号强度，无线电波传播，子区域划分，卷积神经网络。

Geo hash based convolutional neural network for wireless indoor localization

Zhu Qiongqiong　Li Zihao　Chen Shaojian　Long Yunliang

(School of Electronics and Information Technology, Sun Yat-sen University, Guangzhou, 510006, China)

Abstract: WiFi based indoor localization technology has attracted much attention due to extensive deployment and low cost. Because of the complexity of indoor scenes, received signal strength (RSS) is regional and random. To address this issue, in this paper, the geo hash sub division based convolutional neural network (GH-CNN) model is innovative presented in wireless indoor localization. Applying CNN to indoor localization can reduce data analysis and manual intervention, and enhance the generality of the algorithm. Geo coding is used to partition the sub-regions without calculating the Euclidean distance between the reference points, which effectively avoids the singularity of the traditional clustering algorithm. In the location stage, matching user RSS with sub-region fingerprint can provide coarse localization, and then introducing CNN model to determine the precise location. Furthermore, the proposed model can implicitly learn from the database, avoid the subjective feature selection. The experimental results demonstrate that the proposed algorithm can effectively reduce the location error compared with other existing indoor location methods.

Key words: indoor localization, received signal strength, radio wave propagation, sub-region division, convolutional neural network.

1　引言

随着智能设备及无线网络的发展和普及，基于位置的服务（Location Based Services，LBS）引起了人们的极大关注，室内定位技术是 LBS 的重要支撑。目前主要的室内定位技术包括：红外线、超声波、蓝牙、RFID、WiFi、Zigbee、可见光通信、行人航迹推算技术等[1,2]。其中，基于 WiFi 的指纹定位技术无须额外增加硬件设备、成本低廉、应用范围广泛，因此指纹定位成为未来最具潜力的定位技术之一。

指纹定位系统利用接收信号强度(Received Signal Strength, RSS)与空间物理位置的映射关系来定位。RSS能够在一定程度上反应参考点周围环境的相似度，若RSS很相似，则认为参考点在物理位置上很接近，即把RSS的相似性作为定位判断的重要依据。但是，在复杂的室内环境中，由于受到障碍物遮挡、多径效应等因素影响，RSS存在随机波动性，这一性质是影响定位精度的关键因素。如何从包含有噪声的RSS数据中充分挖掘有效信息用作定位是实现高精度室内定位的关键所在。

本文提出基于子区域划分的卷积神经网络(Geo Hash sub division based Convolutional Neural Network, GH-CNN)模型。CNN能够增强模型的特征学习过程，并显著降低室内定位系统设计的工作负担。可以实现稳健且精确的室内定位。AP具有区域特性，尤其是在大型室内环境中。Chen等人[2]采用K均值聚类法，利用信号强度特征划分区域，未考虑参考点的实际物理位置，会出现RSS相似度高但是物理距离相距甚远的情况，即会出现奇点；而且这类聚类方法容易陷入局部极值。基于以上问题，本文提出基于geo的子区域划方法，调整geo编码前缀码字长度能够实现灵活、快速的子区域划分。

GH-CNN算法具有以下几个优点：(1)由于WiFi信号本身的稀疏性和局部性，CNN的接收域能够很好地探索RSS中存在的空间局部相关性。(2)geo子区域划分法可以提高实时定位的效率，而且能够为对于定位要求不高的应用提供粗定位服务。(3)实验结果表明，GH-CNN算法与现有室内定位方法相比具有明显的优势，可以提供高效、精确的位置估计。

2 已有工作

指纹法定位包括两个阶段：离线训练阶段和在线定位阶段。在训练阶段，依次在各个参考点处测量来自APs的RSS值，直至遍历所有参考点，建立位置指纹库；在定位阶段，依据一定的匹配算法将用户接收到的RSS值与数据库中已有数据进行匹配，估计用户所在位置。常用的匹配算法有K近邻法(K Nearest Neighbors, KNN)、朴素贝叶斯法(Naive Bayes)和BP神经网络法等。采用CNN模型搜索用户位置是近年来很具优势的创新性方法。

最早提出的基于指纹的室内定位系统是Radar[3]，它从指纹库匹配K近邻参考点来估计目标的位置。随后，Hours[4]提出基于概率统计模型的室内定位系统，使用聚类法来减少计算复杂度并提高定位精度。为了缓解信号测量噪声，文献[5]提出Tilejunction，一种基于信号块交叠的定位技术。文献[6]建立FS-KNN模型，该模型引入特征尺度权重用以计算有效信号距离。然而，以上定位算法都依赖于主观的特征选择、人工数据分析和耗时的参数调整，以提高定位的可靠性和准确性。针对以上问题，我们采用CNN对指纹数据进行隐式学习。

3 GH-CNN系统理论

指纹定位的主要挑战是无线电信号在传播的过程中，受多径衰落和阴影衰落影响发生波动引起的RSS变化[7,8]。指纹采集和目标测量都包含噪声。因此，将深度学习应用于室内定位还面临很多挑战。

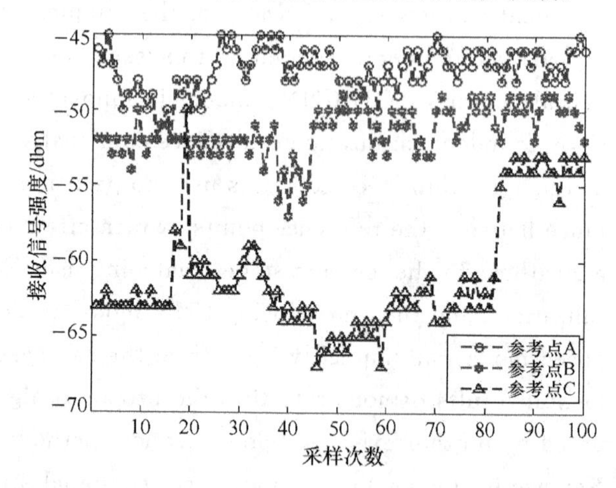

图1 三个参考点处采集到的同一AP的RSS (RSS from the same AP was collected at three reference points at a fixed location over time)

3.1 RSS指纹构造

无线信号在空间中传播，可根据场景建立相应的模型。室内定位通常采用对数距离损耗模型：

$$PL_d(dB) = PL_{d_0}(dB) + 10n\log(d/d_0) + \sigma \quad (1)$$

式中，n 为路径损耗系数，不同场景下的 n 的值有所差异；d_0 为距离天线的参考距离，室内环境中一般取 1 m；$PL(d_0)$为参考距离 d_0 处的路径损耗值；σ 为高斯分布随机变量，它印证了由于多径传播、发射、折射等引起的实际接收信号强的随机波动。

不同参考点处采集到的来自同一 AP 的 RSS 有很大差异，即 AP 具有区域特性，图 1 为同一 AP 在 3 个参考点处采集到的 RSS 随时间变化情况。对于任意参考点，我们对 M 个 APs 测量 K 次 RSS，构建 RSS 矩阵：

$$S = [S_1, S_2, \cdots, S_M] \quad (2)$$

式中，$S_i = (s_{i1}, s_{i2}, \cdots, s_{ik})^T$，$s_{ik}$ 为参考点处接收到的来自 AP_i 的第 k 次测量。如若未检测到 RSS，文章中将其设置为－100 dB。

3.2 基于 Geo 编码的子区域划分

Geo hash 是一种空间索引技术，能将二维坐标转换为一维字符串[9]。编码后的码字，方便查找和索引，避免了相似计算。图 2 为 geo 编码规则。

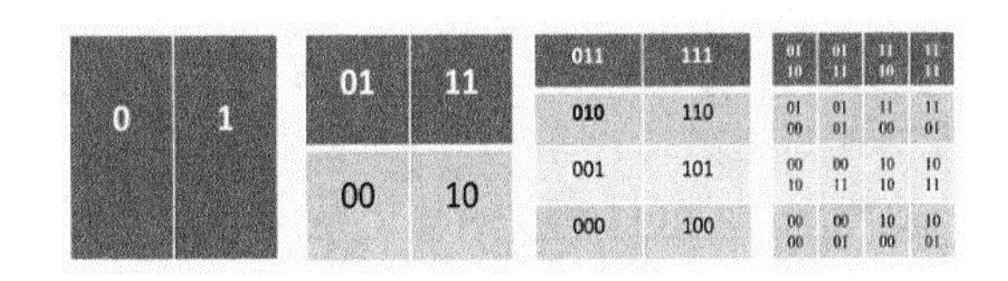

图 2　geo 编码规则
(The principle of geo hash encoding)

Geo 编码的区域划分规则，如图 3 所示，码字可以分为前缀和后缀两部分。前缀包含字符串个数决定了子区域的尺寸，整个码字共同确定目标位置。Geo Hash 对位置进行编码，前缀匹配度越高则物理位置就越相近。利用该算法可实现粗定位。

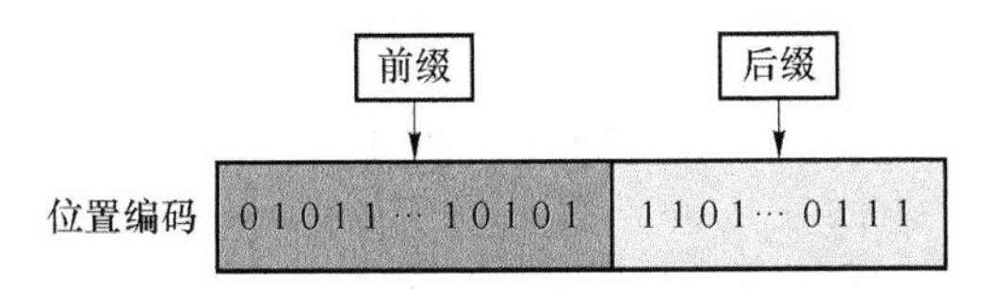

图 3　基于的 geo 编码的区域划分规则
(Regional partition principle based on geohash encoding)

3.3 CNN 模型

在大型室内环境中为了获得精确的定位，需要从波动的 RSS 中提取可靠的特征。研究发现，AP 具有稀疏性和区域性。首先，在参考点处部分 AP 的 RSS 无法收集，这导致 RSS 数据的稀疏性；其次，同一 AP 在不同的物理位置上具有不同的 RSS 特征，即 AP 具有区域性特征，如图 1 所示。CNN 具有局部感知特性，能够很好地应用在 RSS 室内定位。图 4 中输入矩阵的颜色表示 RSS 值的大小。

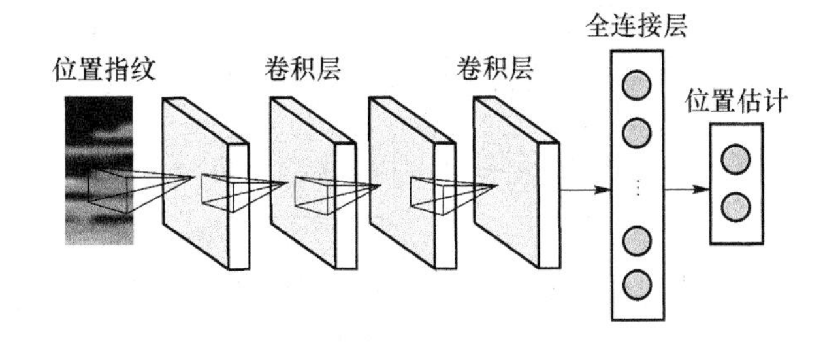

图 4　卷积神经网络模型
(Convolution neural network model)

RSS 矩阵的尺寸较小，因此，我们需要对传统的 CNN 模型进行改进。为了获得充足的信息，步长设置为 1；同时，取消采样层。为了补偿 geo 子区域划分的固有缺陷，卷积核大小设置为 3×3 卷积层的数量设置为 4 层。

在复杂的大型室内环境中，需要提取局部特征进行定位。CNN 算法将局部信息集成到更高层，以获取全局信息。

3.4 GH-CNN 系统模型

基于 geo 编码子区域 CNN 室内定位算法步骤如下。

(1) 在定位区域选择参考点，在每个参考点处采集来自所有 AP 的 RSS，将 RSS、MAC 地址、参考点位置坐标存入指纹数据库。

(2) 通过 geo 编码算法，将定位区域划分为若干个子区域。

(3) 抽取子区域中所有参考点的统计，构造子区域特征。

(4) 将实时测量的 RSS 指纹与子区域匹配，实现粗定位。

(5) 用户指纹和子区域指纹作为输入，采用 CNN 模型估计用户位置，实现高精度细定位。

本文提出算法的流程，如图 5 所示。

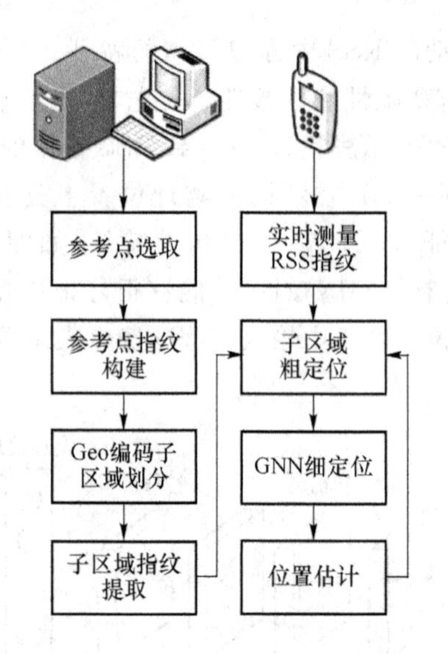

图 5　基于 geo-CNN 的室内定位算法流程图
(Flow chart of indoor location algorithm based on geo-CNN)

4　在线位置搜索

AP 具有区域特性，尤其是在大型室内环境，这一特性更为突出。基于以上问题，本文提出了子区域划分粗定位方法。子区域的尺寸由码字的前 k 位确定。为了实现精确地室内定位，引入 CNN 模型用于室内位置预测：

$$\hat{y} = f(W_{\mathrm{rss}}^{l} a_{\mathrm{rss}} + b^{l}) \tag{3}$$

式中，W_{rss}^{l}是激活函数 a_{rss}的权重。

GH-CNN 通过以下损失函数来训练权重：

$$J = \left[\frac{1}{m}\sum_{i=1}^{m}\left(\frac{1}{2}\parallel y^{i} - \hat{y}^{i}\parallel^{2}\right)\right] + \frac{\lambda}{2}\sum_{i} w_{i}^{2} \tag{4}$$

损失函数中，第一项用于计算实际位置与估计位置之间的误差，第二项用正则化，防止过拟合。在实验中，我们使用最小损失函数来确定用户位置$\hat{y}$。

5　实验验证

实验场景为广州新光百货一楼，商场内有大量商铺，RSS 存在严重的非视距传播。商场面积为 150 m×55 m，共计布置 20 个 AP 和 1 995 个参考点。实验环境，如图 6 所示，三角形为 AP 位置。

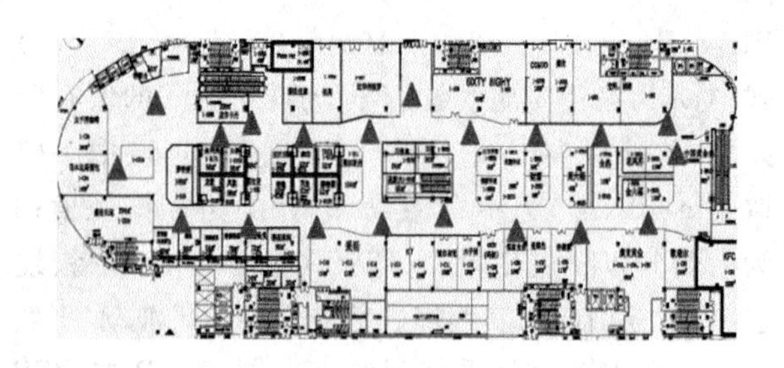

图 6　实验场景图
(The actual map of the experimental mall)

为了验证提出 GH-CNN 算法的有效性，我们将 Radar[3]、Hours[4]、DeepFi[7]、autoencoder[8] 四种算法与之进行对比，图 7 为五种算法的定位平均误差累积分布图。可以看到，GH-CNN 算法定位精度在 3m 以内的概率为 46.21%，定位精度明显高于另外四种算法。GH-CNN 定位误差在 5m 以内的概率是 77.14%，另外 Hours、Radar、DeepFi、autoencoder 的定位精度分别为 52.8%、43.9%、71.43%、57.5%。提出算法首先通过子区域特征实现粗定位，能够有效避免奇点出现；与传统位置匹配算法相比，CNN 能够隐式的从指纹库中学习特征，更好地适应 RSS 的区域性。因此，与现有室内定位算法相比，GH-CNN 的定位精度有明显提高。

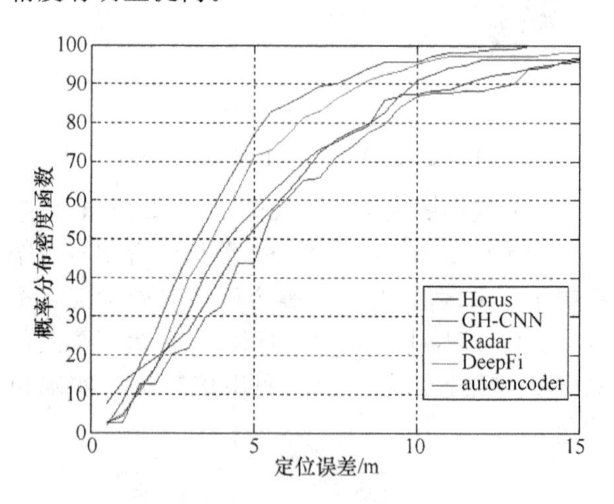

图 7　平均定位误差累积分布函数图
(The cumulative distribution function of mean localization errors in the mall experiment)

为对比分析提出算法的时间复杂度，我们在不同测试点个数情况下，将 GH-CNN 的在线计算时间与 CNN、FS-KNN[6] 技术进行比较，如表 1 所示。

表 1 三种算法在线计算时间对比
(Online computation cost comparison of three algorithms)

测试点个数	CNN/s	GH-CNN/s	FS-KNN/s
500	0.6	0.4	10.1
1 000	1.1	0.8	23.9
5 000	5.7	3.8	102.5

表 1 比较了三种算法在不同测试点数下的在线计算时间。与传统的 FS-KNN 算法相比,基于 CNN 的两种算法的计算时间至少降低了 16 倍。众所周知,KNN 算法属于惯性学习方法,KNN 的离线训练时间为零,所以在线定位阶段需要大量的时间。此外,HG-KNN 结合了子区域划分方法,在离线阶段事先训练模型,在线阶段通过码字前缀的长度实现粗定位,无须遍历整个数据库,因此明显降低了在线定位时间。

6 结论

本文创新性地提出 GH-CNN 室内定位模型。首次将 geo 编码子区域划分方法引入到 CNN 模型中。针对大型室内场景,该模型能够快速提供粗定位的应用和服务;然后,采用 CNN 模型对指纹库进行隐式学习,充分考虑 RSS 的区域特性,进而获得精确的位置估计。CNN 模型的局部感知和参数共享特性能够减少参数数量。实验验证了该算法的有效性,与现有的几种算法相比,GH-CNN 算法获得了更高的定位精度。提出模型对于大型室内场景定位研究有着巨大的潜力。

参考文献

[1] Mo Y, Zhang Z, Lu Y, Meng W, Agha G. Random Forest based Coarse Locating and KPCA Feature Extraction for Indoor Positioning System, Mathematical Problems in Engineering, 2014(850926): 1-8.

[2] Chen K Y, Yang Q, Yin J, et al. Power-Efficient Access-Point Selection for Indoor Location Estimation [J]. IEEE Transactions on Knowledge and Data Engineering, 2006, 18(7):877-888.

[3] Bahl P and Padmanabhan V N. Radar: An in-building rf-based user location and tracking system, in INFOCOM 2000. Nineteenth Annual Joint Conference of the IEEE Computer and Communications Societies. Proceedings. IEEE, 2000, 2: 775-784.

[4] Youssef M andAgrawala A. The horus location determination system, Wireless Networks, 2008, 14(3): 357-374.

[5] He S and Chan S H G. Tilejunction: Mitigating signal noise for fingerprint-based indoor localization, IEEE Transactions on Mobile Computing, 2018, 15(6): 1 554-1 568.

[6] Li D, Zhang B, and Li C. A feature-scaling-based k-nearest neighbor algorithm for indoor positioning systems, IEEE Internet of Things Journal, 2016, 3(4): 590-597.

[7] Wang X, Gao L, Mao S, and Pandey S. Csi-based fingerprinting for indoor localization: A deep learning approach, IEEE Transactions on Vehicular Technology, 2017, 66(1): 763-776.

[8] Nowicki M andWietrzykowski J. Low-effort place recognition with wifi fingerprints using deep learning, in International Conference Automation. Springer, 2017: 575-584.

[9] Gao M, Xiang L, Gong J. Organizing large-scale trajectories with adaptive Geohash-tree based on secondo database[C]// International Conference on Geoinformatics. IEEE, 2017:1-6.

通信作者:龙云亮
通信地址:广东省广州市番禺区大学城外环东路 132 号中山大学电子与信息工程学院,邮编 510006
E-mail:isslyl@mail. sysu. edu. cn
基金支持:国家自然科学基金(41376041, 61172026)广东省自然科学基金(2015A030312010)

一种极化可重构惠更斯源电小天线设计

武震天　唐明春

（重庆大学　微电子与通信工程学院，重庆 400044）

摘要：本文提出了一种具有四种极化状态可重构的电小、低剖面惠更斯源天线，即两个相互垂直的线极化（X-LP 和 Y-LP）、左旋和右旋圆极化（LHCP 和 RHCP）。该设计包括磁偶极子和电偶极子近场寄生耦合元件（NFRP）和可重构驱动元件，通过引入 6 个 PIN 二极管来改变驱动元件上的电流路径，从而改变 NFRP 元件上的电流来改变它们与驱动元件之间的不同电容耦合行为，实现四种极化状态。测试结果表明该天线的电尺寸（ka）为 0.944，剖面高度为 0.044 9λ_0，并且在不同极化状态下均具有宽波束、稳定增益和低后向辐射特性。

关键词：电小天线，低剖面天线，极化可重构天线，惠更斯源天线。

Adesign of polarized reconfigurable, electrically small Huygens source antenna

Wu Zhentian　Tang Mingchun

(College of Microelectronics and Communication Engineering, Chongqing University, Chongqing 400044, China)

Abstract: An electrically small, low-profile, Huygens source antenna with four reconfigurable polarization states is presented in this paper. The four polarization states include two orthogonal linear (X-LP and Y-LP) and two circular polarization (LHCP and RHCP) states. This design incorporates both electric and magnetic near-field resonant parasitic (NFRP) elements and a reconfigurable driven element that change the current pathways on it by introducing six PIN diodes, which in turn lead to four states of polarization by changing the currents on the NFRP elements through the different capacitive coupling behaviors between them and the driven element. The measured results demonstrate that the proposed antenna has electrically small size ($ka=0.944$), low-profile ($\sim 0.044\ 9\lambda_0$). It has wide beam, stable and useful realized gain values and low back radiation under different polarization states.

Key words: Electrically small antennas, low-profile antennas, polarization-reconfigurable antennas, Huygens source antennas.

1　引言

随着现代移动通信技术的飞速发展，人们对天线的小型化、高性能和抗干扰能力提出了更高的要求。要求天线在具有小型化结构的同时，还要具有良好的定向辐射特性。在追求高方向性电小天线（Electrically Small Antennas, ESAs）的过程中，惠更斯源天线利用一对磁偶极子和电偶极子达到预期的高方向性而不需要加载附加的结构具有明显的优势，如周期性电磁带隙结构（EBG），反射元件等。这些结构通常会明显的增大天线的尺寸。

目前已有的惠更斯源 ESA 的文献中，大部分是利用双馈源结构独立激励电谐振器和磁谐振器设计而成[1]。文献[2]利用近场寄生耦合原理（NFRP）设计了平面型惠更斯源 ESA，然而，因其复杂的设计结构而难以得到工程实现。在文献

[3]中我们提出了一款双线极化惠更斯源 ESA，在此基础上，我们进一步探索惠更斯源 ESA 在无线通信系统中的应用研究，例如，具有极化可重构性的天线有许多优点[4]，包括减小极化失配、减少信道干扰、实现频分复用、提高系统容量。因此，在惠更斯源 ESA 中实现极化可重构性是非常有价值的，这种极化多样化的 ESA 将非常适合于许多现代小型无线应用，特别是用于窄带多输入多输出(MIMO)通信系统和窄带 Wifi 连接。

近十年来，文献报道了许多具有极化可重构性的天线。一般地，实现极化分集的方法可分为以下三种。第一种方法是采用可重构的辐射元件[5]，第二种方法是采用可重构的馈电网络[6]，第三种方法是采用可重构的超材料[7]。然而，这些方法在设计极化可重构惠更斯源 ESA 是非常困难的。具体地，第一种方法需要将 PIN 管放置在磁偶极子和电偶极子上，即实际的辐射器上。因此需要大量的 PIN 管控制辐射器，这将不可避免的增加天线的设计复杂度和安装难度。第二种方法需要功分器、相位延迟线等相关器件来实现可重构的馈电网络，从而大大增加了整个天线的电气尺寸和设计复杂度。第三种方法将可重构的超材料[7]集成到天线系统中，使得天线的总尺寸增大。据我们所知，迄今还没有报道过具有极化可重构的 ESA 设计，更不用说极化可重构的惠更斯源 ESA。

基于此，本文介绍一种四种极化状态可控的惠更斯源 ESA 的设计，通过引入 6 个 PIN 二极管来改变驱动元件上的电流路径，从而改变 NFRP 元件上的电流来改变它们与驱动元件之间的不同电容耦合行为，实现四种极化状态。首先介绍该天线的整体结构以及可重构驱动元件的设计，接着对该天线进行了加工和测试，测试与仿真结果吻合良好证明了该天线的有效性。

2 可重构惠更斯源天线设计

极化可重构惠更斯源 ESA 的结构，如图 1 所示，该天线由三层介质基板组成，所有介质基板具有相同的半径 $R=30$ mm 且相互平行放置，其中 Layer_1 和 Layer_2 具有相同的厚度为 0.254 mm，Layer_3 的厚度为 1.58 mm。介质基板采用泰康利 TLY-5，介电常数为 2.2，损耗正切角为 0.000 9。

如图 1(a)所示，磁偶极子由两个相互正交的容性裂口环组成，其上下表面分别放置在 Layer_1 和 Layer_3 的上表面，它们之间通过四个实心铜柱相互连接。电偶极子为“埃及战斧”型结构，其放置在 Layer_2 的上表面。磁偶极子和电偶极子作为 NFRP 元件由位于 Layer_3 下表面的可重构驱动元件激励。

如图 1(b)所示，Layer_1 与 Layer_3 间的相对高度 $h_4=7.4$ mm，Layer_2 与 Layer_3 间的相对高度 $h_5=5.3$ mm，仿真过程中我们包含了 $L_1=5$ mm 长的同轴线缆，来提高仿真的精确度。进一步，为了确保天线在安装和测试过程中的机械稳定性以及 Layer_1、Layer_2 和 Layer_3 间的相对高度，四个 3D 打印的尼龙支架安装在介质基板，这在仿真中也有体现。

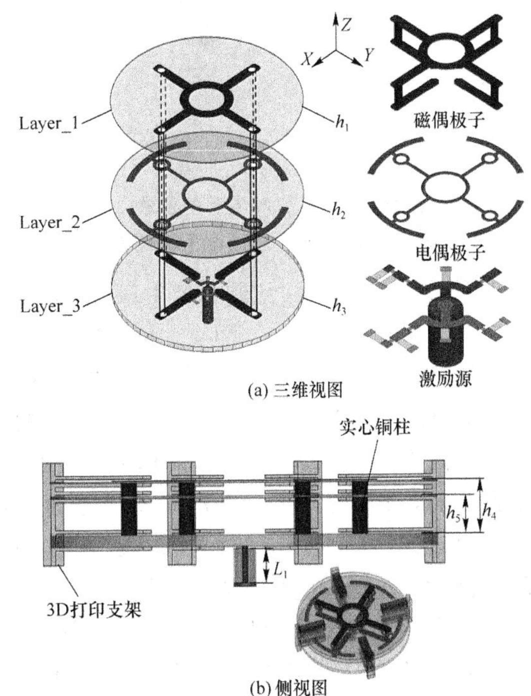

图 1 极化可重构惠更斯源 ESA 结构示意图

2.1 可重构驱动元件的设计

为实现四种极化状态的可切换，驱动元件的结构如图 2 所示。同轴线缆垂直放置在 Layer_3 下表面的中心，其内外导体分别与馈电结构 1 和馈电结构 2 连接。另外，8 个矩形铜片放置在 Layer_3 下表面，绕线电感安装在这些铜片和驱动元件条带之间，以阻止射频信号进入直流偏置电路，每个铜片被用做控制 PIN 管状态所需的偏执电压的连接点。6 个型号为 M/A-COM MA4GP907 的 PIN 管集成在该驱动元件上，为了方便描述它们的开关状态，我们将这些 PIN 管表示为 PIN_1-PIN_6 并显示它们在驱动元件中的位置。根据该 PIN 管的数据手册，每个 PIN 管在其导通状态下充当 4Ω 的电阻，在其截止状态下充当 0.025PF 的电容。

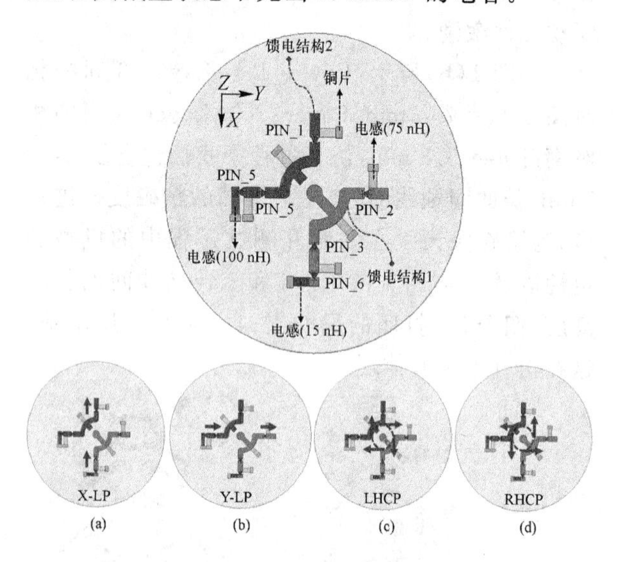

图 2　驱动元件上 PIN 管和电感的位置以及每一个极化状态的电流方向在子图中由红色箭头表示

两个 LP 状态是通过控制 PIN_1-PIN_4 的工作状态来产生和切换。当只有 PIN_1 和 PIN_3 打开，其余的关闭时，该天线产生一个沿 $+Z$ 轴方向的惠更斯辐射方向图，其极化状态为 X-LP(极化方向沿 X 轴的线极化)。当只有 PIN_2 和 PIN_4 导通，其余的截止时，该天线产生一个沿 $+Z$ 轴方向的惠更斯辐射方向图，其极化状态为 Y-LP。两个 CP 状态是使 PIN_1-PIN_4 导通，并控制 PIN_5 和 PIN_6 的开/关状态而产生和切换。特别的，当 PIN_6 导通、PIN_5 截止时，该天线产生一个沿 $+Z$ 轴方向的惠更斯辐射方向图，其极化状态为 LHCP。当 PIN_5 导通、PIN_6 截止时，该天线产生一个沿 $+Z$ 轴方向的惠更斯辐射方向图，其极化状态为 RHCP。

3　天线性能分析

如图 3 所示，仿真的 X-LP 和 Y-LP 的谐振频点分别为 1.508 GHz 和 1.509 GHz。测试的 X-LP 和 Y-LP 的谐振频点分别为 1.507 GHz 和 1.512 GHz，相应的 −10 dB 阻抗带宽分别为 14 MHz(0.92%)和 17 MHz(1.1%)。因此，对于 X-LP 和 Y-LP 来说可用的重叠带宽为 13 MHz (1.503～1.516 GHz)。仿真的 LHCP 和 RHCP 的谐振频点分别为 1.501 GHz 和 1.501 GHz。测试的 LHCP 和 RHCP 的谐振频点分别为 1.501 GHz 和 1.500 GHz，相应的 −10 dB 阻抗带宽分别为 20 MHz(1.33%)和 16 MHz(1.06%)。因此，对于 LHCP 和 RHCP 来说可用的重叠带宽为 16 MHz(1.493～1.509 GHz)。测试结果表明该天线的总高度和电尺寸分别为 $0.044\,9\lambda_0$，$ka=0.944$(其中 k 表示工作频率对应的波数，a 表示包围天线的最小半径)。

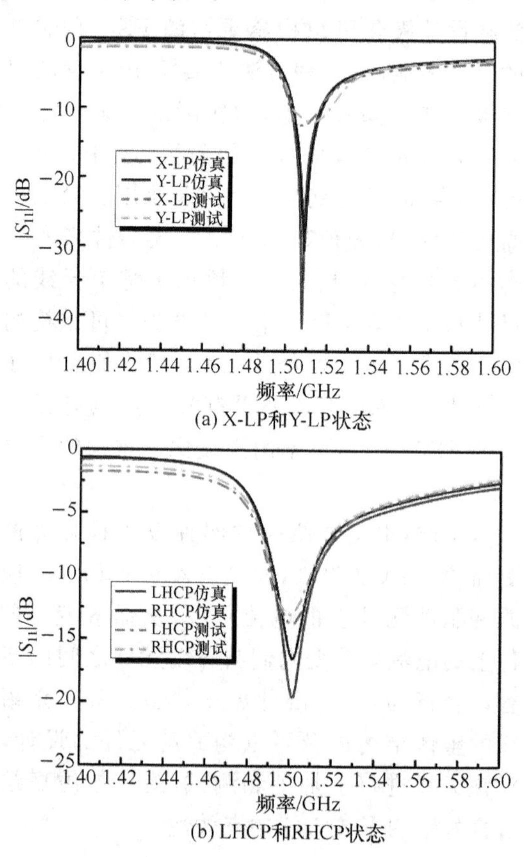

图 3　仿真和测试了不同极化状态下该天线的反射系数($|S_{11}|$)

图 4 给出了 LHCP 和 RHCP 的轴比(AR)带宽，仿真的 LHCP 和 RHCP 的轴比带宽分别为 1.499 1～1.504 3 GHz (5.2 MHz，0.34%)和 1.498 8～1.504 3 GHz(5.5 MHz，0.36%)。仿真的重叠轴比带宽为 1.499 1～1.504 3 GHz

(5.2 MHz，0.34%)，测试的重叠轴比带宽为1.500～1.503 GHz(3.0 MHz，0.19%)。

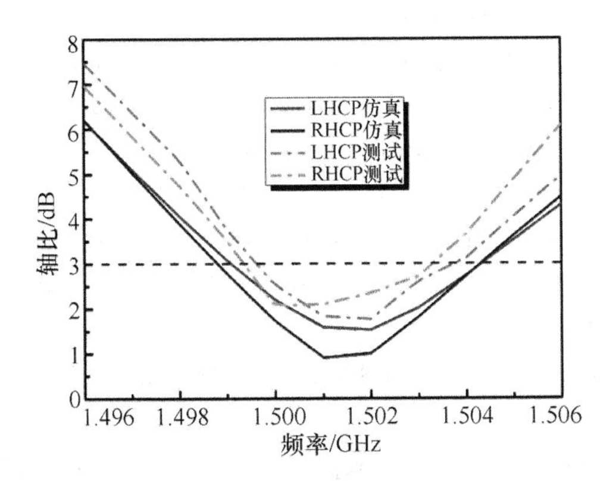

图4　仿真和测试了LHCP和RHCP状态下的轴比带宽

该天线不同极化状态下仿真和测试的可实现增益方向图，如图5所示，不同极化状态下的方向图都具有良好的宽波束特性且向着＋z轴方向辐射，仿真与测试结果吻合良好。

图5(a)和(b)分别显示的是X-LP和Y-LP状态下的方向图。在X-LP下，仿真(测试)的可实现增益、前后比和效率分别为3.51 dBi(3.03 dBi)、11.2 dB(10.7 dB)和77.9%(68.2%)。仿真(测试)得到的电场面的波束宽度分别为－61.5°～62.9°(－79°～50°)，磁场面的波束宽度分别为－76.6°～76.5°(－51°～71°)。在Y-LP下，仿真(测试)的可实现增益、前后比和效率分别为3.54 dBi(2.97 dBi)、11 dB(9.9 dB)和78.9%(67.5%)。仿真(测试)得到的电场面的波束宽度分别为－60.5°～62.3°(－60°～50°)，磁场面的波束宽度分别为－77.4°～77.7°(－52°～80°)。两种线极化状态下的交叉极化都低于－15 dB。

图5(c)和(d)显示的是LHCP和RHCP状态下的方向图。在LHCP下，仿真(测试)的可实现增益、前后比和效率分别为3.13 dBi(2.82 dBi)、15.2 dB(11.4 dB)和71.3%(67.1%)。仿真(测试)得到的ZOX面的波束宽度分别为－68.1°～68.3°(－57°～61°)，ZOY面的波束宽度分别为－71.1°～68.7°(－68°～68°)。在RHCP下，仿真(测试)的可实现增益、前后比和效率分别为2.99 dBi(2.74 dBi)、15.5 dB(12.5 dB)和69.8%(65.9%)。仿真(测试)得到的*ZOX*面的波束宽度分别为－68.6°～70.6°(－72°～61°)，*ZOY*面的波束宽度分别为－68.4°～68.6°(－57°～56°)。

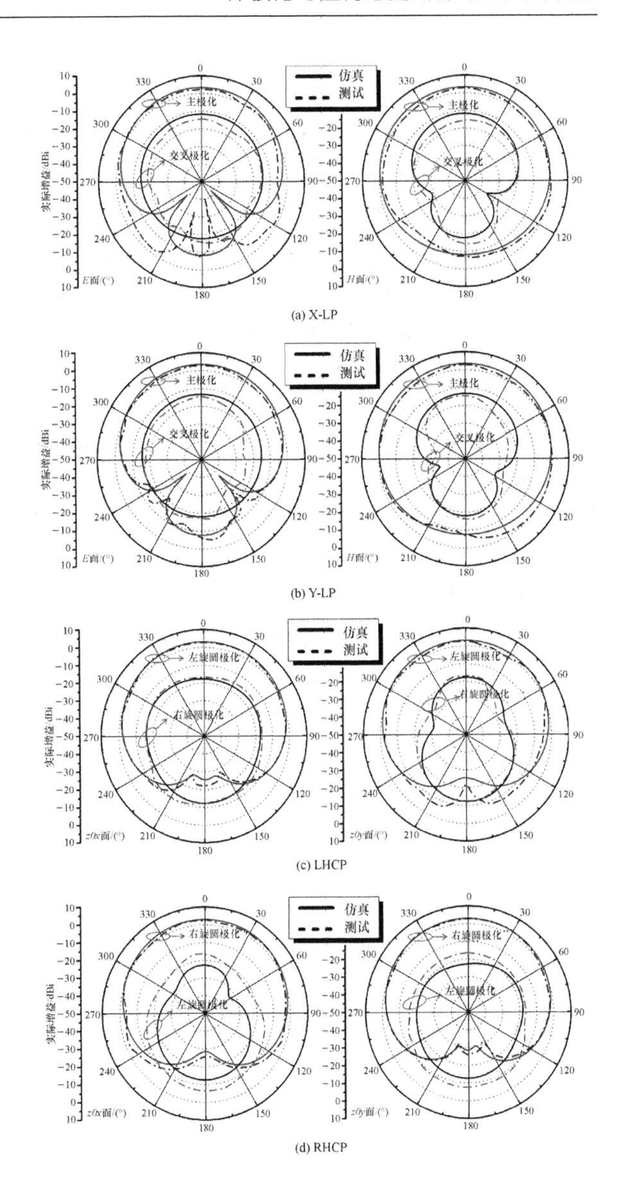

图5　仿真和测试的四个极化状态在谐振频点上的归一化可实现增益方向图

4　总结

本文报道了一种四种极化状态可重构的惠更斯源ESA，通过设计一种新型、可重构驱动元件，利用6个PIN管来实现四种极化状态的电可控。这种低剖面、电小尺寸天线的优点包括在四种极化状态下均具有宽波束、高增益和低后向辐射特性。我们组装并测试了该天线，测试结果与仿真值吻合良好。这种极化可重构的方法可以扩展到许多其他类型的极化可重构ESA。该天线在下一代无线通信系统中具有许多潜在的应用，例如窄带MIMO通信系统和窄带Wifi连接。

参考文献

[1] Niemi T, Iitalo P, Karilainen A O. Electrically small Huygens source antenna for linear polarisation, IET Microw. Antennas Propag, 2012,6(7): 735-739, 2012.

[2] Jin P, Ziolkowski R W. Metamaterial-inspired, electrically small Huygens sources, IEEE Antennas Wirel. Propag. Lett, 2010,9: 501-5050.

[3] Tang M C, Wu Z, Shi T. Dual-linearly-polarized, electrically small, low-profile, broadside radiating, huygens dipole antenna, IEEE Trans. Antennas Propag, 2018, 66(8): 3877-3885.

[4] Wu F, Luk K M. A reconfigurable magneto-electric dipole antenna using bent cross-dipole feed for polarization diversity, IEEE Antennas Wireless Propag. Lett, 2017, 16: 412-415.

[5] Wu F, Luk K M. Wideband tri-polarization reconfigurable magneto-electric dipole antenna, IEEE Trans. Antennas Propag, 2017,65(4):1633-1641.

[6] Ho K M J, Rebeiz G M. A 0. 9-1. 5 GHz microstrip antenna with full polarization diversity and frequency agility, IEEE Trans. Antennas Propag, 2014,62(5): 2398-2406.

[7] Zhu H L, Cheung S W, Liu X H. Design of polarization reconfigurable antenna using metasurface, IEEE Trans. Antennas Propag, 2014,62(6): 2891-2898.

通信作者:唐明春

通信地址:重庆市沙坪坝区沙正街 174 号重庆大学微电子与通信工程学院,邮编 400044

E-mail: tangmingchun@cqu. edu. cn

一种紧凑平面下宽带极化可重构滤波天线设计

李大疆　唐明春　陈晓明　汪　洋　胡坤志
（重庆大学　微电子与通信与工程学院，重庆 400044）

摘要：本文采用平面结构设计了一种宽带极化可重构滤波天线，该天线由寄生贴片，驱动贴片和可重构馈电网络组成。通过设计新颖的耦合馈电结构来获得极化可重构的同时产生了三个辐射零点，从而使该天线具有优良的带外滤波功能。通过控制嵌入在馈电网络中的 PIN 二极管，可以实现线极化，左旋圆极化，右旋圆极化三种状态的实时切换。测试结果表明，该天线达到 15.6%的分数带宽和 7.7dBi 的可实现增益并均保持良好的边射特性。该天线适用于各种空间受限的复杂电磁环境平台下的运用。

关键词：平面，宽带，极化可重构，滤波。

Design of a compact, planar, wideband polarization-reconfigurable filtenna

Li Dajiang　Tang Mingchun　Chen Xiaoming　Wang Yang　Hu Kunzhi
(College of Microelectronic and Communication Engineering, Chongqing University, Chongqing 400044, China)

Abstract: In this paper, a wideband polarization reconfigurable filter antenna is designed by planar structure. The antenna consists of parasitic patch, drive patch and reconfigurable feed network. By designing a novel coupled feed structure to obtain polarization reconfigurable feature while generating three radiation zeros, so that the antenna has excellent out-of-band filtering performance. By controlling the PIN diode embedded in the feed network, real-time switching of three states of linear polarization, left-hand circular polarization, and right-hand circular polarization can be realized. The measured results show that the antenna achieves a fractional bandwidth of 15.6% and a realized gain of 7.7 dBi and both maintain good broadside radiation. The antenna is suitable for use in a variety of space-limited complex electromagnetic environment platforms.

Key words: Planar, wideband, polarization-reconfigurable, filtering.

1　引言

随着现代集成电路的飞速发展，无线通信设备朝着集成化、紧凑化、多功能、低成本方向发展。同时，各类通信设备的日益增多，有限的电磁频谱资源变得日益拥挤，电磁环境越来越复杂。而天线作为整个系统信号辐射和接收的重要组件，其工作性能直接影响无线通信系统的优劣。

因此，能够根据用户需要来实现不同极化方式的极化可重构天线[1]，因其在增大信道容量，减小多径效应，以及能够用单天线实现多个单极化天线的功能，从而减少系统尺寸和成本等特性而受到广泛关注。与此同时，滤波天线[2]具有优良的频率选择特性和带外抑制能力，适宜于提高通信系统在复杂电磁环境下的抗干扰能力。而且，由于传统的滤波器和天线级联而产生的匹配电路被省略从而缩减了系统尺寸。

显而易见，极化可重构滤波天线[3-5]由于集成了极化可重构天线和滤波天线的优点，它将会在增大信道容量的同时，成倍地提升抗干扰能力以及减小系统尺寸。目前而言，相关的设计很少被报道。并且，文献[3]采用非平面设计的波导结构导致剖面高；平面设计的文献[4]和[5]也存在着带宽窄的缺点。基于此，本文提出了一款紧凑平面下宽带极化可重构滤波天线。本文将首先介绍模型结构，并展示其工作原理；然后分析所得到的仿真测试结果并做出总结。

2 天线设计

极化可重构滤波天线整体结构如图1(a)所示，该天线采用平行放置的三块厚度均为0.787 mm的介质基板Rogers RT/Duroid 5 880（介电常数2.2，损耗正切值0.000 9）。它由寄生贴片、驱动贴片和可重构馈电网络组成，寄生贴片和驱动贴片分别位于基板1和2的上表面，为了提升带宽和增益，两层贴片之间存在高度为6.5 mm的空气间隙。通过采用新颖的耦合馈电结构，不仅能实现三种极化状态，而且能产生辐射零点，从而使天线获得优良的带外抑制功能。一对背靠背的U型槽被蚀刻在驱动贴片来调节阻抗匹配和产生更多零点。如图1(b)和(c)所示，可重构馈电网络主要由三部分组成：位于基板3的上表面的威尔金森功分器（绿色）和一系列移相枝节（蓝色）以及位于基板2下表面的3个枝节（红色）；其中，3个金属铜柱（黄色）将它们连接起来，能量从枝节耦合至贴片从而产生辐射。同轴馈电信号将从功分输入分裂成两路等幅信号，且功分终端连接100 Ω隔离电阻（紫色）使两路信号隔离。

如图2所示，通过将4对型号为BAR64-02V的PIN二极管（D1&D1′，D2&D2′，D3&D3′，D4&D4′）嵌入馈电网络，并通过控制它们的开关状态来实现线极化（LP）、左旋圆极化（LHCP）及右旋圆极化（RHCP）三种状态的切换。同时，6个DC焊盘被加载来引入DC偏置电压（P1～P6）；以及6个扼流电感被加载来实现射频信号和直流信号之间的隔离。当需要线极化时，通过供应电压：P3＝P4＝1 V作为电源正极，其他全部接负极即0 V，对应的D3&D3′，D4&D4′将会导通，其他PIN二极管将会截止，对应的输入馈电信号在馈电网络中的流向路径如图2(a)所示。因为只有沿着-X轴的枝节3被激励，所以呈现线极化状态。

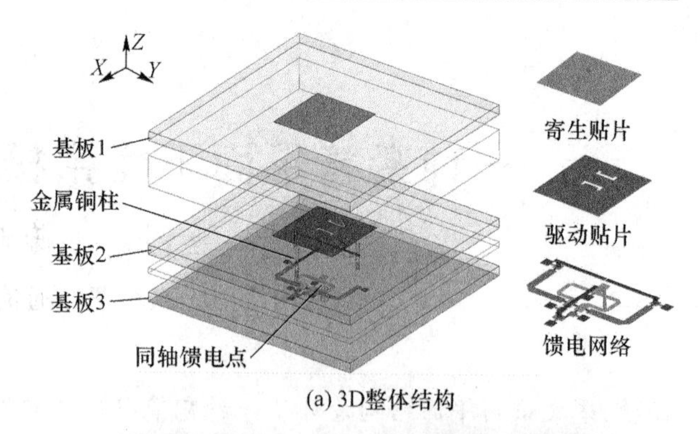

(a) 3D整体结构

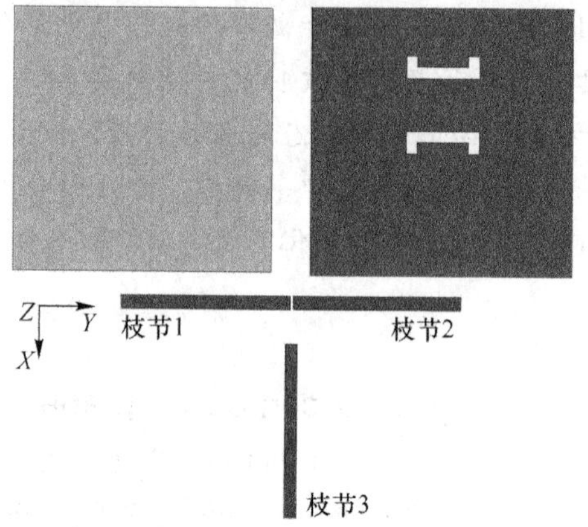

(b) 基板1、2上表面和基板3下表面结构

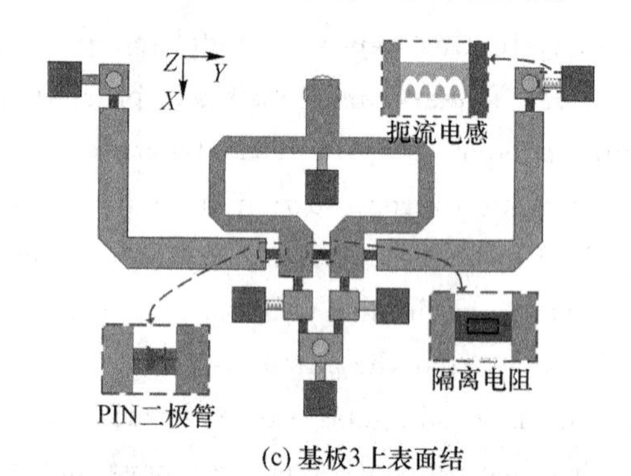

(c) 基板3上表面结

图1 天线结构图和结构参数

如在文献[6]中所讲，实现圆极化需要产生两个等幅、正交且相位相差90°的激励信号。基于此，通过供应电压：P1＝2 V，P4＝1 V作为电源正极，其他全部接0V即负极，对应的D1&D1′，D2&D2′将会导通，其他PIN二极管将会截止。由此得到的信号流向路径如图2(b)所示，由于两条路径长度差异约为四分之一波长，从而产生了所需要的＋90°相移差。而且，沿着＋Y轴的枝节1以及－X轴的枝节3同时被激励，从而产生左旋圆极化。相似的，当P2＝2 V，P3＝1 V，D2&D2′，D3&D3′将会导通，其他PIN二极管将会截止。对应的信号流向路径如图2(c)所示产生等幅且相

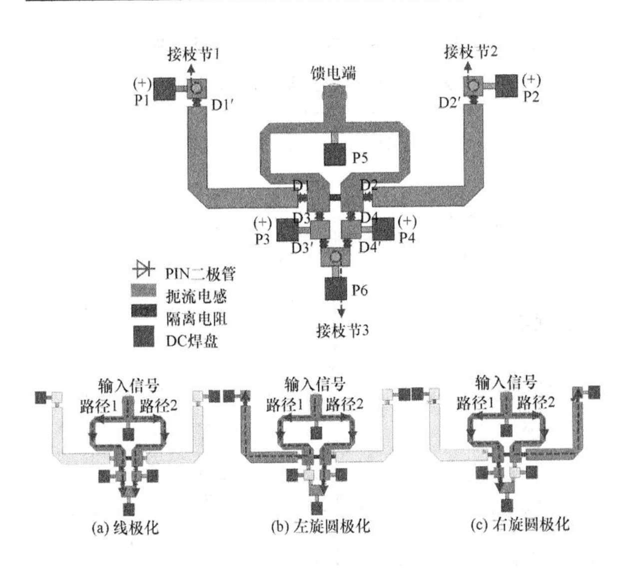

图 2 上子图为 PIN 二极管在馈电网络中的位置，下子图为以红色箭头代表的输入馈电信号在馈电网络中的流向路径

位相差－90°的两路信号。而且，沿着－Y 轴的枝节 2 以及－X 轴的枝节 3 同时被激励，从而产生右旋圆极化。

3 仿真和测试结果分析

我们对图 1 中提出的极化可重构滤波天线加工、组装和测试，实物如图 3 所示，四个尼龙支柱被放置在基板周边来确保三块基板之间的高度和安装的机械稳定性。图 4 展示了在三种极化状态下仿真(Simulation)和测试(Measurement)的 $|S11|$ 和可实现增益(Realized Gain)。图 5 展示了与两个圆极化所对应的轴比(AR)值。三种极化状态下具体的仿真(S)和测试(M)性能指标详见表 1。

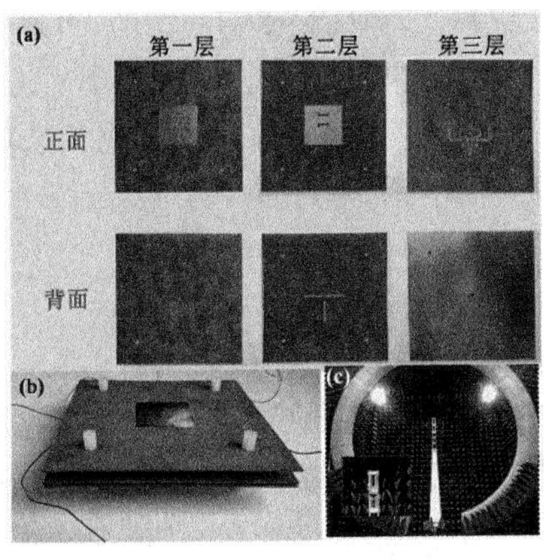

图 3 天线实物图 (a)天线在组装前的每一层的正反面 (b)3-D 实物图 (c)天线在微波暗室下的测试图

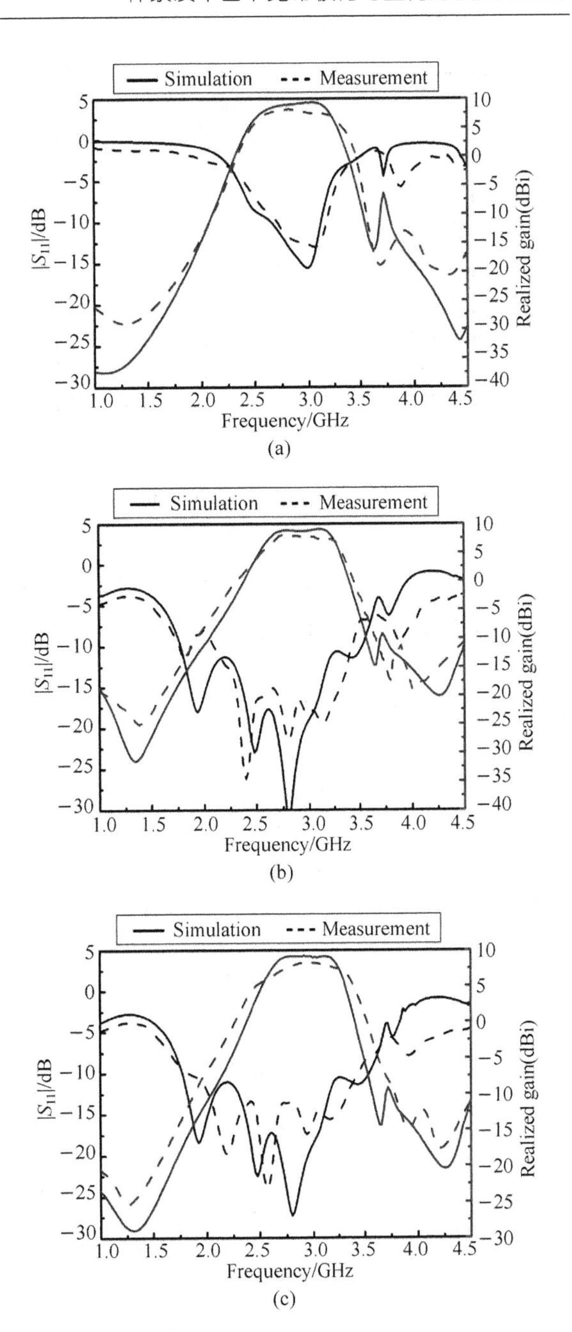

图 4 在三种极化状态下的 $|S_{11}|$ 和可实现增益(Realized Gain)

我们可以分析得出，该天线的测试和仿真结果基本一致，其中实测和仿真的有效带宽，即三种极化状态的重合带宽分别为 17.5%(2.66～3.17 GHz)和 15.6%(2.71～3.17 GHz)。值得注意的是，测试的平均增益 7.7 dBi 比仿真结果略低 1 dBi，这主要归结于 PIN 二极管的损耗以及组装、测量过程中的误差。在三个极化状态下都显示左边存在 1 个零点，右边 2 个零点，即该天线具有良好的频率选择特性和带外抑制能力，且通带内仿真辐射效

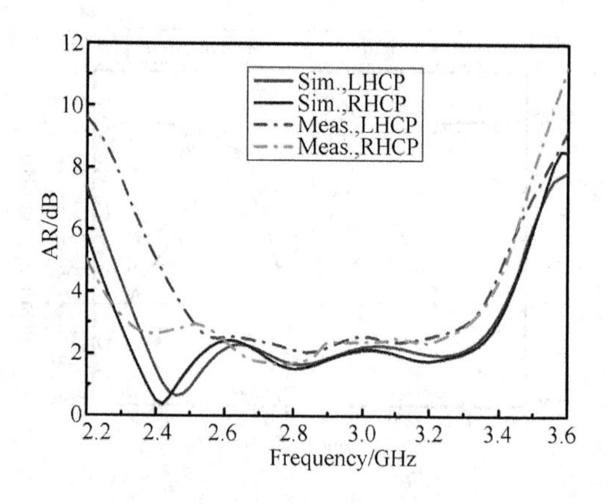

图 5　在两种圆极化时仿真(Sim)和测试(Mea)的轴比(AR)

率大于 75%。图 6 展示了在中心频率 2.9 GHz 下三种极化状态的二维方向图,可以看到该天线交叉极化良好,具有稳定的边射特性,且在每个状态下的前后比都在 18 dB 以上。

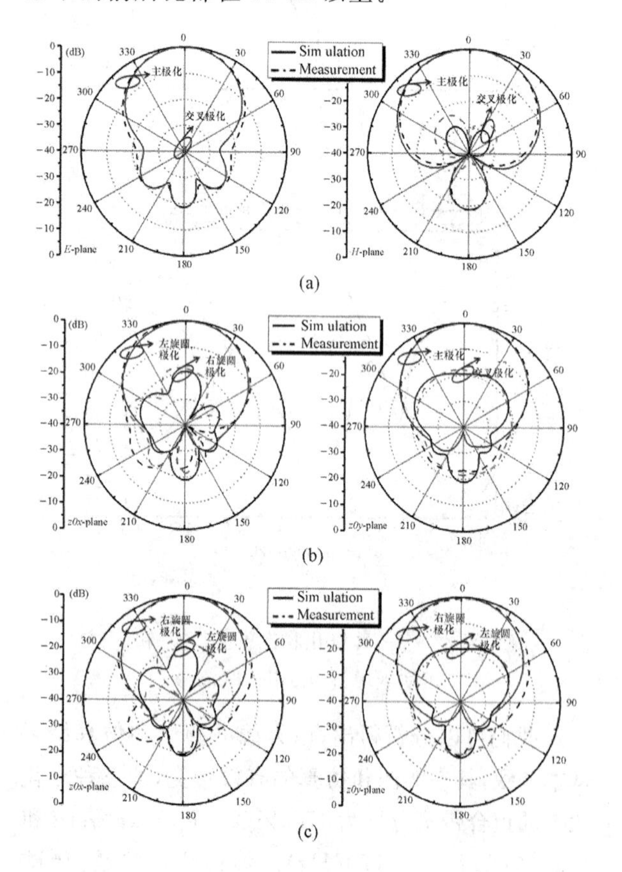

图 6　三种极化状态在 2.9 GHz 的可实现增益二维方向图

表 1　平面宽带极化可重构滤波天线仿真(S)和测试(M)结果

性能指标 \ 极化状态		LP	LHCP	RHCP
分数阻抗带宽(｜S_{11}｜≤−10 dB)	S	16.3%	66.4%	67%
	M	15.6%	62.6%	62.6%
可实现增益均值/dBi	S	8.8	8.6	8.6
	M	7.7	7.7	7.7
分数轴比带宽(AR≤3 dB)	S		34.5%	38.7%
	M		27.5%	34.9%
第 1 个零点位置/GHz 和抑制水平/dB	S	1.14 (37)	1.34 (31)	1.32 (29)
	M	1.28 (29)	1.38 (25)	1.28 (25)
第 2 个零点位置/GHz 和抑制水平/dB	S	3.62 (16)	3.64 (15)	3.64 (14)
	M	3.68 (19)	3.8 (18)	3.92 (15)
第 3 个零点位置/GHz 和抑制水平/dB	S	4.42 (32)	4.26 (20)	4.26 (20)
	M	4.32 (21)	4.02 (19)	4.22 (18)

表 2　极化可重构天线对比

文献	横向尺寸(λ_0^2)	高度(λ_0)	最大可实现增益/dBi	有效带宽	极化状态
[6]	$0.69\lambda_0 \times 0.59\lambda_0 = 0.407\lambda_0^2$	0.02	3.01	0.8%	线,左旋,右旋
[7]	$0.5\lambda_0 \times 0.5\lambda_0 = 0.25\lambda_0^2$	0.095	6.5	4.5%	左旋,右旋
本文	$0.48\lambda_0 \times 0.45\lambda_0 = 0.216\lambda_0^2$	0.096	8.2	15.6%	线,左旋,右旋

本设计相对目前报道的仅有的极化可重构滤波天线参考文献[3-5]相比,采用了平面结构,而不是 3D 结构[3],与同是平面结构的[4,5]对比,如表 2 所示,其中 λ_0 为天线中心工作频率对应的自由空间波长。本设计在实现三个极化状态的同时,能兼顾更紧凑且带宽更宽的优点。

4　结论

该天线通过采用嵌入电控 PIN 二极管的可重构馈电网络的方式,设计了新颖的耦合馈电结构,在获得了极化可重构的同时,产生了三个辐射零点,从而使该天线具有优良的带外滤波功能。该设计巧妙紧凑的平面集成了极化可重构和滤波功能，并得到15.6%的有效分数带宽，均值增益为7.7 dBi，且三种状态下都具有稳定的边射方向图，可运用于在各种空间受限的复杂电磁环境平台下的运用。

参考文献

[1] Tang M C, Chen Y, Ziolkowski R W. Experimentally validated, planar, wideband, electrically small, monopole filtennas based on capacitively loaded loop resonators, IEEE Trans. Antennas Propag, 2016, 64(8): 3 353-3 360.

[2] Cai Y M, Gao S, Yin Y, etal. Compact-size low-profile wideband circularly polarized omnidirectional patch antenna with reconfigurable polarizations, IEEE Trans. Antennas Propag, 2016, 64(5): 2 016-2 021.

[3] Farzami F, Khaledian S, Smida B, etal. Reconfigurable linear/circular polarization rectangular waveguide filtenna, IEEE Trans. Antennas Propag, 2018, 66(1): 9-15.

[4] Gan T H, Yang Z, Tan E L, etal. A polarization-reconfigurable filtering antenna system, IEEE Antennas Propag. Magazine, 2013, 55(6): 198-219.

[5] Lu Y, Wang Y, Gao S, etal. Circularly polarised integrated filtering antenna with polarisation reconfigurability, IET Microw. Antennas Propag, 2017, (11): 2 247-2 252.

[6] Jin P, Ziolkowski R W . Multi-frequency, linear and circular polarized, metamaterial-inspired, near-field resonant parasitic antennas, IEEE Trans. Antennas Propag, 2011, 59(5): 1 446-1 459.

通信作者：唐明春

通信地址：重庆市沙坪坝区沙正街174号重庆大学微电子与通信工程学院，邮编400044

E-mail：tangmingchun@cqu.edu.cn

《电磁兼容新技术研究丛书》征稿函

北京邮电大学出版社是教育部主管的全国重点大学出版社，是一家信息科技类的专业型出版社，是我国信息科技图书的重要出版基地，目前累计出版各类专著教材7000余种，面向全国发行。出版社号：978-7-5635。

当前电磁兼容技术在持续发展并产生很多热点问题，为了促进行业更好地发展，传递更多电磁兼容领域高、精、尖的专业知识体系，北京邮电大学出版社计划推出《电磁兼容新技术研究丛书》，通过北京邮电大学出版社专业化的传播渠道，来促进电磁兼容行业的技术和品牌更快速地发展。

丛书名：

《电磁兼容新技术研究丛书》

作者要求：

1. 热爱电磁兼容专业的研究者。
2. 有志于提升电磁兼容行业发展。
3. 愿意展现推广当前自身创造的相关技术和品牌。

稿件要求：

1. 以技术专著形式出版。理论正确、逻辑严谨、有创意性。
2. 所申请稿件请保证稿件版权的独立性、署名排序毋争议，文责自负。
3. 作者来搞须通过严格的审查程序。基金项目课题，优先出版。
4. 出版采用一本书一个正式出版书号的出版形式。
5. 稿件确认录用后，将在正常编校周期后全国公开出版发行。

投稿联系：

编辑部地址：北京市海淀区杏坛路明光楼1层114室

丛书编辑：姚　顺　刘纳新

邮编：100876

电话：010-62283135 13552965383

邮箱：yaoshun@bupt. edu. cn

微信：